KB073243

· · ·

엔터링

# 캐나다 도전

**법적책임면제 고지**

이 책은 독자의 캐나다 생활을 돕기 위한 일반적인 내용으로, 실제 벌어지는 상황에 따라 많은 차이가 발생할 수 있으므로 작성된 내용에 대한 법적 책임을 포함하여 어떠한 책임도 지지 않습니다.

법적 또는 전문적인 내용은 변호사, 회계사, 공증인 등 관련 전문가에게 직접 문의하시기 바랍니다.

엔터링 캐나다 도전



초판 1쇄 발행 2017년 12월 12일

지은이 해리슨 정
펴낸이 이기봉
편집 좋은땅 편집팀
펴낸곳 도서출판 좋은땅
주소 경기도 고양시 덕양구 통일로 140 B동 442호(동산동, 삼송테크노밸리)
전화 02)374-8616~7
팩스 02)374-8614
이메일 so20s@naver.com
홈페이지 www.g-world.co.kr

ISBN 979-11-6222-165-5 (04980)
ISBN 979-11-6222-164-8 (세트)



이 도서의 국립중앙도서관 출판시 도서목록(CIP)은 서지정보유통지원시스템 홈페이지(http://seoji.nl.go.kr)와 국가자료공동목록시스템(http://www.nl.go.kr/kolisnet)에서 이용하실 수 있습니다. (CIP제어번호 : CIP2017032075)

7년간 쓴 단풍나라, 겨울왕국

# 엔터링 캐나다 도전

| 지 역 | (준)주 | 영문 | 주도 |
|---|---|---|---|
| 동부지역 | 온타리오 | ON (Ontario) | Toronto |
| | 퀘벡 | QC (Quebec) | Quebec City |
| 태평양 연안 | 브리티시 컬럼비아 | BC (British Columbia) | Victoria |
| 대평원 | 앨버타 | AB (Alberta) | Edmonton |
| | 사스카츄완 | SK (Saskatchewan) | Regina) |
| | 매니토바 | MB (Manitoba) | Winnipeg |
| 대서양 연안 | 노바스코샤 | NS (Nova Scotia) | Halifax |
| | 뉴브런즈윅 | NB (New Brunswick) | Fredericton |
| | 프린스에드워드 아일랜드 | PE (Prince Edward Island) | Charlottetown |
| | 뉴펀들랜드 래브라도 | NL (Newfoundland / Labrador) | St. John's |
| 준주 | 유콘 | YT (Yukon) | Whitehorse |
| | 노스웨스트 테리토리스 | NT (Northwest Territories) | Yellowknife |
| | 누나부트 | NU (Nunavut) | Iqaluit |

※ 캐나다의 수도는 온타리오 주의 오타와 (Ottawa)

# 시작할 때 드리는 글

이 책은 캐나다에 한 번도 가본 적이 없는 분들은 물론이고 오랫동안 캐나다에 살아도 불편함과 난감한 상황들을 겪는 한인들에게 꼭 필요한 가이드가 되도록 작정하고 7년 동안 준비하였다.

초기 캐나다 생활은 누구나 그렇듯이 저자도 조그마한 정보라도 얻고자 되도록 많은 사람들을 만났다. 세월이 흐르면서 누군가의 도움 없이도 생활에 필요한 정보를 스스로 찾고 얻을 수 있는 상황이 되면서 처음의 어려움을 잊어가고 있었다. 그러던 어느 날 생활 속에서 체험하면서 알게 된 정보를 체계적으로 정리하여 책을 쓴다면 많은 이들에게 도움이 될 거라는 생각을 하였다.

이 책을 쓰면서 저자 또한 캐나다에 관한 많은 것들 새롭게 알게 되었다. 누군가가 저자에게 캐나다를 한마디로 표현하는 단어를 요구한다면 주저 없이 “모자이크” 라고 말 할 수 있을 것 같다. 모자이크 그림은 멀리서 보면 아름답게 보이지만, 가까이서 보면 완전히 다른 색의 조각 들이 이웃하고 있고 하나의 조각 안에는 결코 다른 색을 허락하지도 않는다. 캐나다를 밖에서 보면 아름답고 평화를 지향하고 인종차별이 없는 좋은 면만 보이지만, 안에서 보면 서로 전혀 다른 색의 법과 문화가 잘 섞이지 않아 불편하지만 어쩔 수 없이 함께 살고 있는 국가이다. 주 정부에 따라 법과 문화가 완전히 다르고 심지어 언어까지도 다르다.

캐나다는 미국과 달리 주 정부의 권한이 매우 막강하여, 여러 주 정부가 협력하여 만든 유럽연합과 비슷하다. 연방정부는 국방, 외교, 중앙은행을 통한 단일 통화와 금리정책 그리고 연방예산 분배 등 매우 제한적인 분야에 한하여 권한을 행사 한다. 그러나 주정부는 주민 생활에 필요한 거의 모든 분야에서 하나의 국가 같이 막강한 권한을 행사하는 자치 정부이다. 따라서 캐나다의 각 주정부는 한국의 중앙정부 조직과 비슷한 구성과 권한이 있다고 보면 거의 맞다. 주정부에 따라 개인 소득세가 2배, 판매세가 3배, 대학등록금이 3배, 자동차 보험료가 3배, 구급차 이용료가 10배 등 상상할 수 있는 수준이상으로 차이가 크다.

처음 캐나다에 올 때는 누구나 고생할 각오를 하고 온다. 캐나다 생활 초기에는 몇 년 고생하면 이후부터는 잘 정착하여 잘 살겠지 하는 막연한 기대를 한다. 그러나 몇 년이 지나도 초기보다 삶에 질이 전혀 개선되지 않거나 더욱 나빠졌을 때 상당한 실망을 한다. 처음 캐나다 올 때는 돈 이라도 있었지만 그 마저도 까먹어 훨씬 더 어려운 상황이지만 남의 이목도 있어 들어내 놓고 이야기하기도 어렵다. 다행히 캐나다 생활이 안정된 경우도 머릿속은 물위의 기름 같이 떠 있는 그런 기분으로 향수병 속에서 살아가는 이들이 너무 많다. 이민 생활 10년이 넘어도 캐나다 수상 이름조차 모르면서 한국 뉴스는 매일 보는 이상한 삶을 살아갈 수 있다. 몸은 캐나다에 와서 살지만 마음은 한국에 있는 분이 의외로 많다.

대도시의 경우 민족별로 공동체가 형성되어 서로 도우며 살아가고 있고 한인 공동체도 잘 형성되어 있어서 서로 도움을 주기도 하고 갈등도 하면서 살아간다. 하지만 한인 공동체의 모자이크 조각은 너무 작아 캐나다에 거의 영향을 못 미치고 있는 것이 현실이다. 또한 이 책은 20만 캐나다 한인 커뮤니티를 심도 있게 분석하여 한인 상호간 교류를 돕고자 하였다. 한인회, 한인사업체, 한국 기업의 투자현황 그리고 기러기 가족에 관한 내용도 포함하고 있다.

# 목 차

# 제 1 장

## 환상은 깨고 꿈은 가져라

이문을 통과해도 무지개는 없다.

# 하나를 얻기 위해 두 개를 잃는 캐나다

캐나다로 이주해 사는 것은 누구나 도전할 수 있지만 결코 만만한 일이 아니다. 왜 당신을 캐나다가 받아주는지 곰곰이 생각해 볼 필요가 있으며, 그 해답을 찾기 어려우면 한국이 왜 외국인 근로자를 받아주고 외국 학생을 받아 주는지를 생각하면 많은 해답을 얻을 수 있다.

## 1) 외국 병에 걸린 사람

많은 사람들이 외국 병에 걸리면 주변에서 아무리 말려도, 아니 쫄딱 망한다고 해도, 일단 외국으로 나가 살아야 한다고 한다. 캐나다로 가기 위한 준비를 열심히 하면 꿈을 이루기 위한 도전이지만 준비 없이 가는 것은 외국 병에 걸린 환상일 뿐이다. 만약 히말라야 산을 등산하는 사람이 아름다운 경치만 생각하고 준비 없이 나선다면 고생은 당연하고 목숨까지도 위험할 수 있는 것은 누구나 예측할 수 있듯이 이민도 마찬가지 이다.

준비 없는 해외 생활은 수업을 못 따라가 학교에서 쫓겨나거나, 사업을 하다 쫄딱 망하거나, 정상적인 직업을 못 구해 허드레 일만 하다 인생을 종칠 수 있다. 모든 사람들이 나만은 그렇게 되지 않을 거라고 스스로 위안을 한다. 정확한 통계는 없지만 살면서 느꼈던 것은 한인 이민자의 90% 이상이 한국에서 생활하는 것 보다 자신의 능력을 발휘하지 못한다. 해외 생활을 준비하는 많은 사람들이 선진국은 한국보다 합리적이기 때문에 자신이 열심히 하면 얼마든지 능력 발휘를 할 것으로 착각한다.

영어를 잘하면 괜찮을까? 사업에 필요한 충분한 경제력이 있으면 괜찮을까? 취업이 이미 확정되어 있으면 괜찮을까? 등등 여러 가지 상상을 할 수 있다. 저자는 3가지 모두 갖추어도 충분하지 않다고 본다. 다른 사람 보다 형편이 조금 나을 뿐이지 한국 생활보다 더 나은 미래를 만들기는 쉽지 않다. 따라서 출국 전이나 캐나다 도착해서 본인은 물론이고 가족 모두 적극적이고 지속적인 노력이 꼭 필요하다. 가족 중 누구라도 현지 적응을 못해 사회생활을 제대로 못하면 보통 큰 문제가 아니다.

## 2) 적극적인 영어 공부

영어에 발목이 잡혀서 아무 것도 못하거나 저임금 일자리에 종사하는 한인들이 너무 많다. 한국을 떠나기 전 많은 사람들은 외국에 살면 영어는 자동으로 되겠지 하는 막연한 생각을 한다. 한국에서 많은 노력을 하여 이미 영어 실력을 갖추었거나 직업적으로 영어를 사용 하다가 캐나다로 온 경우는 시간이 지나면서 원어민 수준까지도 가능하다. 그러나 대다수 한인은 언어 문제를 가지고 캐나다에 도착하여 언어 교육 기간을 찾는데 이는 캐나다에서 고생길이 뻔히 보이는 길이다.

나이가 젊은 학생의 경우 생활영어 정도는 쉽게 배우지만 공부에 필요한 전문영어가 안되어 학교 수업시간 강의 내용을 이해 못하는 경우가 너무 많다. 이런 경우는 밤잠도 못자고 남들 보다 훨씬 더 많은 시간을 들여 공부해야 겨우 따라갈 수 있다.

조그만 자영업을 하면 영어가 거의 필요하지 않을 거라고 생각할 수 있지만 이도 매우 잘 못 된 생각이다. 고객이 단순이 물건만 구입한다고 생각하면 기본 영어만으로도 가능하지만 대다수의 고객은 편안하지 않은 가게는 나중에 다시 이용하지 않아 시간이 지날수록 사업이 점점 더 어려워 질 수 있다.

### 3) 보잘 것 없는 인적 네트워크

영어도 제법하고 좋은 성적으로 캐나다 대학을 졸업하였지만 갈 곳이 없어서 부모님 구멍가게에서 일을 하거나 최저 임금 일자리를 찾아 헤맬 수 있다. 이런 경우는 전공을 잘 못 선택하였거나 학창시절 공부만하고 인적 네트워크를 만들지 않은 경우가 많다. 캐나다는 공채 제도가 발달하지 않아 대다수가 아는 사람을 통해서 취업을 하는데, 이는 인적 네트워크가 전무한 유학생이나 부모가 이민 1세대인 자녀에게 매우 불리한 채용 문화이다.

어렵사리 직장을 구한 경우라도 안심할 수 없다. 회사 경영이 어려워 감원시기가 오면 이민자는 무방비 상태에 놓여 현지인 보다 훨씬 해고될 확률이 높다. 이는 어설프게 영어를 구사하는 이민자에게 중요한 일을 맡기지 않아 감원이 쉽고, 잉여 인력을 필요로 하는 부서로 재배치해야 하지만 인적 네트워크가 부족한 이민자는 다른 부서에서 잘 받아 주지 않아 감원을 피하기가 매우 어렵다. 저자가 아는 사람 중 영어를 모국어로 하며 미국에서 캐나다로 이민 온 백인도 50세가 될 까지 다섯 번이나 정리해고 된 경험이 있다고 하니 대다수의 한인이 그 사람보다 형편이 더 낮다고 말할 수 없다.

운 좋게 사업이 잘되는 가게를 구입한 경우도 안심할 수 없다. 1~2년 장사가 잘 되는 가 싶더니 주변에 대형 마트가 생기는 경우가 있다. 대형 마트가 들어오는 사실을 동네 사람이 다들 알고 있었지만 금방 온 이민자는 아무 것도 모르고 급한 마음에 가게를 인수하여 낭패를 보는 경우이다. 대형 마트가 새롭게 들어서는 정보를 행정 기관이나 인적 네트워크를 통해 알 수 있지만 언어가 잘 안 되는 이민자는 정보에 있어서 사실상 왕따이기 때문에 향후 발생할 위험을 피하기 어렵다. 언어 문제 때문에 한인들이 제공하는 일방적인 정보만 의존하다가 잘 못 되면 도움을 준 한인에게 오히려 더 심한 배신감을 느낀다고 한다.

### 4) 결국 캐나다의 외국인으로 사는 한인

환상은 무너지고 현실을 인식할 때 제대로 된 해외 생활이 시작될 수 있다. 캐나다 도착 직후인 초기 정착 과정은 하는 일이 별로 없으니 시간 여유도 많고 한국에서 가져온 돈도 있어서 캐나다의 아름다운 환경을 즐길 수 있다. 그러나 경제적 문제 해결을 위해 취업이나 사업을 하려고 시작하면 만만치 않다는 것을 느낄 것이다. 취업을 위해 수십 군데 원서를 내도 면접 기회조차 얻기 쉽지 않고 설상 면접 기회를 얻어도 언어 문제로 떨어지기 십상이다. 사업 시작을 하려고 해도 마땅한 매물을 구입하는 것이 쉽지 않다. 상황이 좋지 않지만 대다수의 한인 들은 용기를 잃지 않고 한계 상황을 극복하려고 최저 임금 취업이든, 영세한 한인 사업장을 인수하든 최선을 다한다.

이민 초기의 어려움은 시간이 지나면 자연스럽게 해결 될 수 있을 거라고 기대를 한다. 그러나 시간이 지나도 해결이 되기는커녕 점점 더 어려워 질 때 진짜 해외 생활이 시작된다. 한국에서 가져온 돈도 점점 줄어들면서 경제적 여유도 없이 살지만, 날로 발전하는 한국 뉴스를 접할 때 무엇을 위해 남의 나라에서 생고생하며 살아야 하는지 스스로 의문을 가질 수 있다.

한국에서 일하는 많은 외국인 근로자의 처지나 본인의 처지가 많이 다르지 않다는 것을 느끼게 된다. 실력이 좋든, 운이 좋든, 다른 한인 보다 상황이 나은 경우는 있지만 그 것은 어디까지나 극히 일부이고 상대적일 뿐이다. 결론적으로 캐나다에서 새롭게 얻는 것도 많지만 하나를 얻기 위해 적어도 두 개를 잃는 상황이 지속되고 있다는 것을 일정 시간이 지나면서 알 게 된다.

# 해외 이주는 국가와 미래를 위한 투자

1997년 한국 IMF 이후 해외로 이주하는 사람들이 많으니까, 방송 등 언론에서 대한민국이 싫어서 떠나는 사람들로 사회적 분위기를 조성하면서 해외로 이주하는 사람들의 마음을 무겁게 하였다. 그러나 한국을 떠나 해외에 살러 가는 것이 정말로 한국을 배신하는 행위인가? 라는 물음에 저자를 포함해 해외로 이주 했던 사람이라면 누구나 동의하기 어렵다.

## 1) 대한민국을 위한 실질적인 애국

해외로 이주하여 사는 것은 개인에게는 엄청난 위험을 감수한 도전이고 성공 확률이 그리 높지 않지만, 대한민국 국가 차원에서 보면 해외 진출은 반드시 꼭 필요하다.

개척시대에 영국과 프랑스가 경쟁적으로 북미 대륙으로 진출하였다. 당시 신대륙에 대한 정보도 부족하고 준비도 잘 하기 어려워 한해 겨울이 지나면 추위와 질병으로 절반이 죽었다. 그러나 적극적으로 해외 진출한 국민들 덕분에 영국은 미국, 캐나다, 호주, 뉴질랜드 등 해외에 또 다른 영국을 만들었다. 당시 해외 진출은 미국 독립전쟁 등 오늘날 문제들과 비교할 수 없을 만큼 매우 심각했지만, 결과론적으로 세계 1, 2차 대전 때 해외에 진출하여 세운 국가들의 적극적인 참전 덕분에 영국은 승리하게 되었다.

세계 1차 대전 이전에 영국은 인구가 1천만 명도 안 되었지만 한해 수십만 명씩 해외로 이주하였다. 상식적으로 생각하면 영국은 인구가 감소되어 나라가 망해야 하지만 오히려 폭발적으로 증가하여 해외 이주에 적극적이지 않은 프랑스 보다 오늘날 인구가 더 많다. 오천만이 넘는 인구를 가진 대한민국에서 한해 몇 만 명이 해외로 이주한다 해도 전체인구에는 거의 영향이 없다.

해외에서 터를 잡고 살고 있는 한인들은 한국기업이나 정부가 해외 협력을 하거나 진출을 할 때 매우 큰 도움이 된다. 분명한 것은 대한민국의 경제 영토를 전 세계로 확장하기 위하여 해외이주는 국가차원에서 적극 권장할 일이다.

> 해외 시장을 개척 할 때 대기업은 전문 인력 확보가 가능하여 직접 진출이 가능하지만 중소기업의 경우 전문 인력이 없는 것은 물론이고 현지 정보에 대한 지식도 없어서 교민에게 절대적으로 의존한다. 그리고 식품, 생활용품 등 소비재는 교민을 상대로 수출을 시작하여 교두보를 확보한 이후 현지인으로 확대하는 것이 성공 확률을 높인다.
> 전문 인력을 보유한 대기업의 경우도 현지화에 필요한 많은 인력과 정보를 교민을 통해 확보하고 있는 것이 현실이다.

### 2) 해외 이주는 미래 세대를 위한 투자

분명한 사실은 이민 1세대는 물론이고 2세대까지도 한국에 사는 것 보다 생활수준이 못 할 가능성이 높다. 그러나 3세대부터는 현지화가 제대로 되면서 후손들은 자신의 능력을 제대로 발휘하고 선진국의 권리와 복지를 제대로 누릴 수 있다. 이는 이민을 오면서 생각했던 꿈이 이민 3세대에서 만들질 가능이 높기 때문이다.

그러면 왜 이민 2세대도 현지인과 같이 제대로 정착이 되지 않는지 궁금해 할 것이다. 이민 1세대인 부모가 언어가 부족해서, 시간이 없어서, 인맥이 없어서 등등 여러 이유로 자녀의 성장, 교육, 사회 진출 과정에서 제대로 지원을 못 해주기 때문에 이민 2세도 제대로 정착을 했다고 보기 어렵기 때문이다.

이민 3세대 정도 되면 부모나 본인 모두 인맥이 잘 갖추어 지면서 현지인과 동일하게 직업도 구하고 사업도 할 수 있다. 다만 한국어를 게을리 하면 아예 못하거나 어설 픈 수준이 되어, 직장에서 한국과 교류할 때 중요한 역할을 할 수 있는 기회를 놓칠 수 있다. 그러나 오늘날은 과거와 달리 한국도 잘 살고 드라마 등 한류 인기가 대단히 높아 이민 3세대도 한국어를 열심히 배워 대체로 잘 한다.

### 3) 한해 30만 이민자가 캐나다에 정착

2015년 이민자에게 우호적인 정당으로 여야 정권교체가 되면서 연간 유입되는 이민자가 30만 명을 넘어섰다. 더구나 이민 자문위원회는 경제 전반에 도움이 되도록 향후 한해 45만 명까지 이민 문호를 활짝 열어야 한다고 이민성에 권고하였다.

갑작스럽게 많은 이민자가 몰려오면 생각하지 못하는 사회적, 경제적으로 문제가 발생할 수 있지만, 비슷한 처지의 이민자만으로도 새로운 경제, 사회 집단이 형성될 수 있어 자연스럽게 이민자들이 덜 차별 받을 수 있다. 갑자기 많은 이민자들이 들어오면 소비가 늘어나면서 관련 사업 기회와 일자리도 함께 늘어나지만 현지인만으로 부족하여 신규 이민자에게도 사업 또는 취업 기회가 주어지기 때문이다.

특히 영어에 약한 한인들은 많은 이민자를 캐나다에서 받아 줄 때 이주하는 것이 정착에 성공할 확률이 높다. 만약 신규 유입되는 한인들이 많아지면 한국인을 상대로 하는 사업도 잘 되기 때문에 그 만큼 한인에게 사업 또는 취업 기회가 돌아가기 때문이다.

# 제 2 장

# 이민, 취업, 유학을 위한 비자

캐나다로 가는 길

# 비자 종류 및 신청 접수

한국과 캐나다는 상호주의 원칙에 따라 6개월간 비자 없이 관광, 친지방문, 단기유학, 출장 등의 목적으로 입국 할 수 있다. 그러나 캐나다에서 취업 하는 것을 목적으로 입국하거나 체류기간이 6개월 이상이면 해당 비자를 취득해야 한다.

> 캐나다 이민법과 규정은 정권교체 및 경제 상황에 따라 자주 변경 되므로 반드시 해당 정부 이민성 웹사이트에서 최신 정보를 확인해야 한다. (http://www.cic.gc.ca/)
> 또한 석사, 박사 학위를 취득하거나 취득예정인 유학생 고급 인력에게 유리한 이민 종류나 퀘벡 투자 이민 등 이민 조건이 까다롭지 않는 경우는 신청자들이 너무 많아 특정 기간만 접수하므로 사전에 해당 서류를 준비하고 있다가 공고가 뜨면 바로 접수해야 한다.

## 1) 비자 종류

### a. 연방비자

a) 기술이민

o FSW (Federal Skilled Workers) 전문직 숙련인력
과거 독립이민 (Independent Immigration)으로 불렸으며, 경력

이 있는 전문직 숙련인력 (Skilled Workers and Professionals) 에게 이민비자를 발급하는 제도이다. 2014년 비자발급이 가능한 최대인원은 50개 직업군별로 각각 최대 1,000명씩, 총 25,500명 (캐나다 대학에서 박사학위 취득하는 유학생 500명 포함) 이다.

o FST (Federal Skilled Trades Program) 기능인력

부족한 산업 기능인력을 해결하고자 2013년에 신설된 이민 프로그램으로, 언어 등의 요구사항이 FSW 전문직 숙련인력 보다 상당히 수월하다. 2014년 비자발급이 가능한 최대인원은 직업군별로 각각 최대 100명씩, 총 5,000명이다.

o CEC (Canadian Experience Class) 캐나다 경력인력

캐나다에서 근무한 경력이 있는 경우에 해당되며, 기술레벨에 따라 전문직과 기능직으로 구별하여 각기 다른 언어 능력을 요구하고 있다. 2014년 비자발급이 가능한 최대인원은 직업군별로 각각 최대 200명씩, 총 8,000명이다.

b) 급행 이민 (Express Entry)

이민 심사가 까다롭고 수속기간이 너무 길어서, 산업체에서 필요로 하는 인력을 제때 지원하기 위하여 만든 제도로 다른 어떤 이민 제도 보다 신속히 진행 된다. 그러나 요구 조건이 가장 까다로워서 합격자가 많지 않고, 이 조건을 만족하려면 취업이 우선 선행되어야 지원할 수 있다. 급행 이민은 연방 이민국 또는 주정부 (퀘벡 주 제외) 이민국에서 신청할 수 있다.

c) 투자이민

o IIVC 투자이민

IIVC (Immigrant Investor Venture Capital Pilot Program)는 1000만 달러 이상 자산가이며, 15년 이상 200만 달러를 투자하는 이민 프로그램으로 2015년부터 극히 제한적으로 시행한다.

| 과거 시행했던 순수투자이민과 기업이민 제도는 이민비자를 받은 사람들이 캐나다에 살지 않고 자녀만 캐나다로 보내 유학을 시킨다는 부정적인 여론이 확산되면서 2014년 폐쇄되었다. |
|---|

o 창업 이민 (Start-up VISA)

창업 아이디어로 캐나다 정부 지정 금융기관으로부터 투자자금을 유치한 대상자에게 이민비자를 발급하는 제도로 매우 적은 수의 창업자들이 이용하고 있다.

o 자영업자 이민 (Self-Employed Immigrants)

문화, 예술, 스포츠 분야에서 탁월한 능력이 있거나 농장 및 사업체를 경영했던 사람을 대상으로 이민비자를 발급하는 제도이며, 캐나다에서 자영업을 하거나 농장을 구입해서 경영해야 한다.

d) 대서양 연안 이민 파일롯

Atlantic Immigration Pilot으로 불리며, 대서양 연안에 위치한 노바스코샤 주, 뉴브런즈윅 주, 뉴펀들랜드 주, PEI 주을 발전시키고자 2017년 특별히 만든 이민 프로그램이다. 고졸이상으로 현지에 취업되거나 대서양 지역의 직업, 대학 등 교육기관에서 2년 이상 공부하고 있는 사람을 대상으로 하고 있다.

e) 가족초청 등 기타 이민

o 가족초청

캐나다 시민권자 또는 영주권자가 가족 결합을 목적으로 배우자, 국제 결혼하는 약혼자, 부모, 조부모, 자녀 그리고 입양아를 캐나다로 초정할 수 있다. 단 초청자는 일정기간 동안 캐나다로 데러온 가족의 생활을 책임져야 한다.

o 가사 도우미 (Live-in Caregivers) 및 간호 인력

가정집에 거주하며 어린이를 돌보는 도우미 또는 환자를 돌보는

간호 인력에게 24개월 이상 근무하면 허용된 인원범위 내에서 영주권을 발급하고 있다.

o 난민 (Refugees)

캐나다 국내·외에서 박해로부터 보호가 필요한 사람에게 난민 지위를 부여 하며, 그 인원은 매년 천명 이상이다.

f) 취업비자

해외인력을 채용하기 원하는 캐나다의 고용주는 우선적으로 해당 직업에 대한 노동부의 노동시장영향평가를 받아야한다. 해외인력은 취업비자 (Work Permit)를 신청 할 때 전일제 고용계약서 (Job Offer)와 노동시장영향평가 결과도 함께 첨부해야 한다.

g) 유학비자

우선적으로 진학하는 학교 (또는 교육청)로부터 입학허가를 취득한 다음 이민국에 유학비자 (Study Permit)를 신청해야 한다.

### b. 주정부 이민

a) 퀘벡 선발이민 (Québec-Selected Skilled Workers)

퀘벡 주정부는 연방정부로부터 특별한 지위를 얻어 캐나다 최초로 퀘벡 주에 필요한 인력을 직접 심사하여 기술이민과 투자이민 대상자에게 CSQ (Certificat de sélection du Québec)를 발행하고 있다. 다만 최종단계에서 캐나다 출입국에 관한 권한이 있는 연방정부의 신체검사 및 신원조회도 통과해야 한다.

- 기술이민 프로그램 (Skilled Workers Program)
- 투자이민 프로그램 (Business People Program)

b) 주정부 추천이민

퀘벡 주를 제외한 다른 주들도 연방정부와 체결한 협약에 따라 각 주에 필요한 인력을 직접 심사하여 연방정부에 추천하는 PNP

(Provincial Nominee Program) 추천이민 제도를 시행하고 있다. 주정부의 심사를 통과한 이민대상자는 최종단계에서 연방정부의 신체검사 및 신원조회도 통과해야 한다.

## 2) 비자 심사 및 서류 접수 기관

캐나다도 이제는 과거와 달리 이민 신청을 대부분 인터넷으로 온라인 접수할 수 있고 서류를 처리하는 사항도 알 수 있다.

### a. 연방비자

캐나다 출입국에 관련된 모든 사항은 연방정부 관할이므로 CIC (Citizenship and Immigration Canada) 이민국에서 관련 비자를 심사하고 관리한다. (www.cic.gc.ca)

| VAC (Visa Application Centre) 비자지원센터는 CIC 연방이민국의 비자 업무를 효율적으로 수행하기 위해, 비자서류의 접수 등 행정 업무를 지원하지만 심사에 관한 어떤 권한도 없다.<br>(www.vfsglobal.ca/Canada/Korea) |
|---|

a) 한국에 거주하는 경우

필리핀 마닐라에 있는 캐나다 대사관이 일본, 한국, 필리핀에서 신청한 서류를 심사하여 비자를 발행한다.

| Embassy of Canada<br>Levels 6-8, Tower 2, RCBC Plaza<br>6819 Ayala Ave, Makati City, Metro Manila, 1200<br>Philippines |
|---|

취업, 유학, 이민 비자를 인터넷 온라인으로 접수 할 수 있다. 그러나 과거 우편 접수하는 경우 한국 거주자는 경우 서울에 있는 VAC 비자지원센터를 이용하여 비자서류를 접수할 수 있었다.

VAC비자지원센터
(100-704) 서울 중구 남대문로 5가 120, 단암빌딩 5층
주한 캐나다 대사관
(100-120) 서울 중구 정동길 21 (정동)

b) 캐나다 및 미국에 거주하는 경우

캐나다에 거주하고 있는 경우는 과거 취업, 유학 비자를 위해 오타와사무소 (CPC - Ottawa)를 이용할 수 있었다.

Temporary Resident Visa Section
365 Laurier Ave. W,
Ottawa, ON K1A 1L1

과거 캐나다 거주자들의 이민비자 신청은 캐나다 국경에서 가까운 미국에 위치한 사무소들을 이용했었다. 그러나 그 중 하나인 나이아가라 폭포 근처에 위치한 버펄로사무소를 폐쇄하면서 미국이나 캐나다 거주자의 이민서류 접수를 오타와 사무소 (CPC - Ottawa)에서 직접 받아 주고 있다. 버펄로사무소를 제외한 미국 내 여러 지역에서 운영 중인 VAC 비자지원센터도 이용할 수 있다.

c) 그 밖에 기타 국가에 거주하는 경우

그 밖에 국가에 거주하는 경우는 해당 국가에 있는 VAC 비자지원센터에 문의하면 알 수 있다.

**b. 퀘벡 주의 이민, 유학, 취업 비자를 신청하는 경우**

퀘벡 주정부는 연방 이민국과 별도로 비자 업무를 수행하는 기관 (Immigration, Diversité et Inclusion Québec)을 운영하고 있다. (www.immigration-quebec.gouv.qc.ca)

285 Rue Notre-Dame Ouest, 4e étage
Montréal, QC, H2Y 1T8

모든 종류의 퀘벡 주정부 비자를 취급하는 기관은 상기와 같이 주소가 동일하지만 비자의 종류에 따라 담당부서가 다르므로 우편 주소에 이를 포함해야 한다.

- 기술이민 (Skilled Workers Program)
  Ministère de l'Immigration, de la Diversité et de l'Inclusion
  Direction de l'immigration économique – International
  Service Europe de l'Est, Amériques, Asie, Moyen-Orient
- 사업이민 (Business People program)
  Direction du courrier, de l'encaissement et de l'évaluation comparative
- 유학비자 (Service aux étudiants étrangers)
  Ministère de l''Immigration et des Communautés culturelles
- 취업비자 (Service aux travailleurs temporaires)
  Ministère de l'Immigration et des Communautés culturelles

또한 과거 한때 퀘벡 주정부 홍콩사무소에서 일부 비자를 취급한 적이 있지만 2014년 한국인을 위한 비자는 몬트리올에서만 취급하지 하고 홍콩사무소는 관계없다.

Bureau d'immigration du Québec à Hong Kong
c/o Consulate General of Canada
7th Floor, 25 Westlands Rd, Quarry Bay
Hong Kong

### c. 주정부 추천 이민비자를 신청하는 경우

주정부 추천이민프로그램은 각 주정부들이 처한 상황에 따라 서로 다른 별도의 기준을 마련하여 시행하므로 많은 차이가 있다. 따라서 각 주정부에서 안내하는 기관과 인터넷 사이트를 이용하여 이민서류를 접수해야 한다.

주정부 이민 사이트를 소개하는 연방정부 인터넷 사이트
www.cic.gc.ca/english/immigrate/provincial/apply-who.asp

<주정부 이민프로그램 안내 인터넷 사이트>

| (준)주 | 인터넷 사이트 |
|---|---|
| 온타리오 | www.ontarioimmigration.ca/en/pnp/index.htm |
| 브리티시컬럼비아 | www.welcomebc.ca/Immigrate-to-B-C |
| 앨버타 | www.albertacanada.com/opportunity/programs-and-forms/ainp.aspx |
| 사스카츄완 | www.saskatchewan.ca/immigration |
| 매니토바 | www.immigratemanitoba.com/ |
| 노바스코샤 | novascotiaimmigration.com/ |
| 뉴브런즈윅 | www.welcomenb.ca/content/wel-bien/en/immigrating/content/HowToImmigrate/NBProvincialNomineeProgram.html |
| PEI | www.princeedwardisland.ca/en/topic/immigrate?utm_source=redirect&utm_medium=url&utm_campaign=Immigrate |
| 뉴펀들랜드 | www.nlpnp.ca/ |
| 노스웨스트 | www.immigratenwt.ca/ |
| 유콘 | www.education.gov.yk.ca/YNP.html |

주정부의 심사를 통과하여 추천이민 대상자가 되면, 최종 이민비자 신청을 위해 연방 이민국에도 관련 서류를 보내야 한다.

| 주정부 추천이민<br>Citizenship and Immigration Canada<br>Provincial Nominee Program<br>Centralized Intake Office<br>PO BOX 1450<br>Sydney, NS B1P 0C9<br>Canada |
|---|

### 3) 어학능력 평가 시험

이민, 취업 등의 비자 심사에 사용되는 어학능력 평가는 공식적으로 영어의 경우 IELTS (또는 CELPIP-G) 이며, 불어의 경우 TEF를 사용한다. 또한 어떤 시험 결과이든 12 단계로 구성된 CLB (Canadian Language Benchmarks) 레벨로 환산하여 사용한다. 이 CLB 레벨은 불어로 NCLC (Niveaux de compétence linguistique canadiens)로 불린다.

- 레벨 1~4: 기초 수준 (Basic Language Ability)
- 레벨 5-8: 보통 수준 (Intermediate Language Ability)
- 레벨 9-12: 탁월한 수준 (Advanced Language Ability)

#### a. IELTS 영어능력 평가시험

IELTS (International English Language Testing System)는 캐나다, 미국, 호주, 뉴질랜드, 영국 등 영어권 국가로 이민, 취업, 유학 등을 가는 사람들의 언어 능력을 평가하는 시험제도이다. 어학능력 시험은 듣기, 읽기, 쓰기, 말하기 등의 4가지 영역을 평가하며, 전 세계 190여개 국가의 9,000개 지역에서 시험을 볼 수 있다.

www.ieltscanada.ca (캐나다)

www.ieltskorea.org (한국)

<IELTS 영어점수의 CLB 레벨 환산 기준>

| CLB 레벨 | IELTS 영어 시험 점수 | | | |
|---|---|---|---|---|
| | 읽기 | 쓰기 | 듣기 | 말하기 |
| 10 | 8.0 | 7.5 | 8.5 | 7.5 |
| 9 | 7.0 | 7.0 | 8.0 | 7.0 |
| 8 | 6.5 | 6.5 | 7.5 | 6.5 |
| 7 | 6.0 | 6.0 | 6.0 | 6.0 |
| 6 | 5.0 | 5.5 | 5.5 | 5.5 |
| 5 | 4.0 | 5.0 | 5.0 | 5.0 |
| 4 | 3.5 | 4.0 | 4.5 | 4.0 |

### b. CELPIP-G 영어능력 평가시험

CELPIP-G (Canadian English Language Proficiency Index Program)는 밴쿠버에 위치한 UBC 대학 (University of British Columbia)에서 개발한 영어능력 시험제도이며, 캐나다 24개 지역에서 시험을 볼 수 있다.

www.celpiptest.ca

<2014년 4월 1일 이후 CELPIP 영어점수의 CLB 레벨 환산 기준>

| CLB 레벨 | CELPIP 2014 영어 시험 점수 | | | |
|---|---|---|---|---|
| | 읽기 | 쓰기 | 듣기 | 말하기 |
| 10 | 10 | 10 | 10 | 10 |
| 9 | 9 | 9 | 9 | 9 |
| 8 | 8 | 8 | 8 | 8 |
| 7 | 7 | 7 | 7 | 7 |
| 6 | 6 | 6 | 6 | 6 |
| 5 | 5 | 5 | 5 | 5 |
| 4 | 4 | 4 | 4 | 4 |

<2014년 4월 1일 이전 CELPIP 영어점수의 CLB 레벨 환산 기준>

| CLB 레벨 | CELPIP 2014 영어 시험 점수 | | | |
|---|---|---|---|---|
| | 읽기 | 쓰기 | 듣기 | 말하기 |
| 10 | 5H | 5H | 5H | 5H |
| 9 | 5L | 5L | 5L | 5L |
| 8 | 4H | 4H | 4H | 4H |
| 7 | 4L | 4L | 4L | 4L |
| 6 | 3H | 3H | 3H | 3H |
| 5 | 3L | 3L | 3L | 3L |
| 4 | 2H | 2H | 2H | 2H |

### c. TEF 불어능력 평가시험

TEF (Test d'évaluation de Français)는 불어능력을 평가하는 시험으로, 영어시험과 같이 듣기, 읽기, 쓰기, 말하기 등 4가지 영역에서 평가한다. 전 세계 136개국 968개 지부가 있는 알리앙스 프랑세즈 문화원 (Alliance Françiase)이 시험을 주관하며 동시에 불어교육도 한다.

www.alliance-francaise.ca (캐나다)

www.afcoree.co.kr (한국)

<2014년 4월 1일 이후 TEF 불어점수의 NCLC 레벨 환산 기준>

| NCLC 레벨 | TEF 불어 시험 점수 | | | |
|---|---|---|---|---|
| | 읽기 | 쓰기 | 듣기 | 말하기 |
| 10 | 263-277 | 393-415 | 316-333 | 393-415 |
| 9 | 248-262 | 371-392 | 298-315 | 371-392 |
| 8 | 233-247 | 349-370 | 280-297 | 349-370 |
| 7 | 207-232 | 310-348 | 249-279 | 310-348 |
| 6 | 181-206 | 271-309 | 217-248 | 271-309 |
| 5 | 151-180 | 226-270 | 181-216 | 226-270 |
| 4 | 121-150 | 181-225 | 145-180 | 181-225 |

<2014년 4월 1일 이전 TEF 불어점수의 NCLC 레벨 환산 기준>

| NCLC 레벨 | TEF 불어 시험 점수 | | | |
|---|---|---|---|---|
| | 읽기 | 쓰기 | 듣기 | 말하기 |
| 10 | 263-277 | 393-415 | 316-333 | 393-415 |
| 9 | 248-262 | 372-392 | 298-315 | 372-392 |
| 8 | 233-247 | 349-371 | 280-297 | 349-371 |
| 7 | 206-232 | 309-348 | 248-279 | 309-348 |
| 6 | 181-205 | 271-308 | 217-247 | 271-308 |
| 5 | 150-180 | 225-270 | 180-216 | 225-270 |
| 4 | 121-149 | 181-224 | 145-179 | 181-224 |

## 4) 학력 인증 등 기타 사항

### a. ECA (Educational Credential Assessment) 학력 인증

캐나다 내에서 교육을 받지 않았다면 인증 절차를 거쳐야 비자 심사를 위해 제출한 학력서류가 인정 된다.

| 연방정부 학력인증 지정기관 |
| --- |
| - Comparative Education Service, University of Toronto School of Continuing Studies<br>- International Credential Assessment Service of Canada<br>- World Education Services<br>- Medical Council of Canada (professional body)<br>- Pharmacy Examining Board of Canada (professional body) |

학력의 경우 직업훈련이던 대학교이던 해당교육 과정을 모두 이수하여 졸업을 한 경우만 인정되고 중도 퇴학이나 수료는 인정 안 된다. 또한 만약 시간제로 교육 받고 졸업한 경우는 전일제로 환산하여 교육기간을 인정한다. 예를 들면 시간제로 2년제 초급대학을 5년 만에 졸업한 경우 2년만 교육기간으로 인정한다.

### b. 시간제 근무 경력의 환산

캐나다 및 해외에서 전일제가 아닌 시간제로 일한 경우 경력을 주당 30시간으로 환산하여 총 근무한 년수를 비자 신청에 사용할 수 있다.

### c 신체검사 및 신원조회

연방이민, 주정부이민, 유학비자, 취업비자의 자격 심사를 통과한 다음 최종단계에서 지정된 병원의 신체검사를 받아야 하고, 신원조회 (범죄기록증명서, 일부국가 출신은 지문채취)도 통과해야 한다.

# 연방정부 이민 프로그램

## 1) 기술이민

익스프레스 엔트리 (Express Entry)는 연방 기술이민 대상자와 주정부 추천이민 대상자가 해당되며, 과거 접수 순서에 따라 이민 서류를 심사하던 방식을 점수가 높은 대상자를 우선적으로 심사하여 신속히 비자를 발급하고자 만든 제도이다. 대상자의 우선순위를 정하고 이민서류를 심사하기 위하여 CRS (Comprehensive Ranking System)라는 종합 점수 체계를 시행하며, 4개 분야에서 최대 1,200점 까지 부여하고 있다.

- Core / Human Capital Factors - 학력, 언어, 경력, 나이 (배우자가 있는 경우 최대 460점, 독신은 최대 500점)
- Spouse or Common-Law Partner Factors (최대 40점)
- Skill Transferability Factors (최대 100점)
- Additional Points (노동영향평가 또는 주정부추천, 최대 600점)

2015년부터 연방정부는 이민 심사 기준을 대폭완화 하고 있다.
- 초청이민 기준의 완화 및 수속기간 단축
- 동반 자녀의 연령 제한을 19세에서 22세로 완화
- 유학생에게 가산점을 부여 및 노동영향평가의 폐지 또는 완화

연방정부는 Express Entry 이민 규정을 아래와 같이 완화 시켜왔다.
- NOC 0, A/B 직업군에서 채용 제의를 받으면 최대 50점
- NOC 00 직업군에서 채용 제의를 받으면 최대 200점
- 최소 1년 이상 채용 제의를 받으면 영주권 신청 가능
- 캐나다에서 2년제 초급대학, 기술교육을 이수하면 최대 15점
- 캐나다에서 3년제 초급대학, 기술교육을 이수하면 최대 30점
  (석사, 박사학위를 캐나다에서 받으면 3년 이하도 최대 30점)
- 채용을 제의 받으면 90일 (과거 60일) 이내 비자 신청
- 노동시장영향평가의 면제대상 확대

<Core / Human Capital Factors- 학력 점수>

| 구분 | 기혼 | 독신 |
|---|---|---|
| 고졸 이하 | 0 | 0 |
| 고졸 | 28 | 30 |
| 1년제 대학, 초급대학, 직업기술학교 졸업<br>One-year degree, diploma or certificate from a university, college, trade or technical school, or other institute | 84 | 90 |
| 2년제 대학, 초급대학, 직업기술학교 졸업<br>Two-year program at a university, college, trade or technical school, or other institute | 91 | 98 |
| 학사, 3년제 대학, 초급대학, 직업기술학교 졸업<br>Bachelor's degree OR a three or more year program at a university, college, trade or technical school, or other institute | 112 | 120 |
| 대학, 초급대학 복수전공 졸업 (전공 하나는 3년 이상)<br>Two or more certificates, diplomas, or degrees. One must be for a program of three or more years | 119 | 128 |
| 석사 또는 이에 준하는 의사 등 전문직 과정 졸업<br>Master's degree, OR professional degree needed to practice in a licensed profession (For "professional degree," the degree program must have been in: medicine, veterinary medicine, dentistry, optometry, law, chiropractic medicine, or pharmacy.) | 126 | 135 |
| 박사 | 140 | 150 |

<Core / Human Capital Factors- 어학능력 점수>

| 제 1 언어 (영어 또는 불어) 능력 | 기혼 | 독신 |
|---|---|---|
| CLB 4 이하 | 0 | 0 |
| CLB 4 또는 5 | 6 | 6 |
| CLB 6 | 8 | 9 |
| CLB 7 | 16 | 17 |
| CLB 8 | 22 | 23 |
| CLB 9 | 29 | 31 |
| CLB 10 또는 이상 | 32 | 34 |
| 제 2 언어 (영어 또는 불어) 능력 | 기혼 | 독신 |
| CLB 4 또는 이하 | 0 | 0 |
| CLB 5 또는 6 | 1 | 1 |
| CLB 7 또는 8 | 3 | 3 |
| CLB 9 또는 이상 | 6 | 6 |

※ 상기 표는 듣기, 말하기, 읽기, 쓰기 등 4개 영역에 각각 적용 가능하므로, 제 1 언어에서 기혼은 최대 128점, 독신은 최대 136점까지 가능하고, 제 2 언어에서 기혼은 최대 22점, 독신은 최대 24점까지 가능하다.

<Core / Human Capital Factors- 캐나다 경력 점수>

| 캐나다 경력 | 기혼 | 독신 |
|---|---|---|
| 1년 이하 | 0 | 0 |
| 1년 | 35 | 40 |
| 2년 | 46 | 53 |
| 3년 | 56 | 64 |
| 4년 | 63 | 72 |
| 5년 또는 이상 | 70 | 80 |

<Core / Human Capital Factors- 나이 점수>

| 나이 | 기혼 | 독신 | 나이 | 기혼 | 독신 |
|---|---|---|---|---|---|
| 17세 및 이하 | 0 | 0 | 36세 | 65 | 72 |
| 18세 | 90 | 99 | 37세 | 60 | 66 |
| 19세 | 95 | 105 | 38세 | 55 | 61 |
| 20~29세 | 100 | 110 | 39세 | 50 | 55 |
| 30세 | 95 | 105 | 40세 | 45 | 50 |
| 31세 | 90 | 99 | 41세 | 35 | 39 |
| 32세 | 85 | 94 | 42세 | 25 | 28 |
| 33세 | 80 | 88 | 43세 | 15 | 17 |
| 34세 | 75 | 83 | 44세 | 5 | 6 |
| 35세 | 70 | 77 | 45세 및 이상 | 0 | 0 |

<Spouse or Common-Law Partner Factors - 어학능력 점수>

| 제 1 언어 (영/불어) 능력 | 배우자 |
|---|---|
| CLB 4 또는 이하 | 0 |
| CLB 5 또는 6 | 1 |
| CLB 7 또는 8 | 3 |
| CLB 9 또는 이상 | 5 |

※ 듣기, 말하기, 읽기, 쓰기 등 4개 분야에서 각각 적용하므로 최대 20점

<Spouse or Common-Law Partner Factors - 학력 점수>

| 구분 | 배우자 |
|---|---|
| 고졸 이하 | 0 |
| 고졸 | 2 |
| 1년제 대학, 초급대학, 직업기술학교 졸업<br>One-year degree, diploma or certificate from a university, college, trade or technical school, or other institute | 6 |
| 2년제 대학, 초급대학, 직업기술학교 졸업<br>Two-year program at a university, college, trade or technical school, or other institute | 7 |
| 학사, 3년제 대학, 초급대학, 직업기술학교 졸업<br>Bachelor's degree OR a three or more year program at a university, college, trade or technical school, or other institute | 8 |
| 대학, 초급대학 복수전공 졸업 (전공 하나는 3년 이상)<br>Two or more certificates, diplomas, or degrees. One must be for a program of three or more years | 9 |
| 석사 또는 이에 준하는 의사 등 전문직 과정 졸업<br>Master's degree, OR professional degree needed to practice in a licensed profession (For “professional degree,” the degree program must have been in: medicine, veterinary medicine, dentistry, optometry, law, chiropractic medicine, or pharmacy.) | 10 |
| 박사 | 10 |

<Spouse or Common-Law Partner Factors - 캐나다경력 점수>

| 캐나다 경력 | 배우자 |
|---|---|
| 1년 이하 | 0 |
| 1년 | 5 |
| 2년 | 7 |
| 3년 | 8 |
| 4년 | 9 |
| 5년 또는 이상 | 10 |

<Skill Transferability Factors - 해외 (캐나다 이외) 경력+ 언어>

| 제 1 언어에서 듣기, 말하기, 읽기, 쓰기 | 모두 CLB 7 이상 (최대 25점) | 모두 CLB 9 이상 (최대 50점) |
|---|---|---|
| 해외 경력 없음 | 0 | 0 |
| 1 또는 2년 해외 경력 | 13 | 25 |
| 3년 해외 경력 | 25 | 50 |

<Skill Transferability Factors - 교육+ 언어>

| 제 1 언어에서 듣기, 말하기, 읽기, 쓰기 | 모두 CLB 7이상 (최대 25점) | 모두 CLB 9 이상 (최대 50점) |
|---|---|---|
| 고졸 또는 이하 (CLB Level 1 & 2) | 0 | 0 |
| 1년제 이상 대학 또는 기술학교 졸업 (CLB 3, 4, & 5) | 13 | 25 |
| 복수전공이며 적어도 하나는 최소 3년제 이상 대학 또는 기술학교 졸업 (CLB 6, 7 & 8) | 25 | 50 |

<Skill Transferability Factors - 교육 + 캐나다 경력>

| 캐나다 경력 | 1년 이상 경력<br>(최대 25점) | 2년 이상 경력<br>(최대 50점) |
|---|---|---|
| 고졸 또는 이하<br>(CLB Level 1 & 2) | 0 | 0 |
| 1년제 이상 대학<br>또는 기술학교 졸업<br>(CLB 3, 4, & 5) | 13 | 25 |
| 복수전공이며 적어도<br>하나는 최소 3년제<br>이상 대학 또는<br>기술학교 졸업 (CLB<br>6, 7 & 8) | 25 | 50 |

<Skill Transferability Factors - 해외 경력 + 캐나다 경력>

| 경력 | 캐나다 경력 1년<br>(최대 25점) | 캐나다 경력 2년<br>(최대 50점) |
|---|---|---|
| 해외 경력 없음 | 0 | 0 |
| 1 또는 2년 해외<br>경력 | 13 | 25 |
| 3년 해외 경력 | 25 | 50 |

<Skill Transferability Factors - 캐나다 기능 자격 + 언어>

| 제 1 언어에서 듣기,<br>말하기, 읽기, 쓰기 | 모두 CLB 5이상<br>(최대 25점) | 모두 CLB 7 이상<br>(최대 50점) |
|---|---|---|
| 캐나다 기능 자격증 | 25 | 50 |

<Additional Points - 추가 평가 점수>

| 구분 | 점수 (최대 600점) |
|---|---|
| LMIA 노동영향평가를 받고 취업을 한 대상자 | 600 |
| 주정부 추천 이민 대상자 | 600 |

### a. FSW 전문직 숙련인력

FSW (Federal Skilled Workers) 전문직 숙련인력은 이민비자를 취득하여 캐나다 도착 이후, 퀘벡 주를 제외하고 어디에 살던, 어떤 일을 하던 무관 하지만 기본적인 요구조건부터 까다롭다.

- 영어 (또는 불어) 능력이 CLB 7 레벨 이상
- 관리직 (Skill Type 0) 또는 기술/기능직 (Skill Level A/B)
- 최근 10년 동안 같은 일을 최소 1년 (시간제의 경우 1,560시간) 이상 급여를 받고 연속 근무한 경력
- 고등학교 이상 학력
- 승인된 직업목록 (Eligible Occupations)에서 경력,
  또는 캐나다 고용주로부터 정규직 채용 제의,
  또는 캐나다에 있는 대학에서 최근 박사학위 취득 및 예정

또한 언어, 학력, 경력. 나이, 캐나다 취업, 적응 능력 등 6개 평가항목의 합계 점수가 최소 67점 이상이 되어야 하고, 만약 캐나다에서 직업을 못 구한 경우는 가족 부양을 위한 충분한 재정 상태를 보여주어야 한다. (2014년 4인 가족의 경우 최소 $21,971)

<FSW 전문 숙련인력의 항목별 평가 기준>

| 항 목 | 만 점 |
|---|---|
| o 학력 (Education)<br>- 고졸 (5점)<br>- 고졸 이후 1년 이상 교육과정 졸업 (15점)<br>- 고졸 이후 2년 이상 교육과정 졸업 (19점)<br>- 고졸 이후 3년 이상 교육과정 졸업 (21점)<br>- 고졸 이후 2개 이상 교육과정 졸업, 하나는 최소 3년 이상 교육 (22점)<br>- 석사학위 취득 (23점)<br>- 박사학위 취득 (25점) | 25 |
| o 영어 (또는 불어) 능력 (Language Ability)<br>- 제 1 언어: CLB 9 (6점), 8 (5점), 7 (4점), 이하 (0점) (읽기, 쓰기, 말하기, 듣기에서 각각 점수 산정)<br>- 제 2 언어: 모든 영역에서 CLB 5 이상 (4점), 이하 (0점) | 28 |

(계속 이어서)

<FSW 숙련인력의 항목별 평가 기준>

| 항 목 | 만 점 |
|---|---|
| o 경력 (Work Experience)<br>- FSW 승인 직업에서 최근 10년 동안 경력<br>1년 (9점), 2-3년 (11점), 4-5년 (13점), 6년 이상 (15점) | 15 |
| o 나이 (Age)<br>- 만18세 ~ 만35세 (12점)<br>- 36세 부터 1년에 1점씩 감점<br>- 18세 이하, 또는 47세 및 이상 (0점) | 12 |
| o 승인된 직업으로 캐나다에서 정규직 취업 (10점)<br>- 취업비자가 있고 해당 직장에서 일을 하고 있는 경우로 고용주의 정규직 채용 제의 및 노동시장영향평가의 긍정적인 결과가 있는 경우<br>(단 NAFTA 등 국제조약에 따라 노동시장영향평가가 면제 되거나 노동시장영향평가를 이미 받아 캐나다의 동일 직장에 채용되는 경우는 노동시장영향평가 면죄)<br>- 난민 또는 배우자 Open 유학/취업비자로 일을 하고 있는 경우로 고용주의 정규직 채용 제의 | 10 |
| o 적응능력<br>- 배우자가 영어 또는 불어의 말하기, 듣기, 쓰기, 읽기 등의 모든 영역에서 CLB 4 이상 (5점)<br>- 본인의 캐나다 고등학교 또는 이상 전일제 유학 (5점)<br>- 배우자가 고졸 이후 2년 이상 캐나다 전일제 유학 (5점)<br>- 본인이 Skill Type 0 or Skill Levels A or B 레벨의 승인된 직업으로 1년 이상 캐나다 전일제 근무 경력 (10점)<br>- 배우자의 1년 이상 캐나다 전일제 근무 경력 (5점)<br>- 본인이 승인된 직업으로 캐나다 정규직 채용 제의 (5점)<br>- 본인의 가족/친척이 캐나다 거주 영주권자 시민권자 (5점)<br>(부모, 조부모, 자식, 손자, 형제, 삼촌/고모/이모, 18세이상 3촌 조카) | 10 |
| 합 계 | 100 |

a) 승인된 NOC 직업 (Eligible Occupation)

캐나다 경제가 필요로 하는 노동인력을 선별하기 위하여 통계국에서 사용하는 NOC (National Occupational Classification) 직업분류목록을 사용하며, 캐나다 경제 및 노동시장의 상황에 따라 승인되는 직업 목록이 변경되기도 한다.

<NOC 직업분류목록의 Skill Level 기준>

| Skill Level | 내용 |
|---|---|
| 0 (Type) | - 관리자 |
| A | - 학사학위 이상 전문직 |
| B | - 2 ~ 3년제 초급대학을 졸업한 기술/기능직<br>- 2 ~ 5년 과정 현장기능훈련 (Apprenticeship)<br>- 고졸이후 2년 이상 OJT 현장 실습 (또는 경력)<br>- B 레벨의 관리 (Supervisory) 감독 경력<br>- B 레벨의 의료 및 안전 (간호원, 경찰관, 소방관) 경력 |
| C | - 고졸 이상 일반 근로자 |
| D | - 고졸 이하 (직업 교육 이수)의 단순 노동 |

b) 정규직 채용 제의 (Arranged Employment)

o 취업비자로 캐나다에서 일을 하고 있는 경우

ESDC (Employment and Skills Development Canada) 노동부의 LMIA (Labour Market Impact Assessment) 노동시장영향평가에서 긍정적인 결과를 받아 취득한 취업비자를 소지하고, 취업비자에 명시된 직장에서 근무하던 중에 정규직으로 채용 제의를 받은 경우이다.

o 노동시장영향 평가를 면제 받고 캐나다에서 일을 하는 경우

NAFTA 등의 국제협약이나 연방 또는 주정부 협정에 근거하여 노동시장영향 평가를 면제 받고 취득한 취업비자로 캐나다에서 일을 하는 동안 동일한 직장에서 정규직으로 채용 제의를 받은 경우이다.

o 노동시장 신규 진입을 하는 경우

해외에 거주하고 있거나, 고용주가 바뀌거나, 고용시장영향 평가 면제 대상이 아니지만 평가 없이 취업비자를 취득하여 일을 하고 있는 경우, 해당 직업에 대해 고용주는 노동시장영향평가를 새롭게 신청하여 긍정적인 결과를 받아야 한다. 또한 해당 분야에 자격이나 면허가 필요한 경우 소지하고 있거나 취득 가능 하다는 것

을 보여 주어야 한다.

c) 박사학위 취득예정자 및 취득자

캐나다에서 향후 2년 이내에 박사학위 취득 예정인 우수한 학생 (Good Academic Standing)이거나, 캐나다에서 박사학위를 취득한지 12개월 미만인 경우이다.

| FSW 전문직 숙련인력으로 이민을 신청하는 박사학위 소지자는 본국으로부터 귀국을 조건으로 장학금을 받지 않았어야 하고, FSW 전문직 숙련인력 승인 직업군에서 최근 10년 동안 최소 1년 이상 경력도 있어야 한다. |
|---|

### b. FST 기능인력

FST (Federal Skilled Trades)는 기능인력을 위해 2013년 신설된 이민 프로그램으로, 승인된 직업 분야에서 최근 5년 동안 2년 이상 경력이 있고, 다음의 기본적인 요건을 만족해야 한다.

- 퀘벡 주를 제외한 나머지 지역에 거주할 계획
  (퀘벡 기술이민은 Québec Selected Skilled Worker 참조)
- 고등학교 졸업 이후 초급대학 또는 전문 기술 교육 이수
- 영어 (또는 불어)에서 듣기와 말하기는 CLB 레벨 5 이상이고, 읽기와 쓰기는 CLB 레벨 4 이상
- 2개 이상의 직장에서 근무한 경력을 가진 경우 최소 하나의 직장에서는 1년 이상 근무
- 해당 직업에 필요한 학력 등 NOC의 모든 조건들을 충족
- 캐나다 고용주로부터 최소 1년 이상 전일제 채용 제의를 받았거나 해당 주정부에서 시행하는 기능사 자격증 (Certificate of Qualification) 취득

2017년 기능 인력에 대한 직업 분야는 다음과 같다.
- Major Group 72, industrial, electrical and construction trades,
- Major Group 73, maintenance and equipment operation trades,
- Major Group 82, supervisors and technical jobs in natural resources, agriculture and related production,
- Major Group 92, processing, manufacturing and utilities supervisors and central control operators,
- Minor Group 632, chefs and cooks, and
- Minor Group 633, butchers and bakers.

### c. CEC 캐나다 경력자

CEC (Canada Experience Class)는 캐나다 직장에서 승인된 직업으로 근무한 경력자를 위한 이민 프로그램으로, 다음의 기본적인 요건을 만족해야 한다.

- 퀘벡 주를 제외한 나머지 주에 거주할 계획
- 최근 3년 이내에 최소 12개월 이상 전일제 또는 동등한 시간을 시간제로 캐나다에서 근무한 경력
- 언어능력이 NOC의 Skill Type 0 또는 Skill Level A는 CLB 7 레벨 이상, NOC의 Skill Level B는 CLB 5 레벨 이상

캐나다 경력이민을 위한 카테고리에서 다음의 직업들을 2013년 제외하였다가 2015년 다시 해제하는 등 경제 상황과 실업률에 따라 변경되기도 한다.
- Cooks (NOC 6322)
- Food Service Supervisors (NOC 6311)
- Administrative Officers (NOC 1221)
- Administrative Assistants (NOC 1241)
- Accounting Technicians and Bookkeepers (NOC 1311)
- Retail Sales Supervisors (NOC 6211)

### 2) 투자이민

#### a. 순수투자 이민

2015년부터 시행된 IIVC (Immigrant Investor Venture Capital) 순수 투자이민 프로그램으로 다음의 자격 요건을 갖춘 후보 중 제한된 인원 (2015년, 60명)에게만 비자를 발행하고 있다.

- 순자산인 1,000만 달러 이상
- 언어 능력이 CLB 5 레벨 이상
- 초급대학 이상 또는 고졸이후 1년제 이상 교육과정 졸업
- 200만 달러 이상을 지정된 금융기관에 15년 이상 투자

<2015년 IIVC 펀드 투자를 위한 지정된 투자기관>

| IIVC (Immigrant Investor Venture Capital) 펀드는 BDC (Business Development Bank of Canada) Capital에 의해 위험성 있는 벤처에 투자하며 투자 접수를 위한 지정된 금융기관은 다음과 같다.<br>- BDO USA, LLP<br>- Deloitte Forensic Inc.<br>- EY<br>- KPMG LLP<br>- PricewaterhouseCoopers (PwC) LLP<br>- Raymond Chabot Grant Thornton Consulting Inc. |
|---|

#### b. 창업이민

창업비자 (Start-up VISA)는 캐나다 내에서 창업을 하는 대상자에게 이민비자를 발급하는 것으로 다음의 기본적인 요건을 만족해야 한다.

- 지정된 캐나다 투자기관에서 투자 증빙 (Letter of Support)
- 최대 5명까지 비자 신청이 가능하지만 각자 10% 이상 지분이 있고, 투자기관 지분을 포함 50% 이상 지분 확보
- 언어 능력에서 최소 CLB 레벨 5 이상
- 충분한 초기 정착 자금 (2016년 4인 가족 기준 $22,856)

| 가족 수 | 정착금($) | 가족 수 | 정착금($) |
|---|---|---|---|
| 1 | 12,300 | 5 | 25,923 |
| 2 | 15,312 | 6 | 29,236 |
| 3 | 18,825 | 7 | 32,550 |
| 4 | 22,856 | 추가 인원 당 | 3,314 |

<2014년 창업이민을 위해 지정된 캐나다 투자기관>

| 벤처 캐피탈 기금 (Venture Capital Fund) - 최소 20만 달러 담보 |
|---|
| o BDC Venture Capital<br>o Blackberry Partners Fund II LP (doing business as Relay Ventures Fund II)<br>o Celtic House Venture Partners<br>- Celtic House Venture Partners Fund III LP<br>- Celtic House Venture Partners Fund IV LP<br>o DRI Capital Inc.<br>o Extreme Venture Partners LLP<br>o Golden Opportunities Fund Inc.<br>o iNovia Capital Inc.<br>o Lumira Capital<br>o Mobio Technologies Inc.<br>o New Brunswick Innovation Foundation Inc.<br>o Oak Mason Investments Inc.<br>o OMERS Ventures Management Inc.<br>o Pangaea Ventures Fund III, LP<br>o PRIVEQ Capital Funds<br>- PRIVEQ III Limited Partnership<br>- PRIVEQ IV Limited Partnership<br>o Quorum Group<br>- Advantage Growth (No.2) LP<br>- Ontario SME Capital Corporation<br>- Quorum Investment Pool Limited Partnership<br>- Quorum Secured Equity Trust<br>o Real Ventures<br>o Rho Canada Ventures<br>o Rogers Venture Partners, LLC<br>o Summerhill Venture Partners Management Inc.<br>o Tandem Expansion Management Inc.<br>o Top Renergy Inc.<br>o Vanedge Capital Limited Partnership<br>o Version One Ventures<br>o Wellington Financial LP<br>o Westcap Mgt. Ltd.<br>- Canadian Accelerator Fund Ltd.<br>o Yaletown Venture Partners Inc. |

| 엔젤 투자자 그룹 (Angel Investor Group) - 최소 7.5만 달러 담보 |
|---|
| o Angel One Network Inc.<br>o First Angel Network Association<br>o Golden Triangle Angel Network<br>o Oak Mason Investments Inc.<br>o TenX Angel Investors Inc.<br>o VANTEC Angel Network Inc. |

| 비즈니스 인큐베이터 (Business Incubator) - 투자 승인 (무담보) |
| --- |
| o Canada Accelerator Co (d/b/a HIGHLINE)<br>o Communitech<br>o Empowered Startups Ltd.<br>o Extreme Innovations<br>o INcubes Inc.<br>o Innovacorp<br>o Innovate Calgary<br>o Interactive Niagara Media Cluster o/a Innovate Niagara<br>o Knowledge Park o/a Planet Hatch<br>o LaunchPad PEI Inc.<br>o Real Investment Fund III L.P. o/a FounderFuel<br>o Ryerson Futures Inc.<br>o Toronto Business Development Centre<br>o Waterloo Accelerator Centre |

### c. 자영 이민 (Self-Employed Immigrants)

자영이민은 문화, 예술, 스포츠 분야에서 세계적인 탁월한 능력이 있거나, 관련 사업체를 경영한 경험이 있거나 또는 농장을 경영한 경험이 있어야 하고, 다음의 기본적인 요건도 만족해야 한다.

- 2개 이상의 문화, 예술 분야에서 각각 1년 이상 사업을 하였거나 세계적인 행사에 참여한 경우
- 2개 이상의 스포츠 분야에서 각각 1년 이상 사업을 하였거나 세계적인 행사에 참여한 경우
- 2개 이상의 농장을 각각 1년 이상 경영한 경우

상기 기본 요건 이외에 학력, 경력, 나이, 어학, 적응 능력 등의 항목에서 합계가 최소 35점 이상 되어야 한다.

<자영 이민 자격 심사를 위한 점수 환산 기준>

| 항 목 | 만 점 |
|---|---|
| o 학력<br>- 석사 또는 박사 학위 취득, 최소 17년 교육 (25점)<br>- 2개 이상 학사 학위 취득, 최소 15년 교육 (22점)<br>- 2년 이상 학사과정 졸업, 최소 14년 교육 (20점)<br>- 1년 이상 학사과정 졸업, 최소 13년 교육 (15점)<br>- 3년제 직업/자격교육 졸업, 최소 15년 교육 (22점)<br>- 2년제 직업/자격교육 졸업, 최소 14년 교육 (20점)<br>- 1년제 직업/자격교육 졸업, 최소 14년 교육 (15점)<br>- 1년제 직업/자격교육 졸업, 최소 12년 교육 (12점)<br>- 고졸 (5점) | 25 |
| o 경력<br>- 2년 (20점), 3년 (25점), 4년 (30점), 5년 (35점) | 35 |
| o 나이<br>- 21-49세 (10점), 20세와 50세 (8점), 19와 51세 (6점), 18세와 52세 (4점), 17세와 53세 (2점), 0-16세 또는 54세 이상 (0점) | 10 |
| o 영/불어 (읽기, 쓰기, 말하기, 듣기에서 각각 점수 산정)<br>- 제 1언어: 상 (4점), 중 (2점), 하 (1점), 무 (0점)<br>- 제 2언어: 상 (2점), 중 (2점), 하 (1점), 무 (0점) | 24 |
| o 배우자 적응력<br>- 고졸 (0점)<br>- 1년제 직업/자격/대학 졸업, 최소 12년 교육 (3점)<br>- 2년제 직업/자격/대학 졸업, 최소 14년 교육 (4점)<br>- 석사 또는 박사학위 취득, 최소 17년 교육 (5점)<br>o 본인 또는 배우자의 캐나다 경력 1년 (5점)<br>o 17세 이후 본인 또는 배우자의 캐나다 유학 2년 (5점)<br>o 캐나다 영주권자 또는 시민권자 가족 및 친척 (5점)<br>(부모, 자식, 조부모, 손자, 삼촌/이모/고모, 형제, 조카) | 6 |

### 3) 대서양 지역 이민 파일로트

대서양 지역 이민 파일로트 (Atlantic Immigration Pilot)는 경제적으로 낙후된 대서양 연안지역의 경제를 지원하기 위하여 특별히 만들어진 연방 이민 제도이다. 노바스코샤, 뉴브런즈윅, PEI, 뉴펀들랜드 등 4개 주가 해당되며 지역 산업에서 부족한 인력을 신속히 공급하기 위한 제도로, 우선 2017년 2000명의 인력을 공급하는 것을 목표로 한다. 본 이민제도를 이용하여 부족한 노동인력을 채우고자하는 고용주는 우선 정부에 지정허가를 받아야 하며, 다음과 같이 3종류의 프로그램을 운영한다.

o Atlantic High-Skilled Program (숙련인력)
- Skill Type 0, Level A, B
- 최근 3년 이내 1년 이상의 경력
- 고졸 이상, 학력 인증 필요
- 해당 주의 고용주로부터 1년 이상 채용 제의
- 영어 또는 불어 CLB 4

o Atlantic Intermediate-Skilled Program (준 숙련인력)
- Skill Level C
- 최근 3년 이내 1년 이상의 경력
- 고졸 이상, 학력 인증 필요
- 해당 주의 고용주로부터 1년 이상 채용 제의
- 영어 또는 불어 CLB 4

o Atlantic International Graduate Program (유학생)
- 대서양 연안 주에서 고졸 이후 2년 이상 과정 유학 졸업 (해당 주에서 16개월 이상 유학)
- 졸업 후 1년 이내 신청
- 경력 요구 사항 없음
- 해당 주의 고용주로부터 1년 이상 채용 제의

### 4) 가족초청 등 기타 이민

#### a. 가족초청 (Family Sponsorship)

18세 이상 시민권자, 영주권자, 원주민은 배우자 (국제결혼 포함), 19세 이하 자녀 (국제입양 자녀 포함), 부모님 (조부모님 포함)을 캐나다로 초청 할 수 있다. 단 초청자는 캐나다로 데려온 가족에게 의식주 및 의료서비스를 장기간 지원을 해야 한다.

- 배우자 (영주권 취득 이후 최소 3년)
- 자녀 (캐나다 도착 이후 최소 10년 또는 22세가 될 때 까지)

> 배우자 초청 이민의 경우 자식을 낳을 때까지 또는 의무적으로 결혼생활을 2년 이상 해야 하는 조건은 2017년 4월 18일 폐지하였고, 배우자 초정이민비자 수속기간도 12개월 이내에 단축하였다.

> 초정이민으로 영주권을 취득한 사람이 5년 이내에 다른 가족을 초청하는 것은 허락되지 않다. 또한 과거 배우자를 초청한 경우 3년이 경과하거나 기존 초청이민자에 대한 의무 후원기간이 경과하지 않으면 다시 다른 사람을 초청 할 수 없다.

> 캐나다 시민권자 또는 영주권자는 슈퍼비자 (Parent and Grandparent Super Visa)를 이용하여 부모님 또는 조부모님이 최대 2년 동안 캐나다에 머무를 수 있도록 할 수 있다. 단 LICO (Low Income Cut-Off) 기준소득 이상자만 신청 가능하다. (2017년 기준, 초청 부모 포함 2인 가족 $30,625, 3인 가족 $37,650, 4인 가족 $45,712)

#### b. 가정집 도우미 및 간호 인력 (Live-in caregivers)

개인 가정집에 주당 30시간 이상 머물면서 18세 이하 어린이 또는 장애인을 돌보는 도우미 (Nanny로 부름), 또는 환자를 돌보는 간호 인력에게 부여되는 취업비자이다. 가정집 도우미 및 간호 인력을 채용하기 원하는 고용주는 LMIA (Labour Market Impact Assessment) 노동시장영향성 평가를 미리 신청해야 한다.

가정집 도우미는 언어 수준이 CLB 5 이상 되어야 하고, 최소 고등학교 이후 1년 이상 전문교육을 받은 학력을 요구된다.

간호 인력은 해당 전문 교육과 자격을 취득해야 하며, 다음에 NOC 분류에 있어야 한다. NOC 3012의 경우는 언어 능력이 CLB 7 이상이어야 하고 나머지는 CLB 5이상 요구 한다.
- Registered nurses and registered psychiatric nurses (NOC 3012)
- Licensed practical nurses (NOC 3233)
- Nurse aides, orderlies and patient service associates (NOC 3413)
- Home support workers and related occupations (NOC 4412)

가정집 보모 및 간호 인력이 캐나다 도착이후 4년 동안 24개월 (또는 390시간의 초과근무를 포함한 경우 3,900시간, 22개월) 이상 전일제로 근무하면 허용된 인원 범위 내에서 영주권을 신청할 수 있다.

### c. 난민 (Refugees)

학대를 당하거나, 생명에 위협이 있거나, 잔인한 위협/체벌의 위기에 처해 있는 경우 난민 신청을 할 수 있으며, 캐나다 이민난민위원회 (Immigration and Refugee Board, IRB)의 심사를 통과하면 난민 지위를 얻어 캐나다에서 영구적으로 살 수 있다.
(www.irb-cisr.gc.ca)

그러나 제 3국에서 살 수 있도록 시민권을 부여 받은 경우는 난민 신청이 거부된다. 즉 북한에서 탈북 하여 남한에 정착해서 살고 있는 경우는 대한민국 국적을 취득하였기 때문에 캐나다 난민으로 인정을 받기 어렵다.

# 주정부 이민 프로그램

## 1) 퀘벡 선발이민

퀘벡 주는 연방이민과 별도로 이민 프로그램을 오랫동안 직접 시행해오고 있으며, 심사에 합격한 대상자에게 CSQ (Certificat de Sélection du Québec)를 발급하고 있다. 퀘벡 선발이민의 기술이민자과 투자이민자 (순수투자, 기업, 자영업)는 동일한 점수 체계로 언어능력을 평가 받는다. 듣기 (Oral Comprehension), 말하기 (Oral Production), 읽기 (Written Comprehension), 쓰기 (Written Production) 등 4가지 영역에서 본인과 배우자의 점수를 합하면 최대 28점까지 가능하다.

불어는 CEFR (Common European Framework of Reference for Languages) B2 레벨 이상만 인정하고, 영어는 IELTS 시험 결과의 CLB 레벨 5 이상만 인정한다.

| 구 분 | 초 급 | | 중 급 | | 고 급 | |
|---|---|---|---|---|---|---|
| CEFR | A1 | A2 | B1 | B2 | C1 | C2 |
| CLB | 1-2 | 3-4 | 5-6 | 7-8 | 9-10 | 11-12 |

퀘벡 이민심사에 인정되는 공식 불어 시험기관

o 듣기, 말하기, 읽기, 쓰기 모두 가능한 시험기관
- the Test d'évaluation du français (TEF) of the CCIP-IDF;
- the Test de connaissance du français (TCF) of the CIEP;
- the Diplôme d'études en langue française (DELF) of the CIEP;
- the Diplôme approfondi de langue française (DALF) of the CIEP.

o 듣기, 말하기만 가능한 시험기관
- The Test d'évaluation du français adapté pour le Québec (TEFAQ) of the Chambre de commerce et d'industrie de Paris Île-de-France (CCIP-IDF);
- The Test de connaissance du français pour le Québec (TCF-Québec) of the Centre international d'études pédagogiques (CIEP);

퀘벡 선발 이민 프로그램에 합격하여 CSQ를 받은 이후, 연방정부에도 최종 이민비자를 신청해야 하며 그 주소는 다음과 같다.

기술이민
Centralized Intake Office – Québec Skilled Workers (QSW)
P.O. BOX 8888
Sydney, NS, B1P 0C9
Canada

투자이민
Centralized Intake Office – Québec Business Class (QBC)
P.O. Box 7100
Sydney, NS, B1P 0E8
Canada

## a. 기술이민

### a) 숙련인력 (Skilled Workers)

퀘벡 숙련인력 이민 프로그램으로 CSQ를 신청하려면 기본적으로 다음 자격요건을 갖추어야 한다.

- 퀘벡 주에서 직업을 얻어 정착할 의지
- NOC의 기술레벨 (Skill Level) C 이상
- 취업이 가능한 직업 훈련과 경력

또한 숙련인력은 종합 점수제 평가 항목에서 독신은 최소 49점 이상, 배우자가 있는 경우는 최소 57점 이상 획득해야 한다.

숙련 분야의 Section은 퀘벡 주의 경제 상황에 따라 A, B, C, D, E, F, G로 구분 한다. 이는 "List of Areas of Training"을 기준으로 하며, 퀘벡 주의 이민 사이트에서 다운로드 할 수 있다.
www.immigration-quebec.gouv.qc.ca/en/immigrate-settle/permanent-workers/official-immigration-application/requirements-programs/list-areas-training.html

한국 등 캐나다 밖에서 공부한 학력은 기본적으로 퀘벡 교육 체계를 기준으로 인정하며, 퀘벡 주에서 전문직/기능직으로 일을 하는데 해당 규정에 적합한 경우, 외국과 "Mutual Recognition Arrangement (MRA)" 조약이 있는 경우 등도 고려한다.

<2014년 퀘벡 주의 초기 정착 3개월간 최소 생활비>

| 자녀 수 | 성인 1명 | 성인 2명 |
|---|---|---|
| 0명 | $2,956 | $4,336 |
| 1명 (18세 이하) | $3,973 | $4,857 |
| 2명 (18세 이하) | $4,484 | $5,242 |
| 3명 (18세 이하) | $4,996 | $5,627 |
| 추가 자녀가 있으면 다음과 같이 최소 생활비 증가<br>- 배우자가 없고 자녀가 18세 이하 이면, 자녀 당 $512<br>- 배우자가 있고 자녀가 18세 이하 이면, 자녀 당 $385<br>- 자녀가 18세 이상이면, 자녀 당 $1,379 | | |

2014년 숙련인력 CSQ 발행은 6,500명으로 제한하지만, 다음의 경우는 예외로 하였다.
- 퀘벡 경험 프로그램 (Québec Experience Program)에 참여하는 경우
- 퀘벡 주에서 채용 제의를 받은 경우
- 연방 CIC 이민국이 영주권 신청 처리를 통보한 경우
- 퀘벡 임시 거주자로 CSQ 신청 자격이 있는 경우

퀘벡 주의 교육 체계

퀘벡 주의 고등학교 (Secondary School)는 11학년에 졸업하며 특별한 경우를 제외하고 인문계만 있다. 대신 시접 (CÉGEP)이라는 초급대학에 진학과정 (2년)과 취업기술과정 (1-3년)이 있다. 대학은 3~5년의 학사 학위 과정과 1~3년의 단기 디플로마 과정을 함께 운영한다.

<퀘벡 숙련인력의 기술이민 종합 점수제 평가항목>

| 항 목 | 만점 |
|---|---|
| 학력<br>- 고졸 (인문계 2점, 실업계 6점)<br>실업계 전공이 숙련분야 A, B이면 10점)<br>- 초급대졸 (2년제 진학 4점, 1-2년제 기술 6점, 3년제 기술 8점<br>초급대졸 1~3년제 기술전공이 숙련분야 A, B이면 10점)<br>- 대학 (1년 과정 졸업 4점, 2년 6점, 3년 10점)<br>- 석사 또는 박사 (12점)<br>※ 정확한 정보를 공개하지 않아서 다소 차이가 있을 수 있음 | 12 |
| 전공, 자격 관련한 숙련 분야 (최근 5년 이내 1년 이상)<br>- Section A 16점, B 12점, C 6점, D 2점, E 0점 | 16 |
| 퀘벡 주에서 정규직 채용 제의<br>- 몬트리올 광역권 (Metropolitan Area) 6점, 그 외 10점 | 10 |
| 경력<br>- 6개월 미만 0점, 6개월 4점, 2년 6점, 4년 8점 | 8 |
| 나이<br>- 18-35세 16점, 이후 1살에 2점씩 감소하여 43세 이면 0점 | 16 |
| 불어 능력<br>- 말하기, 듣기에서 B2는 5점씩, C1은 6점씩, C2는 7점씩<br>- 읽기, 쓰기에서 B2는 1점씩<br>영어 능력<br>- 말하기, 듣기에서 CLB 5-8은 1점씩, CLB 9-12는 2점씩<br>- 읽기, 쓰기에서 CLB 5-12는 1점씩 | 22 |
| 퀘벡 거주<br>- 본인 (3개월 퀘벡 경력 또는 1 학기 퀘벡 수업 5점,<br>단순 거주 2주 1점, 3개월 2점)<br>- 시민권자 (또는 영주권) 부모/자녀/형제/조부모 거주 3점 | 8 |
| 배우자 학력<br>- 고졸 (인문계 1점, 실업계 2점)<br>초급대졸 (2년제 진학 1점, 1-2년제 기술 2점, 3년제 기술 3점)<br>- 학사 (1년 과정 졸업 1점, 2년 2점, 3년 3점)<br>- 석사 또는 박사 (4점)<br>배우자 숙련 분야<br>- Section A 4점, B 3점, C 2점, D 1점, E/F/G 0점<br>배우자 나이<br>- 18-35세 3점, 36-39세 2점, 40-42세 1점, 43세 이상 0점<br>배우자 불어<br>- 말하기, 듣기에서 CLB 7은 3점씩 | 17 |
| 19세 이하의 자녀 수<br>- 12세 또는 이하 자녀 당 4점씩<br>- 13-18세 자녀 당 2점씩 | 8 |
| 초기 3개월 동안 정착을 위한 최저 생활비 | 1 |

### b. 투자이민

a) 순수 투자이민 (Investor)

투자이민 신청은 기본적으로 배우자의 재산을 포함하여 합법적으로 모은 순자산이 160만 달러 (6개월 이내에 기부를 받은 자산은 제외) 이상이고, 주정부에서 승인한 투자기관 (Trust Company 또는 Broker)에 80만 달러 이상을 5년간 예치해야 한다. 예치 기간 동안 이자는 없지만 만기가 되면 원금은 상환 받을 수 있다. 또한 퀘벡 주에 정착하려는 의지와 다음의 경력도 있어야 하고, 학력, 언어 등 종합 점수제 평가에서 40점 이상 획득해야 한다.

<퀘벡 주의 순수 투자이민 종합 점수제 평가항목>

| 항 목 | 만점 |
|---|---|
| 학력<br>- 고졸 (인문계 2점, 실업계 6점)<br>실업계 전공이 숙련분야 A, B이면 10점)<br>- 초급대졸 (2년제 진학 4점, 1-2년제 기술 6점, 3년제 기술 8점<br>초급대졸 1~3년제 기술전공이 숙련분야 A, B이면 10점)<br>- 대학 (1년 과정 졸업 4점, 2년 6점, 3년 10점)<br>- 석사 또는 박사 (12점)<br>※ 정확한 정보를 공개하지 않아서 다소 차이가 있을 수 있음 | 12 |
| 관리자 경력 (2년 10점) | 10 |
| 나이<br>- 18-45세 10점, 이후 1살에 2점씩 감소하여 50세 이면 0점 | 10 |
| 불어 능력<br>- 말하기, 듣기에서 B2는 5점씩, C1은 6점씩, C2는 7점씩<br>- 읽기, 쓰기에서 B2는 1점씩<br>영어 능력<br>- 말하기, 듣기에서 CLB 5는 1점씩, CLB 9는 2점씩<br>- 읽기, 쓰기에서 CLB 5는 1점씩 | 22 |
| 퀘벡 거주<br>- 본인 (3개월 퀘벡 경력 또는 1 학기 퀘벡 수업 5점,<br>단순 거주 2주 1점, 3개월 2점)<br>- 시민권자 (또는 영주권) 부모/자녀/형제/조부모 거주 3점 | 8 |
| 퀘벡 적응력 (서류 준비, 자질, 사회경제시스템 융합 등) 0-5점 | 5 |
| 퀘벡 투자 승인 25점 | 25 |

※ 관리자 경력은 (농업 (Farming), 상업 (Commercial), 산업 (Industrial Business), 전문 (Professional Business) 분야에서 투자자 이외 2명 이상의 정규직을 관리한 경험 또는 국제기구 및 정부 (또는 대행기관)에서 관리 경험

순수투자이민 CSQ 발행은 2015년 1월 5일 ~ 30일 사이에 접수를 받았으며 중국 (홍콩, 마카오 포함)인 신청자 최대 1,200명을 포함하여 총 1,750명으로 제한하였다. 그러나 불어 능력이 잘하는 수준인 레벨 7 (Advanced Intermediate)이면 예외로 인정되어 추가 접수할 수 있다.

<2014년 퀘벡 주의 순수 투자이민을 위한 투자기관>

| 투자기관 | 담당 |
|---|---|
| ARTON INVESTISSEMENTS (www.artoninvest.com) | Reynald Lépine |
| AURAY CAPITAL CANADA INC. | Marc Audet |
| CAPITAL SHERBROOKE STREET (SSC) INC. (www.sherbrookestreetcapital.com) | Alberto Galeone |
| CTI CAPITAL VALEURS MOBILIÈRES INC. (www.cticap.ca) | Bernard Casimir |
| FINANCIÈRE BANQUE NATIONALE (www.fbn-gocanada.com) | Louis Leblanc |
| FIN-XO VALEURS MOBILIÈRES INC. (www.fin-xo.com) | Denis Régimbald |
| GESTION DES PLACEMENTS STUART | Julien Tetrault |
| INDUSTRIELLE ALLIANCE VALEURS MOBILIÈRES INC. (www.quebeciip.com) | Alain Nadon |
| JITNEY TRADE INC. (www.jitneytrade.com) | Jean-François Sabourin |
| MACDOUGALL, MACDOUGALL & MACTIER INC. (www.3macs.com) | William L. Cowen |
| RENAISSANCE CAPITAL INC. (www.rcican.com) | Sylvain Payette |
| SCOTIA CAPITAUX INC. (www.banquescotia.com/immigrantsinvestisseurs) | Guy Pilote |
| SOCIÉTÉ DE FIDUCIE COMPUTERSHARE DU CANADA | Sophie Brault |
| SOCIÉTÉ DE FIDUCIE HSBC (Canada) (www.hsbc.ca/piiq) | Sophie Zhang |
| TRUST ÉTERNA INC. (www.eterna.ca) | Robert Archer |
| VALEURS MOBILIÈRES BANQUE LAURENTIENNE INC. (www.vmbl.ca) | Xinyu Yang |

b) 기업이민 (Entrepreneurs)

배우자의 자산을 포함하여 합법적으로 모은 순자산이 30만 달러 이상이며, 최근 5년 동안 2년 이상 사업 경험이 있어야 하고, 퀘벡에서 10만 달러 이상의 사업계획이 있어야 한다. 선택한 사업의 추진력이 무엇보다 중요하고 나이, 학력, 언어, 자질 (Personal Quality), 퀘벡 적응력 등 종합 점수제 평가에서 50점 이상 획득해야 한다. (단 사업체를 구입한 경우는 60점 이상) 기업 이민은 조건부 영주권을 부여하므로 다음의 의무가 있다.

- 영주권 취득이후 3년 내에 최소 1년 동안 10만 달러 이상의 사업체를 구입 또는 설립하여 운영하며, 가족 이외에 전일제 직원 1명 이상을 고용 (단 농업분야는 예외 적용으로 면제)
- 본인이 직접 사업체 운영
- 동업은 지분이 25% 이상이며, 10만 달러 이상 투자

<퀘벡 기업이민 종합 점수제 평가항목>

| 항 목 | 만점 |
|---|---|
| 사업 경력 (2년 6점, 3년 8점, 4년 10점, 5년 이상 12점) | 12 |
| 재산 (달러)<br>- 50만 이상 10점, 40만 이상 8점, 30만 이상 6점 | 10 |
| 학력<br>- 고졸 (인문계 2점, 실업계 6점)<br>실업계 전공이 숙련분야 A, B이면 10점)<br>- 초급대졸 (2년제 진학 4점, 1-2년제 기술 6점, 3년제 기술 8점<br>초급대졸 1~3년제 기술전공이 숙련분야 A, B이면 10점)<br>- 대학 (1년 과정 졸업 4점, 2년 6점, 3년 10점)<br>- 석사 또는 박사 (12점)<br>※ 정확한 정보를 공개하지 않아서 다소 차이가 있을 수 있음 | 12 |
| 나이<br>- 18-45세 10점, 이후 1살에 2점씩 감소하여 50세 이면 0점 | 10 |
| 불어 능력<br>- 말하기, 듣기에서 B2는 5점씩, C1은 6점씩, C2는 7점씩<br>- 읽기, 쓰기에서 B2는 1점씩<br>영어 능력<br>- 말하기, 듣기에서 CLB 5는 1점씩, CLB 9는 2점씩<br>- 읽기, 쓰기에서 CLB 5는 1점씩 | 22 |

(계속 이어서)

<퀘벡 기업이민 종합 점수제 평가항목>

| 항 목 | 만점 |
|---|---|
| 퀘벡 거주<br>- 본인 (3개월 퀘벡 경력 또는 1 학기 퀘벡 수업 5점,<br>사업상 거주 1주 4점, 단순 거주 2주 1점, 3개월 2점)<br>- 시민권자 (또는 영주권) 부모/자녀/형제/조부모 거주 3점 | 8 |
| 사업 수행<br>- 퀘벡에서 사업체 구입 30점<br>- 사업체를 구입하지 않으면 계획 평가 (18-30점)<br>(시장 조사 0-10점, 성공 가능성 0-15점, 재정확보 0-5점) | 30 |
| 퀘벡 적응력 (서류 준비, 사회경제시스템 융합 등) (0-5점) | 5 |
| 초기 3개월 동안 정착을 위한 최저 생활비 | 1 |

c) 자영업 (Self-Employed Workers)

자영이민은 배우자 자산을 포함하여 합법적으로 모은 재산이 10만 달러 이상이며, 적어도 2년 이상 사업 경험이 있어야 하고, 퀘벡 주에서 자신을 고용할 수 있는 사업계획이 있어야 한다. 또한 나이, 학력, 언어, 배우자 (학력, 불어, 나이), 퀘벡 거주 가족, 재정 등의 종합 점수제 평가에서, 배우자가 없는 경우는 44점, 배우자가 있는 경우는 51점 이상 획득해야 한다.

> 기업 및 자영 이민을 위한 CSQ 발행은 연간 500명으로 제한 하지만, 다음의 경우는 예외로 하고 있다.
> - 퀘벡 경험 프로그램 (Québec Experience Program)에 참여한 경우
> - 연방 CIC 이민국이 영주권 신청 처리를 통보한 경우
> - 퀘벡 임시 거주자로 CSQ 신청 자격이 있는 경우

<퀘벡 주의 순수 투자이민 종합 점수제 평가항목>

| 항 목 | 만점 |
|---|---|
| 학력<br>- 고졸 (인문계 2점, 실업계 6점)<br>실업계 전공이 숙련분야 A, B이면 10점)<br>- 초급대졸 (2년제 진학 4점, 1-2년제 기술 6점, 3년제 기술 8점<br>초급대졸 1~3년제 기술전공이 숙련분야 A, B이면 10점)<br>- 대학 (1년 과정 졸업 4점, 2년 6점, 3년 10점)<br>- 석사 또는 박사 (12점)<br>※ 정확한 정보를 공개하지 않아서 다소 차이가 있을 수 있음 | 12 |
| 자영업 경력 (2년 7점, 3년 10점, 4년 14점, 5년 이상 16점) | 16 |
| 나이<br>- 18-38세 10점, 이후 1살에 2점씩 감소하여 43세 이면 0점 | 10 |
| 불어 능력<br>- 말하기, 듣기에서 B2는 5점씩, C1은 6점씩, C2는 7점씩<br>- 읽기, 쓰기에서 B2는 1점씩<br>영어 능력<br>- 말하기, 듣기에서 CLB 5는 1점씩, CLB 9는 2점씩<br>- 읽기, 쓰기에서 CLB 5는 1점씩 | 22 |
| 퀘벡 거주<br>- 본인 (3개월 퀘벡 경력 또는 1 학기 퀘벡 수업 5점,<br>사업상 거주 1주 2점, 단순 거주 2주 1점, 3개월 2점)<br>- 시민권자 (또는 영주권) 부모/자녀/형제/조부모 거주 3점 | 8 |
| 배우자 학력<br>- 고졸 (인문계 1점, 실업계 2점)<br>초급대졸 (2년제 일반 1점, 1~3년제 기술 2점)<br>- 학사 (1년 과정 졸업 1점, 2년 2점, 3년 3점)<br>- 석사 또는 박사 (3점)<br>배우자 나이<br>- 18-35세 3점, 36-39세 2점, 40-42세 1점, 43세 이상 0점<br>배우자 불어<br>- 말하기, 듣기에서 B2는 2점씩, C1은 3점씩 | 12 |
| 초기 3개월 동안 정착을 위한 최저 생활비 | 1 |
| 재산 (달러)<br>- 25만 이상 6점, 12.5만 5점, 10만 4점 | 6 |
| 퀘벡 적응력 (서류 준비, 자질, 사회경제시스템 융합 등) 0-6점 | 6 |

### 2) 주정부 추천이민

주정부 추천이민은 PNP (Provincial Nominee Program)로 불리며, 퀘벡 주에서 독립적으로 이민프로그램을 운영하는 것을 보고 다른 주들이 연방정부에 요청하여 만들어진 것이다. 따라서 퀘벡 주는 이 프로그램과 관련이 없으며, 요구하는 자격 조건과 평가 사항이 주정부 마다 다르고 신청기관도 주정부별로 다르다. 다만 공통적으로 적용되는 요구사항은 다음과 같다.

- 기술레벨 (Skill Level) C 또는 D 경력자 (고졸 또는 이하 학력)이면 기초 수준의 언어 능력인 CLB 레벨 4 이상
- 고용 계약서가 필요한 경우 직위, 직책 (임무), 급여, 주당 근무시간, 복지 사항을 계약서에 포함
- 보너스, 야근 수당, 커미션, 수익분배 등의 비정기적 수입을 제외한 임금이 통상적인 노동시장 (Market Rate) 수준

| 연방정부는 투자이민자의 변칙투자를 방지하기 위하여 다음과 같은 경우를 IRPR Section 87 (5), (6)와 (9)에 규정하여 주정부 추천이민을 불허하고 있다.<br>- 부동산 투기 (Capital Provision)<br>- 사업 투자가 아닌 이민과 연계된 변칙 투자 (Immigration-Linked Investment Scheme)<br>- 지분이 최소 33.3% 이하이지만 1백만 달러 이하로 투자한 경우<br>- 투자하는 사업에 직접 참여하지 않는 경우<br>- 일정기간 투자하고 회수하는 옵션이 있는 경우 |
|---|

주정부 이민심사를 통과하여 대상자로 추천된 이후, 연방정부에 최종 이민신청을 해야 하며 그 주소는 다음과 같다.

| 주정부 추천이민<br>Citizenship and Immigration Canada<br>Centralized Intake Office – Provincial Nominee Program (PNP)<br>P.O. BOX 1450<br>Sydney, NS, B1P 6K5<br>Canada |
|---|

## a. 온타리오 주정부 추천이민

a) Employer / Job Offer

일정 요건을 갖춘 온타리오 주의 고용주가 직원을 내국인으로 채용하기 어려운 경우, 해외 숙련인력 (Skilled Worker) 채용할 수 있지만 2 단계의 신청과 심사를 거처야 한다.

- 고용주가 주정부에 신청하는 “Pre-Screen Application”
- 숙련인력이 주정부에 신청하는 “Nominee Application“

“Pre-Screen Application"은 고용주의 내한 사격을 심사하고, 주정부 추천이민 신청서 (Nominee Application)를 보내준다. 숙련인력은 추천이민 신청서를 90일 이내에 작성하여 제출해야 한다.

<온타리오 주의 추천이민프로그램을 신청할 수 있는 대상자>

| 구분 | 요구조건 |
|---|---|
| 해외<br>숙련인력 | - 해당 분야의 2년 이상 경력<br>또는 온타리오 자격면허 취득 또는 등록<br>- NOC Skilled Type 0 또는 Skill Level A/B<br>- 온타리오 승인된 직업으로 정규직 채용 제의<br>- 고용주의 Pre-Screen 신청이 통과된 경우 |

주정부 추천이민프로그램으로 숙련인력을 정규직으로 채용하기 위해서 고용주는 다음 사항을 만족해야 한다.

- 연간 100만 달러의 수입이 발생하는 사업체를 적어도 3년 이상 경영 (광역 토론토 이외 지역은 50만 달러 이상)
- 채용하는 대상자가 해외 숙련인력이면 노동시장의 통상적인 수준으로 임금계약 (Prevailing Wage Level)
- 노동 분쟁 또는 기존 직원의 고용, 캐나다 시민권자 및 영주권자의 고용, 훈련 기회에 미치는 영향이 없어야 함
- 사업체 운영에 꼭 필요한 인력
- 사업체 규모 및 지역에 따라 주정부 추천이민으로 채용할 수 있는 인원은 다르며, 최대 20명까지 가능

<온타리오 주의 사업체 규모별 숙련인력 추천이민 허용인원>

| 추천이민 허용인원 (명) | 사업체 규모, 즉 기존 정규직 직원 인원 (명) | |
|---|---|---|
| | 광역토론토 | 그 외 지역 |
| 1 | 5 | 3 |
| 2 | 10 | 6 |
| 3 | 15 | 9 |
| 4 | 20 | 12 |
| 5 | 25 | 15 |
| 6 | 30 | 18 |
| 7 | 35 | 21 |
| 8 | 40 | 24 |
| 9 | 45 | 27 |
| 10 | 50 | 30 |
| 11 | 55 | 33 |
| 12 | 60 | 36 |
| 13 | 65 | 39 |
| 14 | 70 | 42 |
| 15 | 75 | 45 |
| 16 | 80 | 48 |
| 17 | 85 | 51 |
| 18 | 90 | 54 |
| 19 | 95 | 57 |
| 20 | 100 | 60 |

온타리오 주정부는 2014년 연간 2,500명의 숙련인력을 주정부 추천이민으로 충당하는 것을 목표로 하였다.

b) Human Capital

온타리오 주에서 석사 또는 박사 학위를 취득하였거나 취득 예정자를 위한 제도이다. 단 한시적으로 신청을 받다보니 너무 많은 사람들이 몰려 인터넷 서버 접속이 폭주하여 접수가 매우 어렵다.

o 석사학위

석사 학위 취득자 및 예정자는 “Masters Graduate Stream”를 이용할 수 있으면 다음으로 자격 요건이 요구된다.

- 온타리오 주 내의 대학에서 최근 2년 이내에 석사학위를 취득한 졸업생 또는 전일제 기준 석사과정 1년 이상 된 졸업예정자
- 영어 또는 불어 수준이 CLB Level 7 이상
- 최근 2년 동안 최소 1년은 온타리오 주에 거주 증빙
- 본인 및 가족의 정착을 위한 수입 또는 저축 증빙
- 온타리오에서 거주하고 일하려는 의지
- 서류 신청할 때 온타리오 거주자 (study permit, work permit, visitor record 등) 또는 해외 거주자 (다른 주 거주자는 배제)

o 박사 학위

박사 학위 취득자 및 예정자는 "PhD Graduate Stream"를 이용할 수 있으며 다음의 자격 요건이 요구된다.

- 온타리오 주의 대학에서 최근 2년 이내에 박사학위를 취득한 졸업생 또는 전일제 기준 박사과정 2년 이상 된 졸업 예정자
- 온타리오 주에 거주하고 일하려는 의지
- 캐나다 거주 신분 증빙 (study permit, work permit, visitor record 등) 또는 해외 거주

c) 온타리오 긴급 이민 (Express Entry)

Human Capital 중에서 긴급으로 이민 서류를 처리하는 프로그램이다.

o Ontario Human Capital Priorities (전문직)

- 연방 이민 프로그램인 전문 숙련인력 (Federal Skilled Workers) 조건에 부합하는 경력이 최근 5년 동안 최소 1년 이상
- 또는 이민 프로그램인 캐나다 경력 (Canadian Experience Class) 조건에 부합하는 경력이 최근 3년 동안 최소 1년 이상
- 캐나다 학사 이상 학력
- 영어 또는 불어 수준이 CLB 7 이상

- 본인과 가족의 최소 정착금 보유 증빙
- 온타리오 주에 살려는 의지
- 연방 긴급 이민 (Express Entry)의 CRS (Comprehensive Ranking System) 종합 점수제 기준으로 400점 이상 획득

o Ontario French-Speaking Skilled Worker (이중 언어 구사자)

- 연방 이민 프로그램인 전문 숙련인력 (Federal Skilled Workers) 조건에 부합하는 경력이 최근 5년 동안 최소 1년 이상
- 또는 이민 프로그램인 캐나다 경력 (Canadian Experience Class) 조건에 부합하는 경력이 최근 5년 동안 최소 1년 이상
- 캐나다 학사 이상 학력
- 영어 수준이 CLB 7 이상이며 불어 수준도 CLB 6 이상
- 본인과 가족의 최소 정착금 보유 증빙
- 온타리오 주에 살려는 의지

o Ontario Skilled Trades (기능인력)

- NOC 633, 72, 73, 82의 직업 분야에서 최근 2년 동안 1년 이상 경력 (Notification of Interest 서류 입력 날짜 기준)
- 자격증이 요구되는 직업이면 온타리오 기능 자격증 보유
- 합법적인 취업비자를 소유하고 온타리오 거주
- 영어 또는 불어 수준이 CLB 5 이상
- 본인과 가족의 최소 정착금 보유 증빙
- 온타리오 주에 살려는 의지

| 2017년 온타리오 긴급이민 허용 기능인력 직업 분야 | |
|---|---|
| Minor group 633: | Butchers and bakers |
| Major group 72: | Industrial, electrical and construction trades |
| Major group 73: | Maintenance and equipment operation trades |
| Major group 82: | Supervisors and technical occupations in natural resources, agriculture and related production |

c) 사업이민 (Business)

o 투자이민 (Investor)

300만 달러 이상 신규 (또는 확대) 투자하는 해외 사업가는 캐나다 거주 시민권자 또는 온타리오 거주 영주권자의 신규 채용인원에 따라 차등적으로 해외 숙련인력을 채용 할 수 있었던 투자이민은 2015년 폐쇄되었다.

o 기업체 스트림 (Corporate Stream)

다음의 자격 요건을 갖춘 기업이 온타리오 추천 이민제도를 이용할 수 있다.

- 최소 5백만 달러 이상 신규 또는 기존 사업에 투자
- 추천이민 1명당 시민권자 또는 영주권자 5명을 정규직 채용
- 추천이민으로 채용하는 핵심인력은 언어 수준인 CLB 5 이상
- 공동으로 투자하는 경우 파트너도 동일한 요구 조건 만족

o 경력 이민 (Experience)

- 최근 5년 동안 3년 이상 전일제로 사업 경험
- 사업 경험은 사업주 또는 과장급 이상 경력을 인정
- 토론토 광역권에 투자하는 경우 사업 규모가 최소 150만 달러 이상이고, 그 외 지역은 80만 달러 이상
  (ICT/디지털 통신 분야이면 지역에 관계없이 80만 달러 이상)
- 개인 직접 투자 비용은 토론토 광역권에 투자하는 경우 100만 달러 이상이고 33.3% 지분을 보유해야 하고, 그 외 지역은 50만 달러 이상이고 33.3% 지분을 보유
  (ICT/디지털 통신 분야이면 지역에 관계없이 50만 달러 이상)
- 시민권자 또는 영주권을 최소 2명이상 정규직으로 채용
- 기존 사업체를 인수하는 경우 최근 12개월 이내에 적어도 1회 이상 사전 현장 방문

### b. 브리티시컬럼비아

a) 숙련인력 기술 이민 (Skills Immigration)

BC 주의 사업자는 다음의 조건을 만족하면 해외 숙련인력, 유학생 또는 취업비자로 BC주에서 일하는 해외 인력을 주정부 추천

이민 프로그램을 이용하여 정규직으로 채용할 수 있다.

- 최근 1년 이상 사업체 운영 및 실적 양호
  (단 신입 및 준 숙련인력을 채용할 경우는 2년 이상)
- 기존 정규직 직원이 광역밴쿠버 지역은 최소 5명 이상, 나머지 지역은 3명 이상
- 직원 복지 및 근무 환경이 양호한 과거 기록

고용주는 국내 노동시장에서 채용노력을 한 이후 해외로부터 숙련인력을 채용하거나, 임시 고용 중인 기존 해외 인력의 정규직 채용을 주정부 추천이민으로 요청할 수 있다.

- 해외로부터 Skill Type 0, Skill Level A/B의 인력을 채용할 경우 최소 14일간 사전채용공고 (주로 www.jobbank.gc.ca)
- 또는 취업비자로 일을 하는 기존 임시 해외 인력을 채용
  (유학생 출신 신입 또는 Skill Level C/D의 준 숙련인력은 9개월 이상 임시 고용 이후 채용 가능)

고용주는 해외인력을 정규직으로 채용할 경우 통상적인 노동시장 임금을 지급해야 하고, 해외인력은 자신의 수입이 가족 부양에 필요한 최저 금액 보다 많다는 것을 보여 주어야 한다.

<2017년 브리티시컬럼비아 주의 연간 가족부양 최소금액>

| 가족 수(명) | 최소 가족 부양 금액 | |
|---|---|---|
| | 광역밴쿠버 | 나머지 지역 |
| 1 | $22,140 | $18,452 |
| 2 | $27,562 | $22,970 |
| 3 | $33,885 | $28,239 |
| 4 | $41,140 | $34,287 |
| 5 | $46,661 | $38,887 |
| 6 | $52,625 | $43,859 |
| 7 또는 이상 | $58,591 | $48,830 |

o 숙련인력 (Skilled Workers)

관리자 (Managers), 전문직 (Professionals) 그리고 기능직 (Skilled Trades People) 등의 숙련인력은 다음의 요건을 갖추어야 한다.

- 전문직 또는 기능직으로 관련된 분야에서 2년 이상 경력
- 산업 표준 임금 수준을 만족하는 임금으로 전일제 취업 (주당 최소 30시간 이상)
- BC 거주에 필요한 최소 연간 소득 증명
- Skill Level B, C, D는 언어 레벨이 CLB 4 이상 (Skill Type 0, Skill Level A는 언어 레벨 요구 제외)

o 의료계 전문 인력 (Health Care Professionals)

의료계 인력이 아래의 분야에서 공립의료기관 (Public Health Authority)에 정규직으로 채용되거나 스폰서를 받으면 주정부 추천이민을 신청할 수 있다.

- 내과의사 (Physician)
- 전문의 (Specialist Physician)
- 학사출신 간호사 (Registered Nurse)
- 정신과 간호사 (Registered Psychiatric Nurse)
- 석사출신 간호사 (Nurse Practitioner)
- 분만 조산사 (Midwife, 학사)
- 의료음파진단 의료인 (Diagnostic Medical Sonographer)
- 임상약제사 (Clinical Pharmacist)
- 의료실험실기술자 (Medical Laboratory Technologist)
- 의료방사선기술자 (Medical Radiation Technologist)
- 작업치료사 (Occupational Therapist, 석사)
- 물리치료사 (Physiotherapist, 석사)

o 유학생

최근 2년 이내에 고졸이후 캐나다에서 직업훈련교육, 초급대학, 또는 대학을 졸업하고 정규직으로 채용된 경우 주정부 추천이민을

신청할 수 있다. 직업훈련교육의 경우 최소 8개월 이상 전일제 과정을 졸업해야 하며 사설 교육기관은 대상에서 제외 된다. 총 교육기간이 8개월인 경우는 코업 (Co-Op)이나 인턴사원 기간이 3개월 보다 적어야 한다.

- Skill Type 0, Skill Level A 또는 B
- 각종 자격증이나 면허가 필요한 직업의 경우 BC주 관련 기관에서 요구하는 사항을 만족, TILMA (Trade, Investment and Labour Mobility Agreement) 사이트의 List of British Columbia Regulatory Authorities 참조

Natural, Applied 또는 Health Sciences 분야에서 최근 2년 이내 BC주 대학원에서 석·박사 학위를 취득한 유학생은 정규직 채용과 관계없이 BC 주에 거주의사가 확실하면 주정부 추천이민을 신청할 수 있다. 단 구체적인 전공 분야가 아래에서 최소 하나 이상 해당되어야 한다.

- Agriculture
- Biological and Biomedical Sciences
- Computer and Information Sciences and Support Services
- Engineering
- Engineering Technology
- Health Professions and Related Clinical Sciences
- Mathematics and Statistics
- Natural Resources Conservation and Research
- Physical Sciences

o 신입 (Entry-Level) 및 준 숙련인력 (Semi Skilled Worker)

관광 (Tourism / Hospitality), 식품가공 (Food Processing) 그리고 장거리 운전 (Long-Haul Trucking) 분야와 BC 주의 북동지역에서 일할 인력에 한하여 추천이민 혜택을 부여하고 있다.

- Skill Level C (고졸) or D (고졸이하) 직업
  (연방이민국이 요구하는 최소 언어 능력, CLB 4 레벨 이상)

- BC 주 해당 지역 사업장에서 해당 분야의 직업으로 최소 9개월 이상 전일제로 일을 하고 있는 경우
- 초급대학 (또는 동등한 수준의 직업교육) 이상 졸업 (Post Secondary Education)
- 자격증이나 면허가 필요한 직업의 경우 BC주 관련 기관에서 요구하는 사항을 만족, TILMA (Trade, Investment and Labour Mobility Agreement) 사이트의 List of British Columbia Regulatory Authorities 참조
- 만약 추천이민 대상자가 사업체 지분이 있다면, 10% 이하

<브리티시컬럼비아 주의 신입 및 준 숙련인력 허용 직업군>

| 분야 | NOC | 직업 |
|---|---|---|
| Travel and Accommodation | 6525 | Hotel Front Desk Clerks |
| Tour/Recreational Guides Casino | 6531 | Tour and Travel Guides |
| | 6532 | Outdoor Sport and Recreational Guides |
| | 6533 | Casino Occupations |
| Food and Beverage Service | 6511 | Maitres d'hotel, Hosts/Hostesses |
| | 6512 | Bartenders |
| | 6513 | Food and Beverage Servers |
| | 6711 | Food Counter Attendants, Kitchen Helpers Related Occupations |
| Cleaners and Other Service (Employed Directly by Hotels/Resorts) | 6731 | Light Duty Cleaners |
| | 6732 | Specialized Cleaners |
| | 6733 | Janitors, Caretakers, Building Superintendents |
| | 6721 | Support Occupations in Accommodation, Travel and Facilities Set-Up Services |
| | 6741 | Dry Cleaning, Laundry and Related Occupations |
| | 6742 | Other Service Support Occupations |
| Food Processing | 9461 | Process Control and Machine Operators, Food and Beverage Processing |
| | 9462 | Industrial Butchers and Meat Cutters, Poultry Preparers and Related Workers |
| | 9463 | Fish and Seafood Plant Workers |
| | 9465 | Testers and Graders, Food, Beverage and Associated Products Processing |
| | 9617 | Labourers in Food, Beverage and Associated Products Processing |
| | 9618 | Labourers in Fish and Seafood Processing |
| Truck Driver | 7511 | Long-Haul Truck Driver |

<브리티시컬럼비아 주의 기술이민 평가 항목>

| 평가항목 | 평가 점수 | | 최고 점수 |
|---|---|---|---|
| 취업 Skill Level | Skill Level A 및 Type 0: 25점<br>Skill Level B: 10점, Skill Level C, D 5점<br>NOC 00 15점 추가<br>BC Labour Market Outlook의 직업 10점 추가<br>BC PNP registration 고용주에게 취업 10점 추가 | | 60 |
| 취업 임금 수준 | $100,000 이상 50점<br>$97,500 ~ $99,999 38점<br>$2500 마다 1점 감소<br>$25,000 ~ $26,249 3점<br>$25,000 이하 0점 | | 50 |
| 취업 지역 | Stikine, Central Coast, Northern Rockies, Mount Waddington, Skeena-Queen Charlotte, Powell River, Sunshine Coast, Kootenay-Boundary, AlberniClayoquot | 10점 | 10 |
| | Kitimat-Stikine, Bulkley-Nechako, Squamish-Lillooet, Strathcona, ColumbiaShuswap, East Kootenay | 8점 | |
| | Peace River, Comox Valley, Cariboo, Central Kootenay | 6점 | |
| | Okanagan-Similkameen, Cowichan Valley, North Okanagan, Fraser-Fort George | 4점 | |
| | Thompson-Nicola, Nanaimo, Central Okanagan Capital, Fraser Valley | 2점 | |
| | 밴쿠버 광역시 | 0점 | |
| 직접 관련 경력 | 5년 15점, 4년 12점, 3년 9점, 2년 6점,<br>1년 3점. 1년 미만 1점, 0년 0점<br>캐나다 경력은 10점 추가 | | 25 |
| 학력 | 석사, 박사 25점,<br>학사, 기술 분야 Certificate or Diploma 11점<br>Associate Degree 4점<br>기술 분야 이외 Certificate or Diploma 2점<br>BC주에서 학사 이후 교육 8점 추가<br>캐나다에서 학사 이후 교육 6점 추가<br>Education Credential Assessment 제출 4점 추가<br>Industry Training Authority's challenge certification process 2점 추가 | | 25 |
| 언어 | CLB Level 10 30점, Level 마다 4점 씩 감소<br>CLB Level 4 6점, 이하 0점 | | 30 |
| 합계 | 최고 점수 | | 200 |

※ 주정부에서 확신하는 합격 점수대는 전문직 숙련 인력 (Skilled Worker) 135점, 유학생 105점, 준 숙련인력 (Entry Level and Semi-Skilled) 95점이다.

| 긴급이민 (Express Entry) |
| --- |
| BC 주정부도 연방정부 Express Entry 이민 요건을 만족하는 기술이민자를 긴급이민으로 받아 주고 있다.<br>- 전문직 숙련인력 (Federal Skilled Worker Program)<br>- 기능직 숙련인력 (Federal Skilled Trades Program)<br>- 캐나다 경력자 (Canadian Experience Class) |

b) 투자이민

BC 주의 투자이민 프로그램은 2 단계로 구성되어 있다. 우선 사업이행합의서 (Performance Agreement)를 제출하면 사업을 할 수 있도록 2년 동안 취업비자 (Work Permit)를 발행하고, 투자를 적극적으로 하여 사업체를 설립 (또는 구입)하여 고용 창출 요구조건을 만족하면 주정부 추천이민 대상자가 될 수 있다.

o 개인 투자이민
- 20만 달러 이상 투자
- 사업장에서 100km 이내 거주하고 적극적인 사업 운영 의지
- 빚을 제외한 순 재산이 60만 달러 이상
- 사업체 운영 경력 3년 이상, 또는 선임 관리자 4년 이상, 또는 사업체 운영을 1년 하고 선임 관리자 2년 이상
- 고졸이후 credential 이상 학력,
  또는 최근 5년 3년 이상 100% 지분으로 사업체 운영 경력
- 시민권자 또는 영주권자 1명 이상을 전일제로 채용

| 지역 인구가 30만 이상인 경우 다음의 업종은 BC주 추천이민 대상에서 제외한다. |
| --- |
| - Convenience stores<br>- DVD rental stores<br>- Gasoline service stations<br>- Personal dry cleaning services<br>- Tanning salons |

o 기업투자 이민

전략프로젝트 (Strategic Projects)로 기업 투자를 하는 경우 최

대 5명까지 핵심 직원을 기업투자 이민으로 신청할 수 있다. 일반적인 기업투자는 약 150명의 직원이 있고, 연간 2000만 달러의 수입이 있는 것이 일반적이다.

<브리티시컬럼비아 주의 투자이민-Self Declared 평가 항목>

| 평가항목 | 평가 점수 | | 최고 점수 |
|---|---|---|---|
| 최근 10년간 경력 | 사업체 운영 경력<br>60개월 이상 20점,<br>49개월 이상 15점,<br>37개월 이상 12점,<br>25개월 이상 6점<br>12개월 이상 4점,<br>4개월 미만 0점 | 선임 관리자 경력<br>60개월 이상 12점<br>49개월 이상 8점<br>24개월 이상 4점<br>24개월 미만 0점 | 20 |
| 사업체 소유 | 최근 5년간 3년 이상 사업체 100% 지분 소유 4점<br>3년 미만 또는 100% 지분 이하 0점 | | 4 |
| 보유자산 | 현금성 자산<br>40만 달러 이상 4점<br>20만 달러 이상 3점<br>5만 달러 이상 1점<br>5만 달러 미만 0점 | 순자산<br>500만 달러 이상 8점<br>200만 달러 이상 7점<br>80만 달러 이상 6점<br>60만 달러 이상 5점<br>60만 달러 미만 0점 | 12 |
| 투자금액 | 800만 달러 이상 20점, 400만 달러 이상 16점<br>200만 달러 이상 14점, 100만 달러 이상 12점<br>60만 달러 이상 11점, 40만 달러 이상 10점<br>20만 달러 이상 8점 | | 20 |
| 채용 인원 | 20명 이상 20점, 10명 이상 16점, 7명 이상 14점,<br>6명 13점, 5명 12점, 4명 11점, 3명 10점, 2명 9점,<br>1명 8점, 1명 미만 0점 | | 20 |
| 지역 인구 | 3.5만 미만 12점, 6만 미만 10점, 7만 미만 8점<br>10만 미만 6점, 20만 미만 3점, 50만 미만 1점<br>50만 이상 0점 | | 12 |
| 적응능력 | 언어 | CLB 5 이상 4점, CLB 4는 2점, 그 이하 0점 | 32 |
| | 학력 | 석사/박사 8점, 학사 5점,<br>고졸이후 직업/자격교육 2점,<br>그 이하 0점 | |
| | 나이 | 25세~34세 4점, 35세~44세 8점<br>45세~54세 6점, 55세~64세 4점<br>65세 이상 및 25세 미만 0점 | |
| | 답사 | 1년 이내 사업 지역 답사 4점,<br>1년 이내 사업지역 이외 BC주 답사 2점<br>1년~3년 사이 BC주 답사 1점<br>BC주 답사 후 3년 이상 경과 0점 | |
| | 경험 | 캐나다 유학, 사업, 취업 경력 12개월 8점<br>12개월 미만 0점 | |
| 합계 | 최고 점수 | | 120 |

<브리티시컬럼비아 주의 투자이민-사업 개념 평가 항목>

| 평가항목 | 평가 점수 | 최고 점수 |
|---|---|---|
| Commercial Viability | Business Model 10점<br>Market & Products / Services 4점<br>Eligible personal investment 4점<br>(80만 달러 이상 4점, 60만 달러 이상 3점, 40만 달러 이상 2점, 20만 달러 이상 1점, 20만 달러 미만 0점)<br>Assessment of proposed personal investment 6점<br>(계획 적절 6점, 분야/규모 적절 4점, 그 외 0점)<br>Ownership percentage 4점<br>(100% 4점, 50% 3점, 1/3 2점 그 외 0점)<br>Risk factors 2점 | 30 |
| Transferability of skills (최근 10년) | Business experience only 20점<br>(60개월 이상 20점, 37개월 이상 16점, 25개월 이상 12점, 13개월 이상 8점, 12개월 또는 미만 5점, 간접 경험 추가 점수 부여)<br>Work experience only 14점<br>(60개월 이상 14점, 37개월 이상 12점, 13개월 이상 6점, 12개월 또는 미만 4점, 간접 경험 추가 점수 부여)<br>Language ability 2점<br>(CLB 5 2점, CLB 4 1점, 그 이하 0점) | 20 |
| Economic Benefit | Key Sector & Significant Economic Benefit 12점<br>(1 key sector와 1 significant economic benefit 12점, 1 key sector 또는 1 significant economic benefit 12점, 해당 사항 없음 3점)<br>Jobs assessment 6점<br>(분야/규모에 적절한 채용 6점, 분야/규모에 부적절한 채용 1점, 그 외 0점)<br>High-skilled jobs (NOC 0, A or B) 4점<br>(High Skilled 2명 채용 4점, High Skilled 1명 채용 2점, 그 외 0점)<br>Regional Development 8점<br>(Kootenay, Nechako, North Coast, Northeast 8점, Cariboo 6점, Vancouver Island and Coast 4점, Thompson / Okanagan 4점<br>Lower Mainland / Southwest 2점) | 30 |
| 합계 | 최고 점수 | 80 |

### c. 앨버타

a) 기술이민

o 전략적 리쿠르트 스트림 (Strategic Recruitment Stream)

정규직 채용에 대한 고용계약이 없더라도 주정부 추천이민 대상자가 될 수 있는 것으로 3개의 카테고리가 있다.

- 의무적 또는 옵션으로 필요한 기능 자격 카테고리
  (Compulsory and Optional Trades Category)
- 엔지니어링 직업 카테고리
  (Engineering Occupations Category)
- 유학생 출신 인력 카테고리
  (Post-Graduate Worker Category)

의무적 또는 옵션으로 필요한 기능자격 분야는 앨버타 주의 AIT (Apprenticeship and Industry Training)에서 발행하거나 인정한 기능 자격증 (Trade Certificate)을 소지하고 앨버타에서 일하는 임시 해외인력은 정규직 채용 여부와 관계없이 주정부 추천이민을 신청할 수 있다.

엔지니어링 분야의 경우 승인된 직업으로 앨버타에서 경력이 있는 엔지니어 (Engineer), 설계사 (Designer) 또는 제도사 (Drafter) 등은 주정부 추천이민 대상이 될 수 있다.

고등학교 이후 앨버타 주의 교육기관 (직업교육, 초급대학, 대학)에서 1년 이상 전일제 교육을 받고 졸업생 취업비자 (Port Graduation Work Permit)로 앨버타에서 전일제 일을 하고 있는 경우 주정부 추천이민 대상자가 될 수 있다. 단 숙련 레벨은 Skill Type 0, Skill Level A, B, C 중에 있어야 하다.

| 긴급이민 (Express Entry) |
|---|
| 앨버타 주정부도 연방정부 Express Entry 이민 요건을 만족하는 기술이민자를 긴급이민으로 받아 주고 있다.<br>- 전문직 숙련인력 (Federal Skilled Worker Program)<br>- 기능직 숙련인력 (Federal Skilled Trades Program)<br>- 캐나다 경력자 (Canadian Experience Class) |

앨버타 주는 Alberta Immigrant Nominee Program (AINP)을 이용할 수 없는 대상자를 다음과 같이 규정하고 있다.

- Clergy, Elementary and Secondary School Teachers, Professional Athletes and Dental Laboratory Bench Workers
- Refugee claimants, or individuals involved in a federal appeal or removal process. It is not the mandate of the AINP to intervene in the federal refugee claim, appeal or removal process.
- Live-in Caregivers currently living in Canada
- Temporary Foreign Workers working and residing in a province other than Alberta
- International students studying in Canada and doing co-op work placements or internships as part of their study program.

<엔지니어링분야의 앨버타 추천이민 승인 직업>

| 코드 | 직 업 |
|---|---|
| 0211 | Engineering Managers |
| 2131 | Civil Engineers |
| 2132 | Mechanical Engineers |
| 2133 | Electrical and Electronics Engineers |
| 2134 | Chemical Engineers |
| 2141 | Industrial and Manufacturing Engineers |
| 2143 | Mining Engineers |
| 2144 | Geological Engineers |
| 2145 | Petroleum Engineers |
| 2231 | Civil Engineering Technologists and Technicians |
| 2232 | Mechanical Engineering Technologists and Technicians |
| 2241 | Electrical and Electronics Engineering Technologists and Technicians |
| 2253 | Drafting Technologists & Technicians |

o 정규직 채용 스트림 (Employer-Driven Stream)

앨버타 주에서 임시 취업비자로 일하는 해외인력이나 캐나다에서 공부한 유학생이 승인된 직업 분야에서 정규직으로 채용되면 주정부 추천이민 대상자가 될 수 있다.

- Skill Type 0, Skill Level A 또는 B 수준의 숙련인력
- Skill Type 0, Skill Level A, B 또는 C 수준의 유학생
- Skill Type 0, Skill Level C 또는 D 수준의 준 숙련인력

고졸이후 캐나다에서 최소 1년 이상 교육 (직업교육, 초급대학, 대학)을 받고 앨버타 주의 사업체에 정규직으로 채용된 유학생도 추천이민 대상자가 될 수 있지만, 앨버타 주에서 배제하는 직업에 속하지 않아야 하며, 업종에 따라 다음과 같이 경력이 요구된다.

- 제조업 (Manufacturing)의 경우, 2년 이상 경력자로 앨버타에서 6개월을 포함하여 캐나다에서 1년 경력이 있어야한다.
- 음식 서비스 업종의 경우, 3년 이상 경력자로 앨버타에서 9개월 경력이 필요하다.
- 숙박 업종의 경우, 3년 이상 경력자로 앨버타에서 6개월 경력이 있어야 한다.

<앨버타 주의 숙박업종 규모별 추천이민 허용인원>

| 방 (수) | 추천이민 허용인원 (명) | 방 (수) | 추천이민 허용인원 (명) |
|---|---|---|---|
| 1-50 | 2 | 251-300 | 12 |
| 51-100 | 4 | 301-350 | 14 |
| 101-150 | 6 | 351-400 | 16 |
| 150-200 | 8 | 401 또는 이상 | 18 |
| 200-250 | 10 | | |

※ 안내 데스크 인력은 하나의 재산 단위당 1명만 가능

앨버타 주는 추천이민을 위한 직업 목록에서 장거리 트럭 기사를 제외하고 있다.

b) 투자이민

앨버타 주는 농업이민을 제외한 나머지 투자이민 카테고리는 다음과 같으며 모두 연방정부의 이민제도로 따른다.

- 아이디어 창업 투자이민 (Start-Up Visa)
- 벤처 창업 투자 이민 (Immigrant Investor Venture Capital Pilot - 10M 달러 이상 순자산, 2M 달러 이상 현지 투자
- 자영이민 (Self-Employed Persons Program)

o 농업 (Self-Employed Farmer Stream)

농업이민의 경우 50만 달러 이상을 투자하여 농장을 매입하고 운영해야 하며 심사를 위해 다음의 자료를 제출해야 한다.

- 본국에서 소유하고 있는 농장의 재정 상황
- 교육, 훈련, 그리고 경력 소개
- 앨버타에서 농장을 경영할 사업계획서
- 사업계획에 대한 캐나다 금융기관 (Canadian Financial Institution)의 출자 (또는 재정 부담) 증빙서류

### d. 사스카츄완

a) 기술이민

o 해외 숙련인력 (International Skilled Worker)

최근 10년 동안 최소 1년 이상 해당 분야의 경력자로 사스카츄완 주의 사업체로부터 정규직 채용 제의를 받은 경우 이다.

- 사스카츄완 추천이민 평가에서 60점 이상 (100점 만점)
- Skill Type 0, Skill Level A 또는 B
  또는 특별 승인된 Skill Level B 이하의 기능직 직업
- 언어 능력이 CLB 레벨 4 이상
- 자격 및 훈련이 필요한 직업은 취득 및 이수 계획 증빙
- 고졸 이후 12개월 이상 경력 관련된 교육, 훈련 과정 이수
- 정착을 위한 최소한의 재정 상태

<2014년 숙련인력의 사스카츄완 최소 정착금>

| 가족 인원 | 최소 금액 | 가족 인원 | 최소 금액 |
|---|---|---|---|
| 1명 | $11,000 | 4명 | $22,000 |
| 2명 | $15,500 | 5명 | $24,500 |
| 3명 | $19,000 | 6명 이상 | $26,800 |

<숙련인력의 사스카츄완 추천이민 평가기준>

| 항목 | 만 점 |
|---|---|
| 교육 (고졸이후)<br>- 1년 교육 또는 훈련 과정 (12점)<br>- 2년 교육 또는 훈련 과정 (15점)<br>- 사스카츄완 승인 자격증 소지 (20점)<br>- 3년 이상 교육을 받고 학사학위 (20점)<br>- 석사 이상 (23점) | 23점 |
| 경력<br>- 최근 5년간 경력:<br>1년 (2점), 2년 (4점), 3년 (6점), 4년 (8점), 5년 (10점)<br>- 5년 전부터 10년 전까지 경력:<br>1년 (0점), 2년 (2점), 3년 (3점), 4년 (4점), 5년 (5점) | 15점 |
| 언어<br>- CLB 레벨<br>8 (20점), 7 (18점), 6 (16점), 5 (14점), 4 (12점) | 20점 |
| 나이<br>- 22 ~ 34세 (12점),<br>- 35 ~ 45세 (10점),<br>- 18 ~ 21세 또는 46-50세 (8점),<br>- 18세 이하 또는 51세 이상 (0점) | 12점 |
| 노동시장 및 적응능력<br>(사스카츄완 주의 친척, 경력, 유학만 인정)<br>- 숙련레벨 0, A, B 또는 지정된 기능분야의 채용 (30점)<br>- 4촌 이내의 영주권자 또는 시민권자 친척 거주 (20점)<br>- 최근 5년 동안 1년 이상 경력 (5점)<br>- 최소 1년 이상 유학 경험 (5점) | 30점 |
| 합계 | 100점 |

숙련인력이 최근 10동안 다음의 직업 분야에 경력이 1년 이상 이면 취업과 관계없이 주정부 추천이민을 신청할 수 있는 Occupation In-Demand 프로그램도 운영하고 있다.

<사스카츄완 요청 직업 분야 추천이민>

| NOC 2006 | NOC 2011 | NOC 2011 Title | 자격증 요구 |
|---|---|---|---|
| 314 | 0423 | Managers in social, community and correctional services | No |
| 513 | 0513 | Recreation, sports and fitness program and service directors | No |
| 721 | 0714 | Facility operation and maintenance managers | No |
| 8251 | 0821 | Managers in agriculture | No |
| 1211<br>1413 | 1252 | Health information management occupations | No |
| 2161 | 2161 | Mathematicians, statisticians and actuaries | No |
| 2221 | 2221 | Biological technologists and technicians | No |
| 2225 | 2225 | Landscape and horticulture technicians and specialists | No |
| 2231 | 2231 | Civil engineering technologists and technicians | No |
| 2232 | 2232 | Mechanical engineering technologists and technicians | No |
| 2244 | 2244 | Aircraft instrument, electrical and avionics mechanics, technicians and inspectors | No |
| 2253 | 2253 | Drafting technologists and technicians | No |
| 2212<br>2255 | 2255 | Technical occupations in geomantic and meteorology | No |
| 7253 | 7253 | Gas fitters | No |
| 7312 | 7312 | Heavy-duty equipment mechanics | No |
| 7321 | 7321 | Automotive service technicians, truck and bus mechanics and mechanical repairers | No |
| 7332 | 7332 | Appliance servicers and repairers | No |

o 사스카츄완 경력 (Saskatchewan Experience Category)

사스카츄완 주에 거주하면서 해당 분야의 자격이나 면허를 소지하고 6개월 이상 일을 하고 있는 사람으로서, 다음의 요구조건에 해당해야 한다.

- 취업비자 (Work Permit)를 소지한 경력자
  - Skill Type 0, Skill Level A, B
  - 또는 주정부가 특별 지정한 기능직 직업
- 의료 전문직 (Health Profession) 면허를 가진 경력자
  - 내과의사, 초급대졸 간호사, 대졸 간호사, 정신과 간호사
  - 고졸이후 1년 이상 의료 교육을 이수한 의료인으로 Skill Type 0, Skill Level A, B
- 고졸이상 서비스업 (Hospitality Sector Pilot Project) 경력자
  - Food / Beverage Server (NOC 6453)
  - Food Counter Attendant/Kitchen Helper (NOC 6641)
  - Housekeeping / Cleaning Staff (NOC 6661)
- 고졸이상 장거리 운전자 (Long Haul Truck Driver) (Saskatchewan Class 1A Driver's License)
- 캐나다 내에서 유학 경력
  - 고졸이후 사스카츄완 주에서 경력관련 분야의 교육을 1년 이상 받고 졸업한자 (Skill Type 0, Skill Level A, B 레벨 또는 주정부 특별 지정 기능직 직업)

b) 투자이민

o 기업 (Entrepreneur Category)

기업 이민은 연간 몇 차례만 접수하는 Expression of Interest (EOI)를 이민 신청 전에 제출해야 하며, 기본적인 자격 요건은 다음과 같다.

- 최근 10년 동안 3년 이상 관련 경력자
- 순자산이 50만 달러 이상
- 리자이나 또는 사스카츄완의 경우는 30만 달러 이상 투자 (그 외 지역은 20만 달러 이상 투자)

- 지분 투자는 1/3 이상 (이하는 100만 달러 이상 투자)
- 시민권자 또는 영주권자 2명 이상 채용 (가족 제외)
- 매일 매일 직접 운영하려는 의지

o 농업 (Farm Category)

나이가 40세 이하이고, 관련 분야의 경력이 3년 이상이고, 순자산이 30만 달러 이상 이어야 한다. 연간 최소 1만 달러 이상의 수입이 발생할 수 있는 사업계획서를 제출해야 하고 7.5만 달러도 예치해야 한다.

### e. 매니토바

매니토바 주는 4종류의 이민 프로그램이 있으며, 이민 서류를 신청하기 전에 우선적으로 Expression of Interest (EOI)를 인터넷에서 접수해야 하다. 주 정부는 신청자의 점수를 평가하여 상위 점수를 받은 자에게 우선적으로 Letter of Advice to Apply (LAA) 서류를 보내 준다. 또한 매니토바 주는 연방과 약간 다른 불어점수 CLB 레벨 환산 기준을 적용 한다.

- Skilled Workers in Manitoba (기술이민)
- Skilled Workers Overseas (기술이민)
- Business Investment (투자이민)
- Farm Strategic Recruitment Initiative (농업이민)

<매니토바 주의 TEF 불어점수의 CLB 레벨 환산 기준>

| NCLC 레벨 | TEF 불어 시험 점수 | | | |
|---|---|---|---|---|
| | 듣기 | 읽기 | 쓰기 | 말하기 |
| 9 | 372 이상 | 298 이상 | 248 이상 | 372 이상 |
| 8 | 349-371 | 280-297 | 233-247 | 349-371 |
| 7 | 309-348 | 248-279 | 206-232 | 309-348 |
| 6 | 271-308 | 217-247 | 181-205 | 271-308 |
| 5 | 225-270 | 180-216 | 150-180 | 225-270 |
| 4 | 181-224 | 145-179 | 121-149 | 181-224 |

<매니토바 기술이민 - EOI 사전 평가 점수 기준>

| 평가 항목 및 내용 | 만 점 |
|---|---|
| 나이<br>- 21~45세 (75점)<br>- 20, 46세 (40점)<br>- 19, 47세 (30점)<br>- 18, 48세 (20점)<br>- 49세 (10점)<br>- 50세 이상 (0점) | 75점 |
| 언어 능력<br>- 제 1 외국어 (영/불) 영역별 CLB 레벨: 8 (25점), 7 (22점), 6 (20점), 5 (17점), 4 (12점), 이하 (0점)<br>- 제 2 외국어 (영/불) 전체 CLB 레벨 5 이상 (25점) | 125점 |
| 경력<br>- 1년 (40점), 2년 (50점), 3년 (60점), 4년 이상 (75점)<br>- Fully recognized by provincial licensing body (100점) | 175점 |
| 교육 (고졸 이후)<br>- 석사이상 (125점)<br>- 고졸이후 2개 과정, 각각 2년 이상 교육 (115점)<br>- 고졸이후 1개 3년 교육 (110점)<br>- 고졸이후 1개 2년 교육 (100점)<br>- 고졸이후 1개 1년 교육 (70점)<br>- 매니토바 인정 기능 자격증 (70점)<br>- 고졸이후 비공식 교육 (0점) | 125점 |
| 적응 능력<br>o Connection to Manitoba<br>- 매니토바에 4촌 이내 가까운 친척 거주 (200점)<br>- 매니토바에서 6개월 이상 경력 (100점)<br>- 고졸이후 매니토바에서 2년 이상 유학 (100점)<br>- 고졸이후 매니토바에서 1년 이상 유학 (50점)<br>- 매니토바에 먼 친척 또는 친구 거주 (50점)<br>o Manitoba Demand<br>- 매니토바 현 직장에서 6개월 이상 장기채용 (500점)<br>- Strategic Initiative 하에 주정부 초청장 (500점)<br>- 6개월 이상 매니토바 경력 (12점)<br>o Regional Development<br>- 위니펙 이외 지역 이민 부가점수 (50점) | 500점 |
| 벌점 (Risk Factor)<br>- 가까운 친척이 매니토바 이외 다른 주에 거주 (0점)<br>- 다른 주의 경력 (-100점)<br>- 다른 주의 유학 (-100점)<br>- 다른 주에 이민 신청 (0점) | -200점 |
| 최대 합계 | 1,000점 |

<매니토바 투자이민 - EOI 사전 평가 점수 기준>

| 평가 항목 및 내용 | 만 점 |
|---|---|
| 나이<br>- 30~44세 (15점)<br>- 25~29세, 45~49세 (10점)<br>- 21~24, 50~54세 (5점)<br>- 21세 이하, 54세 이상 (0점) | 15점 |
| 사업지식<br>- 50% 이상 지분의 사업 경력 (15점)<br>- 20%~50% 지분의 사업 경력 (12점)<br>- 선임 관리자 경력 (10점) | 15점 |
| 사업경력<br>- 10년 이상 (15점)<br>- 6년 이상 (10점)<br>- 3년 이상 (5점) | 15점 |
| 순자산 (Net Worth)<br>- 250만 달러 (15점)<br>- 200만 달러 (14점)<br>- 150만 달러 (13점)<br>- 100만 달러 (12점)<br>- 50만 달러 (10점)<br>- 35만 달러 (8점) | 15점 |
| 언어 능력<br>- 영어 또는 불어 유창한 수준 - 약 CLB 6 (20점)<br>- 영어 또는 불어 대화 가능 - CLB 4 ~ CLB 6 (15점)<br>- 영어 또는 불어 약간 가능- CLB 4 이하 (0점) | 20점 |
| 정착의 적극성 (Enhanced Settlement Factors)<br>- 현지답사 평일 연속 5일 이상 (15점)<br>- 1년 이상 매니토바 거주하는 가까운 친척 (5점)<br>- 자녀가 매니토바 교육기관에 6개월 등록 (5점)<br>- 배우자의 언어 능력 CLB 5 이상 (10점)<br>- 본인 또는 배우자의 매니토바 경력 6개월<br>본인 또는 배우자의 매니토바 유학 1년 (5점) | 15점 |
| 최대 점수 | 95점 |

a) 기술 이민 - Skilled Workers in Manitoba

과거 매니토바 고용 (Manitoba Employment)에 해당되는 이민 프로그램으로, 이는 매니토바에서 취업 비자 등으로 6개월 이상 일하는 하고 있는 숙련 인력이나, 또는 1년 이상 매니토바의 유학생이 전일제로 장기간 채용 된 경우에 해당된다. 단 자영업으로 일을 하거나 학생이 코업 또는 인턴 등으로 일을 하는 경우는 인정되지 않다.

이 이민 프로그램은 다른 종류의 이민 프로그램과 달리 EOI 사전 평가 이외에 추가로 점수제 평가 (Points-Based Assessment) 없이 주정부 추천이민 대상자가 될 수 있으며, 숙련인력 추천이민 서류 접수 마감 기한에도 영향을 받지 않는다. 그러나 다음의 조건은 만족해야 한다.

- 다른 주의 유학생은 매니토바 주에서 최소 1년 이상 경력
- 해당 직업 분야의 주정부 인정 자격증 보유
- 매니토바에 정착하려는 강한 의지
- Skill Level C, D의 경우는 CLB 4 이상 언어 능력

| 대졸 이후 교육 과정을 공부하는 유학생은 이민을 할 경우 졸업 후 90일 이내에 신청서류를 제출해야 한다. |
|---|

b) 기술이민 - Skilled Workers Overseas

o 매니토바 지원 (Manitoba Support)

매니토바 주에서 일을 하고 있지 않아 커넥션이 없지만, 1년 이상 매니토바에 거주는 하는 친척 또는 친구가 있는 해외 숙련인력이 언어, 나이, 경력, 교육, 적응능력 등의 종합점수가 60점 이상으로, 현지 적응력이 뛰어난 경우이다. 친척 (또는 친구)은 다음의 증빙서류 제출 및 대상자의 정착을 충분이 지원할 수 있는 능력이 있어야 한다.

- 거주 증빙서류 (의료보험증, 운전면허증 등의 사본)
- 신분 증빙서류 (영주권 또는 시민권 카드 등의 사본)
- 충분히 가까운 사이를 설명할 수 있는 능력

- 성공적으로 정착시킨 사례를 설명할 수 있는 능력
- 정착 계획 수립을 도와줄 수 있는 능력

| 유료 정착 서비스 대표 (Paid Immigration Representative)는 "매니토바 지원"으로 인정되지 않는다. 그리고 가구주 (Household)가 이미 다른 사람의 정착을 지원하고 있으면 더 이상 다른 사람을 매니토바 지원 할 수 없다. |
|---|

o 매니토바 경력 (Manitoba Experience)

매니토바에 정규직으로 채용되지 않았지만 매니토바 주에서 연속 6개월 이상 취업비자로 일하고 있거나, 또는 교육, 훈련 (어학연수 제외) 프로그램을 졸업한 유학생을 위한 주정부 추천이민 프로그램이다.

언어, 나이, 경력, 교육, 적응능력 등 총 5개 항목을 평가하며 최소 60점 이하이어야 한다. (단 적응능력 항목에서 0점은 다른 항목의 점수가 아무리 높더라도 탈락 시킨다.)

o 매니토바 초청 (Manitoba Invitation)

주정부 이민 담당직원이 해외출장 리쿠르트 임무 (Recruitment Mission)를 수행하는 동안, 또는 이민 신청자가 매니토바 사전답사 (Exploratory Visit)를 하는 동안 인터뷰를 통과하면 초청장 (Letter of Invitation)을 받게 된다. 초청장을 받은 대상자는 숙련인력 추천이민서류 접수 마감 기한에도 영향을 받지 않는다. 인터뷰를 할 수 있는 대상자는 다음의 기본적인 요구사항을 갖추어야 한다.

- 21세에서 45세까지의 나이
- 매니토바에 강한 커넥션이 없는 경우
- 매니토바에 취업이 되고 적응이 잘 될 가능성 있는 경우
- 고졸이후 최소 1년 이상 교육 (또는 직업훈련과정) 졸업
- 최근 5년 동안 최소 2년 이상 경력
  (자격 또는 면허가 필요한 경우는 매니토바에서 취득 계획)
- 매니토바 주에 정착할 의지가 확실한 계획

- 영어능력이 항목별 및 전체적으로 IELTS CLB 5 레벨 이상

| 매니토바 초청장은 장거리 트럭기사 (Long Haul Truck Drivers), 장비 운영/수리공 (Heavy Equipment Mechanics), 농민 (Specialized Livestock Workers)의 종사자가 해당 된다. |
|---|

<매니토바 지원 및 경력 대상자의 종합 점수제 평가기준>

| 평가 항목 및 내용 | 만 점 |
|---|---|
| 나이<br>- 21~45세 (10점) - 20, 46세 (8점)<br>- 19, 47세 (6점) - 18, 48세 (4점)<br>- 49세 (2점) - 50세 이상 (0점) | 10점 |
| 언어 능력<br>- 제 1 외국어 (영/불) CLB 레벨: 8 (20점), 7 (18점), 6 (16점), 5 (14점), 4 (12점), 이하 (0점)<br>- 제 2 외국어 (영/불) CLB 레벨 5 이상 (5점) | 25점 |
| 경력<br>- 4년 15점, 3년 12점, 2년 10점, 1년 8점, 1년 미만 0점 | 15점 |
| 교육 (고졸 이후)<br>- 석사이상 (25점)<br>- 고졸 이후 2개 과정, 각각 2년 이상 교육 (23점)<br>- 고졸 이후 2년 교육 (20점)<br>- 고졸 이후 1년 교육 (14점)<br>- 매니토바 인정 기능 자격증 (14점)<br>- 비공식 교육 (0점) | 25점 |
| 적응 능력<br>- 매니토바에 4촌 이내 가까운 친척 거주 (20점)<br>- 매니토바 초청장 (Invitation) 확보 (20점)<br>- 6개월 이상 매니토바 경력 (12점)<br>- 고졸이후 매니토바에서 2년 이상 유학 (12점)<br>- 고졸이후 매니토바에서 1년 이상 유학 (10점)<br>- 매니토바에 먼 친척 또는 친구 거주 (10점)<br>※ 특정지역 (Regional Immigration) 이민 부가점수 (5점) | 20점<br>(부가 점수 포함 25점) |
| 합계 | 100점 |

※ 매니토바 초청 대상이 된 이민 신청자는 상기 종합 점수제 평가기준과 무관하다.

c) 투자 이민 (Business Investment)

매니토바 투자 이민은 순자산이 최소 35만 달러 이상이고 다음

의 기본 조건도 만족해야 한다. 그리고 EOI 사전 평가 기준과 동일한 점수제 평가기준에 따라서 이민 심사를 한다.

- 평가 점수가 적어도 60점
- 3년 이상 사업체 경영 또는 관리자 경력
- 이민 신청 전 1년 이내 현지답사 및 보고서 제출
- 10만 달러 예치

d) 농업이민 (Farm Strategic Recruitment Initiative)

농업이민은 사전 현장답사를 하고 작성해서 제출하는 보고서 (Farm Business Research Visit)가 매우 중요하다. 그리고 다음의 기본 요건도 만족해야 한다.

- 순자산 35만 달러 이상
- 3년 이상 농업 경력
- 농사일의 숙련도
- 15만 달러 이상 투자
- 지분이 33.33% 이하인 경우는 1백만 달러 이상 투자

**f. 노바스코샤**

a) 기술이민

o 숙련인력 (Skilled Worker)

캐나다에서 초급대학 또는 대학을 졸업한 유학생 출신의 숙련인력 (Skilled Worker)이 노바스코샤 주에 채용될 경우 주정부 추천이민 대상자가 될 수 있다.

Skill Level C와 D의 경우 노바스코샤에서 6개월의 경력이 있고 다른 요구 조건들을 모두 만족하면 역시 주정부 추천이민 대상자가 될 수 있다.

- NOC Skill Type 0, Skill Level A, B (Skilled Worker)
- NOC Skill Level C (Semi Skilled Worker, 고졸)
- NOC Skill Level D (Low Skilled Worker, 고졸 이하)

<숙련인력의 노바스코샤 추천이민 평가항목>

| 항 목 | 최소 요구 조건 |
|---|---|
| 캐나다<br>거주 신분 | - 취업비자, 유학비자, 단기방문 등 |
| 나이 | - 21세 ~ 55세 |
| 취업 | - 노바스코샤에 정규직 채용 제의 |
| 교육 및<br>훈련 | - 고졸 이상으로 최소 12년 교육<br>- 자격 및 면허가 필요한 분야 취득 여부 |
| 언어 능력 | - Skill Type 0, Skill Level A, B: CLB 5<br>- Skill Level C, D: CLB 4 |
| 경력 | - 최근 5년 동안 최소 1년 경력 |
| 정착의지 및<br>적응능력 | - 노바스코샤에 성공적인 정착<br>(채용, 친척/가족, 교육, 커뮤니티, 사업 등) |
| 정착금 | - 연방 추천 최소 금액<br>(=$11,000 + $2,000 x 부양 인원) |
| 고용주 | - 노바스코샤의 합법적인 사업체<br>- 최근 2년 이상 정상 운영<br>- Skill Type 0, Skill Level A, B 직업 또는<br>노동시장에 따라 승인된 Skill Level C, D 직업<br>- 영주권 및 시민권자 우선 채용 노력<br>(채용공고 등) |

o 지역 노동시장이 필요한 인력 스트림
(Regional Labour Market Demand Stream)

지역의 경제 상황 및 노동시장이 필요한 숙련인력을 주정부 추천이민 대상자로 선정하기 때문에 혜택을 받는 인원이 많지 않다. 2014년의 경우 150명이었으며 4월에 모두 충원되어 접수가 마감되었다.

o 패밀리 비즈니스 인력 (Family Business Worker)

가족이나 가까운 친척이 노바스코샤에서 운영하는 사업체에 정규직으로 채용 제의를 받은 경우 주정부 추천이민 대상자가 될 수 있다.

- Skill Type 0, Skill Level A, B는 언어 능력 CLB 5 이상
- Skill Level C는 노바스코샤 경력이 6개월 이상이고 언어능력이 CLB 4 이상

- Skill Level D는 불허

<패밀리 비즈니스 인력에 대한 노바스코샤 추천이민 평가기준>

| 항 목 | 최소 요구 조건 |
|---|---|
| 캐나다 거주 신분 | - 취업비자, 유학비자, 단기방문 등 |
| 고용주와 관계 | - 자식, 형제, 손자<br>- 형제의 자식 (조카)<br>- 부모의 형제 (삼촌/이모/고모/외삼촌) |
| 나이 | - 21세에서 55세 까지 |
| 취업 | - 정상적인 임금으로 정규직 채용 |
| 교육 및 훈련 | - 최소 12년 교육을 받은 고졸 이상<br>- 자격 및 면허가 필요한 분야 취득 여부 |
| 언어 능력 | - Skill Type 0, Skill Level A, B: CLB 5<br>- Skill Level C: CLB 4 |
| 경력 | - 해당 분야의 이력서 제출 |
| 정착의지 및 적응능력 | - 노바스코샤에 성공적인 정착<br>(채용, 친척/가족, 교육, 커뮤니티, 사업 등) |
| 정착금 | - 연방 추천 최소 금액<br>(=$11,000 + $2,000 x 부양 인원) |
| 고용주 | - 시민권자 또는 영주권자로 노바스코샤 주에 2년 이상 거주<br>- 노바스코샤에 합법적인 사업체<br>- 적어도 2년 이상 정상 운영한 사업체<br>- 고용주의 지분이 33.3% 이상 (옵션)<br>- 최근 2년 동안 극빈층 정부 보조금 또는 실업 수당을 수령하지 않는 경우<br>- 이전 또는 현재 고용 중인 패밀리 인력에 대한 고용 노력과 정상적인 임금 지급 |

b) 투자이민

노바스코샤 주의 투자이민자는 21세 이상으로 순자산이 60만 달러이며, 15만 달러를 투자하고, 다음의 기본조건들도 만족해야 한다. 인터넷으로 Expression of Interest를 입력하면 사전 심사하여 이민 신청 서류를 보내 준다.

- 노바스코샤 주에 영구 정착 의지
- 지분 1/3이상인 사업을 3년 이상 경영
  또는 5년 이상 선임 관리자 경력
- 영어 또는 불어 CLB 레벨 5 이상

<노바스코샤 주의 기업이민자 종합 점수제 평가기준>

| 평가 항목 및 내용 | 만 점 |
|---|---|
| 언어 능력<br>- 제 1 외국어 (영/불) CLB 7 (28점), 6 (24점), 5 (20점)<br>- 제 2 외국어 (영/불) CLB 5 이상 (7점) | 35점 |
| 교육 (고졸 이후)<br>- 박사 (25점), 석사 (23점)<br>- NOC 2011 Skill Level A,<br>주 정부 인정 해당 자격을 획득<br>대학 수준 Entry-to-Practice 전문 학위 (23점)<br>- 고졸 이후 캐나다 2개 교육, 1개는 3년 이상 (22점)<br>- 고졸 이후 캐나다 3년 교육 (21점)<br>- 고졸 이후 캐나다 2년 교육 (19점)<br>- 고졸 이후 캐나다 1년 교육 (12점)<br>- 고졸 (8점) | 25점 |
| 경력<br>- 최근 10년 동안 3년 이상 사업체 운영 (20점)<br>- 최근 10년 동안 선임 관리자 5년 이상 경력 (20점)<br>- 최근 10년 동안 5년 이상 사업체 운영 (35점)<br>※ 사업체 경영 이력은 지분 1/3 이상인 경우 인정 | 35점 |
| 순자산<br>- 150만 달러 이상 (10점) - 100만 달러 이상 (7점)<br>- 60만 달러 이상 (5점) | 10점 |
| 나이<br>- 33-39세 (10점) - 25-32세, 또는 40-44세 (7점)<br>- 56세 이상 (0점) - 21-24세, 또는 45-55세 (5점) | 10점 |
| 적응 능력<br>- 배우자의 언어 능력 CLB 4 (5점)<br>- 본인의 노바스코샤 주 전일제 유학 2년 이상 (10점)<br>- 배우자의 노바스코샤 주 전일제 유학 2년 이상 (5점)<br>- 본인의 노바스코샤 경력 1년 (10점)<br>(Skill Type 0 또는 A/B 이상의 직업군 경력 요구)<br>- 배우자의 노바스코샤 경력 1년 (5점)<br>- 노바스코샤 주의 3촌 이내 가까운 친척 거주 (5점) | 10점 |
| 노바스코샤 경제 기여 순위<br>- 수출 분야 사업 (5점)<br>- Halifax County 이외 지역 (5점)<br>- Business Succession - 향후 5년 임금, 고용 등 (5점) | 10점 |
| 투자 금액<br>- 30만 달러 이상 (15점) - 15만 달러 이상 (10점) | 15점 |
| 합계 | 140점 |

※ '16/17년 초청장을 받은 신청자는 222명이며 커트라인은 90~122점 사이

c) 유학생 투자 이민 (International Graduate Entrepreneur)

최근 노바스코샤에서 공부한 유학생이 노바스코샤 주에서 100% 지분으로 사업을 하는 경우 투자 이민을 신청할 수 있으며, 다음의 기본 조건도 만족해야 한다.

- 노바스코샤 주에서 적극적으로 사업을 하고 거주할 의지
- 노바스코샤 주 전문대 또는 대학에서 최소 2년 전일제 유학
- 유학 이후 Work Permit 소지
- 영어 또는 불어 능력 CLB 7 이상

<노바스코샤 주의 기업이민자 종합 점수제 평가기준>

| 평가 항목 및 내용 | 만 점 |
|---|---|
| 언어 능력<br>- 제 1 외국어 (영/불) CLB 7 (28점), 6 (24점), 5 (20점)<br>- 제 2 외국어 (영/불) CLB 5 이상 (7점) | 35점 |
| 노바스코샤 기관의 학력 (고졸 이후)<br>- (25점), 석사 (22점)<br>- NOC 2011 Skill Level A,<br>주 정부 인정 해당 자격을 획득<br>대학 수준 Entry-to-Practice 전문 학위 (22점)<br>- 고졸 이후 캐나다 2개 교육, 1개는 NS 주 3년 (17점)<br>- 고졸 이후 3년 교육 (15점)<br>- 고졸 이후 2년 교육 (12점) | 25점 |
| 최근 10년 동안 경력<br>- 3년 이상 NOC 0, A/B 레벨 경력 (10점)<br>- 5년 이상 NOC 0, A/B 레벨 경력 (15점) | 15점 |
| 적응 능력<br>- 배우자의 언어 능력 CLB 4 (5점)<br>- 배우자의 노바스코샤 주 전일제 유학 2년 이상 (5점)<br>- 배우자의 노바스코샤 경력 1년 (5점)<br>- 노바스코샤 주의 3촌 이내 가까운 친척 거주 (5점) | 10점 |
| 나이<br>- 21-39세 (10점) - 40-44세 (7점)<br>- 45-55세 (5점) - 56세 이상 (0점) | 10점 |
| 노바스코샤 경제 기여 순위<br>- 수출 분야 사업 (5점)<br>- Halifax County 이외 지역 (5점)<br>- 5년 이상 주인이 동일한 기존 사업체 인수 (5점) | 5점 |
| 합계 | 100점 |

※ 2016년 초청장을 받은 신청자는 1명이며 커트라인은 56점

d) Express Entry - 기술이민 급행

노바스코샤 주의 Express Entry 기술이민 신청자는 기본적으로 다음의 조건을 만족해야 한다.

- 6개 분야의 종합점수제 평가에서 67점 이상
- 노바스코샤 주에 전일제 정규직으로 취업
- 고용주는 LMIA 노동시장영향 평가
- 관련 분야 경력 1년 이상
- 영어 또는 불어 능력 CLB 7 이상
- 고졸 이상 (캐나다 인증 필요)
- 정착에 필요한 충분한 재정 능력

<노바스코샤 주의 급행이민 종합 점수제 평가기준>

| 평가 항목 및 내용 | 만 점 |
|---|---|
| 학력<br>- 박사(25점), 석사 (23점)<br>- NOC 2011 Skill Level A,<br>또는 주 정부 인정 해당 자격을 획득<br>대학 수준 Entry-to-Practice 전문 학위 (23점)<br>- 고졸 이후 캐나다 2개 교육, 1개는 3년 (22점)<br>- 고졸 이후 3년 교육 (21점)<br>- 고졸 이후 2년 교육 (19점)<br>- 고졸 이후 1년 교육 (15점)<br>- 고졸 (5점), 고종 이하 (0점) | 25점 |
| 언어 능력 (말하기, 듣기, 읽기, 쓰기)<br>- 제 1 외국어 (영/불) CLB 9 (24점), 8 (20점), 7 (16점)<br>- 제 2 외국어 (영/불) CLB 5 이상 (4점) | 28점 |
| 최근 6년 동안 경력<br>- 6년 (15점) - 4년 13점<br>- 2년 (11점) - 1년 (9점), 이하 90점) | 15점 |
| 나이<br>- 18-35세 (12점) - 1년에 1점씩 감소, 46세 (1점)<br>- 47세 이상 (0점) - 18세 이하 (0점) | 12점 |
| 노바스코샤 취업<br>- NOC 2011 Skill Type 0 또는 Level A / B<br>- 전일제 정규직 취업<br>- 단일 고용주<br>- 영주권 발행 후 최소 1년 이상 노바스코샤 근무 | 10점 |

| 평가 항목 및 내용 | 만 점 |
|---|---|
| 적응 능력<br>- 노바스코샤 취업 (5점)<br>- 고졸 이후 노바스코샤 본인 전일제 유학 2년 (5점)<br>- 고졸 이후 노바스코샤 배우자 전일제 유학 2년 (5점)<br>- Skill 0, A/B 분야의 노바스코샤 본인 경력 (10점)<br>- 노바스코샤 배우자 경력 (5점)<br>- 노바스코샤 주의 3촌 이내 가까운 친척 거주 (5점)<br>- 배우자 연어 능력 CLB 4 (5점) | 10점 |
| 합계 | 100점 |

**g. 뉴브런즈윅**

a) 기술이민

o 정규직으로 채용된 숙련인력

(Skilled Worker with Employer Support)

고용주의 지원을 받아 정규직으로 채용되는 경우에 해당 되며 다음의 기본적인 요구 조건을 갖추어야 한다.

- 22세에서 55세까지의 나이
- 직업분류 Skill Type 0, Skill Level A, B
  또는 Skill Level C, D의 경우 Skill Type 1, 3, 7, 9의 직업
- 1년 이상 정상 운영된 사업체에 정규직 채용 제의
- 영어나 (또는 불어) 최소 기초 수준의 말하기 능력
- 고졸이상의 학력

숙련인력으로 주정부 추천이민 대상자가 되기 위해서 종합평가에서 50점 이상 되어야 한다.

<숙련인력의 뉴브런즈윅 추천이민 평가기준>

| 평가 항목 | 만 점 |
|---|---|
| 나이: 22~24세 (5점), 25~55 (10점) | 10점 |

(계속 이어서)

<숙련인력의 뉴브런즈윅 추천이민 평가기준>

| 평가 항목 | 만 점 |
|---|---|
| 언어<br>- 우수 (Advanced): 영어 9점, 불어 9점<br>- 중간 (Intermediate): 영어 7점, 불어 7점<br>- 기초 (Basic): 영어 4점, 불어 4점 | 15점 |
| 학력<br>- 고졸 (10점)<br>- 고졸이후 최소 2년 과정 직업교육 졸업 (15점)<br>- 고졸이후 최소 3년 과정 초급대학/대학 졸업 (15점)<br>- 석사, 박사 (18점) | 18점 |
| 적응능력 (뉴브런즈윅 경력, 유학, 거주만 인정)<br>- 영주권/시민권자 가족 또는 삼촌, 조카 거주 (10점)<br>- 유학 1년 (5점), 2년 (10점)<br>- 최근 5년 경력 1년 (10점), 2년 (15점)<br>또는 배우자의 지난해 경력 6개월 (5점)<br>- 노동시장영향평가 (10점)<br>또는 시민권자/연주권자 채용이 어려운 경우 (10점)<br>- 현재의 고용된 직업과 다른 경력의 부가점수 (5점) | 25점 |
| 경력 (최근 5년)<br>- 1년 (2점), 2년 (4점), 3년 (6점), 4년 (8점), 5년 (10점) | 10점 |
| 합계 | 78점 |

o 패밀리 지원 (Skilled Worker with Family Support)

영주권자 이상의 신분으로 최근 12개월 이상 뉴브런즈윅 주에서 사업체를 정상적으로 운영하는 사업가나 또는 일을 하고 있는 숙련인력 (Skill Type 0, Skill Level A, B 또는 Skill Level C의 1, 3, 7, 8, 9)은 가족 또는 가까운 친척을 사업체에 정규직으로 채용하여 주정부 추천이민을 신청 할 수 있다. 이민 당사자는 다음의 기본적인 요구 조건을 만족해야 한다.

- 고용주 (또는 배우자)의 자식, 형제, 조카, 손자
- Skill Type 0, Skill Level A, B
  또는 Skill Level C, D의 경우 Skill Type 1, 3, 7, 8, 9
- 22세부터 50세 까지의 나이

- 언어 능력이 CLB 4 (기초 수준) 이상
- 3년 이상 과정의 초급대학/대학 졸업
  또는 고졸이후 2년 이상 과정의 직업 교육 이수
- 해당 직업 관련 교육, 훈련 및 자격/면허 소지
- 해당 직업 관련 최근 5년 동안 2년 경력
- 최소 정착자금 (1만 달러 + $2,000 x 부양가족 수)

o Express Entry 기술 이민

뉴브런즈윅 주정부의 추천 Express Entry의 기본 요건을 만족하려면 종합 점수제 평가에서 67점 이상 이어야 한다.

- 22세에서 55세까지의 나이
- CLB 7 이상 언어 능력
- Skill Type 0, Level A, B 분야에서 최소 1년 이상 경력
- 고졸 이상의 학력
- 충분한 정착금
- 뉴브런즈윅 주에서 살고 일하려는 의지

<FSW 숙련인력의 항목별 평가 기준>

| 항 목 | 만 점 |
|---|---|
| o 학력 (Education)<br>- 고졸 (5점)<br>- 고졸 이후 1년 이상 교육과정 졸업 (15점)<br>- 고졸 이후 2년 이상 교육과정 졸업 (19점)<br>- 고졸 이후 3년 이상 교육과정 졸업 (21점)<br>- 고졸 이후 2개 이상 교육과정 졸업, 하나는 최소 3년 이상 교육 (22점)<br>- University Level Entry to Practice Professional Degree (NOC 2011 Skill Level A이고 해당 자격증 획득)<br>- 석사학위 취득 (23점)<br>- 박사학위 취득 (25점) | 25 |

(계속 이어서)

※ 학위 (Degree) 프로그램은 Medicine, Veterinary Medicine, Dentistry, Podiatry, Optometry, Law, Chiropractic Medicine or Pharmacy의 분야 중 하나이면 인정

<FSW 숙련인력의 항목별 평가 기준>

| 항 목 | 만 점 |
|---|---|
| o 영어 (또는 불어) 능력 (Language Ability)<br>- 제 1 언어: CLB 9 (6점), 8 (5점), 7 (4점), 이하 (0점)<br>(읽기, 쓰기, 말하기, 듣기에서 각각 점수 산정)<br>- 제 2 언어: 모든 영역에서 CLB 5 이상 (4점), 이하 (0점) | 28 |
| o 경력 (Work Experience)<br>- FSW 승인 직업에서 최근 10년 동안 경력<br>1년 (9점), 2-3년 (11점), 4-5년 (13점), 6년 이상 (15점) | 15 |
| o 나이 (Age)<br>- 만18세 ~ 만35세 (12점)<br>- 36세 부터 1년에 1점씩 감점<br>- 18세 이하, 또는 47세 및 이상 (0점) | 12 |
| o 승인된 직업으로 캐나다에서 정규직 취업 (10점)<br>- 취업비자가 있고 동일 직장에 정규직 채용이 되고, 노동시장영향평가의 긍정적인 결과가 있는 경우<br>- 현재 캐나다에서 일을 하지 않거나 고용주가 변경된 경우지만 노동시장영향평가의 긍정적인 결과가 있는 경우<br>(단 NAFTA 등 국제조약에 따라 노동시장영향평가가 면제 되거나 노동시장영향평가를 이미 받아 캐나다의 동일 직장에 채용되는 경우는 노동시장영향평가 면제) | 10 |
| o 적응능력 (다른 주 경력, 유학 등은 인정 안 됨)<br>- 배우자가 영어 또는 불어의 말하기, 듣기, 쓰기, 읽기 등의 모든 영역에서 CLB 4 이상 (5점)<br>- 본인의 해당 주 고등학교 또는 이상 전일제 유학 (5점)<br>- 배우자가 고졸 이후 2년 이상 해당 주 전일제 유학 (5점)<br>- 본인이 Skill Type 0 or Skill Levels A or B 레벨의 승인된 직업으로 1년 이상 해당 주 전일제 근무 경력 (10점)<br>- 배우자의 1년 이상 해당 주 전일제 근무 경력 (5점)<br>- 본인이 승인된 직업으로 해당 주 정규직 채용 제의 (5점)<br>- 본인의 가족/친척이 해당 주 거주 영주권/시민권자 (5점)<br>(부모, 조부모, 자식, 손자, 형제, 삼촌/고모/이모, 18세 이상 3촌 조카) | 10 |
| 합 계 | 100 |

b) 투자이민

o 비즈니스 신청자 (Business Applicants)

최근 5년 동안 사업체 경영자 또는 선임 관리자로 3년 이상 경력자를 위한 투자이민 프로그램으로 순자산이 30만 달러 이상 이어야 한다. 또한 사업체 설립을 조건으로 7.5만 달러를 예치해야 하고, 아래의 기본적인 조건을 만족해야 한다. 또한 나이, 언어, 학력, 적응능력, 경력 등의 종합평가 점수에서 50점 이상 획득해야 한다.

- 22세부터 55세 까지의 나이
- 사업에 필요한 충분한 언어 능력
- 고졸 이상 학력
- 뉴브런즈윅 주에서 직접 사업체 경영 의지
- 현지 사업 환경에 대한 이해

<뉴브런즈윅의 비즈니스 신청자 추천이민 평가기준>

| 평가 항목 | 만 점 |
|---|---|
| 나이<br>- 22~24세 (5점), 25~55 (10점) | 10점 |
| 언어 (영어 및 불어 각각의 점수)<br>- 우수 (Advanced): 9점<br>- 중간 (Intermediate): 7점<br>- 기초 (Basic): 4점 | 15점 |
| 학력<br>- 고졸 (10점)<br>- 고졸이후 최소 2년 과정 직업교육 졸업 (15점)<br>- 고졸이후 최소 3년 과정 초급대학/대학 졸업 (15점)<br>- 석사, 박사학위 취득 (18점) | 18점 |
| 적응능력 (뉴브런즈윅 경력, 유학, 거주만 인정)<br>- 영주권/시민권자 가족 또는 삼촌, 조카 거주 (10점)<br>- 유학 1년 (5점), 2년 (10점)<br>- 최근 5년 직장경력 1년 (5점), 2년 (10점)<br>또는 배우자의 지난해 경력 6개월 (5점)<br>- 뉴브런즈윅 주의 사업에 관련 지식 면접 (1~10점) | 25점 |
| 사업체 경영 또는 선임 관리자 경력 (최근 5년)<br>- 2년 (4점), 3년 (8점), 4년 (10점)<br>사업관련 관리 경력 (최근 5년)<br>- 핵심 분야 책임: 재정, 영업, 인사, 경영에서 각 2점<br>- 전일제 직원 수: 10명 이상 (4점) 10명 이하 (2점)<br>- 결정권: 사업체 경영자 (6점), 선임 관리자 (4점) | 25점 |
| 합계 | 93점 |

### h. 프린스에드워드아일랜드

PEI (Prince Edward Island) 주는 캐나다에서 면적이 가장 작은 주로 이민자의 유입이 매우 적다. 연령 제한이 21~59세으로 다른 주보다 수월한 것이 특징이다. 그러나 투자이민의 경우 주내에서 사업을 하며 지속적으로 거주하는 것을 담보하는 예치금이 캐나다에서 제일 높고 환불되는 기간도 제일 긴 편이다.

a) 기술이민

o Skilled Workers Outside Canada

해외 거주하는 숙련 인력을 위한 주정부 추천 이민 제도이다.

- 종합 점수제 평가에서 50점 이상 획득
- Skill Type 0, Skill Level A, B의 숙련인력
- 고졸 이후 적어도 2년 교육
- 21세 ~ 59세 사이의 나이
- 과거 5년 동안 적어도 2년 전일제 경력
- 채용된 직업에서 필요한 수준의 영어/불어 능력
- 정착금
- PEI 정착하려는 의지

o Skilled Workers on PEI

현재 PEI 주에서 일하고 있는 숙련인력을 위한 주정부 추천 이민제도이다.

- Labour Impact Self-Assessment에서 50점 이상 획득
- Skill Type 0, Skill Level A, B의 숙련인력
- 캐나다에서 취업 비자 보유
- 주정부 이민 심사관과 인터뷰 능력 (필요하다면)
- 고졸 이후 적어도 2년 교육
- 21세 ~ 59세 사이의 나이
- 과거 5년 동안 적어도 2년 전일제 경력
- 정착금

- PEI 주에 정착하려는 의지

o 노동시장 긴급인력 스트림 (Critical Worker Stream)

고졸 이상 Skill Level C, D 으로 노동시장에서 긴급히 필요로 하는 인력이 대상이며 다음의 기본적인 요구 조건도 만족해야 한다.

- Labour Impact Self-Assessment에서 50점 이상 획득
- PEI 고용주로부터 Skill Level C, D 레벨의 적어도 2년 이상 장기 취업
  (truck driver, customer service representative, labourer, food and beverage server, or housekeeping attendant)
- PEI 주의 전일제 경력이 6개월 이상 (최근 6개월 이상)
- 캐나다에서 합법적인 취업비자
- 주정부 이민관과 인터뷰 능력 (필요하다면)
- 영어 (또는 불어) 능력이 CLB 4 이상
- 고졸이상 학력
- 21세 ~ 59세 사이의 나이
- 과거 5년 동안 적어도 2년 전일제 경력
- 최근 2년 내의 영어 시험 결과 CLB 4 이상
- 정착금
- PEI 정착하려는 의지

또한 숙련 및 긴급 인력은 나이, 학력, 경력, 언어, 적응력 등의 종합점수제 평가에서 50점 이상 되어야 한다.

<숙련 및 긴급인력의 PEI 추천이민 평가기준>

| 평가 항목 | 만 점 |
| --- | --- |
| 나이<br>- 21-49세 (10점), 50세 (9점), 51세 (8점), 52세 (7점), 53세 (6점), 54세 (5점), 55세 (4점), 56-59세 (0점) | 10점 |
| 학력<br>- 12년 교육, 고졸 (14점)<br>- 12-13년 교육, 고졸 이후 1년 과정 교육 (16점)<br>- 14-16년 교육, 고졸 이후 2년 과정 이상 교육 (20점)<br>- 17-18년 교육, 고졸 이후 2개 과정, 각각 2년 이상 교육 (22점)<br>- 18년 이상 교육, 석사 또는 박사학위 취득 (25점) | 25점 |
| 경력 (최근 5년)<br>- 1~2년 (10점), 2~3년 (15점), 3~4년 (17점), 4~5년 (19점), 5년 이상 (21점) | 21점 |
| 제 1 언어<br>- 영/불어 국가 출신 또는 IELTS 8 (16점)<br>- 영/불어 환경에서 현재 2년 경력/교육 또는 IELTS 7 (14점)<br>- 영/불어 국가에서 고졸 이후 최근 2년 1~2년간 유학 또는 IELTS 6.5 (12점)<br>- IELTS 점수 6 (10점), 5.5 (8점), 5 (6점), 4~5.5 (5점) | 16점 |
| 제 2 언어<br>- 영/불어 국가 출신 (8점)<br>- 영/불어 환경에서 현재 2년 경력/교육 (6점)<br>- 영/불어 국가에서 고졸이후 최근 2년, 1~2년간 유학 (4점)<br>- 영/불어 환경에서 최근 5년 동안 2년간 경력/교육 (3점)<br>- 초·중·고등학교에서 외국어로 교육 (2점) | 8점 |
| 적응력<br>- 배우자가 고졸이후 최소 1년 이상 과정 졸업 (5점)<br>- 배우자가 최근 5년 동안 2년 경력 (5점)<br>- 배우자의 영어 또는 불어 IELTS 6 (5점)<br>- 자녀가 영어 또는 불어 IELTS 6 (5점)<br>- PEI 주의 경력 1년 (5점)<br>- 고졸이후, PEI 주의 유학 1년 (5점)<br>- 취업비자를 가지고 캐나다 거주 (5점)<br>- PEI 주에서 채용 제의 (5점)<br>- 해외 경력/학력 FCR (Foreign Credential Recognition) 검증 획득 (5점)<br>- PEI 주에 직계 가족 거주 (10점)<br>- PEI 주에 가까운 친척 거주 (5점) | 15점 |
| 합 계 | 95점 |

b) 투자이민

순자산이 60만 달러 이상이고 15만 달러 이상의 사업을 하고 20만 달러를 담보로 예치할 수 있는 사업가를 대상으로 한다. 3 종류의 투자이민 프로그램을 시행하고 있으며, 모두 언어 능력이 IELTS 4 레벨 (기초수준) 이상 되어야 한다.

- 단독 사업체 (100% Ownership)
- 지분 참여 공동 사업체 (Partial Ownership)
- 취업비자 카테고리 (Work Permit Category)

주의 경제 발전에 기여하는 사업에 투자는 경우에 추천이민 대상자가 될 수 있으며, 다른 업종 보다 우선권이 부여되는 사업 분야는 다음과 같다.

- 수출 관련 사업의 창업 및 확장
- 농업 (Agriculture), 어업 (Fishery), 임업 (Forestry)
- 농촌 지역 경제를 강하게 하는 사업
- 바이오 (Bioscience), IT (Information Technology), 항공 (Aerospace) 그리고 재생 에너지 (Renewable Energy) 사업

| 주정부 추천이민으로 설립되거나 지분 투자된 48개월 미만의 기존 사업체를 인수하여 사업하는 것은 인정하지 않는다. |
| --- |

투자자는 설립한 사업체의 경영 현황을 최대 5년까지 보고 할 의무가 있을 수 있으며, 담보로 예치된 금액은 처음 6개월 이후에 2.5만 달러를 환불하고 1년 이후에 2.5만 달러를 환불하며, 나머지 15만 달러는 추천이민 조건계약서 (Escrow Agreement)의 내용을 정상적으로 이행 하였을 때 환불 된다.

지분 투자로 참여하는 사업은 다음의 추가적인 조건도 만족해야 한다.

- 급여와 사업소득이 연간 총 6만 달러이상
- 창업하는 다른 사업체에 지분 투자하는 것은 제외

- 최근 3년 동안 최소 1년 경력
  (High-skilled worker NOC skill type/level 0, A, or B,
  Intermediate-skilled workers NOC skill type/level C
- 고졸이상
- 언어 능력 CLB 4
- 유학생의 경우 적어도 해당 주 전일제 2년 교육
- 향후 1년 이내 졸업
- 졸업하기 전 최근 2년 동안 최소 16개 이상 거주
- 적절한 유학비자, 취업비자

### i. 뉴펀들랜드

뉴펀들랜드로 이민 가는 한인은 극히 일부이며, 다른 모든 나라 이민자를 합쳐도 아래와 같이 많지 않다.

<연도별 뉴펀들랜드 유입 이민자 수>

| 년도 | 이민자 수 | 년도 | 이민자 수 |
|---|---|---|---|
| 2007 | 546 | 2012 | 732 |
| 2008 | 627 | 2013 | 835 |
| 2009 | 606 | 2014 | 899 |
| 2010 | 714 | 2015 | 1,122 |
| 2011 | 685 | 전체 | 6,766 |

a) 기술이민

뉴펀들랜드는 기술이민을 위해 요구하는 조건이 까다롭지 않는 주들 중에 하나이며, 주정부 추천이민 대상자가 되기 위해서 전일제로 취업이 되는 것이 가장 중요하다.

o 숙련인력 (Skilled Worker)

뉴펀들랜드에서 전일제로 취업을 하였거나, 취업비자를 가지고 일을 하는 경우 주정부 추천이민 대상자가 될 수 있다.

- 뉴펀들랜드 전일제 취업
- 취업 비자 보유
- 직업에서 요구되는 기능, 기술, 인증, 자격증 등을 보유
- 뉴펀들랜드 중에 정착하려는 의지
- 본인의 취업으로 노동 분쟁 등의 문제가 발생하지 않을 것
- 초기 정착금
- 인력 채용의 필요성을 고용주가 입증
- 충분한 언어 능력

o 유학생 (International Student)

뉴펀들랜드에서 공부한 유학생이 동일분야로 취업이 되는 경우 추천이민 대상자가 될 수 있으며, 학업에 관하여 다음의 조건을 만족해야 한다.

- 캐나다 유학과정의 절반 이상 수료 또는 졸업
- 고졸 이후 2년 이상 전일제 교육과정 이수,
  대학원 과정 1년 이수는 해외에서 학사 학위 서류 제출
- 뉴펀들랜드 주에서 필요한 분야의 전공 및 취업
- 유학비자 등 합법적인 캐나다 거주 자격
  (비자 만료 6개월 이상)
- 직업에서 요구되는 기능, 기술, 인증, 자격증 등을 보유
- 뉴펀들랜드에 정착하려는 본인 의지
- 본인의 취업으로 노동 분쟁 등의 문제가 발생하지 않을 것
- 초기 정착금
- 인력 채용의 필요성을 고용주가 입증
- 충분한 언어 능력

o Express Entry

뉴펀들랜드 주의 급행 기술 이민 (Express Entry)의 평가 기준

이 연방 정부와 달라 아래의 표를 이용하여 계산해야 한다.

<뉴펀들랜드 주의 Express Entry 숙련인력 평가 기준>

| 항 목 | 만 점 |
|---|---|
| o 학력 (Education)<br>- 석사, 박사 (28점)<br>- 3년 이상 과정 대졸 (23점)<br>- 뉴펀들랜드 승인 기능 자격 (23점)<br>- 고졸이후 2년 이상 교육 과정 졸업 (18점)<br>- 고졸이후 1년 이상 교육 과정 졸업 (15점) | 28 |
| o 경력 (Work Experience)<br>- 최근 5년 동안 경력<br>5년 (15점), 4년 (12점), 3년 (9점), 2년 (6점), 1년 (3점)<br>- 5년 경과 10년 미만 사이 경력<br>5년 (7점), 4년 (6점), 3년 (5점), 2년 (4점), 1년 (2점) | 20 |
| o 영어 (또는 불어) 능력 (Language Ability)<br>- CLB 8 (27점), 7 (23점), 6 (21점), 5 (19점) | 27 |
| o 나이 (Age)<br>- 만18세 ~ 만21세 (8점)<br>- 만22세 ~ 만33세 (12점)<br>- 만34세 ~ 만45세 (10점)<br>- 만46세 ~ 만50세 (8점)<br>- 만50세 이상 (0점) | 12 |
| o 노동시장 인맥 및 적응능력<br>- 뉴펀들랜드 주에 본인 또는 배우자 3촌 이내 친척 (7점)<br>- 최근 5년 동안 12개월 이상 뉴펀들랜드 경력 (3점)<br>- 뉴펀들랜드 유학 1년 이상 (3점) | 13 |
| 합 계 | 100 |

b) 투자이민

해당 사항 없음

### i. 유콘 준주

| 극지방 준주로 이민을 가는 경우는 상당히 드물지만 간혹 있다. 극지방 준주는 서쪽부터 유콘 (Yukon), 노스웨스트 테리토리스 (Northwest Territories), 누나부트 테리토리스 (Nunavut Territories) 순서대로 있으며, 유콘과 노스웨스트 준주는 광산과 관광 산업으로 원주민 이외에 일반인들도 많다. 그러나 누나부트는 많은 지역이 북극해 안에 위치한 섬으로 교통이 매우 불편하여 대부분 원주민만 거주한다. 따라서 극지방 주정부 추천이민은 주로 유콘과 노스웨스트에서만 받아 준다. |
|---|

a) 기술이민

o 숙련인력 (Skilled Worker Stream)

유콘 준주에서 1년 이상 사업을 하는 고용주는 캐나다 시민권자나 영주권자 중에서 필요한 인력을 채용할 수 없는 경우 NOC 기술레벨 0, A, B 이상의 해외인력을 추천이민으로 채용 할 수 있다. 또한 이미 고용 중인 기술 인력이 적합하면 추천이민을 신청할 수 있다.

해외 인력을 추천이민으로 고용하는 고용주는 해당 인력의 교통비와 초기 도착하여 정부 의료보험을 획득하기 전까지 사설 의료보험도 제공해야 한다. 또한 만약 해당 인력이 추천이민 심사에서 떨어질 경우 본국으로 돌아가는 교통편도 제공해야 한다.

해외 기술 인력은 직업 관련 학력과 1년 이상의 경력이 있어야 하며, 언어 능력은 다음과 같이 수준이 요구된다.

- Skill Level 0 or A:
  CELPIP 2014 Level 7, IELTS 6, TEF 4
- Skill Level B:
  CELPIP 2014 Level 5, IELTS 5, TEF 3

o 긴급인력 (Critical Impact Worker Program)

호텔 등 숙박업종에서 갑자기 인력이 부족한 업종을 지원하기 위하여 만든 프로그램이다. NOC 기술레벨 C, D 등의 준 숙련 인력으로 이미 취업 비자가 있는 경우나 6개월 이상 일을 해야 하며, 언어 능력은 다음과 같이 수준이 요구된다.
- Skill Level C, D:
  CELPIP 2014 이후 레벨 4, IELTS 4, TEF 3

유콘 준주도 채용 제의가 있으면 연방정부의 Express Entry도 이용해 볼만 하다.

b) 투자이민 (Business Nominee Program)

o 기업이민 (Entrepreneur Immigration Category)

유콘의 투자이민 특징은 서류 신청 전에 유콘을 방문해서 심사를 받아야 하고 사업 분야에 따라 권장 또는 금지하는 업종이 있으며, 다음의 기본적인 자격 요건도 만족해야 한다. 65점 이상
- 65점 이상 획득
- 사업 관리 경력 3년 이상 (전체는 5년 이상 경력)
- 고졸 이상
- 언어 능력 IELTS 6이상, TEF 4 이상
- 순자산 50만 달러 이상 (현금화 자산 30만 달러 이상)
- 유콘에 가족과 함께 거주할 의지
- NOC 0 or A 수준의 직업이 있는 사업
- 처음 2년 동안 30만 달러 투자 계획
- 1~2년 선임관리자 경력 또는 사업경력
- 현금화가 쉬운 15만 달러 이상 유동자산을 포함하여 최소 25만 달러 이상의 자산
- 15만 달러 이상 유콘에 투자하고 동업인 경우 1/3이상 지분
- 이민 서류 신청 전에 적어도 한번 유콘을 방문하여 정부기관 (Business and Industry Development Branch) 담당 공무원과 면담, 사업을 할 수 있는 현지 상황을 이해하는 것과 영어, 또는 불어 능력을 평가

<유콘 준주의 기업이민 권장 및 금지 업종>

| 권장 업종 | 금지 업종 |
|---|---|
| - Information Technology<br>- Manufacturing<br>- Value-added processing<br>- Forestry<br>- Tourism<br>- Mining/mineral development<br>- Agriculture<br>- Cultural industries<br>- Film and video production | - Passive investment<br>- Retail, wholesale and distribution operations<br>- Restaurants<br>- Financial services<br>- Business and personal services<br>- Most professional practices<br>- Real estate rental |

o 자영이민 (Self-Employed Immigration)

의사, 간호사, 전기/전자 엔지니어 등의 부족한 서비스를 긴급히 제공하고자 마련된 제도이다. 따라서 해당 분야의 사업을 하는 경우가 해당되며, 기업이민에 비하여 투자 요구 조건이 상당히 수월할 수 있다.

## i. 노스웨스트 테리토리스

a) 기술이민 (Employer Driven Streams)

노스웨스트 테리토리스는 연방 익스프레스 엔트리 이민 조건을 만족하는 숙련인력 (Skilled Workers, NOC 레벨 0, A, B) 및 긴급인력 (Critical Impact Workers)을 기술이민으로 받아 주고 있다. 긴급인력은 비록 NOC 기술레벨 C 또는 D의 준 숙련 인력이지만 산업에서 해당 인력이 긴급히 요구되는 경우에 해당된다.

b) 투자이민 (Business Driven Streams)

o 기업이민 (Entrepreneur Business.)

노스웨스트 테리토리스의 기업 이민은 다음의 기본적인 자격 요건을 갖추어야 하고, 옐로나이프 (Yellowknife)와 그 밖에 지역을 구분하여 요구 조건이 다르다.

- 옐로나이프는 최소 50만 달러의 자산과 30만 달러 투자 (나머지 지역은 최소 25만 달러 자산과 최소 15만 달러 투자
- 사업계획 이행을 위한 담보 7.5만 달러 예치
- 서류 신청 전에 노스테리토리를 방문하여 현지 조사
- 정부 (Minister of Industry, Tourism and Investment)의 담당 공무원과 면담 또는 사업계획서 이 메일(또는 전화) 상담
- 서류심사를 통과하면 우선 2년 거주 비자를 받고 사업계획서의 내용을 완료하면 2년 이전 이라도 추천 이민 신청가능

| 노스웨스트 테리토리스의 정부기관 투자이민 담당공무원 연락처<br>(전화 1-855-440-5450, 이메일: immigration@gov.nt.ca)<br>Business Programs Officer<br>Investment and Economic Analysis<br>Government of the Northwest Territories<br>Industry, Tourism and Investment<br>9th Floor Scotia Centre<br>5102 . 50th Avenue<br>P.O. Box 1320<br>Yellowknife, Northwest Territories X1A 2L9 |
|---|

o 자영이민 (Self-employed Business)

자영이민은 기업이민에서 요구하는 최소 투자 금액에 대한 제한이 크지 않아 금전적으로 많은 이점이 있지만, 노스웨스트 테리토리스에서 필요한 업종이어야 한다.

# 노동시장영향 평가 및 취업비자

## 1) 단기 출장 방문

캐나다는 단기간 방문하여 행사를 진행하거나 참여하는 경우 대부분 취업비자가 필요하지 않으며 구체적인 경우를 다음과 같이 규정하고 있다.

<단기 방문으로 취업비자 없이 일을 할 수 있는 경우>

| 직업 | 대상 |
| --- | --- |
| Athletes and coaches | 경기에 참가하는 운동선수와 코치 |
| Aviation accident or incident investigators | Transportation Accident Investigation and Safety Board Act.에 의해 항공사고 또는 사건 관련 승인된 수사 관계자 |
| Business visitors | 취업이 아닌 비즈니스 출장 |
| Civil aviation inspectors | 민간 여객기의 운항 및 안전 점검 관계자 |
| Clergy | 종교기관의 설교, 예배 인도, 상담하는 성직자, 평신도 또는 회원 등 |

(계속 이어서)

<단기 방문으로 취업비자 없이 일을 할 수 있는 경우>

| 직업 | 대상 |
|---|---|
| Convention organizers | 국제회의 개최 및 운영 관계자 |
| Crew members | 트럭, 버스, 비행기, 배 등의 운행 및 고객 서비스 관련 승무원 |
| Emergency service providers | 재난 또는 사고 때 응급 서비스 봉사자 |
| Examiners and evaluators | 아카데미 프로젝트, 연구 제안서, 대학 논문 등을 심사, 평가하는 교수 및 전문가 |
| Expert witnesses or investigators | 재판을 위한 증인 |
| Family members of foreign representatives | 외국기업 대표의 가족으로 DFATD (Department of Foreign Affairs, Trade and Development)에서 승인된 사람 |
| Foreign government officers | 캐나다와 상호협정에 의해 일하러 오는 다른 국가의 공무원, 단 3개월 이상 일을 할 경우 본국에서 발행한 증명서 필요 |
| Foreign representatives | 외국 또는 유엔의 외교관과 공식대표 그리고 관련 직원 |
| Health care students | 교육훈련을 목적으로 4개월을 넘지 않는 기간 동안 일하는 의료분야 학생 |
| Judges, referees and similar officials | 문화, 예술 분야의 국제 행사 관련 심사위원 또는 심판 |
| Military personnel | Visiting Forces Act 하에 캐나다를 방문하는 외국 군대의 일원 |
| News reporters, film and media crews | 뉴스 리포터, 기자, 통신원, 영화 및 미디어 관계자, 그리고 6개월 미만의 단기 행사 기간 동안 참여하는 매니저와 직원 |
| Performing artists | 제한된 기간 동안 캐나다의 행사에 참여하는 예술인과 지원하는 직원 |
| Public speakers | 행사 발표자 (최대 5일) |
| Students working on campus | 전일제 유학생이 본인 학교 캠퍼스에서 하는 아르바이트 |
| Students working off campus | 학업기간이 6개월 이상으로 유학 비자가 있는 전일제 (어학연수 제외) 학생이 CIC 이민국의 승인서를 취득하여 주당 20시간 이하로 일할 경우 |

### 2) 워킹 홀리데이 프로그램

한국은 캐나다를 포함하여 20개국과 워킹 홀리데이 (Work Holiday) 프로그램을 상호 협정하여, 18세에서 30세 학생 또는 일반인이 1년 동안 일하면서 다른 나라의 문화를 체험할 수 있다. 직업 제한도 없고 단기 어학과정을 듣는 것도 가능하지만 대학에서 학사 등 학위과정 수업은 참여할 수 없다. 프로그램을 신청하려면 다음의 2단계 절차가 필요하다.

- IEC에서 온라인으로 신청 받고 지원 자격을 심사하여 조건부 합격 통지시 (Conditional Acceptance Letter) 발송 (www.international.gc.ca/experience, Kompass 계정)
- CIC 이민국에서 온라인으로 비자 접수받고 심사하여 비자승인레터 (Letter of Introduction)를 MyCIC 계정으로 통보 (www.cic.gc.ca, MyCIC 계정)

워킹 홀리데이 프로그램 관련하여 직업을 찾는 승인된 기관은 다음과 같다.

- SWAP Working Holidays (www.swap.ca/in_eng/partner_organizations.aspx)
- Go International (www.gointernational.ca)

### 3) 취업 비자

해외인력에 대한 취업비자 (Work Permit)는 일반적으로 LMIA (Labour Market Impact Assessment) 라고 불리는 노동시장영향평가에서 긍정적인 결과를 근거로 발행한다.

> LMIA는 과거 LMO (Labour Market Opinion)으로 불리었던 것으로, 취업비자를 발행하는 이민국이 아닌 ESDC (Employment and Social Development Canada) 노동청에서 관리하고 고용주가 "Service Canada"에서 신청할 수 있다.
> (www.esdc.gc.ca/eng/jobs/foreign_workers/scc.shtml)

#### a. 노동시장영향평가의 면제

캐나다에 이익이 되는 대상자를 위해 인터내셔널 모빌리티 프로그램 (International Mobility Program)을 운영하며, 노동시장영향평가를 면제하고 바로 취업비자를 발행한다. 그 대상은 다음으로 규정하고 있다.

- 국제협약 관련한 전문가 (Professional), 무역업자 (Trader), 순자산이 160만 달러 이상이고 80만 달러 이상 투자하는 투자자 (Investor)
- 교환 프로그램, 즉 Youth Exchange Program, Teacher Exchange Program 그리고 기타 Joint Program으로 일을 하는 사람
- Open Study Permit을 가진 전일제 유학생의 배우자
- Open Work Permit을 가진 취업비자 숙련인력의 배우자
- 주정부의 Pilot Project에 참가하는 인력의 배우자와 자식
- 주정부 추천 인력 (단 해당 주에 채용된 경우)
- 캐나다에 있는 같은 회사로 전보 발령하는 기업주나 인력 (캐나다 시민권자 및 영주권자에게 큰 이익이 되는 경우)
- 학문을 연구하는 연구원 (Researcher), 게스트 강사 (Guest Lecturer), 방문교수 (Visiting Professor), 기타 학자
- 캐나다 내의 유학생이 학업의 일환으로 코업 (Co-op) 또는 인턴십 (Internship)에 참가하는 경우

- 자선 또는 종교 관련한 인력
- 난민 신청 (Refugee Claim)을 지원하는 인력
- NAFTA (North American Free Trade Agreement) 등 자유무역협정에 따라 승인된 인력
- 캐나다 정규 학교에서 장기유학하고 졸업한 경우 (고졸 또는 이하 제외)
- IEC 프로그램으로 승인된 경우

**b. 고용주의 노동시장영향평가 신청**

TFW (Temporary Foreign Worker)로 해외 인력을 채용하기 원하는 고용주는 노동시장영향평가를 신청해야 하며 다음사항을 평가한다.

- 채용 사실 여부
- 최근 2년 동안 채용한 인력의 임금, 처우에 관한 기록
- 연방 및 주정부의 관련 법규에 대한 적합여부
- 해외인력 채용 금지된 고용주 여부 (www.cic.gc.ca/english/work/list.asp)

노동시장영향평가는 고용주가 시민권자 및 영주권자를 우선적으로 채용하려고 노력 하였는지에 대한 평가는 물론이고, 채용하려는 해외인력에 대한 임금, 근무시간 및 기타 복지 (휴가, 연금지원, 보너스 등)에 관한 사항도 함께 고려하며 긍정적 또는 부정적으로 결론 내린다.

퀘벡 주의 고용주는 노동시장영향평가가 필요한 해외인력의 경우 퀘벡 주정부 MIDI (Ministère de l'Immigration, de la Diversité et de l'Inclusion)에서 심사하는 CAQ (Certificat d'acceptation du Québec)를 얻어야 한다.

(www.immigration-quebec.gouv.qc.ca/en/index.htm)

<2013년 10 Day Speed of Service 업종의 Median 임금>

| (준)주 | Median 시간당 임금 | Top 10% 시간당 임금 |
|---|---|---|
| 온타리오 | $21.00 | $45.00 |
| 퀘벡 | $20.00 | $38.71 |
| 브리티시컬럼비아 | $21.79 | $41.21 |
| 앨버타 | $24.23 | $48.08 |
| 사스카츄완 | $21.63 | $43.00 |
| 매니토바 | $19.00 | $38.46 |
| 노바스코샤 | $18.00 | $37.65 |
| 뉴브런즈윅 | $17.79 | $36.06 |
| PEI | $17.26 | $35.00 |
| 뉴펀들랜드 | $20.19 | $42.00 |

### c. 해외인력의 취업비자 신청

노동시장영향 평가에서 긍정적인 결과를 얻었거나 면제된 경우 채용 제의가 있으면 취업비자를 신청할 수 있으며 제출해야 하는 첨부 서류는 다음과 같다.

- 신분증명서 (Proof of identity): 여권, 규정 맞는 사진 2장
- 캐나다 취업증빙서류 (Proof of Employment): 고용계약서, 노동시장영향평가서 사본 (해당자에 한함), 관련 자격, 면허, 교육, 훈련 등의 증빙서류와 이력서, 퀘벡 주에서 일할 경우 CAQ (노동시장영향평가 면제 대상은 제외)
- 가족 관계 증명서 (Proof of Relationship): 결혼증명서, 출생증명서 등

배우자나 자식의 유학, 취업 등의 신청 서류도 본인의 취업비자를 신청할 때 같은 봉투에 담아 제출할 수 있다.

현재 거주 국가의 영주권자이면 해당 증빙 서류도 제출해야 하고, 고약계약 종료 이후 해당 거주 국가로 복귀하는데 필요한 서류는 캐나다 취업비자를 신청하기 전에 취득해야 한다.

해외인력에 대한 취업비자 발행을 위하여 이민국은 기본적으로 다음의 사항을 심사한다.

- 고용계약 만기에 캐나다 출국 계획
- 범죄기록(무)증명서 (Police Clearance Certificate)
- 캐나다 안보에 대한 위험 여부
- 건강 상태 및 신체검사 (Medical Examination) 결과
- 금지된 고용주와 고용계약 여부
- 과거 4년 동안 캐나다에서 일을 한 기록이 없는지 (2016년 폐지)
- 고용계약 기간 동안 본인 및 가족의 생활비와 귀국 교통편을 위한 충분한 재정상태

### d. 취업비자 유효기간

TFW 해외인력의 취업비자 유효기간은 최대 누적 4년이지만 (2016년 폐지) 다음의 경우는 예외로 인정하고 있다.

- 캐나다 시민권자 및 영주권자에게 중요한 사회적, 문화적, 경제적 이익 또는 기회가 될 경우
- 국제 협약과 관계가 있는 경우나 계절 농업인력 (Seasonal Agricultural Worker)
- 유학비자로 공부하는 중에 일을 하는 경우
- 캐나다에서 누적 4년 일을 하고 또는 마지막으로 일을 마친 이후 다시 48개월이 경과한 경우 (이 규정은 2016년 폐지)

캐나다를 떠나거나 아파서 취업비자의 유효기간 동안 일을 못한 경우는 다음의 해당 서류를 제출하여 인정받으면 유효기간을 연장할 수 있다.

- 여권에 찍힌 캐나다 출입국 날짜
- Service Canada의 고용기록 (Record of Employment)
- 고용해지 보상금 지불 영수증 (Receipt of Severance Pay)
- 학생인 경우 해당학교 발행 증빙서류
- 출입국 이용교통 영수증 (티켓, 항공권-Boarding Pass)
- 산모 또는 부모 (Maternity/Parental Benefit)에게 지급하는

복지비 영수증
- 병가의 경우 의사 확인서류 (Physician Confirming)
- 기타 일을 할 수 없었던 증빙서류

노동시장영향평가는 규정된 기간에 대한 심사이므로 취업비자의 유효기간과 일치해야 하며, 고용주를 바꿀 수도 없고, 만약 취업비자를 갱신한다면 노동시장영향평가도 다시 받아야 한다. 그러나 노동시장영향평가를 면제 받는 경우는 고용주를 변경하는 것이 가능하다.

| NOC Skill Level C 또는 D의 저급 숙련 인력 (Lower-Skilled Occupations)에 대한 노동시장영향평가는 고용주가 왕복 교통비 지급을 전제로 최대 24개월까지만 허락한다. |
|---|

### e. 동반 가족

배우자와 19세 이하의 자녀 또는 도움이 필요한 19세 이상의 장애인 자녀와 함께 캐나다에 입국하여 거주할 수 있다. 본인이 다음의 자격 요건을 갖추면 "Open Work Permit"을 신청하여 배우자가 캐나다에서 일을 할 수 있다.
- 취업비자의 유효기간이 6개월 이상이고,
- 초급대학 이상 졸업하고,
- 캐나다 직업이 Skill Type 0, Skill Level A, B

또한 캐나다에서 일할 자격이 있는 해외인력이 (준)주정부의 Pilot Project에 해당하는 경우 배우자나 자식이 일을 할 수 있다. 그러나 자녀의 경우 Pilot Project 이외의 일을 하려면 정상적인 취업비자 절차를 모두 거쳐야 한다. 가족의 일원으로 일할 자격을 얻은 배우자나 자식은 본인의 취업비자 유효기간 내에서만 가능하다.

| 캐나다에서 졸업한 유학생에게 주는 Post-Graduation Work Permit 으로 일을 하고 있다면 배우자의 취업비자를 신청 할 때 본인의 취업비자, 고용계약서 (또는 재직증명서), 급여명세서 등도 함께 첨부해야 한다. |
|---|

<2014년 (준)주정부의 Pilot Project 직업과 일할 수 있는 대상>

| (준)주 | 내용 |
|---|---|
| 앨버타 | - Skill Type 0, Skill Level A, B TFW 인력의 18~22세의 자녀이면 Open Work Permit 신청 가능<br>- 장거리 트럭기사 (Long Haul Truck Driver)인 TFW 인력의 배우자는 Open Work Permit 신청 가능<br>- AAIT로부터 승인된 TFW 인력의 경우 특정 분야 에서 2년 기한 취업비자 신청 가능<br>(Steamfitter / Pipefitter, Welder, Heavy-Duty Equipment Mechanic, Ironworker, Millwright / Industrial Mechanic, Carpenter, 그리고 Estimator)<br>- AAIT로 부터 승인된 인력은 새로운 취업비자 신청 없이 고용주를 변경하는 것이 가능<br>- AAIT로부터 승인되지 않은 인력은 1년 기한 지정 고용주 취업비자 (Employer-Specific Work Permit) 신청이 가능하며, 그 기간 동안 Job Based Work Permit 위한 승인 및 자격 신청 가능 |
| 온타리오 | - Skill Type 0, Skill Level A, B TFW 인력의 자녀가 14 이상이면 Open Work Permit 신청가능 |
| 유 콘 | - Oil, Gas, Mineral Exploration, Mining, Tourism 그리고 Hospitality Industries의 직종에 일할 임시 해외인력은 취업비자 신청 가능 |

### 4) 비즈니스 사업가

캐나다와 무역협정을 맺고 있는 여러 나라의 비즈니스 사업가 (Business People)는 사업을 위하여 비교적 쉽게 캐나다로 입국하고 일을 할 수 있다.

#### a. 북미자유무역협정

NAFTA (North American Free Trade Agreement)로 불리는 것으로, 북미지역의 캐나다, 미국, 멕시코 상호간에 단기 비즈니스 또는 투자를 위하여 상대 국가를 쉽게 입국하여 일할 수 있도록 하는 협정이다. 미국 또는 멕시코 시민권자는 승인된 전문직으로 취업비자를 받을 때 노동시장영향평가를 면제하여 준다.

o 비즈니스 방문자

비즈니스 방문자 (Business Visitor)는 캐나다에 취업되지 않은 다른 나라의 사람이 인터내셔널 비즈니스를 위하여 캐나다에 입국하여 보통 수일 또는 수주를 머무는 사람을 의미한다. 비즈니스 방문자는 취업 비자가 필요하지 않지만 캐나다 체류기간이 최장 6개월 넘지 않아야 한다.

o 무역업자 및 투자자

무역량이 많거나 투자금액이 큰 경우 슈퍼바이저, 경영진으로써 또는 필수적인 역할을 하는 무역업자나 투자자 (Trader and Investor)가 캐나다에서 일을 할 수 있다.

o 다른 나라의 같은 회사 근무

최근 3년 동안 1년 이상 근무한 직원이 다른 나라의 같은 회사로 옮겨 근무 (Intra-Company Transferee) 하는 것으로, 관리자, 경영진, 또는 특별한 기술 (Specialized Knowledge)이 필요한 인력은 취업비자를 취득하여 근무할 수 있다.

o 전문가

학사이상으로 해당 분야 자격 또는 면허를 소지한 전문가 (Professionals)가 아래의 직업으로 캐나다에 취업하면 노동시장 영향평가 없이 취업비자를 발급 받을 수 있다.

<미국, 멕시코, 캐나다 상호간 NAFTA 허용 직업>

| 구 분 | 직 업 |
|---|---|
| General | Account, Architect, Computer Systems Analyst, Disaster Relief Insurance Claims Adjuster, Economist, Engineer, Graphic Designer, Hotel Manager, Industrial Designer, Land Surveyor, Landscape Architect, Lawyer, Librarian, Management Consultant, Mathematician, Range Manager/Range Conservationalist, Research Assistant, Scientific Technician/Technologist, Social Worker, Sylviculturist, Technical Publications Writer, Urban Planner, Vocational Counsellor |
| Medical/Allied Professional | Dentist, Dietitian, Medical Laboratory Technologist, Nutritionist, Occupational Therapist, Pharmacist, Physician, Physiotherapist/Physical Therapist, Psychologist, Recreational Therapist, Registered Nurse, Veterinarian |
| Scientist | Agriculturist, Animal Breeder, Animal Scientist, Apiculturist, Astronomer, Biochemist, Biologist, Chemist, Dairy Scientist, Entomologist, Epidemiologist, Geneticist, Geologist, Geochemist, Geophysicist, Horticulturist, Meteorologist, Pharmacologist, Physicist, Plant Breeder, Poultry Scientist, Soil Scientist, Zoologist |
| Teacher | College, Seminary, University |

b. FTAs (Other Free Trade Agreements)

과거 캐나다가 FTA를 체결한 국가는 칠레, 페루, 컬럼비아로 모두 남미 국가이지만, 2014년 한국도 FTA 협정을 체결하였다. NAFTA를 모델로 하여 유사한 자유무역을 시행하고 있다.

c. GATs (General Agreement on Trade in Services)

140개국 이상 WTO (World Trade Organization) 회원국의 비즈니스 사업가들이 캐나다 서비스 시장에 접근하는 것이 용이하도록 허용하고 있다.

- 비즈니스 방문자 (Business Visitor)
- 전문가 (Professional)
- 같은 회사의 다른 나라로 근무지 변경 (Intra-Company Transferee)

## 5) 가사도우미 및 농업인력

### a. 가정집 도우미 및 간호인력

LCP (Live-in Caregiver Program)는 캐나다 현지에서 내니(Nanny)로 불리는 가사도우미와 간호 인력을 해외에서 채용하기 위한 프로그램이다. 18세 이하의 자녀를 돌보는 도우미 또는 환자를 돌보는 간호 인력은 고용주의 개인 집에 거주하며 주당 30시간 이상 전일제로 일을 할 수 있다. 비자 유효기간은 최대 4년이며 신청자격은 다음과 같다.

- 고졸이상의 학력
- 최소 6개월 이상 훈련
  또는 1년 이상 경력 (한곳에서 6개월 이상)
- 유창하게 영어 (또는 불어)로 말하고 읽는 능력
  (예제로 의약품의 라벨을 읽고, 비상시 911에 전화 능력 등)
- 간호 인력은 전공분야에서 요구하는 자격과 언어능력

2명의 고용주가 1명의 가사 도우미를 공동으로 채용하는 것도 가능하지만 각각 정부의 요구 사항을 만족해야 한다.

> 만약 가사도우미가 고용주의 집 밖에서 도우미 일을 하면 Lower Skill Worker Stream으로 신청해야 한다.

가사도우미를 채용하는 고용주는 사업체 등록하는 것과 같이 CRA (Canada Revenue Agency) 연방 국세청에 등록하여 사업자등록번호 (Business Number)를 얻어야 한다. 사업자등록번호는 다음의 경우에 사용된다.

- National Job Bank 정부 사이트에 채용 공고할 때
- LCP 가사도우미 신청할 때
- 가사도우미에게 급여를 지급할 때
- 급여 공제 (Deduction)를 할 때
  (식사 및 숙소를 제공할 때 법이 규정한 금액을 공제 가능)
- 월급명세서, 고용보험을 위한 "Record of Employment" 등

의 서류를 발행할 때

고용주는 재정능력을 보여 주어야 하고 가사 도우미의 교통편으로 비행기, 기차, 버스 또는 개인용 자동차를 이용하는데 소요되는 비용 부담과 정부 규정에 적합한 숙소, 사설의료보험, 그리고 안전한 근무환경을 제공해야 한다.

b. 농업인력

농사는 계절에 따라 많은 인력이 필요하므로 해외 농업인력(Agriculture Workers)에 대하여 이를 별도로 분리하여 노동시장영향평가를 하고 있으며, 전체적으로 4개의 스트림이 있다.

<해외 농업 인력의 노동시장영향평가 요구조건>

| 구 분 | 내 용 |
|---|---|
| SAWP<br>계절농업인력<br>(Seasonal Agricultural Worker Program) | - 멕시코 및 캐리비안 국가의 농업인력<br>- 1월 1일 ~ 12월 15일 기간 중<br>최소 6주 (240시간) ~ 최대 8개월 고용<br>- 고용주는 왕복 교통비 및 숙소 제공 의무<br>- NCL (National Commodity List) 농산품 농장<br>(양봉, 과일, 채소, 꽃, 장식 트리, 잔디, 담배, 소, 우유, 오리, 말, 밍크, 가금류, 양, 멧돼지)<br>- 저급 및 고급 숙련 농업인력 |
| 농업 스트림<br>Agricultural Stream | - 모든 국가의 농업인력<br>- 최대 24개월 고용<br>- 고용주는 왕복 교통비 및 숙소 제공 의무<br>- NCL 농산품 농장<br>- 저급 및 고급 숙련 농업인력 |
| 저급 숙련 스트림<br>(Stream for Lower-Skilled Occupations) | - NCL 목록에 없는 농산품 농장<br>- 최대 24개월 고용<br>- 고용주는 왕복 교통비 제공 의무<br>- NOC Skill Level C or D<br>(고졸 학력 또는 2년 이상 직업 훈련) |
| 고급 숙련 스트림<br>(Stream for Higher-Skilled Occupations) | - NOC Skill Level A or B<br>(대졸, 초급대졸, 초급대학 수준의 직업교육) |

# 입학허가 및 유학비자

## 1) 입학허가서

캐나다에서 공부하기 위해서 우선적으로 해야 할 일은 해당 학교 (또는 교육청)에서 입학허가를 받아야 한다. 초급대학(College) 이상 또는 공식 직업교육 및 훈련 학교에 진학할 경우 "O"자로 시작하는 DLI (Designated Learning Institution No) 고유번호가 입학허가서에 기재되어 있어야 한다.

<2014년 초급대학 이상 (또는 공식 직업교육/훈련) 교육기관>

| 주 | 학교의 수 | 주 | 학교의 수 |
|---|---|---|---|
| 온타리오 | 446 (26) | 매니토바 | 21 |
| 퀘벡 | 177 | 노바스코샤 | 34 (6) |
| 브리티시 컬럼비아 | 281 (21) | 뉴브런즈윅 | 18 |
| 앨버타 | 54 | PEI | 9 |
| 사스카츄완 | 10 | 뉴펀들랜드 | 11 (4) |

※ ()안은 DLI 번호가 없는 학교의 수

<연방/주정부 교육 및 훈련 인터넷 사이트>

| 지역 | 교육 및 훈련 인터넷 사이트 |
|---|---|
| 연방 | www.educationau-incanada.ca<br>www.cbie-bcei.ca (유학생) |
| 온타리오 | www.edu.gov.on.ca (교육부)<br>www.tcu.gov.on.ca (Post Secondary Education) |
| 퀘벡 | www.mels.gouv.qc.ca (교육부)<br>www.merst.gouv.qc.ca (Post Secondary Education) |
| 브리티시 컬럼비아 | www.gov.bc.ca/bced/ (교육부)<br>www.gov.bc.ca/aeit/ |
| 앨버타 | www.education.alberta.ca/ (교육부)<br>www.eae.alberta.ca/ |
| 사스카츄완 | www.education.gov.sk.ca/<br>www.aeel.gov.sk.ca/ |
| 매니토바 | www.edu.gov.mb.ca/edu/ (교육부) |
| 노바스코샤 | www.ednet.ns.ca (교육부)<br>novascotia.ca/lae/ |
| 뉴브런즈윅 | www.gnb.ca<br>www.gnb.ca |
| PEI | www.gov.pe.ca/education/<br>www.gov.pe.ca/ial/ |
| 뉴펀들랜드 | www.gov.nl.ca/edu/<br>www.hrle.gov.nl.ca/hrle/ |

## 2) 유학비자

6개월 이상 거주하며 공부하는 경우 유학 비자 (Study Permit)를 받아야 한다. CIC 이민국은 유학 비자를 발행 할 때 다음 사항을 심사한다.

- 승인된 교육기관의 입학허가서
- 수업료, 생활비, 귀국항공요금 등의 충분한 재정상태
- 범죄기록(무)증명서 (Police Certificate)
- 캐나다 국가안보의 위험
- 건강검진 및 신체검사
- 학업종료 이후 귀국 여부

<2014년 캐나다 거주를 위한 생활비 환산 기준>

| 항목 | 퀘벡 이외의 주 | 퀘벡 주 |
|---|---|---|
| 본인 | 학비 + $10,000/년 | 학비 + $11,000 |
| 가족 1명 | $4,000/년 | 18세 이상 $5,100/년<br>18세 이하 $3,800/년 |
| 추가 가족 1인당 | $3,000/년 | 18세 이상 $5,125/년<br>18세 이하 $1,903/년 |

6개월 이상 거주하면서 공부를 하더라도 다음의 특별한 경우는 유학 비자가 면제된다.

- DFATD (Department of Foreign Affairs, Trade and Development Canada)에서 승인된 각국의 대표로써, 캐나다에 파견된 직원과 가족
- Visiting Forces Act 하에 캐나다에 파견된 외국 군대의 군인, 배우자, 그리고 어린 자녀 (보통 고등학생까지)
- 캐나다에 등록된 외국국적의 인디언 (Registered Indian Status)

퀘벡 주의 학교에 입학하는 경우는 CAQ (Certificat d'acceptation du Québec)를 먼저 취득한 다음 유학비자 (Study Permit)를 신청해야 하지만 다음의 경우는 CAQ가 면제된다.
(www.immigration-quebec.gouv.qc.ca/en/index.php)

- 6개월 이내로 머물면서 공부하는 경우
- CIDA (Canadian International Development Agency)로부터 장학금 수령자 (Commonwealth Scholarship 또는 생활비가 포함된 Bursary, Francophonie Scholarships)
- 개발도상 국가를 위한 Canadian Aid Program 참여자
- 유치원생
- 부모가 유학비자로 공부하거나 취업비자로 일을 하는 경우 18세 미만의 초등학생 또는 고등학생 자녀
- 퀘벡 주에 거주하는 각국 대표, 외교관, 영사관 등의 배우자 및 자녀
- 캐나다에 머무는 난민 등 보호가 필요한 자녀
- 퀘벡 추천이민 대상자로 선정되어 CSQ (Certificat de Sélection du Québec)를 취득하고 연방의 이민서류 처리를 대기하는 경우

### 3) 유학중 일을 하는 것

유학생의 경우 일하려면 교내 아르바이트 제외하고 비교적 간단한 절차이지만 이민국에 승인을 받아야 한다.

(www.cic.gc.ca/english/study/work.asp)

o 교내 아르바이트 (Work On Campus)

유학비자로 공부하는 초급대학 또는 기술학교 이상의 유학생은 취업비자 없이 교내에서 아르바이트 할 수 있다.

o 교외 아르바이트 (Work off Campus)

6개월 이상 전일제로 공부하는 유학생의 경우 이민국으로부터 (Work off Campus) 확인서가 있으면 취업비자 없이 주당 최대 20시간까지 수업 중인 주중, 주말, 연휴, 방학 중에 일을 하면서 경력을 만들 수 있다.

<교외 아르바이트를 할 수 있는 유학생>

| 교육 프로그램 및 훈련 | 학교 |
|---|---|
| Academic Program | - Post-Secondary의 학위, 졸업, 자격 과정 (대학, 초급대학, 신학교, 대학원) |
| Vocational Training | - 산업, 농업, 무역의 특화된 직업훈련 과정 |
| Professional Training | - 기존 전문가에게 제공되는 교육훈련 과정 |

o 코업 또는 인턴

현장실습을 하는 코업 (Co-op) 또는 인턴 (Intern) 프로그램을 교육과정의 일부로 포함하는 경우 유학생은 현장실습을 위한 취업비자도 신청해야 한다. 코업이나 인턴을 위한 취업비자는 노동시장영향평가를 면제하여 절차가 비교적 간단하다.

단 어학연수과정, 일반적인 관심 또는 예비 과정 (General Interest or Preparatory Courses)으로 공부하는 경우는 코업 또는 인턴을 위한 취업비자 자격이 없다.

워터루 대학 (University of Waterloo)은 캐나다 최초로 연간 3학기제를 실시하여 대학과정에 코업을 포함하여 시행해 오고 있다. 코업을 하면서 취업도 잘되고 학교도 유명해지면서 캐나다의 많은 대학에서 코업을 따라하고 있다. 그러나 대부분 연간 2학기제로 운영하므로 코업에 참여하면 보통 최소 1년 이상 대학 졸업이 늦추어진다.
그러나 인턴의 경우 주로 여름방학 4개월 동안 하므로 졸업이 늦어지지는 않지만 근무강도가 코업보다 약하여 무급 또는 정상 급여보다 낮은 급여를 지급하는 경우가 많다.

## 4) 졸업 후 취업대기

PGWPP (Post-Graduation Work Permit Program)는 캐나다에서 3년제 학업을 마친 전일제 유학생들이 최대 3년 동안 ((1년제는 최대 1년) 일하면서 캐나다 경력을 쌓을 수 있도록 하는 프로그램이다. 학업과정이 최소 8개월 (900시간) 이상 되어야 하며, 일을 할 수 있도록 허락되는 기간은 학업 기간 보다 길 수 없지만, 아래의 해당되는 경우는 예외로 인정한다.

- Canadian Commonwealth Scholarship Program funded by the Department of Foreign Affairs, Trade and Development Canada (DFATD)
- Government of Canada Awards Program funded by DFATD
- Canadian International Development Agency (CIDA)
- Equal Opportunity Scholarship, Canada-Chile
- Canada-China Scholars Exchanges Program
- Organization of American States Fellowships Program
- 캐나다 내·외에서 Distance Learning Program

# 제 3 장

# 새로운 나라에 도착과 초기 정착

캐나다로 오는 세계 각국의 사람들

# 캐나다 입국 그리고 한국 식품점 방문

## 1) 입국 및 세관 심사

한국에서 여행이나 출장으로 다른 나라에 입국하는 경우도 초조하겠지만, 이민이나 유학은 한국에서 많은 것을 정리하고 떠나왔기 때문에 만약 입국에 문제가 된다면 대부분 다시 한국으로 돌아갈 수 없는 처지라서 더욱 초초하고 긴장된다. 한국에서 직장도 퇴직하고, 사업도 정리하고, 학교도 그만두고, 가족까지 동반해서 함께 입국하는 것은 정말로 긴장 된다.

캐나다로 들어오는 국경이나 공항에서 입국심사와 세관검사를 받을 때, 혹시 라도 본인이 알 수 없는 어떤 이유에 의해 거절당하거나 문제가 되어도 다시 한국으로 돌아갈 수 없기 때문에 별의별 걱정을 다한다.

- 영어를 못 한다고 시비를 걸지는 않을 까?
- 서류 미비로 시비를 걸지 않을 까?
- 혹시 모르는 입국 금지품목이 수화물에 포함되지 않았는지?
- 소지한 돈이 너무 작은지? 아니면 너무 많은지?

입국 심사할 때 입국 목적, 숙소 주소, 동반가족 등 몇 가지 기본적인 사항을 물어보는데, 이때 영어 잘 못 한다고 아무도 시비 걸지 않는다. 공항 입국하는 사람 중에 영어를 못하는 사람이 너무 많기 때문에 모두들 그러려니 한다. 다만 영어가 전혀 안 된다면 입국심사를 할 수 없기 때문에 통역하는 사람이 필요하여 많은 시간이 지체될 수 있다.

정상적인 서류만 가지고 있으면 대부분 입국심사는 의외로 매우 간단하다. 입국심사를 하는 공항 직원은 제시한 서류들을 검토한 후 컴퓨터에 입력한다. 다만 관세 신고 사항이 있거나, 의심스러운 물품을 소지하고 있거나, 이민 등의 비자서류를 처리하는 경우 세관 검사하는 곳으로 보낸다. 입국 심사 및 세관 검사에 필요한 서류는 일반적으로 다음과 같다.

- 본인 및 동반자의 한국 여권
- 본인 및 동반자의 이민, 유학, 취업 등 관련 비자
  (한국 국적의 일반 여행객은 무비자)
- 비행기 안에서 작성하는 캐나다 입국 카드
- 비행기 안에서 작성하는 관세 신고서
  (관세신고 대상인 경우)
- 이사 짐을 부친 경우 운송업체에서 작성해준 수화물의 목록
  (품목, 금액, 수량이 포함된 Check List)

세관 신고사항은 1만 달러 이상을 소지하거나, 담배, 술, 동물, 농작물 등을 운반하는 경우나 이사 짐을 부친 경우 이다. 세관 검사에서 소지하고 있는 돈 및 신용카드 등을 조사할 수 있고 수화물은 샘플 또는 의심스러우면 전수 조사 한다. 조사내용은 금지 또한 제한 품목이 있는지 여부이다.

세관 심사할 때 이민, 취업, 유학 등의 비자서류도 함께 검토하며 문제가 없으면 스탬프 꽝꽝 찍는 것으로 랜딩 완료이다. 단 이민의 경우 이때 영주권 카드로 불리는 PR (Permanent Resident) 카드 신청도 함께 하며, 나중에 정착하는 주소로 우편 배달된다.

간혹 문제가 되는 것은 단순 방문객이 편도 비행기 표로 입국하여 불법 체류를 의심 받거나 서류 미비로 장시간 공항에서 대기하는 경우는 어쩌다 있다.

2016년 3월 15일부터 한국 등 무비자 입국이 가능한 국가 출신이 항공편으로 비자 없이 입국하는 경우 사전에 CIC 이민국, eTA (Electronic Travel Authorization) 시스템에 등록하여 승인 받아야 한다.

입국이 부당하게 거절 또는 장시간 기다리는 경우

만약 혹시라도 입구 심사나 세관 검사에서 억울한 경우를 당하더라도 절대로 폭력을 행사하거나, 욕을 하거나, 소리를 지르지 말고 참아야 한다. 부당하게 입국 거부를 당하면 바로 한국으로 돌아가지 말고 변호사를 요청하여 법률 서비스를 받을 수 있다.
2007년 밴쿠버 공항에서 캐나다에 살고 있던 모친의 초청으로 영어를 한마디도 못하는 폴란드 계의 남성이 입국심사에서 10시간 이상 대기하자 화가 나서 (심하지 않은) 난동을 부리다, 출동한 경찰이 발사한 전기 충격기인 테이저 건에 맞아 사망하는 사고가 있었다.

한국을 떠날 때 지참해야 할 기본 서류

1. (캐나다 운전면허증으로 교환 하는 경우) 한국운전면허증
   갱신하여 발행일로부터 2년 미만인 경우 증빙서류 (또는 구면허증)
2. 자동차보험사 발행 무사고 증명서
   (일부 보험회사는 한국 무사고 경력을 인정하고,
   일부 주는 2년간 무사고 경력자에게 정규 보통운전면허증을 교환)
3. 가족 관계를 알 수 있는 호적등본
   (영사관에서 자녀 영문 출생증명서를 발급할 때 필요함)
4. 어린 자녀의 예방 접종기록
   (만약 없으면 캐나다에서 다시 예방 접종이 강요될 수 있음)
6. 영문 재학증명서 또는 영문 졸업증명서
5. 이삿짐 목록 (품목, 수량, 가격 포함)
   (이삿짐 세관 통관에 필요함)
7. 비자 서류
8. 유효 기간이 충분한 (보통 6개월 이상) 한국 여권
   (이민자의 경우는 PR 거주 여권)
9. 초기 정착금 (비자 종류에 따라 요구될 수 도 있음)
10. 캐나다에 도착하는 숙소 주소 (호텔, 친척, 친구 주소) 및 연락처

아기 보행기 (Baby Walker)를 사용하면 보호자가 아기 돌보는 것을 덜 신경 쓰고 방치 할 수 있기 때문에 캐나다는 세계 최초로 전면 사용을 금지하고 있다. 만약 판매하다 걸리면 최대 10만 달러의 벌금 또는 6개월 간 구속될 수 있으며, 이는 중고 거래나 재래시장 거래도 포함하고 있다. 또한 한국 등 국외로 부터 반입도 금지하고 있다.

### 2) 한국 식품점 방문

캐나다에 입국하여 숙소에 도착한 이후 제일 먼저 가야하는 곳이 한국 식품점이다. 식료품을 꼭 구입하지 않더라도 이곳에 가면 정착에 필요한 각종 정보를 쉽게 얻을 수 있고 언제든지 한인을 만날 수 있기 때문이다. 지역 뉴스를 전하는 신문을 얻을 수도 있고 한인 사업체 및 기관들의 연락처나 정보를 얻을 수 있다. 그리고 한국 식품점이 있는 지역은 한인들이 많이 거주하고 있으므로 주변 주택, 학교 등도 둘러 볼 수 있다.

광역토론토 인근 도시들을 제외하면 한인 500명 이상만 거주하면 캐나다 어느 지역이나 대부분 한국 식품점이 있다. 간혹 한국 식품점이 없는 지역은 중국 등 아시아계 캐나다인이 경영하는 식품점에서 한국식품을 취급하는 경우도 있다.

<온타리오 주의 한국 식품점 세부 목록과 주소>

| 지역 | 상호 | 주소 (전화) |
|---|---|---|
| 광역 토론토 | 갤러리아 슈퍼마켓 | - 7040 Yonge St, Thornhill (905-882-0040)<br>- 865 York Mills Rd, Toronto (647-352-5004)<br>- 351 Bloor St. W. Toronto(블루어 한인 타운)<br>- 2501 Hamshire Gate. #5, Oakville (서부 광역권) |
| | PAT 한국식품 | - 675 Bloor St. W, Toronto (다운타운, 416-532-2961)<br>- 63 Spring Garden Ave, North York (416-226-5522)<br>- 7289 Yonge St, Thornhill (905-881-5100)<br>- 1973 Lawrence Ave. E, Scarborough (416-288-8420)<br>- 333 Dundas St. E, Mississauga (905-276-0787) |
| | H-Mart | - 5323 Yonge St, North York (416-792-1131)<br>- 5545 Yonge St, North York (416-227-0300)<br>- 4885 Yonge St, North York (M2M, 416-224-0001)<br>- 9737 Yonge St, #200 Richmond Hill (905-883-6200)<br>- 370 Steeles Ave W, Thornhill (289-597-6500)<br>- 703 Yonge St, Toronto (다운타운)<br>- 338 Yonge St, Toronto (다운타운) |
| | 풍년식품 | - 1370 Weston Rd, York (416-598-9826)<br>(Etobicoke 지역) |
| | E-Mart | - 698 Bloor St. W, Toronto (416-534-8878)<br>(다운타운, 구 우리종합식품) |
| 해밀턴 | 없음 | - 미시사가 한국식품 이용<br>(과거 한국식품, 은혜식품 있었음) |
| 키치너 | 한국마켓 | - 607 King St. W, #8 Kitchener (519-576-2212) |
| 런던 | 한국식품 | - 334 Wellington Rd. S, #19, London (519-686-9988)<br>(과거 중부식품, 아리랑식품 있었음) |
| 윈저 | 한국시장 | - 550 Pelissler St, Windsor (519-985-7093) |
| 오타와 | 아름식품 | - 512 Bank St, Ottawa (공항방향, 613-233-1658)<br>(과거 그린식품 있었음) |
| 나이아가라 | 없음 | - 딘딘 아시안 식품 (Dinh Dinh Asian Foods) 이용<br>(79 Geneva St, St Catharines) |
| 킹스턴 | 없음 | - 중국 식품점 (Oriental Grocery) 이용<br>(429 Princess St, Kingston) |

<퀘벡 주의 한국 식품점 세부 목록과 주소>

| 지역 | 상호 | 주소 (전화) |
|---|---|---|
| 몬트리올 | 한국식품 | - 6151 Rue Sherbrooke O, Montréal (514-487-1672) |
| | 장터 | - 2116 Boul. Decarie, Montréal (514-489-9777)<br>- 2109 Rue Ste. Catherine O, Montréal (514-932-9777)<br>- 6785 Rue St-Jacques O, Montréal (514-489-9775) |

<브리티시컬럼비아 주의 한국 식품점 세부 목록과 주소>

| 지역 | 상호 | 주소 (전화) |
|---|---|---|
| 광역 밴쿠버 | 한남슈퍼 | - 106-4501 North Rd, Burnaby (604-420-8856)<br>- 1-15357 104th Ave, Surrey (604-580-3433) |
| | 한아름 H-Mart | - 100-329 North Road, Coquitlam (604-939-0135)<br>- 200-590 Robson, Vancouver (604-609-4567)<br>- 19555 Fraser Hwy. Surrey (604-539-1377)<br>- 1780-4151 Hazelbridge Way, Richmond (604-233-0496)<br>- 5-2773 Barnet Hwy, Coquitlam (M2M 604-941-4818)<br>- 101-985 Nicola Ave,Port Coquitlam (604-245-1416) |
| | 아씨슈퍼 마켓 | - 5593 Kingsway, Burnaby (604-437-8949) |
| | 킴스마트 | - 519 East Broadway, Vancouver (604-872-8885) |
| | 현대마켓 | - 3488 Kingsway, Vancouver (604-274-1651) |
| | 호돌이 마켓 | - 820 West 15th St, North Vancouver (604-984-8794) |
| | 라슨 식품점 | - 1705 Larson Rd, North Vancouver (604-980-7757) |
| | 하이마트 (농협) | - 12-2756 Lougheed Hwy, Port Cquitlam (604-944-3243) |
| | 윈저마켓 | - 1710 Robson St, Vancouver (604-685-1532) |
| 아보츠 포드 | 보람식품 | - 152-31935 South Fraser Way, Abbotsford (604-864-9588) |
| 광역 빅토리아 | 호돌이 마트 | - 213-1551 Cedar Hill Cross Rd, Victoria (250-381-4147) |
| 캘로나 | 없음 | - 비한인 운영 Oriental Supermarket 이용<br>(2-2575 Hwy 97 N, Kelowna) |

<중부대평원 한국 식품점 세부 목록과 주소>

| 지역 (주) | 상호 | 주소 (전화) |
|---|---|---|
| 캘거리 (AB) | 이마트 | - 3702 17th Ave. SW, Calgary (403-210-5577) |
| | 아리랑 | - 30-1324 10th Ave. SW, Calgary (403-228-0980) |
| | 코리아나 식품점 | - 15-3616 52nd Ave. NW, Calgary (403-338-0089) |
| 에드먼턴 (AB) | 한국식품 | - 22-3116 Parsons Rd. NW, Edmonton (780-463-5458) |
| | 중부마트 | - 9271 34th Ave. NW, Edmonton (780-469-7017) |
| | 아리랑 | - 7743 85th St. NW, Edmonton (780-469-2770) |
| 리자이나 (SK) | 서울마트 | - 2101 Broad St, Regina (306-352-1551) |
| 사스카툰 (SK) | Victoria Fine Foods | - 1120 11th St. W, Saskatoon (306-244-6661) |
| 위니펙 (MB) | 아리랑 | - 1799 Portage Ave, Winnipeg (204-831-1212) |
| | 88마트 | - 1855 Pembina Hwy, Winnipeg (204-414-9188) |
| | 현대마트 | - 1543/1545 Grant Ave, Winnipeg (204-489-5023) |

<대서양 연안 한국 식품점 세부 목록과 주소>

| 지역 (주) | 상호 | 주소 (전화) |
|---|---|---|
| 헬리팩스 (NS) | JJ Mart | - 2326 Gottingen St, Halifax (902-425-0414) |
| 프레더릭턴 (NB) | University Rite Stop | - 292 University Ave, Fredericton (506-454-2242) |
| 세인트존 (NB) | 코리아 마켓 | - 535 Westmorland Rd, Saint John (506-652-1151) |
| | 우리마트 | - 174 Hampton Rd, Quispamsis (506-847-9504) |
| 몽턴 (NB) | 몽턴 한국식품 | - 1383 Main St, Moncton (506-854-8463) (상호 Main Stop Convenience) |
| 샬럿트 타운 (PE) | 한국식품 | - 16 Trans-Canada Hwy, Cornwall (502-367-3189) (The Winfield Motel 겸업) |
| 세인트 존스 (NL) | 없음 | - 토론토 한인 식품점에서 과일, 라면, 과자류 등 상하지 않는 건조식품만 우편주문배달 |

# SIN, 의료보험, 전화, 인터넷, 은행계좌

## 1) 사회보장 SIN 카드와 의료보험 카드 신청

### a. 사회보장 SIN 카드

캐나다 정착서류 중 제일 먼저 해야 하는 것이 아마도 사회보장 SIN (Social Insurance Number) 카드 신청이 아닌가 싶다. 한국의 주민등록증과 같이 많은 용도로 사용되지만 사진 부착도 없고 주소도 없고 단지 이름과 9자리 번호만 있다. 이것은 단순 여행객을 제외하고 시민권자, 이민자, 유학생, 취업자, 파견자, 외교관, 그리고 심지어 새로 태어난 아기까지 거의 모든 사람이 공통적으로 필요한 것이다.

SIN 카드는 캐나다 모든 주에서 공통적으로 사용되어 다른 주로 이사를 가도 그대로 사용할 수 있으며, 유효기간도 없으며 평생 사용할 수 있다. 다만 임시 체류자 (유학, 취업 등)의 경우 SIN 카드 번호가 "9"로 시작되므로, 만약 영주권을 발급받으면 새로운 번호가 필요하므로 SIN 카드를 재발급 받아야 한다.

SIN 카드는 금융거래, 정부의 각종 서류신청, 주택임대 및 거래, 취업, 학업, 세금보고, RRSP 개인연금 가입, RESP 교육적금 가입

등 너무 많은 분야에서 사용되고 꼭 필요하므로 캐나다 도착하면 가족 모두 제일 먼저 신청해야 한다. 12 이하의 자녀는 부모 (또는 법적 보호자)가 대신하여 신청할 수 있다.

SIN 카드는 연방정부 관할이므로 "Service Canada Centre"를 방문해서 신청할 수도 있고 인터넷으로 양식을 다운로드하여 우편접수도 가능하다. 집에서 가까운 센터의 주소는 인터넷으로 검색 가능 하다. 우편 신청 주소는 캐나다 전 지역이 동일하며, 처음 SIN 카드를 신청하는 사람에게는 수수료를 받지 않는다.

| Service Canada<br>Social Insurance Registration Office<br>PO Box 7000,<br>Bathurst, NB, E2A 4T1 |
|---|

우편으로 신청하든, 직접 서비스 캐나다를 찾아가서 신청하든, 증빙 서류 원본은 확인 후 되돌려 준다. 캐나다에서 태어나는 아기는 병원에서 출생 신고할 때, SIN 카드도 함께 신청할 수 있다. SIN 카드 신청에 필요한 증빙 서류는 아래의 목록 중에서 해당 서류의 원본을 제출해야 한다.

<SIN 카드 신청할 때 필요한 서류>

| 구분 | 제출 서류 |
|---|---|
| 시민권자 | 출생증명서 또는 시민권 취득 증빙서류 |
| 영주권자 | PR 카드 또는 Landing Paper 라는 영주권 서류<br>동반자녀가 있으면 영문 출생증명서 |
| 임시체류자 | 취업비자 또는 유학비자<br>동반자녀가 있으면 영문 출생증명서 |
| 외교관 | 외교관 신분증 카드 |
| 기타 | 이민국 (CIC)에서 발행한 방문 기록 (Visitor Record),<br>동반자녀가 있으면 영문 출생증명서 |

※ 캐나다에 있는 한국 영사관에서 호적등본이 있으면 자녀의 영문출생증명서를 발행해 준다.

SIN 카드는 신청 서류에 하자가 없으면 접수 후 20일 이내에 신청서에 기록한 주소로 배달된다.

| 해외 관광객 및 그의 자녀는 SIN 카드 신청 자격이 주어지지 않는다. |
|---|

### b. 주정부 의료보험 카드

의료보험제도는 각 주정부에서 자체적으로 운영하므로, 주정부에 따라 카드가 다르고 신청 기관도 다르며, 다른 주로 이사를 가면 다시 신청해야 한다. 또한 유효기간도 있어서 정기적으로 갱신도 해야 한다. 갱신은 주로 집에서 가까운 주정부 서비스 센터(예 Service Ontario)에서 가능하며, 우편 배달되는 안내문에 필요한 서류와 갱신할 수 있는 장소가 자세히 나와 있다.

성인용 의료보험 카드는 타인이 사용하는 것을 방지하기 위해, 신청할 때 현장에서 사진을 촬영하고 개인 전자 서명도 받아 의료보험카드에 나타나도록 한다. 신청한 의료보험 카드는 집으로 우송되며, 대부분의 주정부는 신규 영주권자에게 랜딩 이후 3 개월이 지나야 의료보험 카드를 사용할 수 있도록 허락한다.

<table><tr><td>
사설의료보험 구입
주정부 의료보험 카드 신청 자격이 없는 경우는 캐나다 도착 직후 사설 의료보험 (Private Health Insurance)을 구입해야 한다. 만약 나중에 보험을 구입하려면 보험사가 의심하여 거절당하기 쉽다.
가끔 의료보험이 없이 지내다 사고를 당한 경우, 캐나다 의료비가 상상한 것보다 엄청 더 높기 때문에 심각한 문제가 되어 교민들에게 도움을 요청하는 뉴스를 종종 본다.
한국을 떠날 때 여행자 보험을 구입하는 것도 한 가지 방법이다.
</td></tr></table>

주정부에 따라 의료보험 제도가 차이가 나지만 대부분 해외 방문객과 외국 유학생은 물론이고 다른 주에서 온 학생도 의료보험 카드 신청 자격이 없다. 그러나 캐나다에서 의료보험제도를 최초로 시작한 사스카츄완 주는 웬만하면 주내에 거주하는 모든 사람에게 의료보험 혜택을 제공하며, 브리티시컬럼비아 및 앨버타 주

는 장기 유학생에 한하여 의료보험 혜택을 제공하고 있다.

의료보험카드를 신청할 때 본인과 배우자는 자격증명서류, 거주 증명서류를 각각 하나씩 제출해야 하고, 자녀의 경우는 거주 증명 서류 대신에 출생증명서 같은 기타 증빙서류를 제출 할 수 있다.

<의료보험 카드 신청에 필요한 자격 및 거주 증명 서류>

| Legal Entitlement (자격 증명 서류) | Residency (거주 증명 서류) | Support of Identity (기타 증빙 서류) |
|---|---|---|
| 캐나다 시민권자<br>- 캐나다 출생증명서<br>- 캐나다 여권<br>- 원주민 증명서<br>- 시민권 카드 또는 증빙 서류<br>영주권자<br>- PR (영주권) 카드<br>- 영주권 취득 서류<br>- 캐나다 입국 ID 카드<br>외국인<br>- 유학 또는 취업 허가증<br>- 입국 도장이 있는 외국 여권<br>- 임시 거주 허가증 | 이름, 주소, 서명이 있는 서류<br>- 주택 융자, 임대, 또는 리스 계약 서류<br>- 공과금 영수증 (Utility Bill)<br>- 보험 가입 증명서 (주택, 자동차)<br>- 자동차 또는 오토바이 등록증<br>- 급여 명세서 또는 고용계약서<br>- 소득세 납부 증명서 (Income Tax Assessment)<br>- 재산세 영수증<br>- 학교 (성적 증명서) 리포트 카드 | 이름이 있는 증빙 서류<br>- 다른 주의 보험 카드<br>- 운전 면허증<br>- 여권<br>- 출생증명서<br>- PR (영주권) 카드<br>- 시민권 카드 또는 증빙 서류<br>- 원주민 증명서<br>- 영주권 취득 서류<br>- 학생 ID 카드<br>- 회사/기관 ID 카드 |

의료보험카드는 인터넷, 우편, 직접 해당 기관을 방문하여 신청 할 수 있으나 비용문제로 점진적으로 인터넷을 이용한 온라인 신청을 확대하고 있다.

사스카츄완 주는 온라인 접수만 받고, BC주의 경우 밴쿠버 시내는 방문 신청 기관이 없어서 시외 먼 지역까지 또는 밴쿠버 섬까지 가야한다. 하지만 인구 증가율이 매우 높은 앨버타 주나, 온주는 여전히 여러 곳에 방문 신청 기관을 운영하고 있다.

BC주의 경우는 시민 편의를 위하여 의료보험카드, 운전면허증, 직장인 사설의료보험카드 등을 통합하여 하나의 카드로 발급하는 서비스를 제공한다.

각 주의 Service Center를 방문하여 신청하는 경우 모든 센터가 신규 의료보험카드 신청을 받아 주지 않으므로 해당 지역 센터의 민원서비스 항목을 확인하고 방문해야 한다. 그리고 센터에 따라 토요일에도 오픈하거나 평일 밤 7시까지 오픈하기도 한다.

<의료보험 카드 신청 가능한 Service Centre 주소>

| 주<br>(카드명) | 지역 | 대표적인 주소 |
|---|---|---|
| 온타리오<br>(OHIP) | 토론토<br>(19곳) | 417-47 Sheppard Ave. E, Toronto, ON (노스욕)<br>21A-100 Steeles Ave. W, Toronto, ON (노스욕)<br>777 Bay St, Toronto, ON (다운타운 블루어) |
| | 리치몬드힐 | 4-10909 Yonge St, Richmond Hill, ON |
| | 미시사가<br>(5곳) | 5035 Hurontario St, Mississauga, ON<br>14-1151 Dundas St. W, Mississauga, ON<br>2-1425 Dundas St. E, Mississauga, ON |
| | 옥빌 (2곳) | A9-105 Cross Ave, Oakville, ON |
| | 벌링턴<br>(2곳) | 760 Brant St, #26A & 27A, Burlington, ON |
| | 해밀턴<br>(5곳) | 50 Dundurn St. S, Hamilton, ON |
| | 워터루 | 16-105 Lexington Rd, Waterloo, ON<br>2nd Fl, 30 Duke St. W, Kitchener, ON |
| | 런던 (6곳) | 5th Fl. 217 York St, London, ON |
| | 윈저 (3곳) | 2437 Dougall Ave, Windsor, ON |
| | 나이아가라 | 4-6788 Thorold Stone Rd, Niagara Falls, ON |
| | 킹스턴<br>(2곳) | 1201 Division St, Kingston, ON |
| | 피터보로 | 300 Water St, Peterborough, ON |
| | 오타와<br>(4곳) | 110 Laurier Ave. W, Ottawa, ON |
| 퀘벡<br>(Medical) | 몬트리올 | 300-425 Boul. de Maisonneuve O. Montréal, QC |
| | 퀘벡시티 | 787 Boul. Lebourgneuf, Québec, QC |
| BC<br>(MSP) | 광역밴쿠버 | 175-22470 Dewdney Trunk Rd, Maple Ridge, BC |
| | 칠리왁 | 1-45467 Yale Rd. W, Chilliwack BC |
| | 밴쿠버 섬 | 343 Lower Ganges Rd, Salt Spring Island, BC<br>5785 Duncan St, Duncan, BC<br>460 Selby St, Nanaimo, BC |

(계속 이어서)

<의료보험 카드 신청 가능한 Service Centre 주소>

| 주<br>(카드명) | 지역 | 대표적인 주소 |
|---|---|---|
| 앨버타<br>(AHCIP) | 에드먼턴<br>(28곳) | 10205 101th St. NW, Edmonton, AB<br>(City Center East 320) |
| | 캘거리<br>(27곳) | 401 9th Ave. SW, #177 Calgary, AB |
| | 포트맥머리<br>(3곳) | 4 Hospital St, Fort McMurray, AB |
| 매니토바<br>(Health) | 위니펙 | Insured Benefits Branch (Manitoba Health)<br>300 Carlton St, Winnipeg, MB |
| 사스<br>캐처완<br>(Health) | 우편/<br>Online<br>서비스 | Health Registration Branch<br>100-1942 Hamilton St, Regina, SK<br>(방문 신청서비스는 2012년 9월 10일 종료) |
| 노바<br>스코샤<br>(MSI) | 핼리팩스 | Medical Services Insurance<br>230 Brownlow Ave, Dartmouth NS |
| 뉴브런<br>즈윅<br>(Health) | 프레<br>더릭턴 | 432 Queen St, Fredericton, NB (City Centre) |
| | 몽턴 | 770 Main St, Moncton, NB (Assumption Place) |
| | 세인트존 | 15 King's Square North, Saint John, NB |
| 뉴펀들<br>랜드<br>(MCP) | 세인트<br>존스 | 57 Margaret's Place, Saint John's, NL<br>(MCP Public Services) |
| PEI | 샬럿트<br>타운 | 16 Garfield St, Charlottetown, PE |

## 2) 전화, 인터넷, 케이블 TV 신청하기

### a. 스마트폰 (휴대폰) 가입

캐나다 3대 이동통신 회사는 Rogers Wireless, Telus Mobility, Bell Mobility 이며, 그 밖에서 중·소규모의 7개 회사가 더 있다. 3대 이동통신회사는 전국망을 갖추고 통신 품질이 비교적 좋은 서비스를 제공하지만 가격이 비싸고, 그 외는 저렴한 가격이지만 한정된 지역에서만 통화가 가능하고 끊김 현상이 발생하여 상대방 말을 알아듣기 어려울 때가 있을 정도로 종종 통신 품질이 떨어진다. 인터넷에서도 스마트폰 구입이 가능하지만 보통 쇼핑센터나 대리점을 이용한다.

스마트폰의 경우 약정 년 수 (보통 2년)에 따라 한국과 같이 공짜로 구입할 수 도 있지만 한국보다는 혜택이 많이 적어서 최신형을 원할 경우 대부분 일정금액을 지불해야 한다. 약정 기간이 끝나기 전에 고장이 나서 더 이상 사용할 없는 경우 수리를 하여 사용할 수 도 있고, 인터넷에서 중고 폰을 구입하여 사용할 수도 있다. 약정 기간을 많이 채운 경우는 대리점에 문의하면 해결책이 나올 수 도 있다. 약정 상품의 종류는 담당 직원도 혼동을 일으킬 정도로 매우 다양하고 시기에 따라 자주 변경되므로 가입할 때 수고스럽더라고 유리한 조건이 어느 회사의 어느 상품인지 찾는 노력이 필요하다.

한국 같이 통화 시간에 따라 월정액을 정하여 사용하며 보통 주말과 저녁 이후 밤 시간대는 공짜로 사용할 수 있다. 장거리 전화를 많이 사용하는 사람의 경우 매월 일정 금액을 지불하고 캐나다는 물론이고 미국까지 포함한 북미 전 지역과 무제한으로 통화할 수 있다. 매월 일정 금액을 추가 부담하는 조건으로 가족, 친구들 전화번호를 사전 등록하고 상호간 캐나다 전 지역에서 무료로 무제한 사용하는 패밀리 플랜 (Family Plan)도 있다.

<2013년 캐나다 이동통신 회사 현황>

| 망 공급자 | 상품 | 서비스 지역 | 가입자 (천명) |
|---|---|---|---|
| Rogers Wireless | Rogers, Fido, Chatr, Cityfone | 전국 | 9,376 |
| Telus Mobility | Telus, Koodo | 전국 (Bell과 망 공동사용) | 7,703 |
| Bell Mobility | Bell, Virgin, Solo, Northwestel, Loblaw's PC Mobile | 전국 (Telus와 망 공동사용) | 7,672 |
| Wind Mobile | Wind | 온타리오 주의 남부지역 BC주와 앨버타 주의 도시 | 620 |
| SaskTel Mobility | SaskTel | 사스카츄완 주 | 608 |
| MTS Mobility | MTS | 매니토바 주 | 493 |
| Videotron Mobile | Videotron | 퀘벡 주와 오타와 | 421 |
| Mobilicity | Mobilicity | 토론토, 오타와, 밴쿠버, 캘거리, 에드먼턴 | 250 |
| Public Mobile | Public | 몬트리올 및 토론토 권역 (Golden Horseshoe) | 250 |
| Bell Aliant | Bell Aliant, Télébec, NorthernTel | 대서양 연안 (NS, NB, NL, PEI) | 143 |

캐나다에서 한국 이동전화로 글로벌 로밍 서비스를 사용한 경험이 있는 경우 당연히 한국 최신 스마트폰을 캐나다에서 사용할 수 있다고 생각하여 가져왔다가 종종 낭패를 보는 경우가 있다. 이동전화는 보통 세대별로 구분하여 1G (아날로그 전화), 2G (디지털 음성 전화), 3G (문자, 영상, 데이터 가능 유심 폰), 3.9/4G (LTE/LTE-A 폰) 이라고 부른다. 각 세대별, 국가별, 이동통신회사별로 사용하는 주파수대역과 통신방식이 다르다. 이동전화기의 하드웨어가 동일한 주파수대역과 통신방식을 사용하고 소프트웨어가 Unlock 되어 있으면 (LGU 폰도 2014년 7월 이후부터 Unlocked 출시하므로 한국의 모든 최신 폰은 해제) 국가나 이동통신회사가 바뀌어도 유심 (USIM, 3종류 Nano, Micro, Regular 이며 전 세계 동일규격) 카드만 구입하여 사용할 수 있다.

3G 폰 (구형)은 한국과 캐나다의 이동통신회사에서 동일한 통신 방식 (WCDMA)을 지원하고 스마트 폰 제조사에서 다양한 주파수 (850 MHz, 900MHz, 1800 MHz, 1900 MHz)를 지원하도록 설계하여 한국 폰 대부분 캐나다에서 사용할 수 있었다. 그러나 더욱 빠른 데이터 서비스를 제공하려고 새로운 주파수를 대폭 추가하면서 다양해진 주파수로 인해 불행하게도 3.9/4G 폰은 과거와 달리 제조사에서 다른 나라의 모든 신규 주파수까지 고려하여 설계하는 것이 어렵게 되었다. 캐나다 일부 이동통신사이 경우 초고속 LTE 데이터 서비스에 제약이 생겨 음성통화만 되거나 제 속도가 나오지 않는 데이터 서비스를 받을 수 있다.

<2014년 한국과 캐나다의 이동전화 주파수 및 통신 방식>

| 세대 | | 캐나다 | 한국 |
|---|---|---|---|
| 2G | 주파수 | 850 MHz<br>1900 MHz | 900 MHz<br>1800 MHz |
| | 방식 | GSM | CDMA |
| 3G | 주파수 | 850 MHz (Band 5)<br>1900 MHz (Band 2) | 900 MHz (Band 8)<br>1800 MHz (Band 3) |
| | 방식 | WCDMA, UMTS,<br>HSDPA, HSPA+<br>1x E-V-DO CDMA200 | WCDMA |
| 3.9 / 4G | 주파수 | 700 MHz (Band 12, 17)<br>1700 MHz (Band 4)<br>1900 MHz (Band 2)<br>2600 MHz (Band 7, 38)<br>3500 MHz (Band 42) | 850 MHz (Band 5)<br>900 MHz (Band 8)<br>1800 MHz (Band 3)<br>2100 MHz (Band 1)<br>2600 MHz (Band 7) |
| | 방식 | LTE | LTE, LTE-A |

※ 이동통신회사들이 4G 주파수를 추가 확보하려는 노력을 하고 있으므로 향후 더 많은 주파수가 할당 될 가능성이 큼

### b. 인터넷, 케이블 TV, 집 전화

오늘날 캐나다도 인터넷, 집 전화, 케이블 TV 분야의 사업영역 구분이 거의 없어져서 관련 기업들 대부분이 2개 이상의 분야에서 서비스를 제공하고 있다. 공급회사가 너무 많아서 신규 가입자라면 혼동이 되지만 이는 다른 방법이 없다. 상품도 회사 마다 다르

고 요금도 천차만별 이다.

다만 여러 서비스를 묶어서 가입하면 일부 할인 혜택을 받을 수 있다. 인터넷 종량제를 사용하고 있어서 초과하면 요금이 높아지므로 월 사용량, 인터넷 속도, 요금을 고려하여 상품을 선택해야 한다. 집전화의 경우 이동통신전화 보급률이 높아지면서 캐나다도 집 전화를 아예 사용하지 않거나 인터넷 전화를 사용하는 가정이 상당히 많다.

<2013년 캐나다 인터넷, 케이블 TV, 집 전화 관련 회사>

| 인터넷 망 사업자 | 서비스 종류 | 서비스 지역 |
|---|---|---|
| Acanac | Cable/DSL | 온타리오 및 퀘벡 |
| Brama Telecom | DSL | 온타리오 및 퀘벡 |
| Comwave | Cable/DSL | 온타리오 및 퀘벡 |
| Internet Lightspeed | DSL | 캐나다 서부지역 |
| Shaw Communications | Cable | 캐나다 서부지역 |
| Rogers Hi-Speed Internet | Cable | 캐나다 동부지역 |
| Rogers Ultimate Fibre | Fibre | Fibre markets |
| Vidéotron | Cable | 퀘벡 |
| Cogeco | Cable | 온타리오 및 퀘벡 |
| EastLink | Cable | Various |
| Bell Internet | VDSL2, Fibre | 온타리오 및 퀘벡 |
| Bell Aliant (FibreOP) | DSL, Fibre | 대서양 연안 |
| National Capital Freenet | VDSL2 | 오타와 및 주변 |
| Nexicom | VDSL2 | 온타리오 |
| Telus | VDSL2 or GPON (Fibre) | BC 및 앨버타 주 |
| SaskTel | DSL | 사스카츄완 주 |
| SaskTel infiNET | Fibre | 사스카츄완 주 |
| Manitoba Telecom Services | DSL | 매니토바 |
| TekSavvy | Cable | Various |
| TekSavvy | DSL | Various |
| Telehop | Cable | 온타리오 |
| ElectronicBox | DSL | 온타리오 및 퀘벡 |
| Novus Entertainment | Fibre | 밴쿠버 |
| Velcom | VDSL2 | 온타리오 및 퀘벡 |
| Yak Communications | DSL | Discontinued |
| Start Communications | DSL (Cable) | 온타리오 (Rogers, Cogeco 지역) |

### 3) 은행 계좌 개설 및 신용카드 만들기

#### a. 거래 은행의 선택

거래은행의 선택은 집에서 가깝고 접근이 용이한 은행을 선택하면 별 문제 없다. 단 캐나다의 대형 은행들은 지점이 많고 주유소, 편의점 등에 ATM 머신을 많이 설치, 운영하기 때문에 여행 중이나 사업상 이동이 많은 사람은 이를 고려하여 은행을 선택하면 편리하다.

<캐나다의 대표적인 대형 시중 은행>

| 은행 | 특징 |
|---|---|
| Royal Bank of Canada<br>(RBC, 몬트리올 본사) | - 캐나다에서 제일 큰 은행<br>- 캐나다 지점 1,200개 이상,<br>미국 지점 400개 이상<br>- 8,250억 달러의 자산과 8만 이상의 직원 |
| Bank of Montréal<br>(BMO, 토론토 본사) | - 캐나다에서 가장 오래된 은행<br>- 900개 이상의 지점<br>- 5,420억 달러의 자산과<br>4만7천 이상의 직원 |
| Toronto Dominion Bank<br>(TD Bank, 토론토 본사) | - 노스욕 한인 타운에 지점 많음<br>- 1,150개 이상의 지점<br>- 8,110억 달러의 자산과<br>약 7만 9천의 직원 |
| Scotia Bank<br>(토론토 본사) | - 55개 국가 이상의 고객 확보<br>- 7,540억 달러의 자산과<br>8만3천 이상의 직원 |
| Canadian Imperial Bank of Commerce<br>(CIBC, 토론토 본사) | - 캐나다 상업은행<br>- 4,149억 달러의 자산<br>- 1,100개의 지점과 4만 4천의 직원, |
| National Bank of Canada<br>(몬트리올 본사) | - 약 450개의 지점<br>- 약 2만의 직원, |
| HSBC<br>(영국 런던 본사) | - 홍콩에서 시작한 영국계 은행으로, 아시아, 북미 등 전 세계 글로벌 은행<br>- 전 세계 2조 7천억 US달러의 자산과<br>26만의 직원 |

#### b. 계좌 개설과 신용카드 신청

은행계좌 (Account) 개설 (Open)과 신용카드 신청은 지점을 예약 없이 방문하여 신청할 수 있지만 지점과 담당자에 따라 다르고, 특히 특정 직원 (예를 들어 한국인 직원)에게 계좌를 개설 할 경우는 예약이 필요하다. 계좌 개설과 신용카드를 신청할 때 은행에서 다음의 서류를 요구할 수 있다.

- (사회보장) SIN 카드 번호
- 집 주소, 전화번호, 이메일 등 개인 인적사항
- 계좌개설 수수료
- 신용증빙 서류 (월급명세서 또는 고용계약서 등)
- 신용 증빙이 어려운 경우 신용카드 발급을 위한 담보 예치금

은행을 방문하여 창구직원 또는 안내하는 직원에게 계좌 개설 (Account Open)이 필요하다고 이야기하면 창구가 아닌 사무실 안으로 안내해 준다. 계좌 개설을 할 때 추가 수수료를 부담하고 통장을 만들어 주는 경우도 있지만. 대부분 인터넷 온라인 거래를 하므로 통장을 대신하여 간단히 프린트해 주는 영수증만 받을 수 있다. 만약 부부가 같은 계좌를 사용하면 공동 계좌 (Joint Account)를 개설하면 된다.

신용카드 발급을 위한 신용 증빙이 어려운 사람의 경우 대부분 은행에서 담보 예치금 (Line of Credit)을 요구한다. 그러나 직장이 있는 경우는 예치금 없이 신용카드 개설이 가능할 수 있다. 예치금 없이 신용카드를 개설하려다 거절당했다면 다른 은행을 방문해 보라고 권하고 싶다. 이는 은행 마다 다르고 담당 직원 마다 다르기 때문이다. 수입이 없는 캐나다 현지 학생들에게도 월사용 한도 2,000$ 정도의 신용카드를 만들어 주므로, 초기 이민자라도 정규직 직장이 있다면 가능할 수 있다.

### b. 데빗 카드와 개인 수표

은행계좌를 개설할 때 임시 데빗 (Debit) 카드라는 현금직불카드를 주고 정식 데빗 카드는 나중에 집으로 우편 발송 해준다. 캐나다는 데빗 카드 사용이 매우 일반화 되어서 차후 은행 업무, 각종 물건 구매, 정부기관 수수료 납부 등 매우 다양한 분야에서 사용되므로 모든 사람이 반드시 필요하다. 이 데빗 카드를 사용할

적마다 일정금액의 수수료가 계좌에서 빠져 나가므로 사용 횟수가 많은 경우는 월 단위로 사용권을 구매 하는 것이 유리하다.

은행계좌는 Cheque와 Saving 두 종류가 있다. Cheque 계좌는 자유저축으로 입·출금이 자유롭고 수표발행이 가능하지만 이자가 없고 데빗 카드를 사용할 때 마다 약간의 수수료를 지불해야 한다. Saving 계좌는 보통예금으로 약간 이자가 있고 데빗 카드를 사용할 때 일정 횟수까지는 수수료를 면제해주지만 수표 발행을 할 수 없고 많은 돈을 출금을 할 때 적어도 하루 전에 은행에 알려 주어야 한다.

만약 Cheque 계좌를 선택하면 개인 수표 (Cheque)도 함께 신청할 수 있다. 개인 수표는 아파트 또는 콘도의 월 임대료, 자녀들의 특별 활동 비용, 교통 범칙금, 물건 구입 등의 매우 다양한 분야에서 사용되므로 성인이면 누구나 반드시 필요하다. 개인 수표를 받은 사람이 본인은행에 청구하면 수표를 준 사람의 계좌에서 돈이 빠져나간다.

| 수표 번호의 의미 | | | |
|---|---|---|---|
| NNN (3자리) - | TTTTT (5자리) - | BBB (3자리) - | AAAAAAA (7~13자리) |
| (일련번호) | (지점Transit번호) | (은행번호) | (계좌번호) |

## d. 모국 은행 및 한인 금융기관

외환은행과 신한은행이 캐나다에 진출하여 토론토, 밴쿠버, 캘거리에 지점을 운영하고 있으므로 한국의 금융 자산을 캐나다에서 송금 받는데 이들 은행을 이용하여 보다 편리한 서비스를 받을 수 있다.

캐나다 교민들이 설립한 신협은행 (밴쿠버), 한인신용조합 (토론토), 천주교신용조합 (토론토) 등도 있다.

신협은행은 1988년 설립한 신협으로 2014년 광역밴쿠버에 5개 지점을 가지고 있으며 직원 50명과 자산 2억 달러 이상으로 한인 신협 중 가장 규모가 크다. 한인신용조합은 1976년 토론토에 설립된 Credit Union으로 예금, 대출, 송금, 신용카드, 보험 등의 금융 상품을 제공한다. 천주교신용조합은 2012년에 설립된 천주교 협회의 신용조합으로 별도의 영업점 없이 토론토 노스욕 지역의 성김 안드레이 성당 건물에서 업무를 보고 있다.

<캐나다 현지 진출 한국계 은행 및 교민 신협>

| 은행 | 지역 | 주소 |
|---|---|---|
| 하나은행 | 토론토 | - 4950 Yonge St, #103, Toronto, ON (노스욕)<br>- 627 Bloor St. W, Toronto, ON (다운타운)<br>- 90 Burnhamthorpe Rd. W, #120, Mississauga, ON<br>- 7670 Yonge St, #5 Thornhill, ON<br>- 9625 Yonge St, Richmond Hill, ON<br>- 22 Rean Dr, Toronto, ON (베이뷰) |
| | 밴쿠버 | - 4900 Kingsway, #100, Burnaby, BC (버나비)<br>- 4501 North Rd, #202A, Burnaby, BC (코퀴틀람)<br>- 590 Robson St, Vancouver, BC (다운타운)<br>- 5911 Third Ave, Richmond, BC |
| | 캘거리 | - 1222 11Ave. SW. Calgary, AB (2017년 이전) |
| 신한은행 | 토론토 | - 5140 Yonge St, North York, ON (본점)<br>- 5095 Yonge St, #B2, Toronto, ON (노스욕)<br>- 257 Dundas St, E, #3 & 4, Mississauga, ON<br>- 7191 Yonge St, #106 & 107 Markham ON (쏜힐) |
| | 밴쿠버 | - 2929 Barnet Hwy #2842, Coquitlam, BC |
| 신협은행 | 밴쿠버 | - 1055 Kingsway, Vancouver, BC (본점)<br>- 5665 Kingsway, #185 Burnaby, BC (메트로타운)<br>- 403 North Rd, #202 Coquitlam, BC (코퀴틀람)<br>- 10541 King George Hwy, Surrey, BC (써리)<br>- 19535 Fraser Hwy. Surrey, BC (랭리) |
| 한인신용조합 | 토론토 | - 721 Bloor St. W, #202, Toronto, ON (다운타운)<br>- 180 Steeles Ave. W, Thornhill, ON |
| 천주교신용조합 | 토론토 | - 849 Don Mill Rd, Toronto, ON (노스욕)<br>(성 김 안드레아 천주교회 2층) |

# 운전면허, 자동차, 보험 그리고 운전 요령

## 1) 한국-캐나다 상호 운전면허 교환 서비스

1998년 한국정부와 온타리오 주정부가 상호간 운전면허 교환 협정을 시작으로 캐나다의 모든 주 정부와 (준주 제외) 협정을 체결하여 어느 주에서나 운전면허 교환이 가능하다.

한국 운전면허증을 한국영사관에서 영어로 번역인증을 받아, 각 주정부에서 운영하는 운전면허증 발행 기관을 방문하여 교환할 수 있다. 영어번역인증을 위해 다음의 서류를 준비해야한다.

① 신청서 1부 (영사관 웹사이트에서 다운로드)
② 운전면허증 및 운전면허증 앞, 뒷면 사본 1부
③ 여권 및 사본 1부
④ (6개월 이상) 체류 증명서류
(유학, 취업비자 또는 영주권 ) 원본 및 사본 각 1부
⑤ 거주자 증빙 서류
(주택 임대, 구입, 집 전화, 전기 등 가입서류/영수증)
⑥ 수수료

<한국-캐나다 운전면허증 상호 교환 협정>

<table>
<tr><th>지역</th><th>주</th><th>협정일<br>(년.월.일)</th><th>내용</th></tr>
<tr><td rowspan="2">동부</td><td>온타리오</td><td>1998.12.17</td><td rowspan="10">온타리오, 브리티시컬럼비아, 앨버타 등 대부분의 주는 한국 운전면허증 발행일로 부터,<br>- 2년 이상, 정규 보통면허로 교환<br>(온타리오 주는 G,<br>나머지 주는 Class 5)<br>- 2년 이하, 초보면허로 교환<br>(온타리오 주는 G2,<br>나머지 주는 Class 5N, 5I, 7II 등)</td></tr>
<tr><td>퀘벡</td><td>2001.05.24</td></tr>
<tr><td>태평양<br>연안</td><td>브리티시<br>컬럼비아</td><td>2000.09.10</td></tr>
<tr><td rowspan="3">중부<br>대평원</td><td>앨버타</td><td>2001.01.10</td></tr>
<tr><td>사스카츄완</td><td>2004.12.29</td></tr>
<tr><td>매니토바</td><td>2003.09.03</td></tr>
<tr><td rowspan="4">대서양<br>연안</td><td>노바스코샤</td><td>2011.03.10</td></tr>
<tr><td>뉴브런즈윅</td><td>2008.02.12</td></tr>
<tr><td>뉴펀들랜드</td><td>2007.11.15</td></tr>
<tr><td>PEI</td><td>2007.11.14</td></tr>
<tr><td rowspan="3">북부<br>준주</td><td>노스웨스트</td><td rowspan="3">미체결</td><td rowspan="3">해당사항 없음</td></tr>
<tr><td>유콘</td></tr>
<tr><td>누나부트</td></tr>
</table>

※ 한국 면허증 취득 후 2년이 넘었지만 면허증 갱신으로 인해 발행일이 2년 미만인 경우, 2년 이상 경력을 요구하는 주에서는 초보면허로 교환해 준다. 따라서 경력을 증빙할 수 있는 서류나 구면허증도 함께 제출해야 한다.

※ 퀘벡 주는 한국 운전면허증 경력 2년을 요구하는 것 없이 바로 Class 5 으로 교환 해준다. 그러나 이는 Class 5 수습면허이며 Class 5 보통면허와 비교하여 교통위반 벌점 체계가 다르지만 면허증은 동일하고 2년이 지나면 자동으로 보통면허증이 된다. 따라서 면허증 교환 후 2년 이내에 다른 주로 이사 가서 퀘벡 면허증을 가지고 해당 주의 면허로 바꾸면 초보면허증으로 교환된다.

토론토 영사관 (관할: 온타리오, 매니토바)
- 555 Ave. Rd, Toronto, ON M4V 2J7 (지하철 St-Claire역)

밴쿠버 영사관 (관할: BC, 앨버타, 사스카츄완)
- 1090 West Georgia St, #1600, Vancouver, BC V6E 3V7 (스카이트레인 Burrard역)

몬트리올 영사관 (관할: 퀘벡, 노바스코샤, 뉴브런즈윅, 뉴펀들랜드, PEI)
- 1250 René-Lévesque Boul. W, #3600, Montréal ,QC, H3B 4W8 (지하철 Bonadvanture역)

참고로 영사관 관할 구역 이외의 다른 주 거주자, 단기 캐나다 방문객 (단기 체류자는 한국에서 발행하는 국제운전면허증으로 캐나다에서 운전 가능), 운전면허가 취소된 자, 외국인 (한국 국적이 없는 사람) 등에게는 한국 영사관에서 운전면허증 번역인증서비스를 제공하지 않는다.

운전면허 교환에 필요한 다음의 증빙서류를 지참하여 해당 지역 운전면허증 발행 기관 (Driver License Office, 주로 운전면허시험장과 같은 장소)을 방문하여 시력 테스트를 거친 후 현장에서 바로 발급받을 수 있다.

- 여권 및 SIN 카드
- 체류자격 증빙 서류 (취업비자, 유학비자, 외교관비자, 영주권 등)
- 거주증빙서류 (주택임대, 구입 또는 집 전화 신청 서류 등)
- 한국운전면허증
- 영사관발행 면허증 번역인증서
- 무사고 영문경력증명서 (안전운전 2년 경력 증빙)
- 수수료

<한인 거주 지역의 주요 운전면허 교환 장소>

| 주 | 지역 | 면허증 교환 기관 및 주소 |
|---|---|---|
| 온타리오 | 광역<br>토론토 | Driver Examination or/and Vehicle Office<br>- 777 Bay St, Queen's Park, Toronto, ON (다운타운)<br>- 1448 Lawrence Ave. E, #15, North York, ON (노스욕)<br>- 37 Carl Hall Rd, Downsview, ON (노스욕)<br>- 7900 Airport Rd, Brampton, ON (피어슨공항 근처)<br>- 2035 Cornwall Rd, Oakville, ON (옥빌)<br>- 1250 Brant St, #2, Burlington, ON (벌링턴) |
| | 해밀턴 | Driver Test Centres Hamilton Kenora<br>- 370 Kenora Ave, Hamilton, ON |
| | 워터루 | Driver Test Centres<br>- 11, 1405 Ottawa St. N, Kitchener, ON |
| | 런던 | Driver Test Centres (Driver Examination)<br>- 154 Beech, London, ON |
| | 윈저 | Driver Test Windsor<br>- 2470 Dougall Ave, Windsor, ON |
| | 킹스턴 | Drive Test & Driver Examination Centres<br>- 381 Select Dr, Kingston, ON |
| | 오타와 | Drive Test<br>- 1570 Walkley Rd, Ottawa, ON |
| 퀘벡 | 광역<br>몬트리올 | SAAQ<br>- 855 Boul. Henri Bourassa O. Montréal |
| 브리티시<br>컬럼비아 | 광역밴쿠버 | ICBC Licensing Office<br>- 3880 Lougheed Hwy, Burnaby BC<br>- 232-4820 Kingsway, Burnaby BC<br>- 125 East 13th St, North Vancouver BC<br>- 2030-11662 Steveston Hwy, Richmond BC<br>- 5740 Minoru Blvd, Richmond BC<br>- 2750 Commercial Dr, Vancouver BC<br>- 4126 MacDonald St, Vancouver BC<br>- 221-1055 West Georgia St, Vancouver BC |
| | 광역<br>빅토리아 | ICBC Licensing Office<br>- 1-1150 McKenzie Ave, Victoria BC<br>- 955 Wharf St, Victoria BC |
| 앨버타 | 캘거리 | Calgary Registry Services Ltd<br>- 5149 Country Hills Blvd, #312, NW, Calgary, AB (시내 전역 10곳 이상의 Registry에서 운전면허 교환 가능) |
| | 에드먼턴 | Alberta One-Stop Registry Ltd<br>- 12804 137th Ave. NW, Edmonton, AB (시내 전역 10곳 이상의 Registry에서 운전면허 교환 가능) |

(계속 이어서)

| 주 | 지역 | 면허증 교환 기관 및 주소 |
|---|---|---|
| 사스캐처완 | 리자이나 | SGI (Saskatchewan Government Insurance)<br>- 2260 11th Ave, Regina, SK (Head Office)<br>- 1550 Saskatchewan Dr, Regina, SK (Driver Exam Office) |
| | 사스카툰 | - 623 2nd Ave. N, Saskatoon, SK (Driver Exam Office) |
| 매니토바 | 위니펙 | Driver and Vehicle Licensing Service Outlets<br>- 1075 Portage Ave, Winnipeg, MB (Head Office)<br>- 3137 Portage Ave, Winnipeg, MB<br>- 1504 St. Mary's Square, Winnipeg, MB<br>- 1006 Nairn Ave, Winnipeg, MB<br>- 2188 McPhillips St, Winnipeg, MB<br>- 2020 Corydon Ave, Winnipeg, MB |
| 노바스코샤 | 핼리팩스 | Halifax Access Nova Scotia Centre<br>- 300 Horseshoe Lake Drive, Halifax, NS |
| 뉴브런즈윅 | 프레더릭턴<br>세인트존<br>몽턴 | Driver Licensing or Driver Examination<br>- 364 Argyle St, Fredericton, NB<br>- 432 Queen St, Fredericton, NB (Regional Office)<br>- 14 King Square North N, Saint John, NB (Regional Office)<br>- 770 Main St, Moncton, NB (Regional Office) |
| 뉴펀들랜드 | 세인트존스 | Driver Examination Centres<br>- 149 Smallwood Dr, Mount Pearl, NL |
| PEI | 샬럿트타운 | Access PEI Charlottetown<br>- 33 Riverside Dr, Charlottetown, PE |

반대로 한국으로 귀국하면 캐나다에서 취득한 운전면허증 (G2, G, Class 5 보통면허 또는 초보면허)을 한국 운전면허증 (2종 보통)으로 자동차관리사업소에서 바꿀 수 있으며, 다음의 서류를 준비해 가야 한다.

- 여권 및 출입국 사실 증명서
- 체류 증빙 서류 (재외국민 거소증, 외국등록증, 주민등록증 등)
- 캐나다 운전면허증 (불어이면 번역인증서 또는 국제 면허증)
- 면허증에 대한 캐나다 대사관 확인서
- 한국 내 거주 주소, 사진 3매 및 수수료

### 2) 자동차 구입 요령

새 차를 할부, 리스, 중고차 교환, 일시불 지불 등으로 구입하거나, 또는 중고차를 할부 또는 일시불 지불로 구입할 수 있다. 새로 출고된 자동차의 경우 동일 제조사의 동일 모델이라도 딜러에 따라 차량 가격이 조금씩 다르다.

| 구 분 | 설 명 |
|---|---|
| 할부 (Finance) | 차량 가격에서 일부금액을 지불 (Down Pay)하고 나머지 금액과 이자를 일정기간 매월 할부금로 납부하는 방법 |
| 리스 (Lease | 일반적으로 3년 또는 4년 장기 임대하는 것으로 매월 리스 비용 (Monthly Payment)을 지불하는 방법, 사업을 하는 경우 지출로 비용 공제가 가능하여 많이 이용 |
| 중고차 교환 (Trade-In) | 타던 중고차를 딜러에게 넘기고 새 차를 구입하는 방법으로 차량 차액과 세금을 추가 납부해야 함. |
| 중고차 (Used Car) | 딜러 및 개인 간 거래를 통하여 연간 수백 만 대가 거래 된다. 딜러를 통할 경우 할부 구매도 가능 |

#### a. 중고차 구입하기

딜러를 통해 차를 구입하는 경우는 일반인들이 구입 절차를 몰라도 되지만, 중고차를 개인 간 거래할 경우 필요한 절차와 관련 서류, 그리고 확인해야 하는 사항들을 사전에 알고 있다면 도움이 될 것이다. 각 주정부에서 자동차 거래에 필요한 규정을 마련하여 운영하므로 조금씩 서로 다르지만 대부분 비슷하다. 연간 100만 대 이상 거래가 되는 온타리오 주의 거래 방법은 다음과 같다.

판매자는 자동차에 관한 정보를 기록한 UVIP (Used Vehicle Information Package) 패키지를 Service Ontario에서 온라인 또는 방문하여 신청할 수 있다. 판매자는 구매를 원하는 사람에게 UVIP 패키지를 보여주어야 하고 최종 구매자에게 넘겨야 한다. UVIP 패키지에 다음과 같은 다양한 정보를 포함하고 있다.

① 기본 정보

- 차대번호 (VIN; Vehicle Identification Number)
- 자동차 번호 (Plate Number)

- 제조사, 모델, 연식, 색, 실린더, 배기량
- 바디 형태, 상태, 브랜드 (Body Type, Status, Brand)

② 온타리오 차량 등록 기록 (Ontario Vehicle Registration History)
③ 마일리지 (Odometer Information)
④ 저당 여부 (Outstanding Debts on The Vehicle - link to liens)
⑤ 동일 모델 및 동일 연식 중고차의 도매 및 소매 평균 거래 가격 정보
⑥ 판매세 정보 (Retail Sales Tax Requirements)
⑦ 판매 영수증 (Bill of Sale) 양식
⑧ 기타 자동차 안전 표준검사 요령 (Tips on Vehicle Safety Standards Inspections)

| 온타리오 주는 운전면허 갱신 및 자동차 거래 관련 기관 (Driver and Vehicle Licence Issuing Office) 업무를 "Service Ontario"로 통합하였다. |
|---|

| 서비스 받은 기록 (특히 사고) 등 더 많은 항목과 자세한 내용을 포함하고 있는 CarProof를 UVIP 대신 사용하기도 한다. 또한 지역에 따라 CarFax를 종종 사용하기도 한다. |
|---|

중고자동차를 구매하고자하는 사람은 UVIP 패키지에서 다음의 사항을 체크 할 수 있다.

① 자동차 판매자와 소유자가 동일인지 확인할 수 있다.
② 자동차의 정보 "Status of Vehicle"를 통하여 교통위반 등 각종 벌칙 금이 남아 있는지 (Suspended)를 확인할 수 있고, 안전 표준 인증서 (Safety Standards Certificate)를 제출하지 못한 차량은 번호판을 사용할 수 없으므로 (Unfit) 관련 기록을 확인 할 수 있고, 사고로 완파된 차량은 도로에서 더 이상 사용할 수 없으므로 폐차를 (Wrecked) 확인 할 수 있다.
③ 차량에 남아 있는 융자금 등 담보 상태를 확인할 수 있다.
④ 마일리지 기록을 확인 할 수 있다.
⑤ 향후 발생할 문제들을 사전에 어느 정도 인지할 수 있다.

판매자와 구매자가 동의하여 거래가 성사되면 계약서를 작성하고 구매자는 계약금을 치른 후 임시 자동차 보험을 구입한다. 나중에 최

종 잔금을 지불하고 자동차를 넘기는 절차는 다음과 같다.

① UVIP 패키지의 마지막 페이지에 있는 거래 영수증 (Bill of Sale)에 거래일, 거래가격, 판매자 및 구매자의 이름을 작성하고 각각 서명하여 구매자에게 넘겨준다.

② 자동차 등록증 뒷면에 있는 소유권 이전 신청서 (Application for Transfer)를 작성하고 서명하여 구매자에게 넘겨준다.

③ 자동차와 키를 (보통 2개) 구매자에게 넘겨준다.

| 번호판 (Plate)은 자동차에 포함되지 않는 별개의 개인 자산으로 (a plate-to-owner registration system) 판매자가 구매자에게 주지 않고, 따로 보관하다가 자신의 다른 자동차에 부착하여 사용할 수 있다. 만약 향후에도 사용할 일이 없으면 자동차 등록사업에 반납하면 환불 받을 수 있다.<br>자동차 등록증은 두 칼럼으로, 하나는 자동차에 관한 것이고 다른 하나는 번호판에 관한 것이다. 만약 번호판을 넘기지 않으면 등록증에서 번호판 부분을 떼고 나머지 부분만 구매자에게 넘긴다. |
|---|

| 퀘벡, 앨버타, 사스카츄완, 노바스코샤, PEI, 뉴펀들랜드 등 6개 주와 3개 준주는 자동차 뒤에만 번호판을 부착한다. 그러나 특별한 차량 (버스, 트럭, 구급차, 정부차량은 앞, 뒤 모두 부착하는 경우도 있다. |
|---|

자동차를 넘겨받은 구매자는 거래일로부터 6일 이내에 Service Ontario를 방문하여 소유권 이전 등기를 해야 한다.

① 구입한 자동차의 보험을 구입 한다.

② 자동차 정비소에서 안전검사와 환경오염 시험을 하고 관련 서류를 발급 받는다.

- Safety Standards Certificate (타이어 및 브레이크 검사)
- Emission Report (오염 물질 배출)

③ 구매자는 다음의 서류를 준비하여 자동차 등록 사업소를 방문한다.

- 자동차 보험증
- 자동차 등록증 (뒷면에 소유권 이전 신청서 작성)
- 만약 옛 번호판을 사용하려면 옛 등록증의 번호판 칼럼
- 안전 검사증 (Safety Standards Certificate)
- 환경오염 시험서 (Emission Report)

- 거래 영수증을 포함한 UVIP 패키지

④ Service Ontario에 판매세 (Retail Sales Tax)를 납부해야 한다. 판매세는 실제 거래가격과 자동차 거래 기록을 하는 "Canadian Red Book"의 도매가격 중 높은 금액을 기준으로 부과된다. 만일 도매가격 보다 많이 저렴한 가격에 자동차를 구입한 경우, 자동차를 검사하는 정비소에서 발급하는 감정가 서류 (Motor Vehicle Appraisal Record)를 자동차 등록 사업소에 제출하면 인정되어 세금을 절약할 수 있다.

| 배우자 등 직계 가족에게 자동차 소유권을 이전 하면 판매세가 면제된다. |
|---|

⑤ 번호판이 없으면 자동차 등록 사무소에서 새로 구입한다.

⑥ 소유권 이전이 완료되면 새로운 등록증을 수령 한다.

⑦ 구입한 자동차에 번호판을 부착하고 보험회사에 새로운 번호판 번호를 알려 준다.

| 만약 구매자가 소유권 이전 등기를 하지 않는다고 생각되면 판매자는 자동차 매각 사실을 자동차 등록 사업소에 통지 할 수 있다. |
|---|

## 3) 자동차 보험 제도 및 구입 요령

### a. 공립보험제도

자동차 보험은 주에 따라서 금액 차이가 매우 커서, 동일한 운전자가 몬트리올에서 토론토로 이사를 가면 약 3배 정도 더 많은 보험료를 부담할 수 있다. 보험료가 지역에 따라 차이가 나는 원인은 거주지역의 도로, 교통사고, 도난 등도 원인이지만 가장 큰 것은 보험 제도의 차이에 있다. 대체로 공립보험을 운영하는 주는 다른 주들 보다 피부로 느낄 정도로 보험료가 저렴하다.

공립보험제도는 4개 주에서 시행하고 있고 공립보험기관은 자동차 등록 및 운전 면허증도 함께 관리하고 있다. 브리티시컬럼비아주와 매니토바 주는 사설보험 같이 중개인을 통해서 보험을 구입하지만 퀘벡 주는 매년 납부하는 운전 면허증세가 바로 공립 보험료이고, 사스카츄완 주는 "자동차 번호판 보험"이 공립 보험이다.

퀘벡 주의 공립보험은 인명피해 (대인, 자손)와 일을 못해서 발생하는 손실만 커버하므로, 재산상의 손실 (자차, 대물)을 커버할 수 있는 사설 보험도 의무적으로 추가 구입해야 한다.

<캐나다 공립 자동차 보험 운영 현황>

| 주 | 운영기관 /기업 | 도입년도 | 내용 |
|---|---|---|---|
| 사스카츄완 | SGI | 1945년 | 책임보험, 자손, 자차 등 종합보험 (SGI는 집, 농장, 사업 보험도 운영) |
| 매니토바 | MPI | 1971년 | 종합보험 |
| 퀘벡 | SAAQ | 1973년 | 대인, 자손, 급여손실 만 보험 (대물, 자차는 사설보험을 이용) |
| 브리티시 컬럼비아 | ICBC | 1977년 | 기본보험과 책임보험 등 종합보험 (옵션 및 사설보험 이용 가능) |

그 외의 다른 주에서도 공립보험을 도입하려고 검토했던 적이 있다. 온타리오 주는 1990년 선거에서 야당인 신민당이 공립보험제도 도입을 주장하였으나 1991년 주정부가 도입을 거절하였다. 뉴브런즈윅 주는 2003년에서 2005년 사이 보험료가 매우 큰 폭으로 인상되어서 공립보험제도 도입을 검토하였으나 최종 주정부가 포기하였다. 노바스코샤 주는 2003년 선거에서 당시 야당인 신민당이 공립보험제도 도입을 주장하였으나 선거에서 패배하였고, 2009년 선거에 성공하여 집권할 때는 선거공약에서 제외하여 결국 도입하지 않았다. 뉴펀들랜드 주는 2004년 사설 보험회사들이 보험료 인상 요구와 철수를 주장하여 보수당 주정부에서 공립보험제도 도입을 고려했었지만 최종 도입하지 않았다.

### b. 보험가입하기

캐나다에서는 자동차 보험을 가입할 때 영어로 가입한다고 하지 않고, "Buy" 라고 한다.

인터넷과 주변인들로부터 얻은 정보를 이용하여 여러 사설 보험회사나 중개인 (Broker or Agent)에게서 견적을 받아 보험회사를 결정할 수 있다. 처음 이민 와서 정보가 없으면, 여러 보험 회사에서 적합한 보험을 찾아주는 한인 상대 보험 중개인을 통해서 보험을 구입하고, 향후 1~2년 지난 후 요령이 생기면 자신의 상황에 맞는 더 저렴한 보험으로 바꾸는 것도 한 방법이다.

캐나다 보험은 공립이든 사립이든 한국과 비슷하게 책임보험 (Liability Insurance)을 의무적으로 가입해야 한다. (2014년 기준 온타리오 주는 최소 $200,000, 퀘벡 주는 최소 $50,000) 책임보험은 본인 (주에 따라서 제외) 및 타인을 다치거나 사망하게 하는 경우 또는 타인의 재산에 피해가 발생하는 경우 보험 혜택을 받을 수 있다. 만약 큰 사고가 발생하여 보상액이 가입한 책임보험 배상금 보다 높으면 개인 재산을 처분해서 변상해 주어야 한다. 따라서 책임보험은 보통 법적 기준 보다 높은 $1,000,000 이상으로 가입한다.

자차보험 (Collision Coverage)은 사고로 발생한 본인의 자동차 수리를 위한 보험이고, 상해보상 (Accident Benefits)은 본인의 의료비용과 소득을 보상해 주는 보험이고, 기타보상 (Comprehensive)은 도난, 자연재해, 동물과의 충돌 등 차량 충돌사고가 아닌 다른 이유의 사고에 대해 보상해주는 보험이다. 무보험 차량 보험 (Uninsured Automobile)도 있다. 이들 보험은 법률적으로 강제하지 않고 개인이 선택할 수 있지만 보통 모두 선택하여 가입한다. 그 밖에 타인의 문제로 발생한 사고에 대한 보상을 본인 보험회사에 청구하는 직접보상보험 (Direct Compensation)도 있다.

보험에 가입하면 보험 약관 번호 (Policy No)와 유효기간을 포함하는 보험증 (종이)을 받는다. 매년 보험료를 납부할 때 마다 집으로 우편 발송되는 새로운 보험증은 운전 중 항상 가지고 다녀야한다. 교통경찰이 요구할 때 제시하지 못하면 최대 $400 (2014년 온타리오 주 기준)의 범칙금을 받을 수 있다.

그 외 특이사항은 충돌 보상과 관련하여 본인 부담금인 디덕터블 (Deductible)은 보통 $500 또는 $1,000을 선택하여 보험료를 줄인다. 단점은 사고가 발생하였을 때 선택한 디덕터블 금액을 초과하는 차액만 보상 받을 수 있다.

### 4) 반드시 숙지해야하는 한국과 다른 운전 요령

대체로 한국에서 운전하는 것 보다 캐나다에서 운전하는 것이 쉽기 때문에 대부분 빠르게 적응할 수 있다. 그러나 기본적인 운전 규칙은 알고 있어야 다른 운전자들로부터 욕먹지 않는다. 그리고 퀘벡 주는 다른 주와 운전 법규나 신호 체계가 많이 다르기 때문에 고생할 수 있다.

#### a. 퀘벡 신호 체계

화살표 신호는 가리키는 방향으로만 주행이 가능하다. 예를 들면 직진 화살표 신호에서 좌회전이나 우회전을 하면 안 되고, 직진과 좌회전 화살표 신호를 받으면 직전과 좌회전은 가능하지만 우회전은 안 된다.

원형 직진 신호를 받으면 비보호 좌회전과 우회전이 모두 가능하며, 깜빡이는 원형 신호는 직진과 좌회전 신호가 있는 것과 동일하며, 비보호 우회전도 가능하다.

퀘벡 주, 몬트리올은 적색 신호일 때 우회전이 금지된다. 그 밖에 시외 지역이나 다른 주에서도 요일에 따라 또는 출·퇴근 시간대에 적색 신호일 때 우회전을 금지하는 경우가 종종 있으므로 주의해야 한다. 이런 신호체계가 있는 장소에서 경찰이 단속하는 경우를 종종 목격한다.

#### b. 중앙선 및 차선

한국에서는 중앙선을 생명선으로 강조하며 중앙선 침범을 못하도록 엄격히 관리하지만, 캐나다는 편의에 따라 언제든지 중앙선을 넘어 비보호 좌회전 하도록 허락 한다. 교통이 좀 혼잡한 지역은 별도의 중앙차로를 만들어 잠시 대기하다 중앙선을 넘어 비보호 좌회전하는 것을 도와준다. 만약 중앙선을 넘으면 위험한 지역은 중앙 분리대를 만들어 아예 못 넘도록 한다.

토론토 다운타운에 레일 위를 달리는 스트리트 카가 있다. 보통 1 차선으로 주행하면서 손님을 태우고 내리기 때문에 언제나 위험하다는 생각이 든다. 스트리트 카가 정지중 이거나 정지하려고 할 때 2 차선으로 앞지르기를 하면 인명사고가 이어질 수 있으므로 정지하여 기다리는 것이 매우 중요하고 안전하다.

신호 대기를 할 때, 중앙선을 넘어 좌회전 하여 골목길 또는 건물로 진입하는 차량을 방해하지 않도록 앞차와 거리를 뛰어야 하는 곳이 의외로 많다.

이러한 곳에 "Do Not Block Drive Way (or Intersection)" 라는 표지판이 있다. 만약 이런 곳에 한국처럼 앞차에 바싹 붙여서 대기하면 엄청 욕먹을 수도 있다.

한국에도 간혹 있지만, 눈이 자주 내는 캐나다에서 자주 볼 수 있다. 눈이 많이 오면 어느 쪽이 도로인지? 아닌지? 구분하기 어렵고, 반대 방향으로 역주행 할까 염려도 된다. 표지판 기준으로 운전자는 빗금이 내려간 쪽으로 운전해야 한다.

대도시에서 카풀전용 차선을 요일과 시간에 따라 운영한다. 주로 주중 출·퇴근 시간대에 많이 적용하고 토요일과 일요일은 해제한다. 간혹 주말이 아닌 국경일 (월, 금)에 도로가 한산하여 착가하고 무심결에 카풀전용차선으로 주행하면 야속하게도 이때 종종 단속한다.

### c. 정지 표지판

정지 (Stop) 표지판을 모르는 운전자는 없을 것이다. 그러나 정비 표지판이 너무 많고 매번 정지했다가 출발하는 것이 답답할 것이다. 이것에 익숙해지려면 상당한 시간이 흘러야 하며, 법규상 완전히 정지해야 한다.

정지하는 척하는 나쁜 습관 때문에 경찰 단속에 걸릴 수도 있고 위험한 상황을 만날 수도 있다. 자신이 주행 중인 도로에만 정지 표지판이 있고  교차되는 다른 도로에 정지 표지판이 없는 경우가 종종 있다. 만약 이런 도로에서 눈 등 날씨가 좋지 않은 날 교차되는 곳에서 정지하는 척하고 출발한다면, 다른 도로의 주행 차량은 예상하지 못한 상황에 엄청 놀라거나 사고로 이어질 수 있다.

### d. 주차

도로 일자 주차의 경우 주행 방향과 역으로 주차하면 단속 대상이 된다. 쇼핑센터에서도 주차선 없는 자리에 주차하는 경우 단속될 수 있으며, 아파트나 임대 콘도 등 공동주택의 야외 방문자 주차 자리에 허락 없이 밤샘 주차하는 경우도 단속이 될 수 있다. 사유지는 주인이 직접 주차 단속을 하는 경우도 있지만 보통 법률적인 사항 때문에 시청이나 경찰에 의뢰하여 단속한다.

퀘벡 주는 불어로만 교통 표지판을 사용하기 때문에, 주차를 위해 최소 요일과 달은 불어로 알 필요가 있다. 동서남북 등 기타 교통용어는 영어와 유사하거나 쉽게 이해할 수준이기 때문에 자연스럽게 알 수 있다.

| Dimanche (일), Lundi (월), Mardi (화), Mercredi (수),<br>Jeudi (목), Vendredi (금), Samedi (토)<br><br>Janvier (1월), Février (2월), Mars (3월), Avril (4월), Mai (5월),<br>Juin (6월), Juillet (7월), Août (8월), Septembre (9월), Octobre (10월),<br>Novembre (11월), Décembre (12월) |
|---|

주차 단속은 교통경찰 보다는 주로 시청 단속원이 전문적으로 하며 이들은 지역 내 주차 금지 시간을 정확히 알고 있어서 잠시만 위반하여도 야속하게 불법 주차 딱지를 발부 한다. 경우 따라서는 사람이 차량 안에 있어도 냉정하게 티켓을 발부한다.

버스정류소, 소화전, 장애인을 위해 인도 턱을 없앤 곳도 주차할 수 없으며, 겨울철 눈을 치울 때 종종 임시 주차금지 표시를 설치하여 운영한다. 교차로 및 T자로 길이 만나는 구역 (Zone)은 다른 차량의 통행을 방해하기 때문에 주·정차 금지표시나 소화전이 없어도 단속할 수 있다.

### e. 도로 주행 속도

시내 도로 주행은 제한 속도 보다 10km 이상, 중앙 분리된 4차선 이상의 고속도로는 120km 이상이면 보통 과속 단속을 시작 한다. BC주 같이 제한 속도 자체가 높게 설정된 경우는 제한 속도를 조금만이라도 초과하여 다른 차량 보다 앞지르면 단속될 수 있다.

교통법규는 주마다 다르며 벌점과 벌금도 다르다. 만약 다른 주에서 운전하다 위반을 하면 위반한 주의 법을 적용 받는다.

캐나다의 고속도로는 한국과 같은 고속도로도 있지만, 국도나 지방도로 같이 신호 등이 있는 고속도로도 꽤 있다. 퀘벡 주의 경우 제한속도가 50 km, 70 km인 고속도로가 있고, 이런 곳에 종종 과속 카메라 있어서 방심하다가 과속단속에 걸릴 수 있다. 속도 카메라가 있는 곳에 표지판이 불어라서 이해하기 어렵지만 카메라 그림이 함께 있어서 관심을 가지면 알 수 있다.

한국과 달리 고속도로 진입을 원활히 하기 위하여 토론토는 고속도로 옆에 나란히 Collector가 있고 몬트리올은 Service Road가 있다. 토론토는 100km 이상 속도로 Collector를 이용할 수 있지만, 몬트리올의 Service Road는 제한 속도가 50km 라서 고속도로로 진입하지 않고 계속 Service Road로 주행하는 차량은 속도위반 단속에 걸려 들 수 도 있다.

속도위반 집중 단속지역은 당연히 학교가 있는 제한 속도 구역이다. 보통 30, 40 km로 갑자기 제한속도가 줄어드는 지역이다.

특별히 장거리 고속도로는 365일 24시간 과속을 단속 한다.

### f. 겨울철 운전

북쪽 아주 추운지역의 특별한 차량을 제외하고 겨울철 거의 모든 차량이 체인을 사용하지 않고 대신 겨울용 스노타이어 (Snow Tire or Winter Tire)를 사용한다. 이는 대부분 지역에서 도로의 눈을 잘 치우기 때문에 체인을 사용하면 달릴 수 없기 때문이다.

날씨가 따듯한 BC주 밴쿠버 지역을 제외하고 캐나다 전역에서 겨울용 스노타이어를 사용하는 것을 적극 권장하고 싶다. 이는 겨울용 타이어를 의무적으로 장착해야 하는 몬트리올이 토론토 보다는 더 춥고 눈도 더 많이 내리고 도로 상태도 안 좋지만, 겨울철 사고율은 토론토 보다 훨씬 적기 때문이다. 2013년 토론토 근교에서 눈이 내릴 때 70중 추돌 사고까지 있었다.

<2015년 겨울철 타이어 관련 규정 및 허용 사항>

| 지역 | 주 | 규성 및 허용 사항 |
|---|---|---|
| 동부 지역 | 온타리오 | Parry Sound / Nipissing 북쪽 지역에 스터드 타이어 허용 (10월 1일 ~ 4월 30일)<br>북부지역 거주자는 스터드 타이어를 이 기간 토론토 등 남부지역에서 사용 가능 |
| | 퀘벡 | 스노타이어 의무 (12월 15일 ~ 3월 15일)<br>스터드 타이어 허용 (10월 15일 ~ 5월 1일) |
| 태평양 연안 | 브리티시 컬럼비아 | 산악지역은 스노타이어 또는 체인 의무<br>(밴쿠버 - 캄루프스, 캘로나 구간 종종 단속)<br>최대 3.5mm 길이 Stud를 가진 타이어 허용<br>(10월 1일 ~ 4월 30일)<br>4.6톤 미만 차량에 130개 Stud / 타이어 허용 |
| 중부 대평원 | 앨버타 | 스터드 타이어와 체인 허용 |
| | 사스카츄완 | 스터드 타이어와 체인 허용 |
| | 매니토바 | 스터드 타이어 허용 (10월 1일 ~ 4월 30일) |
| 대서양 연안 | 노바스코샤 | 스터드 타이어 허용 (10월 15일 ~ 4월 30일) |
| | 뉴브런즈윅 | 스터드 타이어 허용 (10월 15일 ~ 5월 1일)<br>스쿨버스는 스노타이어 장착 의무 |
| | PEI | 스터드 타이어 허용 (10월 1일 ~ 5월 31일) |
| | 뉴펀들랜드 | 스터드 타이어 허용 (11월 1일 ~ 5월 31일) |

매년 계절이 바뀔 때마다 타이어를 교체하고 휠 얼라이먼트를 하는 번거로움과 비용지출을 줄이기 위하여 저렴한 가격의 겨울용 휠(Winter Rim)을 타이어와 함께 사용하는 사람들이 제법 있다. 보통 스노타이어를 10, 11월에 장착하여 이듬해 4월말까지 사용한다.

사계절 타이어는 겨울철 출발과 정지 성능이 나빠서, 눈 위에서 출발 및 정지가 어렵고 약간의 오르막길도 못 올라가서 후속 차량의 주행을 방행할 수 있다. 더구나 고속 주행을 하는 고속도로 등을 진입하거나 나갈 때 블랙 아이스 (Black Ice)라는 살얼음을 만나면 차량이 180 회전하여 앞뒤가 바뀌거나 바퀴가 하늘을 향하는 전복 사고가 종종 발생한다.

| 스노타이어는 사계절 타이어와 비교하여 가격이 많이 차이가 나지는 않지만 더 딱딱하고, 무겁고, 홈이 깊고 넓어서 마찰력이 좋다. 그러나 눈이 없는 여름철은 기름이 많이 소모되고, 진동이 심해서 승차감이 떨어지고, 마모가 심해서 거의 모든 사람이 번거롭지만 계절이 바뀔 때 마다 타이어를 교체하여 사용한다. |
| --- |

사람이 드물게 사는 북쪽지역은 도로 눈을 잘 치우지 않아 픽업 차량을 많이 이용하고 스노타이어에 철심이나 나사못이 박혀 있는 스터드 타이어 (Studded Tire) 및 체인을 사용 한다.

도로의 눈으로 인해 차량 유리가 많이 더러워지므로 항상 여분의 와셔액 (Wind Shield Washer Fluid)을 트렁크에 가지고 다는 것이 유리하다. 한쪽은 눈을 치우는 빗자루이고 반대쪽은 유리의 얼음을 글어 내는 도구가 있는 스노 브러시 (Snow Brush or Snow Scraper)도 항시 가지고 다녀야 한다. 눈이 심하게 많이 오는 지역은 스노 삽 (Snow Shovel)도 필요하다.

밴쿠버를 제외한 나머지 지역에서는 두터운 방한 장갑을 항상 가지고 다니면 매우 추운 날 기름을 넣을 때나 자동차에 문제가 발생하였을 때 요긴하게 사용할 수 있다. 또한 겨울철 운전을 막 시작할 때 가열이 덜 되어서 맨손으로 운전대를 잡기 어려울 정도로 시릴 때가 종종 있다.

배터리가 낡은 경우 날씨가 추워지면 시동을 거는데 문제가 발생할 수 있으므로 배터리 상태를 점검하는 것이 매우 중요하다. 영하 30도 이하로 내려가는 경우 밤새 야외 주차를 하면 배터리나 자동차에 이상이 없어도 시동이 걸리지 않는 경우가 발생 할 수 있다. 따라서 아주 추운 지역에서는 엔진 블록 히터 (Engine Block Heater)라는 엔진 보온장치를 부동액이 연결되는 호스에 부착하고 전기 플러그를 꽂아 온도를 유지한다. 부가적으로 배터리 보온 장치 (Battery Warmer)를 함께 사용하는 경우도 있다.

## g. 자동차 유리 썬팅

캐나다는 산이 없는 평지가 많아서 자동차 안으로 들어오는 빛이 너무 강해 종종 어려움을 겪어, 외국인들이 썬 그라스를 쓰고 운전하는 이유를 충분히 알 수 있다. 썬팅 (Tint)을 하면 빛이 상당히 차단되어 편리하고 여름철 자동차 안의 온도도 많이 올라가지 않아 좋지만, 안전운전에 방해가 되어 각 주정부별로 규정을 마련하여 시행하고 있다. 거주하는 주에서는 업체에 문의하여 규정에 적합하도록 썬팅 할 수 있지만, 중고 차량을 구입하거나 다른 주로 운전을 해서 갈 때 해당 주의 규정을 위반하여 티켓을 받을 수도 있다. 과거 노바스코샤 주는 썬팅을 전면 금지하였다가 전면 유리와 앞자리 옆 창문만 금지하도록 개정, 시행하고 있다.

<각주의 자동차 유리 썬팅 규격>

| 주 | 구분 | 전면 유리 | 앞자리 창문 | 뒷자리 창문 | 후면 유리 | 사이드 거울 |
|---|---|---|---|---|---|---|
| 온타리오 | 필름 | 15cm | 모호 | - | - | - |
| 퀘벡 | Net | 15cm | 70% | - | - | - |
| 브리티시 컬럼비아 | 필름 | 7.5cm | 금지 | - | - | - |
| 앨버타 | 필름 | 15cm | 금지 | - | - | - |
| 매니토바 | Net | 15cm | 45% | 30%* | 35%* | - |
| 서스캐처원 | 필름 | 15cm | 금지 | - | - | - |
| 노바스코샤 | 필름 | 15cm | 금지 | - | - | - |
| 뉴브런즈윅 | 필름 | 금지 | 금지 | - | - | - |
| PEI | 필름 | 15cm | 금지 | - | - | - |
| 뉴펀들랜드 | 필름 | 15cm | 모호 | - | - | - |

* 매니토바 주는 MPV 다목적 (승객을 위한 버스 등) 차량에 한하여 뒷자리 창문과 후면 유리는 빛 투과율에 제한 없이 썬팅 할 수 있다.
Note: 필름은 필름 자체의 빛 투과율, Net는 필름+유리의 빛 투과율

## h. 교통단속과 범칙금

앞서 언급한 단속 대상 외에도 갑자기 출발하거나 갑자기 여러 개의 차선을 변경하는 등 난폭운전을 할 경우도 단속 대상이 된다. 안전벨트 미착용도 자주 단속하며 걸리면 엄청난 벌금을 물어

야 한다. (2013년 기준 온주 $240) 앞 유리가 길게 금이 간 자동차를 몰고 다녀도 단속에 걸려 벌금을 물어야 한다.

한국 보다는 훨씬 뜸하게 하지만 가끔 음주운전도 단속 한다. 중요한 것은 타인이 음주 상태인 것을 알고도 운전을 허락하여 사망 사고가 발생하면 매우 심각한 중죄 (고의적 살인죄)에 해당될 수도 있다.

캐나다는 교통위반 티켓을 받은 시민들이 법정에 출두하여 벌점을 없애거나 벌금을 감액 받는 경우가 생각보다 많다. 보통 통역이 법정에 못 나오면 재판이 연기되고 단속경찰관이 못 나오면 교통위반이 없는 것으로 판결 된다. 토론토 등 인구가 많은 지역은 이의 신청자가 너무 많아 정상적인 재판을 진행하기 어렵다. 보통 재판 전에 검사가 벌점을 없애고 범금을 줄이는 선에서 협의를 제안하며 이 때 이의 신청자 대부분이 동의하여 재판을 마무리한다.

### i. 교통 카메라

도로 교통 상황을 파악하기 위한 카메라는 전국에 설치되어 있으며, 대도시와 중요한 곳은 차량이 막히는지 원활한지를 Google Map에서 “Traffic“ 키워드로 확인 할 수 있다.

퀘벡 주의 경우 제한 속도가 매우 낮은 고속도로 또는 신호등이 있는 곳에 과속 또는 신호 위반 카메라를 설치 운영하고 있다. 온타리오 주의 경우 토론토 시내에 신호 위반 카메라를 설치 운영하고 있다. 물론 밴쿠버도 과속 카메라를 설치 운영하고 있습니다. 한국 보다는 느리지만 과속/신호 위반 카메라 설치를 점진적으로 전국으로 늘려가고 있다.

## 5) 교통사고 처리 요령

자동차 사고 처리에 대한 지식이 전혀 없는 상태에서 교통사고를 내거나 당하면 한국 보다 더욱 당혹스러운 것이다. 처음 캐나다에 왔을 때 교통사고 후 관련 당사자 어느 누구도 길거리에서 싸우거나 시시비비를 가리는 것을 볼 수 없는 것이 너무도 신기하여 교통사고 관련 규정이 너무 궁금하였다.

캐나다에서 교통사고가 발생하였을 때 한국 같이 가해자, 피해자를 가려야 할 필요가 없다. 각자의 보험회사에 보상을 청구하면 보험회사가 알아서 처리한다. 혹시 피해 보상이 적절하다고 생각되지 않을 경우 보험회사를 상대로 소송을 할 수 있다. 단 퀘벡 주 교통법은 주내에서 발생한 교통사고에 대한 소송을 허락하지 않다.

캐나다는 과실로 인한 교통 사고시 가해자를 구속하지 않고 피해자와 합의도 필요 없다. 다만 예외적으로 고의적으로 사고를 내는 경우는 형사 처벌되어 구속될 수 있다. 자동차 경주를 하는 등 비정상적인 속도로 운전하다 사고를 내는 경우 고의적인 사고로 해석될 수도 있다.

### a. 사고 발생 직후 처리 절차

a) 사고 현장에 즉시 정차 후 사고처리

사고 차량 운전자가 계속해서 운전하는 것은 흥분 상태이기 때문에 매우 위험 하거나 뺑소니가 될 수 있다. 캐나다에서는 일단 정지하고 관련사고 처리를 해야 한다. 만약 계속 운전 한다면 심각한 범죄자로 고발 될 수 있다.

사고의 원인이 본인에게 있더라도 책임을 지겠다는 각서는 절대 작성하지 말아야하는 것은 물론이고 "Sorry"라는 말도 하지 말아야 한다. 경찰관이나 본인 보험사 직원 이외에 어느 누구와도 사고의 원인 및 책임에 대한 논의를 하지 말아야 한다. 이것은 도로에서 교통사고 시 시비비를 가리는 풍경이 캐나다에 없는 이유이다.
경찰관이 현장에 나타나면 경찰관 이름, 전화, 빼지 번호를 기록한다.

b) 신속히 911에 신고

사고 처리를 위하여 차량에서 내릴 때는 후속 차량이 오는지 반드시 확인한다. 인명 피해가 발생하거나, 상대 운전자가 음주 또는 마약 등 중대한 문제가 있다고 판단되거나, (2014년 온타리오 주 기준) 차량수리에 1,000불 이상 소요되는 경우 신속히 911에 연락해야 한다. 인명피해가 없는 가벼운 교통사고의 경우 지역 경찰관이 바빠서 사고 현장에 오지 않을 수 도 있다.

온타리오 주의 경우 사고 후 24 시간 이내에 “Collision Reporting Centre”에 신고해야 한다. “Collision Reporting Centre“가 없는 지역은 지역 경찰서에 신고할 수도 있다.

c) 가능한 안전 조치

안전하고 교통 흐름을 원활히 할 수 있다면 사고차량을 갓길이나 바깥쪽 차선으로 옮길 수 있다. 그러나 사고차량을 옮길 수 없다면, 비상등 (Hazard Light)을 켜고, 안전 콘 (Cone)이나 삼각대, 또는 조명탄 등을 설치하여 안전 조치를 취한다. 단 차량을 옮기기 전에 사고 상황을 가능하면 카메라로 촬영한다.

d) 상대 운전자, 차량 정보, 목격자 정보 기록

사후 교통사고 보고 및 보험 청구를 위하여 상대 차량 및 운전자 정보를 기록한다. 이때 3 가지 증빙서류 즉 운전면허증, 보험증, 자동차 등록증을 상대 운전자에게 요구 할 수 있다.

- 상대 운전자의 운전면허증 (성명, 전화, 주소, 면허증 번호)
- 상대 자동차의 등록증 (번호판, 소유자의 이름과 주소)
- 상대 운전자의 보험증 (Policy 번호 및 보험사 연락처)

또한 주변 목격자나 다른 동승자의 이름, 주소, 전화번호를 기록한다.

| 캐나다에서는 사고를 유발하지 않았어도 목격한 사람은 반드시 사고처리에 협조해야 한다. 만약 모른척하고 지나가서 제때 사고 신고가 되지 않아 구조가 늦어져서 인명손실이 커졌을 때 중대한 법적 책임을 모면하기 어렵다. 또한 목격자는 증인출석 요청에도 응해야 한다. |
|---|

e) 사고 기록 작성

향후 보험사에 보상 청구를 위한 사고 경위서 (Accident Worksheet)에 사고 관련 자세한 상황을 작성 한다.

f) 자동차 견인 및 수리

캐나다에서도 일부 지역에서 사고가 발생하면 번개 같이 견인차가 나타날 수 있다. 자주 막히는 대도시 고속도로 주변 진입로에 대기하는 불법 견인차를 가끔 볼 수 있다. 다만 보험 청구를 하는데 문제가 없는 합법적인 면허를 소지한 견인차인지는 보험 중개인에게 확인하는 것을 잊지 말아야 한다.

"Collision Reporting Centre" 같은 경찰 기관에 사고 보고를 마무리하고 허락을 받기 전까지 수리하면 안 된다.

g) 뺑소니 차량 (Hit and Run Away)

트럭이 승용차와 사고가 났을 때, 상대적으로 엄청 무거운 트럭 운전자는 인지하지 못해서 정지하지 않고 가는 경우가 종종 있다. 이때 뺑소니 차량 번호판을 적어 놓는 것이 가장 중요하다. 또한 뺑소니 차량 및 운전자의 특징 즉, 색상, 차량 종류, 차량의 글자 (소속 회사, 전화 등), 운전자 성별, 인종, 외모 등을 기억하였다가, "Collision Reporting Centre"에 사고 보고를 하면 된다.

911에 신고를 해서 경찰관이 사고 현장을 확인한 후에 떠나는 것이 좋다. 만약 경미한 사고로 경찰관이 현장 오지 않으면 현장 사진 촬영을 하고 주변 차량에 목격자 (증인) 정보 (이름, 나이, 전화)를 얻어 신고하면 된다.

| 한국보다는 덜 사용하지만 사고에 대비하여 캐나다도 블랙박스를 구입하여 사용하는 차량이 늘어나고 있는 추세이다. |
|---|

본인의 보험회사에서 신고한 뺑소니 차량의 번호판을 조회하여 상대 보험회사에 보험료를 청구 한다. 물론 경찰도 캐나다와 미국의 모든 차량을 대상으로 조사하지만, 최소 1 개월 이상 소요되고 사망 등 중대한 뺑소니 사고가 아닌 경우 적극적으로 조사하지 않는다고 생각할 수 있다.

### b. 보험료 청구

교통사고로 발생한 의료비 및 재산 손실에 대한 보험료 청구는 대부분의 주에서 본인이 가입한 보험 회사에 청구한다.

예를 들어 이웃집 차량을 이용하여 여행 중에 교통사고가 발생하여도 자동차 보험가입자는 본인의 보험회사에 보상을 청구해야 하고 보험이 없는 본인의 가족들은 이웃집 차량의 보험회사에 보상을 청구해야 한다. 만약 이웃집 차량이 미 보험 차량이면 사고 관련 상대 차량의 보험회사에 보상을 청구해야 한다.

> 사고의 대한 원인 또는 책임은 한국 보다 훨씬 많은 경우에 50:50 으로 결론이 나올 정도로 교통 법규가 많이 다르다.
> 한국은 뒤에서 받은 차가 전적으로 가해자가 되는 경우가 대부분이지만 캐나다는 경우에 따라 50:50 으로 책임이 있어 보험료가 오를 수 있다.

퀘벡 주는 좀 특이한 보험 제도를 가지고 있어서 공립보험을 운영하는 SAAQ 기관과 개인적으로 구입한 사설보험회사에 보상을 청구해야 한다. 공립보험은 SAAQ 보험 가입자는 물론이고 퀘벡 주에 살고 있는 모든 사람이 퀘벡 주 내·외에서 발생한 교통사고에 대한 인명 피해 및 직장에서 일을 못한 손실에 대한 보상을 해준다. 또한 퀘벡 주에 등록된 차량을 운전하거나 동승한 다른 주의 사람에게도 동등한 보상 혜택이 주어진다. 사설보험은 본인 차량 및 상대 차량에 대한 피해를 보상 해 준다.

> 다른 주의 거주자나 차량이 퀘벡 주에서 여행 중 뺑소니 차량 사고를 당한 경우는 SAAQ 에서 보상해 주지 않는다.

> 폐차 (Junked Car)를 대행하는 견인차 회사 사무실 (Auto Wrecker 또는 Auto Recycling)은 보통 도시에 있지만 폐차장 (Junk Yard)은 주로 외각에 위치하고 있다. 전화연락을 하면 집에 와서 견인을 해가며 차량 상태에 따라 $200~$300 정도 받는다. 이때 차량 번호판과 차량 등록증의 번호판 부분은 나중에 다른 차량을 구입할 때 사용할 수 있도록 떼어서 보관하고 보험사에 폐차 사실을 알린다. 폐차를 하는 분이 서류 처리도 해주지만 만약 처리가 안 되면 주정부의 Service Center를 방문하여 폐차 신고를 할 수 있다.

### 6) 주정부별 운전면허 시험제도

캐나다의 운전 면허증 시험은 보통 16세 (앨버타 14세)부터 볼 수 있으며 18세 (뉴펀들랜드 19세) 이하는 부모 또는 법적 보호자의 동의가 필요하다. 면허 시험은 시력검사, 적성검사, 필기시험, 도로주행기초시험, 도로주행종합시험 등으로 구성되어 있다.

필기시험은 대개 도로교통법, 안전표지판 등으로 구분하여 각각 80%이상 (앨버타는 25개/30문항) 이상이 되어야 합격하며 합격자는 연습 (Leaner) 면허 (G1 또는 Class 7)를 받지만 반드시 정규 보통면허증 (G 또는 Class 5 이상)을 소지한 경력자가 항상 조수석에 동승해야만 운전할 수 있다. 그리고 야간시간대 또는 자정이후 아예 운전연습을 금지하는 주들도 꽤 많다.

연습면허 취득 후 일정기간 문제없이 안전운전을 하고 도로주행기초시험을 통과하면 혼자 운전 가능한 초보 또는 견습 (Novice) 면허를 받는다. 그러나 역시 운전 교습을 해주는 조수석 동승자를 제외한 일반인 탑승은 일부 주에서 금지한다. (단 편의상 많은 주에서 직계가족은 예외로 인정). 초보면허 취득 후 일정기간 문제없이 안전운전을 하고 도로주행 종합시험 (보통 고속도로 주행 포함)을 통과하면 정규 보통면허를 취득 한다.

또한 연습면허나 초보면허증 소지자는 정규 보통면허증 소지자보다 더 엄격한 벌점 적용을 받는다. 술을 한 방울이라도 마시면 운전을 금지하는 주들이 대다수 이고, 일부 주에서는 운전자는 물론이고 교습을 시켜주는 동승자도 술 한 방울도 못 마시게 하거나 (0%) 또는 엄격히 알코올 농도 (0.05%)를 제한한다.

> 한국과 달리 대부분의 주는 정규 보통면허 소지자에게 소형트럭과 소형트레일러를 운전할 수 있도록 허락한다. 따라서 이사 할 때나 휴가철에 트럭, 캠핑 트레일러 또는 캠핑카 등을 빌려서 별도의 허가 없이 운전할 수 있다.

<온타리오 주의 운전면허시험 - 최소 소요기간 2년>

| 구분 | 연습면허 | 초보면허 | 보통면허 |
|---|---|---|---|
| 면허증 | G1 | G2 | G |
| 나이 | 16세 이상 (18세 이하는 부모 동의 필요) | - | - |
| 안전운전 최소기간 | - | G1 취득 후 12개월 이상 | G2 취득 후 12개월 이상 |
| 신체검사 | 시력 | - | - |
| 필기시험 | 80% 이상 | - | - |
| 실기시험 | - | 도로주행 기초시험 | 도로주행 종합시험 |
| 운전금지 | 알코올 0% 이상 밤 12시-새벽 5시 | 알코올 0% 이상 | 21세 이하는 알코올 0% 이상 |
| 동승코치 | 4년 이상 G면허 | - | - |
| 일반인동승 | 금지 | 만20세 이하이면 자정~5AM 사이 첫 6개월은 1명, 이후는 3명 가능 | - |

<퀘벡 주의 운전면허시험 - 최소 소요기간 3년>

| 구분 | 연습면허 | 수습면허 | 보통면허 |
|---|---|---|---|
| 면허증 | Class 5 Learner | Class 5 Probationary | Class 5 |
| 나이 | 16세 이상 (18세 이하는 부모 동의 필요) | - | - |
| 안전운전 최소기간 | - | - | 수습면허 취득 후 24개월 이상 |
| 신체검사 | 시력 및 적성 | - | - |
| 필기시험 | 도로주행 기본이론 | 80% 이상 (연습면허 취득 후 10개월 이상) | - |
| 실기시험 | - | 도로주행시험 (연습면허 취득 후 12개월 이상) | - |
| 기타요구 | 1 단계 이론교육 | 운전교육 완료 | - |
| 동승코치 | 정규 보통면허 소지 | - | |
| 운전금지 | 알코올 0% 이상 | - | - |

<브리티시컬럼비아 주의 운전면허시험 - 최소 소요기간 2년>

| 구분 | 연습면허 | 초보면허 | 보통면허 |
|---|---|---|---|
| 면허증 | L (Leaner) | N (Novice) | Class 5 (Full) |
| 나이 | 16세 이상 (19세 이하는 부모 동의 필요) | - | - |
| 안전운전 최소기간 | - | L 취득 후 12개월 이상 | L 취득 후 24개월 이상 |
| 신체검사 | 시력 | - | - |
| 필기시험 | 80% 이상 | - | - |
| 실기시험 | - | 도로주행 기초시험 | 도로주행 종합시험 |
| 운전금지 | 0% 알코올 이상, 밤 12시-새벽 5시, 휴대폰 및 핸드프리 | 0% 알코올 이상 | - |
| 동승코치 | 4년 이상 G면허 (25세 이상) | 혼자운전 가능 | - |
| 일반인동승 | 1명 | 1명, (단 직계가족은 안전 좌석 숫자만큼) | - |

<앨버타 주의 운전면허시험 - 최소 소요기간 3년>

| 구분 | 연습면허 1 | 초급면허 | 보통면허 |
|---|---|---|---|
| 면허증 | Leaner (Class 7) | Basic GDL (Class 5) | Advanced GDL (Class 5) |
| 나이 | 14세 이상 (18세 이하는 부모 동의 필요) | 16세 이상 | 16세 이상 |
| 안전운전 최소기간 | - | Leaner 취득 후 12개월 이상 | Basic GDL 취득 후 24개월 이상 |
| 신체검사 | 시력 및 적성 | - | - |
| 필기시험 | 25개/30문항 이상 | - | - |
| 실기시험 | - | 도로주행 기초시험 | 도로주행 종합시험 |
| 운전금지 | 0% 알코올 이상, 밤 12시-새벽 5시, 휴대폰 및 핸드프리 | 0% 알코올 이상 | - |
| 동승코치 | 4년 이상 Class 5 면허 (18세 이상) | - | - |
| 일반인동승 | 안전좌석 숫자만큼 | - | - |

<사스카츄완 주의 운전면허시험 - 최소 소요기간 2년 3개월>

| 구분 | 연습면허 | 초보면허 1 | 초보면허 2 |
|---|---|---|---|
| 면허증 | Leaner (Class 7) | Class 5 Novice 1 | Class 5 Novice 2 |
| 나이 | 16세 이상 (18세 이하는 부모 동의 필요) | - | - |
| 안전운전 최소기간 | - | Leaner 취득 후 9개월 이상 | Novice 1 이후 6개월 이상 |
| 신체검사 | 시력 및 적성 | - | - |
| 필기시험 | 교통, 표지, 상황 80% 이상 | - | - |
| 실기시험 | - | 도로주행 기초시험 | 도로주행 종합시험 |
| 음주운전 | 금지 | 금지 | 금지 |
| 동승코치 | 3년 동안 365일 이상 Class 5 면허 | - | - |
| 일반인동승 | 안전좌석 만큼 (자정 이후 가족만) | 1명 (직계가족 예외) | 안전좌석 만큼 |
| 기타요구 | 기초운전교육 | | |

※ Novice 2 취득 이후 12개월 이상 안전운전하면 보통면허로 변경

<매니토바 주의 운전면허시험 - 최소 소요기간 2년>

| 구분 | 연습면허 | 초보면허 | 보통면허 |
|---|---|---|---|
| 면허증 | Leaner (Class 5L) | Intermediate (Class 5I) | Full Stage (Class 5F) |
| 나이 | 16세 이상 (18세 이하는 부모 동의 필요) | | |
| 안전운전 최소기간 | - | Leaner 취득 후 9개월 이상 | Intermediate 취득 후 15개월 이상 |
| 신체검사 | 시력 및 적성 | - | - |
| 필기시험 | 80% 이상 | - | - |
| 실기시험 | - | 도로주행 기초시험 | 도로주행 종합시험 |
| 운전금지 | - | - | - |
| 동승코치 | 3년 이상 경력자 | - | - |
| 일반인동승 | - | - | - |

<노바스코샤 주의 운전면허시험 - 최소 소요기간 21개월>

| 구분 | 연습면허 1 | 연습면허 2 | 보통면허 |
|---|---|---|---|
| 면허증 | Leaner (Class 5L) | Newly Licens (Class 5N) | Class 5 |
| 나이 | 16세 이상 (18세 이하는 부모 동의 필요) | | 18세 이상 |
| 안전운전 최소기간 | - | 5N 취득 후 6개월 이상 | 5N 취득 후 15개월 이상 |
| 신체검사 | 시력 및 적성 | - | 시력 및 적성 |
| 필기시험 | 교통법, 표지판 각각 16개/20문항 이상 | - | - |
| 실기시험 | - | 도로주행 기초시험 | 도로주행 종합시험 |
| 운전금지 | 알코올 0% 이상, 전체 밤 시간대 | 알코올 0% 이상, 밤 12시-새벽 5시 | - |
| 동승코치 | 보통면허 소지자 | 보통면허 소지자 | - |
| 일반인동승 | 금지 | - | - |

<뉴브런즈윅 주의 운전면허시험 - 최소 소요기간 2년>

| 구분 | 연습면허 1 | 연습 면허 2 | 보통면허 |
|---|---|---|---|
| 면허증 | Level 1 (Class 7I) | Level 2 (Class 7II) | Class 5 |
| 나이 | 16세 이상 (18세 이하는 부모 동의 필요) | 17세 이상 | 18세 이상 |
| 안전운전 최소기간 | - | Level 1 취득 후 12개월 이상 | Level 1 취득 후 24개월 이상 |
| 신체검사 | 시력 | - | 시력 및 적성 |
| 필기시험 | 교통법, 표지판 각각 16개/20문항 이상 | - | - |
| 실기시험 | - | 도로주행 기초시험 | 도로주행 종합시험 |
| 운전금지 | 알코올 0% 이상, 밤 12시-새벽 5시 | 알코올 0% 이상, 밤 12시-새벽 5시 | - |
| 동승코치 | 3년 이상 보통면허 소지자 | 보통면허 소지자 | - |
| 일반인동승 | 금지 | 최대 3명 | - |

<프린스에드워드아일랜드 주의 운전면허시험 - 최소 소요기간 3년>

| 구분 | 연습면허 | 초보면허 | 수습면허 |
|---|---|---|---|
| 면허증 | Stage 1 (L) (Instruction Driver's Permit) | Stage 2 (G) | Stage 3 (Fist License) |
| 나이 | 16세 이상 (18세 이하는 부모 동의 필요) | - | - |
| 안전운전 최소기간 | Instruction Driver's Permit 취득 후 365일 이상 | Level 1 취득 후 365일 이상 | Level 2취득 후 365 이상 |
| 신체검사 | 시력 | - | 시력 및 적성 |
| 필기시험 | 교통, 표지판 각각 16개/20문항 이상 | - | - |
| 실기시험 | - | 도로주행 기초시험 | 도로주행 종합시험 |
| 운전금지 | 알코올 0% 이상, 21세 이하는 새벽 1시-새벽 5시 | 알코올 0% 이상, 21세 이하는 새벽 1시-새벽 5시 (교육/출퇴근 예외) | 알코올 0% 이상 |
| 동승코치 | 4년 이상 Class 5 이상 소지자 | 혼자 운전 가능 | - |
| 일반인동승 | 금지 (직계가족 예외) | 최대 1명 (직계가족 예외) | 안전좌석 만큼 |

※ Stage 3에서 1년 이상 안전운전하면 보통면허 (Driver's License)로 변경

<뉴펀들랜드 주의 운전면허시험 - 최소 소요기간 2년>

| 구분 | 연습면허 | 초보면허 | 보통면허 |
|---|---|---|---|
| 면허증 | Class 5 Level 1 (Novice Driver's License) | Class 5 Level 2 | Class 5 |
| 나이 | 16세 이상 (19세 이하는 부모 동의 필요) | - | - |
| 안전운전 최소기간 | | Level 1 취득 후 12개월 이상 | 도로주행합격 후 12개월 이상 |
| 신체검사 | 시력 | - | 시력 및 적성 |
| 필기시험 | 85% 이상 | - | - |
| 실기시험 | - | 도로주행시험 | |
| 운전금지 | 알코올 0% 이상, 밤 1시-새벽 5시 | 알코올 0% 이상, 밤 1시-새벽 5시 (출퇴근 제외) | - |
| 동승코치 | 4년 이상 Class 5 이상 소지자 | 혼자 운전 가능 | - |
| 일반인동승 | 금지 (부모 예외) | 안전좌석 만큼 | - |

# 아파트·콘도 임대 및 주택 거래

## 1) 아파트·콘도 임대

캐나다 도착 후 임시로 민박집, 호텔, 또는 친척/친구 집에 임시 머물면서 정착을 시작하는 한인들은 대부분 심리적으로 긴장하고 이국 생활을 시작하기 때문에 처음 1 주일 정도는 임시 거처 생활이 그래도 견딜만하다. 그러나 그 이상 지속되면 불편한 것이 이만 저만 아니고 본인도 그렇지만 어린 자녀까지 있으면 더욱 힘들다.

집 주소를 결정한 이후에 의료보험카드, 운전면허증, 통장개설 등 많은 것들 신청할 수 있다. 혹자는 임시숙소 주소를 이용하라고 하지만, 본인 이름으로 임대 또는 구입한 주택의 주소만 인정하는 경우가 꽤 있다. 더구나 영어가 힘든 한인의 경우 나중의 다시 관련된 각종 서류의 주소를 변경하는 것도 엄청 부담스러울 수 있다.

그렇다고 동인지? 서인지? 모르는 낯선 이국땅에서 급하게 집을 결정하는 것은 더욱 어렵다, 그래서 많은 경우가 1~2년 정도 아파트나 콘도를 임대하여 살다가 이사를 간다. 자녀가 있는 경우는 짧은 시간에 학교까지 찾아야 하므로 더욱 어렵다.

### a. 정착서비스 및 부동산 중계인

만약 영어가 안 된다면 한인 정착서비스를 이용하라고 권하고 싶다. 물론 비싼 비용이 문제이기는 하지만 초기 어려움을 상당 부분 쉽게 해결 할 수 있다. 외국에 살아본 경험이 있고, 영어가 되는 사람은 혼자서 인터넷도 이용하고 발품을 팔아 돌아 다면서 현지 아파트나 콘도를 임대할 수 있다.

캐나다의 부동산 중개인은 개인 콘도 및 주택의 임대는 취급하지만 아파트 임대는 취급하지 않는다. 임대용 아파트는 회사 소유로 되어 있는 경우가 많고 대부분 소유자들이 직접 광고하여 부동산 중개인을 거치지 않고 수요자에게 공급하기 때문이다. 그러나 개인이 소유하고 있는 콘도나 주택은 부동산 중계인 통하여 임대가 가능하다. 주택의 경우 임대료가 높고 기타 추가 비용이 많이 들어서 임시 거주할 경우 개인 주택보다는 콘도나 아파트를 선호한다.

### b. 지역의 선택

어떤 학교에 자녀를 보낼지? 직장 또는 사업장이 어디에 있는지? 그리고 교통편은 어떤지? 등을 우선적으로 고려해야 한다. 그리고 언어의 어려움이 많다면 한인들이 많이 사는 곳을 선택하라고 권하고 싶다. 생활에 필요한 많은 정보를 한인들로부터 쉽게 얻을 수 있기 때문이다.

토론토 광역시의 경우 한인들이 많이 사는 지역은 영 스트리트 (Yonge St.) 주변인 노스욕 (North York), 쏜힐 (Thornhill), 리치몬드힐 (Richmond Hill), 서부 지역인 미시사가 (Mississauga)와 상업지역인 다운타운 블루어 (Bloor) 이다. 밴쿠버 광역시의 경우 버나비 (Burnaby), 코퀴틀람 (Coquitlam), 포트 코퀴틀람 (Port Coquitlam), 포트 무디 (Port Moody), 밴쿠버 다운타운 등 이다. 몬트리올 광역시의 경우 다운타운 근처 NDG와 주변, 웨스트 아일랜드 (West Island), 넌스 아일랜드 (Nun's Island) 등 이다.

주의 할 점은 대도시의 경우 2000년대 부동산 붐으로 인해 고층 콘도가 많이 들어서고 인구가 갑자기 증가하면서, 일부 학교에서 더 이상 신규 학생들을 받아 줄 수 없을 정도가 되었다. 따라서 새로 신축된 콘도에 거주하는 주민들은 인근 학교 대신에 먼 곳에 있는 학교에 자녀를 보내야 하는 경우가 의외로 많다. 콘도의 정확한 주소가 있다면 해당 지역 교육청 (School Board) 사이트에서 인터넷으로 자녀를 보낼 수 있는 학교를 검색할 수 있다.

### c. 아파트 및 콘도 검색

인터넷 벼룩시장인 키지지 (www.kijiji.ca)와 크렉스리스트 (www.craigslist.org), 부동산 매물 사이트인 MLS (www.realtor.ca), 아파트 검색 사이트인 뷰잇 (www.viewit.ca), 그리고 구글 등 인터넷 검색 사이트에서 "Rent Apartment"를 키워드로 검색하여 찾을 수 있다. 대도시의 경우 대형 아파트 근처 버스정류소에도 아파트 임대 및 주택 매매에 관한 홍보 책자를 무료로 얻을 수 있다.

인터넷 사이트 및 홍보물의 단점은 모든 매물이 여기에 올라오지 않는 다는 것이다. 좋은 매물은 아는 사람을 통해 인터넷에 올라오기 전에 매물이 나가는 것이 많다.

해당 매물 광고를 볼 때, 주로 방이 몇 개인지 알려주지만, 퀘벡주는 1-1/2, 2-1/2, 3-1/2 등 이렇게 암호 같은 것을 사용한다. 임대 표지판도 "For Rent" 대신에 불어인 "A Louer"를 사용한다.

- 1-1/2: 주방 및 거실 1개, 세면대 및 화장실 겸용 1/2,
  (스튜디오 원룸으로 주로 학생들이 거주)
- 2-1/2: 주방 1개, 거실 1개, 세면대 및 화장실 겸용 1/2
  (약간 넓은 원룸으로 주로 독신들이 거주)
- 3-1/2: 주방 1개, 거실 1개, 방 1개,
  세면대 및 화장실 겸용 1/2
- 4-1/2: 주방 1개, 거실 1개, 방 2개,
  세면대 및 화장실 겸용 1/2

| 아파트는 콘도에 비하여 품질이 떨어지고 세탁실을 공동으로 사용해야 한다. 이러한 불편한 점 때문에 이동 세탁기 (Portable Washer)를 부엌 싱크대에 연결하여 사용하지만 금지하는 경우가 종종 있다. |
|---|

## e. 방문 및 계약

관심 있는 매물이 있으면 아파트의 경우 예약 없이 방문할 수 있는 경우가 많지만 전화로 예약 (Appointment)하고 방문하는 것을 좋아 한다. 개인이 소유하고 있는 콘도는 더욱 예약이 필요하다. 방문은 아파트 관리 사무소 (Office)를 찾아 가면 직원이 안내하거나 또는 제니터 (Janitor)라고 부르는 관리인이 안내해 준다.

콘도와 달리 아파트는 보통 오래된 건축물로 계약 전에 벽면 및 천장 페인팅 작업, 그리고 바닥, 냉장고, 스토브, 창틀, 부엌 싱크대, 화장실, 발코니 등이 더러우면 교체 또는 청소를 요구해야 한다. 입주 후는 주인에 따라 다르지만 요구를 잘 안 들어 주거나 아주 오래 기다릴 수도 있다. 물론 콘도나 주택도 더러운 곳이 있으면 요구할 수 있고 그것을 계약서에 포함 할 수도 있다.

아파트의 경우 월 임대료에 다음의 사항을 포함하는지 확인해야 한다. 아파트에 따라 입주자가 별도 부담해야 하는 경우도 많다.

- 난방 (Heating)
- 온수 (Hot Water)
- 물세 (Water)
- 전기 (Electricity or Hydro 라고 함)
- 주차장 (Indoor or Outdoor Parking Lot)

콘도의 경우 주인이 주택 융자금을 갚을 때 일반적으로 관리비와 세금 등을 포함해서 납부 한다. 콘도 관리비는 보통 난방과 공동 전기세가 포함되지만, 반드시는 아니므로 세입자가 부담해야 하는 것인지 확인하는 것이 필요할 수 있다.

개인 주택의 경우는 월 임대료에 전기 등 각종 비용을 포함하지 않고 대부분 세입자가 부담하지만, 주인에 따라서 잔디 깎기 등 정원 관리, 눈 치우는 서비스까지 무료로 제공하는 경우도 있다.

처음 캐나다에 온 이민자, 유학생, 파견원 등은 신용 (Credit)이 없고 소득도 증명할 방법이 없어서 아파트 주인들이 많이 꺼리고 아예 안 받아 주는 경우도 있다. 많은 아파트 주인들이 마지막 1개월 임대료 (Last Month's Rent Deposit)를 미리 예치할 것을 요구 한다. 심한 경우는 6 개월간 임대료를 계약할 때 미리 요구하는 경우도 어쩌다 있다.

계약은 대개 1년 단위로 하며 매월 1일에 입주 할 수 있지만, 집이 비어 있으면 임대인과 잘 이야기 하여 미리 입주하는 것도 가능하다.

| 서브렛 (Sublet) |
|---|
| 계약 만료 전에 이사를 갈 경우 다른 사람에 남아있는 임대기간의 권한과 의무를 넘기는 제도이다. 다만 서브렛으로 들어올 사람의 신용을 심사하는 비용은 부담해야 한다. 이 경우 집주인은 집을 수리 하지 않고 임대하기 때문에 보통 신용에 문제가 없으면 허락 한다. |

| 임대 기간 만료 후 자동 연장 |
|---|
| 캐나다의 많은 지역에서 임대 기간이 만료된 이후 자동 연장된다. 지역마다 법이 다르지만 임대기간 만료 6개월 전부터 집 주인은 재계약 요청 편지를 보낸다. 보통 1개월 이내에 아무런 응답을 하지 않을 경우 자동 연장 된다. 만약 재계약을 원하지 않는 경우 반드시 집주인에게 알려야 한다. 이때 우체국에서 법률적 효력이 있는 등기 우편 (Registered Mail)을 이용해야 한다.<br><br>만약 1년이 초과하여 자동 연장된 경우 다시 1년을 채우지 않고 이사를 갈 경우 2~3개월 전에 주인에게 통보하거나 추가 비용을 부담하면 집 주인이 허락한다. 그러나 퀘벡 주는 예외적으로 자동 연장된 경우도 **1년 임대금액을 모두 요구**하는 경우가 대부분이며, 이 요구가 법률적으로 아무런 문제가 없다. 이는 처음 퀘벡 오시는 분들이 영어를 잘해도 종종 당하는 경우이다. |

## f. 입주

계약을 할 때 열쇠를 오피스에서 받을 수 있는 경우도 있고, 입주를 할 때 아파트에 거주하는 제니터 (Janitor)라고 부르는 관리인에게 받기도 한다. 또한 이사를 할 때 관리인에게 이야기하여 엘리베이터 열쇠 등 이사에 필요한 도움을 요청할 수 있다. 이사 후에도 집에 문제가 있으면 관리인에게 이야기하여 서비스를 받을 수 있지만 말로 하는 것 보다는 글로 써 주어야 하며, 중요한 경우 관리사무실을 찾아가거나 등기 우편을 이용해야 한다.

## 2) 주택 거래 및 관리 방법

### a. 어떤 절차를 거쳐서 주택 구입하나?

캐나다에서 주택을 구입하는 기본적인 단계는 한국과 그 다지 다르지 않지만, 각 단계에서 알아야 할 세부 사항들은 많고 부동산 관련 용어도 다르다. 주택의 형태부터 부동산 중개인 수수료, 취득세, 재산세 등 모든 것이 낯설지만 각 단계별로 살펴보면 그리 어렵지 않게 이해할 수 있다.

a) 주택의 규모 및 종류

거주 또는 투자가 목적인지? 그리고 거주한다면 가족 수 및 연령대 등을 감안하여 방, 부엌, 화장실, 거실 발코니, 주차장, 정원 등에 있어서 몇 개가 필요한지? 또는 면적을 대략 미리 정하고 집을 찾는 것이 필요하다.

경제적인 상황을 고려하여 콘도, 타운하우스, 다가구 주택, 세미 단독주택, 단독주택 등 선호하는 주택의 종류를 결정해야 하며, 건축 된지 얼마나 오래 되었는지도 중요한 고려사항 중에 하나이다. 오래된 주택일 수 록 집값과 세금이 저렴하지만 수리비용이 매우 많이 들고 난방 효율이 떨어져서 관리비가 많이 든다.

b) 선호지역

매일 출퇴근하는 직장이나 사업체 위치 그리고 자녀의 통학 거리는 기본적으로 고려되어야 한다. 특히 부부가 함께 사업을 하는 경우는 집과 사업체 거리는 가까울 수 록 편리하다. 심한 경우는 1층은 가계로 사용하고 2층에 거주하는 경우도 있다.

자녀의 교육환경과 주변 환경이 완전한 곳 인지? 그리고 부가적으로 쇼핑센터, 공원, 커뮤니티 (체육 및 특별활동) 시설, 대중교통 등을 개인 사정 및 선호에 따라 함께 고려할 수 있다.

c) 구입예산 범위

좋은 위치에 좋은 주택은 대부분 가격이 높은 것은 세계 어디나 마찬 가지이다. 따라서 감당할 수 있는 경제적인 개인 사정을 제일 먼저 고려해야한다. 캐나다인들이 대부분 융자를 받아서 주택을 구입하지만 잘 못하면 빚 더미에 묶여서 아무 것도 못하다가 결국 집을 처분하는 경우도 종종 있다. 경제적인 개인 사정은 보유 재산 보다는 안정된 소득이 가장 중요하다.

처음 캐나다에 오시는 분들이 집 욕심을 내어서 무리하게 큰 집을 마련하는 경우가 종종 있다. 다행히도 2001년~2014년에 집값이 전국 어디나 2배 이상 올라서 다시 팔 경우 대부분 이득을 보았다. 그러나 부동산 시장이 침체되어 가격 변화가 없을 경우 금전적으로 막대한 손해를 볼 수 있다. 취득세, 부동산 수수료와 재산세 등이 한국에서 생각하는 것 보다 훨씬 높기 때문이다. 소득이 불확실 할 경우 욕심을 자제하고 가족이 거주하기에 필요한 규모의 주택을 구입하는 것이 무엇보다 필요하다.

d) 부동산 중개인 선정

첫 집을 장만할 경우 무조건 부동산 중개인을 무조건 이용하라고 권하고 싶다. 이는 부동산 중개인을 이용하는 것이 여러 가지 중요한 정보를 가장 손쉽게 얻는 방법이기 때문이다. 캐나다 부동산 중개 수수료 (Commission)는 집값의 약 5% 로 상당히 높기 때문에 간혹 직접 거래를 시도하는 경우가 있지만 일반인이 자세한 사항까지 알기는 쉽지 않아 실수를 하기 쉽다.

| 중개인 수수료는 BC주와 앨버타 주가 10만 달러 이하 주택은 7% 그 이상 금액은 3 or 3.5%이며, 나머지 주는 5% 이다. 그러나 실제 상황에 따라 조금 더 받거나 덜 받는 경우가 있어서 캐나다 부동산 거래의 평균 수수료는 집값의 5.1% 이다. |
|---|

집을 사는 사람은 부동산 중개 수수료를 지불할 필요가 없고 판매하는 사람만 지불한다. 판매하는 고객이 지불한 수수료를 판매자 중개인과 구매자 중개인이 서로 반반씩 나누어 갖는 방식이다. 판매자 중개인은 법률적으로 반드시 판매자의 입장에서 일을 해야 하고 구매자 중개인은 구매자 입장에서 일을 해야 한다. 만약 두

사람이 서로 아는 사이라서 가격을 이상하게 책정하여 주변 시세와 다르게 거래를 성사 시켰다면 소송 당할 수 있기 때문이다.

지역별로 거래를 잘 성사시키는 중개인을 이용하라고 권하고 싶다. 반드시는 아니지만 거래를 많이 성사 시키는 중개인이 집에 관한 정보 및 주변 지역에 관한 정보를 많이 알 수 있고 또한 이전에 거래를 했던 사람들이 그 만큼 신뢰를 했기 때문 많이 거래했다고 보면 맞다. 특히 캐나다에 처음 와서 잘 모르는 상황이면 해당 지역에서 거래를 많이 한 중개인을 찾는 것이 일반적으로 안전하다.

e) 매물 방문 및 협의

부동산 협회에 소속된 모든 캐나다 중개인들은 MLS (www.realtor.ca) 인터넷 사이트에 모든 매물을 올려야하는 의무가 있고 개인 거래자도 일정수수료를 내면 MLS에 매물을 올릴 수 있기 때문에 거의 모든 매물이 MLS 인터넷 사이트에 올라온다고 보면 맞다.

MLS에서 찾았든 중개인이 소개한 것이든 마음에 드는 매물이 있으면 중개인에게 연락하여 방문하고 본인의 생각을 중개인과 협의하여 주택의 장·단점을 볼 수 있는 안목을 넓히는 것이 중요하다. 또한 이러한 과정을 통해 부동산 중개인은 고객이 원하는 주택을 알 수 있으므로 더 적합한 매물을 소개해 줄 수 있다.

f) 오퍼 및 계약

마음에 드는 매물이 있으면 구매자 중개인을 통해 판매자 (리스팅) 중개인에게 오퍼를 넣는다. 오퍼는 주택의 가격, 계약금, 잔금, 입주 가능한 날짜는 기본적으로 포함하고, 기타 조건으로 주택융자 (Mortgage), 주택검사 (Inspection), 등기검사 (Title Search), 부동산 내역서 (Property Disclosure Statement) 등을 포함한다. 구매자는 보통 1주일에서 10일 이내에 조건 해제를 완료하도록 노력해야 한다.

콘도의 경우 스트레이타 도큐먼트 (Strata Documents; Form

B, Bylaw, Minutes 등) 라는 부동산 내역서 문서를 추가로 요구해야 한다. 이 문서는 해당 유닛의 융자금, 관리비, 예비비, 체납, 소송여부 등의 정보 (Form B), 애완동물 등의 제한 사항 및 단지의 재정 상태 (By Law and Financial Statement) 그리고 단지 주민회의 사항 (Minutes) 등을 포함 한다. 이 문서가 필요한 이유는 콘도의 경우 단지에 따라 갑자기 목돈이 들어가야 하는 문제가 발생하여 가격이 급락하는 경우가 있으므로 이를 사전에 알아보기 위한 기초 자료로 사용하기 때문이다.

콘도 및 주택 거래는 계약서를 작성하지 않고 구매자가 제출한 오퍼를 판매자가 동의하면 바로 계약 (Firm Deal)이 성립 된다. 따라서 오퍼 작성은 매우 신중해야 한다. 계약금은 주택 가격의 대략 5~10%에서 결정 된다.

g) 잔금 지불 및 세금

잔금 지불과 소유권 등기이전 서류는 변호사의 도움을 받아 처리하며 모기지로 잔금을 지불할 경우 대출기관과 상담하여 잔금을 마무리 한다. 이때 모기지 대출기관이 실사를 나올 수 있다. 그리고 모기지에 세금도 포함하여 함께 융자할 수 있다. 취득세는 주택의 구매자가 연방과 주의 판매세를 납부해야 하며 전체 취득세는 주에 따라 집값의 5~15% 정도로 엄청난 차이가 있고 주 정부에 따라 일부 감면 또는 환불 혜택을 주기 때문에 자세한 것은 해당 지역의 중개인으로부터 정보를 얻을 수 있다. 재산세 (Property Tax)는 한국과 비교하는 것이 이상할 정도로 매우 높아서 집값에 보통 1~1.5%를 매년 납부해야 한다.

h) 이사

월말 또는 월초에 많이 이사를 하므로 가능하다면 이때를 피하는 것이 좋다. 어쩔 수 없이 이때 이사하는 경우 가능하면 일찍 이삿짐센터를 정하고 엘리베이터도 일찍 예약하는 것이 좋다. 이사 비용도 한국보다 엄청 비싸서 많은 사람들이 직접 짐을 싸고 이동만 의뢰를 한다. 이사비용도 문제지만 월말이나 월초는 이삿짐센터를 이용하기 어려워서 소형 트럭 (영업용이 아닌 경우 대부분 정규 보통면허로 운전가능)을 렌터카 회사 (U-Haul)에서 직접 빌리고 주변 사람들에 부탁하여 이사하는 경우도 있다.

자녀가 있는 경우 이사의 시기도 가급적이면 방학 중에 하는 것이 전학을 가는 자녀에게 덜 부담이 될 수 있다.

기타 유틸리티 (전기, 전화, 케이블 TV, 인터넷 등) 관련 기관에 연락하여 주소 변경을 알려 주어야 한다. 또한 우편물 주소를 미쳐 못 바꾼 것이 있으면 우체국에 새 주소로 우편물 배달 서비스를 신청해야 한다. 이 서비스는 "Mail Forwarding for Moves"로 부르며 인터넷으로도 신청가능하며 4개월 또는 1년 단위로 서비스 한다.

### b. 어떤 종류의 주택들이 있나?

a) 콘도

콘도 (Condo)는 한국의 아파트와 동일하다. 캐나다 콘도는 개인 사정에 따라 부가적으로 임대도 하지만 대부분 거주를 주요 목적으로 건설되기 때문에 임대용 아파트보다 품질이 훨씬 좋다. 그러나 매월 납부해야하는 높은 관리비가 부담이 될 수 있다.

한국 아파트와 다른 점은 콘도의 건물이 2, 3층부터 고층 빌딩까지 다양하고 대규모 콘도 단지도 있지만 대부분 한, 두 개 동으로 되어 있다. 장·단점도 한국 아파트와 비슷하지만 대부분 단지 규모가 작아서 단지 내 상가가 없고 야외 녹지 공간도 한국 보다 좁다. 다만 한국보다 보안이 잘 되어서 외부인이 콘도로 들어오는 것이 쉽지 않다.

개인 사생활 보호를 중요하게 여기는 서양인들은 콘도를 선호하지 않아서 과거 다른 종류의 주택에 비하여 부동산 가격에 큰 변화가 없었다. 그러나 2000년대 들어서면서 집 지을 땅이 부족한 토론토 및 밴쿠버에 콘도가 상당히 많이 건축되었고 가격도 일반 주택 보다는 덜 하지만 많이 올랐다.

b) 타운하우스

타운하우스 (Town House)는 한국의 연립주택과 비슷한 것으로 여러 집들을 옆으로 붙여서 건축한 집들이다. 한국과 다른 점은 별도의 주차장과 집 뒤편에 개인 정원이 있다.

콘도가 시장에서 관심을 받기 전에는 신규 타운하우스도 많이 건축되었으나 콘도가 수요를 상당 부분 대체 하면서 시장에 나오는 매물은 건축 된지 오래된 것이 많다.

c) 다가구 주택

다가구 주택은 하나의 건물을 여러 가구가 거주할 수 있도록 건축한 것으로 한 가구가 거주하는 공간을 유닛 (Unit)으로 부른다. 듀플렉스 (Duplex)는 2 유닛, 트리플렉스 (Triplex)는 3 유닛, 포플렉스 (Fourplex)는 4 유닛을 한 건물로 건축한 것을 의미한다. 이러한 다가구 주택은 유닛마다 주인이 다를 수 도 있고, 한 주인인 전체 건물을 구입하여 임대하기도 한다.

d) 세미 단독주택

세미 단독주택 (Semi-Detached House)은 두 집을 옆으로 붙여서 건축한 건물로 단독 보다는 저렴하다는 것과 어느 정도 개인 사생활이 보호되기 때문에 선호하는 주택의 종류 중에 하나로써, 대도시는 물론 중·소도시까지 캐나다 전역에서 흔히 볼 수 있다.

e) 단독주택

단독주택 (Detached House)은 Single Family House로 불리우기도 하며, 방 1개짜리 작은 집부터 궁전 같은 대저택이 있다. 이는 캐나다 사람들이 가장 많이 살고 있는 주택의 형태이다.

단점으로는 집과 정원 모두 넓다 보니 관리하는 비용도 많이 들고 시간도 많이 소요될 수 있다. 부부가 함께 일을 하거나 시간이 없는 사람은 너무 큰 집을 사는 것이 오히려 힘들 수 있으므로 적당한 크기의 주택을 구입하여 사는 것이 실속이 있다.

f) 아파트

아파트 (Apartment)는 임대용 주택으로 2, 3층 건물부터 고층 빌딩까지 다양하다. 건물 한 채만 가지고 있는 주인도 있고 전국에 걸쳐 여러 지역에 수 만 채를 보유한 기업도 있다. 아마도 MetCap은 캐나다에서 제일 큰 아파트 임대회사 이다.

### c. 부동산 중개인을 어떻게 선택하나?

부동산 중개인을 선정하는 것이 주택 구매에서 가장 중요할 수 있다. 이는 좋은 주택을 저렴한 가격에 구입하거나 제 값을 받고 판매하는 것이 중계인의 능력에 따라 차이가 날 수 있기 때문이다. 주택을 구입하고자 하는 지역의 부동산 시세와 향후 전망을 잘 알고 협상을 잘하며 주택의 장·단점을 잘 찾아낼 수 있는 중개인을 선정하는 것이 무엇보다 중요하다.

- 여러 중개인들의 인터넷 사이트를 방문하여 장·단점을 비교 (부동산 위원회의 인터넷 사이트에서 Registrant Search Tool)
- 주변 이웃, 친구, 친척에게 중개인들에 관한 평을 청취
- 최근 거래한 손님들에게 서비스 만족 여부 확인
- 구입 / 판매를 모두 취급하는 이중 중개인 보다는 가급적 구매자 (또는 판매자) 전용 중개인을 선정
- 판매자인 경우, 중개인이 얼마나 성실히 광고 하는지 여부

| 중개인과의 계약 기간 중에 수수료를 절약하기 위해 중개인 몰래 구매자 (또는 판매자)를 직접 상대 하였다면, 거래 당사자 또는 중개인에게 법적 소송을 당할 수도 있으니 주의가 필요하다. |
| --- |

중개인과 계약 기간이 남아 있지만 서비스가 마음에 안들 경우 불만스러운 서비스에 대하여 중개인과 우선 협의하고 그래도 개선이 되지 않으면, 중개인이 소속된 회사에 중개인 변경을 요청하면 보통의 경우 같은 회사의 다른 중개인으로 변경해 준다. 만약 중개인의 중대한 잘 못이 발생한다면 CREA (Canadian Real Estate Association) 부동산 협회에 불만 사항을 접수할 수 있다.

부동산 중개인은 리얼터 (Realtor)로 불리며 Salesperson과 Broker로 구분한다. Salesperson은 반드시 부동산회사에 소속되어 일을 해야 하는 중개인을 의미하며, 경력이 2년 이상 되면 소정에 교육과 시험을 통하여 Broker가 될 수 있다. Broker는 개인 회사를 만들 수도 있고 부동산 회사에 소속되어 일을 할 수도 있다.

## d. 주택 융자에 관한 상식 및 보험

주택융자는 모기지 (Mortgage)로 불리며, 주택담보로 금융기관으로부터 융자를 얻는 것을 의미한다. 한국과 달리 집 가격의 5% 정도만 있으면 융자를 얻어서 집 장만을 하는 경우가 상당히 많아서 캐나다 주택 융자제도가 한국과 차이가 있다.

a) 다운페이먼트와 주택융자 보증보험

다운페이먼트 (Downpayment)는 주택을 구입할 때 융자금 이외의 나머지 개인 부담금을 의미한다.

만약 주택 가격에 25% 이상 개인이 부담하고 75% 이하만 융자를 얻으면 "Convention Mortgage" 라고 하여 보험가입을 요구하지 않는다. 그러나 주택 가격의 75% 이상 융자를 얻으면 “High Ratio Mortgage" 라고 하여 보험 가입이 요구된다. 주택 융자 보험은 CMHC (Canada Mortgage and Housing Corp.) 및 GE Capital 에서 운영하며 융자 비율에 따라 보험료 차이가 있다.

- 융자금이 집 가격의 80% 이하인 경우, 보험료는 원금의 1.25%
- 융자금이 집 가격의 85% 이하인 경우, 보험료는 원금의 2.00%
- 융자금이 집 가격의 90% 이하인 경우, 보험료는 원금의 2.50%
- 융자금이 집 가격의 95% 이하인 경우, 보험료는 원금의 3.75%

보험기관에서 요구하는 최소 다운페이먼트 비율은 개인의 신용과 정부의 주택 정책에 따라 변경될 수 있다. 즉 부동산이 정상적으로 상승할 때는 최소 5%만 다운페이먼트를 요구하지만, 과도하게 과열되었을 경우는 더 많은 비율의 다운페이먼트를 요구할 수 도 있고, 심한 경우는 다운페이먼트가 25% 이상 되어도 아예 보험을 제공하지 않는 경우도 발생할 수 있다.

보험료는 일시불로 지불할 수 도 있고 주택융자 원금에 포함하여 장기간 지불할 수도 있다.

b) 고정금리와 변동금리

고정금리 (Fixed Rate)는 계약기간 동안 시장 상황에 관계없이 이자율이 고정 되지만, 반대로 변동금리 (Variable Rate)는 시장 상황에 따라 변동하는 이자율이 적용된다.

고정금리 및 변동금리 모두 매번 상환 금액을 동일하게 할 수도 있다. 다만 변동금리의 경우 융자 잔금이 규칙적인 비율로 줄어들지 않고 시장 금리 상황에 따라 변한다.

단순히 이자율이 상승 중인 것으로 판단될 경우는 장기간 고정시키는 것이 유리하고 이자율이 하락세에 있다면 단기를 택하는 것이 유리하다고 판단 할 수 있다. 그러나 금융권이 향후 이자 변동에 관한 예측을 하고 있어서 이자율 상승기에 고정금리를 원하면 현재의 금리 보다 상당히 높은 이자를 처음부터 부담해야한다. 반대로 이자율이 하락할 것으로 예측되면 금융기관에서 개방형 (Open) 융자에 한하여 1년, 2년 기한 변동금리만 허용할 수 있다.

누구도 미래를 예측하기 어렵기 때문에 제한적인 기간 동안 즉 5년 고정금리를 금융기관에서 추천하고 많은 사람들이 이를 이용한다. 또한 금융상품에 따라서 변동금리로 약정하였다가 금리가 오르면 다시 고정금리로 변경시킬 수 있도록 하는 경우도 있다.

c) 융자금 상환

o 개방형과 폐쇄형

개방형 (Open)은 남아 있는 융자 잔액 일부 또는 전부를 언제든 조기 상환 할 수 있으나 보통 6개월에서 1년까지 단기간 융자가 가능하다. 폐쇄형 (Closed)은 장기간 융자가 가능하며 만약 조기 상환하면 상당 금액에 벌금을 지불해야 한다. 폐쇄형의 경우 “Prepayment Privilege” 옵션을 이용하면 원금의 통상 10~20%를 매년 (또는 매월) 조기 상환 할 수도 있다. 또한 “Transfer

Provision (또는 Portability)" 옵션을 이용하면 기존 주택을 팔고 새로 구입한 주택에 대한 융자를 같은 금융기관에서 융자할 경우 벌금을 면제해 준다.

| 융자 계약 인계 (Assumability) |
| --- |
| 계약기간 (Term) 만기 전에 집을 처분해야 하는 경우, 주택 신규 구매자에게 융자의 모든 조건 그대로 인계해 주는 것으로 벌금이 부과되지 않는다. 단, 금융기관이 구매자의 신용조사 후 승인이 필요하다. 또한 은행에 "Release of Personal Covenant"를 반드시 요청해야 된다. 이는 구매자가 융자금을 갚지 않을 경우 연대책임으로 부터 면제를 받기 위한 것이다. |

o 최장 상환 기간

최장 상환 기간 (Amortization Period)은 캐나다 주택 정책에 따라 20년에서 30년까지 변할 수 있고 정부에서 결정한다. 1990년대 부동산 버블이 꺼질 때 융자금 최장 상환기간을 20년에서 30년으로 변경하여 금융기관의 붕괴 위기를 넘긴 적이 있고, 2010년대에 부동산이 과열이 되어 정부에 최장 상환기간을 30년에서 25년으로 다시 줄였다.

보통 최장 상환 기간은 5년 단위인 5, 10, 15, 20, 25년으로 계약을 많이 한다.

o 계약 갱신 주기

전체 상환기간을 나누어 1, 2, 3, 5, 7, 10년씩 계약을 갱신하게 되는데 이러한 계약 갱신 주기를 "Term" 이라고 한다. 이 주기 동안 통상 이자율이 고정되므로 이자 상승이 예상될 경우는 길게 잡는 것이 유리하나 통상 기간이 길수록 이자율이 높다.

갱신 주기가 되면 같은 금융기관에서 계약을 갱신할 수도 있지만 다른 금융기관으로 옮길 수 도 있다. 이때 새로운 계약을 갱신하지 않고 원금을 전액 혹은 일부를 상환하는 것이 가능하다. 단 이때 이자는 이전 계약이 아닌 계약 갱신할 당시 고시되는 이자율을 기준으로 적용한다.

o 상환 주기

널리 사용되는 상환 주기 (Payment Frequency)는 Monthly, Bi-weekly, Weekly 3 가지 방법이 있으나 캐나다 회사의 급여가 대부분 2주에 한번 나오므로 보통 Bi-weekly를 가장 많이 선택한다. Accelerated Bi-weekly 옵션을 선택하면 연간 상환금이 조금 더 많을 수 있으나 총 상환 기간이 단축되어 이자 절감 효과가 있다.

d) 융자금 대출 절차

금융기관에 주택 담보 융자금에 대한 대출 절차는 다음과 같다.

- 소득과 보유자산을 증명할 서류를 지참하여 금융기간 주택융자 담당자와 상담하여 가능한 융자금 규모를 확인한다.
- 금융기관의 사전 융자 승인을 받아 둔다. 또한 단기간 (30-90일 정도) 대출 가능한 금액과 이자 등 대출 조건을 확정, 승인 받는다.
- 주택을 계약하면 계약서 사본을 금융기간 대출 담당자에게 제출 한다.
- 금융기관은 해당 주택 가격을 감정평가 한다. (감정평가 결과는 대부분 실제 거래가격 이지만 가끔은 이하일 때도 있다. 감정가액 기준으로 대출한도액이 정해지게 된다.)
- 서류가 완료되면 금융기관은 임시 자체 계좌에 융자금을 넣어 잔금일 (Closing Date)에 자동으로 대출자의 변호사 사무실 계좌로 이체 되게 한다.

### e. 주택에 문제가 없는지 어떻게 검사 하나?

주택 외관과 내부 장식이 마음에 들어 중요한 검사 사항을 빠뜨릴 수도 있다. 물론 전문적인 검사를 하는 검사원을 고용해서 검사를 할 수 도 있지만, 마음에 드는 모든 매물에 대해 검사원을 사용 할 수 없으므로, 1 차적으로 본인 어느 정도 검사를 하는 것이 필요하다. 마음에 드는 주택이 좁혀지면 전문 검사원에 의뢰하는 것이 시간과 비용을 절감할 수 있다.

a) 기초 검사

집 안의 청결 상태, 정원 관리 상태, 벽면의 금이나 흠집, 페인트 상태, 지붕의 상태 등은 쉽게 육안으로 검사가 가능한 것으로 집 주인이 어느 정도 정성을 들여 집을 관리해 오고 있는 알 수 있는 기본 사항이다. 기본적인 사항을 제대로 하지는 않는 집 주인이 보이지 않는 나머지 부분을 제대로 관리하기 어렵기 때문이다.

b) 출입문 및 창문

모든 출입문이나 창문이 제대로 열리고 닫히는지 확인하고 페인트 등 상태가 부실한 지 검사하는 것이 필요하다. 출입문이나 창문이 제대로 닫히지 않는 다면 문틀이나 창틀 주위에 물이 새거나 구조적으로 기울진 주택일 가능성 있다.

c) 누수검사

벽면이나 천정에 물이 흘러내린 흔적이나 부풀려진 곳이 있는지를 검사한다. 캐나다 주택은 대부분 목재를 사용하여 건축하기 때문에 누수는 치명적인 문제로 엄청난 수리비용이 발생 할 수 있다.

집안에서 물을 가장 많이 사용하는 화장실 바닥 및 부엌 바닥이 만약 낡아 보인다면 어디선가 누수가 있어서 이곳으로 물이 흘러 들어갔을 가능성이 높다.

d) 시험작동

화장실 변기 물이 잘 내려가는지? 모든 전등, 수돗물(냉, 온), 난방시설 등이 제대로 작동하는지 일일이 체크하는 것이 필요하다. 또한 주차장 문도 제대로 작동하는지 확인하는 것이 필요하다.

e) 건물 구조

건물벽면 또는 기초에 금이 있거나 벽돌이 이상하다면 구조적인 결함 가능성이 높아 피해야 하는 집이다.

f) 물 흔적

비가 내린 후에 정원에 물이 고여 있거나 또는 흔적이 있다면 습지대일 가능성이 있어서 주택 내부에 문제가 발생할 가능성이 있다.

### f. 상상 초월의 높은 주택 관련 세금

1가구 1주택에 한하여 양도소득세 (Capital Gain Tax)가 없는 것은 한국과 비슷하지만 1가구 1주택이라도 거주 않는 주택은 세금을 내야 한다. 세율을 비롯한 세법 적용 등 자세한 사항은 주에 따라 다르다.

a) 취득세

취득세 (Land Transfer Tax)는 주택을 구입하였을 때 부과되는 세금이다. 거주 목적으로 저렴한 주택을 처음 마련하는 경우 대부분의 주에서 취득세를 리베이트 (Rebate)로 돌려준다. 단 전 세계 어디든 주택을 보유했던 사람은 첫 주택 구입자로 인정 안 된다.

| 한국에서 남편 명의로만 주택을 보유했던 가족이 캐나다에서 부인 명의로 주택을 구입하면 취득세를 면제 받을 가능성이 있다. |
| --- |

<2013년 주정부별 부과 취득세 내용 및 세율>

| 주 | 주택 가격 대비 취득세 | 세금 감면<br>(거주 목적의 첫 주택) |
|---|---|---|
| 온타리오 | 주정부 취득세<br>- 5.5만까지 0.5%,<br>- 25만까지 1%,<br>- 40만까지 1.5%, 이상 2%<br>토론토시 추가 취득세<br>- 5.5만까지 0.5%<br>- 40만까지 1%, 이상 2% | 주정부 취득세<br>- 최대 $2,000<br><br>토론토시 추가 취득세<br>- 최대 $3,725 |
| 퀘벡<br>(Welcome Tax) | 몬트리올<br>- 5만까지 0.5%<br>- 25만까지 1%<br>- 50만까지 1.5%, 이상 2%<br>몬트리올 이외 퀘벡 주<br>- 5만까지 0.5%<br>- 25만까지 1%, 이상 1.5% | 몬트리올 40% 세금 감면<br>(자녀가 있으면 100%)<br>- 독신자는 20만까지<br>- 기혼자는 23.5만까지<br>- 자녀 있으면 26.5만까지 |
| 브리티시<br>컬럼비아 | 20만 이하 1%, 이상 2% | - 공시가 42.5만까지<br>세금 전액<br>- 45만까지 일부 혜택<br>=(450K-공시가)x세금/25K |
| 앨버타 | 주택 등록비<br>- 기본 $50<br>+ 공시가 $5,000 마다 $1<br>융자 등록비<br>- 기본 $50<br>+ 융자금 $5,000 마다 $1 | 해당사항 없음 |
| 사스<br>캐처완 | 주택 등록비 ($500 이하 면제)<br>- $8,400까지 $25, 이상 0.3% | 해당사항 없음 |
| 매니토바 | 취득세 (등록비 $70 별도)<br>- 3만 이하 없음<br>- 다음 6만 단위로<br>0.5%, 1%, 1.5%, 2% | 해당 사항 없음 |
| 노바<br>스코샤 | Deed Transfer Tax로 취득세 부과<br>- 0.5 ~ 1.5% (핼리팩스 1.5%) | 해당사항 없음 |
| 뉴<br>브런즈윅 | 집값의 0.5% | 해당사항 없음 |
| PEI | 집값의 1%<br>(3만 이하는 면제) | 20만까지 세금 전액 |
| 뉴<br>펀들랜드 | Registration of Deeds Act<br>- $500까지 $100<br>- 이상은 $500 마다 $0.4 추가 | 해당사항 없음 |

b) 판매세

새로 건축된 주택을 구입하였을 경우 판매세를 납부해야 한다. 판매세는 연방판매세 (GST), 주정부판매세 (PST)로 구분 되며, 몇 개 주에서 GST와 PST를 통합한 통합판매세 (HST) 제도를 시행하고 있다. 통합판매세 제도를 시행하던 안하던 연방정부에 해당하는 세수는 주택 가격의 5% 이다.

만약 거주 목적으로 신규 주택을 구입하는 경우 연방 국세청에 납부한 판매세의 최대 36%를 환급 받을 수 있다. 주택 가격이 35만 불이면 최대금액인 $3,600을 (= 350,000 x 5% x 36%) 환급 받을 수 있으나, 그 이상이면 오히려 점진적으로 감소하여 45만 불 또는 이상 이면 환급금이 $0 이다.

환급금 신청은 연방 국세청 인터넷 (www.cra.gc.ca)에서 해당 양식을 다운로드하여 작성한 후 우편으로 접수할 수 있다.

Summerside Tax Centre

275 Pope Rd, Summerside, PE C1N 6A2

많은 주에서 주택에 주정부 세금은 부과하지 않았었으나, 통합판매세를 도입 시행하면서 주정부에서 세수 확보를 위해 주택에도 주정부에 해당하는 판매세를 부가하고 있다. 각 주정부의 판매세와 리베이트 환급 제도를 요약하였다.

<2013년 주별 판매세 및 추가 주정부 리베이트 환급 제도>

| 주 | 판매세 | 주택 가격에 따른 주정부 리베이트 환급 제도 |
|---|---|---|
| 온타리오 | HST 13% | $40만 이하의 경우 집값의 6% 주정부 리베이트 환급<br>(최대 $24,000),<br>그 이상 가격은 해당 사항 없음 |
| 퀘벡 | GST 5%, QST 9.975% | $20만 이하의 경우 QST 세금의 50% 주정부 리베이트 환급<br>(최대 $9,975)<br>그 이상이면 점진적으로 감소하여 $30만 이면 환급 없음 |

(계속 이어서)

<2013년 주별 판매세 및 추가 주정부 리베이트 환급 제도>

| 주 | 판매세 | 주택 가격에 따른 주정부 리베이트 환급 제도 |
|---|---|---|
| 브리티시 컬럼비아 | GST 5%, PST 7% | |
| 앨버타 | GST 5%, PST 0% | 주정부 판매세 없음 |
| 사스카츄완 | GST 5%, PST 10% | 주정부 판매세 (PST)를 주택에 부과하지 않음 |
| 매니토바 | GST 5%, PST 12% | 주정부 판매세 (PST)를 주택에 부과하지 않음 |
| 뉴브런즈윅 | HST 13% | 주정부 리베이트 없음 |
| 뉴펀들랜드 | HST 13% | 주정부 리베이트 없음 |
| PEI | HST 10.5% | 주정부 리베이트 없음 |
| 노바스코샤 | HST 15% | HST 세금에서 주정부 부분 (10%)의 18.75%를 리베이트 환급 (최대 $3,000), 단 과거 5년 동안 캐나다에서 주택을 보유한 적이 없어야 함. |
| 유곤 | GST 5%, PST 0% | 주정부 판매세 없음 |
| 노스웨스트 | GST 5%, PST 0% | 주정부 판매세 없음 |
| 누나부트 | GST 5%, PST 0% | 주정부 판매세 없음 |

c) 재산세

부동산 재산세 (Property)는 시티세 (City Tax)와 교육세 (School Tax) 명목으로 납부 고지서가 집으로 우송 된다. 도시 마다 주택의 FMV (Fair Market Value) 시장가격이 다르고 주마다 세율이 다르기 때문에 내야하는 세금이 다르지만 대략 집값의 1~1.5% 정도 이다. 주택을 거래할 때 판매자가 재산세가 얼마인지도 함께 공지하기 때문에 구매자는 쉽게 알 수 있다.

부동산 상승기에 기존 주택을 구입하는 경우 실제 구입가격이 FMV 시장가격과 차이가 있어서 세금 부담이 적을 수 있지만, 새 집의 경우는 두 가격이 같으므로 세금 부담이 더 클 수 있다.

d) 양도 소득세

부동산을 매각할 경우는 비거주용 주택이거나, 1가구 2주택 또는 이상 소유자나, 시민권 (또는 영주권)이 없는 사람에게 양도소득세가 부과된다. 판매금액에서 구입금액, 각종 세금, 부동산 거래수수료, 가구 및 수리비용, 주택융자의 이자 일부를 뺀 소득에 대하여 세금을 부과한다. 단 부동산 판매를 할 때 드는 변호사 및 부동산 중개인 수수료는 소득공제가 인정되지 않는다.

시민권 또는 영주권이 없는 사람에게는 양도소득의 33.3%에 해당하는 세금이 원천 징수되고, 시민권자이거나 영주권자이지만 비거주용 주택을 판매하였거나 1가구 2주택 (또는 이상) 소유자는 양도차액의 50%를 양도소득 (Capital Gain)으로 계산하여 개인소득과 합하여 세금 보고를 하고 차액을 정산해야 한다. 개인소득이 높고 양도차액이 큰 경우는 상당히 높은 누진세율이 적용된다.

시민권 또는 영주권이 없는 사람은 양도소득세가 원천 징수(Withhold) 되므로 나중에 소득보고 (연말정산)에 양도소득을 포함할 의무가 없다. 그러나 고소득자가 아니면 포함 하는 것이 일반적으로 유리하여 많은 경우가 등기 이전을 할 때 양도소득을 포함하여 조기에 소득보고를 하여 차액을 돌려받고 출국한다.

주택 거래를 할 때 발생하는 세금 및 중개인 수수료를 제외하고 발생할 수 있는 각종 기타 비용은 일반적으로 다음과 같다.

a. 주택융자를 위한 주택가치 평가 비용 (Appraisal Fee)
b. 주택 검사 비용 (Building Inspection Fee)
c. 건물 위치, 이웃집 경계 등의 측량 비용 (Property Survey)
d. 법률 자문 비용 (Legal Fee and Related Expenses)
e. 주택융자 보험료 (Insurance Cost)
f. 첫 번째 융자 상환 전 발생한 이자 (Interest Adjustments)
h. 집주인이 입주일 이후까지 이미 지불한 재산세 및 각종 수수료 (Prepaid Property Tax and Utility Costs)
i. 집 보험료 (Home Insurance)
j. 주택 융자 생명 보험료 (Mortgage Life Insurance): 주택융자를 얻은 사람이 조기 사망할 경우 남아 있는 가족을 위한 보험
k. 예전 주인 등 발생 가능한 잠재적 문제에 대한 보험 (Title Insurance)
l. 비영주권자의 경우 국세청 세금완납증명서 수수료 (Clearance Certificate Fee)

### g. 주택 관리는 어떻게 하나?

a) 높은 관리비가 부담스럽다.

콘도는 관리 사무소 (Office)에서 냉·난방도 공급해주고 공동 시설도 관리해 주지만 관리비가 만만치 않다. 방 2~3개 콘도의 경우 $500~$1,000 정도의 관리비를 매달 지불해야 한다.

콘도 이외의 주택들은 집 주인이 알아서 관리를 해야 한다. 한국에서는 전화만 하면 저렴한 가격에 서비스를 받을 수 있지만, 캐나다는 수리비용이 비싸 아주 어려운 부분이 아니면 집 주인이 직접 해야 한다. 집수리에 필요한 자재 및 도구는 RONA, Home Depot, Home Hardware, Reno Depot (불어권), Canadian Tire 등에서 구입 가능하다.

추운 날씨 때문에 지붕이 빨리 손상되어 보통 15년에 마다 목돈을 들여 교체를 해주어야 한다. 주택은 주로 목재로 되어 있기 때문에 건강상 좋지만 한국의 주택 보다 자주 문제가 발생 한다.

b) 봄, 여름철 관리

잔디를 깎고, 잡초를 뽑고, 꽃을 심고, 나무를 정리하는 등 정원 가꾸는 일 (Gardening)이 만만치 않다. 한국의 단독 주택이야 정원이 없거나 매우 작아서 할 일이 별로 없지만 캐나다는 많이 다르다. 남들 보기에 정원이 예뻐 보이지만 이는 어디까지나 주인의 정성에 달려 있다. 이웃집들과 어느 정도 비슷한 수준으로 정원을 가꾸어야 눈치가 안 보인다.

일단 봄철이 되면 민들레 (Dandelion) 꽃과 전쟁을 해야 한다. 과거는 농약을 사용하여 민들레만 죽이는 제초제를 사용할 수 있었지만 현재는 환경 문제로 못 사용하게 하는 주가 많다. 처음 몇 개의 민들레를 뽑을 때는 재미가 있지만 많으면 이만 저만 곤욕이 아니다. 아주 심한 경우는 아예 잔디를 구입하여 새로 깔기도 한다.

신규 주택들은 나무가 대부분 작아서 거의 손 댈 것이 없으나 기존 주택을 구입한 경우는 나무 가지치기도 해야 한다. 보통 집 앞에 있는 한 그루 정도는 시 소유이고 나머지는 집 주인 소유이다. 나무 가지치기는 집주인이 할 수 있지만, 전기 줄이 지나가는 곳의 나무는 전력회사에 협조를 받아야 하고, 시 소유의 나무가 오래되어 부러질 위험이 있을 경우 시청에 벌목을 요청해야 하지만 보통 쉽게 허락하지 않거나 응답이 매우 느리다. 캐나다의 단풍나무는 매우 약하여 여름철 강풍이 불 때 또는 겨울철 눈이 많이 내릴 때 나무가 집으로 넘어가 건물 파손은 물론 사람이 위험에 처할 수 있다.

여름철 8월경에 가뭄이 가끔씩 있어서 잔디가 말라 죽는 경우가 흔하다. 이때는 호스로 정원에 물을 자주 뿌려 주어야 잔디를 보호 할 수 있다. 그러나 가뭄이 아주 심할 경우 식수가 부족하여 잔디에 물을 뿌리는 것이 금지될 때도 있다.

c) 가을, 겨울철 관리

가을이 되면 골치 아픈 것이 하나 더 있다. 나무에서 떨어지는 낙엽이 엄청 나다. Walmart, Costco, Home Depot 등 상점 에서 구입한 종이 포대 (Yard Waste Bags)에 낙엽을 담아서 지정된 날짜에 집 앞 도로 옆에 놓으면 수거해 간다.

따듯한 밴쿠버를 제외한 나머지 캐나다 전 지역은 겨울철이 시작되면 눈을 치워야 한다. 주에 따라 다를 수 있지만 집 주차장으로 들어오는 길 (Drive Way) 또는 집 앞 인도의 눈을 안 치워서 지나가는 사람이 넘어져 다치면 집 주인이 손해 배상을 해야 하는 경우도 발생할 수 있다.

토론토는 눈의 양이 아주 많지 않아서 건강하고 부지런하면 개인이 치울 수 있지만 (가끔은 예외도 있음), 그 밖에 대서양 연안 지역, 몬트리올, 오타와, 로키 산악지역은 눈이 엄청 많이 내려 개인이 치울 수 있는 한계를 넘는다. 눈을 치우기 어려운 지역에 거주하는 주민들은 대부분 전문적으로 눈 치우는 회사에 겨울철 제설 작업을 의뢰 한다.

겨울철 난방은 대부분 전기를 이용하고 일부가 가스나 오일을 사용 한다. 어떤 에너지를 이용해도 난방비는 부담이 될 수 있다. 따라서 저렴한 장작 (Firewood)을 구입하여 벽난로를 사용하는 가정이 종종 있다. 장작은 코드 (Cord) 단위로 판매하며, 1 코드는 마른 장작을 쌓아 놓은 것으로 가로, 세로, 높이가 각각 3.62m 되는 부피를 의미하며, 아껴 쓰면 보통 한해 겨울 사용이 가능하다. 그러나 장작을 사용하면 끄름이 집안을 더럽힐 수 있어서 경제적으로 여유가 있고 벽난로의 운치를 즐기는 집은 나무 대신 가스를 사용하는 벽난로를 사용하기도 한다.

| 주택 내부는 모두 나무로 건축하고 외부에 지붕과 벽돌을 붙여서 짓기 때문에 겨울철은 따듯하고 여름은 시원하지만 화재가 발생하면 대부분 완전 전소 된다. 따라서 주택 화재 보험 가입은 꼭 필요하다. |
|---|

<장작 판매하는 농장>

<주택 내부는 모두 나무>

12월이 되면 많은 주택에서 크리스마스 장식을 집안은 물론이고 집 앞에도 한다. 물론 안 해도 상관없지만 이웃집들은 다하고 내 집만 안하면 많이 설렁해 보이기 때문에 어느 정도 따라하는 시늉이라도 하는 것이 일반적이다.

겨울철 잔디는 걱정할 필요가 없다. 캐나다 잔디는 눈이 내리는 11월 영하의 기온에도 녹색을 유지하고 있다. 물론 한 겨울인 1,2월에 누렇게 변하지만 얼어 죽지 않고 봄이 되면 금방 녹색을 변하며 다시 자라기 시작한다.

d) 바퀴벌레 퇴치 방법

캐나다는 나무가 엄청 풍부하여, 비싼 집이나 저렴한 집이나 할 것 없이 대부분 목재를 이용하여 짓기 때문에 시멘트보다 더 인체

공학적일 수 있다. 그러나 목재로 지은 집은 벌레가 잘 생긴다. 벌레 중에서 바퀴벌레는 약 뿌려서 죽여도 끈임 없이 다시 생기므로 바퀴와 전쟁을 하다가 치쳐서 인터넷에 해결 방법을 호소하는 경우가 가끔 있다.

처음 한두 마리일 때 심각 하게 생각하지 않을 수도 있지만, 잠자다가 사람이 물릴 수 있고 물리면 엄청 간지럽고 알레르기가 심한 사람은 상당히 고생할 수도 있다.

집에 필요한 도구나 제품을 판매하는 “Home Depot”나 “RONA”에서 벌레 제거용 스프레이를 구입하여 집안에 뿌리면 일반 벌레는 죽어서 없어진다. 그러나 바퀴벌레는 스프레이를 뿌려도 일시적으로 사라지고 얼마 지나지 않아서 곧 다시 생긴다. 스프레이를 뿌릴 때 죽는 바퀴벌레도 있지만 상당수가 다른 곳으로 재빨리 피하고 약 기운이 떨어지면 다시 나타난다.

아파트를 임대하여 살고 있으면 주인에게 요청하면 주인은 법적으로 바퀴벌레를 퇴치해 주어야 한다.

가장 간단한 방법은 종이에 젤이 발라져 있는 "Insect Trap and Monitor“를 사서 부엌, 화장실 등의 구석에 사람의 손이 닷지 않은 안전한 곳에 간단히 설치하면 된다. 이러한 제품은 e-Bay에서도 판매하므로 손쉽게 구할 수 있다. 그러나 집안이 넓어서 종이로 된 퇴치약이 효과가 적으면 튜브형 젤, ”MaxForce Gel“을 구입하여 구석진 곳에 발라 놓으면 효과가 확실하다. MaxForce사의 튜브형 젤은 전문방역회사도 사용하는 제품이다.

<Insec Trap and Monitor>

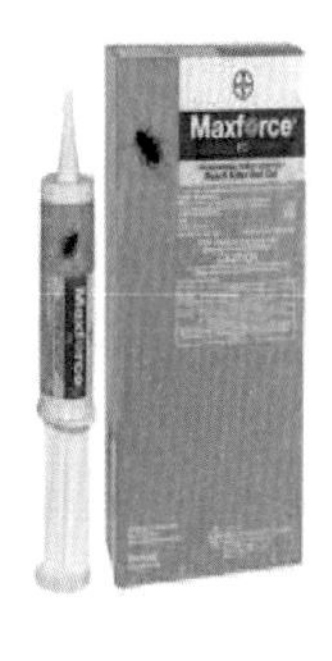


<튜브형 젤>

### h. 주택 판매는 어떤 절차가 필요한가?

a) 부동산 중개인 선정은 반드시 권장

이는 보유 주택을 원하는 시기에 제 가격을 받고 판매하는 것에 가장 큰 영향을 미치는 것이 중개인 능력에 따라 크게 차이가 날 수 있기 때문이다. 간혹 중개인 수수료가 부담스러워 직접 매물을 시장에 내 놓는 경우가 있지만 시장의 냉담한 반응으로 실패하고 뒤늦게 중개인에게 의뢰하는 경우가 종종 있다. 판매자는 구매자보다 중개인이 더욱 중요한 이유는 다음과 같다.

- 첫째, 수수료 때문에 개인이 주택을 매물로 내놓으면 판매자 중개인으로부터 50% 수수료를 나누어 받는 구입자 중개인들은 수수료 수익이 불확실하기 때문에 대부분 자신의 고객에게 개인 매물을 소개하기 꺼 릴 수 있다.
- 둘째, 주택을 판매하려면 잘 팔리도록 집을 수리하고, 청소하고, 냄새도 제거하고, 분위기 있게 가구도 배치하는 등 여러 가지 중요한 사항을 지도해 줄 사람이 없다.
- 셋째, 개인의 홍보 능력은 부동산 중개인과 소속된 회사에 비하여 현저히 떨어진다.
- 넷째, 주택 구매자가 중개인이 아닌 판매자에게 직접 가격 협상 및 요구 조건을 말해야 하므로 상당히 부담스럽게 생각할 수 있다.
- 다섯째, 구매자 입장에서 개인 간 거래에서 발생하는 법률적 또는 기타 문제가 발생할 수 있는 위험을 고려해야 한다.
- 여섯째, 부동산 중개인이 있는 경우 중개인을 통해서 예약을 하고 방문하기 때문에 정리 정돈이 잘 된 상태에서 집을 보여 줄 수 있지만, 개인이 판매하는 경우 방문을 요구하면 대부분 바로 집을 보여 주기 때문에 항상 청결 상태를 항상 유지해야 하므로 자유로운 생활이 장기간 어렵다. 심한 경우 1년 이상 지나야 거래가 되는 경우도 있다 것을 염두 해야 한다.

b) 오픈 하우스 준비는 철저히

중개인과 협의하여 청소는 물론이고 집을 수리하고 가구도 재배치하여 고객에 마음을 사료 잡아야한다. 돈이 들지만 오래된 주택일수록 낡은 창틀 및 문을 바꾸면 분위기가 확 달라진다. 경우에 따라서 낡은 싱크대도 새것으로 바꾸면 많이 좋아 진다. 바닥 등 주택 내부는 말 할 것도 없고 외부의 정원도 손을 보아야 한다. 가구는 분위기에 알맞게 배치해야 하며 만약 가구가 낡아서 판매에 장애가 되면 사전에 처분해야 한다.

오픈 하우스 할 때를 포함하여 초기에 방문하는 고객이 구매 의사가 높은 경우가 많으므로 나쁜 인상을 주면 나중에 판매가 엄청 어려울 수 있다. 절대로 서두르지 말고 철저히 준비한 후 오픈하우스 등 고객을 맞이하는 것이 매우 중요하다. 준비사항 중 냄새가 나는 음식 요리를 자제 하는 것도 매우 중요 하다.

오픈 하우스를 하는 동안 주인은 집에 있을 필요가 없고 가급적이면 다른 곳에 가 있는 것이 좋다. 전문적인 중개인이 고객을 상대하는 것이 판매에 유리 할 수 있고 찾아오는 손님도 주인이 없는 것을 편하게 생각할 수 있다.

c) 오퍼 접수, 주택 검사, 계약, 이사

관심이 있는 고객이 중개인을 통하여 구매 의사를 오퍼 할 수 있다. 그리고 조건부로 주택 검사를 넣을 수 있으며 이때 구매자가 의뢰한 검사원이 실시하는 주택 검사에 협조해야 한다.

오퍼 가격이 요구하는 가격보다 적어서 거절하거나 수정을 요청할 수 있다. 만약 마음에 들어 오퍼를 수락하면 자동 계약이 되고 계약금을 수령하면 된다. 한국과 많이 다른 점은 오퍼 수락 후 부동산 가격이 많이 더 오르거나 내려 갈 경우 한국 같이 계약금에 해당하는 위약금을 물고 계약을 해지하는 것이 쉽지 않다는 것이다.

오퍼에 명기된 이사 날짜 이전에 집을 반드시 비워야하고 열쇠는 담당변호사에게 넘겨야 한다. 물론 계약 후에 주택을 사용하다가 문제가 발생하면 반드시 수리 복구하여 새 주인에게 넘겨주어야 한다. 만약에 발생할지 모르는 문제가 부담스러워서 이사 날짜까지 안 살고 미리 이사하는 경우도 있다.

d) 등기 이전 (Closing) 및 세금 (Capital Gain) 납부

구매자 변호사와 판매자 변호사가 잔금을 치루고 등기이전을 하는데 영주권자와 시민권자는 절차가 간단하지만 유학생 등 비영주권자는 좀 더 복잡하다. 비영주권자의 경우 주택을 매각하고 세금을 미납한 상태에서 언제든 본국으로 귀국할 수 있기 때문이다.

판매자가 비영주권자이면 양도소득세 및 재산세 등 관련 세금을 완납한 후 보통 4~8주가 소요되는 세금완납증명서 (Clearance Certificate)를 국세청 (Revenue Canada)에서 발급받아 제출해야 이전 등기가 가능 하다.

그러나 판매자가 시민권자 및 영주권자인 경우는 세금 납부와 관계없이 구매자는 일단 등기 이전이 가능하고 나중에 판매자는 (연말정산) 소득보고 할 때 양도소득을 합하여 보고하면 된다.

# 생활용품 구입 정보

## 1) 생활용품 판매 주요 매장

### a. 주요 매장

캐나다 소비자들은 새로운 매장을 오픈하면 한국 같이 한번 정도는 방문하지만 기존에 이용하는 매장을 어지간해서 바꾸지 않는다. 따라서 대다수의 매장들이 10년 정도 지나도 그대이다. 미국의 초대형 매장 타깃 (Target)이 자본을 앞세워 대규모 진출하였으나, 캐나다 소비자의 기호를 맞추지 못하여 결국 2015년 철수하였다.

캐나다 대형 식료품 회사는 지역 및 일반 소비자의 기호에 맞추어 100개가 넘지만, Costco 등 일부 회사를 제외하고 대부분 4개의 초대형 대기업의 자회사이다. 즉 대기업들이 많은 식료품회사들을 인수하였지만 상호를 가급적 바꾸지 않고 그대로 유지하여 기존 고객에게 낯설지 않도록 하는 문화가 있기 때문이다.

<취급 품목별 주요 매장 목록>

| 구분 | 주요 매장 |
|---|---|
| 식료품 | - Loblaw Companies 계열사<br>Loblaws, Atlantic Superstore, Dominion, Maxi, No Frills, Provigo (QC), SuperValu, T&T Shoppers Drug Mart (Pharmaprix)<br>- Metro Inc. 계열사<br>Metro, Brunet, Food Basics, Super C, Marché Richelieu<br>- Empire Company Ltd. 계열사<br>Sobeys, Food Town, Thrifty Foods, IGA (QC), (계열사 Target은 2015년 파산으로 정리)<br>- Jim Pattison Group 계열사<br>PriceSmart Foods, Save-On-Foods, Urban Fare, Overwaitea Foods, Buy-Low Foods, Cooper's Foods<br>- 기타: Costco, Atlantic Co-op, Walmart |
| 커피, 패스트푸드 | - Tim Hortons, Second Cup, Starbucks, A&W<br>- McDonald, Buger King, Subway, Windey's |
| 가구, 가전 | - IKEA, Brick, Structube, Leon's, Eathan Allen, Sears Canada, Urban Barn, Sandy's,<br>- Walmart, Home Depot, Costco<br>- Brault & Martineau (QC), Mobilia (QC), B&B Italia (BC), Pottery Barn (BC), Inspiration (BC) |
| 컴퓨터, 프린터 | - Best Buy, Costco, Canada Computer, Staples |
| 학용품 | - Staples, Dollarama,<br>- Costco, Walmart, Uniprix |
| 집/건물 재료 및 도구 | - Home Depot, RONA, Home Hardware, Canadian Tire, Réno-Dépôt (QC) |

### b. 오픈 박스 제품

중고 제품은 아니지만 고객으로부터 반품된 제품 또는 전시된 제품을 저렴하게 판매하는 가게들이 제법 있다. 제품에 스크래치가 있을 수는 있지만 저렴한 가격 때문에 많은 사람이 이용한다.

단순한 스크래치는 사용하는데 큰 지장이 없지만 간혹 성능이나 수명에 문제가 있는 경우도 있으므로 이러한 위험이 있는 것은 구매자가 감안해야 한다.

<오픈 박스 제품 판매하는 사업체>

| 상호 | 주소 및 기타 |
|---|---|
| 토론토<br>Appliance TV Outlet<br>(www.ApplianceTVoutlet.ca)<br>Open Box Store<br>(www.openboxstore.com) | 7475 Kimbel St, #9 & #10<br>Mississauga, ON<br>3595 St. Clair Ave. E,<br>Scarborough, ON |
| 밴쿠버<br>OpenBox<br>(www.openbox.ca) | 64-7789 134th St, Surrey, BC<br>1618 SE Marine Dr, Vancouver, BC<br>5-19840B 96th Ave, Langley, BC<br>5117 3rd Rd, Richmond, BC<br>1106-1163 Pinetree Way, Coquitlam, BC |
| 몬트리올<br>J Sonic<br>(www.jsonic.ca) | 6869 Henri-Bourassa W,<br>Saint-Laurent, QC |
| 전국<br>Henry's<br>(www.henrys.com) | 중고 제품도 함께 취급 |

### c. 파손된 가구

깔끔한 디자인과 저가 가구로 유명한 아이케아 (IKEA, 불어 이케아)에서는 전시 중 부서진 가구를 계산대에서 그리 멀지 않은 곳에 전시하여 판매하고 있다. 간혹 그래도 쓸 만한 것을 판매하는 경우도 있다. 영업이 끝난 후 저녁에 부서진 가구를 옮겨 놓기 때문에 주로 영업을 시작하는 시간대에 고를 수 있는 기회가 더 많다.

아이케아 이외도 많은 가구점에서 가끔 전시품 또는 하자가 있는 가구를 저렴한 가격에 판매하는 경우가 있다.

### d. 재고 의류 및 신발류

캐나다 전국에 매장을 가지고 있는 Winners는 쇼핑몰 등에서 팔다가 재고가 된 의류 및 신발류를 판매하고 있어서 얼핏 보면 색상, 사이즈, 디자인 등의 문제 때문에 고를 것이 없는 것으로 생각되지만 간혹 괜찮은 것도 있다.

## 2) 중고품 판매 정보

캐나다는 중고 생필품 거래가 상당히 활발하다. 중고가격은 1달러부터 수백 달러까지 되는 다양 제품을 거래한다. 한국인들도 임시 거주하거나 생활비를 절약하려고 종종 중고품을 구입하여 사용한다.

그러나 경우에 따라 낭패를 볼 수 있고 반품이 안 되기 때문에 구입 단계에서 주의가 필요하다.

- 전자 제품은 가격 변동이 심해 거의 새로 구입하는 가격을 지불할 수도 있다.
- 구입한지 얼마 안 돼 고장이 나면 캐나다는 수리비가 너무 비싸 그냥 버려야 할 수 도 있다.
- 중고품을 구입 할 때 일정 기간 무상 수리 서비스를 제공한다고 하지만 막상 고장이 났을 때 이리저리 피할 수도 있다.
- 캐나다에도 의외로 좀 도둑이 많아 훔친 물건을 모르고 구입할 수도 있다.

| 자동차 등 고가 제품의 경우 해당 대리점의 신용도를 소비자 보호원 (Better Business Bureau, 또는 Québec Commercial Certification Office)에 신고 된 과거 불만 사항을 알아 볼 수 있다. |
|---|

### a. 유명한 중고품 거래 인터넷 사이트

캐나다에서 가장 활발하게 거래되는 인터넷 벼룩시장은 키지지 (www.kijiji.ca)와 크렉스리스트 (www.craigslist.ca) 이다. 물론 지역 한인 인터넷 사이트에서도 중고품이 활발히 거래 되어 이를 이용할 수도 있다. 인터넷에서 판매되는 중고품의 경우 동일 제품이라도 가격이 차이가 많아 급하지 않다면 시간을 두고 검색하면 좋은 물건을 저렴하게 구입할 수 있다.

### b. 중고 스포츠 용품

어린이들은 너무 빨리 성장하여 스케이트 등 스포츠 용품의 경우 몇 번 사용하지 않았지만 작아져서 다시 큰 것으로 바꾸는 경우가 흔하다. 이러한 불편 때문에 중고품 거래로 매우 유명한 플레이 잇 어게인 스포츠 (Play It Again Sports) 가게가 있다. 이 가게는 캐나다 전역에 있으며, 구글 지도에서 집 근처 가까운 가게를 쉽게 찾을 수 있다. 이 가게는 중고 스포츠 용품 구입도 함께 하고 있어서 차액을 더 지불하고 큰 것으로 교환할 수도 있다.

### c. 중고 의류 판매점

벨루 빌리지 (Value Village)에서 중고 의류 및 신발, 그리고 일부 주방 용품을 판매하는 곳으로 대도시는 물론 중·소도시까지 캐나다 전역에 있다.

<중고 스포츠 용품>

<중고 의류, 신발 및 부엌용품>

### d. 기타 중고 제품 판매 정보

중고 자동차만을 전문으로 판매하는 곳도 있지만 새 자동차를 판매하는 거의 모든 대리점에서 중고 자동차도 함께 판매한다. 또한 대학가 주변 서점 또는 인터넷 서점에서 중고 책도 함께 판매하고 있다.

그 밖에 중고 제품을 판매하는 곳은 구글 지도에서 “Second Hand Shop” 키워드로 찾을 수 있다.

# 영문 이름, 주소 그리고 도로

## 1) 영문 한국이름

여권을 가지고 있는 한국인이면 누구나 영문 한국이름이 있을 것이다. 그러나 한국이름을 각자 알아서 발음하는 대로 영문으로 표현하다보니 부모는 물론이고 형제와도 성의 영어 철자가 다른 경우가 있다. 최소한 가족이라면 성은 같은 철자를 사용하는 것이 바람직하다. 외국인이 본다면 부모가 다른 형제나 부모가 재혼한 것으로 착각할 수 있다.

가급적이면 한국인이 많이 사용하는 철자로 성을 결정하는 것을 권장하고 싶다. 독특한 철자로 되어 있으면 같은 한국인이 보아도 순간적으로 다른 성씨로 착각할 수 있다.

이름은 보통 한글로 두 글자이지만 영어철자에서 서로 나누어 놓으면 외국인이 미들네임이 있는 줄로 착할 수 있다. 즉 홍길동을 Gil Dong Hong으로 적으면 Dong을 미들 네임으로 착각한다. 하이픈을 사용하여 Gil-Dong Hong 으로 표현하면 누구도 정확히 이해한다. 그러나 문제는 캐나다 정부의 서류에서 하이픈을 사용하지 않는다. 따라서 Gildong Hong으로 정해서 사용해야 한다.

불어를 사용하는 퀘벡 지역은 한국 같이 성을 이름 앞에 사용한다. 이럴 경우 성 다음에 반드시 커마 (,)를 붙인다. Hong, Gildong 같이 커마를 사용하면 성을 앞에 쓰더라도 외국인이 Hong을 성으로 이해한다.

비공식적으로 편의를 위하여 한국이름 전체보다는 한 글자만 사용하면 외국인이 쉽게 받아들인다. 즉, 길동에서 편리하게 Gil (또는 Dong) 만 사용하는 경우이다.

만약 홍길동이 비공식적으로 영어이름 James를 사용한다면 Gildong (James) Hong 또는 Gildong "James" Hong으로 쓸 수 있다.

공식적으로 이름을 바꾸는 경우, 각 주의 개명 정부기관 사이트에서 온라인으로 양식을 다운로드 받아 신청하면 된다. 다만 이때 옛 한글이름은 미들네임으로 유지하는 것을 권장하고 싶다.

<각 주의 공식적인 개명 정부기관>

| 주 | 관련 기관 |
|---|---|
| 온타리오 | Office of the Registrar General |
| 퀘벡 | Directeur de l'état civil Quebec |
| 브리티시 컬럼비아 | Vital Statistics Agency |
| 앨버타 | Service Alberta (Vital Statistics) |
| 사스카츄완 | eHealth Saskatchewan (Vital Statistics Registry) |
| 매니토바 | Vital Statistics Agency |
| 노바스코샤 | Service Nova Scotia (Vital Statistics) |
| 뉴브런즈윅 | Service New Brunswick (Vital Statistics) |
| 프린스 에드워드 아일랜드 | Vital Statistics |
| 뉴펀들랜드 | Dep. of Gov. of Services (Vital Statistics Division) |

※ 개명 정부기관은 출생, 혼인, 사망 등의 업무도 병행

## 2) 영문 주소 사용 방법

한국과 비교하여 캐나다 주소는 완전한 역순이라는 점은 누구알고 있지만 그 외에 사항들도 알면 생활하는데 편리하다.

### a. 우편물 주소

가장 많이 사용하는 기본적인 우편 주소는 3줄로 되어 있으며 콤마 (,)를 사용하지 않는다.

- 첫째 줄: 수신자 (The Addressee)
- 둘째 줄: 호수, 번지, 도로, 방향 (Civic Address)
- 셋째 줄: 시, 주, 우편번호

"100 Main Street East, Hamilton, ON"에 위치한 B동 건물의 10호에 사는 홍길동의 주소를 다음과 같이 쓸 수 있다.

| JILDONG HONG<br>10-100B MAIN ST E<br>HAMILTON ON L8N 3W7 |
|---|

또는

| JILDONG HONG<br>100B MAIN ST E UNIT 10<br>HAMILTON ON L8N 3W7 |
|---|

또는

| JILDONG HONG<br>UNIT 10<br>100B MAIN ST E<br>HAMILTON ON L8N 3W7 |
|---|

회사의 경우 부서를 이름 다음 줄에 삽입하여 사용할 수 있다.

| JILDONG HONG<br>MARKETING DEPT<br>10-100B MAIN ST E<br>HAMILTON ON L8N 3W7 |
|---|

시빅 주소 대신에 우편 사서함 (PO BOX)을 사용할 수 도 있고

같이 병행하여 사용할 수 도 있다.

| JILDONG HONG<br>10-100B MAIN ST E<br>PO BOX 4001 STN A<br>HAMILTON ON L8N 3W7 |
|---|

시골의 경우 우편배달을 효율적으로 하기 위하여 집 주소 대신 우편함 주소인 "Rural Route (PR)"를 사용하고, 그 외에 지역에서는 "General Delivery (GD)"를 사용하기도 한다.

| JILDONG HONG<br>100 MAIN ST<br>PR 6 STN A<br>HAMILTON ON L8N 3W7 |
|---|

| JILDONG HONG<br>GD STN MAIN<br>HAMILTON ON L8N 3W7 |
|---|

### b. 번지와 동·호수

"번지"는 시빅 번호 (Civic Number)로 불리며, 도로를 기준으로 양편으로 나누어 각각 홀수와 짝수로 되어 있다. 한국은 "번지"와 "동"이 다르지만 캐나다는 대체로 하나의 번지에 하나의 건물만 있어서 "번지"와 "동"이 같다. 그러나 간혹 도시 지역의 경우 하나의 "번지"에 2개 이상의 건물이 있는 경우 보조 번지 (Civic Number Suffix)를 사용한다.

- 보조번지가 알파벳이면, 예 "100B MAIN ST E"
- 보조번지가 숫자이면, 예 "100 1/2 MAIN ST E"

아파트, 콘도, 상가 건물 등에서 사용하는 "호"는 유닛 (Unit)으로 불리며, Apt, Suit, #, 등으로도 표현할 수 있다. 타운하우스 같이 옆으로 집이 붙어 있는 경우 각각의 주택이 도로를 마주보고 있으면 개별 주소가 있고 "호"는 없다. 그러나 도로가 주택의 측면에 있어서 도로를 바라보지 못할 경우 동일한 "번지"에 "호"를 다르게 사용한다. 상가의 경우는 약간 다르다. 1층에 있는 가계들의 출입구가 도로를 바라보고 있어도 큰 건물의 일부분일 경우 동일한 “번지“에 “호“만 다르다. 다만 도로를 바라보도록 여러 가게들을 옆으로 붙여 건축한 플라자 (Plaza) 상가는 타운하우스 같이 개별 ”번지“가 있다.

<아파트, 콘도, 상가 등의 건물 “호“의 표기 방법>

| 영어 (약어) | 불어 (약어) |
|---|---|
| Apartment (APT) | Appartement (APP) |
| Suite (SUITE) | Bureau (BUREAU) |
| Unit (UNIT) | Unit (UNIT) |

그 밖에 건물 Building (BLDG), 층 Floor (FL) 등을 주소로 사용하기도 한다.

### 3) 도로이름, 종류, 방향

도로를 주소로 사용하다 보니 도로의 종류 (Type)나 방향도 중요한 경우가 있다. 예를 들어 “Yonge Street“와 ”Yonge Boulevard“는 전혀 다른 도로 이다. 그리고 토론토는 영 스트리트 (Yonge Street)를 기준으로, 몬트리올은 생로랑 (Boulevard St-Laurent) 도로를 기준으로 동쪽 또는 서쪽 지역인지 방향 표시를 함께 사용한다. 예를 들어 "100 Finch Ave E"와 “100 Finch Ave W"는 영 스트리트를 기준으로 서로 반대 방향에 있다. 중부 대평원 지역의 캘거리와 에드먼턴은 도시 중심을 기준으로 4개 구역으로 나누어 남동 (SE), 남서 (SW), 북동 (NE), 북서 (NW) 방향 표시를 사용한다.

도로이름이 숫자로 된 경우는 서수로 사용하지만 A, B 등 알파벳이 함께 있으면 기수를 사용한다.

- 숫자만 있는 경우, 예 2ND ST
- 숫자와 알파벳이 함께 있는 경우, 예 3A ST

캐나다의 대표적인 도로의 종류는 Highway, Street, Avenue, Boulevard, Road 이며, 영어권은 도로이름 뒤에 붙이지만 불어권은 앞에 붙인다. 영어권이지만 특정지역에 불어를 사용하는 주민이 많으면 도로이름 앞과 뒤에 모두 도로의 종류를 붙여 사용한다. 예를 들어 “Rue Main St"에서 Rue는 불어로 Street라는 뜻이다.

<도로의 주요 종류 및 약어 표기>

| 영어 도로 (약어) | 불어 도로 (약어) | 비교 |
|---|---|---|
| Highway (Hwy) | Autoroute (Aut) | 고속도로 |
| Boulevard (Blvd) | Boulevard (Boul) | 시내 주요 도로 |
| Street (St) | Rue (Rue) | 시내 또는 외각 도로 |
| Avenue (Ave) | Avenue (Av) | 시내도로 |
| Road (Rd) | Chemin (Ch) | 시내 또는 외각 도로 |

<도로의 방향과 약어 표기>

| 영어 도로 방향 (약어) | 불어 도로 방향 (약어) |
|---|---|
| North (N) | Nord (N) |
| South (S) | Sud (S) |
| East (E) | Est (E) |
| West (W) | Ouest (O) |
| Northeast (NE) | Nord-Est (NE) |
| Northwest (NW) | Nord-Ouest (NO) |
| Southeast (SE) | Sud-Est (SE) |
| Southwest (SW) | Sud-Ouest (SO) |

서부의 밴쿠버, 중부의 캘거리와 에드먼턴에서는 도로가 남북으로 있으면 도로의 종류로 Street를 사용하고 동서로 있으면 Avenue를 사용하여 누구나 쉽게 알 수 있다. 그러나 도시가 먼저 발달한 토론토를 포함한 동부지역은 아주 복잡한 도로의 종류를 사용하고 있다. 이 복잡한 도로의 종류는 주로 골목길에서 많이 사용하고 농촌 지역에서도 종종 사용한다. 도로의 종류는 지형에 따라 언덕 (영어 Hill, 불어 Montée) 또는 계곡 등을 의미하고, 도로 모양에 따라 원 (Circle), 초승달 (Crescent), 루프 (Loop) 등을 의미하고, 목적지에 따라 공원 (Parkway), 몰 (Mall) 등을 의미한다.

| 고속도로 나들목 (Exit) 번호와 거리 |
|---|
| 캐나다는 거리 표시를 위하여 미국과 달리 "Mile" 대신 "km"를 사용한다. 그리고 나들목 번호는 해당 고속도로 시작점에서 거리가 얼마나 떨어졌는지를 의미하므로, 여행 중 목적지 나들목 번호를 알면 현재 위치에서 목적지까지 남은 거리를 쉽게 알 수 있다. |

# 영어, 불어 무료 교육 프로그램

---

캐나다 어디에서나 무료로 언어를 배울 수 있는 기회는 많다. 다만 신규 이민자들이 많이 몰리는 토론토, 몬트리올, 밴쿠버 등 캐나다 3대 대도시는 실력에 따라 자신의 능력에 맞는 프로그램을 집 근처에 찾을 수 있지만, 신규 이민자들이 많지 않은 곳은 수강생들이 충분하지 않아 먼 곳 까지 가야 하거나 수준에 맞지 않는 프로그램에 참여해야 할 수 도 있다.

수업은 대체로 9월에 시작하여 이듬해 4월까지 3개월씩 3번에 걸쳐서 진행하고 여름 방학 중은 없다. 주로 중·고등학교 또는 초급대학의 교실을 빌려서 수업하며, 일부 폐교된 학교, YMCA, 한인회 등에서 수업을 하기도 한다.

영어 무상 교육프로그램의 경우 연방정부에서 운영하는 링크(LINC, Language Instruction for Newcomers to Canada)와 주정부 또는 시에서 운영하는 ESL (English as a Second Language)이 있다. 주로 학교를 졸업한 성인이 프로그램에 참여하고 학생들은 정식학교에서 운영하는 ESL반 (또는 Welcoming 반)에서 별도 언어 교육을 받는다.

불어 무상 교육 프로그램은 퀘벡 주에 시행하는 전일제와 시간제 과정이 있으며, 다른 주에서도 불어를 사용하는 일부 지역에서 이용 가능하다.

### 1) LINC 영어 교육 프로그램

LINC 등록은 언어능력 평가기관에서 하며 레벨 테스트를 거쳐 반 편성을 하며, 수업은 대체로 등록과 다른 장소에서 한다.

<한인들이 많은 거주하는 지역의 언어능력 평가기관>

| 구분 | 세부 지역 | 기관 및 주소 |
|---|---|---|
| 온타리오 | 광역토론토 | o YMCA<br>- 20 Grosvenor St, 3rd Fl. Toronto (다운타운)<br>- 4580 Dufferin St, 2nd Fl. Toronto (노스욕)<br>- 230 Town Centre Ct, Scarborough (스카보로)<br>o Welcome Centre<br>- 9325 Yonge St, Richmond Hill<br>- 8400 Woodbine Ave, #102-103 Markham<br>- 7220 Kennedy Rd, Markham<br>- 1400 Bayly St, #5, Pickering<br>- 458 Fairall St, #5, Ajax<br>o Centre for Education and Training<br>- 263 Queen St. E, #14, Brampton<br>- 7700 Hurontario St, #601, Brampton<br>- 50 Burnhamthorpe Rd. W, #300/410, Mississauga<br>- 171 Speers Rd, #20, Oakville, ON |
| | 서부지역 | o YMCA<br>- 8123 Lundy's Ln, Niagara Falls<br>- 185 Bunting Rd. St. Catharines<br>- 258 Hespeler Rd, Cambridge<br>- 800 King St. W, 3rd Fl. Kitchener<br>- 660 Oakdale Ave, Sarnia<br>o School Board<br>- 347 Erie Ave, Brantford<br>- 1410 Ouellette Ave, Windsor<br>o Immigrant Services<br>- 926 Paisley Rd, #4-5, Guelph<br>o Cultural Learner Centre<br>- 505 Dundas St, London |

(계속 이어서)

<한인들이 많은 거주하는 지역의 언어능력 평가기관>

| 구분 | 세부 지역 | 기관 및 주소 |
|---|---|---|
| 온타리오 | 동부지역 | o New Canadians Centre<br>- 221 Romaine St, Peterborough<br>o Language Assessment Services<br>- 263 Weller Ave, Kingston<br>o YMCA-YWCA<br>- 240 Catherine St, #308, Ottawa<br>- 180 Argyle Ave, 4th Fl. Ottawa |
| | 북부지역 | o YMCA<br>- 10 Elm St, #112, Sudbury |
| 브리티시 컬럼비아 | 광역밴쿠버 | o Western ESL Services<br>- 2525 Commercial Dr, #208, Vancouver<br>o Language Assessment Centre<br>- 7337 137th St, #202, Surrey |
| | 밴쿠버 외각 지역 | o Chilliwack Community Services<br>- 45938 Wellington Ave, Chilliwack<br>o Read Right Society<br>- 895 3th Ave, Hope<br>o Immigrant Services Society<br>- 38085 2nd Ave, #101, Squamish<br>o Inter-Cultural Association of Greater Victoria<br>- 930 Balmoral Rd, Victoria<br>o Immigrant and Refugee Centre Society<br>- 637 Bay St, 3rd Fl. Victoria<br>o Multicultural Society<br>- 319 Selby St, #101 Nanaimo |
| | 기타 지역 | o Immigrant and Multicultural Services Society<br>- 1270 2nd Ave, Prince George<br>o Regional Immigrants Society<br>- 448 Tranquille Rd, Kamloops<br>o Ki-Low-Na Friendship Society<br>- 442 Leon Ave, Kelowna |
| 중부 대평원 | 앨버타 | o Immigrant Services Calgary<br>- 910 7th Ave. SW, #1200, Calgary<br>o Centre for Newcomers Society of Calgary<br>- 920 36th St. NE #125, Calgary, AB<br>o Central Alberta Refugee Effort (CARE) Committee<br>- 5000 Gaetz Ave, #202, Red Deer<br>o Norquest College - Edmonton<br>- 11140 131st St, Edmonton<br>o Catholic Social Services Edmonton<br>- 10709 105th St, Edmonton<br>o Keyano College<br>- 8115 Franklin Ave, Fort McMurray |

(계속 이어서)

<한인들이 많은 거주하는 지역의 언어능력 평가기관>

| 구분 | 세부 지역 | 기관 및 주소 |
|---|---|---|
| 중부 대평원 | 사스카츄완 | o Regina Open Door Society<br>- 2550 Broad St, Regina<br>o Newcomer Welcome Centre<br>- 1855 Smith St, Regina<br>o Language Assessment and Referral Centre<br>- 336 5th Ave. N, Saskatoon<br>o Newcomer Information Centre<br>- 129 3rd Ave. N, #106, Saskatoon<br>o YWCA<br>- 1895 Central Ave, Prince Albert |
| | 매니토바 | o Board of Governors of Red River College<br>- 2055 Notre Dame Ave, #C212 Winnipeg<br>o South Winnipeg Technical Center<br>7 Fultz Blvd, Winnipeg<br>o School Improvement Program Inc.<br>- 357 Bannatyne Ave, #201 Winnipeg<br>o Language Assessment and Referral Centre<br>- 275 Portage Ave, #400, Winnipeg<br>o Society for Manitobans with Disabilities<br>- 825 Sherbrook St, Winnipeg<br>o Westman Immigrant Services<br>- 1001 Pacific Ave, Brandon |
| 대서양 연안 | 노바스코샤 | o Language Assessment Services<br>- 6169 Quinpool Rd, #204, Halifax |
| | 뉴브런즈윅 | o University of New Brunswick<br>English Language Programme<br>- PO Box 4400, Fredericton, NB<br>o Language Assessment and Refferral Service<br>- 45 Pélagie St, Dieppe (몽턴)<br>o YM-YWCA<br>- 130 Broadview Ave, Saint John<br>o College communautaire du Nouveau-Brunswick - Campus de Bathurst<br>- 75 College Rd, PO Box 226, Bathurst |
| | PEI | o PEI Association for Newcomers To Canada<br>- 49 Water St, Charlottetown |
| | 뉴펀들랜드 | o The Association For New Canadians<br>- 144 Military Rd, PO Box 2031, STN C, Saint John's |

그 외 지역은 연방 이민국 사이트에서 평가기관을 찾을 수 있다.
http://www.cic.gc.ca/english/newcomers/map/services.asp

LINC는 영주권이면서 18세 이상이면 누구나 신청가능 하지만,

시민권자 또는 임시체류자 (취업비자, 방문자, 유학생 등)는 신청할 수 없다.

LINC는 불어로 CLIC (Cours de langue pour les immigrants au Canada) 라고 부르며, 온타리오 주의 불어 사용지역에서 영어와 같이 무상 불어 프로그램을 운영하며 아래의 장소에서 레벨 테스트를 한다.
- La Cité des affaires (온타리오 주의 오타와)
- L'École des adultes Le Carrefour (온타리오 주의 오타와)
- Collège Boréal (온타리오 주의 서드버리)

단, 영어 LINC나 불어 CLIC 중 하나만 선택하여 수강할 수 있는 기회가 주어진다.

## 2) ESL 영어 교육 프로그램

ESL 프로그램은 LINC 프로그램과 달리 신청 자격 요건도 덜 까다롭고 비교적 쉽게 신청과 수업에 참여 할 수 있다. 신청, 레벨 테스트, 수업을 대체로 같은 장소에서 하는 것이 특징이다.

ESL 프로그램 관련한 수업장소와 일정을 안내하는 자료를 공공도서관에서 얻거나, 초·중·고등학교 교육위원회, 초급대학, 또는 시청 등의 인터넷 사이트에서 성인 (Adult Education) ESL 관련 자료를 얻을 수 있다. 일부는 이민자들이 많이 거주하는 아파트 등에 안내문을 배포하기도 한다.

ESL 무료 영어 프로그램은 전국 어디서나 쉽게 참여할 수 있고 심지어 불어권인 퀘벡 주의 몬트리올에서도 가능하다.

몬트리올 다운타운을 중심으로 서쪽 지역은 영어를 사용하는 지역으로, 무료 영어 ESL 프로그램을 주로 영어고등학교 건물에서 주간 (일부), 야간 시간대에 진행 한다. 등록은 수업을 하는 장소에서 직접 접수할 수 있지만 점진적으로 인터넷 접수로 바꾸려고 시도 한다.
프로그램은 주로 영어 교육위원회 인터넷 사이트에서 안내한다.
- English Montréal School Board (다운타운 및 NDG 지역)
  (James Lyng Adult Education Centre 등)
- Lester B-Pearson School Board (웨스트 아일랜드)
  (Centre De Formation Générale Adulte Place Cartier 등)

무료 영어, 불어 프로그램이 다양하여 유료 프로그램을 운영하는 사설 학원이 없을 것 같지만 대도시의 경우는 전혀 잘 못 된 생각이다. 한국에 있는 학원에서 수업하듯 그룹으로 수업을 하는 경우도 있고, 한, 두 명씩만을 대상으로 하여 전문적으로 수업을 하는 경우도 있다. 비용이 문제이고 아주 특별하지만 언어 교정 (Speech Therapy)을 위한 프로그램도 있다.

### 3) 불어 교육 프로그램

퀘벡 주는 불어 강화 정책에 따라 불어 교육이 무료인 것은 당연하고, 과거 코피 (COFI, Carrefour d'integration) 라고 부르던 프로그램에 참여하는 신규 이민자에게 오히려 보조금을 지급하였다. 실효성에 대하여 회의적인 여론이 있고 정부 예산이 부족하면서 과거보다 보조금이 줄어들고 주당 수업시간을 늘려 전체 교육기간을 줄였다. 2015년 전일제 수업에 참여하는 학생의 보조금은 다음과 같다.

- 수업 참여자 보조금: 독립이민자 $115/주, 투자이민 $30/주
  (개인 소득이나 재산과 무관하고 이민 종류에 따라 차등 지급)
- 자녀 위탁 보조금: 최대 $25
  (12세 이하의 자녀 2명까지 또는 장애인 자녀를 보육 기관에 맡기는 경우 실제 소요금액 지급, 단 배우자가 일을 하거나, 공부를 하거나, 아파서 자녀를 돌 볼 수 없는 경우로 한정)
- 교통비: 왕복 48km를 초과하는 거리에 한하여 $0,1050/km
  (대중교통을 이용할 수 없는 외지에 사는 경우에 해당)

전일제 수업은 하루 6시간씩 (8:30AM~4:30PM) 주당 30시간을 하며, 전혀 불어를 모르는 초보자의 경우 최대 33주까지 참여할 수 있다. 신청자격은 캐나다 거주 기간이 5년 미만이고, 퀘벡에 거주하는 영주권자로 16세 이상 이어야 한다.

<몬트리올 섬의 전일제 불어 교육 장소>

| 구분 | 장소 |
|---|---|
| 다운타운 | - Cégep du Vieux-Montréal<br>- Service à la famille chinoise du Grand Montréal inc.<br>- Université du Québec à Montréal |
| 몽로얄 북쪽 (성요셉 성당 주변) | - PROMIS<br>- Université de Montréal |
| 라살 | - Cégep André-Laurendeau |
| 생로랑 (Hwy 40 & Hwy 15 주변) | - CARI Saint-Laurent<br>- Collège de Bois-de-Boulogne<br>- Cégep de Saint-Laurent<br>- Commissions scolaire Marguerite-Bourgeoys |
| 웨스트 아일랜드 | - Centre d'intégration multiservices de l'Ouest de l'Île<br>- Collège Gérald-Godin |
| 동부지역 | - Accueil aux immigrants de l'Est de Montréal<br>- Cégep Marie-Victorin<br>- Collège Rosemont<br>- Commission scolaire de Montréal<br>- CRECA |

프로그램 등록은 퀘벡 이민 사이트에서 인터넷으로 접수하고 있다. http://www.immigration-quebec.gouv.qc.ca/en/french-language/learning-quebec/full-time/admission.html

시간제 수업은 주당 4, 6, 9, 12 시간 등 다양한 과정이 다양한 장소에서 하고 있으며, 몬트리올 한인회 장소를 빌려 수업을 하기도 한다. 큰 회사에 다니는 경우 일과 후에 불어 교육을 하기도 한다.

# 제 4 장

# 연방정부 및 주정부 복지제도

여유롭고 풍요로운 복지국가

# 우유 값으로 불리는 자녀양육 수당

자녀양육 수당은 연방정부와 주정부가 각각 별도로 지원 한다. 지원금 내역 중 일부 항목을 제외하고 가계 소득 수준, 부양 자녀의 수, 자녀의 장애 여부에 따라 차등 지급한다. 연간 가계 소득이 저소득층인 경우 지원 금액이 생각 보다 많을 수 있다.

자녀 양육 수당 신청은 자녀가 태어났을 때, 또는 캐나다에 도착하여 한번만 연방에 신청하면, 매년 세금 보고에게 따라 연방정부와 주정부에서 변경된 금액을 자동 지급한다. 만약 이전 년도 세금보고가 없는 이민자는 자녀양육 수당 신청 양식에 캐나다 도착 전 본국에서의 가계 소득을 기입하는 것을 기준으로 한다.

자녀 양육 수당 항목 중에서 "Universal Child Care Benefit"은 유일하게 과세 대상으로 매년 개인 소득에 대한 세금보고를 할 때 소득에 포함하여 보고해야 한다. 그러나 가계 소득에 따라 차등 지급하는 나머지 모든 자녀양육 수당 항목들은 세금보고 대상이 아니다.

### 1) 연방 정부 자녀양육 수당 (2013/14년 기준)

캐나다 연방정부는 자녀가 있는 가정을 위하여 2가지 자녀양육 지원 프로그램을 운영한다. 하나는 연간 가계 소득 수준에 따라 차등 지급되는 "Child Tax Benefit (Basic Benefit, NCBS, CDB)" 이고, 다른 하나는 소득 수준과 관계없이 균등하게 지급되는 "Universal Child Care Benefit" 이다.

#### a. 기본금 (Basic Benefit)

연간 소득이 $43,561 이하 이면, 연간 자녀 1명 당 $1,433을 지원하고, 셋째 자녀부터 연간 $100씩 추가 지원한다. 소득이 $43,561 이상 이면 첫 번째 자녀는 초과소득의 2%씩 두 번째 자녀부터는 4%씩 지원 금액이 감소한다.

> 앨버타 주는 가계 소득 수준이 아닌 자녀 나이에 따라 차등 지급한다. 0~7세는 $110,00, 7~11세는 $117.41, 12~15세는 $131.41, 16세와 17세는 $139.16을 매월 지급한다.

#### b. NCBS (National Child Benefit Supplement) 저소득층 지원금

연간 소득이 $25,356 이하 이면, 연간 첫째 자녀는 $2,221, 둘째 자녀는 $1,964, 셋째 자녀부터는 각 $1,869를 지급한다. 연간 소득이 25,356 이상이면 첫 번째 자녀는 초과소득에 12.2%씩, 두 번째 자녀부터는 23.0%씩, 세 번째 자녀부터는 33.3%씩 지원금이 감소한다.

#### c. CDB (Child Disability Benefit) 장애아동 지원금

연간 소득이 $43,561 이하 이고, 장애를 가진 자녀가 있으면 연간 장애 자녀 1명 당 $2,626을 지급한다. 소득이 $43,561 이상 이면 첫 번째 자녀는 초과소득의 2%씩, 두 번째 자녀부터는 4%씩 지원 금액이 감소한다. 또한 장애를 가진 자녀수에 따라 지원금이 감소하기 시작하는 연간 소득 기준도 변경 된다.

| 장애<br>자녀수 | 연간소득<br>기준금액 | 장애<br>자녀수 | 연간소득<br>기준금액 |
|---|---|---|---|
| 1<br>2<br>3<br>4 | $43,561<br>$43,552<br>$43,536<br>$49,149 | 5<br>6<br>7<br>8 | $54,761<br>$60,374<br>$65,987<br>$71,599 |

### d. UCCB (Universal Child Care Benefit) 영·유아 지원금

자녀의 나이가 0세 ~ 5세이면 소득 수준에 관계없이 누구에게나 균등하게 매월 $100씩 지급한다.

> 2015년부터 UCCB 지원금은 자녀의 나이가 0세 ~ 5세이면 매월 $160씩 지급하고, 6세 ~ 17세이면 매월 $60씩 지급한다.

### 2) 주정부 자녀양육 지원 프로그램 (2013/14년 기준)

각 주정부에서도 연방정부와 별도로 자녀가 있는 가정을 경제적으로 지원하기 위한 프로그램을 운영하고 있다. 지원금이 상당한 수준인 주도 있고, 매우 작은 주도 있고, 지원 프로그램 자체가 아예 없는 주도 있다.

#### a. 온타리오 주의 OCB (Ontario Child Benefit)

- 연간 소득이 $20,000 이하면 자녀 한명 당 월 $100.83을 지원 받는다. 소득이 $20,000 이상이면 지원금이 점진적으로 감소한다.

| 자녀 수 (명) | Family Net Income | | |
|---|---|---|---|
| | $20,000 | $25,000 | $30,000 |
| 1 | $100.83 | $67.50 | $34.17 |
| 2 | $201.67 | $168.33 | $135.00 |
| 3 | $302.50 | $269.17 | $235.83 |
| 4 | $403.33 | $370.00 | $336.67 |

#### b. 퀘벡 주의 Child Assistance Program

- 첫 번째 자녀가 태어났을 때 출생신고하면 40일 이내에 특별 지원금, 수천 불을 지급한다. 그러나 이 제도는 매년 자주 변경되어 지급 금액 차이도 크고, 심한 경우는 아예 지원금을 지급하지 않는 년도도 많다.
- 기본금은 자녀수 및 소득 수준에 따라 아래와 같이 차등 지원하고 5명이상 자녀에 대해서 $1,755씩 추가 지원하다.

| 자녀수 / 연간수입 | 배우자가 있는 경우 연간 자녀양육 수당 | | | | |
|---|---|---|---|---|---|
| | 1명 | 2명 | 3명 | 4명 | 5명 |
| $0~$46,699 | $2,341 | $3,511 | $4,681 | $6,436 | $8,191 |
| $50,000 | $2,209 | $3,379 | $4,549 | $6,304 | $8,059 |
| $60,000 | $1,809 | $2,979 | $4,149 | $5,904 | $7.659 |
| $75,000 | $1,209 | $2,379 | $3,549 | $5,304 | $7,059 |
| $85,000 | $809 | $1,979 | $3,149 | $4,904 | $6,659 |
| $100,000 | $657 | $1,379 | $2,549 | $4,304 | $6,059 |

| 자녀수 / 연간수입 | 배우자가 없는 경우 연간 자녀양육 수당 | | | | |
|---|---|---|---|---|---|
| | 1명 | 2명 | 3명 | 4명 | 5명 |
| $0~$33,944 | $3,162 | $4,332 | $5,502 | $7,257 | $9,012 |
| $35,000 | $3,120 | $4,290 | $5,460 | $7.215 | $8,970 |
| $40,000 | $2,090 | $4,090 | $5,260 | $7,015 | $8,770 |
| $45,000 | $2,720 | $3,890 | $5,060 | $6,815 | $8,570 |
| $50,000 | $2,520 | $3,690 | $4,860 | $6,615 | $8,370 |
| $75,000 | $1,520 | $2,690 | $3,860 | $5,615 | $7,370 |
| $85,000 | $1,120 | $2,290 | $3,460 | $5,215 | $6,970 |
| $100,000 | $985 | $1,690 | $2,860 | $4,615 | $6,370 |

### c. 브리티시컬럼비아 주의 BCFB

(BC Family Bonus - Family Earn Income Benefit)

- 가계 근로소득이 연간 $10,000 이상이고, 기타 소득을 합친 가계 총소득이 $21,480 이하면 첫째는 월 $0, 둘째는 월 $0, 셋째는 $2.75를 지원한다.
- 가계 근로소득이 연간 $3,750에서 $10,000까지 지원 금액이 점진적으로 증가하고, 기타 소득을 합친 가계소득이 $21,480 이상이면 점진적으로 감소한다.

### d. 앨버타 주의 AFETC

(Alberta Family Employment Tax Credit)

- 최대 수령 가능 금액은 자녀에 따라 차등 지급한다.

| 첫째 자녀 | 둘째 자녀 | 셋째 자녀 | 넷째 자녀 |
|---|---|---|---|
| $728<br>(월 $60.66) | $662<br>(월 $55.16) | $397<br>(월 $33.08) | $132<br>(월 $11.11) |

- 연간 가계 소득이 $2,760 이상이면 근로소득의 8%를 지원한다. 자녀가 4명 있다면 최대로 수령할 수 있는 연간 금액은 $1,919 이다.
- 연간 가계 소득이 $35,525 이상이면 초과 소득의 4%씩 지원금이 줄어든다.

### e. 노바스코샤 주의 NSCB (Nova Scotia Child Benefit)

- 첫 번째 자녀는 월 $52.08, 두 번째 자녀는 $68.75, 그 이상 자녀는 $75.00씩 추가 지원 한다.
- 가계 소득이 $18,000~$25,000 범위에 있으면 지원 금액이 점진적으로 감소한다.

### f. 뉴브런즈윅 주의 NBCTB, NBWIS, NBSS

- NBCTB (New Brunswick Child Tax Benefit)는 자녀 한 명 당 매월 기본금 $20.83을 지원하며, 가계 소득이 연간 $20,000 이상이면 지원금이 감소하기 시작한다.
- NBWIS (New Brunswick working income supplement)는 가계 소득이 $3,750 이상이면 월 20.83을 추가 지원하며, 가계 소득이 $10,000 이상일 때 최대 금액이 지원 된다. 가계 소득이 $20,921~$25,921 범위일 때 추가 지원금의 일부만 지원 된다.
- NBSS (New Brunswick School Supplement)는 가계소득이 연간 $20,000 이하이면 개학할 때 자녀 당 $100을 추가 지원 한다. 2013/14년도는 1996년 1월 1일부터 2008년 12월 31일 사이에 태어난 자녀를 대상으로 지급한다.

### g. 뉴펀들랜드 주의 자녀 수당

- 첫 번째 자녀는 월 $30.33, 두 번째 자녀는 $32.16, 세 번째 자녀는 $34.58, 그 이상 자녀는 $37.08씩 지원 한다. 가계 소득이 $17.397 이상 이면 지원 금액이 점진적으로 감소한다.
- MBNS (Mother Baby Nutrition Supplement)는 만 1 살 이하의 영아에 대하여 가계 소득에 따라 최대 월 $60 씩 추가 지원 한다.

# 자녀 RESP 교육적금 및 정부 지원

RESP (Registered Education Savings Plan) 교육적금은 만 18세 이하의 자녀가 있으면 영주권자나 시민권자 누구나 가입할 수 있다. 만약 자녀가 대학 진학을 못하면 다른 수혜자 (형제)에게 전환하거나 부모의 RRSP 개인 (은퇴)연금으로 전환할 수도 있다.

RESP 교육적금은 RRSP (Registered Retirement Savings Plan) 개인 (은퇴)연금과 달리 불입하는 부모에게 세금 혜택은 없다. 만기가 되어 적금을 수령할 때 이자 소득에 대한 세금은 자녀가 내야하지만, 대개의 경우 학생들은 기타 소득이 없거나 매우 적어서 세금이 전액 면제되거나 약간만 부담하면 된다.

연방 정부에서는 CESG (Canada Education Savings Grant) 프로그램을 통해 RESP 교육적금 가입자에게 장려금을 지원하고 있다. (2013년 기준)

- 연간 최대 $500 내에서, 개인 불입액의 20%를 기본 장려금으로 지원 (15년 동안 지원하며 최대 $7,200)
- 저소득층을 위해 추가 장려금 지원
  . 연간 소득이 $41,544 이하이면 지원받는 기본 장려금의 20% (최대 $100)

. 연간 소득이 $41,545-$83,088이면 지원받는 기본 장려금의 10% (최대 $50)

- 2004년 또는 이후에 태어난 자녀의 경우 CLB (Canada Learning Bond) 기금으로부터 첫 해에 $500, 이후 15세가 될 때 까지 매년 $100 추가 지원 (최대 $2,000)

| RESP 교육적금의 연간 불입금액에는 제한이 없지만 18세가 될 까지 불입할 수 있는 금액의 합은 최대 $50,000 이다. |
|---|

Alberta Centennial Education Savings (ACES)

2005년 신설된 지원 제도로 앨버타 주에 거주하는 모든 가입자의 자녀가 태어날 때 $500을 지원받고, 8, 11, 14세가 될 때 $100씩 지원받는다.

Québec Education Savings Incentive (QESI)

퀘벡 주 거주자를 위한 주정부의 추가 지원 (총 가입 기간 동안 최대 $3,200 까지)

- 연간 불입 금액의 10% 내에서 자녀 당 최대 $250 까지 지원
- 저 소득층 자녀를 위해 연간 최대 $50 씩 추가 지원

BC 주 정부 RESP 추가 지원

BC 주에 거주하고 2007년 이후 출생한 자녀의 경우 만 6세가 될 때 주정부에서 최대 $1,200을 추가 불입해 준다. (2015년부터 시행)

# 대학 및 직업 기술학교 학자금 지원 (2013/14년)

캐나다 연방정부와 주정부는 고등학교 졸업 후 대학 또는 직업 기술교육을 받는 학생들에게 학비 및 생활비 명목으로 무이자 융자 (Loan)와 무상지원금 (Grant, Bursary)을 혼합하여 지원하고 있다. 단 시민권자 또는 영주권자 신분으로 신용 (Credit Check)에 문제가 없고 파산 등의 금융 거래에 문제가 없는 학생만 이용 가능하다.

무이자 융자는 졸업 (또는 학업 중단) 6개월 이후부터 부과되는 이자와 함께 원금을 상환해야 한다. 그러나 무상지원은 상환이 필요 없다. 무상지원 중 “Grant”는 수업 과정을 완료해야하는 약간의 요구조건이 있지만, Bursary는 요구 조건이 전혀 없다. 이러한 학자금은 수업 있는 기간 동안 지원하므로, 방학 중은 없다.

연방의 학자금 지원 제도인 "Canada Student Loan"과 "Canada Student Grant"는 캐나다 전역에서 동일하지만 각 주정부도 추가 기금을 마련하여 연방기금을 통합 또는 별도로 운영하여 주에 따라 지원 항목과 금액이 조금씩 다르다. 학생은 연방과 주정부 구분 없이 한번만 신청하면 프로그램이 자동으로 연계 된다.

"Canada Student Loan"은 전일제 학생이면 최대 340주 (약 6.5년) 까지, 박사과정이면 최대 400주 까지, 장애인의 경우 최대

520주 까지 무이자 융자로 학자금을 빌려 준다. 2013/14년 기준으로 학생들은 주당 최대 $210까지 무이자 융자금을 지원 받을 수 있다. 단 수업 기간은 적어도 2년, 또는 수업하는 기간이 60주 이상으로 된 과정의 전일제 학생이어야 한다.

"Canada Student Grant"는 저소득층이면 매월 최대 $250 까지 중간 소득층이면 $100 까지 무상으로 학자금을 지원 한다. 또한 저소득층이면서 12세 이하의 자녀가 있으면 매월 자녀 당 $200씩 추가로 무상지원금을 받는다. 자녀가 장애자이면 12세 이상 되어도 동일한 금액을 무상지원 받는다. 영구적인 장애가 있는 학생은 숙식, 수업료, 책 값 등의 명목으로 연간 $2,000을 무상지원 받으며, 학업을 하는데 특별한 장비나 서비스가 필요하면 연간 최대 $8,000까지 추가 지원금을 더 받을 수 있다.

“Canada Student Loans”에서 전일제 과정의 20%에서 59%까지 수업에 참여하는 시간제 학생은 연간 최대 $10,000까지 융자금을 지원 받을 수 있다. 전일제 학생과 달리 공부하는 동안 이자가 누적 되지만, 졸업 (또는 학업 중단) 6개월 이후부터 바로 원금과 이자를 상환할 의무가 없는 점이 전일제 학생과 다르다.

“Canada Student Grant”에서 시간제 학생도 저소득층이면 연간 최대 $1,200까지 무상지원을 받을 수 있다. 12세 이하의 자녀가 1명 또는 2명이면 주당 $40, 3명 또는 이상이면 주당 $60을 무상 지원 받을 수 있다.

지원 금액의 산정은 첫 단계로 정부가 인정하는 학업에 필요한 총비용을 계산 (수업료, 각종 등록비, 책값, 학용품 및 학습도구, 거주에 필요한 생활비 등) 하고, 다음으로 스스로 해결할 수 있는 자금 능력 (교육적금, 개인 소득, 부모 및 배우자 소득 등)을 공제한 후 장애 등 특별한 상황을 고려하여 부족한 금액을 무이자 융자와 무상지원을 혼합하여 지원 한다. 저소득층이나 장애인이면 무상지원금이 늘어난다. 그리고 저소득층이나 장애자가 아니더라도 최대 융자금 한도를 초과할 정도로 학자금이 필요하다고 인정되면 초과된 금액을 무상으로 지원한다.

### 1) 동부지역 - 온타리오 주

온타리오 주는 연방과 주정부 학자금 지원프로그램을 통합한 OSAP (Ontario Student Assistance Program)을 운영한다. 전일제 대학생의 경우 독신이면 주당 최대 $360 까지, 가족이 있으면 주당 최대 $560 까지 학업에 필요한 총 학자금으로 인정한다. 이를 연간으로 확대하면 독신의 경우 최대 $12,240 까지, 배우자가 있거나 자녀가 있으면 $19,040 까지, 시간제 학생의 경우 최대 $10,000 까지 인정한다.

부가적으로 대학 졸업 후에 더 공부하는 학생들을 위하여 OGS (Ontario Graduate Scholarship) 프로그램을 운영하며, 학기당 최대 $5,000, 연간 최대 $15,000까지 추가 지원한다.

OSAP은 원주민 (First Native), 정부 보호 대상자 (Crown Care), 장애자, 웰페어 대상자 (Ontario Works)에게 특별히 더 많은 혜택을 지원해 준다. 또한 부모를 포함 가족 중에서 처음으로 고등학교 이후에 대학이나 직업기술학교 교육을 받으면 추가 혜택을 더 받을 수 있다. 그리고 통학거리가 80 km 이상인 전일제 학생이면 학기당 $500을 지원 받지만, 가까운 거리에 동일한 프로그램을 운영하는 다른 대학이 없어야 한다.

부모의 소득이 $160,000 이하이면서 OSAP 프로그램에 등록한 학생은 자동으로 수업료의 30%를 무상지원 (Tuition Grant) 받는다. 30% 무상 지원금은 2013/14년 대학의 경우 $1,730이고 기술학교 등 그 외는 $790 이다.

온타리오 주는 학생들에게 지원되는 최대 무이자 융자금 (Loan) 한도는 2학기제이면 연간 $7,300, 3학기제이면 연간 $10,950 이다. 학업에 필요한 비용이 만약 제한 금액을 초과하면 “Ontario Student Opportunity Grant“에서 부족분을 자동적으로 무상지원해 주지만 학생은 다음의 조건을 충족해야 한다.

- 해당 년도의 수업 완료 (Complete your academic year)
- 소득 세금 보고 (File your income tax return)
- 부모, 배우자 등 학자금을 후원하는 사람의 총소득 (Gross Income)을 OSAP 신청서에 소득 보고

학교의 재정지원 (Financial Aid)

학교의 재정지원은 Bursary, Scholarship, Work-Study Program, Summer Employment Opportunity 등으로 OSAP과 관련 없고 나중에 상환하지 않아도 된다.

긴급 융자 (Emergency Loan)

대부분의 학교에서 OSAP 지원금 신청 후, 기다리는 동안 약 90 일간의 긴급 융자를 해준다.

은행 융자 (Bank Load)

치대, 의대, 유명 MBA 등 몇몇 인기 학과는 학비가 매우 높아서 OSAP에서 융자해주는 돈이 모자랄 수 있다. 이런 경우 은행권을 통해서 추가 융자가 가능하다.

<저소득층 및 중간소득층 구분을 위한 연간 가계소득 기준>

| 가족인원 (명) | 저소득층 | 중간소득층 |
|---|---|---|
| 1 | 23,647 | 42,756 |
| 2 | 29,439 | 59,859 |
| 3 | 36,192 | 74,313 |
| 4 | 43,941 | 84,569 |
| 5 | 49,839 | 92,530 |
| 6 | 56,209 | 99,024 |
| 7 또는 이상 | 62,581 | 104,525 |

## 2) 동부지역 - 퀘벡 주

학비가 매우 저렴한 퀘벡 주는 "Student Financial Assistance" 프로그램을 운영한다. 특이 사항은 프로그램에 혜택을 받는 대상을 다른 주와 같이 주의 거주자 (Residence in Québec)로 한정하지만 그 내용을 보면 다음과 같이 적용 범위가 넓고 다르다.

- 학생 본인이 퀘벡 주에 거주하는 경우
- 퀘벡 주에서 태어났거나 퀘벡 주로 입양된 된 경우
- 부모 중 한명이 퀘벡 주에 거주 또는 사망한 경우

학자금 지원은 상환을 해야 하는 무이자 융자금과 상환 의무가 없는 무상 지원금 (Bursary)로 구성되어 있다. 전체 필요한 학자금에서 본인 또는 배우자의 소득, 부모와 함께 거주하면 부모의 소득으로 해결할 수 있는 금액을 제하고, 다시 무이자 융자금을 뺀 다음, 부족한 학자금을 무상지원 한다.

<퀘벡 주의 학자금 무이자 융자 및 무상지원 기간>

| 구분 | 융자금 지원 기간<br>(최대 허용금액 전체/월) | 무상 지원 기간<br>(Bursary) |
|---|---|---|
| 직업기술학교<br>CÉGEP-예비대학 (보통2년)<br>CÉGEP-기술교육 (보통3년) | 35개월 ($22,000/$200)<br>33개월 ($16,000/$220)<br>42개월 ($23,000/$220) | 첫 26 개월<br>첫 24 개월<br>첫 33 개월 |
| 대학-학부과정 (보통3년)<br>대학-석사과정 (보통2년)<br>대학-박사과정 | 39개월 ($30,000/$305)<br>31개월 ($42,000/$405)<br>47개월 ($55,000/$405) | 첫 30 개월<br>첫 22 개월<br>첫 38 개월 |

본인의 소득으로 해결되는 학자금 계산은 기본금 및 각종 생활비를 제하고 남는 금액이 학자금으로 사용될 수 있는 것으로 한다. 실제 학생들은 수입이 많지 않아서 일을 해도 무상 상환 금액의 감소가 생각만큼 크지 않다. 그러나 소득이 많은 배우자나 부모가 있으면 해결되는 학자금의 규모가 커서 아래의 표를 잘 살펴보아야 한다. 그러나 부모로 부터 독립하여 별도의 주거지를 가지면 부모의 소득에 관계가 없이 지원 받을 수 있다.

<본인 및 부모의 소득으로 해결되는 학자금 산정 기준>

| 구 분 | 소득 범위 | 개인적으로 해결 가능한 학자금 |
|---|---|---|
| 부모와 함께 사는 경우 | $0~$37,000<br>$37,001~$72,000<br>$72,001~$82,000<br>$82,001~$92,000<br>$92,001~이상 | $0<br>$0 + $37,000 초과금액의 19%<br>$6,650 + $72,000 초과금액의 29%<br>$9,550 + $82,000 초과금액의 39%<br>$13,450 + $92,000 초과금액의 49% |
| 편부모와 함께 사는 경우 | $0~$32,000<br>$32,001~$67,000<br>$67,001~$77,000<br>$77,001~$87,000<br>$87,001~이상 | $0<br>$0 + $32,000 초과금액의 19%<br>$6,650 + $67,000 초과금액의 29%<br>$9,550 + $77,000 초과금액의 39%<br>$13,450 + $87,000 초과금액의 49% |
| 배우자가 지원하는 경우 | $0~$30,000<br>$30,001~$65,000<br>$65,001~$75,000<br>$75,001~$85,000<br>$85,001~이상 | $0<br>$0 + $30,000 초과금액의 19%<br>$6,650 + $65,000 초과금액의 29%<br>$9,550 + $75,000 초과금액의 39%<br>$13,450 + $85,000 초과금액의 49% |

### 3) 태평양 연안 지역 BC주

브리티시컬럼비아 주는 연방과 주정부 학자금 지원제도를 통합한 BCSAP (British Columbia Student Assistance Program)을 운영한다. 무상 지원금 (Grant)은 자녀가 있는 학생과 저소득 가정에 지원되고 나머지 중산층 이상은 무이자 융자금을 지원 해준다.

BCSAP는 전일제 학생을 대상으로 경제적 지원을 하며 교육에 소요되는 총비용 (Education Cost)에서 학생이 해결할 수 있는 비용 (Student Resource)을 제외하고 나머지 금액 (Financial Need)을 지원한다.

BCSAP은 학업에 필요한 비용으로 전일제 대학생의 경우 독신이면 주당 최대 $320 까지 인정하고, 가족이 있으면 주당 최대 $510 까지 인정한다. 전체 학업기간의 총 소요 비용을 최대 $50,000으로 제한 한다.

### 4) 중부 대평원 지역

#### a. 앨버타 주

학자금은 학기당 최대 $6,650 까지 무이자 융자를 받을 수 있으며, 전체 학업 기간 받을 수 있는 최대 금액은 학부과정까지 $60,000, 석사과정까지 $75,000, 박사과정까지 $95,000 이다. 그리고 의대 등 특별한 전공에 따라 최대 허용 금액이 늘어날 수 있다.

저소득층 학생에게 월 $120을 무상지원 한다. 졸업을 앞둔 마지막 학기 학생에게도 $1,000~$2,000을 추가 무상지원 한다. 학생 본인이 장애자 이거나, 자녀가 있는 편부모이거나, 배우자가 있어도 비자문제 또는 언어문제로 일을 할 수 없는 경우이면, 연간 최대 $3,000까지 추가 무상지원을 받을 수 있다.

부모 또는 배우자의 소득을 포함한 연간 가계소득을 기준으로 저소득층 여부를 판단하여 지원금을 결정하다.

시간제 학생의 경우 무상지원 (Grant) 금액은 학기당 최대 $600 까지 될 수 있다.

<앨버타 주의 월간 학자금 비용 산정 기준>

| 구 분 | 비 용 | 구 분 | 비 용 |
|---|---|---|---|
| 집에서 통학하는 독신 | $432 | 본인이 편부모 | $1,710 |
| 집에서 독립한 독신 | $941 | 자녀 당 추가 비용 | $449 |
| 결혼 또는 동거 | $2,004 | 12세 이하 자녀<br>- 영수증이 없는 경우<br>- 증빙 자료를 제출한 경우 | <br>$75<br>$724 |

<앨버타 주의 학자금 지원을 위한 저소득층 연간소득 기준>

| 가족 수 | 1명 | 2명 | 3명 | 4명 | 5명 |
|---|---|---|---|---|---|
| 연간 소득 | $23,647 | $29,439 | $36,192 | $43,941 | $49,839 |

### b. 매니토바 주

주 내의 거주하는 학생에 한하여 학업에 필요한 학자금을 지원해주고 있다. 거주자가 되기 위한 조건은 입학 전 연속적으로 12개월 이상 매니토바 주에 거주해야 하며, 고등학교 이후 학업을 위해 거주하는 것은 인정하지 않는다.

매니토바 주는 연방 학자금에 추가하여 다음의 혜택들을 학생들에게 추가 제공한다.

전일제 학생은 "Manitoba Student Loan"에서 주당 $140을 융자 받을 수 있으므로 연간 수업이 34주라면 총 $11,900 (=($210+$140) x 34)을 무이자 융자 받을 수 있다. 학생들의 융자금 일부를 무상지원금으로 대체하여 부담을 덜어주기 위하여 "Manitoba Bursary"를 제공하고, 농촌 지역과 북부 매니토바 지역 학생에게 추가적으로 “Rural/Northern Bursary”를 지원하여 해당 학생은 연간 $600을 더 지원 받을 수 있다.

"Prince of Wales/Princess Anne Awards"는 캐나다에서 공부하는 원주민 학생에게 연간 $250 장려금을 무상지원 한다. “Aboriginal Education Awards”는 대학과정을 위하여 연간 최대 $3,000, 단과대학 및 과정을 위해서는 연간 $1,500을 무상지원 한다. 또한 장려금을 지원받는 원주민 학생은 “Business Council” 회원 기업에서 여름방학 기간 또는 학기 중은 시간제 직업을 얻을 수 있다.

매니토바 주는 학업에 필요한 수업료, 각종 등록비, 책 값, 학용품 그리고 생활비 등 전체 소요 학자금을 다음과 같이 인정한다.

<매니토바 주의 월간 학자금 산정 기준>

| 항 목 | 월간 최대 인정 비용 |
|---|---|
| 부모 집에서 독립한 독신 | $1,025 |
| 부모 집에서 거주하는 독신 | $472 |
| 본인이 편부모<br>(자녀 양육비용은 미포함) | $1,206 |
| 결혼 또는 동거자<br>(자녀 양육비용은 미포함) | $1,906 |
| 자녀 양육비 (1명 인당) | $552 |

주당 $100 까지는 소득이 있어도 융자나 무상지원에 영향을 받지 않지만 그 이상 소득은 지원 금액에 영향을 준다. 단, 장학금은 연간 $1,800까지 소득에 포함하지 않는다.

학업을 시작하기 전 최대 4개월 (여름방학) 기간은 일을 해서 학자금의 일부를 마련할 수 있기 때문에, 실제로 일하는 것과 관계없이 예비학업기간에 소득 (Pre-Study Contribution)이 있다고 고려하여 지원금을 조정한다. 학자금 마련을 위하여 실제로 일을 하는 경우 학생들은 세금 혜택을 받을 수 있다.

1999년 1월 1일부터 시행하는 것으로 학업을 위해 수령하는 RRSP 개인연금도 학자금으로 사용될 수 있어서 지원금에 영향을 받는다. 학생 본인의 개인연금을 학자금으로 사용한 경우 부과되는 세금에 대한 감면 혜택이 부여된다. $10,000 까지는 개인연금 해지에 따른 해당 금융기관으로 부터 벌금도 면제된다.

배우자가 있는 경우 본인 소득 뿐 만 아니라 배우자 (또는 동거인)의 소득도 “Expected Contribution"으로 언제든 학업에 필요한 학자금으로 사용할 수 있으므로 정부 지원 금액에 영향을 준다. 이들의 소득은 근로소득, 장학금, 고용보험 등을 모두 포함한다. 그리고 은행 잔고, 채권, 펀드투자, RRSP 개인연금 수령액, 소유 자동차 등도 가용 재산으로 인정되어 역시 정부 지원 금액에 영향을 준다.

부모의 소득은 ”Expected Parental Contributions“으로 언제든 학자금으로 사용할 수 있기 때문에 정부 지원 금액에 영향을 받는다. 부모의 총소득 (Gross Income)에서 세금과 연금 납부 금액을 제외한 순소득에서 부모의 생활비를 제외하고 남는 여유소득 (Discretionary)을 기준으로 자녀의 주간 학자금 지원 가능 금액을 산출한다.

<매니토바 주의 학생 자녀를 둔 부모의 생활비 산정 기준>

| 가족 수 | 생활비 기준 | 가족 수 | 생활비 기준 |
|---|---|---|---|
| 2명 | $39,146 | 6명 | $65,922 |
| 3명 | $49,027 | 7명 | $69,679 |
| 4명 | $56,036 | 8명 | $72,932 |
| 5명 | $61,477 | 9명 | $75,803 |

<매니토바 주의 부모 여유 소득 대비 자녀 학자금 지원 가능 금액>

| 부모 여유 소득<br>(순수 부모 소득 - 기준 가계 생활비) | 주간 학자금 지원 가능 금액 |
|---|---|
| $500 - 1000 | $3 |
| $2,500 - 3,000 | $9 |
| $3,500 - 4,000 | $12 |
| $6,500 - 7,000 | $20 |
| $7,500 - 8,000 | $24 |
| $10,500 - 11,000 | $36 |

### c. 사스카츄완 주

학업을 수행하는데 필요한 비용으로 인정되는 항목은 다음과 같다.

- 수업료, 각종 등록비 그리고 최대 $3,000까지 교과서 및 학용품 및 학습도구 구입비
- 주거비, 음식, 기타 거주 비용, 교통비 등의 생활비
- 12세 이하의 자녀가 있으면 자녀 양육비

<사스카츄완 주의 월간 생활비 산정 기준>

| 거주 구분 | 월간 생활비 기준 |
|---|---|
| 부모 집에서 거주하는 독신 | $469 |
| 부모 집에서 독립한 독신 | $1,081 |
| 자녀가 있는 부부 또는 동거자 | $2,104 + 자녀 당 $500 |
| 자녀가 있는 편부모 | $1,453 + 자녀 당 $500 |

<사스카츄완 주의 월간 보육시설 종일반 이용료 산정 기준>

| 자녀 수 | 보조금 지원기관 (Subsidized) | 사설영리기관 (Unsubsidized) | 기타 부수적인 최대 비용 (Incidental Maximum) |
|---|---|---|---|
| 1명 | $85 | $400 | $200 |
| 2명 | $170 | $540 | $270 |
| 3명 | $255 | $680 | $340 |
| 4명 또는 이상 | $340 | $820 | $410 |

※ 기타 부수적인 비용은 하루 $20씩 계산하여 상기 표의 최대 비용 한도에서 인정 될 수 있다.

본인, 배우자 또는 부모 등이 학자금으로 충당 할 수 있는 소득 또는 재산 항목은 다음과 같다.

- 배우자 (또는 이혼으로 전 배우자)에게서 받는 양육비를 매월 자녀 당 $500로 가정하는 "Child Support and/or Alimony"
- 학생 및 가족의 소득과 재산인 "Expected Contributions"
- 학기가 시작되기 전 최대 4개월 (여름방학)까지 예비학업 기간에 학자금 마련 가능한 소득 (아래 표 참조)

<사스카츄완 주의 예비학업기간 학자금 마련 가능 소득>

| 거주 구분 | 학자금 마련 가능 금액 (4개월의 예비 학업 기간) |
| --- | --- |
| 부모 집에 거주하는 경우 | $2,744 |
| 독립하여 별도로 거주하는 경우 | $296 |
| 배우자가 있는 경우 | $668 |
| 배우자와 자녀가 있는 경우 | $0 |
| 배우자 없이 자녀만 있는 경우 | $0 |

- 주당 $100 초과하는 소득 (임대, 투자, 배당, 보상 등)의 100%
- $1,800을 초과하는 장학금과 무상지원금 (Bursary)의 100%
- 학업 기간 중 받은 정부 및 사설 재단 지원금의 100%
- 결혼을 한 경우는 배우자 소득의 70% 또는 최소 매월 $1,116 중 큰 금액 (단 배우자가 건강 문제가 있거나 또는 장애가 있어서 일할 수 없는 경우는 예외로 인정)
- RESP 교육적금 수령 금액
- "Expected Parental Contribution"으로 부모의 여유 소득 (=총소득 - 기준 생활비, 여기서 총소득은 CPP 은퇴연금, EI 고용보험, 소득세를 제외한 순소득 (Net Income)을 의미)

<사스카츄완 주의 가족 수에 따른 부모의 생활비 산정 기준>

| 가족 수 | 생활비 기준 | 가족 수 | 생활비 기준 |
|---|---|---|---|
| 2명 | $39,399 | 7명 | $70,129 |
| 3명 | $49,348 | 8명 | $73,403 |
| 4명 | $56,401 | 9명 | $76,291 |
| 5명 | $61,875 | 10명 | $78,877 |
| 6명 | $66,350 | | |

<사스카츄완 주의 부모 여유소득 대비 학비지원 가능 금액>

| 연간 여유 소득 | 주간지원 가능금액 | 연간 여유 소득 | 주간지원 가능금액 |
|---|---|---|---|
| 0.01- 500.00 | $1 | | |
| 500.01-1,000.00 | $3 | 13,000.01-13,500.00 | $45 |
| 1,000.01-1,500.00 | $4 | 13,500.01-14,000.00 | $47 |
| 1,500.01-2,000.00 | $6 | 14,000.01-14,500.00 | $51 |
| 2,000.01-2,500.00 | $7 | 14,500.01-15,000.00 | $55 |
| 2,500.01-3,000.00 | $9 | 15,000.01-15,500.00 | $59 |
| 3,000.01-3,500.00 | $10 | 15,500.01-16,000.00 | $63 |
| 3,500.01-4,000.00 | $12 | 16,000.01-16,500.00 | $66 |
| 4,000.01-4,500.00 | $13 | 16,500.01-17,000.00 | $70 |
| 4,500.01-5,000.00 | $14 | 17,000.01-17,500.00 | $74 |
| 5,000.01-5,500.00 | $16 | 17,500.01-18,000.00 | $78 |
| 5,500.01-6,000.00 | $17 | 18,000.01-18,500.00 | $82 |
| 6,000.01-6,500.00 | $19 | 18,500.01-19,000.00 | $86 |
| 6,500.01-7,000.00 | $20 | 19,000.01-19,500.00 | $89 |
| 7,000.01-7,500.00 | $22 | 19,500.01-20,000.00 | $93 |
| 7,500.01-8,000.00 | $24 | 20,000.01-20,500.00 | $97 |
| 8,000.01-8,500.00 | $26 | 20,500.01-21,000.00 | $101 |
| 8,500.01- 9,000.00 | $28 | 21,000.01-21,500.00 | $105 |
| 9,000.01- 9,500.00 | $30 | 21,500.01-22,000.00 | $109 |
| 9,500.01- 10,000.00 | $32 | 22,000.01-22,500.00 | $113 |
| 10,000.01-10,500.00 | $34 | 22,500.01-23,000.00 | $116 |
| 10,500.01-11,000.00 | $36 | 23,000.01-23,500.00 | $120 |
| 11,000.01-11,500.00 | $38 | 23,500.01-24,000.00 | $124 |
| 11,500.01-12,000.00 | $39 | 24,000.01-24,500.00 | $128 |
| 12,000.01-12,500.00 | $41 | 24,500.01-25,000.00 | $132 |
| 12,500.01-13,000.00 | $43 | 25,000.01-25,500.00 | $136 |

※ 만약 전일제로 공부하는 대학생 또는 기술학교 자녀가 2명 이상이면 상기 표의 지원 가능 금액을 전일제 학업중인 자녀수로 나눈다.

"Saskatchewan Student Grant"에서도 12세에서 18세 이하의 자녀가 있는 저소득층 학생에게 월 $200씩 지원해 준다.

저소득층이면서 전일제 학부과정 또는 이하 과정을 공부하면서 융자금액이 주당 $210을 초과하는 경우 "Saskatchewan Student Bursary"에서 주당 최대 $140까지 무상지원 (Bursary)을 한다. 이 무상지원은 대학원생, 의대생, 중간 소득층 학생은 해당되지 않는다.

영구적인 장애가 있는 학생은 "Saskatchewan Student Grant"에서 장애 학생에게 특별한 장비 및 서비스 이용료로 연간 최대 $2,000 까지 추가 지원한다.

장애가 없는 일반학생의 경우 아래의 표와 같이 무이자 융자와 무상지원을 해준다. 12세에서 18세 사이의 자녀가 있는 학생에게는 "Saskatchewan Student Grant"에서 주당 $47을 무상 지원해 준다.

<사스카츄완 주의 가계소득에 따른 저/중/고 소득층 구분 기준>

| 가족 수 | 저소득층 최대소득 | 중소득층 최대소득 | 고소득층 |
|---|---|---|---|
| 1명 | $20,366 | $36,143 | 중소득층 최대소득 이상 |
| 2명 | $25,353 | $50,600 | |
| 3명 | $31,168 | $63,377 | |
| 4명 | $37,842 | $72,436 | |
| 5명 | $42,919 | $79,463 | |
| 6명 | $48,407 | $85,211 | |
| 7명 | $53,893 | $90,065 | |

<사스카츄완 주의 저/중/고 소득층 주간 학자금 최대 지원 금액>

| 구분 | Canada Student Grant ($) | Canada Student Loan ($) | 주정부 Student Grant ($) | 주정부 Student Loan ($) | Total ($) |
|---|---|---|---|---|---|
| 단기과정 | 0/0/0 | 210/210/210 | 58/23/0 | 140/175/198 | 408/408/408 |
| 학부 | 58/23/0 | 210/210/210 | 0/0/0 | 140/175/198 | 408/408/408 |
| 대학원 | 0/0/0 | 210/210/210 | 58/23/0 | 140/175/198 | 408/408/408 |
| 의대생 | 58/23/0 | 210/210/210 | 0/0/0 | 365/175/365 | 633/598/575 |

## 5) 대서양 연안 지역

### a. 노바스코샤

"Nova Scotia Student Assistance"은 주당 $180을 6:4의 비율로 무이자 융자 (Loan $108)와 무상지원 (Grant $72)을 해 준다. 만약 연간 34주 동안 수업이 있으면 최대 $6,120 (=34 x 180)을 지원 받는다. 자녀가 있으면 주당 $20씩 추가 무상지원을 해 준다. 또한 Medicine (MD), Law (LLB) and Dentistry (DDS) 분야에서 공부를 하면 주당 $140씩 추가 무이자 융자를 지원해 준다.

<노바스코샤 주의 학업 수행에 필요한 주간 생활비 산정 기준>

| 구 분 | 주간 생활비 |
|---|---|
| 부모 집에 거주하는 독신 | $101 |
| 부모 집에서 독립한 독신 | $216 |
| 결혼 또는 동거 | $432 |
| 추가 부수적인 생활비 | $102 |
| 자녀가 있는 편부모 | $286 |
| 자녀 부양비 | $112 |
| 자녀 위탁 최대 비용 | $110 |
| 교통비 ($/Km) | $0.11 |

### b. 뉴브런즈윅

학생들이 학업을 하는 데 소요되는 비용의 60%인 주당 $210은 "Canada Student Loan"에서, 40%인 주당 $140은 "New Brunswick Loan"에서 무이자 융자 해주고 있다.

최대 무이자 융자금 이상의 학자금이 필요할 때, "New Brunswick Bursary"는 자녀가 없으면 매주 최대 $90, 자녀가 있으면 최대 $80을 무상지원 한다.

주정부 학생 무이자 융자금 부담을 완화하기 위하여 "Canada Millenium Bursary"는 연간 $2,000~$4,000 범위에서 최대 32개월 동안 $19,200 까지 무상지원 한다.

### c. 프린스에드워드아일랜드

PEI 주는 필요한 학자금을 "PEI Student Loan"에서 주간 $165를 지원한다. 전일제 학생의 연간 수업이 34주 동안 있다면 총 $12,750 (=34주 x ($210 + $165)를 무이자 융자 받을 수 있다.

PEI 주는 "Island Skills Award", "Island Student Award", George Coles Bursary", George Coles Graduate Scholarship", "Community Service Bursary"와 같은 추가 무상지원 프로그램이 더 있다.

"PEI Debt Reduction Program"은 연간 학자금 무이자 융자금이 $6,000을 초과하고 "PEI Student Loan"에서 받은 융자 금액이 $100 이상이면, 초과 금액에 한하여 무상지원으로 융자금 부담을 줄여주는 제도이다.

학자금을 지원 받을 수 있는 기간은 최대 340 주이고, 자격(Certificate) 과정, 학사, 석사, 박사, 전문 과정 (Professional Degree, 즉 Medicine (MD), Law (LLB))으로 각 과정에서 1회만 지원 받을 수 있다.

<PEI 주의 학업 시작 전 월간 수입 대비 세금 부과 기준>

| 월간 총수입 ($) | 평균세금 (%) | 평균세금 ($) |
|---|---|---|
| 1 - 1,499 | 6.77 | = 0.0677 x gross income |
| 1,500 - 2,999 | 7.37 | = 0.0737 x gross income |
| 3,000 - 4,499 | 9.63 | = 0.0963 x gross income |
| 4,500 - 5,999 | 13.65 | = 0.1365 x gross income |

<PEI 주의 부모 연간 생활비 산정 기준>

| 가족 수 | 기준 생활비 | 가족 수 | 기준 생활비 |
|---|---|---|---|
| 2명 | $39,062 | 6명 | $62,572 |
| 3명 | $45,846 | 7명 | $66,291 |
| 4명 | $52,789 | 8명 | $69,511 |
| 5명 | $58,172 | 9명 | $72,356 |

여유소득은 부모의 총소득 (Gross Income)에서 CPP 은퇴연금 납부금, EI 고용보험 납부금, 세금, PEI 기준 생활비를 제외한 나머지 이다. 여유 소득에서 학자금으로 사용될 수 있는 금액의 산정은 다음의 표를 이용한다.

<PEI 主, 부모의 여유 소득 대비 학자금 지원 능력 산출 방식>

| 연간 가계 여유 소득 | 주간 부모의 학자금 지원 능력 산출 방식 |
|---|---|
| $0 - $7,000 | (여유소득 x 15%) / 52주 |
| $7,001 - $14,000 | (1,050 + (20% * (여유소득 - 7,000)) / 52주 |
| $14,001 또는 이상 | (2,450 + (40%* (여유 소득 - 14,000)) / 52주 |

<PEI 주의 학업 수행에 필요한 주간 생활비 산정 기준>

| 구 분 | 주간 생활비 기준 |
|---|---|
| 부모 집에 거주하는 독신 | $106 |
| 부모 집에서 독립한 독신 | $213 |
| 결혼 또는 동거 | $423 |
| 자녀가 있는 편부모 | $276 |
| 자녀 1명 기준 부양비 | $110 |

### d. 뉴펀들랜드

"Newfoundland and Labrador Loan"에서 전일제 학생에게 학자금으로 주당 $60을 무이자 융자로 지원하고, "Newfoundland and Labrador Grants"에서 추가적으로 더 필요한 학자금을 최대 주당 $80까지 무상지원 하여, 주당 지원 받을 수 있는 총 지원금은 최대 $140까지 될 수 있다. 그러나 학자금이 더 필요한 메모리얼 (Memorial) 대학교의 의대 학생은 주당 $200 ($110 무이자융자, $90 무상지원) 까지 지원금을 받을 수 있다.

# 노후 생활을 위한 연금 제도

노후 생활을 위한 연금제도는 기초연금, CPP / QPP 국민연금 (Canada Pension Plan / Quebec Pension Plan), RRSP 개인연금 등 크게 3가지가 있다.

## 1) 기초연금

기초연금은 연방 정부의 인력개발부 (HRDC, Human Resources Development Canada)에서 직접 운영하고 있으며, OAS, GIS, 준노인 Allowance 등 3 종류가 있다. 노인기초연금은 연방정부의 일반 세수로 운영하므로, CPP 국민 연금과 달리 젊을 때 연금에 가입하거나 납부할 필요가 없다. 나이가 되어 신청하면 매달 연금을 수령할 수 있다. 또한 연금 수령할 나이가 되면 젊을 때 직업을 가지고 일을 하는 경우나 일을 한 적이 없어 소득세를 납부한 경험이 전혀 없는 경우도 연금을 수령할 수 있다.

OAS (Old Age Security Benefit) 기본연금 혜택을 받으려면 캐나다에 거주하는 만 65세 이상 노인으로 만 18세 이후에 캐나다에 10년 이상 거주한 시민권자 및 영주권자 이어야 한다. 만약 해외에 거주하는 노인이라면 20년 이상 캐나다에 거주해야 노인 기초연금을 혜택을 받을 수 있다. 이민자의 경우 영주권 취득일이 아닌 캐나다 도착 일로부터 거주기간을 계산 한다.

GIS (Guaranteed Income Supplement) 보조금은 소득이 적은 노인에게 최저 소득을 보장해 주는 추가 보조 지원금으로 연간소득에 따라 차이가 난다.

준노인 Allowance 생계지원금은 배우자가 연금 수령 나이가 안 되어서 생활비가 부족한 경우 지원하는 생계보조금으로, 배우자 나이가 60 ~ 64세이고 저소득이면 지원해준다. 이 지원금은 본인이 사망한 경우에도 배우자에게 지원한다.

<2011년 4월 - 6월 기초연금 지급액>

| 연금의 종류 | 연금 대상자 | 평균 월금액 (2010.12) | 최대 월금액 | 최대 연간 소득 |
|---|---|---|---|---|
| OAS 기본연금 | 모든 수령자 | $493.34 | $526.85 | 참조 Note 1.) |
| GIS 소득보존 보조금 | 혼자인 경우 | $455.46 | $665.00 | $15,960 |
| | 배우자가 (OAS) 연금 수령 대상자 | $288.16 | $439.13 | $21,120 |
| | 배우자가 (OAS) 연금 수령 비 대상자 | $430.50 | $665.00 | $38,256 |
| | 배우자가 준노인 생계 지원금 수령자 | $375.77 | $439.13 | $38,256 참조 Note 2) |
| 준노인 배우자 생계 지원금 (Allowance) | 60 ~ 64세 배우자 (본인 생존) | $392.17 | $965.98 | $29,568 참조 Note 2) |
| | 60 ~ 64세 배우자 (본인 사망) | $586.29 | $1,070.78 | $21,504 |

Note 1) 연간 소득이 $67,668 이상 $109,764 이하이면 소득에 반비례하여 OAS를 지급하고 $109,764 이상이면 OAS를 지급 받을 수 없다.

2) 배우자가 60-65세 생계 지원금 (Allowance) 수령자이면 준노인 생계 지원금은 연간 소득 $29,568 이하인 노인만 대상이 되고, GIS는 $38,256 이하인 노인만 대상이 된다.

근로활동이 가능한 노인은 70세까지 연금 수령을 연기할 수 있으며, 이 경우 매월 0.6% 추가 연금이 지급되므로 70세까지 연기할 경우 최대 36%의 추가 연금을 수령할 수 있다. 연금 수령 연기 동안은 GIS 소득보존 보조금도 수령할 수 없으며, 준노인 배우자 생계 지원금 (Allowance)도 수령할 수 없다.

또한 노인 인구의 증가로 2023년부터 5년간 단계적으로 만 67세부터 기초연금 혜택을 받을 수 있도록 하였다.

OAS 기본연금은 18세 이후 연금 수령 나이 (65세)까지 캐나다에 40년 이상 거주했거나, 1977년 7월 1일 25세 이상 이면서 캐나다에 합법적인 거주자이면 최대 금액을 수령할 수 있다. OAS 기본 연금 승인 직전 최소 10년 동안 캐나다에 거주해야 하며, 만약 직전 10년 동안 해외에 거주하였다면 그 기간의 3배 만큼을 10년 이전에 (즉 55세 이전에) 거주해야 연금 수령 자격이 주어진다. 만약 65세까지 캐나다 거주기간이 10년이 안되면 부족 기간만큼 더 거주해야 신청 자격이 주어진다. OAS 기본연금은 캐나다 거주기간만 고려하여 지급하며 세금보고 대상이다.

OAS 기본 연금 = 최대 수령액 x 1/40 x 거주한 년 수 (최대 40년)

GIS 보조금은 OAS 기본 연금과 달리 매년 세금 보고에 따라 금액이 다르지만 소득신고 대상은 아니므로 세금 보고할 필요가 없다. 그러나 캐나다에 6개월 이상 반드시 거주해야 혜택을 받을 수 있다.

준노인 Allowance 생계지원금은 매년 세금 보고에 따라 지원 금액이 다르며 소득신고 대상은 아니지만, 캐나다에 연간 6개월 이상 반드시 거주해야 혜택을 받을 수 있다.

## 2) CPP/QPP 국민연금

2013년 기준으로 연방정부의 CPP (Canada Pension Plan) 국민연금은 연간 $2,356.2 한도 내에서 연간 $3,500을 초과하는 소득의 4.95%까지 구입 가능하다. 고용주가 추가로 동일한 금액을 납부하므로 실제 적립 금액은 개인 납부 금액의 2배이다. 자영업자도 CPP 국민연금에 가입할 수 있으나, 이 경우는 고용주가 납부하는 금액까지 납부해야 하므로 일반 직장인에 비하여 2배를 납부해야 한다.

| 퀘벡 주정부는 연방정부의 CPP를 대신하여 자체적으로 QPP (Québec Pension Plan)를 운영하고 있다. 연간 $2,427.60 한도 내에서 연간 $3,500을 초과하는 소득의 5.1%까지 구입 가능하고, 고용주가 동일한 금액을 납부해야 한다. |
|---|

CPP 은퇴연금은 65세 이후부터 수령가능하며, 노인 연금과 달리 젊었을 때 가입 납부한 자에 한하여 연금을 혜택을 받을 수 있으며, 수령액은 상황에 따라 매우 다르다.

<2010년 12월 평균 연금 수령액과 2011년도 최고 월 연금 수령액>

| 수령 항목 | 평균 수령금액 (2010.12) | 최대 수령금액 (2011) |
|---|---|---|
| 장애연금<br>(Disability benefit) | $809.50 | $1,153.37 |
| 은퇴연금 (at age 65)<br>(Retirement pension) | $504.88 | $960.00 |
| 생존 준노인 배우자 연금 (under age 65)<br>Survivors benefit | $364.53 | $529.09 |
| 생존 배우자 연금 (age 65 and over)<br>(Survivors benefit) | $297.39 | $576.00 |
| 장애인 납부자의 자녀연금<br>(Children of disabled contributors benefit) | $214.85 | $218.50 |
| 사망 납부자의 자녀연금<br>(Children of deceased contributors benefit) | $214.85 | $218.50 |
| 생존배우자 및 은퇴연금 (pension at age 65)<br>(Combined survivors & retirement benefit) | $681.79 | $960.00 |
| 생존배우자 및 장애자 연금<br>Combined survivors & disability benefit | $938.97 | $1,153.37 |
| 사망연금<br>(Death benefit) | $2,273.30 | Maximum one-time payment $2,500.00 |

### 3) RRSP 개인연금

RRSP (Registered Retirement Savings Plan) 개인연금은 소득에 18%까지 구입가능하며 한국의 개인연금과 거의 유사하지만 다른 점은  젊은 시절 RRSP 구입금액 만큼 세금 보고할 때 소득공제 혜택을 받을 수 있다. 그러나 은퇴하여 (보통 65세 이후) 연금을 수령할 때 원금과 이자에 대한 세금내야 하므로, 일시불로 모든 수령액을 받으면 누진세 제도 때문에 세금 폭탄을 맞는다. 따라서 반드시 매월 나누어 수령하는 RRIF (Registered Retirement Income Fund)로 전환해야 한다.

# 캐나다 의료서비스

---

캐나다 복지제도 중 가장 중요한 것 중에 하나가 무료 의료보험이다. 과거 신민당 당수였던 토미 더글라스 (Tommy Douglas)가 사스카츄완 주에서 시작하여 1966년 전국으로 확대 실시하게 되었다. 의료보험 제도를 시작할 때 의사들의 반대가 심하였고 또한 재정 문제도 함께 있었지만 성공적으로 정착되어 오늘날 모든 시민이 혜택을 보고 있다. 이러한 결과로 토미 더글라스는 캐나다에서 가장 존경 받는 인물이며 의료보험의 아버지로 불리 우고 있다. 의료보험료는 연방정부와 주정부가 각각 50%씩 비용을 부담하고 있다.

## 1) 랜딩 후 3개월 이후부터 의료보험 혜택

대부분의 주에서 캐나다에 처음 오는 이민자에게 랜딩 후 3개월 이후부터 의료보험 서비스를 제공한다. 따라서 처음 오는 이민자라면 기본적인 의약품 (감기약, 설사약, 해열제, 항생제 등)을 준비해 오면 현지 생활에 어느 정도 적응하기까지는 요긴하게 사용할 수 있다. 물론 캐나다에서 약국 (Pharmacy)에 가면 의사 처방전 없이 감기약 등 기본적인 의약품을 구입할 수는 있다. 그러나 처음 캐나다에 도착하여 언어 문제도 있고, 동인지 서인지 지역도 구분하기 어려운 상황에서 모르는 단어로 된 의약품을 적절히 구입하는 것이 매우 부담스러울 수 있기 때문이다.

의료보험 적용이 안 되는 이 기간에 중대한 건강 문제가 발생할 경우 병원을 이용해야 하지만 캐나다 진료비는 상상 이상으로 높다. 보험 없이 3개월간 버티는 경우가 많지만, 만약 염려가 되면 한국을 떠나기 전 여행자 보험을 가입하거나 캐나다에서 사설 의료보험을 가입해야 한다.

## 2) 1차 진료 서비스

한국에서는 조금만 아파도 병원에 가서 치료를 받고 올 수 있지만 캐나다는 예약을 하고 가정의 (Family Doctor)를 만나서 1차 진료를 받고 처방전 (Description)을 받아 약국으로 가든지 또는 2차 진료를 위하여 다시 병원 예약을 하고 나서 진료를 받을 수 있다.

| 가정의에 대한 목록은 보건소 같은 Public Health or CLSC (퀘벡)에서 얻을 수 있으며, 직접 연락을 해서 새로운 환자를 받을 수 있는지 확인해야 한다. 대부분의 주에서 가정의가 많이 부족하여 더 이상 환자를 받을 수 없는 경우가 많다. |
|---|

캐나다 전반적으로 가정의가 부족하고 특히 한인 가정의가 항상 만원으로 오랫동안 기다려야 만날 수 있다. 가정의가 없거나 응급실에 갈 정도는 아니지만 기다릴 수 없는 경우는 지역에 따라 이름이 조금씩 다르지만 "Walk-in Medical Clinic" 또는 "Medical Center" 등에 직접 찾아가 접수하면 30분에서 2시간 정도 기다리면 예약 없이 의사를 만나 1차 진료를 받고 처방전을 받을 수 있다. Clinic (또는 Medical Center) 에는 여러 의사가 있고 센터에 따라 토요일, 일요일도 오픈한다. 가정의가 있으면 좋은 점은 자신의 병력에 관한 기록을 보관하고 있어서 가정의가 종합적으로 판단하여 환자에게 의료서비스를 제공하는 점이다.

약국은 이용하기 쉬우나 약값은 개인 부담으로 상당히 비싼 편이어서 한국의 병원 이용료와 약값을 모두 합한 것 보다 훨씬 더 비싸다.

### 3) 2차 진료 서비스

1차 진료는 청진기 등 아주 기본적인 것 이외에 의료장비나 도구가 거의 없는 사무실에서 진행하지만 2차 진료는 시설을 갖추고 있고 각 분야별 전문의가 진료를 한다. 입원 치료를 받는 경우 병원비 및 약값이 무료인 것은 물론이거니와 간병인까지 지원이 되어서 환자 가족이 정상 생활을 할 수 있도록 도와준다.

다만 한정된 시설과 장비로 인하여 많은 전문의가 병원 밖 사무실에서 의료 상담을 하고 특정한 날만 병원 시설을 이용하여 정밀검사나 치료를 하는 경우를 흔히 볼 수 있다. 이때 몇 개월씩 기다리는 것은 보통이지만 문제는 중환자의 경우 기다리다가 시기를 놓쳐 병이 악화되어 치료가 어려워지는 경우도 종종 있다. 따라서 중요한 환자의 경우 다른 병원의 대기 상황을 알아보는 것이 필요할 수 있다.

2002년 어느 날 병원에 갔다가 병원 문을 나서는 한인을 만난 적이 있다. 그는 병원에서 3개월만 살수 있다고 진단받았지만 검사를 받으려면 3개월을 기다려야 한다고 말을 하면서 어이 없이 웃었다. 얼마 후 그 사람이 죽었다는 소식을 듣고 캐나다 의료시스템을 이해하기 어려웠다. 캐나다는 의료인을 포함한 모든 직장인들의 권리가 보호되기 때문에 한국 같이 환자나 고객이 원할 경우 무보수로 연장 근무를 해야 할 의무나 도덕적 책임이 없다. 이는 정부 예산이 부족하여 의료비가 삭감되면 환자가 바로 어려움을 겪는 구조로 되어 있기 때문이다.
2010년대는 오일 수출로 정부예산이 풍부해지면 전국적으로 의료서비스가 상당이 많이 개선되었다. 2015년 뇌암 환자의 경우 1차 진료기관 진료부터 2차 진료기관 검사, 수술까지 1 주일 만에 끝난 경우도 있다.

### 4) 응급환자

응급 환자가 발생하면 한국같이 언제든 구급차 (전화 911)를 부를 수 있으며, 이때는 응급실로 바로 가서 치료를 받을 수 있다. 응급환자는 꼭 생명에 지장이 있는 환자를 의미하는 것은 아니고 일반적인 사고에도 부를 수 있다. 자전거를 타다가 심하지는 않지만 다리를 다쳐 응급차를 부르는 경우를 본적이 있다.

<2014년 주정부별 구급차 이용료>

| (준)주 | 이용료 | 비 고 |
|---|---|---|
| 온타리오 | - 개인 부담금 $45 | 응급상황이<br>아닌 경우 $240 |
| 퀘벡 | - 기본료 $125<br>- 추가요금<br>$1.75/km, $35/명 | 다른 주 거주자<br>기본료 $400 |
| 브리티시<br>컬럼비아 | - 균일가격 $80<br>- 병원과 병원이동 $0 | 다른 주 거주자<br>기본료 $530<br>+ $2,746/시간 (헬리콥터)<br>+ $7/마일 (비행거리) |
| 앨버타 | 대부분 주 정부에서 부담<br>일부 작은 비용 개인부담 | |
| 사스카츄완 | - 최대기본료 $325<br>- 추가요금<br>$2.30/km,<br>$50~$100/시간 | 농촌지역은<br>최대기본료는 $245 |
| 매니토바 | 위니펙<br>- 기본료 $800<br>(정부보조지역 $500)<br>- 추가요금<br>Standby $500<br>대기 $119/시간 | 위니펙 이외 많은 지역에서 대략 $500 내·외이나 상황에 따라 추가비용을 받음 |
| 노바스코샤 | - 기본료 $142.3<br>- 교통사고, 산업 재해 등<br>$711.60 | 비거주자 $711.60<br>외국인 $1,067.35 |
| 뉴브런즈윅 | - $130.60 (직장인 사설보험이 있는 사람만 지불, 나머지는 무료) | 비거주자 $650 |
| PEI | - 거주자 $150 | 비거주자 $600 |
| 뉴펀들랜드 | - 거주자 $115 | |

이용료는 전액 또는 일부 개인 부담이지만 직장인의 경우 회사에서 지원하는 사설의료보험에 청구할 수 있고, 교통사고의 경우 보험회사에 청구할 수 있다. 주정부에 따라 차이는 있지만 일부 주에서는 65세 이상으로 수입이 없는 노인과 정부 지원을 받는 가난한 웰페어 대상자는 무료이다. (매니토바 주는 노인도 부담)

출산 등 예측이 되는 급한 경우는 1차 진료를 받을 때 담당의사가 위급 상황에 어디로 전화를 하고 어디로 가라고 미리 알려 주기 때문에 굳이 구급차를 이용하지 않아도 바로 예정된 병원으로 가서 출산을 할 수 있다.

응급환자가 도착하면 대기하던 의료진이 한국 같이 빠르게 움직이면서 진료를 시작 하지만, 상태가 위중하지 않다고 생각하면 다른 위급한 환자에게 순위가 밀려 기다려하는 상황도 발생할 수 있다.

## 5) 신생아 및 어린이 환자

신생아가 태어나기 전 부모가 출생할 아기 이름을 준비해 놓으면, 병원에서 출생신고 및 Child Tax Benefit 서류 신청 등을 도와준다. 또한 신생아용 자동차 안전 시트를 준비하는 것을 잊지 말아야 한다. 병원에서 안전 시트가 없으면 퇴원을 안 시켜 준다.

간호사가 신생아의 양육 환경을 점검하기 위하여 가정 방문을 할 수도 있다. 병원에서 알려 준 신생아 담당 의사를 정기적으로 방문하여 검사 및 예방 접종을 한다.

신생아는 물론 초등학생을 포함한 어린이가 아픈 경우, 응급 상황이 아니더라고 1차 진료나 예약 없이 바로 어린이 병원 (Children Hospital 또는 Sick Kids)으로 갈 수 있다. 그러나 이때 많은 시간을 기다려야 하며, 종종 엄청 오랫동안 (몬트리올 5시간 이상) 기다려야 의사를 만날 수 있다.

어린이 환자 진료를 예약하는 경우 한국어 통역을 병원 측에 요청할 수 있다. 통역에 따른 개인적인 비용 부담은 없다. 언어가 되더라도 의료 용어를 잘 모르거나 의료 체계가 다르므로 초기 이민자들은 이용하는 경우가 종종 있다.

| 한국 국적 부모 (영주권자 포함)는 신생아를 한국 호적에 출생 신고할 수 있다. 병원에서 받은 출생 서류나 캐나다 정부 영문 출생증명서를 가지고 한국 영사관을 방문 (또는 우편) 해서 신청 할 수 있다. |
|---|

| 어른들이 이용하는 클리닉을 어린이가 이용할 수 도 있지만 어린이를 위한 전문 클리닉도 있다. 이곳도 예약 없이 이용할 수 있으며 주말도 이용 가능하다. |
|---|

## 6) 예방 접종 및 검사

한국의 보건소와 같이 유사한 의료기관 (Public Health, 퀘벡주는 CLSC)이 있어서 신생아 및 65세 이상 노인에게 무료로 예방 접종 서비스를 제공하고 있다. 또한 매년 독감예방 주사를 10월 말 경부터 1월 중순까지 실시하며, 이때는 지역 따라 차이는 있지만 많은 곳에서 무료로 서비스를 제공한다. 또한 가정의 또는 1차 진료를 하는 의사가 진료실에서도 예방 접종 주사를 놓아 주기도 하지만 주정부에 따라 유료인 경우가 많다.

검사의 경우 주로 병원에서 하고 무료이지만, 건강 체크를 위해 일반적으로 많이 이용하는 소변검사 및 피검사 등은 별도의 장소에서 전문적으로 하는 곳이 있으며 약간의 수수료를 받는 경우도 있다.

특별히 어디가 아프지 않아도 건강상태를 점검하는 한국의 종합검진 제도는 캐나다에 없다. 검사는 가정의 또는 Clinic 등의 1차 진료를 하는 의사가 어딘가 이상이 있다고 판단할 때 검사를 받을 수 있도록 해준다. 물론 나이가 들어 많이 발병하는 극히 일부 병에 한하여 대변 등 단순한 검사를 무료로 받을 수 있게 해준다.

## 7) 치과

어린이의 경우 치과 진료 항목에 따라 무료로 제공 받을 수 있는 것이 있지만 대부분의 경우 개인 부담으로 서비스를 이용해야 한다. 캐나다는 개인 돈을 지불하고 의료 서비스를 받을 수 있는 사립 병원 설립을 원천적으로 금지하지만 치과는 예외적으로 하고 있다. 직장에 다니는 분은 사설의료 보험을 복지혜택으로 지원하지만 자영업을 하는 분은 치과 진료비용이 부담스러워서 많은 사람들이 제대로 진료 서비스를 못 받는 것이 현실이다.

## 8) 직장인 사설 의료 보험

대부분의 회사는 정부 의료 보험과 별도로 개인 사설 의료보험과 치과보험 혜택을 직원들에게 제공한다. 회사에 따라 보험 혜택이 상당히 차이 있다. 기본적인 보험료는 회사에서 제공하고 나머지 부분은 옵션으로 직원과 회사가 50%씩 부담하는 경우도 있고, 아예 의료보험료 전액을 회사가 납부하고 서비스 항목도 매우 다양하게 제공하는 경우도 있다.

일반적으로 약 값, 검사료, 예방접종, 안경/렌즈 (선글라스 제외), 치과 진료 및 교정, 언어 치료, 마사지, 한의원 진료비, 평발의 경우 신발 및 깔창, 청각 보조 기구 등 다양 항목에서 소요된 비용을 사설 보험에 청구할 수 있다. 그리고 청구할 때 의사의 처방전이 있어야 인정되고 해당 비용 전체 또는 일부를 환급 받는다. 사설보험 카드를 소지하고 있으면 환자 편의를 위해 의료기관에서 직접 보험회사에 청구하고 보험 적용이 안 되는 비용만 환자에게 요구하기도 한다.

사설 보험 적용에 관한 자세한 사항은 회사에서 가입하는 보험 약관에 따라 매우 다르기 때문에 시간을 들여 자세히 읽어 보아야 한다. 많은 사람들이 자세한 보험 적용 항목을 몰라서 아예 청구를 하지 않는 경우가 흔히 있다.

| 보모의 직장 사설의료보험이 대학생 자녀에 대한 혜택을 제공하면 대학에서 등록금에 포함하여 일괄 징수한 보험료를 다시 반환받을 수 있는 경우도 있다. |
|---|

| 알레르기는 한국에서는 그리 심하지 않지만, 캐나다의 내륙지방 (동부 온타리오 주와 퀘벡 주, 그리고 대평원지역)은 한국보다 날씨가 건조하여서 많은 사람들이 고생한다. 심한 경우는 목숨까지도 잃을 수 있어서 아예 비상약을 항상 가지고 다니는 사람을 종종 만날 수 있다.<br>한인들도 캐나다에서 몇 년 살다보면 많은 경우 알레르기가 생겨서 고생한다. 또한 캐나다에서 태어나는 2세들의 경우는 더욱 심한 알레르기가 있는 경우가 종종 있다.<br>알레르기가 가장 심한 시기는 나무의 새순이 올라오고 꽃이 피는 5월 경으로 심한 재채기를 한다. 이때 약국에서 의사 처방 없이 약 (Reactine, Aerius, Claritin 등) 을 쉽게 구입하여 복용할 수 다. 그러나 심하거나 특이하면 알레르기 검사를 받아 알맞은 약을 사용하고 알레르기를 일으키는 물질을 피해야 한다.<br>유치원생이나 초등학생은 본인이 알레르기가 없더라도 땅콩 등 알레르기를 일으킬 수 있는 것을 도시락 또는 간식으로 학교에 가져 갈 수 없다. (빈번하게 주의사항을 가정통신문으로 발송) |
|---|

# 경제적으로 어려울 때 정부 지원

## 1) 직장을 잃었거나 잠시 일을 못할 경우 고용보험 지급

모든 직장인들은 한국 같이 고용 보험 (Employment Insurance)에 가입할 수 있으며, 퀘벡 주는 연방과 별도로 고용 보험 제도를 운영하고 있다. 고용보험 납입금 및 최대 수령액은 매년 변경된다.

(2013년 기준) 연간 $891.12 한도 내에서 소득의 1.88%까지 구입 가능하며, 고용주는 개인 불입액의 1.4 배인 최대 $1,247.57까지 추가로 불입해야 한다. 퀘벡 거주자는 연간 $720.48 한도 내에서 소득의 1.52% 까지 구입 가능하며, 고용주는 1.4배인 최대 $1,008.67 까지 추가로 불입해야 한다.

고용보험금은 본인의 과실이 아닌 다음과 같은 이유로 일을 할 수 없거나 직장을 잃었을 경우에 한하여 온라인으로 청구가 가능하다. (Service Canada 웹사이트)

- 고용보험일반보상 (Employment Insurance Regular Benefits): 일할 능력과 의지는 있으나 회사의 수주가 부족하거나, 계절적 요인으로 직업을 잃었을 경우
- 고용보험출산보상 (Employment Insurance Maternity and

Parental Benefits): 임신, 출산, 입양, 새로 출생한 영아를 돌보기 위해 일을 할 수 없는 경우
- 고용보험병가보상 (Employment Insurance Sickness Benefits): 본인이 아프거나, 다치거나, 검역을 위해 격리되는 경우
- 고용보험보호자보상 (Employment Insurance Compassionate Care Benefits): 가족 중에 사망에 이르는 심각한 병에 걸려 보호자가 필요한 경우
- 고용보험자녀보호 보상 (Employment Insurance benefits for Parents of Critically Ill Children): 자녀가 아프거나 다쳐서 보호자가 필요한 경우
- 고용보험어부보상 (Employment Insurance Fishing Benefits): 어부가 고기를 잡을 수 없는 경우

직장을 잃었을 경우, 최대로 수령할 수 있는 보험금은 14~22주 동안 평균수입의 55%이고, 2014년 기준으로 주당 최대 $514이고 누적 최대 금액은 $48,600을 초과하지 않는다. 연간 실질 부부 소득 (Family Net Income)이 $25,921 이하 이면, 저소득 가정 보조금 (Family Supplement) 제도에 따라서 평균 수입의 80%까지 고용 보험금을 수령할 수 있다. 그러나 부부가 동시에 직장을 잃었을 경우 한사람만 이 제도를 이용할 수 있다.

고용 보험금 지급은 2주 동안 대기 기간을 거친 이후부터 지급되지만, 만약 회사를 떠날 때 지급된 보상금 (Severance Pay)과 사용 못한 휴가에 대한 보상금 (Vacation Pay) 등이 있으면, 본인의 임금을 기준하여 해당되는 기간만큼 지급시작이 늦추어진다. 거주 지역의 실업률에 따라 보통 14 주에서 45주 동안 고용보험금을 수령할 수 있으며 최대 52주을 초과하지 않는다. 매 2주마다 전화 또는 인터넷으로 보고해야 되며 만약 주중 (월~금)에 캐나다 밖으로 있었다면 해당 날짜만큼 지급금액이 줄어든다.

고용 보험금을 수령하고 있는 기간 동안 주당 $50 또는 수령금액 25% 이상 발생된 수입의 50%가 고용보험 수령금액에서 차감 된다.

고용보험 수령금액과 기타 수입을 합한 금액 (Net Income)이

$59,250 보다 많으면 연말 정산할 때 (Tax Return) 초과 지급된 고용 보험금의 30%를 반납해야 한다. 그러나 고용보험일반보상이 아닌 경우, Maternity, Parental, Sickness, or Compassionate Care 는 반납 대상에서 제외된다.

퀘벡 주는 2006년부터 자녀를 출산하거나 입양하여 일을 못하는 경우를 위해 QPIP (Québec Parental Insurance Plan)를 EI 고용보험에서 분리하여 시행하고 있다. (www.rqap.gouv.qc.ca)

직장인은 자동으로 급여에서 보험금이 공제되며, 자영업자는 개별적으로 가입이 가능하다.

QPIP는 기본플랜과 특별플랜을 시행하므로 신청자는 자신에게 유리한 것을 선택할 수 있다. 특별플랜은 기본플랜 보다 지원기간이 짧지만 지원 금액이 큰 것이 특징이다.

<퀘벡 주의 QPIP 지급 기간 및 금액>

| 종류 | 기본플랜 | 특별플랜 |
| --- | --- | --- |
| Maternity (산모) | 18주, 급여의 70% | 15주, 급여의 75% |
| Paternity (친아빠) | 5주, 급여의 70% | 3주, 급여의 75% |
| Parental (부모 중 1명 또는 공동) | 처음 7주, 급여의 70% | 25주, 급여의 75% |
| | 다음 25주, 급여의 55% | |
| Adoption (양부모 중 1명 또는 공동) | 처음 12주, 급여의 70% | 28주, 급여의 75% |
| | 다음 25주, 급여의 55% | |

※ 산모의 경우 지원 기간과 금액은 Maternity와 Parental 을 합하여 지원하고 친아빠의 경우 Paternity와 Parental을 합하여 지원하다. 기본플랜을 선택하면 산모의 경우 최대 50 (=18+7+25) 주까지, 친아빠의 경우 최대 37 (=5+7+25) 주까지 지원받는다.

## 2) 저소득 가정을 위한 판매세 환불

캐나다 정부는 저소득층 가정의 생활비를 지원하고자 판매세 환급 (GST / HST Tax Credit) 제도를 운영하고 있으며, 각 주 마다 조금씩 차이가 있다.

온타리오 주는 판매세 환불 (Ontario Sale Tax Credit)과 더불어 에너지 및 재산세 환불 (Ontario Energy and Property Tax Credit), 북부 온타리오 에너지 세금 환불 (Northern Ontario Energy Credit) 제도도 운영하고 있다.

<2013년 캐나다 각 주정부 별 GST/HST 환급 제도>

| 주 정부 (제도) | 1인당 최대 환불 | 최대허용 연간 가계소득 | | 비 고 |
|---|---|---|---|---|
| | | 1인 가정 | 2인 또는 이상 | |
| 온타리오 (OTSC) | $278 | $21,410 | $26,763 | - 초과소득에 대해 4%씩 감소 |
| 퀘벡 | | | | |
| 브리티시 컬럼비아 (BCLICATC) | 성인 $115.5<br>자녀 34.5 | $32,187 | $37,552 | - 초과소득에 대해 2%씩 감소<br>- 싱글 부모의 첫 자녀는 $115.5 |
| 앨버타 | | | | |
| 사스카츄완 (SLITC) | 성인 $237<br>자녀 $92 | $31,056 | $31,056 | - 소득 $63,856 까지 점진적 감소<br>- 최대 2명의 자녀까지 혜택<br>- 가족 당 최대 환불은 $658 |
| 매니토바 | | | | |
| 노바스코샤 (NSALTC) | 성인 $255<br>자녀 $60 | $30,000 | $30,000 | - 초과소득에 대해 5%씩 감소 |
| 뉴브런즈윅 | | | | |
| PEI (PEISTC) | 본인 $100<br>배우자 $50<br>자녀 $50 | $30,000 | $30,000 | - 초과 소득에 대해 0.5% 추가 (최대 $50)<br>- $50,000 이상은 2%씩 감소 |
| 뉴펀들랜드 (NLHSTC) | 성인 $40<br>자녀 $60 | $15,000 | $15,000 | - 초과소득에 대해 5%씩 감소 |

온타리오 주의 경우 가족 구성원이 2인 이상인 경우는 가계 소득이 연간 $26,763 이하, 독신자의 경우는 소득이 연간 $21,410 이하 이면 최대 $749까지 지원금을 환불 받을 수 있다. 65세 또는 이상의 노인이면서 2인 이상인 경우는 가계 소득이 연간 $32,116 이하, 독신자의 경우는 소득이 연간 $26.763 이하 이면 최대 $883까지 지원금을 환불 받을 수 있다. 현실적으로 저소득층의 경우 소유 주택이 없어서 재산세 납부와 관계없기 때문에 보통 아파트의 연간 임대료의 2% + $54 정도가 지원된다.

### 3) 생계형 극빈자를 위한 웰페어 제도

극빈자에게 지급하는 생계 보조금인 웰페어 (Welfare)는 "Social Assistance", "Income Support", "Income Assistance", "Welfare Assistance" 등 다양하게 불리며 주정부에서 운영한다. 연방 정부는 최대 50% 정도까지 소요되는 비용을 부담하지만 변동이 있을 수 있다.

한인들 중 웰페어 수혜 대상은 매우 드물지만 현지 주민들은 많은 편이며, 심지어 어떤 동네는 주민 대부분이 수혜대상인 경우도 있다. 정부 생계 보조금만 가지고 임대 주택을 얻는 것은 캐나다 거의 모든 지역에서 쉽지 않아 임대료가 낮은 지역으로 몰리는 경향이 있다.

주정부에서 웰페어 제도를 운영하다 보니 주 정부 마다 제도와 금액이 조금씩 다르다. 일부 주정부의 경우 18세 또는 이상인 자녀는 자녀수당 (Child Tax Benefit) 수혜대상자가 아니기 때문에 지원금을 더 많이 지급한다. 반면 할아버지, 할머니와 함께 3대가 거주하면 조부모가 노인연금 혜택 대상자 일 수 있고 또한 주거비용을 줄일 수 있기 때문에 지원금을 조금 덜 지급한다. 그리고 사스카츄완 주는 지역에 따라 필요한 생활비가 다르기 때문에 차등 지급하기도 한다.

다음은 18세 이하의 자녀 2명을 가지고 장애가 없는 4인 가족을 기준으로 주정부 웰페어 금액을 산출하였다. 이 금액은 대략적인 금액을 이해하는데 사용할 수 있지만, 정확한 금액은 각자의 상황이 다르고 수시로 주정부에서 새로운 법률을 제정하여 시행하기 때문에 다소 차이가 있을 수 있는 것을 염두 해 두어야 한다.

<2014년도 주정부 4인 가족 웰페어 지원금>

| 주 | 웰페어 제도 | 기본금 ($) | 주거비 ($) | 총계 ($) |
|---|---|---|---|---|
| 온타리오 | Ontario Works | 458 | 702 | 1,160 |
| 퀘벡 | Social Assistance | | | 936 |
| 브리티시 컬럼비아 | Income Assistance | 401 | 700 | 1,101 |
| 앨버타 | Alberta Works (Income Support) | 578 | 595 | 1,173 |
| 사스카추완 | Social Assistance | 255 | 711 | 966 |
| 매니토바 | Income Assistance | | | 1,067 |
| 노바스코샤 | Income Assistance | 776 | 620 | 1,396 |
| 뉴브런즈윅 | Social Assistance | 910 | | 910 |
| PEI | Social Assistance | 829 | 441 | 1,270 |
| 뉴펀들랜드 | Income Support | 707 | 372 | 1,079 |

### a. 온타리오 주

온타리오 주는 웰페어 대상자를 선정하기 위하여 요구하는 필수 및 보조 요구사항은 다음과 같다.

| 필수 요구 사항 | 보조 요구 사항 |
|---|---|
| - 주거 (임대, 숙소 등)<br>- 부양가족 수<br>- 부양가족 나이<br>- 결혼 또는 동거 (Common Law) 상태<br>- 자녀 및 부모와 함께 3대 거주여부 | - 숙소 비용<br>- 소득원<br>- 재정상태 (부모에게서 독립 또는 함께)<br>- 현금화 가능 최대 재산 상황 (독신 $2,500, 부부 $5,000, 편부모 1자녀 $3,000, 추가 자녀 당 $500 추가 |

<2013년 온타리오 주의 웰페어 기본 지원금>

| 부양 자녀 수 (명) | | | 미혼 또는 이혼자 | 기혼 또는 동거 |
|---|---|---|---|---|
| 전체 | 18세 또는 이상 | 17세 또는 이하 | | |
| 0 | 0 | 0 | $250 | $458 |
| 1 | 0 | 1 | $344 | $458 |
| | 1 | 0 | $575 | $602 |
| 2 | 0 | 2 | $344 | $458 |
| | 1 | 1 | $575 | $602 |
| | 2 | 0 | $719 | $762 |
| 3 | 0 | 3 | $344 | $458 |
| | 1 | 2 | $575 | $602 |
| | 2 | 1 | $719 | $762 |
| | 3 | 0 | $880 | $923 |
| (17세 또는 이하) 추가 자녀 당 추가 지원금 | | | $0 | $0 |
| (18세 또는 이상) 추가 자녀 당 추가 지원금 | | | $161/명 | $161/명 |

<2013년 온타리오 주의 웰페어 대상자 주택 임대료 최대 지원금>

| 신청인 포함한 가족 전체인원 | 최대 주거 지원금 |
|---|---|
| 1명 | $376 |
| 2명 | $596 |
| 3명 | $648 |
| 4명 | $702 |
| 5명 | $758 |
| 6명 또는 그 이상 | $785 |

<2013년 온타리오 주의 시설 (Board or Lodging) 거주자 최대 지원금>

| 부양 자녀 수 (명) | | | 성인 1명 | 성인 2명 |
|---|---|---|---|---|
| 전체 | 18세 또는 이상 | 17세 또는 이하 | | |
| 0 | 0 | 0 | $434 | $639 |
| 1 | 0 | 1 | $585 | $697 |
| | 1 | 0 | $696 | $733 |
| 2 | 0 | 2 | $651 | $752 |
| | 1 | 1 | $762 | $788 |
| | 2 | 0 | $806 | $822 |
| 3 | 0 | 3 | $713 | $807 |
| | 1 | 2 | $824 | $843 |
| | 2 | 1 | $868 | $877 |
| | 3 | 0 | $904 | $911 |
| (17세 또는 이하) 추가 자녀 당 추가 지원금 | | | $62 | $55 |
| (18세 또는 이상) 추가 자녀 당 추가 지원금 | | | $109 | $92 |

b. 퀘벡 주

퀘벡 주는 취업을 하는데 일시적인 장애가 있는 경우는 "Social Assistance Program"에 따라 지원하고, 심각한 장애가 있어서 취업이 어려운 경우는 "Social Solidarity Program"에 따라 지원한다. 주 정부에서 정한 최대 허용 수입 보다 많은 수입이 발생하면 그 차액만큼 지원금을 감액하고 지급한다.

배우자가 학생이면 정부의 다른 종류 복지 혜택을 받고 있기 때문에 지원금을 차등 지급 한다.

<2013년 퀘벡 주의 Social Assistance Program 웰페어 수령 금액>

| 구분 | 기본금 | 취업 장애 지원금 | 전체 지원금 | 최대허용 근로수입 |
|---|---|---|---|---|
| 성인 1인<br>- 취업 장애가 없는 경우<br>- 취업 장애가 일시적인 경우 | <br>$604<br>$604 | <br>$0<br>$129 | <br>$604<br>$733 | <br>$200<br>$200 |
| 학생의 배우자 1인<br>- 취업 장애가 없는 경우<br>- 취업 장애가 일시적인 경우 | <br>$167<br>$167 | <br>$0<br>$129 | <br>$167<br>$296 | <br>$200<br>$200 |
| 정부시설에 거주하는 성인 1인 또는 자녀가 있는 미성년자 1인 | $196 | $0 | $196 | $200 |
| 성인 2인<br>- 취업 장애가 없는 경우<br>- 취업 장애가 일시적인 경우 (2인)<br>- 취업 장애가 일시적인 경우 (1인) | <br>$936<br>$936<br>$936 | <br>$0<br>$221<br>$129 | <br>$936<br>$1,157<br>$1,065 | <br>$300<br>$300<br>$300 |

<2013년 퀘벡 주의 Social Solidarity Program 웰페어 수령 금액>

| 구분 | 지원금 | 최대허용 근로수입 |
|---|---|---|
| 성인 1인 | $918 | $100 |
| 학생의 배우자 1인 | $465 | $100 |
| 정부시설에 거주하는 성인 1인 또는 자녀가 있는 미성년자 1인 | $196 | $100 |
| 성인 2인 | $1,373 | $100 |

## c. 브리티시컬럼비아 주

BC 주는 가족 구성원 중에 65세 이상으로 노인 연금 수령 대상자가 있는 지에 따라 지원금을 차등 지급한다.

<2007년 이후 BC 주의 웰페어 Income Assistance 지원금>

| 인원 | 기본 지원금 | | | | | | | | 최대 주거 지원금 |
|---|---|---|---|---|---|---|---|---|---|
| | A | B | C | D | E | F | G | H | |
| 1 | $235.00 | $282.92 | N/A | $531.42 | N/A | N/A | N/A | N/A | $375.00 |
| 2 | $307.22 | $452.06 | $375.58 | $700.56 | $949.06 | $672.08 | $423.58 | $396.22 | $570.00 |
| 3 | $401.06 | $546.06 | $375.58 | $794.56 | $1043.06 | $672.08 | $423.58 | $490.06 | $660.00 |
| 4 | $401.06 | $546.06 | $375.58 | $794.56 | $1043.06 | $672.08 | $423.58 | $490.06 | $700.00 |
| 5 | $401.06 | $546.06 | $375.58 | $794.56 | $1043.06 | $672.08 | $423.58 | $490.06 | $750.00 |
| 6 | $401.06 | $546.06 | $375.58 | $794.56 | $1043.06 | $672.08 | $423.58 | $490.06 | $785.00 |
| 7 | $401.06 | $546.06 | $375.58 | $794.56 | $1043.06 | $672.08 | $423.58 | $490.06 | $820.00 |

Note 1.

A 부부 모두 취업 가능하고 65세 이하인 가족 (singles, couples, two-parent)
B 부부 모두 장애인이고 65세 이하인 가족 (Singles, couples, two-parent)
C 배우자 없고 취업 가능하고 65세 이하인 가족
D 한 사람만 65세 이상인 가족 (Singles, couples, two-parent)
E 부부 모두 65세 이상인 가족 (Couples, two-parent)
F 배우자 없고 65세 이상인 가족 (One-parent)
G 배우자 없고 장애인이며 65세 이하인 가족 (One-parent)
H 한 사람만 장애인이고 모두 65세 이하인 가족 (Couples, two-parent)

Note 2. 가족 인원이 7명 이상인 경우는 $35/명 추가 지원

<2010년 BC 주 웰페어 대상자의 연방/주정부 복지혜택 총 수령 금액>

| 구 분 | 독신자 | 베우자 없고 자녀1명 (4세) | 배우자 있고 자녀2명 (10,12세) | 장애가 있는 독신자 |
|---|---|---|---|---|
| 웰페어 기본금 | $7,320 | $11,347 | 13,213 | $10,877 |
| 추가 기타 정부 지원금 | | | | |
| - 크리스마스 | $35 | $80 | $90 | $35 |
| - 학교 개강 | N/A | N/A | $200 | N/A |
| - Child Tax Benefit | N/A | $3,426 | $6,613 | N/A |
| - Universal Child Benefit | N/A | $1,200 | N/A | N/A |
| - 연방 GST Credit | $249 | $629 | $759 | $249 |
| - BC 세금 Credit | $220 | $440 | $733 | $220 |
| 수입 총계 | $7,824 | $17,121 | $21,603 | $11,381 |
| 월 기본금 | $610 | $946 | $1,101 | $906 |
| 월 총 지원금 | $652 | $1,427 | $1,801 | $948 |

### d. 대평원

a) 앨버타 주

앨버타 주는 웰페어 대상자 중에서 전일제 학생이거나, 12세 이상의 자녀가 있으면 추가 금액을 더 지원 한다.

<2004년 이후 앨버타 주의 웰페어 기본 지원금>

| 구분 | 취업 가능 | 취업 불가능 | 전일제 학생 |
|---|---|---|---|
| 독신 | $260 | $364 | $511 |
| 부부 (자녀 0) | $476 | $633 | $633 |
| 배우자가 없는 경우 | | | |
| - 자녀 1명 | $343 | $460 | $888 |
| - 자녀 2명 | $387 | $520 | $948 |
| - 자녀 3명 | $450 | $593 | $1,021 |
| - 자녀 4명 | $506 | $662 | $1,090 |
| - 자녀 5명 | $563 | $731 | $1,159 |
| - 자녀 6명 | $623 | $802 | $1,230 |
| 추가 자녀 당 | $56 | $56 | $56 |
| 배우자가 있는 경우 | | | |
| - 자녀 1명 | $521 | $678 | $1,184 |
| - 자녀 2명 | $578 | $746 | $1,252 |
| - 자녀 3명 | $635 | $814 | $1,320 |
| - 자녀 4명 | $691 | $882 | $1,388 |
| - 자녀 5명 | $748 | $950 | $1,456 |
| - 자녀 6명 | $808 | $1,021 | $1,527 |
| 추가 자녀 당 | $56 | $56 | $56 |

※ 상기 표에서 자녀는 12세 이하를 의미하며, 12~19세 자녀이면 모든 경우에 $33을 추가

<2004년 이후 앨버타 주의 웰페어 주거비용 지원금>

| 구분 | 취업 가능 | 취업 불가능 | 전일제 학생 | 복지시설 거주 |
|---|---|---|---|---|
| 독신 | $323 | $323 | $323 | $120 |
| 부부 (자녀 0) | $436 | $436 | $436 | $193 |
| 배우자가 없는 경우 | | | | |
| - 자녀 1명 | $546 | $546 | $546 | $212 |
| - 자녀 2명 | $566 | $566 | $566 | $260 |
| - 자녀 3명 | $586 | $586 | $586 | $317 |
| - 자녀 4명 | $606 | $606 | $606 | $377 |
| - 자녀 5명 | $626 | $626 | $626 | $437 |
| - 자녀 6명 | $646 | $646 | $646 | $496 |
| 추가 자녀 당 | $20 | $20 | $20 | N/A |
| 배우자가 있는 경우 | | | | |
| - 자녀 1명 | $575 | $575 | $575 | $262 |
| - 자녀 2명 | $595 | $595 | $595 | $317 |
| - 자녀 3명 | $605 | $605 | $605 | $377 |
| - 자녀 4명 | $625 | $625 | $625 | $437 |
| - 자녀 5명 | $645 | $645 | $645 | $496 |
| - 자녀 6명 | $665 | $665 | $665 | $555 |
| 추가 자녀 당 | $20 | $20 | $20 | N/A |

Note 1. 상기 표에서 자녀는 12세 이하를 의미하며, 12~19세 자녀이면 모든 경우에 $33을 추가

b) 사스카츄완 주

사스카츄완 주는 지역에 따라 주거비용 지원금을 차등 지급하고, 매니토바 주는 자녀의 수에 따라 3 단계로 구분하여 지원금을 차등 지급한다.

<사스카츄완 주의 웰페어 기본 지원금>

| 구분 | 성인 지원금 (including food, clothing, travel, personal and household items) | 숙소 (Board & Room) 지원금 (including clothing, and comfort needs) | |
|---|---|---|---|
| | | With Parents | Other |
| 성인<br>- 장애자 추가 지원금 | $255<br>$50 | $300<br>$20 | $330<br>$20 |
| 배우자 없고 자녀 1명<br>- 자녀 추가 지원금 | $255<br>$0 | $330<br>$0 | $440<br>$85 |

<사스카츄완 주의 웰페어 주거비용 지원금>

| 구 분 | 지역 A | 지역 B | 지역 C | 지역 D |
|---|---|---|---|---|
| Room only<br>- 독신<br>- 자녀가 없는 부부 | <br>$200<br>$400 | <br>$200<br>$400 | <br>$200<br>$400 | <br>$200<br>$400 |
| 고용 가능한 독신<br>고용 불가능한 독신 | $328<br>$459 | $289<br>$404 | $259<br>$363 | $233<br>$326 |
| 자녀가 없는 부부 | $587 | $501 | $450 | $355 |
| 자녀가 있는 부부<br>- 1 or 2 Children<br>- 3 or 4 Children<br>- 5 or more | <br>$711<br>$773<br>$849 | <br>$589<br>$650<br>$724 | <br>$563<br>$627<br>$690 | <br>$429<br>$480<br>$557 |

c) 매니토바 주

<매니토바 주의 웰페어 기본금 및 주거 지원금>

| 자녀 수(명) | 12-17세 | 7-11세 | 0-6세 | 성인 1명 | | | 성인 2명 | |
|---|---|---|---|---|---|---|---|---|
| | | | | 장애인 | 일반인 | 편부모 | 장애인 | 일반인 |
| 0 | 0 | 0 | 0 | $801 | $565 | $678 | $1,126 | $842 |
| 1 | 1 | 0 | 0 | $1,088 | | $854 | $1,351 | $999 |
| | 0 | 1 | 0 | $1,048 | | $816 | $1,312 | $959 |
| | 0 | 0 | 1 | $1,016 | | $803 | $1,279 | $927 |
| 2 | 2 | 0 | 0 | $1,313 | | $1,070 | $1,564 | $1,211 |
| | 0 | 2 | 0 | $1,234 | | $995 | $1,484 | $1,132 |
| | 0 | 0 | 2 | $1,169 | | $957 | $1,420 | $1,067 |
| | 1 | 1 | 0 | $1,274 | | $1,032 | $1,524 | $1,171 |
| | 0 | 1 | 1 | $1,202 | | $982 | $1,452 | $1,099 |
| | 1 | 0 | 1 | $1,241 | | $1,019 | $1,492 | $1,139 |
| 3 | 3 | 0 | 0 | $1,526 | | $1,274 | $1,770 | $1,417 |
| | 0 | 3 | 0 | $1,406 | | $1,160 | $1,650 | $1,298 |
| | 0 | 0 | 3 | $1,310 | | $1,097 | $1,554 | $1,201 |
| | 2 | 1 | 0 | $1,486 | | $1,236 | $1,730 | $1,378 |
| | 2 | 0 | 1 | $1,454 | | $1,223 | $1,698 | $1,345 |
| | 0 | 2 | 1 | $1,374 | | $1,147 | $1,618 | $1,266 |
| | 1 | 2 | 0 | $1,446 | | $1,198 | $1,690 | $1,338 |
| | 1 | 0 | 2 | $1,382 | | $1,160 | $1,626 | $1,273 |
| | 0 | 1 | 2 | $1,342 | | $1,122 | $1,586 | $1,234 |
| | 1 | 1 | 1 | $1,414 | | $1,185 | $1,658 | $1,306 |

## e. 대서양 연안

a) 노바스코샤 주

노바스코샤 주는 병원 또는 정부 시설 거주 등으로 주거의 변동이 발생할 때 지원금도 변동된다.

<노바스코샤 주의 웰페어 주거비용 지원금>

| 가족 인원 수 | 주택 임대 또는 유지비용 | 정부시설 (Boarding) |
|---|---|---|
| 1명 | $300<br>(특별 상황, $535까지 가능) | $223 |
| 2명 | $570 | $242 |
| 3명 또는 이상 | $620 | $282 |

<노바스코샤 주의 웰페어 개인별 지원금>

| 주거 환경 | 성인 | 18 ~ 20세 자녀 | 18세 이하 자녀 |
|---|---|---|---|
| 임대, 개인소유, 정부시설 | $255 | $255 | $133 |
| 30일 이상 병원 거주 | $105 | $105 | $0 |
| Residential Rehabilitation 프로그램 대상 | $81 | $81 | $0 |

b) 뉴브런즈윅 주

뉴브런즈윅은 취업이 가능하나 일시적인 장애가 있는 대상자를 위해 "Transitional Assistance Program"을 운영하고, “Medical Advisory Board“에 의해 승인된 장애인을 위해 “Extended Benefit Program”을 운영한다.

<뉴브런즈윅 주의 Family Income Security 지원금>

| 가족 인원 | Transitional Assistance Program | | Extended Benefit Program (장애인) | |
|---|---|---|---|---|
| | 2013. 10 | 2014. 4 | 2013. 10 | 2014. 4 |
| 1명 | $537 | $537 | $643 | $663 |
| 2명 (한명은 19세 이하) | $559 | $576 | $945 | $974 |
| 2명 (성인) | $861 | $887 | $965 | $994 |
| 3명 | $876 | $903 | $1,000 | $1,030 |
| 4명 | $910 | $938 | $1,060 | $1,092 |
| 5명 | $965 | $995 | $1,120 | $1,154 |
| 6명 | $1,020 | $1,052 | $,1,180 | $1,216 |
| 7명 | $1,075 | $1,109 | $1,240 | $1,278 |
| 8명 | $1,130 | $1,166 | $1,300 | $1,340 |
| 9명 | $1,185 | $1,223 | $1,360 | $1,402 |
| 10명 | $1,240 | $1,280 | $1,420 | $1,464 |
| 11명 | $1,295 | $1,337 | $1,480 | $1,526 |
| 12명 | $1,350 | $1,394 | $1,540 | $1,588 |
| 13명 | $1,405 | $1,451 | $1,600 | $1,650 |

c) 프린스에드워드아일랜드 주

프린스에드워드아일랜드 주는 자녀가 12세 이하인지에 따라 차등 지급한다.

<2013년 프린스에드워드아일랜드 주, 최대 주거 지원금>

| 부양 자녀 수 | 최대 주거 지원금 |
|---|---|
| 1명 (임대) | $336 |
| 1명 | $523 |
| 2명 | $661 |
| 3명 | $756 |
| 4명 | $829 |
| 최대 7명 까지 추가 인원 당 | $46 |

<2013년 프린스에드워드아일랜드 주, 최대 식료품 지원금>

| 가족 인원 수 | 최대 식료품 지원금 | | | |
|---|---|---|---|---|
| | 성인 1명 | 성인 2명 | 12~18세 자녀 | 0~11세 자녀 |
| 1명 | $156 | | | |
| 2~3명 | $148 | $259 | $162 | $114 |
| 4명 이상 | $126 | $233 | $150 | $104 |

d) 뉴펀들랜드 주

뉴펀들랜드 주는 함께 거주하는 구성원이 남인지 친척인지에 따라 차등 지급한다.

<뉴펀들랜드 주의 기본적인 소득 보존 지원금>

| 구 분 | 친척과 사는 경우 | 남들과 사는 경우 |
|---|---|---|
| 독신 | $308 | $509 |
| 자녀가 없는 부부 | $611 | $720 |
| 자녀가 있는 싱글 | $543 | $661 |
| 자녀가 있는 부부 | $707 | $707 |

<뉴펀들랜드 주의 주거 지원금>

| 구 분 | 최대 주거 지원금 |
|---|---|
| 임대 및 주택융자 | $372 |
| 연료비 (뉴펀들랜드 섬) | $50 |
| 연료비 (래브라도) | $90 |
| Cost of Living Allowance (Costal of Labrador only) | $150 |

# 제 5 장

## 캐나다 주정부들의 교육제도

나무 같이 기초를 튼튼하게 하는 공교육시스템

# 일반 공통사항

## 1) 유치원 및 초·중·고등학교

### a. 학교 입학

집에서 가까운 학교는 해당지역 교육위원회 홈페이지에서 "Schools"를 선택하여 주소, 약도 및 연락처 등을 알 수 있다. 거주지를 기준으로 학교 배정을 받지만, 고등학교의 경우 인근 지역 다른 학교에 정원이 여유가 있으면 입학이 가능할 수도 있다.

| 영어 (또는 불어)에 어려움이 있는 초기 이민자 학생들은 정규반 수업에 참여하기 전에 1년 이상 언어 프로그램 (Welcoming Program)을 운영하는 학교로 배정 된다. 언어가 어느 정도 수준에 올라오면 정규반으로 옮겨 준다. 이 언어 프로그램은 모든 학교에서 운영하지 않고 지역별로 몇 개 학교를 대표하여 하나의 학교에서 운영한다. 이 언어 프로그램을 운영하는 학교가 어디에 있는지는 해당지역의 교육위원회 (School Board) 웹사이트를 방문하여 확인할 수 있다. |
|---|

캐나다는 주정부별로 교육부가 있고, 그 산하에 교육위원회 (School Board)를 두어서 유치원 및 초·중·고등학교를 운영 관리한다. 자녀를 학교에 입학시키려면 다음의 서류를 구비하여 학기

중이면 해당학교의 교무실 (Office), 방학 중이면 교육위원회 (School Board)를 찾아가 등록을 해야 한다.

- 거주 증빙서류: 주소가 있는 집 구매 혹은 임대 서류 등
- 연령 증빙서류: (영문) 출생증명서
- 예방 접종기록: 유치원생이나 초등학생 등 예방접종을 받아야 하는 연령대이면 접종기록이 없으면 다시 예방접종이 요구될 수 있음
- 신분 증빙서류: 유학/취업 비자, 영주권 등 (캐나다에서 태어난 경우는 제외)
- 학년 증빙서류: 재학증명서 (캐나나 내 전학은 School Letter)

캐나다 사립학교는 College, Academy, Private School 등으로 불리며 유치원부터 고등학교까지 함께 운영하는 경우가 많다. 거주하는 지역의 영어 학교는 CAIS (Canadian Association of Independent Schools) 연합회 사이트 (www.cais.ca) 또는 아우어키즈 (www.ourkids.net) 사이트에서 찾을 수 있다.

### b. 학교별 평가

캐나다는 각 주별로 매년 초·중·고등학생들을 (온주 3, 6, 9학년) 대상으로 수학 능력 시험을 본다. 학교를 평가하는 기관이 캐나다에 2개 있으며, 각 주에서 치룬 시험 결과를 기본으로 남녀의 성적 차이, 평균점수 이하의 학생 비율 등 여러 가지 변수를 고려하여 매년 학교 순위를 발표한다. 전체 평균도 높고, 남·여 공학이며, 성적 부진 학생의 비율이 낮고, 학생들 간 성적 차이가 적을 경우 우수한 학교로 평가받을 수 있다.

프레이저 평가원 (Fraser Institute)
인구가 많은 온타리오, 퀘벡, 브리티시컬럼비아, 앨버타 주에 있는 학교들을 평가하여 매년 순위를 발표 한다.
www.compareschoolrankings.org

AIMS 평가원 (Atlantic Institute for Market Studies)
인구가 적은 매니토바, 사스카츄완, 노바스코샤, 뉴브런즈윅, PEI, 뉴펀들랜드 주에 있는 학교들을 평가하여 순위를 공개한다.

### c. 스쿨버스

캐나다의 모든 지역에서 유치원은 초등학교와 같이 운영하므로, 유치원생과 초등학생은 집이 학교와 너무 가깝지 않으면 스쿨버스 서비스를 무료로 이용할 수 있다.

일부 교육위원회는 중학생과 고등학생에게도 스쿨버스를 제공하는 경우가 있지만, 대개의 경우 통학거리가 먼 학생에게 대중교통 티켓을 제공한다. 따라서 일반학생은 보통 해당 사항이 없고 특별 프로그램에 참여하여 통학 거리가 먼 학생만 해당된다. 단 집에서 가까운 학교로 진학하지 않고 일부러 먼 지역 명문학교로 진학하는 경우는 버스 티켓을 제공하지 않는다.

### d. 유치원 및 초·중등학교 생활

유치원은 공부를 거의 시키지 않지만 그림과 특별활동을 통하여 단체 생활을 체험하고 나중에 초등학교 생활을 잘 적응하도록 돕는다. 따라서 성적표는 없고 어떻게 생활하지 기록한 자료를 가끔 집으로 보내 준다.

초등학교 수업은 한국처럼 음악, 체육 등 특별 과목을 제외하고 담임선생님이 모두 맡아서 진행한다. 초등학교 선생님들은 대부분이 여자이고 일부가 남자 선생님인 것은 한국과 비슷하다.

학부모는 교사 만남의 밤 (Meet the Teacher Night)에 참석하거나 담임교사와 면담할 (Parent Teacher Interview) 수 있는 기회가 주어진다. 교사 만남의 밤은 강당에서 학부모들에게 교사들을 소개 하고 학교에서 제공하는 프로그램을 소개하며 학부모로부터 질문을 받고 응답한다. 담임교사 면담은 자녀의 학교 수업에 관한 성취도 및 태도에 관하여 부모에게 설명하고 상의한다. 이때 담임교사는 자녀 성적표 및 각종 수업 결과물도 함께 보여 준다.

중학생부터는 특별한 경우를 제외하고 보통 부모의 동행 없이 혼자 버스를 타고 다닐 수 있다. 대부분 아주 추운 날을 제외하고 부모가 등하교 할 때 픽업을 하지 않는다. 교실을 이곳저곳 바꾸어

가면서 수업도 들어야 하기 때문에 중학교 1학년 신입생은 처음 며칠 동안은 적응하느라 힘들 수 있다.

캐나다의 많은 영어권 지역에서 불어 집중 (French Immersion) 프로그램을 운영하며, 유치원 2년차에 입학을 한다. 초등학교 3학년 까지 수업을 100% 불어로 진행하고 이후는 영어와 반반씩 병행한다. 그러나 많이 학생들이 중도에 포기하고 정규반으로 돌아가서 졸업할 때는 약 30~40% 정도만 남는다. 또한 중도에 결석이 많으면 (일부 지역은 연간 3주) 탈락시켜 영어 정규반으로 돌려보낸다.

### e. 고등학교 생활

대부분의 고등학생들은 자기 특성에 맞는 학교를 찾아 진학하여 대학 진학을 준비하거나 또는 개인의 능력 개발을 한다. 한국과 같은 특별 고등학교 (외고, 과학고, 예고, 체고, 상고, 농고, 공고)은 거의 없고, 대부분 일반 고등학교에서 특별반을 편성하여 운영한다.

고등학생은 한국의 대학생처럼 수강 신청을 하며, 한 학기에 보통 4과목을 신청하여 매일 동일 과목을 수업하고 다음 학기에 또 다른 4 과목을 신청하여 동일한 방법으로 수업한다. 고등학생의 경우 선택과목에서 나쁜 점수를 받을 것 같으면 학기 초에 포기하고 다음 학기에 다른 선택 과목을 수강하기도 한다.

캐나다의 모든 주정부 교육부는 고등학교 졸업을 위한 필수 학점과 기타 요구 사항을 규정하여 시행하고 있다. 만약 다른 주로 이사를 가는 경우 새로운 주의 졸업 요구사항과 상호 학점인정에 관한 사항 등을 확인할 필요가 있다.

한국과 달리 동일한 교육 프로그램을 모든 학교에서 운영하지 않고 학교별로 개발하여 별도 운영한다. 이러한 이유로 명문학교는 다양하고 좋은 프로그램을 제공할 가능성이 높다. 그리고 일부 고등학교는 학생들의 능력에 따라 수학 등 특정과목을 고급반 (Enriched), 준 고급반 (Semi-Enriched), 정규반 (Academy), 기초반 (Applied) 등으로 구분하여 수강 신청을 받는다.

그러나 캐나다 대학은 명문 고등학교 졸업을 특별히 인정해 주지 않고 대체로 동등하게 고려한다. 극히 일부 대학교 명문학과를 제외하고 정부 인정 사설학원에서 수강하여 취득한 학점도 동등하게 인정한다. 따라서 일부 학생들은 자신의 취약 과목을 사설학원에서 수강하여 높은 점수를 받아 진학하는 경우도 간혹 있다.

캐나다 전역의 일부 명문학교에서 미국 진학을 지원하기 위하여 AP와 IB 프로그램도 운영하고 있다.

AP (Advanced Placement) 프로그램

미국 고등학생들의 실력 차가 매우 커서 우수 학생들에게 더 높은 학업 성취 기회를 주기 위해 미국 대학 위원회 (US College Board)에서 개발하였다. 1955년부터 시행하는 프로그램으로 대학생들이 배우는 과목을 미리 가르치는 일종에 선행 학습이다.

시험은 매년 3월부터 접수하여 5월에 2주간 보며, 결과는 과목별로 1~5점으로 구분하여 7월에 통보 한다. 이때 4점 이상 (예전은 3점 이상) 받으면 대학에서 학점으로 인정하여 대학교에서 다시 수강할 필요가 없다. AP 수업에 참가하지 않는 학생도 AP 시험에 응시가 가능하다.

고등학교는 학교별 실력 차이가 크므로, 미국의 우수한 명문 대학은 입학사정을 할 때 내신 성적보다 AP 시험결과를 선호하는 경향이 있다. 그러나 캐나다 대학은 AP 성적을 요구하지 않고 내신 성적으로 정원보다 많은 학생을 선발한다.

AP 과목은 30개 이상이지만 주로 많이 참여하는 과목은 Language, Calculus (미적분), Literature, History, Statics (통계), Biology, Physics, Chemistry, Computer Science, US Government & Politics, Psychology 등 이다.

미국 명문 대학에 입학하는 학생들은 보통 3년 동안 매년에 2, 3 과목을 수강하여 7학점 이상을 취득한다. 요구하는 최소 AP 학점은 미국 대학의 학과 마다 다르며, 아예 요구하지 않는 경우도 있으므로 입학하고 싶은 학과에서 요구하는 사항을 미리 알아보고 준비하는 것이 필요하다.

주의 할 점은 무리하게 AP 프로그램을 수강하여 C 학점을 받는 것은 오히려 대학 입학에 불리할 수 있다. AP도 교사에 따라 5점 이상 받는 학생이 참가 학생에 40% 넘는 경우도 있고, 겨우 5% 넘는 경우도 있을 정도로 차이가 크다.

IB (International Baccalaureate) 프로그램

IB는 AP와 유사하게 대학 진학에 사용될 수 있는 국제적인 인증제도로, 1968년 비영리 교육재단인 IBO (International Baccalaureate Organization)가 개발한 프로그램이다. IB 프로그램은 3 세부터 19 세까지 영어, 수학, 외국어 중심의 기초 학문을 다져주는 동시에, 분석적, 과학적 사고능력을 길러 대학 수학 능력을 준비시킨다.

o Primary Years Program (PYP)
3~12세 초등학생 프로그램으로 총 여섯 개 과목, 즉 언어 (영어), 수학, 예술, 과학, 사회, 그리고 체육 등의 분야로 세분화되어 학생들에게 개념 (Concept), 지식 (Knowledge), 재능 (Skill), 태도 (Attitude), 그리고 행동 (Action)의 필수 요건들을 지도한다.

o Middle Years Program (MYP)
11~16세 중학생 프로그램으로 전통적인 교과 과정과 실질적인 현상을 연결하여 이해시키고, 학생들에게 비평적 (Critical) 그리고 사려 깊은 (Reflective) 사고를 할 수 있도록 도전적인 아카데미 프로그램을 제공한다. 모국어, 외국어, 인문학, 과학, 수학, 예술, 체육, 기술, 개별 프로젝트 등을 이수해야 한다.

o Diploma Program (DP)
16~19세 학위 프로그램으로 최소 2년 이상 소요된다. 3, 4 과목을 상급레벨 (High Level)에서 나머지 2, 3 과목은 정규레벨 (Standard Level)로 선택하여 총 6과목을 이수하고 시험에서 총 25점 이상을 받아야 한다.

시험은 5월에 있고 결과는 7월에 발표한다. 6과목은 언어, 제 2 외국어, Individuals and Societies, Experimental Sciences, Mathematics and Computer Science, The Art 이다. 과목당 최고 점수는 7점이며, 추가 보너스 3점까지 합하면 6과목 총 최고 점수는 45점이다. 시험 결과는 미국 대학은 물론 전 세계 IB 프로그램을 인정하는 대학을 진학할 때 사용할 수 있다. 프로그램을 수료하기 위해서 시험 이외에도 3가지 사항을 더 해야 한다.

- Extended Essay (EE): 6과목 중 1과목에서 깊이 있는 공부를 해서 적어도 4,000자 이상의 논술 제출
- Theory of Knowledge (TOK): 과학적, 예술적, 수학적, 역사적 그리고 비평적 조사를 통해 창의적 사고 능력을 배양하는 것으로, 100 시간 이상 교육 이수와 10가지 주제 중에서 하나를 골라 1,200~1,600자의 논술 제출
- Creativity, Action, Service (CAS): Creativity는 오케스트라 활동, 신문사, 문화, 작문 클럽 등의 창의적인 활동이고, Action은 야구, 농구, 축구 등 다양한 체육 활동이며, Service는 학생회, 봉사활동 등을 의미하며, 최소 총 150시간 이상 활동

### 2) 대학 및 직업교육 기관

고등학교 이후 대학 및 직업교육 기관은 주정부 교육부에 영향을 덜 받아 대학 특성에 맞게 자유롭고 다양하게 프로그램 및 규정을 자체적으로 정해서 운영하고 있다.

다른 주의 대학으로 진학할 경우 훨씬 더 많은 등록금을 지불해야 하므로 고등학교 때 입학할 대학이 있는 주로 이주하는 경우도 있다. 대부분의 주에서 대학 입학 전 최소 12개월 동안, 즉 고등학교 마지막 학년을 해당 주에 살아야 거주자로 인정한다. 대학입학 이후 공부를 하면서 살고 있는 기간은 인정을 하지 않는다. 그러나 석·박사 과정의 대학원은 다른 주에 진학을 해도 보통 거주자와 동일한 등록금을 내고 다닐 수 있다.

토론토 대학 같이 큰 규모의 대학은 여러 단과 대학 (College)을 통합하여 종합대학교 (University)를 만들었기 때문에 전공별로 있는 한국의 단과대학 (Faculty)과는 다른 개념이다. 한국은 전공별 단과대학에서 자체적으로 수업을 대부분 진행하기 때문에 보통 같은 건물이나 옆 건물에서 수업을 하는데 반해, 토론토 대학은 수업에 따라 길게는 10분 이상 걸어서 다른 건물로 이동해야 하는 불편한 점이 있어서 처음 입학하는 신입생들은 애를 먹는다.

대학 및 학교에 따라 신입생 대부분이 졸업을 할 수 있도록 하는 경우도 있고, 신입생의 절반 이상을 중도에 탈락시키는 경우도 있다. 그리고 대학 1학년 때 학과가 정해지는 경우도 있지만 부문별로 입학하여 2학년 (또는 3학년) 때 전공 학과가 정해지는 경우도 있다. 대규모 종합대학교의 경우 심한 경우 1학년 때 과목에 따라 1,000~2,000명 정도를 강당에 모아놓고 수업을 하기도 한다.

직업교육은 많은 경우가 초급대학에서 실시하며 1년에서 4년까지 다양한 과정을 제공하다. 주로 직업을 얻는 데 필요한 자격, 면허 등을 취득하도록 교육하고 일부는 학사학위를 취득하도록 지원하며, 경우에 따라서는 인근 대학과 연계하여 프로그램을 운영한다.

대학 및 대학원의 학비는 주정부 또는 학과에 따라 엄청난 차이가 있다. 다음의 표들은 해당 주에 거주하는 시민권자 및 영주권자 학생의 학비이며, 유학생은 많게는 3배 정도를 더 많이 부담해야 할 수 도 있다.

<2014/15년 주별 대학 학사과정의 평균 등록금>

| 주 | 등록금 평균 ($) | 주 | 등록금 평균 ($) |
|---|---|---|---|
| 온타리오 | $7,539 | 매니토바 | $3,887 |
| 퀘벡 | $2,743 | 노바스코샤 | $6,440 |
| 브리티시컬럼비아 | $5,118 | 뉴브런즈윅 | $6,324 |
| 앨버타 | $5,730 | 프린스에드워드 | $5,857 |
| 사스카츄완 | $6,659 | 뉴펀들랜드 | $2,631 |

<2014/15년 캐나다 대학 전공분야별 평균 등록금>

| 전공 분야 | 등록금 평균 ($) |
|---|---|
| Agriculture, Natural Resources and Conservation | 5,407 |
| Architecture and related Technologies | 5,711 |
| Humanities | 5,165 |
| Business Management and Public Administration | 6,525 |
| Education | 4,510 |
| Engineering | 7,151 |
| Law, legal professions and studies | 10,508 |
| Medicine | 12,959 |
| Visual and Performing Arts & Comm. Technologies | 5,287 |
| Physical and Life Sciences and Technologies | 5,640 |
| Math. Computer and information Sciences | 6,471 |
| Social and Behavioral Sciences | 5,262 |
| Other Health, Parks, Recreation and Fitness | 5,691 |
| Dentistry | 18,187 |
| Nursing | 5,287 |
| Pharmacy | 11,173 |
| Veterinary medicine | 6,926 |
| 평균 | **5,959** |

※ 온타리오 주의 유명학과 학비는 치대 $32,289, 약대 $25,357, 의대 $22,744

### 3) 캐나다 밖 해외 체험 프로그램

a. IEC (International Experience Canada) 프로그램

<캐나다와 IEC 프로그램 협정 국가>

| 국가 | Working Holiday | Young Professionals | International Co-op (Internship) |
|---|---|---|---|
| Australia | o | o | o |
| Austria | x | o | o |
| Belgium | o | x | x |
| Chile | o | o | `o |
| Costa Rica | o | o | o |
| Czech Republic | o | o | o |
| Denmark | o | x | x |
| Estonia | o | o | o |
| France | o | o | o |
| Germany | o | o | o |
| Greece | o | o | o |
| Hong Kong | o | x | x |
| Ireland | o | o | o |
| Italy | o | x | x |
| Japan | o | x | x |
| Korea | o | x | x |
| Latvia | o | o | o |
| Lithuania | o | o | o |
| Mexico | o | o | o |
| Netherlands | o | o | x |
| New Zealand | o | x | x |
| Norway | o | o | o |
| Poland | o | o | o |
| Slovakia | o | o | o |
| Slovenia | o | o | o |
| Spain | o | o | o |
| Sweden | o | o | o |
| Switzerland | x | o | o |
| Taiwan | o | o | o |
| Ukraine | o | o | o |
| United Kingdom | o | x | x |

캐나다는 32개국과 3종류의 IEC 프로그램 협정하여, 18세에서 35세 (또는 한국 등 일부 국가는 30세까지 허용) 까지 학생 또는 일반인이 일하면서 다른 나라의 문화 등을 배울 수 있다.

- 워킹 홀리데이 (Work Holiday)
- 영 프로페셔널 (Young Professionals)
- 인터내셔널 코업 (International Coop)

### a. 캐나다 학생들이 이용하는 미국 비자

a) M 비자

미국 내의 캐나다 유학생이 가장 많이 이용하는 비자제도로 전일제 학생이 해당 된다. 미국 USCIS 이민국과 학교가 연계되어 직접적으로 비자를 발행하며, 교내에서 아르바이트는 가능하지만 학교 밖에서 일을 하는 것을 허락하지 않는다.

b) F 비자

M 비자와 비슷하지만 대상자가 대학이나 대학원이 아니고 직업교육이나 훈련을 받는 유학생을 대상으로 하는 비자이며, 역시 학교 밖에서 일을 하는 것을 허락하지 않는다.

M 비자 또는 F 비자로 공부하는 유학생이 졸업을 전후하여 공부한 분야에 일을 할 수 있도록 OPT (Optional Practical Training) 제도를 시행하고 있다.
최소 1년 이상 전일제 과정을 모두 마치면 최대 12개월까지 일을 할 수 있는 권한이 주어지며 비자 연장도 가능하다. 특히 STEM (Science, Technology, Engineering, Mathematics) 분야의 학위를 공부 하는 학생은 추가 17개월 비자 연장이 가능하여 총 29개월 동안 일을 할 수 있다.

c) 교환 방문 J-1 비자

양국 사이의 교환 방문 프로그램 (Exchange Visitor Program)에 따라 교육, 문화 분야를 서로를 이해할 수 있도록 비자를 발급하고 있다. 주로 연구 목적의 교환 교수나 일이나 공부를 하면서 문화 체험을 위한 인턴십 (Intern Ship 또는 co-op) 학생들이 많이 이용하지만, 정규 학위 과정의 공부는 허락되지 않는다.

o 인턴십 (Internship)

초급대학이상 전일제 재학생 또는 졸업 후 12개월 이내인 경우 전공과 직접적으로 관련된 취업제의가 있으면 연중 어느 때나 비자를 신청 할 수 있다. 비자 유효기간은 최대 12개월이며, 추가 12개월까지 연장 가능하다. 연장이 아닌 재신청의 경우 기존 비자 만료 이후 최소 90일이 지나야 가능하다.

o J-1 Summer Work / Travel

초급대학이상 전일제 학생은 취업제의가 없어도 5월부터 9월까지 최대 4개월 동안 일을 하거나 여행을 할 수 있는 비자이다.

o PCT (Professional Career Training)

대졸이상으로 최소 12개월의 직장 경력이 있거나, 또는 최소 5년 이상 직장 경력이 있는 경우 직접 관련된 분야의 훈련생(Trainee)으로 취업제의가 있는 경우 비자를 발급받을 수 있다. 비자 유효기간은 보통 최대 18개월 이지만, 호텔 등 서비스 업종은 최대 12개월로 제한한다. 비자를 재신청하는 경우는 비자 만료 후 최소 2년이 지나야 가능하다.

d) H-2B 단기비자

스키장이나 리조트 아르바이트 등 불연속적, 피크-시즌 또는 1회성 단기 노동인력에게 주어지는 비자이다. 학사학위나 해당 경력이 없어도 가능하며, 비자 유효기간은 최대 1년이며, 최장 3년까지 연장 가능하다. 단 농장근로자는 이 비자와 관계없다.

| TN 또는 H-1B 비자는 비자 유효기간이 3년으로 길고 연장 가능하지만, 주로 대졸이상으로 전문직 경력이 있고 미국 고용주로부터 취업제의가 있어야만 가능하다. |
|---|

# 동부지역 - 온타리오 주

일반적으로 유치원 2년, 초등학교 5년, 중학교 3년, 고등학교 4년, 대학교 4년 과정이나 특별한 분야나 상황에 따라 차이가 있다. 유치원부터 중학교까지 하나의 학교로 되어 있는 경우가 많아 같은 학교를 10년 동안 다니는 경우가 흔하다.

## 1) 유치원 및 초·중·고등학교

### a. 교육위원회 및 학교 평가

온타리오 주에는 영어 일반교육위원회 (35개), 영어 가톨릭 교육위원회 (29개), 불어 일반교육위원회 (4개), 불어 가톨릭 교육위회 (8개) 등 4 종류의 교육위원회가 있다.

<온타리오 주의 한인 거주 지역 교육위원회>

| 영어 일반 공립 교육위원회 | 영어 가톨릭 공립 교육위원회 |
|---|---|
| ● Toronto District School Board<br>● York District School Board (토론토 북부, Richmond Hill, Aurora, Markham, Vaughan 등)<br>● Durham District School Board (토론토 동부, Pickering, Ajax, Whitby, Oshawa)<br>● Peel District School Board (토론토 서부, Mississauga, Brampton 등)<br>● Halton District School Board (토론토 서부, Burlington, Oakville, Milton 등)<br>● Hamilton-Wentworth District School Board<br>● Waterloo Region District School Board<br>● Upper Grand District School Board (Guelph)<br>● District School Board of Niagara<br>● Greater Essex County District School Board (Windsor)<br>● Thames Valley District School Board (London)<br>● Limestone District School Board (kingston)<br>● Ottawa-Carleton District School Board | ● Toronto Catholic District School Board<br>● York Catholic District School Board (토론토 북부, Richmond Hill, Aurora, Markham, Vaughan 등)<br>● Durham Catholic District School Board (토론토 동부, Pickering, Ajax, Whitby, Oshawa)<br>● Dufferin-Peel Catholic District School Board (토론토 서부, Mississauga, Brampton)<br>● Halton Catholic District School Board (토론토 서부, Burlington, Oakville, Milton 등)<br>● Hamilton-Wentworth Catholic District School Board<br>● Waterloo Catholic District School Board<br>● Wellington Catholic District School Board (Guelph)<br>● Niagara Catholic District School Board<br>● Windsor-Essex Catholic District School Board<br>● London District Catholic School Board<br>● Simcoe Muskoka Catholic District School Board<br>● Ottawa Catholic District School Board |
| **불어 일반 교육위원회** | **불어 가톨릭 교육위원회** |
| ● Conseil scolaire Viamonde (North York)<br>● Conseil scolaire de district catholique de centre-Est de l'Ontario (Ottawa)<br>● Conseil des ecoles publiques de l'Est de l'Ontario (Ottawa) | ● Conseil scolaire de destrict des ecoles catholiques de Sud-Ouest (온주 서남부 지역, windsor)<br>● Conseil scolaire de district catholique Centre-Sud (Toronto) |

온타리오 주의 EQAO (Education Quality and Accountability Office) 기관은 매년 3, 6, 9학년 학생들을 대상으로 평가 시험을 실시한다. 이 평가시험 결과를 근거로 하여 프레이저 평가원 (Fraser Institute)은 남녀별 성적 차이, 평균이하 비율, 시험불참

비율 등을 감안하여 학교별로 교육 질을 평가하고 순위를 발표한다.

EQAO 평가는 읽기, 쓰기, 수학의 시험 결과로부터 기초가 부족한 학생이 얼마나 많은 지를 파악하는 것과 설문조사로 구성되어 있다. 따라서 언어문제가 있는 학생 비율이 높으면 불리한 평가를 받을 수 있다. 평가 결과는 학교별, 교육청별로 발표 하지만 학생 개인 성적에 대한 발표는 없다. EQAO 시험 대상 학생 및 과목은 다음과 같다.

- Primary Division (G3): 읽기, 쓰기, 수학
- Junior Division (G6): 읽기, 쓰기, 수학
- Grade 9: Academic Mathematics (정규반 수학),
  Applied Mathematics (기초반 수학)
- OSSLT: Ontario Secondary School Literacy Test
  (고등학생 작문 능력 시험)

### b. 유치원, 초등학교 및 중학교

유치원 (Kindergarten)은 입학하는 년도의 12월말까지 만 4세가 될 수 있으면 9월에 입학할 수 있다. 유치원은 초등학교에서 함께 운영하지만 수업 시간이 초등학생의 절반으로 오전반 또는 오후반으로 나누어 수업한다. 수업시간 전·후에 자녀들을 돌봐주는 데이케어 (Day Care) 서비스는 비용이 너무 비싸서 대부분 이용하지 않고 학교 밖에 있는 사설 데이케어를 이용한다.

토론토 시의 교육청은 통학거리가 1.6 km 이상인 경우 유치원생부터 5학년 학생까지 스쿨버스를 제공한다. 따라서 같은 학교에 다니는 6학년 이상 되는 학생들은 초등학생이라도 스쿨버스를 이용할 수 없다. 다만 개학 이후 한 달 이상 지나도 빈자리가 있으면 이용하도록 허락하기도 한다. 중학교는 스쿨버스를 제공하지 않고 통학거리가 3.2km 이상이면 버스 티켓을 제공한다. 보통 일반 학생들은 해당사항이 없고 특별 프로그램에 참여하는 학생들이 통학거리가 멀어서 해당될 수 있다.

### c. 고등학교 졸업 요구조건

온타리오 주에서 고등학교를 졸업하려면 최소 30학점을 취득하고, 40시간 이상 봉사활동과 영어 작문 시험 (Provincial Literacy Requirement)을 통과해야 한다.

ESL/ELD (English as a Second Language / English Literacy Development) 영어 기초반 프로그램에 참여하고 있는 학생은 최대 3학점까지 필수영어 학점으로 인정받을 수 있지만, 12학년 (고3)의 정규 영어 과목에서 최소 1학점을 취득해야 졸업이 가능하다.

<온타리오 주의 고등학교 졸업을 위한 요구사항 및 학점>

| 구 분 | 요구 사항 및 학점 |
|---|---|
| 필수과목 | - English (4학점, 9학년부터 각 학년마다 1학점 )<br>- Mathematics (3학점, 11~12학년 과정에서 최소 1학점)<br>- Science (2학점)<br>- Canadian Geography (1학점)<br>- Canadian History (1학점)<br>- The Arts (1학점)<br>- Health and Physical Education (1학점)<br>- French as a Second Language (1학점)<br>- Civics (0.5학점)<br>- Career Studies (0.5학점)<br>- 각 그룹에서 최소 1학점씩 (3학점)<br>. Cooperative Education (최대 2학점)<br>. French as a second language (최대 2학점) |
| 선택과목 | - 학교에서 제공하는 선택과목에서 12학점 |
| 봉사활동 | - 9학년부터 최소 40시간 이상 |
| 영어작문 | - 보통 10학년 4월에 시험<br>- 시험에 실패한 학생은 재시험 또는 OSSLC (Ontario Secondary School Literacy Course) 과정 수강 |

그룹 1: Second Language (English or French), Native Language, Classical or International Language, Social Sciences and The Humanities, Canadian and World Studies, Guidance and Career Education, Cooperative Education

그룹 2: Health and Physical Education, The Arts, Business Studies, Second Language (French), Cooperative Education

그룹 3: Science (11~12학년), Technological Education, Second Language (French), Computer Studies, Cooperative Education

### e. 토론토 교육청 특별 프로그램

토론토 교육청 (TDSB, Toronto District School Board)은 캐나다에서 가장 규모가 커서 다양한 특별 프로그램을 제공하고 있다. 학교 수도 많은 뿐더러 모든 학교가 최소 하나 이상의 특별 프로그램을 운영하고 있다고 생각하면 거의 맞다.

a) 기초반 프로그램

학교 수업을 따라가는 데 어려움이 있는 학생이 대상이며, 기초를 쌓는 것을 도와주는 프로그램으로 ESL, ELD, 그리고 LEAP이 제공된다.

① ESL (English Secondary Language) 프로그램

캐나다에 처음 오는 학생들 대부분은 모국에서 정규 교육을 받다가 오기 때문에 모국어로 읽고 쓸 줄 안다. ESL은 영어로 교육을 받는데 지장이 있는 학생들에게 언어 교육을 시켜준다.

초등학생은 반일제 (또는 지역에 따라 전일제) ESL반 배정하여 대개 1~2년 정도 ESL 교육을 받다. 고등학생은 학년별 배정이 아닌 영어 능력에 따라 5개 레벨로 구분하여 배정한다.

부가적으로 ESL은 어른들을 대상으로도 교육하며 기간은 제한이 없고 영어 능력을 평가하여 반 배정을 한다. 수업 시간은 오전, 오후, 저녁 등 다양하다.

② ELD (English Literary Development) 프로그램

영어로 말은 할 수 있어도 읽기, 쓰기가 어려운 학생들을 도와주는 프로그램이다. ESL 같이 고등학생은 5개의 레벨로 구분하여 배정한다.

③ LEAP (Literacy Enrichment Academic Program) 프로그램

모국에서 정규 교육을 받지 못한 난민 및 이민자 학생들을 위해 개발된 프로그램으로 해당교사들은 학생들의 부족한 부분을 파악

해 이를 집중적으로 가르치는데 읽기, 쓰기, 수학은 물론 공부습관도 길러 준다. Newcomer Reception Centre 에서 프로그램에 참여하는 학생들을 평가한다.

LEAP 프로그램은 대상 학생을 선정하기 위하여 모국어로 평가(First Language Assessment) 한다. 이때 제공되는 언어는 약 40 가지이다. 토론토 교육청은 LEAP 프로그램을 36개 초등학교와 14개 고등학교에서 운영한다.

b) 영재 및 우수 학생 프로그램

온타리오 주는 정규 프로그램 이외에 영재 및 우수 학생을 대상으로 각종 특별 프로그램을 편성하여 운영 한다. 특별 프로그램은 대부분 선발시험에 합격한 학생에 한하여 기회가 주어진다.

① Gifted 영재 프로그램

초등학교 4학년부터 고등학교까지 Gifted 라는 영재 교육 프로그램을 운영하며, 창의력이 뛰어난 학생들에게 영어, 수학, 과학, 불어, 지리, 역사 등의 과목에서 깊고 넓은 차별화된 영재 교육을 통해 잠재력을 키워 준다.

담임교사가 (간혹 학부모 요청에 의해) 영재성 있는 학생을 발굴하여 추천하면 IPRC (Identification, Placement, and Review Committee) 기관은 해당 학생을 시험한 후 선발한다. 이 선발 과정은 학교 공부와는 다소 차이가 있어서 성적이 우수하다고 반드시 선발되는 것은 아니다.

초등학생은 대개 정규반에서 일반학생과 같이 수업을 하다가 일부 특정 시간에 Gifted 프로그램을 운영하는 영재반 (또는 다른 학교)으로 이동하여 수업을 받는다. 중·고등학교는 영재반을 별도 편성하여 정규반과 분리하여 수업을 진행한다. 영재학생의 레벨도 차이가 크기 때문에 수준에 따라 수업진행 방식이 다를 수 있다.

영재학생 수는 2001년 전체 학생 대비 0.5%인 1,560명에서 매년 증가하여 2010년 2.2%인 5,674명이나 되었다.

<2013년 Gifted 영재 프로그램 운영학교>

| 초등학교 | 중학교 | 고등학교 |
|---|---|---|
| Bowmore Road Jr PS | Bowmore Road Sr PS | Don Mills CI |
| Broad Acres JS | Cummer Valley MS | Martingrove CI |
| Chester ES | Donview MS | Northorn SS |
| Churchill Heights PS | Dublin Heights MS | Western Tech. |
| Clinton St Jr PS | Fern Ave Sr PS | Woburn CI |
| Denlow PS | Forest Hill Sr PS | William Lyon-MacKenzie CI |
| Dublin Heights ES | Gordon A Brown MS | |
| Elizabeth Simcoe Jr PS | Jack Miner Sr PS | |
| Fairglen Jr PS | JB Tyrrell Sr PS | |
| Fern Ave Jr PS | John G Althouse MS | |
| Finch PS | Kin g Edward Sr PS | |
| Forest Hill Jr PS | Pierre La porte MS | |
| Hill Mount PS 3 | St Andrew's JHS | |
| Kin g Edward Jr & Sr PS | Westwood MS | |
| North Kipling JMS | Zion Heights JHS | |
| Palmerston Ave Jr PS | | |
| Queen Victoria Jr PS | | |
| Selwyn ES | | |
| Seneca Hill PS | | |
| Stanley PS | | |
| Summit Heights PS | | |
| Terry Fox PS | | |
| Three Valleys PS | | |

② AP (Advanced Placement) 프로그램

미국 대학교에서 개발한 프로그램으로 미국 대학 진학을 위한 고등학생들이 대학과정의 수업을 선행학습으로 미리 듣고 학점을 취득하는 것이다. 미국의 명문대학들은 내신 성적 이외에도 AP 시험 성적 제출을 요구하여 합격 여부를 심사한다.

③ IB (International Baccalaureate) 프로그램

IBO (International Baccalaureate Organization) 국제 교육기관에서 개발한 프로그램으로 미국은 물론이고 캐나다 이외의 다른 나라 대학으로 진학할 때 인정된다. 3세에서 19세까지 우수한 학생들을 대상으로 수업하고 있다.

- PYP (Primary Years Program): 3~12세
- MYP (Middle Years Program): 11~16세
- DP (Diploma Program): 16~19세

<2013년 AP 및 IB 프로그램운영 학교>

| AP 프로그램 | IB 프로그램 |
| --- | --- |
| Bloor CI<br>Danforth C & TI<br>East York CI<br>Etobicoke CI<br>George S Henry<br>Georges Vanier SS<br>Lawrence Park CI<br>Leaside CI<br>Marc Garneau CI<br>Martingrove CI<br>Northern SS<br>Parkdale CI<br>W.L. MacKenzie CI<br>York Memorial CI | PYP<br>Harrison Public School<br>Cedarvale Community School<br>JR Wilcox Community School<br><br>MYP<br>Arlington Middle School<br>Milne Valley Middle School<br>Windfields Junior High School<br><br>Diploma<br>Monarch Park CI<br>Parkdale CI<br>Sir Wilfrid Laurier CI<br>Vaughan Road Academy<br>Victoria Park SS<br>Weston CI |

④ 우수 과학반 프로그램

과학, 수학 등을 집중적으로 교육하는 프로그램으로 내용을 조금씩 다르게 구성하여 여러 고등학교에서 운영하고 있으며, MacS 프로그램과 TOPS 프로그램이 대표적이다.

Ursula Franklin Academy 고등학교에서는 모든 광범위한 주제에서 수학, 과학 등 학교 교육을 통한 전통적인 아카데미 지식과 훈련된 기술을 결합하여 어떤 문제를 해결하는 능력을 배양해 주는 통합기술프로그램 (Integrated Technology)을 운영한다.

<2013년 과학 우수반 프로그램과 운영 고등학교>

| 고등학교 (프로그램) | 내용 |
| --- | --- |
| William Lyon MacKenzie CI (MaCS) | Math, Science, Computers and English Enrichment Program |
| Bloor CI (TOPS)<br>Marc Garneau CI (TOPS) | Talented Offerings for Programs in the Sciences Program |
| CW Jefferys CI (ESTe2M) | Enriched Science Technology and Mathematics |

(계속 이어서)

| 고등학교 (프로그램) | 내용 |
|---|---|
| Danforth C & TI (MaST) | Mathematics, Science, and/or Technological Studies |
| Georges Vanier SS (MSC2.CA) | Mathematics, Science, Computer Science and Communication Technology |
| Northview Heights SS (HMST) | Honours Math, Science and Technology program |
| Runnymede CI | Masters of Math, Science and Technology Program |
| SATEC @ WA Porter CI | Enriched 과정 Math & Science |

⑤ 기업가 정신 프로그램 (Entrepreneurship)

기업가 정신을 배양하는 프로그램으로 비즈니스 관련 각종 핵심 과정을 제공한다.

- Scarlett Heights Entrepreneurial Academy

c) 불어 교육 프로그램

일찍 자녀에게 불어 교육을 시키고 싶으면, 불어 학교나 불어 프로그램이 있는 영어 학교에 보내면 된다. 한인 부모들은 대부분 불어를 모르기 때문에 불어 학교 보다는 영어 학교에서 운영하는 불어 프로그램을 선호한다. 조기 불어교육은 유치원 2년차 (Sr. Kindergarten)에 시작한다.

① 전일제 불어 집중 (French Immersion) 프로그램

이 프로그램은 단순 언어 교육이 아닌 수업 자체를 불어로만 진행한다. 학생들은 수업 참가 초기에 불어가 부족하여 영어로 질문을 하지만 시간이 지날수록 모두 불어를 사용한다.

o 조기 불어 집중 교육 (Early Immersion, SK to G8)

유치원 2년차부터 초등 3학년 까지는 특별활동을 제외하고 100% 불어로만 수업 진행한다. 이후는 점진적으로 불어수업시간을 줄이고

영어 수업시간을 늘린다.

o 2차 불어 집중 교육 (Middle Immersion, G4 to G6)
초등학교 4학년에 시작하여 5학년까지는 특별활동을 제외하고 100% 불어로만 수업하고 6학년은 영어와 불어 수업을 병행한다.

o 고등 불어 집중 교육 (Secondary French Immersion, G9 to G12)
초등학교와 중학교에서 3,000~6,000 시간 이상 불어 수업을 참여한 학생, 즉 초등학교 및 중학교에서 불어 집중 프로그램에 참여한 학생들이 고등학교에서 계속 참여할 수 있는 프로그램이다. 프로그램을 정상적으로 마치면 불어로 10학점을 취득할 수 있고, 교육청에서 발행하는 불어 자격증 (Certificate)을 획득 한다.

<2013년 전일제 불어 집중 프로그램 운영학교>

<table>
<tr><th>Immersion - Grade 7<br>Continuation Program</th><th>Middle Immersion</th></tr>
<tr><td rowspan="3">Beverley Heights Middle School<br>Brooks Road Public School<br>Clairlea Public School<br>Cosburn Middle School<br>Don Valley Junior High School<br>Earl Grey Senior Public School<br>Glen Ames Sr Public School<br>Glenview Sr Public School<br>Hilltop Middle School<br>Humbercrest Public School<br>J S Woodsworth Sr Public School<br>John English Junior Middle School<br>Joseph Brant Public School<br>King Edward Jr and Sr Public School<br>Market Lane Jr and Sr Public School<br>Northlea Elementary and Middle School<br>Runnymede Jr and Sr Public School<br>Sir Alexander MacKenzie Sr Public School<br>Sir Ernest MacMillan Sr Public School<br>Willowdale Middle School<br>Windfields Junior High School<br>Winona Drive Senior Public School</td><td>Hollywood PS<br>John Ross Robertson PS<br>Valleyfield PS</td></tr>
<tr><th>Secondary<br>French Immersion</th></tr>
<tr><td>Agincourt CI<br>Cedarbrae CI<br>Harbord CI<br>Humberside CI<br>Lawrence Park CI<br>Leaside HS<br>Malvern CI<br>Newtonbrook SS<br>Richview CI<br>York Mills CI</td></tr>
</table>

※ 토론토 내의 모든 초등학교를 4~6개씩 묶어, 이 중 한 개 학교를 지정

하여 조기 불어 집중 교육 프로그램을 운영하고 스쿨버스를 제공한다.

② 기타 불어 교육 프로그램

o Core French (G4 to G8)

초등학교 4학년부터 매일 40분씩 불어 교육을 받는다.

o Extended French (G9 to G12)

초등학교와 중학교에서 1,080~1,440 시간 이상 불어 수업에 참여한 학생들에게 고등학교에서 계속하여 불어 수업에 참여할 수 있도록 제공하는 프로그램이다.

d) 예·체능 특별 프로그램

① 예술 포커스 (Art Focus)

고등학생의 경우 비주얼과 공연을 위한 프로 수준에 가까운 교육 프로그램에 참가할 수 있다.

<2013년 예술 포커스 프로그램 운영학교>

| 초등학교 및 중학교 | 고등학교 |
|---|---|
| Claude Watson School for the Arts<br>Crestwood PS<br>Fairmount PS<br>Faywod Arts-Based Curriculum School<br>Karen Kain School of the Arts | Earl Haig Secondary School<br>Etobicoke School of the Arts<br>Rosedale Heights School of the Arts<br>Wexford School of the Arts |

② 사이버 아트 (Cyber Arts/Studies)

고등학교의 경우 컴퓨터와 예술을 결합한 프로그램으로, 학급당 학생 수를 작은 규모로 하여 애니메이션, 사운드 그리고 설계기술, 컴퓨터 결합 응용 기술을 가르친다.

<2013년 사이버 아트 프로그램 운영 학교>

| 초등학교 및 중학교 | 고등학교 |
|---|---|
| Don Mills MS<br>CH Best MS | Don Mills CI<br>Lakeshore CI<br>Northview Heights SS<br>Western Technical Commercial School |

③ 미디어 예술 (Media Arts)

TV와 미디어 아트 융합 기술 또는 그래픽 디자인 기술을 제공하는 프로그램으로, 프로덕션 (Production), 라이브 (Live) 프로덕션 또는 프린트 미디어 (Print Media)에 초점을 맞추어 가르친다.

<2013년 미디어 예술 프로그램 운영 고등학교>

| 고등학교 | |
|---|---|
| Cedarbrae CI | Stephen Leacock CI |

④ 체육 특기생 (Elite Athletes/Arts)

주 또는 국가 체육 특기생에게 경기 일정에 맞게 코칭 및 특별한 프로그램을 제공한다.

<2013년 체육/예능 특기생 프로그램 운영학교>

| 고등학교 | |
|---|---|
| Birchmount Park CI<br>Northview Heights SS | Silverthorn CI<br>Vaughan Road Academy |

e) 기술 강화 프로그램

기술 (직업) 강화 프로그램 (Skills Enhanced Programs)은 고등학교 졸업 후 선택하게 될 진로, 즉 취업, 기술훈련, 초급대학 (College) 진학 등의 진로를 고려하여 교육훈련 내용을 구성한다.

<2013년 기술 강화 프로그램 운영학교>

| 프로그램 | 고등학교 |
| --- | --- |
| 아트 프로그램 (Arts Programs) | Georges Vanier SS |
| 건설 기술 (Construction Technology) | Northview Heights SS |
| 헤어 스타일리스트 (Hairstylist) | Bendale BTI |
| 서비스 (Hospitality) | Northview Heights SS<br>Sir William Osler HS |
| 금속 가공 (Metal Machining) | Bendale BTI |
| 운수 (Transportation) | Winston Churchill SS |
| 치과 보조사 (Dental Assistant) | Etobicoke CI (11학년부터) |

OYAP (Ontario Youth Apprenticeship Program) 현장 실습은 학교와 직장과 연계된 프로그램으로 16세 이상으로, 11 학년과 12 학년 학생이 참여할 수 있으며, 프로그램 참여 학생들은 실습 학점을 취득하게 된다.

## 2) 대학 및 직업교육 기관

온타리오 주에 있는 대학의 등록금은 캐나다에서 제일 비싸며, 저렴한 퀘벡 주와 비교하면 약 3배 정도 높다.

온타리오 주는 캐나다에서 인구가 가장 많다 보니 대학들도 다른 주의 대학 보다는 공대, 의료, 방송, 농업, 예술, 국방 등의 분야에 특화된 학과가 있는 대학들이 제법 있다.

대도시인 토론토의 경우, 정부에서 인증한 고등학교 과정 사설학원에서 취약 과목을 수강하여 획득한 점수를 대학 입학 때 사용할 수 있지만, 일부 대학의 학과에서는 사설학원이 점수를 너무 후하게 준다고 생각하여 인정하지 않는 경우도 있다. 일반적으로 대학에서 고등학교 내신 성적이 학교, 학원 그리고 교사에 따라 같은 점수라도 실제 실력 차이가 많은 것을 알고 있지만 내신 성적이 좋으면 일단 입학을 시켜 주고 대신 과목별로 최소 점수를 요구하여 충족하지 못할 경우 재수강이 반복될 수 있고 졸업할 때까지도 만족 못하여 그냥 수료증만 받는 경우도 많다. 일부 인기학과의 경우는 아예 대학 1학년 때 시험을 보아서 성적이 안 좋은 학생을 탈락시키는 경우도 많다. 대학 1, 2학년 때 탈락하거나 졸업이 힘들 것 같은 학생들이 대학 또는 학과를 바꾸고 다시 시작하는 경우가 엄청 많다. 단 예외적으로 정원을 채우기 어려운 비인기 학과의 경우는 탈락을 거의 시키지 않는다.

대학 진학에 필요한 과목은 대학교 및 학과에 따라 매우 다르지만 대부분 12학년 (고 3)에서 6개 과목 점수를 요구한다. 영어, 수학은 필수이고 나머지 4과목은 개인이 선택가능하다. 라이프 사이언스 등 인기학과는 물리, 화학, 생물, 미적분 등 추가적인 과목들을 필수로 더 요구하여 개인이 선택할 수 있는 과목이 보통 2개로 줄어든다.

고등학교에서 12학년 마지막 학기 중간고사 성적을 4월 중순에 제출하여 대학은 5월말까지 합격자를 발표 한다. 물론 성적이 매우 우수한 학생과 지원자가 많지 않은 학과는 학생 유치 차원에서 중간고사 성적이 입력되기 한참 전인 2~3월경에 합격자를 발표하기도 한다.

이러한 대학입학 제도 때문에 고등학교 마지막 학년 첫 학기는 좋은 점수 받기 유리한 과목을 먼저 수강하고 불리한 과목을 다음 학기에 수강하면 실질적으로 입학에 도움이 될 수 있는 점도 있다.

### a. 의대가 있는 종합대학

온타리오 주에는 6개의 의대가 있으며, 이중 북쪽 추운지역 의료서비스를 위하여 2000년대 설립한 “Northern Ontario School of Medicine”를 제외한 나머지 대학은 모두 종합대학이다.

| 대 학<br>(설립년도, 위치) | 주요 사항 |
|---|---|
| University of Toronto<br>(1827, 토론토)<br>학부학생 33,300명<br>대학원생 12,700명 | - 캐나다에서 제일 큰 종합대학<br>- 연구능력이 탁월한 대학원 과정 중심대학<br>- 노벨상 수상자 10명, 캐나다 1위, 세계 19~26위<br>(세계 순위: 공대 21위, 의대 27위, 자연과학 21위, 사회과학 20위, Life Sciences/Biomedicine 16위, 인문학 14위, 경제학/비즈니스 47위)<br>- 4명의 캐나다 수상 등 다수의 유명인사 배출<br>- 학과에 따라서 중위권 학생도 입학 가능하나 중도 탈락하는 학생 비율이 매우 높은 대학<br>- 다운타운, Mississauga, Scarborough 등 3개 캠퍼스<br>- 12개 단과대학으로 구성<br>1. 학부: Innis, New, University, Woodsworth, St. Michael's, Trinity, Victoria, Emmanuel<br>2. 대학원: Massey<br>3. 신학: Knox, Regis, Wycliffe |
| McMaster University<br>(1957, Hamilton)<br>토론토서쪽 1시간<br>학부학생 24,500명<br>대학원생 4,000명 | - 침례대학으로 시작하여 1930년 Hamilton으로 이전<br>- 세계 65~159위, 캐나다 4위 명문 종합대학<br>(캐나다 순위: 의대 4위 (세계 42위), 사회과학 3위 Health Science 2위 (세계 16위), 약대 3위) |
| Queen's University<br>(1841, Kingston)<br>토론토동쪽 3시간<br>학부학생 15,000명<br>대학원생 3,600명 | - 세계 144~173위 캐나다 6위의 명문대학<br>(캐나다 순위: 의대 4위, 법대 4위, MBA 3위) |
| University of Western Ontario<br>(1878, London)<br>토론토서쪽 2시간<br>학부학생 20,500명<br>대학원생 5,300명 | - 세계 157위, 캐나다 7위 명문 종합대학<br>(캐나다 순위: 의대 9위, 법대 9위<br>사회과학 세계 96위, MBA 세계 46위-캐나다 최고)<br>- 학급당 25명, 학생 만족도가 가장 우수한 대학<br>- 소속 대학<br>1. Brescia University College<br>2. Huron University College<br>3. King's University College |
| University of Ottawa<br>(1848, Ottawa)<br>토론토동쪽 4시간 30분<br>학부학생 34,000명<br>대학원생 5,700명 | - 세계 185~256위, 캐나다 9위 명문대학, 캐나다 최대 규모의 영/불어 종합대학<br>- 정계 및 공무원으로 졸업생 다수 진출 (의대 캐나다 10위, MBA 8위, 법대 4위) |

## b. 의대가 없는 종합대학

의대는 없지만 다양한 학과가 있는 종합대학으로 특성화된 학과는 매우 우수하며 캐나다는 물론이고 세계적으로 명성이 있다.

| 대 학<br>(설립년도, 위치) | 주요 사항 및 전공 분야 |
|---|---|
| Ryerson University<br>(1948, 토론토)<br>학부학생 33,600명<br>대학원생 2,300명 | - 1971년 4년제로 개편, 1993년 석, 박사과정 신설<br>- 캐나다에서 제일 큰 학부 Management, 실무위주<br>- 방송기술, 연예인, 간호학과는 캐나다 최고 수준<br>- 다운타운에 위치하여 최근 발전하고 있는 대학 |
| York University<br>(1959, 토론토)<br>학부학생 45,900명<br>대학원생 6,100명 | - 토론토 부속대학에서 1965년 분리 독립<br>- 실용적인 프로그램을 많이 운영하는 종합대학<br>(MBA 세계 9~49위, 사회과학 캐나다 6위,<br>Arts & Humanities 세계 110위 캐나다 4위)<br>- Keele 주 캠퍼스 운영 (1965년 이전),<br>- Glendon 캠퍼스 운영 (1961년 이전) |
| University of Waterloo<br>(1951, Waterloo)<br>토론토서쪽 1시간 30분<br>학부학생 25,400명<br>대학원생 4,200명 | - 세계 151~200위, 캐나다 7~8위의 명문대학<br>(공대 세계 48위, 캐나다 4위)<br>- 1957년부터 Engineering 위주의 종합대학으로 발전<br>- 3학기제 및 Co-op 프로그램을 운영<br>- 회계학과 유명<br>- Waterloo 이외에 Cambridge, Huntsville, Kitchener, Stratford 에도 작은 캠퍼스 운영<br>- 소속 단과대학<br>1. Conrad Grebel University College (메노나이트 대학)<br>2. Renison College<br>3. St. Paul's United College Ontario (독립운영)<br>- 소속 대학교<br>1. St. Jerome's University (로마 가톨릭) |
| Carleton University<br>(1942, Ottawa)<br>토론토동쪽 4시간 30분<br>학부학생 22,300명<br>대학원생 3,600명 | - 캐나다에서 제일 규모가 크고 다양한 체육시설<br>- 대학 스포츠 팀 유명<br>- 다양한 프로그램을 제공하는 영어 종합대학 |
| Brock University<br>(1964, Niagara)<br>토론토서쪽 2시간<br>학부학생 15,000명<br>대학원생 800명 | - 97.2%의 취업률 갖는 종합대학<br>- Hamilton 제 2 캠퍼스 운영<br>- 다양하고 강한 스포츠 팀으로 유명 |

### c. 중, 소규모 대학

학부과정 교육의 질이 대규모 종합대학 보다 오히려 좋을 수 있고 특정분야에서 우수한 대학들이 있다.

| 대 학<br>(설립년도, 위치) | 주요 사항 및 전공 분야 |
|---|---|
| University of Guelph<br>(1964, Guelph)<br>토론토 서쪽 1시간<br>학부학생 19,400명<br>대학원생 2,500명 | - 농대에서 시작한 대학으로 가축 수의학과 유명<br>- 맛과 영양이 풍부하여 유명한 유콘 감자 개발<br>- 중급 규모 대학 중에서는 개나다 최상위권 대학<br>- 여러 지역에 농대 캠퍼스 운영<br>(Guelph, Kemptville, Ridgetown, Collège d'Alfred) |
| Wilfrid Laurier University<br>(1911, Waterloo)<br>토론토서쪽 1시간 30분<br>학부학생 13,900명<br>대학원생 860명 | - 워터루 대학교 바로 옆에 위치하여 같은 대학으로 오해 할 수 있으나 별도의 독립된 대학교<br>- Management는 캐나다에서 제일 크고 명문<br>- Brantford와 토론토에도 캠퍼스 운영 |
| Ontario College of Art & Design<br>(1876, 토론토)<br>학부학생 4,072명<br>대학원생 95명 | - 온타리오 디자인 종합대학<br>- 북미에서 3번째 규모이고 명문예술대학<br>- 여학생이 남학생에 약 2배 |
| Royal Military College of Canada<br>(1874, Kingston)<br>토론토동쪽 3시간<br>학부학생 1,032명<br>대학원생 660명 | - 캐나다 육·해·공군 종합 사관학교 (4년 과정)<br>- Leadership, Athletics, Academics and Bilingualism (영·불어) 등 4분야를 통과해야 졸업 가능 |
| University of Windsor<br>(1957, Windsor)<br>토론토서쪽 4시간<br>학부학생 12,291명<br>대학원생 1,205명 | - 자동차 관련 학과가 강한 중급 규모 종합대학<br>- 미국 최대의 자동차 도시 디트로이트 근처에 위치<br>- 부속 대학<br>1. Assumption University (신학 대학교) |
| University of Ontario Institute of Technology<br>(2003, Oshawa)<br>토론토동쪽 40분 | - 신생 대학으로 Durham College 캠퍼스 사용 |
| Trent University<br>(1964, Peterborough)<br>토론토동쪽 1시간 30분 | - Liberal Arts and Science-Oriented Institution<br>- Oshawa지역 Thornton Rd.에 제 2 캠퍼스 운영 |
| Saint Paul University<br>(1848, Ottawa)<br>토론토동쪽 4시간 30분 | - 천주교 가톨릭 영/불어 신학대학 |
| Charles Sturt University<br>(2005, Burlington)<br>토론토서쪽 40분 | - 호주 Charles Sturt University 대학의 캐나다 캠퍼스 |
| College Dominican<br>(1909, Ottawa)<br>토론토동쪽 4시간 30분 | - 가톨릭 신학대학 |

## d. 북부 온타리오 지역에 위치한 소규모 대학

| 대 학<br>(설립년도, 위치) | 주요 사항 및 전공 분야 |
|---|---|
| Northern Ontario School of Medicine<br>(2005, Sudbury)<br>토론토북쪽 4시간 30분 | - 온타리오 북부지역의 의료 서비스를 위한 의대<br>- Laurentian University 및 Lakehead University 소속<br>- Sudbury 캠퍼스와 Thunder Bay 캠퍼스 |
| Laurentian University<br>(1960, Sudbury)<br>토론토북쪽 4시간 30분 | - Bilingual and Tricultural 졸업생 33,000명<br>- 부속대학<br>1. Nipissing University<br>(1967, North Bay - 토론토북쪽 4시간) |
| Huntington University<br>(1897, Sudbury)<br>토론토북쪽 4시간 30분 | - 기독교 신학대학 |
| Thorneloe University<br>(1962, Sudbury)<br>토론토북쪽 4시간 30분 | - 기독교 신학대학 |
| University of Sudbury<br>(1913, Sudbury)<br>토론토북쪽 4시간 30분 | - 가톨릭 전통을 가진 영어/불어 대학<br>- 부속대학<br>1. Universite de Hearst<br>(불어대학, Hearst - 토론토 북쪽 12시간) |
| Algoma University<br>(2008, Sault Ste Marie)<br>토론토북쪽 8시간 | - Laurentian University 에서 분리 독립 |
| Lakehead University<br>(1965, Thunder Bay)<br>토론토북쪽 18시간 | - 온타리오 주에서 가장 북쪽에 위치한 대학<br>- 토론토 북쪽 1시간 30분 거리의 오릴리아 (Orillia) 에도 캠퍼스 있음 |

## f. 소규모 특화대학 (의료, 신학, 사이언스)

| 대 학<br>(설립년도, 위치) | 주요 사항 |
|---|---|
| Adler Graduate School of Ontario (토론토) | - Psychology Master 프로그램 운영 |
| Canadian College of Naturopathic Medicine (1978, 토론토) | - 4년 과정 Naturopathic Medicine Doctor 프로그램<br>- Biomedical Sciences, Clinical Sciences, Naturopathic Therapeutics |
| Canadian Memorial Chiropractic College (1945, 토론토) | - 전 세계 43개 국가에서 운영<br>- Education, Research, 그리고 Care 병행<br>- 연간 약 200명 x 4년 |
| Michener Institute for Applied Health Science (1958, 토론토) | - Hospital-Based Physicians, Medical Technologists 교육<br>- Anesthesia Assistant, Chiropody, Genetics Technology, Medical Laboratory Sciences, Nuclear Medicine and Respiratory Therapy 코스 |
| Redeemer University College (1982, Hamilton) 토론토서쪽 1시간 | - 학부 Christian Liberal Arts and Science University<br>- Arts<br>(Business, Environmental, Geography, History, Humanities, International, Music, Philosophy, Physical, Political, Psychology, Religion & Theology, Sociology, Social Work, Theatre Arts)<br>- Education<br>- Science<br>(Biology, Chemistry, Computer Science, Environmental, Health, Mathematics, Physics) |
| Heritage College and Seminary (Cambridge) 토론토서쪽 1시간 30분 | - Theology, Religious, Church Music 3~4년 학사과정<br>- Theological Studies, Divinity, Pastoral Studies의 석사, Diploma, Certificate |
| Institute for Christian Studies (1967, 토론토) | - Inter-Disciplinary Philosophy를 위한 독립 대학원 과정 |
| Master's College and Seminary (1939, Peterborough) 토론토동쪽 1시간 30분 | - 학사, 석사 과정 및 Certificate<br>- Religious, Theology, Theology Completion, Christian Service, Christian Ministry 등의 코스 |
| Tyndale University College and Seminary (1894, 토론토) | - Undergraduate 및 Graduate 과정<br>- 학부: Arts, Religious, Education<br>- Doctor of Ministry, Master of Theology, Master of Divinity, Master of Theological Studies |
| Sciences RCC College of Technology (1927, 토론토) | - Electronics Engineering Technician Diploma<br>- Electronics Engineering Technology Diploma or Bachelor |

## g. 직업전문 종합기술대학

| 대 학<br>(설립년도, 위치) | 주요 사항 |
|---|---|
| Centennial College<br>(1966, 토론토)<br>전일제 학생 16,000명 | - Centennial Science and Technology Centre (노스욕)<br>(Health Science, Environmental Science)<br>- Progress 캠퍼스 (Markham)<br>(Computer Science, Technology, Business, Hospitality)<br>- Ashtonbee 캠퍼스 (Warden & Eglington)<br>(Transportation Technology Training School)<br>- The Centre for Creative Communications (East York)<br>(Communications, Media, Design) |
| George Brown College<br>(1967, 토론토)<br>전일제 학생 15,000명 | - Casa Loma, St. James, Waterfront, Ryerson University, Young Centre 등 5개 캠퍼스<br>- Art and Design, Business, Community Services, Early Childhood Education, Construction and Engineering, Health, Hospitality 등<br>- 다양한 스포츠 팀 |
| Humber College<br>(1967, 토론토)<br>전일제 학생 25,000명 | - Bachelor, Diploma, Certificate, Post-Graduate Certificate and Apprenticeship<br>- North, Humber College Arboretum, Lakeshore, Orangeville 등 4개 캠퍼스<br>- University of Guelph 프로그램 연계 (North 캠퍼스)<br>- Contemporary Music, Creative Advertising, e-business, Interior Design 등 |
| Seneca College<br>(1967, 토론토)<br>전일제 학생 17,000명<br>시간제 학생 90,000명 | - Diploma, Bachelor, Advanced Diploma, Certificate, Graduate Certificate, Continuing Education 과정<br>- 캐나다에서 가장 큰 College<br>- Newnham, Seneca@York, King, Markham, Jane, Buttonville, Newmarket, Scarborough, Vaughan, Yorkgate 등 9개 캠퍼스<br>- Health, Applied Science & Engineering, Business, Communication, Art & Design 등 |
| Sheridan College<br>(1967, Oakville)<br>토론토서쪽 40분<br>전일제 학생 17,000명 | - Certificate, Diplomas, Post-Graduate Diploma, Continuing Education 과정,<br>- Oakville, Brampton, Mississauga 등 3개 캠퍼스<br>- Business, Animation, Illustration, Computing, Engineering, Community, Liberal Studies 등 |
| Mohawk College<br>(1966, Hamilton)<br>토론토서쪽 1시간<br>전일제 학생 11,700명 | - 1~3년제 Diploma, Certificate, Continuing Education, 4년제 연계 Degree<br>- Fennell, Brantford, Starrt 등 3개 캠퍼스<br>- 온타리오 최대 실습 기관<br>- Applied Arts, Business, Education, Health, Media, Medical Radiation, Nursing |

(계속 이어서)

| 대 학<br>(설립년도, 위치) | 주요 사항 |
|---|---|
| Fleming College<br>(1967, Perterborough)<br>토론토동쪽 1시간<br>전일제 학생 6,000명 | - Sutherland, McRae, Cobourg, Haliburton, Frost 등 5개의 캠퍼스 운영<br>- Environmental, Business, Museum Management, Nursing에서 강함<br>- Business and Technology, Trades, Environmental and Natural Resource, Visual Arts, Education, Health, Law, Justice and Community 등 |
| Georgian College<br>(1967, Barrie)<br>토론토북쪽 1시간 20분<br>전일제 학생 10,000명 | - Academic Upgrading, Apprenticeship Training, Certificate, Diploma, Graduate Certificate, College and University 프로그램 과정<br>- Barrie, Orillia, Owen Sound, Midland, Muskoka, Orangeville, South Georgian Bay 등 7개 캠퍼스<br>- Business and Computer, Transportation, Engineering, Design and Visual Arts, Health and Human, Hospitality |
| Conestoga College<br>(1967, Kitchener)<br>토론토서쪽 1시간 30분<br>전일제 학생 9,000명 | - 1~4년제 프로그램 과정, Apprenticeship Training,<br>- Kitchener 주변 Doon, Waterloo, Cambridge, Guelph, Stratford 등에 5개 캠퍼스<br>- 1, 2, 3, 4년 과정의 다양한 프로그램 운영<br>- Business, Bartending, Accounting, Community and Social, Cook, Event, Golf Club Management, Tourism, Financial, Payroll, Retail, Health, Human Resource, Nursing 등 |
| Niagara College<br>(1967, Niagara)<br>토론토서쪽 2시간<br>전일제 학생 8,000명 | - Diploma, Baccalaureate, Certificate, Post-Graduate, Continuing Education 과정<br>- Welland, The Niagara-On-The-Lake, The Maid of The Mist, The Ontario St. Site 등 4개 캠퍼스<br>- Academic Studies, Business & Entrepreneurship, Continuing Education, Health & Community, Hospitality & Tourism, Information & Media, Environment, Horticulture & Agribusiness 등 |
| Fanshawe College<br>(1967, London)<br>토론토서쪽 2시간<br>전일제 학생 15,000명 | - Post-Secondary, Graduate, Apprentice, Academic Upgrading, Adult Training 과정<br>- London, James N, Allan, St. Thomas/Elgin, Oxford County, Downtown 등 5개 캠퍼스 운영<br>- Applied Science and Technology, Building, Business and Management, Media, Design, Electrical and Electronics, Health and Nursing, Human Services, Information, Manufacturing, Liberal, Tourism & Hospitality, Transportation 등 |

(계속 이어서)

| 대 학<br>(설립년도, 위치) | 주요 사항 |
|---|---|
| St. Clair College<br>(1967, Windsor)<br>토론토서쪽 4시간 | - Diploma, Certification, Degree, Post Graduate Certificate, Apprentice 과정<br>- Windsor, Chatham, Wallaceburg에 캠퍼스 운영<br>- Liberal Arts & Sciences, Business & Information, Community, Engineering, Health, Media, Art & Design, Trades 등 |
| Lambton College<br>(1967, Sarina)<br>전일제 학생 2,500명<br>토론토서쪽 3시간 30분 | - 1~3년제 Certificate, Diploma 과정<br>- Post-Graduate Certificates, Specialized Training, Continuing Education 과정<br>- University of Windsor 연계한 Bachelor 프로그램<br>- Business & Sports Administration, Health, Liberal, Science, Fire, Community & Public Safety 등 |
| Loyalist College<br>(1967, Belleville)<br>토론토동쪽 2시간 | - Diploma, Certification, Continuing Education<br>- Applied Science and Computing, Business & Applied Arts, Justice, Health, Media 등 |
| St. Lawrence College<br>(1967, Kingston)<br>전일제 학생 6,500명<br>토론토동쪽 3시간 | - Diploma, Baccalaureate 과정<br>- Brockville, Cornwall, Kingston 등 3개 캠퍼스<br>- Business, Community, Applied Science and Computing, Health, Justice & Applied Arts, Trades & Tourism 등 |
| La Cite Collegiale<br>(1990, Ottawa)<br>재학생 4,700명<br>토론토동쪽 4시간 30분 | - 온타리오 주 최대 불어 College<br>- Alphonse-Desjardins, Hawkesbury, Pembroke 캠퍼스<br>- Administration, Arts and Design, Communications, Computers, Construction and Mechanics, Electronics, Hairdressing, Environment, Health, Hospitality, Housing and Interior, Media, Security, Social Sciences, Tourism and Travel 등 |
| Algonquin College<br>(1967, Ottawa)<br>재학생은 18,000명<br>토론토동쪽 4시간 30분 | - Post-Secondary, Apprenticeship, Diploma, Bachelor, Short 코스 과정<br>- Pembroke 캠퍼스 (오타와북쪽 2시간),<br>Perth 캠퍼스 (오타와서쪽 1시간),<br>Woodroffe 캠퍼스 (오타와)<br>- 3D 애니메이션, 방송프로그램 등 직업실무 중심<br>- Business, Health and Community, Media, Hospitality, Police and Public Safety, Transportation and Building Trades 등 |
| Confederation College<br>(1967, Thunder Bay)<br>전일제 학생 21,000명<br>토론토북쪽 18시간 | - Post-Secondary, Credit / Non-Credit, Specialty 프로그램<br>- Dryden, Fort Frances, Geraldton, Kenora, Marathon, Sioux Lookout, Red Lake, Wawa 등 온타리오 주 북부의 지역에 캠퍼스 운영<br>- Business, Community, Health and Trades, Mining and Diamond drilling |
| Collège Boréal<br>(1995, Sudbury)<br>재학생 9,155명<br>토론토북쪽 4시간 30분 | - 불어 초급대학<br>- 북부 온타리오 캠퍼스 운영 (Hearst, Kapuskasing, Nipissing, Sudbury, Temiskaming Shores, Timmins)<br>- Health Sciences, Trades and Applied Technologies, Arts, Advancement, Business and Community Services. |

# 동부지역 - 퀘벡 주

유치원 1년, 초등학교는 6년, 고등학교 (Secondary School) 5년, 그리고 시접 (CÉGEP) 진학과정 2년 (또는 취업과정 3년), 대학교 3년 기간이 일반적으로 소요되나 특별한 분야나 상황에 따라 다소 차이가 있다.

퀘벡 주민의 80% 이상이 영어를 못하지만, 몬트리올은 예외적으로 영어를 하는 사람들이 많아서 유치원부터 대학까지 불어학교와 영어학교가 공존한다. 몬트리올 섬 밖에서는 온타리오 주 경계 근처 (오타와 강 건너편과 몬트리올 섬 밖의 서부지역) 등 극히 일부 지역을 제외하고는 영어 공립학교가 아예 없다. 예전에는 퀘벡시티 및 몬트리올에서 미국으로 가는 남부지역에도 영어공립학교가 있었으나 독립이 이슈가 되고 불어 교육이 강화되고 영어 사용자들이 떠나면서 폐교하거나 불어학교로 전환하였다.

### 1) 유아원/유치원

유치원에 다니기 이전에는 가드리 (Garderie) 라는 유아원이 있다. 대부분의 유아원은 정부 지원을 받아 하루 $7로 (2013년) 매우 저렴하다. 대부분의 부모가 자녀를 유아원으로 보내 때문에 항상 대기자가 많고, 더욱이 요령을 모르는 새로운 이민자들은 이용하기가 너무 어렵다. 사립 유아원의 경우도 다른 주보다는 많이 저렴하지만 일반 유아원에 비하여 상대적으로 매우 비싸서 경제적 부담을 느낄 수 있다.

정부지원을 받는 유아원을 이용하기 위해서는 CLSC (보건소 같은 곳) 등 관련 관공서에 가서 유아원 목록을 구하여 일일이 전화하거나 직접 방문하여 대기자 명단에 올려놓고 가끔씩 확인하는 것이 매우 중요하다. 유아원은 소규모인 경우가 많아 원장 마음대로 또는 즉흥적으로 대기 순서를 바꿀 수 있기 때문이다.

유치원은 (Kindergarten) 9월 (또는 8월 말) 입학할 때를 기준으로 만 5세가 되면 1년 동안 다닐 수 있으며, 초등학교 (Primary School)와 같이 운영하며 등·하교 시간도 동일하다. 교육청에 따라 다르지만 등·하교 거리가 1~2 km 이상이면 스쿨버스도 이용 가능하다. 또한 방과 후 오후 6시까지 학교에서 운영하는 데이케어 (Daycare)에 매우 저렴한 비용으로 (2013년 $7/일) 자녀를 맡길 수 도 있다.

### 2) 초등학교와 고등학교

퀘벡 주에 살고 있는 주민은 자녀를 초등학교와 고등학교를 불어 공립학교에 의무적으로 보내야 한다. 유치원은 의무 교육이 아니지만 초등학교와 같이 있기 때문에 보통 이때부터 자녀를 불어 유치원에 보낸다. 그러나 아래의 사항 중 한 가지 경우라도 해당되면 영어 공립학교에 자녀를 보내는 것이 가능하다.

- 부모 중 한명이라도 캐나다에서 영어 초등학교를 졸업한 경우
- 캐나다의 다른 주에서 자녀가 영어 초등학교를 대부분 (약 4년) 다녔고 부모가 시민권자인 경우
- 형제 중 한명이라도 퀘벡 주의 영어 공립학교에 다니고 있는 경우

- 초등학교 1학년부터 3년 이상 영어 사립학교에 다닌 경우 (2010년 개정된 B115 법에 따라 영주권자 자녀도 해당)

<table><tr><td>*** 주의 사항 ***<br>- 초등학교 1학년을 불어학교에 다닌 경우는 다른 주에서 오랫동안 영어 학교에 다녀도 마이너스 포인트 때문에 영어학교로 보내는 것이 거의 불가능 하다.<br>- 취업비자나 유학비자로 머무는 경우 영어 공립학교에 보낼 수 있으나, 영주권을 취득하면 불어 공립학교로 옮겨야 한다.<br>- 미국, 영국 등 영어권 국가에서 부모나 자녀가 영어 학교에 다닌 것은 인정 안 된다.<br>- 유학생의 경우도 모든 영어 학교에 자녀를 보낼 수 있는 것은 아니므로 해당 학교에 직접 연락하여 허락을 받아야 한다.</td></tr></table>

한인들이 많이 거주하는 몬트리올 지역의 학교들은 영어공립학교, 불어공립학교, 영어사립학교, 불어사립학교로 구분 되어 있다. 몬트리올 공립학교의 교육청들도 불어와 영어로 구분되어 있다. 몬트리올 섬 밖은 서쪽 온타리오 주 경계의 일부 지역을 제외하고는 영어 공립학교가 없다.

몬트리올 섬에 있는 영어공립학교나 영어사립학교들 조차도 영어로만 수업을 진행하는 학교는 없고 대부분 불어 집중 (French Immersion) 프로그램을 함께 운영한다. 따라서 영어 초등학교도 대부분 수업의 50%를 불어로 진행하는 이중 언어 학교이다.

<몬트리올 지역의 교육위원회>

| 몬트리올 지역의 불어 교육위원회 |
|---|
| ● 다운타운 및 주변 (NDG 포함) (http://www.csdm.qc.ca/)<br>Commission Scolaire de Montréal<br>● 서부지역 (West Island) (http://www.csmb.qc.ca/)<br>Commission Scolaire Marguerite-Bourgeoys<br>● 동부지역 (http://www.cspi.qc.ca/)<br>Commission Scolaire de la Pointe-de-lile |
| **몬트리올 지역의 영어 교육위원회** |
| ● 다운타운 및 주변 (http://www.emsb.qc.ca/)<br>English Montréal School Board<br>● 서부지역 (http://www.lbpsb.qc.ca/)<br>Lester B-Pearson School Board |

재정적으로 정부지원을 많이 받는 불어 사립학교는 2010년대 초반 학비가 $2,000 조금 넘는 수준으로 매우 저렴하여 많은 학부모들이 고등학교부터 불어 사립학교에 자녀를 보낸다. 또한 몬트리올에 있는 인터내셔널 (International) 불어학교 2개는 학교별 평가 순위에서 퀘벡 주 상위 10권을 유지하는 명문으로 상당히 인기가 있다. 일부 일반불어학교에서도 인터내셔널 프로그램 (International Program)을 운영하여 영어, 불어 이외에 한 가지 언어를 더 배울 수 있고 IB 프로그램도 참여 할 수 있다.

고등학교 선택을 위하여 퀘벡 교육부 사이트의 학교별 평가 결과를 활용할 수 있다. (http://www.meq.gouv.qc.ca)

퀘벡 주는 고등학교 졸업을 위해 10학년과 11학년 과정에서 최소 54학점을 이수해야 하고, 이중 최소 20학점은 11학년 과정에서 이수해야 한다. 퀘벡 주는 고등학교를 졸업 못하는 학생 비율이 2009년에서 2012년까지 3년 동안 평균 10.2%로 캐나다에서 제일 높다. (캐나다 평균 8.1%)

<퀘벡 주의 고등학교 졸업 요구사항>

| 구 분 | 요구 사항 또는 학점 |
|---|---|
| 10학년 필수과목 | - Mathematics (4학점)<br>- Science and Technology (4학점), 또는 Applied Science and Technology (6학점)<br>- History and Citizenship Education (4학점)<br>- Arts Education (2학점) |
| 11학년 필수과목 | - Language of Instruction (6학점)<br>- Second Language (4학점)<br>- Ethics and Religious Culture (2학점) 또는 Physical Education and Health (2학점) |
| 10/11학년 선택과목 | - 최소 26 또는 28학점 |

<영어사립 Kuper>　　<불어사립 Collège Notre-Dame>

## 3) 시접 초급대학

시접 (CÉGEP)은 College d'enseignement general et professionnel을 줄인 말로, 12학년부터 (한국의 고3) 시작하여 보통 대학진학은 2년, 취업은 3년 과정으로 한국의 초급대학에 해당 한다. 시접 초급대학은 퀘벡 주 전체에 총 110의 교육기관 (정부운영 7개, 공립 48개, 사립 55개)으로 다양한 분야에서 발달하였으며, 일반 어른을 위한 프로그램도 제공한다.

시접 초급대학은 초등학교나 고등학교와 달리 누구나 자녀를 영어 공립학교에 보낼 수 있어서, 이때부터 학생들은 강화된 영어교육을 받을 수 있다. 퀘벡 주민들은 최소 시접까지 자녀들을 교육시키기 때문에, 퀘벡 주의 거주자라면 영어, 불어 구분 없이 공립학교는 학비가 무료이다. 사립학교는 학비를 내야하며, 영어사립은 불어사립에 학비가 훨씬 더 비싸다.

<Marianopolic College, 영어사립>　<CÉGEP John Abbott, 영어공립>

퀘벡 주에서 가장 인지도가 높은 시접 초급대학은 몬트리올에서 가장 부촌인 웨스트마운트 (Westmount)에 위치한 마리아노폴리스 (Marianopolic College) 영어사립이며, 학비가 제법 비싸지만 한인들도 선호하는 학교이다.

| *** 몬트리올 영어 시접 초급대학 *** |
|---|
| ● Marianopolic College<br>(사립, Westmount, www.marianopolis.edu)<br>● Dawson College<br>(공립, 다운타운, www.dawsoncollege.qc.ca)<br>● CEGEP John Abbott<br>(공립, West Island, www.johnabbott.qc.ca)<br>● CEGEP Vanier College<br>(공립, Saint-Laurent, www.vaniercollege.qc.ca)<br>● Lassalle College<br>(사립 영·불, 다운타운, www.lassallecollege.com)<br>● National Theatre School of Canada<br>(사립 영·불, Outremont, www.ent-nts.ca)<br>● Trebas Institute<br>(사립 영·불, 다운타운, www.trebas.com) |

| *** 몬트리올 불어 시접 초급대학 *** |
|---|
| ● Conservatoire de musique du Québec à Montréal<br>(정부, Outremont, www.conservatoire.gouv.qc.ca)<br>● Collège Ahuntsic<br>(공립, 다운타운, www.collegeahuntsic.qc.ca)<br>● Cégep André-Laurendeau<br>(공립, Lassalle, www.claurendeau.qc.ca)<br>● Collège de Bois-de-Boulogne<br>(공립, Staint-Laurent, www.bdeb.qc.ca)<br>● Collège de Maisonneuve<br>(공립, 올림픽공원, www.cmaisonneuve.qc.ca)<br>● Cégep Marie-Victorin (공립, Mont-Royal) 및<br>Collège de Rosemont (공립, 올림픽공원)<br>● Cégep de Saint-Laurent<br>(공립, Saint-Laurent, www.cegep-st-laurent.qc.ca)<br>● Cégep du Vieux Montréal<br>(공립, 다운타운, www.cvm.qc.ca)<br>● Collège Jean-de-Brébeuf<br>(사립, Cote-des-Neiges, www.brebeuf.qc.ca)<br>● Collège International Marie de France<br>(사립, NDG, www.cimf.ca)<br>● Collège Sainte-Anne de Lachine<br>(사립, Lachine, www.college-sainte-anne.qc.ca)<br>● École de musique Vincent-d'Indy<br>(사립, Outrement, www.emvi.qc.ca) |

### 4) 대학교

퀘벡에서 가장 유명한 명문인 매길 (McGill) 대학교는 캐나다에서 가장 오래된 연구 중심의 종합 대학이다. 과거에 세계 10위권, 현재도 20~30위권 안에 있는 캐나다 3대 명문대학 이다. 그러나 학교 건물이 너무 낡았고, 한인 학생들 수가 많지 않아서 한인 동창생들의 네트워크가 약하다.

매길 의대는 캐나다 최고 수준일 뿐 만 아니라 여전히 세계적으로 유명하며, 몬트리올 전역에 있는 영어 병원들이 대부분 매길 의대 소속이다. 불어 대학 중에서 몬트리올 대학교, 라발 대학교, 쉘브룩 대학교에 의대가 있다.

콩코디아 (Concordia) 대학교는 영어 종합대학교로 다운타운 번화가 있어서 캠퍼스가 없고, 빌딩의 아래층은 상가로 임대하고 위층은 강의실로 사용하고 있다. 이 대학 비즈니스 학과 관련 졸업생이 몬트리올 기업에 가장 많다.

몬트리올 대학교는 3개 부문으로 생각할 수 있다. 인문계통을 포함한 일반 몬트리올대학, 엔지니어링 위주의 포리테크닉 (공대), 경상계열의 HEC (Hautes Etudes Commerciales Montréal) 이다. 몬트리올에 위치한 대부분 기업에 몬트리올 폴리텍크닉 (공대) 출신이 상당히 많다.

퀘벡 대학교 (Universite du Québec)는 1968년 여러 개의 조그만 대학들을 통합하여 몬트리올은 물론이고 인구가 적은 지방에도 작은 캠퍼스가 산재해 있으며, 방송통신 대학 (Tele-Universite)도 함께 운영하고 있다. 퀘벡 대학교의 지방 캠퍼스는 다음과 같다.

- 퀘벡시티 (몬트리올 동쪽 3시간)
- 트루아리비에르 (Trois-Rivières, 몬트리올 동쪽 2시간),
- 리무스키 (Rimouski, 몬트리올 동쪽 5시간)
- 사그네이 (Saguenay, 몬트리올 동쪽 5시간)
- 가티노 (Gatineau, 오타와 강 건너편),
- 로윤-노란다 (Rouyn-Noranda, 몬트리올 북쪽 8시간)
- 발도르 (Val-d'Or, 몬트리올 북쪽 6시간 반)

퀘벡 주의 대학교 등록금은 다른 주에 비교하면 절반도 안 된다. 퀘벡 주의 학생들은 시접 초급대학을 마치고 대학을 진학하기 때문에 일반적으로 3년 이면 대학을 졸업하지만, 다른 주에서 고등학교를 졸업하고 퀘벡 주의 대학으로 진학한 학생은 일반적으로 4년이 소요 된다.

<매길 영어 대학>

<몬트리올 불어 대학>

<퀘벡 주의 영어대학교>

| 대 학<br>(설립년도, 장소) | 특징 및 주요사항 |
|---|---|
| McGill University<br>(1821년, 몬트리올 다운타운)<br>학부생 25,938명<br>대학원생 8,881명 | - 캐나다 3대 명문 종합대학<br>- 석, 박사과정의 연구중심대학<br>- 오래되고 낡은 대학 건물<br>- West Island 캠퍼스도 운영<br>- 의대 (캐나다 1위), 공대, 사회과학, 법대, MBA 강함 |
| Concordia University<br>(1974년, 몬트리올 다운타운)<br>학부생 35,848명<br>대학원생 7,314명 | - 학부 중심대학 (캐나다 13위)<br>- 다운타운 상가지역에 위치하여 아래층 상가, 위층은 강의실<br>- NDG 캠퍼스도 운영 |
| Bishop's University<br>(1843년, Sherbrook)<br>재학생 2,756명<br>몬트리올 남쪽 2시간 | - 소규모 대학<br>- 조용한 시골지역에 위치 |

<퀘벡 주의 불어대학교>

| 대 학 (설립년도, 장소) | 특징 및 주요사항 |
|---|---|
| Universite de Montréal (1878년, 몬트리올) 학부생 42,684명 대학원생 15,798명 | - 캐나다 최대 규모의 불어대학<br>- 석, 박사과정의 연구중심대학 |
| Ecole Polytechnique De Montréal (1873년, 몬트리올) 학부생 4,993명 대학원생 1,917명 | - 몬트리올 대학과 같은 캠퍼스<br>- 캐나다 최대 규모의 불어 공대 |
| Hautes Etudes Commerciales Montréal (HEC) (1907년, 몬트리올) 학부생 8,962명 대학원생 3,238명 | - 몬트리올 대학과 같은 캠퍼스<br>- 캐나다 최고의 불어 경상대<br>- 영·불·스페인어 경상대 |
| Universite Laval (1663년, 퀘벡 시티) 학부생 28,902명 대학원생 8,689명 | - 캐나다에서 가장 오래된 종합대학<br>- 1878년 몬트리올 캠퍼스 오픈 (현 몬트리올 대학) |
| Universite de Sherbrooke (1954년, Sherbrooke) 재학생 35,000명 | - 미국 국경지역의 종합대학<br>- 롱게일 (Longueuil)에도 캠퍼스 |
| Universite du Québec (1968년, 퀘벡 시티) 학부생 60,440명 대학원생 11,340명 | - 몬트리올 및 퀘벡시티는 물론 여러 지방에 캠퍼스 운영 |
| Ecole Nationale D'administration Publique (1969년 퀘벡 시티) 대학원생 1,880명) | - 행정대학원 (학부과정 없음) |
| Ecole de technologie supErieure (1974년, 몬트리올) 학부생 4,950명 대학원생 1,350명 | - 엔지니어링 대학 |
| Institut national de la recherchE scientifique (INRS) (1969년, 퀘벡 시티) 대학원생 480명 | - 석, 박사과정 연구중심대학원 (학부과정 없음)<br>- 몬트리올, 라발 등 5개 캠퍼스 |
| Tele-Universite (1972년, 몬트리올) 재학생 18,000명 | - 퀘벡대학 소속 방통대<br>- 학부 위주 6개 프로그램 (석사 2개, 박사 1개 프로그램) |

# 태평양 연안 - 브리티시컬럼비아 주

브리티시컬럼비아 주의 학교 들은 대체적으로 아래와 같이 2가지 시스템 중 하나로 운영하지만, 교육청에 따라 또는 학교에 따라 다소 다른 시스템을 운영할 수도 있다.

- 중학교가 있는 경우:
  유치원 (1년), 초등학교 (5년), 중학교 (3년), 고등학교 (4년)
- 중학교가 없는 경우:
  유치원 (1년), 초등학교 (7년), 고등학교 (5년)

브리티시컬럼비아 주의 교육 환경은 다른 주와 비교해서 유학생, 특히 한국, 중국 등 아시아계 비율이 너무 많다는 것이다. 2005년 브리티시컬럼비아 주의 전체 외국인 유학생은 44,125명이며, 이중 한국 유학생이 27.6.% 12,178명으로 중국 유학생보다도 많았다. 유학생이 많다 보니 다양한 채널을 통하여 많은 정보를 얻을 수는 있지만, 대부분 아시아 학생으로 다문화 체험이 약하다.

더구나 조기 유학생들이 너무 많다 보니, 밴쿠버 교육위원회는 12세 미만의 조기 유학생은 반드시 부모 중 한명이 동반 거주해야 초등학교 입학을 허락 한다.

교육열이 높은 아시아계 이민자가 많다 보니 다른 지역 못지않게 초·중·고등학교 특별 프로그램들이 잘 발달되었다.

## 1) 유치원 및 초·중·고등학교

### a. 유치원 입학 자격과 고등학교 졸업 요구사항

브리티시컬럼비아 주는 60개 구역 (School District)으로 구분하여 교육위원회를 운영하며, 한인들이 많이 거주하는 광역밴쿠버 지역과 주변 지역의 교육위원회는 다음과 같다.

<브리티시컬럼비아 주의 한인 거주 지역 교육위원회>

| 중학교가 없는 교육위원회 (지역번호) | 중학교가 있는 교육위원회 (지역번호) |
|---|---|
| ● Langley (35)<br>● Surrey (36)<br>● Delta (37)<br>● Richmond (38)<br>● Vancouver (39)<br>● Burnaby (41)<br>● Maple Ridge-Pitt Meadows (42)<br>● North Vancouver (44)<br>● West Vancouver (45)<br>● Mission (75)<br>● Fraser-Cascade (78) | ● Chilliwack (33)<br>● Abbotsford (34)<br>● New Westminster<br>● Coquitlam, Port Coquitlam, Port Moody<br>● Greater Victoria (61)<br>● Nanaimo-Ladysmith (68) |

유치원 (Kindergarten)은 입학하는 년도의 12월말까지 만 5세가 될 수 있으면 9월에 입학할 수 있다. 모든 어린이에게 전일제 유치원에 다닐 수 있도록 2011/12년부터 시설을 확충하고 있다.

고등학생들은 졸업을 위해 필수 48학점 (12과목), 선택 28학점, 졸업 준비 4학점 등 총 80학점을 취득해야 하며, 고등학교 졸업 실패율이 5.9%로 캐나다에서 가장 낮다.

<브리티시컬럼비아 고등학생 최소 졸업 학점>

| 구 분 | 요구 사항 또는 학점 |
|---|---|
| 필수과목 | - Planning 10 (4학점)<br>- Language Arts 10 (4학점)<br>- Language Arts 11 (4학점)<br>- Language Arts 12 (4학점)<br>- Mathematics 10 (4학점)<br>- Mathematics 11 or 12 (4학점)<br>- Fine Arts and/or Applied Skills 10, 11 or 12 (4학점)<br>- Social Studies 10 (4학점)<br>- Social Studies 11 or 12 (4학점)<br>- Science 10 (4학점)<br>- Science 11 or 12 (4학점)<br>- Physical Education 10 (4학점) |
| 선택과목 | - 10~12학년 과정의 선택과목 (28학점)<br>- 만약 Planning Course를 선택하면 12학년 과정에서 최소 12학점 취득이 필요하지만, 이중 일부 학점은 필수과목에 취득한 것을 인정<br>(예 Grade 12 Language Arts course) |
| 졸업준비 | - 개인건강을 위한 정기적인 운동<br>- 지역사회와 연계한 최소 30시간 이상 봉사 활동<br>- 졸업 준비 계획과 성취한 결과보고서 |

### b. 밴쿠버 교육위원회 특별 프로그램

a) 미니스쿨 (Mini Schools, G8-G12)

전교생이 40명에서 150명 정도의 소그룹 교육을 실시하는 프로그램이다. 따라서 교사와 학생, 학생들 사이의 유대 관계가 좋으며, 많은 토론을 하며 수업을 진행할 수 있고, 전교생 단위의 행사를 용이하게 할 수 있다. 학생이 작다 보니 AP (Advance Placement) 과정 등 선행 또는 고강도 교육은 가능하나, 전교생 수가 너무 적어서 다양한 프로그램과 다양한 실습 기자재를 갖추기 어려운 것이 단점이다.

<2013년 미니스쿨 프로그램 운영 고등학교>

| Britannia Venture Program | Hamber Challenge Programs |
|---|---|
| Byng Arts Mini School<br>City School<br>David Thompson Odyssey<br>Gladstone Mini School | Ideal Mini School<br>John Oliver Mini School<br>Killarney Mini School<br>King George Technology Immersion<br>Point Grey Mini School<br>Prince of Wales Mini School<br>Sir Charles Tupper Mini School<br>Summit (Van Tech) |
| **Synergy Program** | **University Transition Program** |
| Templeton Mini School | Van Tech Flex Humanities<br>Windermere Leadership<br>Windermere Athena Arts |

b) 몬테소리 (Montessori Program, K-G7)

유치원생과 초등학생을 대상으로 전 과목에 걸쳐서 특화된 프로그램을 제공하여 쓰기와 숫자를 다루는 능력을 배양하는 것을 목표로 한다.

고등학생을 위한 몬테소리 교육은 유일하게 Gladstone Secondary School이 2010년까지 운영하다 종료하였고, 현재는 2개의 초등학교에서 이 프로그램을 운영한다.

- Tyee Elementary, Maple Grove Elementary
- Renfrew Elementary

c) Enrichment and IB (K-G7, G8-G12) 프로그램

IB (International Baccalaureate) 프로그램은 국제적으로 통용되는 프로그램으로 다른 주는 물론이고 한국에 있는 학교에서도 운영하고 있다. 학업 성적이 우수한 학생들을 대상으로 운영하여 강도 높은 교육을 실시하여 미국 명문 대학 진학을 돕고 있다.

<2013년 IB 프로그램 운영학교>

| Elementary School (K-G7) | Secondary School (G8-G12) |
|---|---|
| Roberts Elementary<br>Elsie Roy | Britannia Secondary<br>Sir Winston Churchill |

d) 불어 집중 교육 (K-G7, G6-G7, G8-G12)

불어 집중교육 (French Immersion)은 유치원부터 (조기) 또는 6학년부터 (중등) 시작할 수 있다. 프로그램 중간에 참여할 수 없으며 참여를 허락해도 수업을 따라가기 어렵다.

<불어 집중 교육 프로그램 종류>

| 구 분 | 주요 사항 |
|---|---|
| Early French Immersion<br>(유치원~7학년) | - 3학년까지 불어로 100% 수업<br>- 이후는 영어 수업과 병행 |
| Late French Immersion<br>(6학년~7학년) | - 첫 1년 동안 불어로 100% 수업 |
| Secondary School<br>French Immersion<br>(8학년~12학년) | - 7학년까지 French Immersion에 참가한 학생을 위한 과정 |
| Intensive French<br>(6학년~7학년) | - 첫 학기는 불어로 80% 수업<br>- 이후는 불어로 20% 수업 |

<2013년 불어 집중교육 프로그램 운영학교>

| Early French Immersion | |
|---|---|
| Hastings<br>Henry Hudson<br>Jules Quesnel<br>Kerrisdale<br>Laura Secord<br>L'École Bilingue<br>Lord Selkirk | Lord Tennyson<br>Douglas Annex (K-G3)<br>Sir James Douglas (G4-G7)<br>Queen Elizabeth Annex (K-G)<br>Quilchena<br>Strathcona (K-G)<br>Trafalgar |
| **Late French Immersion** | **Secondary School French Immersion** |
| General Gordon<br>Laura Secord | Churchill Secondary<br>Kitsilano Secondary<br>Van Tech Secondary |

※ Franklin, Fleming, Brock 등 3개 초등학교에서 Intensive French 프로그램을 운영한다.

e) 영재들을 위한 대체 프로그램 (Alternative Program)

① 초등학생 프로그램

특별한 능력이 있거나 관심을 가지는 영재 초등학생을 대상으로 제공하는 프로그램이다.

o 영재 (Gifted) 프로그램

탁월한 사고력, 창의력, 뛰어난 재주를 가지고 있는 또는 잠재력이 있는 학생을 선발하여 정규 교육 보다 더 강도 높고 도전적인 프로그램 통하여 교육 시킨다. 영재에 따라서 차이가 크고 분야가 다양하기 때문에, 개인 능력에 맞추어진 IEPs (Individual Education Plans)도 운영 한다.

o 멘토십 (Mentorship) 프로그램

재능을 가진 또는 잠재력이 있는 학생들과 특별한 재능과 관심을 서로 공유하며 리드하는 프로그램으로 G4~G7 (9~13세) 학생이 지원할 수 있다.

o Twice Exceptional Learners (GLD/GEF)

영재 학생, 학업부진 학생, 감정 조절이 어려운 학생 등 정규 수업이 어려운 학생을 대상으로 특별 지도 프로그램을 운영한다.

o 선행 프로그램 (Multi-Age Cluster Classes)

학업 성적이 우수한 영재학생들을 대상으로 더 높은 학년에서 수업을 함께 받는 프로그램이다.

o Future Problem Solving (FPS)

국제 문제 해결을 찾기 위해 노력하는 것으로 창의적이고 비평적인 사고 능력을 배양하는 프로그램이다.

② 고등학생 프로그램

영재 고등학생에게 AP (advanced placement) 같은 대학의 교양과목 수준의 높은 특별 프로그램들을 제공한다.

o Gifted Learning Disabled Program (GOLD)

GOLD는 2배 이상으로 훌륭한 지적 영재를 위한 프로그램으로 2개 고등학교에서 운영한다.

- Prince of Wales Secondary
- David Thompson Secondary

o University Transition Program

월반 고등학생 프로그램으로 조기 대학 (VSB/UBC) 입학이 가능 하도록 교육하며, 장소가 University of British Columbia (UBC) 대학교에 위치한다.

f) 예·체능 교육 프로그램

① 예술 교육 프로그램

(Visual & Performing Arts Program, K-G7, G8-G12)

프로그램 참여를 위한 요구조건은 없으며, 유치원생일 때 추천을 통해서 참여할 수 있고, 다른 학년이라도 자리가 남아 있으면 매년 신규로 참여 할 수 있다. 프로그램은 창의적이고 다른 학생과 협력하며 즐기도록 구성되어 있다. 이 프로그램은 Visual Arts, Dance, Music, 그리고 Process Drama을 포함하고 있으며, 학생들이 다른 학생과 협력하여 문제를 풀고 대화하는 능력을 향상 시키는데 도움을 준다.

<2013년 예술 교육 프로그램 운영학교>

| 구 분 | 학 교 |
| --- | --- |
| 초등학교 | - Nootka Elementary School<br>- Fine Art Program |
| 고등학교 | - Windermere Secondary School<br>- Athena Arts Program |

② 체육 특기 프로그램 (Britannia Hockey Academy, G8-G12)

이 프로그램은 남녀 고등학생 모두에게 참여할 수 있는 기회가 주어지지만, 최소 2년 동안의 Minor Hockey 경험이 있어야 한다. 참여를 원하는 학생의 코치나 선생님으로부터 제공되는 자료를 근거로 하여 프로그램 참여가 승인된다.

g) 기술 및 취업 교육 (Career Program)

① ACE IT Trades Training Program (G8-G12)

고등학생이면 누구나 무료로 참여할 수 있으며, 다음과 같은 분야에서 ITA (Industry Training Authority)의 기술 훈련 첫 번째 레벨에 해당하는 학점을 획득할 수 있다.

- Automotive Collision Repair, Refinishing Prep Technician, Service Technician
- Carpentry, Metal Fabricator, Painting, Plumbing
- Cook Training, Hairdressing
- Baking & Pastry Arts

<2013년 ACE IT Trades 훈련 프로그램 운영학교>

| 학 교 | 프로그램 |
| --- | --- |
| Karen Larsen | Coordinator Career Programs |
| Wendy Gilmour | Apprenticeship Facilitator |

② 취업 준비 프로그램 (Career Preparation Programs)

이 프로그램은 다음과 같은 분야에서 현장실습에 중점을 두고 있어서 100 시간의 현장실습과 해당 과목을 이수해야 4학점을 획득할 수 있다.

- Business & Applied Business
- Fine Arts, Design &Media
- Fitness & Recreation
- Health & Human Service
- Liberal Arts &Humanities
- Science & Applied Science
- Tourism, Hospitality &Foods
- Trades & Technology

## 2) 대학 및 직업교육 기관

### a. 종합대학교 (University)

브리티시컬럼비아 주에는 캐나다 3대 명문인 UBC 대학교가 있으며, 2005년부터 많은 칼리지들을 대학교로 승격하였다.

| 대 학<br>(설립년도, 장소) | 특징 주요사항 |
|---|---|
| UBC (University of British Columbia)<br>(1908년, Vancouver)<br>학부생 46,040명<br>대학원생 11,035명 | - 캐나다 3대 명문 종합대학<br>- 석·박사과정의 연구중심대학<br>- Okanagan에도 캠퍼스<br>- 사회, 경제, 정치, 의대, 법대, 자연과학과 수학, MBA 강함 |
| University of Victoria<br>(1963, Victoria)<br>학부생 18,863명<br>대학원생 3,542명 | - 학부 및 대학원 중심대학<br>- 캐나다 3대 중급규모 우수 대학<br>- 법대, MBA, 지구과학, 우주과학, 수학, 공학, 교육학 강함 |
| Simon Fraser University<br>(1965년, Burnaby)<br>학부생 30,035명<br>대학원생 5,363명 | - 학부중심 대학<br>- 주 캠퍼스가 코리아타운 근처<br>- Surrey, 밴쿠버에도 캠퍼스 |
| Royal Roads University<br>(1940년, Victoria)<br>재학생 2,500명 | - 학부중심 대학<br>- 1995년 대학교로 승격 |
| Capilano University<br>(1968년, North Vancouver)<br>학부학생 7,500명 | - 학부중심 대학<br>- 2008년 대학교로 승격<br>- Squamish, Sunshine Coast에도 캠퍼스 운영 |
| Vancouver Island University<br>(1969년, Nanaimo)<br>재학생 19,780명<br>빅토리아 북쪽 1시간 30분 | - 학부중심 대학<br>- 2008년 대학교로 승격<br>- Powell River, Duncan, Parksville-Qualicum Beach에도 캠퍼스 |
| University of the Fraser Valley<br>(1974년, Abbotsford)<br>재학생 15,176명<br>밴쿠버 동쪽 1시간 | - 학부중심 대학<br>- 2008년 대학교로 승격<br>- Agassiz, Chilliwack, Hope & Mission에도 캠퍼스 |
| Thompson Rivers University<br>(1970년, Kamloops)<br>재학생 13,072명)<br>(밴쿠버 북동쪽 4시간) | - 다양한 분야의 학사석사 프로그램<br>- 학부중심 대학<br>- 2005년 대학교로 승격 |
| UNBC (University of Northern British Columbia<br>(1990년, Prince George)<br>학부생 3,390명<br>대학원생 705명<br>밴쿠버 북쪽 10시간 30분 | - BC주 북부 지역의 주민을 위한 학부중심 대학 |

### b. 기술위주의 중소규모 대학

중소규모 대학에서는 특정 분야에 집중적인 교육 또는 다양한 분야의 기술 교육을 한다.

| 대 학<br>(설립년도, 장소) | 특징 주요사항 |
|---|---|
| British Columbia Institute of Technology (BCIT)<br>(1960년, Burnaby)<br>전일제 학생 17,453명 | - BC주에서 가장 큰 기술 대학<br>- 공업, 상업, 미술 및 디자인, 법 행정 등의 프로그램<br>- 광역 밴쿠버에 5개 캠퍼스 |
| Kwantlen Polytechnic University<br>(1981년, Surrey)<br>재학생 19,500명 | - 다양한 분야의 학사프로그램<br>- 광역 밴쿠버에 4개 캠퍼스 |
| Emily Carr Institute of Art and Design<br>(1925년, Vancouver)<br>학부생 1,828명<br>대학원생 55명 | - 디자인 종합대학 |
| Justice Institute of British Columbia<br>(1978년, New Westminster)<br>재학생 30,000명 | - 법률 특화 대학 |

### c. 취업 위주의 단과대학 (College)

대학 편입학 또는 학사과정을 위한 교육, 취업을 위한 기술 교육, ESL (English Second Language) 영어교육, 성인들을 대상으로 평생 교육 (Continuing Education) 프로그램 등을 제공하고 있다.

| 대 학<br>(설립년도, 장소) | 특징 주요사항 |
|---|---|
| Douglas College<br>(1970년, New Westminster)<br>재학생 14,000명 | - 학사과정의 중급 단과 대학<br>- Coquitlam에도 캠퍼스 |
| Langara College<br>(1994년, Vancouver)<br>재학생 8,350명 | - 준 종합대학 수준의 다양한 프로그램 제공 |
| Camosun College<br>(1991년, Victoria)<br>재학생 9,600명 | - 기술 분야 단과대학 |
| Selkirk College<br>(1966년, Castlegar)<br>재학생 2,000명<br>밴쿠버 동쪽 8시간 | - 8개 지역에 분산된 단과대학 |
| Vancouver Community College<br>(1965년, Vancouver)<br>재학생 26,000명 | - 취업을 위한 교육기관 |
| Northwest Community College<br>(1975년, Terrace)<br>밴쿠버 북서쪽 16시간 | - BC주 북부지역 교육기관 |
| Northern Lights College<br>(1975년, Dawson Creek)<br>재학생 1,500명<br>밴쿠버 북동쪽 14시간 | - BC주 북부지역 교육기관 |
| North Island College<br>(1975년, Vancouver Island)<br>재학생 4,093명<br>빅토리아 북쪽 3시간 | - 다양한 분야의 인증 교육기관<br>- 밴쿠버 섬의 북부지역 교육기관 |
| College of New Caledonia<br>(1969년, Prince George)<br>재학생 5000명<br>밴쿠버 북쪽 10시간 30분 | - BC주 북부지역 교육기관 |
| College of the Rockies<br>(1975년, Cranbrook)<br>재학생 2,500명<br>밴쿠버 동쪽 11시간 | - BC주 동부지역 교육기관<br>- Creston, Fernie, Golden, Invermere, Kimberley에도 캠퍼스 |
| Okanagan University College<br>(1965년, Kelowna)<br>밴쿠버에서 동쪽 4시간 | - UBC 부설 학부중심 단과대학 |

# 중부 대평원 지역

앨버타, 사스카츄완, 매니토바 주들은 지정학적으로 세계적인 대평원을 분할하여 3개 주를 만들었기 때문에 3개 주의 모든 인구를 다 합쳐 약 6백만 정도이다. 따라서 기후 및 지리적 환경이 비슷하여 교육제도가 비슷할 것으로 생각되지만, 앨버타 주는 나머지 다른 2개 주와 다른 교육시스템을 운영하고 있다.

<대평원 주들의 유치원, 초·중·고등학교의 학년제도>

| 주명 | 유치원 | 초등학교 | 중학교 | 고등학교 | 비교 |
|---|---|---|---|---|---|
| 앨버타 | 6개월 | 6년 | 3년 | 3년 | |
| 사스카츄완 | 1년 | 8년 | 0년 | 4년 | 일부 초등학교에 예비 유치원 운영 |
| 매니토바 | 1년 | 8년 | 0년 | 4년 | 일부 초등학교 6년, 중학교 2년 |

## 1) 유치원 및 초·중·고등학교

### a. 교육위원회

앨버타 주는 5개의 존 (Zone)으로 구분하여 산하에 교육위원회 (Board, Division)를 운영한다. 한인들이 많이 사는 캘거리는 Zone 5에 에드먼턴은 Zone 2/3에 해당 된다.

매니토바 주도 5개 구역으로 구분하여 산하에 교육위원회를 운영하지만, 인구가 가장 적은 사스카츄완 주는 구역을 나누지 않고 주정부 교육부에서 바로 교육위원회를 운영한다.

<대평원 주들의 한인 거주 지역 교육위원회>

| 주명 | 지역 | 교육위원회<br>(School Board, District, Division) |
|---|---|---|
| 앨버타 | 에드먼턴<br>(Zone 2/3) | ● Edmonton School District No 7<br>● Edmonton Catholic Separate School District No 7 (천주교)<br>● Greater North Central Francophone ER No. 2 (불어) |
| | 캘거리<br>(Zone 5) | ● Calgary School District No. 19 (Calgary Board of Education)<br>● Calgary Roman Catholic Separate School Division No. 1 (천주교)<br>● Greater Southern Separate Catholic Francophone No 4 (천주교)<br>● Greater Southern Francophone Regional Authority No. 4 (불어) |
| 사스카츄완 | 리자이나 | ● Regina School Division No. 4<br>● Regina R.C.S.S.D No 81 (천주교) |
| | 사스카툰 | ● Saskatoon School Division No 13 |
| 매니토바 | 위니펙<br>(District) | ● Winnipeg School Division<br>● Winnipeg Technical College |

## b. 유치원 입학과 고등학교 졸업 자격

3개 주는 유치원 (Kindergarten) 또는 예비유치원을 초등학교에서 함께 운영한다. 1년제 유치원만 있는 학교는 보통 종일반으로 운영하고 예비 유치원이 함께 있는 학교는 보통 오전반 또는 오후반으로 나누어 반일만 이용할 수 있다.

<대평원 주들의 유치원 입학 연령>

| 주명 | 입학 시기 | 입학 최소 연령 |
|---|---|---|
| 앨버타 | 1월<br>(초등학교입학은 9월) | 3월 1일까지 만5세 이상 |
| 사스카츄완 | 9월 | 이듬해 1월 31일까지 만5세 이상 |
| 매니토바 | 9월 | 12월 31일까지 만5세 이상 |

※ 사스카츄완 주의 일부 초등학교에서는 만 3세 이상을 대상으로 무료 예비 유치원을 운영하며, 반일 프로그램을 주 4일 제공하기도 한다.

앨버타 주는 주요 필수 과목에서 최소 56학점을 포함 100학점 이상 취득해야 졸업이 가능하다. 특징은 현장 경험도 최대 15학점까지 졸업에 필요한 학점으로 인정해 준다.

<앨버타 주의 고등학교 졸업 요구 사항 및 학점>

| 구 분 | 요구 사항 및 학점 |
|---|---|
| 필수과목<br>(최소 56 학점) | - English 30-1 (or 30-2)<br>- Social Studies 30-1 (or 30-2)<br>- Mathematics 20-1 (or 20-2, 20-3, 24)<br>- Science 20 (참조)<br>(or Science 24, Biology 20, Chemistry 20, Physics 20)<br>- Physical Education (3학점)<br>- Career and Life Management (3학점) |
| 연계된<br>선택과목<br>(최소 10 학점) | - Career and Technology Studies<br>- Fine Arts<br>- Second Languages<br>- Physical Education 20, and/or 30<br>- Registered Apprenticeship Program Course<br>- Locally Developed / Acquired and Authorized Courses |

(계속 이어서)

| 구 분 | 요구 사항 및 학점 |
|---|---|
| 30 레벨 이상<br>선택과정<br>(최소 10 학점) | - Mathematics, Science, Fine Arts, Second Languages, CTS, or Physical Education<br>- Locally Developed / Acquired and Authorized Course<br>- Work Experience Course<br>- Knowledge & Employability Courses<br>- Registered Apprenticeship Program Course<br>- Green Certificate Specialization courses<br>- Special Projects |
| 총 학점 | 모든 필수과목 및 선택과목을 합쳐서 100 학점 이상 |

참조: Science 20은 선행과목 Science 14와 10을 수강하여 연계된 10 학점을 취득하는 것이 요구 될 수도 있다.

매니토바 주는 졸업을 위해 필수과목 17학점과 선택과목 13학점으로 총 30학점을 취득해야 하며, 각 학년별로 취득해야하는 최소 학점 규정이 있다. 현장 경험은 110시간당 1학점이 인정 된다.

<매니토바 주의 고등학교 졸업 요구사항 및 학점>

| 구 분 | 요구 사항 및 학점 | | | | |
|---|---|---|---|---|---|
| 학년별<br>필수과목<br>(17 학점) | 과목 \ 학년 | 9 | 10 | 11 | 12 |
| | Language Arts | 1 | 1 | 1 | 1 |
| | Mathematics | 1 | 1 | 1 | 1 |
| | Science | 1 | 1 | | |
| | Social Studies | 1 | 1 | 1 | |
| | Physical Education<br>Health Education | 1 | 1 | 1 | 1 |
| 선택과목<br>(13 학점) | - Additional Language Arts<br>- Additional Mathematics<br>- Additional Science<br>- Additional Social Studies<br>- Basic French (or English)<br>- Other Second Languages<br>- The Arts<br>- Skills for Independent Living<br>- Technical Education<br>- Others as Organized by the School | | | | |

사스카츄완 주는 10학년부터 12학년까지 필수과목 15학점, 선택과목 9학점으로 최소 총 24학점을 취득해야 졸업이 가능하다. 그리고 마지막 12학년 수준의 30레벨 과목에서 적어도 5학점 이상 취득해야 한다. 1학점을 따려면 약 100시간 정도 수업에 참여해야 한다. 현장 경험도 최대 4학점까지 졸업 학점으로 인정될 수 있다.

사스카츄완 주는 학교를 떠난 이후 다시 공부하는 성인학생에게 "Adult 12 Policy" 규정을 적용하여 12 학년 과정 이수만 요구한다. 이 혜택을 받으려면 학교를 떠난 이후 최소 1년 이상 경과해야 하고 18세 이상이어야 한다.

<사스카츄완 주의 고등학교 졸업 요구사항 및 학점>

<table>
<tr><th>구 분</th><th colspan="4">요구 사항 및 학점</th></tr>
<tr><td rowspan="12">필수과목<br>(15 학점)</td><td>학년 / 과목</td><td>10</td><td>11</td><td>12</td></tr>
<tr><td>일반 분야</td><td></td><td></td><td></td></tr>
<tr><td>- English Language Arts</td><td>2</td><td>1</td><td>2</td></tr>
<tr><td>- Mathematics</td><td>1</td><td>1</td><td></td></tr>
<tr><td>- Science</td><td>1</td><td></td><td></td></tr>
<tr><td>- Social Science</td><td>1</td><td></td><td></td></tr>
<tr><td>- Canadian Studies</td><td></td><td></td><td>1</td></tr>
<tr><td>특별 분야</td><td></td><td></td><td></td></tr>
<tr><td>- Science</td><td></td><td></td><td>1</td></tr>
<tr><td>- Social Science</td><td></td><td></td><td>1</td></tr>
<tr><td>- Health Education / Physical Education</td><td colspan="3">1</td></tr>
<tr><td>- Art Education Practical and Applied Arts</td><td colspan="3">2</td></tr>
<tr><td rowspan="2">선택과목<br>(9 학점)</td><td>- 11 또는 12 학년 과정</td><td></td><td colspan="2">6</td></tr>
<tr><td>- 10~12 학년 과정</td><td colspan="3">3</td></tr>
<tr><td>학년별<br>취득학점</td><td></td><td>8</td><td>8</td><td>8</td></tr>
</table>

## 2) 대학 및 직업교육 기관

### a. 의대가 있는 종합대학교

대평원에는 의대가 있는 종합대학이 4개 있다. 캘거리 대학과 앨버타 대학은 부유한 주정부의 적극적인 지원과 졸업 후 지역에서 요구되는 높은 임금의 취업이 용이하여 2000년대 부상하는 대학으로, 여러 전문 분야에서 상위 명문 대학으로 인정되고 있다.

의대가 있는 종합대학은 대학원의 석·박사 과정 중심대학이지만, 지역 산업 및 사회에 필요한 인력을 교육하는 것도 중점을 두고 있다. 캘거리 의대와 앨버타 의대는 대학 2학년 과정까지 마친 학생을 대상으로 모집하는 것이 특징이다.

<대평원의 의대가 있는 종합대학교>

| 대학 (설립년도, 장소) | 특징 및 주요사항 |
|---|---|
| University of Calgary<br>(1966년, Calgary, AB)<br>학부생 ~25,278명<br>대학원생 ~6,049명 | - 대학원 중심의 종합대학<br>- 캐나다 명문 6위<br>(의대, MBA 유명) |
| University of Alberta<br>(1908년, Edmonton, AB)<br>학부생 31,904명<br>대학원생 7,598명 | - 대학원 중심의 종합대학<br>- 캐나다 명문 5위<br>(의대 유명) |
| University of Saskatchewan<br>(1907년, Saskatoon, SK)<br>학부생 17,200명<br>대학원생 3,402명 | - 대학원 중심의 종합대학 |
| University of Manitoba<br>(1877년, Winnipeg, MB)<br>학부생 24,948명<br>대학원생 3,387명 | - 대학원 중심의 종합대학 |

### b. 의대가 없는 중소 규모의 대학

중소규모의 대학은 학부 중심 대학으로 대학원 과정이 없는 경우가 많으며, 주로 졸업 후 취업을 목적으로 교육하고 있다.

<대평원의 중소규모 대학>

| 대학 (설립년도, 장소) | 특징 및 주요사항 |
|---|---|
| Southern Alberta Institute of Technology<br>(1916년, Calgary, AB)<br>학부생 17,516명 | - 대규모 기술 종합대학 |
| University of Lethbridge<br>(1967년, Lethbridge, AB)<br>학부생 8,631명<br>대학원생 519명<br>캘거리 남쪽 2시간 반 | - 중급규모 대학 |
| Mount Royal University<br>(1910년 Calgary, AB)<br>학부생 10,551명 | - 중급규모 대학 |
| Grant Macewan University<br>(1971년, Edmonton, AB)<br>학부생 13,889명 | - 중급 규모 대학 |
| Athabasca University<br>(1970년, Athabasca, AB)<br>학부생 34,921명<br>대학원생 3,543명<br>에드먼턴 북쪽 2시간 | - 캘거리, 에드먼턴에도 캠퍼스<br>- 일부 프로그램 불어 강의<br>- MBA 강함 |
| University of Regina<br>(1911년, Regina, SK)<br>학부생 10,740명<br>대학원생 1,530명 | - 1974년 대학교로 승격<br>- 중급규모의 학부중심 대학 |
| First Nations University of Canada<br>(1976년, Regina, SK) | - 2003년 대학교로 승격<br>- 원주민 교육을 위한 대학<br>- Saskatoon, Prince Albert에도 캠퍼스 |
| University of Winnipeg<br>(1871년, Winnipeg, MB)<br>학부생 9,868명<br>대학원생 238명 | - 1967년 대학교로 승격<br>- 중급규모 학부중심 대학 |
| Brandon University<br>(1890년, Brandon, MB)<br>학부생 3,893명<br>대학원생 328명 | - 매니토바 제2 도시에 위치 (위니펙 서쪽 2 시간 반)<br>- 다양한 프로그램을 제공하는 소규모 대학 |
| Université de Saint-Boniface<br>(1818년, Winnipeg, MB) | - 소규모 불어대학 |

(계속 이어서)

| 대학 (설립년도, 장소) | 특징 및 주요사항 |
|---|---|
| University College of the North (2004년, The Pas, MB) 재학생 약 2,700명 | - 위니펙 호수 북쪽지역 교육을 위한 소규모 대학 |
| Canadian Mennonite University (1999년, Winnipeg, MB) | - 메노나이트 (Menonite) 종교의 소규모 대학 |
| Booth University College (1982년, Winnipeg, MB) | - 2010년 University College로 승격<br>- 천명이하의 소규모 대학<br>- 방송대학 프로그램 제공 |

### c. 취업위주의 단과대학 (College)

도시는 전일제 학생이 10,000명 이상 되는 큰 규모의 단과대학도 있지만 전일제 학생 수가 500명도 안 되는 소규모 단과대학이 농촌 지역 학생들 교육을 위해 많이 산재해 있다.

이들 단과대학은 1년제부터 4년제까지 다양하며, 주로 지역 학생 교육과 직업기술을 중점적으로 하고 4년제 대학으로 편입학할 수 있는 프로그램도 운영하고 있다.

| 앨버타 |
|---|
| Ambrose University College (종교)<br>Bow Valley College (직업기술)<br>Canadian University College (종교)<br>Grande Prairie Regional College (직업기술)<br>Keyano College (직업기술, 오일특화)<br>The King's University College (예술)<br>Lakeland College (농업)<br>Lethbridge College (직업기술)<br>Medicine Hat College (의료, 예술 등 종합)<br>Northern Alberta Institute of Technology (직업기술)<br>Olds College (농업)<br>Red Deer College (주에서 가장 큰 종합)<br>Robertson College (의료) |

| 사스카츄완 |
| --- |
| Bethany College (종교) |
| Briercrest College and Seminary (종교) |
| Carlton Trail Regional College (지역 단과대) |
| Horizon College and Seminary (종교) |
| College Mathieu (종교) |
| Cumberland College (지역 단과대) |
| Eston College (종교) |
| Great Plains College (에너지 기술) |
| Lakeland College (농업) |
| Nipawin Bible College (종교) |
| Northlands College (성인교육, 기술교육) |
| North West Regional College (북부 주민 교육) |
| Parkland College (지역 단과대) |
| Saskatchewan Indian Institute of Technologies (원주민) |
| Saskatchewan Institute of Applied Science and Technology (대규모 기술종합) |
| Southeast Regional College (지역단과대) |
| St. Peter's College (단과대) |
| Western Academy Broadcasting College (방통대) |

| 매니토바 |
| --- |
| Assiniboine Community College (직업기술) |
| Booth University College (예술) |
| Red River College (종합기술, 대규모) |
| Robertson College (의료, 비즈니스 등) |
| University College of the North (원주민) |

# 대서양 연안 지역

노바스코샤, 뉴브런즈윅, 뉴펀들랜드, 그리고 PEI 주는 모두 지리적으로 대서양 연안에 있는 작은 주들로 땅도 작고 4개 주 인구를 모두 합쳐서 약 240만 정도이다. 대서양 연안 지역 학교의 학년제도는 다음 표와 같이 서로 유사한 공통점을 가지고 있다.

<대서양 연안 주들의 유치원, 초·중·고등학교의 학년제도>

| 주 | 유치원 | 초등학교 | 중학교 | 고등학교 | 비교 |
|---|---|---|---|---|---|
| 노바스코샤 | 1년 | 6년<br>(or 5년) | 3년 | 3년<br>(or 4년) | |
| 뉴브런즈윅 | 1년 | 5년<br>(or 6년) | 3년<br>(or 2년) | 4년 | |
| PEI | 1년 | 6년 | 3년 | 3년 | |
| 뉴펀들랜드 | 1년 | 6년<br>(or 7년) | 3년<br>(or 2년) | 3년 | 고등학교의 경우 G10, G11, G12 대신 L1-L4 사용 |

### 1) 유치원 및 초·중·고등학교

#### a. 교육위원회

타주에 비하여 인구가 적은 지역이다 보니, 학교 찾기, 교육 특별 프로그램 등 관심 정보를 교육청 웹사이트에서 얻는 것이 다른 주에 비하여 어렵다.

그러나 이는 인구가 적어서 이웃 주민들을 통해 쉽게 정보를 얻을 수 있고, 상대적으로 새로운 이민자들이 적은 지역으로 학교별 수준 차이도 크지 않기 때문으로 이해된다.

<대서양 연안 주들의 한인 거주 지역 교육위원회>

| 주명 | 지역 | 교육위원회<br>(School Board, District, Division) |
|---|---|---|
| 노바스코샤 | 핼리팩스 | ● Halifax Regional School Board |
| 뉴브런즈윅 | 프레더릭턴 | ● Fredericton Education Center<br>(School District 18) |
| | 몽턴 | ● Anglophone East School District<br>(School District 2) |
| | 세인트존 | ● Saint John Education Center<br>(School District 8) |
| PEI | 샬럿트타운 | ● English Language School Board |
| 뉴펀들랜드 | 세인트존스 | ● Eastern School District<br>(School District 4) |

#### b. 유치원 입학 및 고등학교 졸업 자격

4개 주 모두 12월 31일까지 만 5세가 될 수 있으면 9월에 유치원 (Kindergarten)에 보낼 수 있다. 유치원 1일 교육 시간은 최대 2~4.5시간으로 주별, 교육청, 학교에 따라 조금씩 다르다.

고등학교 졸업을 위해서 반드시 수강해야 해야 하는 필수과목과 최소 취득 학점을 요구하지만 봉사활동은 요구하지 않는다.

- 노바스코샤 18학점 (필수 13학점)
- 뉴브런즈윅 20학점 (필수 7학점)

- PEI 20학점
- 뉴펀들랜드 36학점

<노바스코샤 주의 고등학교 졸업 요구사항 및 학점>

| 구 분 | 요구사항 및 학점 |
|---|---|
| 필수과목<br>(13 학점) | - English Language Arts, 3 학점 (학년별 1 학점)<br>- Mathematics, 2 학점 (다른 학년에서 각 1 학점)<br>- Sciences, 2 학점 (Science 10 포함)<br>- Canadian History, 1 학점<br>- Global Studies, 1 학점<br>(Global Geography 12, Global History 12)<br>- Physical Education, 1 학점<br>(Phys Ed 10, Physically Active Living 11, Dance 11, Phys Ed 11,Phys Ed 12, Dance 12)<br>- Fine Arts, 1 학점 (Art, Dance, Drama)<br>- Other Credits, 2 학점<br>(Technology, Mathematics, Science) |
| 선택과목<br>(5 학점) | |

※ 주의사항
- 10 학년에 취득한 학점은 최대 7 학점만 인정
- 12 학년 과정에서 최소 5 학점 요구
- 같은 학년, 같은 그룹 과목은 1 학점만 인정 (예, English Communications 12와 English 12를 모두 수강해도 1 학점만 인정)

<뉴브런즈윅 주의 고등학교 졸업 요구사항 및 학점>

| 구 분 | 요구사항 및 학점 |
|---|---|
| 필수과목 (7학점) | - English Grade 11 (2 학점)<br>- English Grade 12 (1 학점)<br>- Financial and Workplace Mathematics 110, 또는 Foundations of Mathematics 110 (1 학점)<br>- Modern History Grade 11 (1 학점)<br>- Science ( 1 학점)<br>- Fine Arts / Life Role Development ( 1 학점) |
| 선택과목 (13 학점) | |
| 영어작문 | - 9 학년 과정에서 평가 시험<br>- 불합격자는 11, 12 학년 때 재시험 |

※ 주의 사항
- 9/10 학년의 정규 수업 과정 이수
- 12 학년 과정에서 최소 5학점 취득
- 불어 과목은 9/10학년 과목에서 학점 취득
- 선택과목으로 지역사회 또는 봉사 활동에서 2 학점과 Independent Study에서 1 학점을 졸업 학점으로 인정

<PEI 주의 고등학교 졸업 요구사항 및 학점>

| 구 분 | 요구사항 및 학점 |
|---|---|
| 일반학교 | - English 또는 French Language (4 학점)<br>- Math (2 학점)<br>- Science (2 학점)<br>- Social Studies (2 학점)<br>- 기타 선택 (10 학점) |
| 직업학교 | - Vacational Course (8 학점)<br>- English 또는 French Language (3 학점)<br>- Math (2 학점)<br>- Science (1 또는 2 학점)<br>- Social Studies (1 또는 2 학점)<br>- 기타 선택 (4 학점) |

※ 주의 사항
- 12학년 과정에서 최소 5학점 취득
- Language는 12학년 과목을 포함
- 직업학교 학생은 Science와 Social Studies를 합하여 3학점 취득

<뉴펀들랜드 주의 고등학교 졸업 요구사항 및 학점>

| 구 분 | 요구사항 및 학점 |
| --- | --- |
| 필수과목<br>(7학점) | Language Arts<br>- English Language Arts (6 학점)<br>- Optional Language Arts (2 학점)<br>Math & Science<br>- Mathematics (4 학점)<br>- Science (4 학점)<br>Social Studies<br>- World Studies (2 학점)<br>- Canada Studies (2 학점)<br>Education & Arts<br>- Career Education (2 학점)<br>- Fine Arts (2 학점)<br>- Physical Education (2 학점)<br>Other Required Credits<br>- Economic Education, French, Religious Education, Technology Education, Family Studies (4 학점)<br>Any Other Area (6 학점) |
| 선택과목<br>(13 학점) | |

## 2) 대학 및 직업교육 기관

### a. 대규모 종합대학교

대서양 연안의 주들 중에서 의대가 있는 종합대학은 핼리팩스의 달하우지 (Dalhousie) 대학교와 뉴펀들랜드의 메모리얼 (Memorial) 대학이며, 뉴브런즈윅 (New Brunswick) 대학교는 의대가 없다. 이들 3개 대학교는 종합대학으로 석·박사 과정 대학원이 있지만, 지역 산업 및 사회에 필요한 인력을 교육하는 것에도 중점을 두고 있다.

<대서양 연안의 대규모 종합대학교>

| 대학 (설립년도, 장소) | 특징 및 주요사항 |
|---|---|
| Dalhousie University<br>(1818년, Halifax, NS)<br>학부생 14,423명<br>대학원생 3,931명 | - 대서양 연안지역의 최고 명문 종합대학<br>- 의대 (캐나다 7위), 법대 (캐나다 6위) |
| University of New Brunswick<br>(1785년, Fredericton, NB)<br>학부생 9,061명<br>대학원생 1,577명 | - 학부중심 대학 (캐나다 4위)<br>- Saint John, Moncton, Bathurst 에도 캠퍼스<br>- 법대 (캐나다 5위) |
| Memorial University of Newfoundland<br>(1925년 Saint John's, NL)<br>학부생 15,418명<br>대학원생 3,495명 | - 뉴펀들랜드의 유일한 대학교<br>- 학부중심 대학 (캐나다 5위)<br>- 한해 정원 80명 정도의 의대 운영 |

### b. 학부중심의 대학교

중소규모의 대학은 학부 중심 대학으로 주요 지역 도시에 위치하며, 지역 학생 교육을 담당하고 주로 졸업 후 취업을 목적으로 하고 있다. 뉴브런즈윅 주의 몽턴 대학은 퀘벡 주 이외의 지역에 있는 유일한 불어대학교 이다.

<대서양 연안 지역의 학부중심 대학교>

| 대학<br>(설립년도, 위치) | 특징 및 주요 사항 |
|---|---|
| Acadia University<br>(1838년 Wolfville, NS)<br>학부생 3,753명<br>대학원생 605명 | - 학부중심 대학 (캐나다 5위)<br>- 펀디 만에 위치 |
| St. Francis Xavier University<br>(1853년, Antigonish, NS)<br>학부생 4,815명<br>대학원생 343명 | - 학부중심 대학<br>- 협동조합으로 유명<br>- 로렌스 만에 위치 |
| Saint Mary's University<br>(1802년, Halifax, NS)<br>학부생 6,904명<br>대학원생 682명 | - 로마 가톨릭 교회에 설립한 소규모 대학 |
| Mt. St. Vincent University<br>(1873년 Halifax, NS)<br>학부생 2,923명<br>대학원생 1,036명 | - 여자대학으로 시작하여 여학생이 많은 소규모 대학 |
| Cape Breton University<br>(1951년, Sydney, NS)<br>학부생 4,140명<br>대학원생 204명 | - 다양한 프로그램을 제공하는 소규모 학부중심 대학<br>- 노바스코샤 북쪽 끝에 위치 |
| Mount Allison University<br>(1839년 Sackville, NB)<br>학부생 2,678명<br>대학원생 16명 | - 다양한 프로그램을 제공하는 소규모 학부중심 대학<br>- 펀디 만 제일 안쪽에 노바스코샤 경계에 위치 |
| Université de Moncton<br>(1963년, Moncton NB)<br>학부생 5,281명<br>대학원생 683명 | - 소규모 불어대학<br>- Edmundston, Shippagan에도 캠퍼스 운영 |
| St. Thomas University<br>(1910년, Fredericton, NB)<br>학부생 2,300명 | - 소규모 대학 |
| University of Prince Edward Island<br>(1969년, Charlottetown, PE)<br>학부생 4,251명<br>대학원생 304명 | - 프린스에드워드아일랜드의 유일한 대학 |

몽턴비행학교 (MFC, Moncton Flight College)

1929년에 설립된 캐나다에서 제일 큰 사립 비행훈련학교로, 학사학위 취득이 가능하다. 캐나다 전역에 많은 학생들이 지원하여 캐나다에서 2번째로 유명한 비행 학교이다.

전교생이 천명도 잘 안 되는 소규모 대학은 주로 신학대학 및 사립대학, 또는 신생대학 들이다.

<신학 또는 소규모 대학교>

| 노바스코샤 | 뉴브런즈윅 |
|---|---|
| - Atlantic School of Theology<br>- University of King's College<br>- NSCAD University<br>- Université Sainte-Anne | - Crandall University<br>- Kingswood University<br>- St. Stephen's University<br>- University of Fredericton<br>- Yorkville University |

c. **취업을 위한 기술대학** (College)

이들 단과대학은 1년부터 4년까지 다양하며 주로 직업기술과 지역 사회 교육을 중점적으로 하고 4년제 대학 편입학할 수 있는 프로그램도 운영하고 있다.

<대서양 연안지역의 직업 기술 대학>

| 노바스코샤 | 뉴브런즈윅 |
|---|---|
| - Canadian Coast Guard College<br>- Gaelic College<br>- Kingston Bible College<br>- Nova Scotia Community College | - New Brunswick Community College<br>- Maritime College of Forest Technology<br>- New Brunswick Bible Institute |
| **뉴펀들랜드** | **PEI** |
| - College of the North Atlantic | - Holland College<br>- Maritime Christian College |

# 제 6 장

## 직장 생활 및 개인 사업

만만치 않은 취업과 비즈니스

# 캐나다 취업 요령 및 직장 문화

## 1) 취업 시장의 특성 및 이해

이민자가 캐나다에서 취직하는 것이 하늘의 별 따기 만큼 어려운 것인지도 모른다. 그러나 실패하는 원인을 잘 알고 보면 직장을 구할 확률을 높일 수 있다.

한국 같이 공채 제도가 사실상 없고 약 70% 이상이 개인적으로 아는 사람의 추천을 통해 뽑기 때문에 연고가 없는 이민자들에게는 더욱 어렵다. 어떤 취업 전문기관은 에이전트를 통해 채용하는 경우가 약 20%, 인터넷에 구인 광고를 올려 채용하는 경우가 10% 정도라고 한다.

### a. 캐나다 산업 구조를 알아야 한다.

캐나다는 한국과 같은 IT, 조선, 반도체, 석유화학 등의 산업 국가가 아니다. 주력이 원유 등 자원 산업과 서비스·유통 산업이다. 부가적으로 항공 산업, 전력 (원자력 포함) 산업이 있다. 그 외 농업, 임업, 수산업도 큰 부분을 차지하고 있지만 고용이 많이 발생하지 않는다.

아쉬운 점은 캐나다의 주력 업종인 서비스 유통 산업은 대부분 유창한 영어를 요구하고 그 외 자원개발, 전력, 항공 분야에 경험이 있는 한인 이민자들이 매우 제한적이라는 것이 큰 단점이다.

어느 산업 분야이든 취업의 기회가 캐나다 현지인 보다 이민자에게 먼저 주어지기는 어렵기 때문이다. 공식적으로 취업 기회가 누구에게나 공평하게 주어지지만 실상은 다르다. 실제 이민자에게 기회가 주어질 수 있는 경우는 다음과 같이 생각할 수 있다.

- 갑자기 많은 직원이 필요하여 현지인이 부족할 경우
  (2000년대 에너지 가격 상승으로 활성화된 자원 분야)
- 현지인이 꺼리는 저임금 산업 또는 열악한 근무 환경의 경우
  (물류, 유통, 빌딩 관리, 운수업, 요식업 등에 이민자 많음)
- 각 민족 별로 특정 언어를 구사하는 이민자가 필요한 경우
  (예, 한인 사업체나 한국에서 수주를 받은 기업)
- 국내 전문가가 부족한 특별한 최첨단 산업의 경우
  (항공, 전력, IT 등)
- 미국 등 국외로 인력이 유출되어 부족한 경우
  (간호사 등 의료인)

**b. 경력이 없으면 일류대학을 졸업한 인재도 취업이 어렵다.**

대학을 졸업하고 일정기간 취업이 안 되어 시간제 아르바이트로 일 하는 학생을 만나는 것은 캐나다 어느 지역에서나 어렵지 않다. 물론 한국도 비슷한 경우를 쉽게 보지만 다른 점은 캐나다 최고의 명문 대학, 명문 학과를 우수한 성적으로 졸업한 경우도 경험이 없으면 취업이 쉽지 않다는 점이다.

이러한 문화는 이민자에게 그대로 적용되어 캐나다 근무 경력을 요구한다. 학생들은 학창시절 경력을 쌓기 위해서 Co-Op 프로그램을 이용하여 보통 3~4 개월씩 여러 기업을 돌면서 경력을 쌓는다. 그러나 이민자의 경우 매우 어렵다. 따라서 실습 경험을 쌓고자 공부를 다시 하는 경우도 있고, 직급을 낮추어 도전하는 경우도 있고, 근무 여건이 열악한 기업이나 오지에서 경력을 쌓는 경우도 있고, 한인 기업에서 경력을 쌓는 경우도 있다.

### c. 언어 차별은 매우 심하다.

캐나다는 언제나 한국 보다 실업률이 2배 이상 높기 때문에 취업 경쟁이 매우 치열하다. 단순한 최저 임금 일자리에도 이력서가 수북이 쌓이는 것은 물론이고, 채용 공고를 띄우지 않아도 여러 사업장을 돌아다니며 자신의 이력서를 제출하는 경우도 흔할 정도이다.

이렇게 경쟁이 치열하다 보니 일단 언어가 안 되면 거의 거절된다고 보아야 한다. 아예 채용 공고를 할 때 유창한 언어 능력을 요구하는 경우가 매우 많다. 한국에서 드레일러 운전기사의 경우 대부분 운전 실력은 우수하지만 언어 문제가 심각하여 취업하는 것이 매우 힘든 것이 사실이다. 반대로 영어를 잘하는 사람이 트레일러 운전면허를 취득하면 취업할 가능성이 훨씬 높다. 참고로 장거리 트럭 기사의 경우 영어를 잘하는 인도계 출신 이민자가 매우 많다.

### d. 개인 추천 및 소개를 통해 대부분 취업한다.

캐나다의 취업 전문기관들은 취업을 하려면 인적 네트워크를 만들라고 지겨울 정도로 강조한다.

요즘은 우체국에서 집배원 채용을 잘 안하지만 과거 몇 년 전까지만 하더라도 교민들 사이에서 우체국 직원이 되려면 토론토에 위치한 모 교회를 다니라고 공공연히 이야기하는 것을 들었다. 이유는 누군가 한분이 어렵게 우체국 직원이 된 이후 많은 한인들을 추천하여 실제로 채용이 많이 되었다고 한다.

캐나다 취업 시장을 보면 특정한 분야에 특정 민족이 많이 취업을 하는 경우를 종종 본다. 이는 주요 원인이 소개를 통해서 취업이 되기 때문에 한인들도 종교 단체, 협의회, 동우회를 통해서 인적 네트워크를 만들고 소개를 통해 취업하는 경우가 종종 있다.

### e. 저임금 취업 시장이라고 결코 만만하지 않다.

의사가 간호사로, 엔지니어가 기능직으로 지원하면 채용할 것이라는 생각은 안 하는 것이 좋다. 캐나다의 취업 시장은 정확이 같은 일을 경험한 사람을 우선 채용한다. 따라서 단순히 직급을 낮춘다고 되는 것은 아니고 가끔 가능성이 높아지는 경우는 있다.

시간당 최저 임금을 받는 업종도 아무나 채용을 안 한다. 종종 몇 년씩 최저 임금 계약직으로 일하면서 최저 임금 정규직을 대기하는 인력이 많다. 가끔 지렁이 잡는 인력을 채용하는 광고도 있지만 최저 임금보다 약간 높은 수준이다.

그리고 장거리 트럭 운전자들이 그리 어렵지 않게 일을 하고 많은 임금을 받는다고 생각하지만 이는 한참 잘 못된 생각이다. 보통 임금은 최저 임금의 2배 이상 되지만 숙식을 본인이 알아서 해결해야 하고 화물 선적을 대기하는 시간은 제외한다. 캐나다를 횡단하는 경우 2주 이상도 소요되지만 식당에서 식사를 해결하고 모텔에서 잠을 잔다면 이 비용이 엄청 많아 남는 것이 없어 대부분 매일 차안에서 잠자리와 식사를 해결해야 한다. 소형 냉장고를 이용해도 달리는 차안에서 1주일 이상 지나면 반찬이 대부분 상한다. 그리고 캐나다의 겨울철은 매우 추운데 차안에서 잠을 자는 것은 여간 곤욕이 아니다. 그리고 서울-부산 왕복 (약 900km) 보다 더 먼 거리를 매일 운전 한다. 개인이 트럭을 구입해서 운전하는 경우는 보통 매일 10시간 이상 운전한다.

## 2) 전문직 직업 구하기

이민 1세대가 캐나다에서 전문 직업을 구하는 것은 어렵지만 반드시 불가능한 것은 아니다. 이미 교수, 약사, 간호사, 연구원, 엔지니어, 공무원 들이 캐나다 곳곳에서 직장 생활을 하고 있기 때문이다.

전문직 취업 방법은 일반직과 조금 다르다. 캐나다의 많은 분야가 미국과 경쟁해야 하기 때문에 말을 잘한 다고 사람을 채용하기 보다는 특정 기술을 확보하고 있는 사람을 선호한다. 따라서 다소 언어 능력이 부족하더라도 전 세계를 대상으로 전문 인력을 확보한다.

### a. 의료계 전문직

온타리오 주에서 의료 분야 종사자와 학생을 포함한 의사협의회 소속 한인 회원이 약 200명 정도 된다. 그러나 한국에서 의대를 졸업한 의사가 캐나다에서 요구하는 매우 어려운 의사 시험을 거쳐서 다시 의사가 된 분을 아직까지 만난 적이 없다.

과거 캐나다에서 처음으로 의료보험을 사스카츄완 주에서 도입할 때, 파업하는 기존 의사들을 대량 해고하고 이민자 출신 의사를 채용한 경우는 있다. 그러나 요즘은 전 세계에서 오는 이민자 출신 의사들 중에서 극히 일부만 시험을 통과해 의사가 될 정도이고, 그 나마도 오지에서 근무해야 하는 것으로 사실상 불가능하다고 보아야 한다.

약사도 많이 남아 캐나다에서 약대를 우수한 성적으로 졸업한 학생도 직업을 찾기가 어려운 것은 물론이고 기존 캐나다 약사가 직업을 바꾸는 경우도 있다. 한인 이민자 중에서 어려운 약사 시험을 통과하여 약사를 하는 분도 있지만 몇 년째 시험 통과를 못해 애태우는 경우도 있다.

반면 간호사는 한국에서 정규 간호대학을 졸업하고 약 2년 이상 간호사 경력이 있다면 영어 시험을 통과하여 캐나다에서 간호가 되는 경우가 일반적 이었다. 다만 요즘 들어 일부 주에서 전체 간호사 숫자를 조정하는 과정에서 직업을 구하는 것이 예전과 다르다는 이야기가 나오고 있다.

한국은 의사와 간호사를 상·하 관계로 인식할 수도 있지만 캐나다는 전문직종의 하나로 인식하여 임금, 복지, 직장에서 대우가 다른 직업에 비하여 좋은 편이다. 현재의 관점에서 보면 아마도 간호사는 한국인에게 가장 정착 성공률이 높은 전문직종이라고 여겨진다.

### b. 대학 등 교육계 전문직 직업 구하기

미국, 유럽 등 영어권 국가에서 학위를 받은 이민 1세대 한인들이 캐나다 대학에서 강의하는 교수들이 있다. 2009년 캐나다 교수 협의회에서 소속 회원이 156명이라고 발표하였다. 물론 소속회원 중에는 이미 은퇴한 전직 교수도 포함되어 있지만 적은 숫자는 아니다. 대학교수는 강의를 하기 때문에 영어 능력이 매우 많이 요구 될 것 같지만, 그 보다는 사실 우수한 논문 및 연구 실적을 위주로 채용하기 때문에 이민 1 세대에게 불가능 한 것은 아니지만 영어권 국가에서 박사 학위를 받은 경우가 거의 대부분이다.

다만 문제는 채용이후 약 5년 동안 연구 실적을 위주로 평가하여 종신 교수를 선정하는데 상당수가 탈락할 수 있는 위험이 있다. 연구 실적을 쌓으려면 동료 교수들과 협력하여 프로젝트를 수행해야 하지만 영어가 부족하면 제외되기 쉽다. 그리고 학생들이 강의를 알아들을 수 없다고 학교 당국에 보고하여 평가를 나쁘게 받을 수 도 있다.

초등학교 및 고등학교의 교사가 되는 경우는 오히려 대학 교수가 되는 것 보다 더 어려울 수 있다. 이유는 캐나다에서 교육학을 전공하고 기다리는 예비 교사들이 너무 많기 때문이다. 이 예비 교사들이 정규 교사가 결근할 때 땜빵 하는 임시 교사 생활을 몇 년씩 근무해도 직업을 구하기 어렵다. 그리고 한국같이 교육부에서 일괄 채용하여 각 학교로 교사를 보내는 것이 아니라 각 학교 교장 재량에 따라서 채용하기 때문에 인적 네트워크가 약한 한인 이민 1세대가 교사가 된 경우는 못 보았다. 그러나 유럽계 이민자가 몬트리올에서 영어 교사를 하고 토론토에서 불어 교사를 하는 경우는 보았다. 동유럽 및 남미 국가 이민자들은 모국어 언어 체계가 불어와 유사하여 쉽게 배우고 1~2년 정도 지나면 불어 교사까지 진출하는 경우가 가끔 있다.

### c. 연구원 및 엔지니어링 직업 구하기

전력, 항공, IT 분야는 해외 유학 경험이 없는 이민 1세대가 직장을 구하는 경우가 제법 있다. 단 취업을 하는 경우는 모두 한국에서 좋은 경력이 있는 분들이다. 유학을 하여 영어는 유창하나 경력이 없는 경우 보다 오히려 영어 능력이 좀 떨어져도 경력이 있으면 직업을 구할 확률이 더 높다.

토론토 및 주변의 위치한 온타리오 주정부의 하이드로 (전력)

회사 및 협력 회사에 한인들이 약 70여명이 근무하고 있고, 몬트리올에 위치한 봄바디에르 항공기 제작회사 및 협력 회사에 한인이 약 20명 근무한다. 대다수가 이민 1세이다. 그 중에는 영어를 잘하는 사람도 있고 그렇지 않은 이들도 꽤 있다. 앨버타 주의 포트맥머리 (Fort McMurray) 지역의 샌드 오일 회사에 근무하는 한인들도 있다. 그리고 제법 어느 정도 규모를 갖춘 거의 모든 캐나다 IT 기업에 한인 1~2명 정도는 근무하고 있다고 보면 맞다. 그러나 모든 한인 연구원/엔지니어 들이 직업을 구하는 것은 아니다. 세계적으로 잘 알려진 한국의 대기업에 다닌 경우도 막상 취업을 하고자 이력서를 제출하면 아무 연락 없는 것이 일반적이다.

그렇다면 어떻게 이들이 취업하였는지 궁금할 것이다. 캐나다 기업의 많은 관리자들은 한국 보다 더 단기 수익에 연연하기 때문에 하고자 하는 일과 동일한 경력이 있는 사람을 채용하여 순이익을 최대로 만들고 더 이상 일이 없으면 정리해고를 하는 문화가 있기 때문이다. 아무리 말을 잘해도 기술적인 부분은 오랜 시간이 필요하기 때문에 이민자라고 하더라도 정확히 같은 경험이 있다면 채용한다.

따라서 연구원이나 엔지니어가 이력서를 제출할 때 정확히 맞는 기업을 찾는 것이 취업을 위해 가장 중요한 과정이다. 아마도 보통 5개 이하의 기업이 선정될 수 있으며 이들 기업에는 정말 정성을 다해 이력서를 작성하여 제출해야 한다.

그리고 한국과 사업적 교류가 많아지면서 한국인을 채용하는 경우가 종종 있다. 이민 이후 몇 년이 지나서 공백 기간이 비교적 길지만 한국 프로젝트 수주 때문에 한국인을 채용하기도 한다. 엔지니어의 경우 단기간 취업이 안 된다고 너무 실망하지 말고 다른 일을 하면서 장기간 기다리는 것도 고려해 볼 수 있다.

### d. 금융계 전문직에 취업하기

금융계는 지역별로 어느 나라 민족이 많이 거주하느냐에 따라 그 민족을 어느 업종보다도 능동적으로 채용하는 경향이 있다. 따라서 한인이 많이 거주하는 지역은 한인 직원을 채용할 가능성이 높다. 공통적으로 요구하는 것은 고객을 상대하는 서비스 업종이다 보니 높은 수준의 영어를 요구한다.

한인 중에는 캐나다에 진출한 외환은행 또는 신한은행에서 경력을 쌓은 후 캐나다 현지 은행에 취업을 하는 경우도 있다.

금융계의 직업은 임금 차이가 최저 임금 수준에서 어느 업종의 직업보다도 높은 임금을 받는 경우가 있을 정도로 크다. 따라서 임금 수준을 낮추어 도전하고 경력을 쌓아 직장을 옮기는 방법도 하나의 방법이다.

금융계에 종사하는 한인 중에는 캐나다 대학에서 다시 회계사 공부를 하고 자격을 취득하여 활동하는 분들도 상당수 있다. 회계사 이외의 분야도 금융 관련 공부를 대학에서 다시하고 직장을 구하는 경우가 종종 있다.

#### e. 정부 공무원이 되는 것

정부 공무원은 일반 회사와 달리 각 민족 별로 우선 채용해야 하는 최소 인력이 있다. 따라서 영어가 되고 해당 지역에 한인 공무원이 없다면 도전해 볼만 하다. 캐나다 공무원은 한국과 같은 공무원과 경찰도 있지만 공공기관 및 공기업의 직원, 시내버스 운전사, 술 판매점 직원, 카지노 종사자, 공원 관리인도 모두 공무원으로 범위가 상당히 넓다. 그리고 한인이 많이 살고 있는 지역 또한 지역 주민과 원활한 업무 수행을 위하여 한인 공무원을 채용할 가능성도 높다.

### 3) 캐나다인들의 직장 문화

한국은 불가 반세기만에 세계가 놀라울 정도로 빠르게 발전하였고 지금도 여전히 놀라운 속도로 발전하고 있다. 한국의 경제력이 서구 선진국의 턱 밑 수준까지 도달하였기 때문에 한국의 직장 문화 또한 우리가 모르는 사이 많이 발전하였다. 그러나 아직도 배우고 연구해야 할 서구 문화의 여러 측면이 있다.

그 이유는 여전히 캐나다 직장인들은 한국 직장인들은 보다 일하는 시간이 적은데도 기업은 더 많은 수익을 내고 있기 때문이다. 가장 큰 이유는 일을 할 수 있는 환경, 시스템, 조직 문화 차이 이다. 즉 후진국 이민자가 캐나다에서 일할 때와 본국에서 일할 때의 결과를 비교하면 엄청난 차이가 있다.

한국 기업 대부분이 지금까지는 기술개발에 중점을 두었지만, 앞으로는 일을 할 수 있는 환경, 시스템 조직 문화를 개발하는 것도 매우 중요하고 성공한다면 선진국과 자연스럽게 비슷한 수준이 될 것이다.

<한국과 캐나다의 직장 문화 차이>

| 구분 | 한국 | 캐나다 |
|---|---|---|
| 특징 | 스피드<br>스케줄<br>도전과 변화<br>고객 중심<br>수직 문화 (지시)<br>직위<br>보너스<br>순종<br>제작<br>승인<br>관리자 의존<br>내부 해결<br>기술보안 | 섬세함<br>비용<br>전통과 안정<br>직원 중심<br>수평 문화 (토론)<br>경험<br>연봉<br>창의성<br>분석<br>검토<br>기업시스템 의존<br>글로벌 전문가 활용<br>노동인력의 유연 |
| 장점 | 신속한 신제품 출시<br>빠른 위기 극복 | 제품의 신뢰성 보장<br>효율적이고 논리적인 경영 |
| 단점 | 상사 및 오너의 권력 남용<br>갑작스런 위기 도래<br>잦은 야근 문화<br>과중한 업무 스트레스<br>경직된 노동시장 | 빠른 시장 변화에 둔감<br>새로운 아디어의 실행이 어려움<br>책임 없는 주장 만연<br>고비용 개발 구조<br>전문 인력 유출 위험 |

### a. 사회주의 국가의 직장인

캐나다가 한국에 복지국가로 소개되었지만 사실은 많은 측면에서 사회주의 국가이다. 국민이 내는 세금은 자본주의 국가 수준이면서 사회주의 국가 혜택을 받는다면 진정한 복지국가라 할 수 있지만,

캐나다는 그렇지 못하다. 주의 따라 차이는 있지만 모든 종류의 세금을 합하면 전체 국민 소득의 약 50% 정도를 세금으로 환수하여 연방정부와 주정부 살림을 운영한다.

높은 세금 때문에 복지 혜택을 많이 받기는 하지만 모두가 그런 것은 아니다. 소득이 많을수록 한국 보다 훨씬 높은 비율의 누진세가 적용되고 복지 혜택은 급격히 감소하기 때문에 소득이 100% 들어나는 직장인들은 불만이 많을 수 밖 에 없고 대체적으로 이들은 한국보다 느리고 적게 일한다. 법률 또는 회사 규정에 의해 정해진 시간 이외는 더 이상 일을 안 하고 바로 퇴근해 버린다. 특히 여름철의 경우 약 1시간 정도 일찍 출근해서 오후 3시 30분부터 업무를 종료하고 퇴근하는 사람들을 종종 볼 수 있다.

특히 한국에서 금방 온 이민자들은 정부기관의 공무원들이 매우 느리게 일하는 것에 속이 뒤집어 질 것 같은 경험이 대부분 있을 것이다. 1~2시간 정도 기다리는 것은 사회주의 국가에서는 일반적이라 한국에서 금방 온 사람은 이해하기 어렵지만, 굳이 따지자면 한국은 고객위주의 시스템이지만 여기는 직원위주의 시스템으로 이해할 있다. 회사의 직장인들은 일반적으로 공무원들 보다는 훨씬 빠르지만, 그래도 정해진 업무시간 보다 30~40분 정도만 추가로 일을 더 하고 퇴근하는 정도이다. 즉 야근 또는 특근 수당 없이는 일을 하지 않는다고 보는 것이 맞다.

물론 시간제 계약직 근로자들은 눈치 보며 매우 열심히 일을 하지만, 이는 대부분 이민자들로 저임금 근로자들이다.

### b. 검토와 검증이 정착된 섬세한 고품질

한국의 직장 문화는 일정관리가 매우 중요하며 이것을 지키기 위하여 추가로 야간 근무를 밥 먹듯 하는 것이 일반적이다. 따라서 업무 스피드를 매우 중요하게 여기지만 캐나다의 기업 문화는 섬세함과 품질을 중요시 여긴다. 시간이 걸리더라도 확실하게 업무를 수행하는 것을 좋아 한다.

그러나 빠른 결과가 필요한 경우 매우 답답함을 호소하는 관리자들을 가끔 본다. 꼼꼼하고 빠르게 업무를 수행하는 직원도 있지만 꼼지락 꼼지락 거리며 결과를 내 놓지 않는 직원도 꽤 많다. 제품 개발을 위하여 분석 및 설계를 할 때 관련된 모든 이들이 검토하고 동의한 후 다음 단계를 진행한다. 그러나 이들의 과도한 섬세함으로 인해 전체를 보지 못하는 경우가 종종 발생한다.

섬세하게 수행하는 업무 스타일로 인해서 개발 속도는 매우 느리고 개발 기간이 연장되는 되는 것은 매우 자주 발생한다. 한국의 경우는 납기를 목숨처럼 여기는 문화로 인해 다소 덜 완성된 제품을 납품하고 나중에 완성도를 높이는 일을 하다가 종종 적발되어 곤욕을 치루는 경우가 종종 있지만 캐나다는 그런 일이 거의 없다. 이곳도 납기가 지연되면 위약금을 물어야 하는 것은 한국과 마찬가지 이지만 문제가 있어서 지연되는 것은 당연하다고 여긴다. 또한 납기를 맞추기 위하여 문제가 있는 제품 그대로 납품하였다가 나중에 문제가 발생하여 고객으로 부터 소송을 당하면 감당하기 어려운 큰 손실을 볼 수 있고 심한 경우 회사가 망할 수도 있다. 따라서 이곳 문화는 어떻게든 문제를 찾아 해결하면서 가는 문화가 아주 오랫동안 정착되어 있다.

한국은 일단 한번 제작해보는 문화가 아직도 많이 있지만 여기서는 설계 및 분석을 철저히 하는 문화가 정착되어 있다. 기존 제품을 개선 할 때는 이곳 문화가 장점이나 전혀 새로운 제품을 개발할 때는 시간과 비용이 엄청나게 소요될 수 있다. 또한 아무리 설계 분석을 철저히 하여도 한번 제작하는 것 보다 못한 경우가 많이 있기 때문이다. 실제로 시간 및 비용 모두 예측한 것보다 2배 이상 소요되고도 제품에 하자가 많을 수 있다.

### c. 토론 및 수평적 관계의 직원 중심 문화

한국의 무서운 저력은 아마도 무모한 도전에서 나오지 않나 생각이 든다. 예전 보다 나아지긴 했어도 그것은 문서상일 뿐이고, 아직도 즉흥적으로 또는 고의적으로 높게 결정된 목표를 문서상으로 그럴싸하게 포장하고 이것을 강제적으로 할당하여 밀어 붙여서 목표를 달성하는 스타일은 여전하다. 이미 다 결정된 사업목표를 놓고 꿔 맞추기식 세부 실행계획을 수립하여 달성해야하는 당사자들은 매우 고통스러울 것이다. 그렇지만 이러한 문화가 한국을 발전시키는 것에 큰 역할을 한 것은 사실이다.

이런 일은 이곳에서는 상상하기 어렵지만, 만약 이상한 목표를 세우고 밀어 붙이면 어떨까 하는 생각을 한다. 목표를 달성하기 위하여 직원들이 초과 근무를 해야 하지만 관리자나 일반직원이나 모두 원하지 않는다. 그 이유는 야근 근무에 따른 추가 수당은 정상 근무 보다 높은 비용을 지불해야 하기 때문에 관리자들이 원하지 않는다. 만약 한국처럼 관리자가 다그쳐서 무보수로 초가 근무를 하게 끔 한 경우 정부 노동부에 보고하면 큰 회사는 물론 조그마한 슈퍼 같은 곳도 바로 제제를 받게 된다.

캐나다 직장도 상사의 눈치는 보지만 한국처럼 할 말도 못하고 지내지는 않는다. 관리자의 경우 대부분의 시간을 직원과 이야기하거나 회의하는데 사용하고 있으며, 다른 점은 관리자 비율이 한국보다 훨씬 많아서 관리 및 실무 업무를 병행한다.

사사 건건 잘 따지는 직원을 만난 관리자는 오히려 상당히 어려울 수 있다. 어찌 보면 관리자가 일반직원 눈치를 본다고 해야 할 것이다. 관리자가 평소에 일반직원들을 다그칠 수 있는 권한은 별로 없어서 수평적 문화가 정착되어 있다. 하지만 관리자가 전혀 권한이 없는 것은 아니고 회사가 어려울 때는 정리해고를 할 수 있으므로 결정적인 순간에는 많은 권한이 주어진다.

평상시 이런 수평적 토론 문화로 인해 대체적으로 조직이 정상적으로 운영되지만 사사건건 따지는 직원이 있는 경우와 중요한 것을 빨리 결정해야하는 비상시에는 많은 시간을 허비하여 귀중한 기회를 놓치기 쉬운 시스템이다.

### d. 전통과 안정을 중시하는 직장 문화

한국에 있을 때 서양인들은 매우 도전적이라고 생각 했지만 캐나다 직장에서 느끼는 것은 그와는 정 반대인 것 같다. 오히려 한국 사람이 훨씬 도전적이라고 생각된다. 대부분을 알고 있지만 완벽할 때 까지 잘 나서지 않는 것이 이들인 것 같다. 일부 부족한 것 때문에 자신이 곤경에 처하는 것을 원하지 않기 때문이다. 따라서 새로 나온 제품이나 부품이 좋다는 생각이 들어도 검증이 되기 전까지는 과거의 것을 그대로 사용하는 것이 일반적이다.

과거에 것이 문제가 없었으면 바꾸려하지 않는다. 따라서 한국처럼 수출 시장을 개척하는 입장에서 보면 캐나다는 아주 까다로운 시장이지만, 캐나다와 경쟁관계에 있는 기업은 이들이 주로 기존 시장을 중심으로 영업하고 새로운 시장 개척을 꺼리는 문화가 있어서 오히려 한국 기업에 많이 유리하다.

전통과 안정을 중요시하는 문화로 인해 직원을 채용할 때 대부분 아는 사람의 추천을 통해서 채용 한다. 추천을 통해 우선 채용하고 몇 개월 이후에 또는 심한 경우 1년 후에 인터넷에 공고하여 채용 한다. 어찌 보면 취업 시장이 학연과 지연으로 이루어져 있는 것은 사실이다.

안정을 중시하는 문화는 취업시장에서 경험이 있는 경력자만 뽑는 경향이 있다. 따라서 사회의 첫 발을 딛는 취업 초년생들에게는 엄청난 장애가 되어 이곳은 오래전부터 청년 실업문제가 있었다. 기업 입장에서 경력을 중요시하는 문화는 이익과 직결될 수 있다. 새로운 제품을 개발하는 데 다른 국가의 경력 많은 고급인력을 아주 저렴한 비용으로 활용할 수 있기 때문이다.

### e. 직장 동료 및 상사와의 관계

이곳도 직장동료나 상사와 관계가 좋은 경우가 많지만 관계가 나빠서 자주 부딪히는 경우도 종종 볼 수 있다. 더구나 이곳은 말을 자유롭게 할 수 있다 보니 매일 같이 다투는 경우가 있다. 한국도 그렇지만 제한적인 지식만 갖고서 독선적이고 구체적으로 업무를 하는 성격에 소유자가 자주 부딪칠 수 있다. 이곳 사람들은 처음 만나는 사람, 아니 모르는 사람에게는 매우 친절하다. 그러나 시간이 흐르면서 업무로 부딪치면서 서로 비웃는 경우도 있고 상대로 하여금 앙금이 남게 하는 경우도 있다. 다만 대화할 때 고성은 지르지 않지만 엄청나게 따지는데, 그것이 하루 이틀로 끝날 때도 있지만 심한 경우 몇 달 가기도 한다. 단 이민 1세대가 아무리 영어를 잘 해도 관리자에게 심하게 따지는 경우는 거의 없고,

대부분 캐나다에서 태어나 자라고 교육받은 사람들이다. 또한 한국과 다른 점은 논쟁을 시작할 때와 끝난 후 가식적이지만 서로 웃는다는 것이다.

이곳도 골치 아픈 직원이나 무능한 관리자 들이 있는 것은 한국과 마찬가지 이다. 자질이 의심되지만 서류상 경력을 보고 채용하다 보니 문제가 발생하는 것 같다. 다만 한국보다는 그 비율이 높지 않다. 발표자료 준비나 발표력, 문제 해결 능력, 업무 파악 능력, 그리고 업무의 분배, 직원 관리 등 거의 모든 분야에서 능력 이하인 경우를 가끔은 볼 수 있다.

직원 중에 자신의 역할이 매우 큰 것처럼 떨 벌리는 직원도 있고 그 반대로 조용히 차분히 일하는 직원도 있다. 각기 다른 나라에서 와서 일을 하니 모두들 개성이 많이 다르다.

한국과 비슷하게 관리자는 직원들의 연간 업무실적에 대한 평가를 하여 임금 상승 및 승진을 결정 한다. 평가는 참여했던 프로젝트 관리자들과 동료들이 평가하여 보통 4~5개의 단계로 구분하여 최종 결정하고 이를 바탕으로 임금 상승을 결정한다. 관리자에게 잘 못 보이면 한국 같이 나쁜 평가 결과를 받을 수 있다.

임금 상승은 업적 평가에 의한 임금 상승, 낮은 임금으로 입사한 신규 입사자에 대한 추가 임금 상승, 승진에 따른 임금상승 등 3가지 종류가 있다.

- 기본적으로 업적 평가에 따라 임금 상승이 이루어지지만, 동일한 평가를 받았더라도, 대상자의 현재 임금이 직급별 임금 범위에서 위치하는 비율에 따라 낮은 사람은 많이 상승하고 높은 사람은 적게 상승하여 시간이 지나면 중간이 되도록 한다. (Performance Increasing)
- 신규 입사자들이 임금협상을 잘 못하여 동일 직급의 평균 보다 낮을 경우 추가 상승분이 있다. (Maturity Increasing)
- 한국과 같이 승진을 하면 추가 임금 상승분이 있다. (Promotion Increasing)

### f. 내부 직원과 글로벌 인재 활용

한국의 직장 문화는 어떤 문제가 발생하였을 때, 어떻게든 내부에서, 그것도 풀타임으로 일하는 같은 팀 내의 직원이 직접 해결하는 것에 너무도 익숙해져 있다. 한국의 이런 문화는 장점이 될 수 도 있지만, 문제를 밖으로 드러내지 않고 내부적으로 해결하려다 큰 어려움에 봉착하는 경우가 종종 발생한다. 캐나다도 같은 회사 내 다른 팀과 협조가 잘 안될 때도 있지만 한국보다는 협조가 잘되는 편이다.

이곳은 잘 모르거나 어렴풋이 알면 회사 밖에 전문 컨설턴트를 매우 잘 활용한다. 이들 컨설턴트는 과거에 같은 회사를 다녔던 베테랑 선배 직원도 종종 있고, 아주 먼 곳에 있는 국외 전문가를 모셔오기도 한다. 장기적으로 업무를 수행해야하는 경우 이들을 정규직 직원으로 채용을 한다, 국외 또는 다른 지역의 인재 채용을 위하여 이주 및 정착 (Relocation) 서비스를 제공한다. 그 지원 범위는 상황에 따라 다르지만 최상인 경우는 본인 및 가족이 이주 정착하는데 필요한 거의 모든 것이 포함한다. 글로벌 인재 활용이 잘 정착된 이유 중에 하나는 아마도 영어라는 공통 언어와 비슷한 직장 문화 때문에 가능한 것 같다.

캐나다는 매년 수십만 이민자를 받아들이기 때문에 국외에서 새로 들어오는 사람들이 잘 정착하도록 사회적 기반이 잘 갖추어져 있어서 글로벌 인재와 그 가족들도 정착하여 사는데 큰 어려움이 없다. 한국은 주로 단순 노무를 하는 외국인 근로자를 고용하는 것에는 익숙해져 있지만, 전문 직종의 글로벌 인재가 회사 내부에서 능력을 발휘하고, 그 가족이 한국에 정착하여 무난히 살기에는 아직 넘어야 할 장벽이 많다. 실제로 한국도 많은 기관과 기업에서 글로벌 인재 채용을 추진하지만 실적 채우기에 급급한 것으로 보인다.

## g. 휴무일과 복지제도

a) 국정 휴무일

한국 기업의 공휴일은 연간 총 17일 이지만, 토요일 및 일요일이 겹치는 것을 제외하면 실제 13~14일 이고, 캐나다 기업의 공휴일이 연간 6-10일 이지만 대부분 금요일 또는 월요일이고 만약 겹치면 다음날을 휴일로 지정하여 매년 거의 동일하다. 다만 큰 회사나 복지가 잘된 회사는 정규 휴가 이외에 크리스마스부터 신정까지 연속적으로 휴식을 취하도록 추가 5~6일 휴가를 제공한다. 따라서 실질적인 연간 휴일은 12~14일로 한국과 비슷하다.

<2015년 캐나다 각 주별로 다른 국정 공휴일>

| 국경일 | 날짜 (요일) | BC | AB | SK | MB | ON | QC | NB | NS | PE | NL | YT | NT | NU |
|---|---|---|---|---|---|---|---|---|---|---|---|---|---|---|
| New Year's Day | 1/1 (목) | o | o | o | o | o | o | o | o | o | o | o | o | o |
| Islander Day | 2/16 (월) | | | | | | | | | o | | | | |
| Louis Riel Day | 2/16 (월) | | | | o | | | | | | | | | |
| Viola Desmond Day | 2/16 (월) | | | | | | | | o | | | | | |
| Family Day | 2/16 (월) (BC, 2/9) | o | o | o | | o | | | | | | | | |
| Good Friday | 4/3 (금) | o | o | o | o | o | | o | o | o | o | o | o | o |
| Easter Monday | 4/6 (월) | | | | | | o | | | | | | | |
| Victoria Day | 5/18 (월) | o | o | o | o | o | o | | | | | o | o | o |
| National Aboriginal Day | 6/21 (일) | | | | | | | | | | | | o | |
| St. Jean Baptiste Day | 6/24 (월) | | | | | | o | | | | | | | |
| Canada Day | 7/1 (수) | o | o | o | o | o | o | o | o | o | o | o | o | o |
| Nunavut Day | 7/9 (목) | | | | | | | | | | | | | o |
| Civic Holiday | 8/3 (월) | o | | o | | o | | | | | | | | o |
| Labour Day | 9/7 (월) | o | o | o | o | o | o | o | o | o | o | o | o | o |
| Thanksgiving | 10/12 (월) | o | o | o | o | o | o | | | | | o | o | o |
| Remembrance Day | 11/11 (수) | o | o | o | | | | o | | o | o | o | o | o |
| Christmas Day | 12/25 (금) | o | o | o | o | o | o | o | o | o | o | o | o | o |
| Boxing Day | 12/26 (토) | | | | | o | | | | | | | | |

발렌 타임 데이, 어머니 날, 아버지 날, 할로윈 데이 등은 캐나다인들이 기념일로 생각하지만 국정 공휴일은 아니다.

학생, 공무원, 금융권은 국정공휴일에 추가의 유급 휴일이 주어질 수 있다. 특히 교육청에서 학교 교사에게 수업 준비를 위한 PA (Professional Activities, 토론토 연간 6일) 데이를 제공하기 때문에 유치원생부터 고등학생까지는 이때 수업이 없다. 불어권에서는 이날을 페다고지 (Pédagogie) 라고 부른다.

b) 휴가 및 휴직

정기 휴가는 만 1년 이상 근무하면 2주를 사용할 수 있고 그 다음연도 부터 근속 연수에 따라 최대 6주까지 가능하다. 연간 휴가가 6주 정도가 되려면 아마도 근속연수가 30~40년 이상은 되어야 할 것 같다.

한국과 다른 점은 정기 휴가를 사용할 때 한국은 눈치를 많이 보며 사용하고 더구나 보직자들은 휴가를 못 사용하는 경우도 많지만, 캐나다는 회사 차원에서 여름철 보통 7월말 마지막 2주 동안 일반 직원 및 보직자 모두 휴가를 사용한다. 단 고객과 관련되어 바쁜 사람은 어쩔 수 없이 일을 해야 한다. 만약 휴가를 못 사용하면 누적되어 다음해에 사용할 수 있고 퇴직할 때 까지 못 사용하면 돈으로 환산하여 지불한다. 정기휴가 규정은 주정부의 노동법과 노조 합의로 만들어지므로 직장에 따라 다소 차이는 있다. 다만 다음해로 휴가가 이월되는 것을 꺼리는 회사의 경우 남은 휴가를 연말에 쓰도록 권장하는 경우가 있을 수 있다.

병가는 보통 연간 3일 정도 사용할 수 있으며, 그 이상일 경우는 의사로 부터 증빙 서류를 받아 회사에 제출하여야 한다. 그러나 대부분 조금 아플 때는 병가를 사용하지 않고 회사에 나와서 일을 한다. 복지가 좋은 회사의 경우 심각하게 아플 경우 최장 1년까지 병가가 가능하다.

어떤 회사의 상조 휴가는 다음과 같다.

- 출산 또는 입양 휴가 5일
- 결혼 휴가 1일
- 배우자, 자녀, 부모, 형제 등 직계 가족 사망 5일
- 배우자의 부모, 형제 등 비 직계 가족 사망의 경우 3일
- 법원에 출석해야 하는 경우

어떤 회사의 무급 휴직의 경우는 다음과 같다.

- 정기 최대 12개월 (회사 허락이 필요하고, 학업의 경우 연장 가능)
- 산모 20주
- 부모 사망 52주

c) 근무 시간과 야근, 특근

근무시간은 보통 8시에 시작하여 점심 1시간을 사용할 수 있고, 5시에 끝나므로 1주일간 총 근무 시간은 40시간으로 한국과 같다. 일부 기업은 점심시간을 30분으로 하고 4:30분 퇴근하도록 한다. 회사에 따라서 정각 8시에 시작하는 경우도 있고 유연하게 1시간 정도를 빠르거나 늦게 자율 출·퇴근할 수 있도록 하기도 한다. 그리고 복지가 잘된 직장은 1주일간 총 37.5시간을 근무하는 경우도 있다.

한국은 주중 야근은 물론이고 토요일, 일요일도 없이 근무하는 경우가 많은 대신에 엄청난 보너스를 지급하지만, 캐나다는 많은 회사에서 연장 근무가 많지 않은 대신에 보너스가 아예 없거나 정말 아주 조금 준다. 한국 돈으로 따지면 불가 몇 만 원짜리 상품권이 전부인 경우도 있다. 서비스 업종이나 일정이 바쁜 경우 회사에 허락을 받아 야근을 하며 이때는 정해진 규정에 따라 임금이 지급된다. 다만 이때 근무한 것을 돈으로 안 받고 나중에 휴가로 사용할 수도 있다.

d) 기타 복지제도

퇴직금 제도는 아예 없고 대신에 복지가 좋은 회사의 경우 연봉의 5~6% 정도를 개인 (은퇴)연금 납부금과 동일한 금액을 추가 납부해준다. 국민 (은퇴)연금, 고용보험, 산재보험 등도 한국과 같이 회사에서 지원한다.

캐나다는 병원 등 공공 의료 서비스가 무료이므로 한국과 같은 건강보험을 지원할 필요는 없지만, 약값, 치과, 안경 등 기타 사소한 질병의 경우는 개인이 부담해야 하는데 비용이 만만치 않다.

대부분의 기업은 (자영업자는 대부분 없음) 사설 의료보험료 가입비의 전액 또는 50%를 복지혜택으로 지원해 준다. 직장인은 발생한 의료비를 청구하여 전액 또는 일부를 환급받을 수 있다.

한국 직장에서 지원하는 종합 건강 검진은 없고, 간호사와 의사가 직장을 방문하여 예방접종, 피검사 및 상담 등 아주 단순한 몇 가지만 무료로 해준다.

사내 특별활동 (Social Club) 지원은 회원제를 통해 저렴한 가격에 영화, 골프, 스포츠 경기 관람권 등 다양한 티켓을 판매하고 있다.

한국과 같은 진 직원이 참여하는 체육대회는 없고 보통 주말에 자녀가 있는 가족을 위하여 연간 1회 또는 2회 정도 피크닉을 열어 준다.

e) 회식

한국과 같은 무료 저녁회식은 거의 없고 있더라도 자기 돈을 내야 하지만 반 강제적으로 참여하는 경우도 전혀 없다. 공짜로 점심을 먹을 수 있는 것은 고객과 회의를 하고 함께 사내에서 식사를 할 때나 노조회의를 할 때 피자 등을 공짜로 먹는 것이 전부이다. 다만 연말 망년회에 배우자를 초청하여 함께하며, 회사가 비용 전액을 지원하는 경우도 있고 일정 금액을 개인이 부담하는 경우도 있다.

## h. 직장인들의 회사 밖 활동

서양인들은 어지간해서 직장동료를 집으로 초대하지 않는다. 집에 찾아오는 사람들은 진척이나 간혹 아주 친한 친구들이다. 사업상 또는 인간 관계상 아주 중요한 경우 간혹 아주 드물게 집으로 초대하지만 이들에게는 엄청난 부담이다. 왜냐면 이곳 사람들은 손님을 초대하기 위하여 몇 주 전부터 음식과 각종 관련된 준비를 철저히 하여 아주 정성 것 모시기 때문이다. 저녁식사 2~3시간 전부터 초대하여 밤늦게까지 충분한 시간동안 손님이 아주 편안하고 즐겁게 머물다 가도록 한다.

이들은 집 떨이, 돌잔치 등 집안 행사에 직장동료를 집으로 초대하지 않는다. 다만 결혼, 사망 등인 경우 초대 하지만 이때는 집이 아니고 교회나 관련 시설 또는 야외로 초대를 하며 많은 음식을 준비하지 않는다. 빵, 커피 등 간단하게 먹을 수 있는 것을 준비하여 식사 보다는 요기를 하고 서로 친목을 도모 할 수 있도록 해 준다. 동료들에게 단체로 축의금이나 조의금을 요구하는 일은 결코 없으며, 주로 격려의 글들을 남기고 결혼, 은퇴 등이 있을 때 아주 간단한 선물을 개인별로 또는 단체로 준비하곤 한다. 많은 경우가 장례식 조의금을 받지 않고 대신 고인이 평소 봉사하던 자선단체에 기부하라고 한다.

스포츠 등 회사 밖 야외 활동을 위하여 직장 동료들 끼리 클럽을 조직, 운영한다. 회사가 일정금액을 지원해주며 아주 자율적으로 운영하며 참여하는 회원들은 매우 적극적으로 활동한다. 한국은 운동 후 뒤풀이로 식사와 술을 마시는 경우가 자주 있지만 여기는 운동만 하고 모두 바로 돌아가고 연말에 한번 정도 맥주 한 잔 (500cc) 정도를 클럽에서 제공하는 시간을 갖고 더 이상 먹거나 마시는 비용은 개인이 각자 지불해야 한다.

다만 회사 동료이지만 아주 친한 친구이거나 같은 나라 출신일 경우는 회사와 별개로 주말에 모여서 식사를 하기도하고 야외 활동을 하지만 이것도 자주 있지는 않다.

캐나다, 미국, 멕시코 3국 사이의 NAFTA 조약에 따라 미국으로 취업을 하여 가는 캐나다인이 상당히 많으며, 시민권자는 복잡하고 시간이 많이 소요되는 H1 취업 비자 대신에 TN Status를 많이 이용한다.
TN은 유효기간이 3년이며, 캐나다로 돌아오는 것을 증빙하면 연장이 가능하다. TN Status는 육로의 국경 또는 미국 가는 캐나다 내의 공항에서 발급 받을 수 있으며, 요구되는 주요 문서는 다음과 같다.

a. NAFTA 승인 전문 직업 목록을 우선적으로 확인
(http://canada.usembassy.gov/visas/doing-business-in-america.html)
b. 학사 이상의 학력 및 자격 증빙 서류
(모델 등 극히 일부 직업군은 고졸도 가능)
c. 취업 관련 경력 증빙 서류
d. 미국 고용주에게 받은 취업 증명서 (시간제, 전일제 무관)
(NAFTA에 명시된 직업 목록 중에서 동일한 직업이 있어야 하고, 급여, 직급, 근무기간 등도 함께 포함되어야 있어야 함)
e. 동반가족 증빙 서류 (결혼 증명서, 출생증명서 등)
f. 특히 비자 연장의 경우 캐나다 귀국 의사 증빙 서류
(캐나다에 남아 있는 부동산, 가족, 은행계좌, 운전면허 등)

TN Status는 H1 비자와 달리 미국 근무 중에 고용주로부터 정규직 취업제의를 받아 영주권 (Green Card) 신청하면 추방 당 할 수 있다는 글이 인터넷에 있다. 그러나 TN Status에서 Green Card로 바꾸는 사례가 실제 많이 있으므로 추방당하는 경우는 특별한 사례가 아닐까 생각된다.

# 사업체 개업 절차 및 준비 요령

## 1) 사업계획서 작성 요령

비즈니스를 도와주는 캐나다 교육기관에서 공부하면 마지막 단계에서 반드시 포함하는 것이 가상의 사업계획서를 작성하는 것이다. 이는 머릿속 생각만 가지고 사업을 바로 시작하면 생각하지 못한 일이 발생하며 각종 문제를 일으킬 가능성이 많이 있기 때문이다.

사업계획서은 여러 경우에 활용 될 수 있다. 첫째 머릿속 생각을 사업 계획서로 작성하면서 많은 위험 요소를 사전에 점검할 수 있고, 둘째 은행 융자 등 금융 거래에 활용할 수 있으며, 셋째 보통 2년 이상 지속적으로 적자가 발생하면 탈세를 의심하기 때문에 흑자 전환까지 오랜 기간이 소요되는 장기 사업의 경우 세무 당국에 설명 자료로 활용할 수 있다.

영어에 자신이 없는 분은 많은 시간을 들여가며 꼭 영어로 사업계획서를 작성할 필요는 없다. 여러 차례 수정과 추가를 반복할 수 도 있고 어느 정도 계획서가 완성되고 영문본이 필요할 때 전문가에게 의뢰하여 번역을 부탁하는 것이 효율적이기 때문이다.

<사업계획서에 포함되어야 할 주요 내용>

| 구 분 | 내 용 |
| --- | --- |
| 사업배경 및 요약 | 사업의 배경 (동기), 분야, 내용 요약을 포함하는 사업 개요 |
| 사업 조직 | 경영진 등 핵심 참여자의 사업 관련 이력을 포함한 사업 조직 |
| 사업 목표 | 연도별 (또는 분기별) 장기 사업 목표<br>- 시설 규모, 재정 규모, 직원 수<br>- 생산량 및 판매량, 시장점유율, 수익률 |
| 사업체 위치 선정 | 위치 선정, 주변 경쟁 업체, 고객 접근성, 임대료 또는 구입 부동산 가격 |
| 시설 확보 | 시설 목록 및 예상 가격 산정 |
| 자금 조달 계획 | 시설 및 운영 자금 확보 계획<br>- 사업 시작을 위한 총 소요 자금 산출 및 확보 계획<br>- 수입 및 지출을 기간별로 예상하여 손익 분기점까지 소요되는 운영자금 확보 계획 |
| 직원 확보 계획 | |
| 각종 법규 및 규정 | |

캐나다에 대하여 아는 것도 없고 사업한 경험도 없는 경우 대부분 직접 창업을 하기 보다는 권리금을 주고 기존 사업체를 구입한다. 기존 주인이 사업체를 매각할 때 인수자에게 사업에 필요한 각종 정보를 일정 기간 가르쳐 주고 떠나기 때문에 위험도를 상당히 줄일 수 있다. 그러나 기존 주인이 정직하지 않는 경우에는 여전히 위험이 있다.

기존 사업체를 인수하기 위한 권리금은 매출액에 따른 산정 방법 또는 순이익에 따른 산정 방법으로 정해 질 수 있다.

매출액에 따른 권리금 산정 (전통적인 방법)
= (업종별 배율 x 월 매출액) + 상품재고

순이익에 따른 권리금 산정 (최근 늘어나는 방법)
= (24 ~ 36 개월 x 월 순이익) + 상품재고

어떤 방법으로 권리금을 산정하든 이민자들이 몰리는 도시 지역은 멀리 떨어진 외각 지역에 비하여 권리금이 높고, 영어권 지역은 불어권 지역 보다 권리금이 높다.

## 2) 사업 정보 수집과 자금 및 건물 확보

### a. 사업 정보 수집

캐나다 시장은 한국과 많이 차이가 있는 것은 물론이고 심지어 미국과도 차이가 크다. 미국의 유명 기업이 캐나다에 잘 정착하여 성공한 경우도 있지만 실패한 경우도 많다. 캐나다 토종 팀 홀튼 (Tim Hortons) 커피 전문점이 대부분의 시장을 점유하여 던킨 도너츠는 맥을 못 추고 철수하였다. 스타 박스 (Starbucks)와 세컨 컵 (Second Cup)만 시장 점유율에서 많은 차이로 그 뒤를 따르고 있다. 미국의 대형 소매 기업인 타깃 (Target)이 2013년 캐나다에 진출하여 연간 약 1조원을 손해 보다가 결국 2015년 초 파산하였다. 재미 한인 교포가 창업한 H-Mart도 토론토에 진출하여 수년이 지났지만 캐나다 교포 기업인 갤러리아 슈퍼마켓 같이 대형화를 못하고 여러 개의 소규모 매장으로 운영하고 있다.

캐나다의 중산층과 저소득층의 구매력 차이가 한국 및 미국보다 작다. 이유는 매우 높은 세금제도와 훌륭한 복지제도가 있는 사회주의 국가이기 때문이다. 또한 경기가 변화가 느려서 혹자는 미국보다 온타리오 주는 6개월 후에, 퀘벡 주는 1년 후에 변화가 나타난다고 할 정도 이다. 이는 캐나다인들이 소득에 평균 50% 정도 세금을 내고, 그 돈은 다시 정부에 의하여 여러 복지비 명목으로 개인에게 지급 되거나, 정부 사업에 쓰여 지기 때문이다. 즉 정부의 지출은 경기와 상관없이 지속적으로 시장에 유입되기 때문이다.

산업 구조가 한국이나 미국과 매우 다른 자원 및 에너지 산업 그리고 서비스 산업으로 구성되어 있다. 그리고 날씨가 춥고 사람이 사는 지역은 미국과 국경을 따라 매우 길게 늘어져 있고, 퀘벡 주는 언어까지도 다르기 때문에 대부분 미국 보다 저렴하게 상품이나 서비스를 공급하기 어렵다.

저소득층의 경우 집은 임대 아파트 또는 작은 집에 살지만 생활에 필요한 구매력은 한국이나 미국의 저소득층 보다 크다. 2014년 기준으로 캐나다에서 소득이 전혀 없는 4인 가족의 경우 정부의 웰페어 지원금과 자녀 수당 등 모든 정부 혜택을 합하면 대략 2,000불/월 내·외이다. 그리고 온타리오 주의 경우 2014년 시간당 최저 임금은 $11로 미국 (보통 $7~$8) 높다 상당히 높다.

사업을 하는 교민들은 돈을 벌려면 불편하더라도 시골로 가야한다고 이야기 한다. 즉 토론토 및 밴쿠버의 경우 한인 상대 비즈니스는 경쟁이 매우 치열하다. 한인 상대 비즈니스가 아니더라도 대도시는 대형 매장들이 많아서 규모가 작은 비즈니스는 어려움을 겪을 수 있다. 그러나 반대로 자본이 있고 경험이 있는 경우는 대도시에서 사업을 확장하며 키울 수 있는 장점이 있다.

### b. 현장 경험

잠시 가계를 방문하여 특정한 일부 정보는 얻을 수 있지만 다방면에 깊이 있는 정보를 얻기 어렵다. 특히 한국에서 금방 캐나다에 도착하여 사업을 준비하는 경우는 많은 정보가 필요하고 장시간 상담해 줄 사람이 필요하다. 따라서 하고자 하는 분야의 사업체에 시간제라도 취업을 하여 현장 경험을 쌓는 것이 무엇 보다 중요하다.

현장 경험을 통해 사업에 필요한 품질 및 직원 관리, 고객 취향, 저렴한 거래선 등 다양한 정보를 얻을 수 있다. 가끔 주인이 종업원에게 사업체를 매각하는 경우도 있고, 이웃의 사업체 매물 정보를 남들보다 먼저 얻을 수 도 있다. 다른 한 방법은 실업 협의회, 세탁소 협의회 등 관련 업종의 협의회에 회원이 되거나 어렵다면 참관인 자격으로 참석하여 각종 정보를 얻는 방법도 있다.

### c. 자금 확보

자금이 부족한 경우 금융기간 대출, 또는 지인에게 개인적으로 빌리는 것, 기존 사업체를 인수하는 경우 잔금을 나누어 상환하는 방법을 고려 할 수 있겠다.

금융기관 대출을 고려한다면 영문 사업계획서를 잘 준비해야 한다. 금융기관은 상환 능력이 확실하지 않은 사업체에 절대로 대출해주지 않는다. 따라서 아무리 권리금이 높은 사업체라도 고정자산이 미미하여 담보가 불확실한 경우는 대출이 어렵다. 특히 건물을 임대하여 사업하는 컨비니언스는 대출이 사실상 불가능 하다.

건물을 오퍼 할 때 은행 융자 조건 (Condition)을 포함하는 경우, 사업계획서를 가지고 금융기관을 찾아가서 융자 가능 금액을 상담할 수 있다. 보통 신규 오픈 점포는 대출이 80% 이하에서 결정된다.

캐나다에 처음 오는 이민자의 경우 개인 신용도 없고, 고정 자산도 별로 없는 경우 부모 또는 형제에게 자금을 빌려서 사업을 하는 경우는 종종 목격이 된다.

토론토 및 밴쿠버 같은 대도시를 제외한 시골 지역의 사업체를 매각하는 경우 매수자가 많지 않아서 기존 주인이 잔금을 일정 기간 별로 나누어 상환하는 조건으로 매각하는 경우도 있다.

### d. 건물 확보

사업 자금이 확보되면 건물을 임대하거나 신축해야 한다. 한국에서는 신축하는 경우도 많지만 캐나다 교민 중에서 신축하여 사업을 하는 경우는 매우 드물다. 물론 큰 기업을 하는 경우 도시 외각 지역에 공장을 신축하지만 도시에서 하는 일반 비즈니스는 건물을 임대하여 사업에 맞도록 시설공사를 하여 사용한다.

캐나다 전 지역의 사업체, 건물, 땅 등을 사고, 팔고, 임대하는 웹사이트를 부동산 협의회에서 운영하고 있다. (www.icx.ca)

인터넷을 통하여 기존 사업체를 구입할 수도 있지만 많은 사람들이 하는 이야기가 사업이 잘되는 좋은 매물은 인터넷에 올라오기 이전에 주변에서 바로 구입한다고 한다. 따라서 인터넷만 의존하지 말고 중개인, 협의회, 직접 가게 방문 등 다양한 방법으로 좋은 매물을 찾는 노력이 중요하다.

기존 사업체를 인수하는 것이 아닌 건물만 구입하거나 임대하는 경우 주의할 점은 캐나다도 도시계획에 따라 용도제한 구역이 있어서 해당 사업이 가능한지? 시청의 도시계획 담당 부서 (Zoning Department)에 확인하는 것이 필요하다.

금융기관 융자를 고려한다면 건물을 오퍼 할 때 융자 조건 (Condition)을 포함해야 한다.

마음에 드는 건물이나 사업체가 있으면, 중개인, 변호사, 회계사 등의 수수료가 비싸더라도 법적, 또는 기타 도움을 줄 수 있는 전문가를 반드시 선임하여 계약을 하는 것이 매우 중요하다.

| 건물 등을 구입 또는 임대하기 이전에 GST/HST 판매세 등록을 먼저 해야 관련 세금 혜택을 받을 수 있다는 것을 잊지 말아야 한다. |
|---|

## 3) 각종 등록 및 인허가 획득

### a. 사업체 형태

사업체 상호를 등록 할 때, 개인 단독 (Sole Proprietorship), 동업 (Partnership), 법인 (Corporation) 등의 사업체 형태를 우선 선택해야 한다. 개인 단독과 동업인 경우는 사업체의 소득과 개인 소득을 합하여 소득 신고를 해야 하고 사업체에서 문제가 발생하여 배상할 경우 개인 재산도 처분하여 변제할 의무가 있다. 그러나 법인의 경우 사업체와 개인 재산이 완전히 분리되어 사업체에서 해결 못하더라도 개인 재산에 영향이 전혀 없지만 각종 절차나 규제가 개인 단독 및 동업 사업체 보다 더 까다롭다.

개인 소득을 합한 사업체 소득이 연간 대략 3만 달러 이하는 저소득층으로 세금이 많지 않아서 개인 단독 사업체로 등록하고, 그 이상이면 부부 공동으로 동업 사업체를 등록하여 누진세를 피하고, 6만 달러를 넘어가면 법인 사업체를 고려하는 것이 대체적 추세이다.

### b. 사업체 상호 등록

개인 이름을 상호로 사용하는 개인 단독 또는 동업으로 사업체를 운영하는 경우 등록이 꼭 요구되지는 않는다. 그러나 개인과 다른 이름을 사용하거나 법인의 경우는 상호 등록을 반드시 해야 한다. 상호 등록 (Business / Corporation Name Registration)은 온라인으로 가능하며, 동일한 상호가 있는지 또는 비슷한 상호가 있는지 확인하고 등록 한다. 캐나다 연방과 5개 주의 사업체 상호는 통합 NUANS DB를 구축하여 기존 상호를 검색할 수 있지만 나머지 주들은 독자적으로 자체 상호 등록 시스템을 가지고 있다. 상호 등록 처리는 시스템에 따라 2~5일 정도 소요된다.

상호는 누가 먼저 오랫동안 상호를 사용해오고 있느냐에 따라 소유권이 인정되기 때문에 이미 누군가가 동일한 상호를 사용하고 있다면 상호가 등록되어도 법적 소유권이 없다. 의무 사항은 아니지만 상호 소유권을 획득하려면 연방에 상표 (Trademark) 등록도 해야 한다. (www.trademarkcanada.org)

<사업체 상호 온라인 검색 및 등록 사이트>

| 온라인 상호 등록 사이트 | 관련 주 |
|---|---|
| www.nuans-canada.ca | 연방, 온타리오, 앨버타, 뉴브런즈윅, 노바스코샤, PEI |
| www.bdc-canada.com | 브리티시컬럼비아 |
| www.registreentreprises.gouv.qc.ca | 퀘벡 |
| direct.gov.mb.ca | 매니토바 |
| business.isc.ca | 사스카츄완 |
| www.servicenl.gov.nl.ca | 뉴펀들랜드 |

### c. 연방 국세청 등록

상호 등록이 완료 되면, 연방 국세청 (CCRA: Canada Customs and Revenue Agency)에 사업체를 등록하여 연방정부 GST/HST 판매세, 직원 급여 (Payroll) 지급, 수입 및 수출 그리고 법인세 관련 등록번호를 획득한다.

### d. 사업체 등록

Business License 또는 Permit으로 불리는 것으로 주정부에 사업체를 등록해야 한다. 산업재해보험 (온타리오 주는 WSIB)과 주정부 판매세 (Provincial Sale Tax) 등도 연계하여 등록할 수 있다. 과거 온타리오 주는 소매업자 면허 (Vendor Permit)와 연계하여 주정부 판매세를 등록 하였다.

### e. 은행 계좌 개설

이용하기 편리한 장소에 위치한 은행에 등록된 사업자명으로 거래 계좌를 개설하고 직불 (Debt) 카드와 신용카드를 함께 신청한다.

| "Overdraft Protection"은 계좌의 잔고가 부족한데 자신도 모르게 수표를 발행하여 부도가 발생하는 것을 보호하는 옵션으로, 부족한 잔고를 은행에서 일단 지불하여 부도를 막는 은행 상품이다. 이는 한국의 마이너스 통장과 비슷한 기능을 하지만 관련 수수료가 비싸다. |
|---|

### f. 각종 면허 취득

일반적인 사업 면허 제도는 시청의 면허 담당 부서 (Municipal Licensing and Standards)에서 분야별로 구분하여 운영 한다. (토론토의 경우) 한인들이 많이 운영하는 컨비니언스와 요식업은 Business License가 있어야 한다. 특정 품목에 대한 면허 제도도 운영하므로 해당 품목을 취급하는 사업체는 반드시 취급 허가를 받아야 사업이 가능하다. 기존 사업체를 인수하는 경우는 면허가 모두 인계 가능한지도 확인해야 한다.

<2014년 온타리오 주의 특정 품목 취급 관련 사업 면허>

| 구 분 | 면허 또는 품목 | 취급 기관 |
|---|---|---|
| 담배 | (온타리오 주) 도입 검토 중 | |
| 주류 | Liquor Licence | 시청 면허 담당 부서 |
| 복권 | Lottery Ticket | Lottery Gaming Corporation |
| | Break Open ticket | Alcohol and Gaming Commission |

### 4) 시설 공사 및 장비 설치

#### a. 시설 공사

사업체가 입주할 건물의 구입 또는 임대 계약이 완료되고 자금도 확보되면 시설 공사를 시작 할 수 있다. 사전에 공사에 필요한 전기, 물 등을 사용할 수 있는지 확인하고, 필요하다면 미리 신청하는 것도 잊지 말아야 한다.

인테리어 공사를 할 때 전기, 전화, 인터넷, TV, 보안 카메라 등의 전기/전자 제품의 케이블 포함하여 설치하거나 또는 나중에 설치할 수 있도록 고려해서 공사를 시작해야 한다. 또한 공사 내용을 잘 모르는 경우는 시설공사와 인테리어 공사를 나누어 하지 말고 검사까지 포함하여 일괄로 계약하는 것이 혼선을 막고 편리할 수 있다.

#### b. 장비 설치

인테리어 시설 공사가 끝나면 냉장고, 주방, 테이블, 의자 등의 장비를 설치한다. 컨비니언스의 경우 특정회사 제품만을 판매하는 조건으로 한국 같이 냉장고 등을 무상 설치 해 주는 경우도 있다.

전화, 인터넷, 케이블 TV, 보안 카메라, 계산대 및 신용카드 및 직불카드 결재시스템 등을 신청하여 설치될 수 있도록 한다. 주의할 점은 신용카드 결재시스템의 승인 및 설치가 3~4주 까지 소요될 수 있으므로 미리 신청하여 개업할 때 지장이 없도록 하는 것이 중요하다.

#### c. 시설 보험 가입

화재 등 뜻하지 않는 사고로 사업체가 피해를 입었을 경우에 대비하여 보험에 가입해야 한다. 금융기관 대출을 받는 경우 의무적으로 보험 가입이 요구 될 수 도 있다. 보험 가입은 시설 공사 또는 기존 사업체 인수에 맞추어 하루도 미루지 말고 가입해야 한다.

주의 할 점은 기존 업체를 인수하는 경우 마지막 잔금을 치루는 날짜가 아닌 재고 (Inventory) 검사를 완료하고 열쇠를 받는 순간부터 인수자의 책임으로 될 수 있으니 보험 날짜에 신중을 기해야 한다.

#### d. 물품공급 계약

좋은 물건을 얼마나 저렴한 가격에 공급 받느냐는 사업 성패의 중요한 요인 중에 하나이다. 물건 공급업자가 사업체로 직접 찾아와서 홍보하는 경우도 있고 사업주가 수소문해서 공급업자에게 요청할 수 도 있다. 동종 업종끼리 협의회를 만들어 서로 공동 구매하여 구입 단가를 낮추는 노력도 한다. 그리고 저렴하고 품질 좋은 물건을 확보하러 매일 새벽 도매시장을 찾는 경우도 있으므로 사업주의 발품에 따라 물건 구입가격이 좌우 될 수 있다. 특히 신규 사업체는 물건 공급 가격도 비싸고 신용거래 (외상)를 허락하지 않아 더 많은 여유 자금이 필요할 수 있다.

### 5) 직원 채용 및 관리

한인 사업체는 한국어 구사 능력이 필요한 경우가 많아서 주로 한인 인터넷 사이트를 이용하여 채용한다. 그 외는 현지인들은 Indeed, Monster, Kijjji, Craigslist, Job Bank (정부) 등의 인터넷 사이트를 이용하여 직원 모집 공고를 할 수 있다.

직원 채용 및 관리 관련 규정은 주정부 별로 다르므로 회계사와 상의하여 실수가 없도록 해야 한다. 작은 기업의 경우 직원들의 급여 지급을 관리해주는 회사 또는 회계사를 이용하기도 한다. 다음은 직원 채용에 따라 급여 이외에 기본적으로 발생하는 비용들이다.

- 급여 지급 관련하여 원천징수하는 세금의 납부
- 한국의 직장인 4대 보험 같은 국민 (은퇴)연금 (CPP/QPP), 고용보험 (EI), 산재보험료 (WSIB) 등의 납부
- 주정부에 따라서 의료 관련 세금의 납부
- 기타 사설 치과보험 또는 의료보험, 노동조합회비, 휴가비, 여

가활동 (Social Club) 등의 보조금

| 직원이 사업체에서 일하다 다친 경우는 주정부의 의료보험 혜택이 없으므로 반드시 산재보험 (온타리오 주는 WSIB)에 가입해야 한다. |
|---|

<2014년 주정부별 최저 임금 및 복지 관련 최소 의무 규정>

| (준)주 | 시간당 최저임금 | 1.5배 지급 초과근무기준 | 최대 근무시간 | 정기휴가 (휴가비) |
|---|---|---|---|---|
| 온타리오 | $11.00 | 44시간/주 | 8시간/일 48시간/주 | 2주 (연봉의 4%) |
| 퀘벡 | $10.35 | 40시간/주 | 4시간/일 초과근무, 50시간/주 | 1일/월 최대 2주 (연봉의 4%) |
| 브리티시 컬럼비아 | $10.33 | 8시간/일, 40시간/주, | 12시간/일, (2배 지급) | 2주 (연봉의 4%) |
| 앨버타 | $10.20 | 8시간/일, 44시간/주 | 12시간/일 | 2주 (연봉의 4%) |
| 사스카츄완 | $10.59 | 8, 10시간/일, 40시간/주 | 44시간/주 | 3주 (연봉의 3/52) |
| 매니토바 | $10.70 | 8시간/일 40시간/주 | - | 2주 또는 1일/월 (연봉의 4%) |
| 노바스코샤 | $10.40 | 48시간/주 | - | 2주 (연봉의 4%) |
| 뉴브런즈윅 | $10.59 | 44시간/주 | - | 2주 (연봉의 4%) |
| PEI | $10.35 | 48시간/주 | - | 2주 (연봉의 4%) |
| 뉴펀들랜드 | $10.59 | 40시간/주 ($15/시간) | 14시간/일 | 2주 (연봉의 4%) |

1. 상기 규정은 일반적인 것으로 업종 및 지역에 따라 다른 규정
2. 직원과 합의 하에 최대 근무시간 이상도 가능하지만 무제한은 아니다. 온타리오 주는 (비상시 등) 특별한 경우가 아니면 주당 총 근무시간을 60시간으로 제한하며 초과하면 임원 사전승인이 있어야 한다.
3. 서비스업종 및 18세 이하 학생에게는 다른 최저 임금 규정을 적용하고, 식사 및 숙소를 제공하는 경우 최대 공제 금액도 법으로 규정
4. 국경일은 휴무일로 정상급여를 지급하는 것은 한국과 같지만, 직원을 근무시키면 정상급여 이외에 대략 150% ~ 200% 추가 지급 의무

기존 사업체를 인수하는 경우, 종업원 고용 승계와 관련하여 종업원과 계약된 복지 관련 연금 지급, 고용보험 납부, 남은 휴가비,

기타 노동 관련 법적 책임도 함께 승계된다. 따라서 위험 부담을 줄이기 위해서 종업원을 모두 퇴직 처리한 다음 다시 고용하는 방법을 사용하기도 한다. 이것도 담당 변호사와 협의하여 처리하는 것이 위험을 줄일 수 있다.

직원을 채용한 후 2~3개월의 (가계는 몇 시간에서 1~2일) 수습 기간을 가질 수 있다. 보통 이 기간도 급여는 동일하게 지급하나 다른 점은 능력이 현격이 떨어질 경우 고용을 취소할 수 있다. 그러나 이후는 종업원이 실수를 많이 하여 사업체에 손해를 끼친 것을 입증할 수 있고 여러 차례 경고를 주어도 고쳐 지지 않을 때 해고 할 수 있다. 그리고 사업이 잘 안 되어 적자가 발생할 때도 해고가 가능하다. 그러나 특별한 이유 없이 해고하면 소송을 당할 수 도 있으므로 변호사와 상담을 하는 것이 필요하다. 큰 기업에서는 직원을 해고할 때 외부에서 관련 전문가를 인사부서에 배치하여 처리하는 것이 관례이다. 직원의 해고는 2가지 종류가 있다. 큰 사고를 일으켜서 Fire 되는 경우와 일이 없어서 Lay-off 하는 경우이다. Lay-off는 자주 있지만 사업체 상황이 좋아지면 다시 재고용하는 것이 일반적인 정서이다.

정규 근로 시간을 초과하는 야근은 철저히 관리하여 반드시 추가 근무 수당을 지급해야 한다. 한국 같이 말로 좋게 말하여 초과 근무 수당 지급 없이 직원에게 일을 시켰다가, 나중에 퇴직 후 고발하면 골치 아파질 수 있다. 캐나다에 모든 사업장이 초과 근무에 대한 수당을 철저히 지급하고 심한 경우 분 단위까지 계산하여 주는 기업도 있다.

고객을 고려한 종업원 채용이 무엇 보다 중요하다. 고객이 어느 민족인지 어느 지역 사람인지에 따라 고객에 맞는 종업원을 채용하는 것이 중요하다. 고객이 단순히 물건만 산다고 생각하면 오산이다. 물건을 사는 동안 편안함도 느끼는 것이 중요하다. 한번은 중국식 뷔페식당을 간적이 있다. 중국인 손님이 한명도 없는 지역이라서 모두 현지인을 채용한 것이 성공한 중요한 요인 중에 하나였다. 주인 마음에 들도록 일을 잘하는 직원과 고객이 원하는 직원이 같을 수 도 있지만 다를 수도 있다는 점을 고려해야 한다.

### 6) 개업 및 홍보

사업체의 개업식을 하는 것은 홍보를 위하여 매우 중요하다. 주변 한인들만 초대하여 조용히 개업식을 하는 경우는 큰 문제가 없지만 홍보를 하면서 개업식을 하는 경우는 너무 조급하게 개업 날짜를 정하는 것은 피하고 최소한 종업원들이 훈련될 수 있도록 넉넉한 일정으로 추진해야 한다.

개업식을 하면 일단 주위에 거주하는 많은 고객들이 관심을 갖고 한번쯤 방문하지만, 준비 미흡으로 불만이 발생하면 오랫동안 또는 영원히 이용하지 않을 수 있다. 미흡한 것은 고객 자동차의 진입 및 주차, 직원 서비스의 질과 속도, 음식의 맛과 청결도, 상품 공급선의 문제, 상품 배열 및 진열, 결재 시스템 미비, 거스름 동전, 장비 오작동, 홍보물 등 매우 다양하다.

개업식에 한인만 부르지 말고 지역에 거주하는 고객들이 알 수 있도록 광고도 하고 지역 인사나 유지들도 초빙하여 함께하는 것이 무엇 보다 중요하다. 가끔은 작은 타운의 경우 시장도 초대할 수 있다.

# 연말 정산 세금 보고 하기

캐나다의 세금 보고는 한국의 연말정산에 해당하지만 다른 점이 많이 있다. 연간 발생한 소득에 대한 세금을 정산한다는 의미는 같지만, 소득세법이 많이 다르고 세금 보고한 결과에 따라 복지 혜택의 금액이 결정된다. 따라서 저소득층 일수록 더 열심히 보고해야 한다.

## 1) 한국과 캐나다의 세금 보고 차이점

### a. 연방 세금보고서와 주정부 세금보고서

한국은 다니는 직장 (또는 세무서)에 하나의 연말정산 서류를 제출하면 되지만, 캐나다는 연방과 주정부에 각각 세금신고서를 준비해야 한다. 시민 편의를 위하여 연방 세금보고서와 주정부 세금보고서를 동시에 연방 국세청에 한번만 우편으로 보내거나 온라인으로 입력하면 된다. 그러나 퀘벡 주는 예외적으로 주정부 세금 보고서를 별도의 세금기관에 우편으로 보내거나 온라인으로 세금 보고해야 한다.

### b. 세금보고 시기가 다르다.

한국은 1월 달에 연말정산 서류를 다니는 직장에 제출하면 되지만, 캐나다는 모든 사람이 개인 소득은 4월 30일까지 세금보고를 해야 하고 사업 소득은 6월 15일까지 세금보고를 해야 한다.

### c. 모든 소득을 포함해서 세금 신고를 해야 한다.

한국은 금융소득이 발생하면 금융기관에서 원천징수를 하고 부동산을 판매해도 바로 양도소득세를 납부해야 하기 때문에 연말정산에 포함할 필요가 없다. 다만 금융소득이 과다하여 정부에서 정한 상한선을 넘으면 종합과세 대상되지만 일반인은 관계가 없다.

그러나 캐나다는 영주권자나 시민권자 모두 캐나다 거주자이면 금융기관에서 이자 및 투자 소득에 대한 세금을 원칭수하지 않고. 부동산을 판매하여도 바로 양도소득세를 납부하지 않는다. 따라서 세금보고를 할 때 연간 발생한 모든 금융 소득, 부동산 소득을 함께 보고 해야 한다. 급여 이외의 소득이 작은 경우는 별 문제 없지만 큰 경우는 누진 과세가 되기 때문에 상당한 주의가 필요하다. 또한 OAS 노인연금 수령액, UCCB 자녀양육비, 고용보험 수령금, CPP 은퇴연금, RRSP 개인연금 수령도 포함해서 세금보고 해야 한다.

| 금융 및 부동산 소득에 대한 세금을 원천징수 하지 않기 때문에 캐나다인이 해외에 장기간 거주할 경우 해당 기관에 세금이 원천징수 되도록 신고하는 것이 필요하다. |
|---|

### c. 순소득 (Net Income)과 과세소득 (Taxable Income) 용어

이민 서류를 작성하다 보면 순소득 (Net Income) 이라는 용어가 한국에서는 이해하기 어렵다. 한국의 연말정산은 총 급여소득을 기준으로 세금을 부과하지만 캐나다는 순소득과 과세소득을 기준으로 부과 한다.

순소득 = 총소득 - (RRSP 개인연금 납부금, 노동조합비 납부금 투자손실 등)
과세소득 = 순소득 - (CPP 은퇴연금 납부금, EI 고용보험 납부금 등)

### d. 본인, 배우자, 자녀공제

한국은 본인, 배우자, 자녀에 대한 소득공제를 해 주기 때문에 고소득층의 경우 저소득층보다 세금 혜택이 훨씬 크다. 그러나 캐나다는 공제되는 소득의 최저 세율에 해당하는 세금을 공제하기하기 때문에 누구나 혜택이 동일하다.

2014년부터 개인 소득의 연방 세금 보고를 할 때 18세 미만의 자녀를 둔 가정은 5만 달러 한도 내에서 소득이 적은 배우자와 소득분할(Income-Splitting)이 가능하다. 이 새로운 제도는 누진세 부담을 줄일 수 있어서 최대 $2,000의 세금혜택을 받을 수 있다.

### e. 세율이 엄청난 차이가 있다.

캐나다는 연방과 주정부 세금을 합하여 납부해야 하고 누구나 금융소득, 부동산소득 등 모든 기타 소득을 합하여 납부해야하기 때문에 소득이 별로 없는 경우를 제외하고 일반 직장인의 경우 실질적으로 한국에 2~3배의 세금 부담을 느낄 수 있다.

또한 퀘벡 주의 경우는 직장에 지원하는 복지혜택 (예, 사설 의료보험 구입비)도 총소득에 포함하기 때문에 실질적으로 급여에서 원천 공제되는 주정부 세금이 연방 세금보다도 높다.

### f. 계약직 직원은 자영업자와 같은 방법으로 세금보고

계약직 직원은 회사에서 세금을 원천징수를 하지 않아, 자영업자가 세금 보고하는 것 같이 해야 한다. 따라서 매 분기 세금보고를 해야 하고 지출과 수입 기록을 잘 보관하고, 여러 곳에서 계약직으로 일하는 경우는 복잡하여 전문회계사의 도움이 필요할 수 있다. 계약직의 경우 세금 보고 방법이 번거로울 수 있으나 집의 일부 공간을 사무실로 사용하거나 자동차를 사업 목적으로 사용할 경우 필요 경비를 공제받을 수 있기 때문에 상황에 따라 일반 정규직 직장인보다 세금혜택이 훨씬 클 수 도 있다. 단 파견으로 단순 노동을 하는 경우 파견 회사에서 세금을 원천징수하여 보고 하기 때문에 일반 직장인과 동일한 방법으로 세금보고 할 수 있다.

## 2) 세금 보고 요령

### a. 회계사를 통해서 보고하면 유리할 수 있다.

한국은 연말정산에 관한 내용이 복잡하지도 않고 증빙 서류를 다니는 회사에 제출하면 알아서 처리해 주기 때문에 간단하다.

그러나 캐나다는 너무 복잡해서 처음 세금 신고하는 분은 어디서부터 어떻게 해야 할지 몰라서 세금보고용 프로그램을 구입하여 세금 보고를 한다. 문제는 일반인이 그 많은 세법을 전부 알지 못해서 프로그램에 아예 입력조차 하지 않을 수 있다. 이는 고소득층은 물론이고 저소득층도 예외가 아니다.

### b. 누진세 부담을 줄이는 것이 필요하다.

주택을 판매하거나, RRSP 연금이 만기가 되거나 금융소득 및 임대 소득 등 기타 소득이 갑자기 많이 발생하는 경우, 잘 모르면 상당한 누진세 부담이 있을 수 있다.

캐나다는 거주용 1가주 1주택에 한하여 양도 소득세를 부과하지 않지만 임대사업을 한 경우나 2주택 이상인 경우는 양도소득을 급여 소득에 합하여 누진 과세하기 때문이다. 이럴 경우 주택 매각 시기를 조정할 수 있다면 직장을 퇴직하여 별다른 소득이 없을 때 매각하면 누진세를 줄일 수 있다. 그리고 또한 주택의 소유주가 소득이 없는 배우자로 할 경우 발생하는 임대 소득에 대한 누진세도 줄일 수 있다. 그리고 RRSP 개인연금이 만기가 되면 일시불로 받지 말고 RRIF로 전화하여 매월 또는 매년 나누어 수령하면 역시 누진세를 피할 수 있다. 자영업자의 경우 한 사람으로 소득 신고하는 경우 보다 부부가 소득을 나누어 각각 신고하면 누진세를 줄일 수 있다.

### c. 소득이 높을수록 절세 계획이 필요하다.

연말에 갑자기 세금 혜택에 대한 서류를 준비할 수 없다. 따라서 많은 소득이 발생할 것으로 예상되면 사전에 회계사 등 전문가와 상담하여 절세 계획을 마련하는 것이 필요하다.

### d. 세금보고 방법

직장, 금융기관 등으로 부터 소득관련 Tax Slip를 2월말 까지 받는다. 그리고 기부금, 학원비 등 세금 혜택을 받을 수 있는 영수증도 함께 모은다. 세금 보고 방법은 다음과 같으며 대다수가 온라인으로 보고 한다.

- 직접 종이에 세금보고서를 작성하여 우편 접수
- 회계사 등 대리인을 통해서 세금 보고
- 국세청 사이트 NETFILE에 온라인 등록하여 접수
- 국세청 사이트에서 무료 소프트웨어 (또는 Costco, Staples 등에서 구입한 소프트웨어)를 다운로드하여 컴퓨터 또는 스마트폰에 설치한 이후 온라인으로 세금보고

종이에 직접 작성하는 경우 옛날에는 우체국에 가면 세금보고 안내서와 양식을 무료로 얻어 사용했지만, 요즘은 연방 국세청 사이트에서 관련 안내 자료와 양식을 얻을 수 있다. (인터넷으로 구글 사이트에서 "Income Tax and Benefit Package"으로 검색)

연간 소득에 대한 세금보고 (Income Tax Return)를 하면 얼마 후에 국세청에서 NOA (Notice of Assessment) 최종 세금 정산 결과를 우편으로 보내 준다. 이때 원천징수한 세금이 더 많으면 등록한 은행계좌로 자동 입금된다. 만약 등록한 은행 계좌가 없으면 집으로 수표가 우편 배달된다. 그러나 오히려 세금을 더 내야 하는 경우는 정해진 날짜까지 반드시 납부해야 한다. 기간을 넘기면 이자를 물어야 하고 신용에 영향을 미칠 수 있으며 심하게 지체되는 경우는 압류조치가 시작될 수도 있다.

### 3) 해외 자산 및 소득 신고

캐나다로 이민을 오면 여러 가지 걱정거리가 있지만 최근 들어 더욱 강하되고 있는 것이 해외 자산과 소득 신고이다. 한국 정부도 최근 들어 해외소득을 밝혀내기 위하여 적극적으로 비 국내인 자산 및 소득 정보를 캐나다 등 해외 다른 나라에 제공하고 있다.

그러나 문제는 소득을 고의로 탈세하려는 경우는 어쩔 수 없지만 자산 및 소득을 어떻게 신고하고 세금은 얼마나 어떻게 납부하는지? 에 대한 명확한 정보가 부족하여 전문가의 도움 없이 일반인이 하는 것이 어렵다는 것이다.

마지막 문제는 세계 200여 국가에서 매년 수십만 명이 캐나다로 이민을 오지만 각 나라마다 법률과 상황이 너무도 달라서, 아무리 복잡한 세법을 만들어도 그 모든 상황을 고려할 수 없다. 따라서 일반화 시켜 누구나 이해할 수 있는 아주 간단한 세법이 필요하지만 아직 그런 세법은 없다.

#### a. 해외에 개인 자산이 10만 달러이상 신고 의무

해외의 예금, 주식, 채권, 채무 등 현금성 자산, 특허 등 지적 자산, 부동산, 기업 등의 지분 등 모든 자산의 합계 금액이 연중 어느 한 순간이라도 10만 달러가 넘으면 대상이 된다. 배우자의 자산은 별도이기 때문에 배우자도 자산이 10만 달러가 넘는 경우 별도 신고 해야 한다. Foreign Income Verification Statement (T1135) 양식에 아래 6개 항목의 해외 자산 모두를 신고해야 한다.

- 해외 투자 자산 (Fund Held Outside Canada)
- 해외 기업의 지분 (Shares of Non-Resident Corporations)
- 해외 발행한 어음, 채권 등 채무 (Indebtedness Owed by Non-Residents)
- 해외 신탁 자산 (Interests in Non-Resident Trusts)
- 해외 부동산 (Real Property Outside Canada)
- 기타 해외 자산 (Other Property Outside Canada)

**b. 해외 자산 중 예외 대상**

a) 캐나다 기업을 통한 해외 투자

캐나다 기업에서 운영하는 뮤추얼 펀드 (Mutual Fund)나, 뮤추얼 펀드 신탁 (Mutual Fund Trust) 등을 통해 해외에 투자된 (RRSP, RRIF, TFSA 등) 금융자산은 해당 기업이 알아서 보고하기 때문에 개인은 보고 의무가 없다.

b) 수익이 발생하지 않는 해외 주택

임대를 하지 않아 수익이 발생하지 않는 개인별장, 아파트 등의 주택은 신고 대상에서 제외이다.

c) 적극적인 사업을 위한 해외 구입 창고

사업을 활동적으로 하고자 해외에 구입한 창고는 예외로 인정하고 있다.

| 실제 투자 금액이 10만 달러 이하라도 융자를 얻어 총투자 금액이 10만 달러를 넘으면 해외 자산 신고 대상 이다. |
|---|

**c. 해외 자산 보고 내용 및 환율 적용**

해외 자산 보고를 할 때 다음의 내용을 포함하여 캐나다 달러로 환산하여 보고해야 한다.

- 자산 항목별 성격을 기술 (Description)
- 자산이 위치한 국가
- 연중 최고 가치 그리고 연말 가치
- 자산에서 발생한 수익 또는 손실
- 자산 매각을 통해 발생한 수익 또는 손실 (Capital Gain or Loss)

환율 적용은 소득이 발생한 시점을 기준으로 하는 것을 원칙으로 하지만, 급여 같이 연중 소득이 발생하는 경우는 해당 연도의 평균 환율을 적용한다. 환율은 캐나다 중앙은행 (Bank of Canada)에서 고시하는 데이터를 이용해야 한다.

주식 같은 경우 가치가 매일 변화하므로 연중 최고치, 연말 가격을 보고해야 한다.

| 해외 자산신고는 세금보고와 다른 주소로 신고해야 한다.<br>Ottawa Technology Centre<br>Data Assessment and Evaluations Program<br>Foreign Reporting Unit<br>875 Heron Road<br>Ottawa ON K1A 1A2 |
|---|

### d. 해외 자산 신고에 대한 벌금

고의적인 누락은 아니지만 해외자산 신고를 못하거나 누락한 경우는 다음 같이 벌금을 적용한다.

a) 신고 마감일을 넘긴 경우 (Failure to Comply)
하루 25달러이며, 최저 100달러에서 최고 2500달러 벌금

b) 충분한 자료를 제출하지 못하는 경우
(Failure to furnish foreign-based information)
월 500 달러, 최대 24개월까지 총 120,000 달러를 벌금

c) 24개월 이상 신고기간을 넘기 경우 (Additional penalty)
해외자산원가의 5퍼센트를 벌금으로 적용

탈세를 목적으로 해외자산 신고를 고의적으로 누락한 경우 (False Statement and Omissions)는 24,000 달러 또는 해외 자산 원가의 5퍼센트 중 높은 금액으로 벌금을 적용한다.

# 소득세, 법인세, 판매세 등 세금제도

## 1) 개인 소득세

한국의 연말 정산 같은 캐나다의 세금 보고는 소득이 없어도 보고를 해야 하는 것이 한국과 가장 큰 차이 이다. 한국은 주민등록의 주소가 모든 행정 처리에 기준이 되지만 주민등록 제도가 없는 캐나다는 세금보고에 사용되는 주소와 소득을 근거로 행정 처리를 한다.

복지 혜택은 재산을 얼마나 보유하고 있느냐는 캐나다에서 그다지 중요하지 않고 단지 해당년도 소득신고에 따라 복지 혜택이 결정된다. 주정부에 따라 다르지만 대략 부부의 가계소득이 약 $25,000 이하인 경우는 세금을 한 푼도 안 내거나 약간 내는 저소득층으로 분류 되어 자녀 양육비 및 공공기관에서 지원하는 각종 복지혜택을 최대로 지원 받는 것은 물론이고, 주정부에 따라 주택 임대비의 일부를 지원 받을 수도 있다.

그러나 세금보고자의 소득이 높을수록 복지혜택이 상대적으로 줄어서 10만 달러 근처가 되면 거의 모든 복지 혜택이 없다고 생각해야 한다. 연방 및 각 주의 소득세 세율은 모두 다르다.

<2010년도 캐나다 연방 및 각 (준)주의 세율 비교>

| (준)주 | 세 율 (%) | 소득 수준 | (준)주 | 세 율 (%) | 소득 수준 |
|---|---|---|---|---|---|
| 연방 | 15<br>22<br>26<br>29 | $40,970 이하<br>$40,970~$81,941<br>$81,941~$127,021<br>$127,021 이상 | 뉴브런즈윅 | 9.3<br>12.5<br>13.3<br>14.3 | $36,421 이하<br>$36,421~$72,843<br>$72,843~$118,427<br>$118,427 이상 |
| 브리티시 콜롬비아 | 5.06<br>7.7<br>10.5<br>12.29<br>14.7 | $35,859 이하<br>$35,859~$71,719<br>$71,719~$82,342<br>$82,342~$99,987<br>$99,987 이상 | 노바스코샤 | 8.79<br>14.95<br>16.67<br>17.5<br>21 | $29,590 이하<br>$29,590~$59,180<br>$59,180~$93,000<br>$93,000~$150,000<br>$150,000 이상 |
| 앨버타 | 10 | 누진세율 없음 | 프린스 에드워드 아일랜드 | 9.8<br>13.8<br>16.7 | $31,984 이하<br>$31,984~$63,969<br>$63,969 이상 |
| 사스 캐처완 | 11<br>13<br>15 | $40,354 이하<br>$40,354~$115,297<br>$115,297 이상 | 유콘 | 7.04<br>9.68<br>11.44<br>12.76 | $40,970 이하<br>$40,970~$81,941<br>$81,941~$127,021<br>$127,021 이상 |
| 매니토바 | 10.8<br>12.75<br>17.4 | $31,000 이하<br>$31,000~$67,000<br>$67,000 이상 | 노스웨스트 | 5.9<br>8.6<br>12.2<br>14.05 | $37,106 이하<br>$37,106~$74,214<br>$74,214~$120,656<br>$120,656 이상 |
| 온타리오 | 5.05<br>9.15<br>11.16 | $37,774 이하<br>$37,776~$75,550<br>$75,550 이상 | 뉴펀들랜드 | 7.7<br>12.65<br>14.4 | $31,278 이하<br>$31,278~$62,556<br>$62,556 이상 |
| 퀘벡 | 16.0<br>20.0<br>24.0 | $38,570 이하<br>$38,570~$77,140<br>$77,140 이상 | 누나부트 | 4<br>7<br>9<br>11.5 | $39,065 이하<br>$39,065~$78,130<br>$78,130~$127,021<br>$127,021 이상 |

### 2) 기업 법인세

연방 법인세의 경우 내국인 소규모 사업자에게 적용하는 세율(Net Tax Rate)은 11% 이고, 소규모 사업자를 제외한 나머지 일반 기업의 세율은 2009년 19%에서 매년 경감되어 2012년 15%까지 줄어들지만 주정부와 사업 규모에 따라 한국과 비슷하거나 높은 편이다.

일반적으로 주의 법인세는 소규모 사업자를 위한 Lower Rate와 나머지 일반기업을 위한 Higher Rate로 규정되어 있다.

<2012년 각 주정부 법인세 세율>

| (준) 주 | Lower Rate (%) | Higher Rate (%) | Mfg & Processing (%) | 소규모 사업자 기준 ($만 이하) |
|---|---|---|---|---|
| 온타리오 | 4.5 | 11.5 | 10.0 | 50 |
| 퀘벡 | 8.0 | 11.9 | 11.9 | 50 |
| 브리티시 컬러비아 | 2.5 | 10.0 | 10.0 | 50 |
| 앨버타 | 10.0 | 10.0 | 3.0 | 50 |
| 사스카츄완 | 2.0 | 12.0 | 10.0 | 50 |
| 매니토바 | nil | 12.0 | 12.0 | 40 |
| 노바스코샤 | 4.0 | 16.0 | 16.0 | 40 |
| 뉴브런즈윅 | 4.5 | 10.0 | 10.0 | 50 |
| 뉴펀들랜드 | 4.0 | 14.0 | 5.0 | 50 |
| 프린스 에드워드 | 1.0 | 16.0 | 16.0 | 50 |
| 유콘 | 4.0 | 15.0 | - | - |
| 노스웨스트 | 4 | 11.5 | - | - |
| 누나부트 | 4 | 12 | - | - |

※ 한국 법인의 소득 세율은 2억 이하 10%, 2억에서 200억 이하 20%, 200억 이상 22%

### 3) 판매세 역사 및 운영 현황

한국에서 온지 얼마 안 된 사람이 피부로 느끼는 문화의 차이가 여러 개 있지만 그 중에 하나가 부가가치세 (소비세, VAT; Value Added Type) 이다. 한국은 세금 등 모든 비용을 포함하여 상품 가격을 표시하지만 캐나다는 대부분 물건 값만 달랑 표시하여 추가로 GST (Good Service Tax) 연방판매세 및 PST (Provincial Sales Tax) 주판매세를 지불해야 한다. 더구나 식당 등 서비스 업종은 팁까지 고려해야 하니까 표시된 가격보다 약 30% 정도를 더 지불하여 큰 부담이 아닐 수 없다.

#### a. GST 판매세의 도입

1991년 진보보수당이 제기한 Excise Tax Act 법안에 따라 GST 세금제도가 시행되어 7% 판매세가 부가되었다. 1924년부터 도입 시행해오던 기존 MST (Manufacturers' Sales Tax) 세금제도는 한국의 부가가치세 같이 물건 값에 13.5% 세금을 이미 포함하고 있었기 때문에 표시된 가격에서 더 이상 세금을 요구하지 않았다. 이 세금제도는 다른 나라로 수출하는 경우 불리하여 수출을 지원하고자 정부는 GST 세금제도를 도입하였다. GST 세금제도는 연방 통신세 (Federal Telecommunication Tax) 11% 도 함께 대체하였다.

GST 세금 제도는 원래 11%로 추진하였으나 반대가 심하여 7%로 시작하여, 2006년에 6%로 낮추고, 2008년 다시 5%로 낮추어 시행하고 있다. GST 세금제도 도입 당시 많은 논쟁이 있었고, 결국 진보보수당은 다음선거에서 자유당에 패배하였다.

GST 세금제도는 정치적으로 민감한 생필품 즉, 집 임대비, 약값 등 의료비, 금융 서비스 비용, 미 가공 식품류, 교육비, 도시외각에서 출, 퇴근하는 대중교통비, Day Care (탁아소) 비용, 법률 서비스 비용 등을 제외하고 거의 모든 상품 및 서비스에 부과하고 있다. 당연히 수출품은 GST 세금에서 면제된다.

또한 상품이나 서비스를 판매하기 위하여 재료를 구입할 때 이미 세금을 지불하였으므로 고객에게 받은 세금을 정부가 전부 징수하면 이중과세가 되므로 이를 피하고자 Input Tax Credits 제도를 시행하여 차액을 정산해 주고 있다.

GST 세금 제도는 상품이나 서비스 생산자가 부담하던 세금제도를 소비자가 부담하는 제도로 바꾸었던 것이다. 도·소매업자가 소비자한테 세금을 받아서 대신 납부하는 것 이므로 이상적인 경제시스템이라면 문제 될 것이 없다. 그러나 대다수가 탈세를 하면서 무자료 거래를 해왔나면 문세는 매우 크다. 캐나다가 새로운 법을 시행하면서 실질적으로 물건 값이 상승하여 소비가 둔화되고, 공교롭게도 부동산 거품도 함께 꺼지면서 경제에 엄청난 충격이 와서 많은 소매업자가 가게를 닫았다. GST 세금제도를 도입하던 1990년대 많은 한인 자영업자들도 예외 없이 엄청 많은 숫자가 사업체를 정리하는 아픔을 겪었다.

## b. GST 수입 및 세율 조정

GST 시행 첫 해인 1991/1992년 연방정부 GST 수입은 155억 달러였으며, 시간이 지날수록 꾸준히 증가하여 2004/2005년에는 340억 달러로 증가하였다.

GST는 캐나다 소비세의 가장 중요한 부문으로 1991/1992년에는 소비세의 55%를 차지하였고 2004/2005년에는 72%로 그 비중이 증가하였다. GST 이외의 나머지 소비세는 주류, 담배, 유류, 오락, 그리고 관세 등이다.

GST 세금 수입은 1991/1992년에는 연방정부 수입의 12%를 차지하였고 2004/2005년에는 16%를 차지하였다. 그 이후 세율을 5%로 낮추면서 2011/2012년에는 연방 정부 수입의 11.6%로 그 비중이 조금 낮아졌다.

<연방 판매세 세율 조정 역사>

| (준) 주 | 1991.01.01 ~ 1997.03.31 | 1997.04.01 ~ 2006.06.30 | 2006.07.01 ~ 2007.21.31 | 2008.01.01 ~ 2010.06.30 | 2010.07.01 부터 이후 |
|---|---|---|---|---|---|
| 앨버타 | 7% | 7% | 6% | 5% | 5% |
| 브리티시 컬럼비아 | 7% | 7% | 6% | 5% | 5% |
| 매니토바 | 7% | 7% | 6% | 5% | 5% |
| 뉴브런즈윅 | 7% | 15% (주세 포함) | 14% (주세 포함) | 13% (주세 포함) | 13% (주세 포함) |
| 뉴펀들랜드 래브라도 | 7% | 15% (주세 포함) | 14% (주세 포함) | 13% (주세 포함) | 13% (주세 포함) |
| 노스웨스트 테리터리 | 7% | 7% | 6% | 5% | 5% |
| 노바스코샤 | 7% | 15% (주세 포함) | 14% (주세 포함) | 13% (주세 포함) | 15% (주세 포함) |
| 누나부트 | 7% | 7% | 6% | 5% | 5% |
| 온타리오 | 7% | 7% | 6% | 5% | 13% (주세 포함) |
| 퀘벡 | - | - | - | - | 5% |
| 프린스 에드워드 | 7% | 7% | 6% | 5% | 5% |
| 사스카츄완 | 7% | 7% | 6% | 5% | 5% |
| 유콘 | 7% | 7% | 6% | 5% | 5% |

### c. 주정부 판매세를 통합한 HST 세금 제도 운영

연방 정부는 납세자의 편의 및 효율을 높이기 위하여 GST와 주정부의 PST (Provincial Sales Tax)를 통합한 HST (Harmonized Sales Tax) 세금제도를 신설하였다. 그러나 각 주의 상황에 따라 시행 시기를 달리하고 있고 있다.

노바스코샤 주, 뉴브런즈윅 주, 뉴펀들랜드 주는 1997년부터, 온타리오 주는 2001년부터 HST 세금제도를 시행해오고 있다. 브리티시컬럼비아 주는 2001년부터 HST 세금제도를 시행하였나, 새로운 HST에 대한 부정적 여론이 강하게 형성되면서 투표 결과 과반이상이 과거의 세금제도로 돌아가는 것을 원하여 2013년 4월

1일부터 GST 세금제도를 다시 시행하고 있다. 그리고 앨버타 주와 북쪽 추운 지역의 준주들은 주정부 판매세를 부과하지 않기 때문에 HST 통합판매세 도입과 무관하다.

<2013년 주정부 판매세 제도 비교>

| (주)주 | PST 주세 | GST 연방세 | HST 통합세 | 총 계 | 비 고 |
|---|---|---|---|---|---|
| 온타리오 | - | - | 13% | 13% | 술 주세 10% 또는 12%<br>$4 미만 식품 주세 면제<br>1개월 미만 숙박비 주세 5%<br>4$ 이상 공원 입장료 주세10% |
| 브리티시 컬럼비아 | 7% | 5% | - | 12% | 술 주세 10%,<br>자동차 주세 7~10% |
| 퀘벡 | 9.975% | 5% | - | 14.975% | |
| 앨버타 | 0% | 5% | - | 5% | PST 주세 없음 |
| 사스카츄완 | 5% | 5% | - | 10.0% | |
| 매니토바 | 8% | 5% | - | 13.0% | 22013년 PST 1% 인상 |
| 노바스코샤 | - | - | 15% | 15% | 1997년 13% HST 도입,<br>2010년 노바스코샤 주는 15%로 인상 |
| 뉴브런즈윅 | - | - | 13% | 13% | |
| 뉴펀들랜드 래브라도 | - | - | 13% | 13% | |
| 프린스 에드워드 | 10.5% | PST에 GST 포함 | - | 10.5% | 2013년 14% HST 도입 |
| 유곤 | 0% | 5% | - | 5% | PST 주세 없음 |
| 노스웨스트 | 0% | 5% | - | 5% | PST 주세 없음 |
| 누나부트 | 0% | 5% | - | 5% | PST 주세 없음 |

# 경제적 실패와 세무조사 그리고 파산

이민 초기에는 한국에서 가져온 자본이 있어서 사업을 시작했지만 시간이 흐르면서 수익이 좋아지는 것은 고사하고 점점 어려워져서 고민에 빠지는 분들을 가끔 목격할 수 있다.

이때 설상가상의 세무 조사까지 받으면 아주 어려운 처지에 놓이게 된다. 물론 사업이 잘되는 데 탈세를 하는 경우는 상황이 다르지만 그와 반대의 경우는 많은 경우가 사업을 정리하고 심한 경우 개인 파산까지 갈 수 있다.

## 1) 캐나다에서 세무조사를 하는 경우

캐나다도 한국 같이 사업체를 대상으로 세무 조사를 종종 한다. 탈세를 하지 않더라도 세무조사는 누구에게나 반갑지 않은 손님이다. 사업자들은 대부분 회계사를 통하여 세금 보고를 하므로 자세한 것은 담당회계사와 상의하는 것이 필요하다. 세무 당국이 탈세를 의심하여 세무조사를 받는 많은 경우는 대개 다음과 같다.

### a. 매년 적자로 보고하는 경우

세금보고를 할 때 매년 적자로 보고하는 경우, 일단 의심의 대상이 될 수 있다. 매년 적자가 발생하면 사업체를 매각하거나 폐쇄하는 것이 일반적이므로 적자를 기록하면서 사업체를 운영하는 것을 세무당국이 이해하기 어렵다. 보통 2~3년 연속 적자가 발생하면 세무조사가 나올 수 있다.

### b. 현금 장사하는 업종

캐나다에서 지하경제의 가장 큰 부분을 차치하는 분야가 건축, 소매, 식당 등 현금 거래가 많은 업종이다. 따라서 세금 당국은 이들 업종을 주의 깊게 관찰하다가 의심이 가면 세무조사를 벌인다. 세무조사 방법은 세무공무원이 손님으로 가장하여 자주 찾아오는 경우도 있다.

### c. 수입에 걸맞지 않는 생활

같은 동네에 사는 이웃의 소득신고 금액과 비교하여 많은 차이가 발생할 경우, 세무 당국은 부자 동네에서 거주하는 데 필요한 높은 생활비를 어떻게 마련하는지 궁금해 하고 탈세를 의심 한다. 일예로 비교적 넓은 집을 구입하여 다른 소득 없이 민박으로 생계를 유지하며 저소득으로 신고하는 경우도 의심에 대상이 된다. 우체국에서 5년간 보관하는 우편물 거래내역을 근거로 유학생 등의 손님이 장기간 민박하는 사실을 확인할 수 있다.

### d. 부정확한 소득공제

거주지와 오피스가 동일한 경우 홈오피스 명목으로 소득공제를 할 수 있다. 오피스 비율을 높게 정하여 소득공제를 하면 의심 대상이 된다. 또한 하나의 자동차를 사업용과 개인용 공동으로 사용할 수 있기 때문에 소득공제를 할 수 있지만 과도하면 의심의 대상이 된다. 두 경우 모두 분명한 기록을 가지고 있어야 하며, 자동차의 경우 운행기록을 반드시 보관해야 한다.

### e. 과도한 헌금공제 신청

세무당국에 보고한 소득에 비하여 교회 등에 과도한 헌금을 하고 세금 보고할 때 기부금 공제로 사용할 경우 의심 대상이 될 수 있다. 신앙심이 좋아서 많은 금액을 무리하게 헌금할 수 도 있지만 이를 모두 소득공제 신청하면 세무당국은 일단 실제 소득이 신고 금액 보다 높을 것으로 의심 할 수 있다.

### f. 갑작스런 소득 변화

갑자기 소득이 줄어드는 경우는 당연히 의심하지만 갑자기 소득이 늘어나는 경우도 의심의 대상이 된다. 따라서 이전의 소득신고에 실수가 없다는 것을 증명할 수 있어야 한다.

### g. 탈세가 의심되는 전략적 사업

탈세를 하고자 전략적으로 사업을 하는 경우 세무 당국은 의심 대상으로 삼는다.

| 세무조사를 받아서 일단 탈세로 확인되면 탈세 금액의 보통 3배 이상을 지불해야하므로, 많은 사람들이 높은 과징금 때문에 일반적으로 사업체를 매각하고 다른 일을 시작 한다. |
|---|

## 2) 개인 파산 절차 및 향후 상황

사업에 실패하든지 또는 다른 원인에 의하여 빚을 갚을 수 없을 때 어쩔 수 없이 개인 파산 (Personal Bankruptcy)을 할 수 있다. 파산을 하면 빚 독촉에 시달리지는 않지만 신용 문제에 관한 기록은 남아 있어서 경제활동에 제약을 받거나 사회활동에 불편할 수 있다. 그러나 누군가가 도와주지 않는 한 빚이 스스로 해결할 수 있는 한계를 벗어나면 파산은 어쩔 수 없는 선택이다.

화의 (Proposal)
소득이 생활비보다 크면 파산 대신에 화의를 신청 할 수도 있다. 만약 채권자가 화의를 받아주면 신용카드는 압수되고 기본 생활비를 제외한 나머지 돈으로 빚을 갚아야 한다.

화의는 부채의 일부를 최대 5년 동안 매월 갚는 것으로 채권자 대다수가 동의해야 가능하다. 화의를 요청할 때 화의서 사본과 함께 경제적으로 어렵게 된 경위, 채권자 명단, 피신탁인의 권고, 화의를 선택하면 채권자에게 유리한 점 등을 포함하는 보고서를 제출해야 한다.

### a. 파산 절차와 신용 기록

a. 채무자는 모든 재산과 빚 내역서 제출
b. 피신탁인 (Trustee)을 만나 화의와 파산 중 하나를 선택
c. 파산 결정시 5일 이내 (공휴일 제외) 채권자에게 관련 서류 우송
d. 매월 수지 내역과 증빙서류를 피신탁인에게 제출
e. 파산 후 2 개월 이내, 7 개월 이내에 각각 재정 상담

이행 조건을 성실히 수행하여 파산에서 해제된다면, 첫 파산의 경우 6년, 두 번째 파산의 경우 14년 동안 신용기록이 남아 있다.

### b. 피신탁인의 역할

피신탁인 (Trustee)은 대부분 파산을 전문으로 취급하는 회계사 (Charted Accountant)이며, 채권자 (Creditor)를 대표하여 채무자의 재산을 파산법에 따라 정리하고 채무자 (Debtor)를 대신하여 채권자들을 만나는 일을 한다.

부채가 만기가 되어도 갚을 수 없을 때 이를 지불 불능 (Insolvency) 이라고 한다. 이런 경우에 피신탁인은 채무자를 처음 만날 때 (Initial Consultation)부터 화의 또는 파산의 결과, 파산이후의 재산, 소득에 미치는 영향 등을 상의하며, 채권자와 채무자의 입장을 동시에 대변 한다. 이때 채무자는 성실히 질문에 응해야 한다.

파산한 채무자로부터 월급명세서와 함께 매월 소득과 지출 내역 등의 증빙 서류를 받는다. 피신탁인은 채무자의 월 소득에서 가족 기본 생활비를 제외한 나머지 금액을 채권자 대신 받는다. 또한 채무자의 모든 신용카드를 수령하고 채무자의 소득신고도 대행한다.

### c. 파산이후 재산의 매각

주택은 융자금을 제외하고 남는 금액이 있을 때 매각한다. 만약 부부 공동 명의로 주택을 소유한 경우 한명만 파산하면 절반만 피신탁인이 가져갈 수 있다. 피신탁인은 주택이 매매될 때 까지 집 등기를 본인에게 이전하여 시세대로 매각하지 않을 수도 있다.

가구는 중고시세로 1만 1,300달러 (온타리오 주)까지, 옷, 귀금속, 스포츠 용품 등은 5천 650 달러 (온타리오 주)까지 그리고 기타 살림살이 1만 1,300 달러 (온타리오 주, tools of the trade equipment that you use to earn a living)까지 매각 정리 할 수 없고 보호된다.

자동차는 중고시세가 5,650달러 (온타리오 주) 이하이면 계속 유지할 수 있다. 만약 그 이상이면 채무자는 차액을 피신탁인에게 납부해야 한다. 만약 월부 (Finance)로 차를 구입하였으면, 향후 지불해야하는 상환금이 시세보다 많거나 또는 리스이면 계속 사용할 수 있지만, 상환금을 내지 못하면 은행 등으로부터 차압당한다.

금융기관에 투자한 정기예금, 뮤추얼펀드, 증권, 채권 등은 매각된다.

> 파산 1년 전까지 구입한 RRSP 개인연금은 보호된다. 또한 파산을 감지하고 고의적으로 생명보험을 가입한 경우가 아니고 수혜자가 직계 가족이면 보호된다.

# 제 7 장

# 캐나다 시민을 위한 일반 상식

캐나다 시민들이 열광하는 하키와 풋볼

# 시민권 취득과 캐나다 알기

## 1) 시민권 취득과 선거권

18세 이상의 영주권자로 캐나다 거주 기간이 최근 6년 동안 만 4년 이상이고 매년 6개월 (183일) 이상 거주한 증명 (최소 4년 동안 소득 세금보고) 서류를 제출해야 시민권 응시 자격이 주어진다. 또한 영주권 취득 이전에 캐나다 거주 기간은 인정하지 않는다.

18세 이하의 영주권을 가진 동반 자녀는 부모와 함께 신청이 가능하다. 응시자의 나이가 14~64세 이면 시민권 시험을 보아야 하고, 더구나 나이가 18~54세 이면 CLB 레벨 4 이상의 영어 (또는 불어) 능력 시험 결과도 제출해야 한다. 단 캐나다에서 영어 (또는 불어)로 고등학교이상 졸업한 경우는 언어 능력 시험이 면제된다.

- IELTS (International English Language Testing System) 영어 능력시험은 말하기 4.0 이상, 듣기 4.5 이상
- TEF (Test d'évaluation de français) 불어 능력시험은 말하기 181 이상, 듣기 145 이상

2015년 말 여야 정권 교체가 되어, 캐나다 거주 의무를 5년 중 3년으로, 시민권 시험을 치러야 하는 연령을 18 - 54세로 낮추고, 언어 능력 완화 등을 고려하고 있고 2017년부터 개선될 가능성이 높다.

### a. 신청 서류

시민권 신청 서류는 인터넷에서 다운로드 할 수 있으며, 관련 증빙 서류는 다음과 같다. (www.cic.gc.ca)

- 신청서 (Application Form)
- 영주권 사본 (Canadian Immigration Record, IMM1000 또는 Record of Landing, IMM5292)
- 영주권 PR 카드 사본 (앞뒷면 모두)
- 신분증 2개 이상 사본 (운전면허증, 의료보험증, 사진이 있는 여권 페이지 등)
- 시민권 시험 요구 규격으로 촬영한 6개월 이내의 사진 2장
- 온라인 또는 금융기관에서 납부한 신청비 영수증
- 시민권 신청 체크 리스트

| 사진은 촬영한 사진관 (또는 촬영자)의 이름과 촬영 날짜를 기입해야 하고 사진 아래 흰 부분에 신청자도 서명해야 한다. 사진에 대한 심사는 매우 까다롭게 하므로 흰색 바탕, 크기 등 요구하는 규정을 반드시 준수해야 한다. |
|---|

18세 이하 라면 다음의 추가 서류를 제출해야 한다.

- 한국 영사관에서 호적등본을 제출하고 발급 받은 영문 출생증명서
- 부모가 시민권자이면 부모의 시민권 증명서
- 법적 대리인이 신청하는 경우 보호자 증명서 (가디언십)

### b. 시민권 시험

신청 서류 제출 후 접수가 되면 인터넷을 통하여 진행 사항을 확인 할 수 있다. 일정기간이 지난 후 시민권 시험 준비를 위한 책 <Discover Canada: The Rights and Responsibilities of Citizenship>을 보내 준다 (온라인 PDF 파일 이용가능). 시민권 시험을 보라는 통지서는 보통 1개월 전에 통보 하며, 시험 문제 중 선거에 관한 문제는 반드시 맞추어야 한다.

### c. 시민권 취득과 폐기된 영주권 보관

시민권 시험을 통과하면 예전에는 시험당일 선서를 하고 시민권을 받았지만, 요즘은 나중에 선서하고 시민권을 받는다. 시험 면제를 받는 65세 이상 노인도 시민권 선서는 반드시 참석해야 한다.

시민권을 받을 때 영주권 원본과 영주권 PR 카드는 반드시 가져가야 한다. 시민권을 받을 때 기존 영주권은 못 쓰도록 폐기 도장을 찍지만 잘 보관해야 한다. 나중에 노후 연금 신청할 때 캐나다 거주 기간을 증빙하는 서류로 사용될 수 있기 때문이다. 노후 연금은 캐나다 거주 기간에 따라 차등 지급되며 40년 이상이면 최대로 받을 수 있다.

| 한국은 이중국적을 인정하지 않기 때문에 캐나다 국적을 취득한 동일 한 날짜에 한국 국적이 자동 상실 된다. 따라서 캐나다 국적 취득 후, 한국 입국할 때 기존 한국여권에 유효 기간이 남아 있어도 한국여권을 사용하면 엄청난 벌금을 물을 수 있다. |
|---|

### d. 캐나다 여권 신청과 투표권 행사

시민권을 취득하면 달라지는 것이 크게 2 가지가 있다. 하나는 캐나다 입국이나 다른 나라를 갈 때 한국 여권 대신 캐나다 여권을 사용할 있는 점과 캐나다 선거에 투표권을 행사할 수 있는 점이다.

캐나다 여권이 있으면 육로로 미국을 입국 할 때 입국 서류를 작성하기 위하여 자동차에서 내리 않고 통과할 수 있는 편리한 점이 있다. 캐나다 여권은 “Passport Canada“ 웹사이트에서 신청서를 다운로드하여 작성 후 사진과 함께 우편 접수하거나 ”Service Canada”를 방문하여 직접 신청할 수 있다.

| 일반 우편서비스 (Mail)를 이용할 경우<br>Passport Program<br>Gatineau, QC K1A 0G3 Canada<br><br>등기 또는 택배 서비스 (Courier)를 이용할 경우<br>Passport Program<br>22 Rue de Varennes, Gatineau, QC J8T 8R1 Canada |
|---|

캐나다 시민권자는 18세 이상이면 투표를 할 수 있는 권한이 주어진다. 연방 의회와 주 의회는 보통 4, 5년의 임기를 가지고 구성하지만, 예산(안)이나 새로운 법(안)이 통과되지 못하면, 임기가 많이 남아 있어도 재선거를 하여 새롭게 의회를 구성한다.

수상에 대한 선거는 없고 다수의석을 차지한 정당의 대표가 수상에 오르는 것이 한국과 다른 점이다.

매년 소득에 관한 세금 보고 (연말정산)를 할 때, 주소를 선거에 사용할 수 있도록 선택하면, 집으로 투표시간과 장소를 알려는 주는 우편물이 배달된다. 투표는 보통 10~12시간 동안 진행하며 공휴일로 지정하지 않지만 지역 및 선거에 따라 약 4시간 정도 투표를 위하여 사용할 수 있도록 법규로 규정하는 경우도 있다. 즉 투표 종료시간이 밤 8시면 직장인은 오후 4시 부터 퇴근하여 투표를 할 수 있도록 하는 배려이다. 그러나 보통 직장인들은 이를 잘 사용하지 않고  정상적으로 퇴근하여 투표 한다.

투표장에 도착하여 집으로 온 우편물과 신분증 (운전면허증 등)을 보여 주면 본인인지 확인하고 투표용지를 받을 수 있다. 출마 후보자들은 성을 기준으로 하여 알파벳순으로 투표용지에 나열되어 있으며, 원하는 후보자에게 “X"를 쓰고 접어서 투표함에 넣으면 된다. 일부 선거 용지는 ”X" 대신에 원하는 후보에 화살표가 연결되도록 칠하는 것도 있다.

한국과 다른 점은 주요 정당 대표는 TV방송에 자주 등장하여 쉽게 알 수 있지만, 현수막, 벽보 등 홍보물이 별로 없어서 지역 후보자는 누구인지 아는 것이 쉽지 않다. 따라서 인터넷으로 검색하여 지지하는 후보자 및 정당 (투표용지에 정당 약어 사용함) 그리고 약력 등을 미리 알고 투표하는 것이 필요하다.

자유당, 보수당, 신민당이 캐나다 연방의회의 주요 정당이지만, 작은 군소 정당이 많아 후보가 10명을 넘을 때가 자주 있다. 2014년 토론토 시장 선거는 지지하는 후보를 찾는 것이 매우 어려울 정도로 65명의 후보가 출마하여 투표용지가 A3 사이즈만큼 컸다. 그러나 2015년 PEI 주 수상 선거는 후보가 단 한명인 의외의 경우도 있다.

## 2) 캐나다 애국가와 국기

### a. “오 캐나다“ 애국가

캐나다에 영구적으로 살기를 원한다면 최소한 캐나다 애국가 정도는 부를 줄은 알아야 하지만 상당수의 한인들이 캐나다 애국가를 부를 줄 모르는 것이 현실이다. 캐나다에서 교육을 받은 이민 2세들은 학교에서 애국가를 가르치기 때문에 대부분 알고 있지만 이민 1 세대는 대다수가 모른다. 캐나다로 부터 독립성향이 강한 퀘벡 주는 학교에서 조차 캐나다 애국가를 거의 사용하지 않기 때문에 이민 2세들도 상당수가 캐나다 애국가를 못 부른다. 광복절 등 대규모 한인 행사가 있을 때 특별히 모셔온 진행자만 캐나다 애국가를 부르는 경우가 많다.

“오 캐나다” 애국가는 아이러니 하게도 독립 성향이 강한 퀘벡 주에서 프랑스계 캐나다인을 위하여 옛날 불어로 만들어진 노래였다. 1880년 퀘벡의 생-장-밥티스트 축제일 (Saint-Jean-Baptiste Day)에 사용하려고, 칼릭사 라발레 (Calixa Lavallée)가 불어로 가사를 쓰고 아돌프-바질 루티에 (Adolphe-Basile Routhier)가 작곡하여 만들었다.

이후 1908년 로버트 스탠리 위어 (Robert Stanley Weir)가 단순 번역이 아닌 전혀 다른 내용으로 영어 작사를 하고 1980년에 캐나다 애국가로 지정하여, 오늘날 까지 사용해 오고 있다.

<오 캐나다 영어 가사 및 의미>

O Canada!
Our home and native land!
True patriot love in all of us (all thy sons, 2016년 이전) command.
With glowing hearts we see thee rise,
The true north strong and free!
From far and wide, O Canada,
We stand on guard for thee.
God keep our land glorious and free!
O Canada, we stand on guard for thee.
O Canada, we stand on guard for thee.

오 캐나다!
우리의 집과 조국!
우리 모두 (그대의 아들, 2016년 이전) 누구나 충성하는 진정한 애국심.
타오르는 가슴으로 떠오르는 그대를 보리라,
진정한 북쪽의 강함과 자유여!
끝없이 광활한, 오 캐나다,
우리는 그대를 수호하러 일어서리라.
하느님, 우리 조국을 영광스럽고 자유롭게 지켜주소서!
오 캐나다, 우리는 그대를 수호하러 일어서리라.
오 캐나다, 우리는 그대를 수호하러 일어서리라.

<오 캐나다 불어 가사 및 내용>

Ô Canada!
Terre de nos aïeux,
Ton front est ceint de fleurons glorieux!
Car ton bras sait porter l'épée,
Il sait porter la croix!
Ton histoire est une épopée
Des plus brillants exploits.
Et ta valeur, de foi trempée,
Protégera nos foyers et nos droits.
Protégera nos foyers et nos droits.

오 캐나다!
우리 조상의 땅,
그대 얼굴은 영광스러운 꽃으로 둘러싸여 있네!
그대 팔 안에서 검을 사용할 준비가 되어 있어,
십자가를 옮길 준비가 되어 있네!
그대의 역사는 하나의 서사시이고
가장 훌륭한 위업이데!
그대의 가치는 강한 믿음으로,
우리의 집과 권리를 지키리라.
우리의 집과 권리를 지키리라.

## O Canada

O Ca-na-da! Our home and na-tive land! True pa - triot love in
Ô Ca-na-da! Ter-re de nos aï - eux, Ton front est ceint de
all thy sons com-mand. With glow-ing hearts we see thee rise, The
fleu-rons glo - ri - eux! Car ton bras sait por - ter l'é-pé - e, Il
True North strong and free! From far and wide, O Ca - na-da, We
sait por - ter la croix! Ton his-toire est une é - po-pé - e, Des
stand on guard for thee. God keep our land glo - rious and
plus bril-lants ex - ploits. Et ta va - leur, de foi trem-
free! O Ca - na - da, we stand on guard for thee.
pée, Pro - té - ge - ra nos foy - ers et nos droits.
O Ca - na - da, we stand on guard for thee.
Pro - té - ge - ra nos foy - ers et nos droits.

### b. 개나다 단풍잎 국기

캐나다의 국기는 단풍잎 (Maple Leaf) 기로 불리며, 양쪽 각각 1/4면적을 차지하는 빨강색은 태평양과 대서양을 연상케 하고, 가운데 흰색 위의 빨간색 단풍잎은 캐나다 국토를 연상케 한다.

가을이면 온 나라가 빨간 단풍으로 덮이는 캐나다는 오랫동안 빨간색 단풍을 국가의 상징으로 생각해 왔었다. 1964년 국민 공모에서 빨간 단풍기가 선택되었고, 1965년 2월 15일 영국 여왕 엘리자베스 2세의 승인으로 정식 국기가 되었다. 단풍나무가 바람에 약하여 잘 꺾이지만 결국에는 잘 성장하여 하늘로 웅장하게 뻗듯이 캐나다도 단풍나무처럼 건국할 때는 약했지만 결국에는 강하게 성장한다는 것을 의미한다.

오늘날의 국기가 있기 이전에 캐나다는 3가지의 국기를 사용했었다. 과거 캐나다의 국기는 왼쪽 위에 영국 국기를 삽입하고 오른쪽에 캐나다 각 주를 상징하는 상선 깃발 (Civil Ensign)을 넣어 사용 했었다.

1868~1921년

1921~1957년

1957~1965년

## 3) 캐나다 시민이 열광하는 스포츠

### a. 프로 구단

#### a) 캐나다를 하나로 만드는 하키

캐나다인들이 열광하는 가장 대표적인 스포츠는 하키이다. 북미 NHL (National Hockey League) 하키 리그는 캐나다 7개 팀과 미국 23개 팀으로 구성되어 있다.

과거 NHA (National Hockey Association, 1910-1917년) 리그는 동부지역에, PCHA (Pacific Coast Hockey Association, 1912-1924년) 리그는 서부지역과 미국의 북서부지역에 있었다.

NHA는 1917년 NHL로 변경되었고, PCHA은 1921년 WCHL (Western Canada Hockey League, 1921-1926)과 잠시 분리 되였다가, 1926년 서부 지역의 하키 리그도 모두 NHL 스텐리 컵 (Stainly Cup)으로 합류하였다.

| 하키 명예의 전당 (Hockey Hall of Fame)<br>30 Yonge St, Toronto, ON (토론토, King 지하철역 근처) |
|---|

<북미 NHL 하키 리그의 캐나다 프로구단>

| 구 역 | 하키 팀<br>(창단 년도) | 홈구장 |
|---|---|---|
| Pacific Division | Calgary Flames<br>(1972년) | 캘거리 (Scotiabank Saddledome) |
| | Edmonton Oilers<br>(1972년) | 에드먼턴 (Rexall Place)<br>1979년 NHL 합류 |
| | Vancouver Canucks<br>(1945년) | 밴쿠버 (Rogers Arena)<br>1970년 NHL 합류 |
| Central Division | Winnipeg Jets<br>(1999년) | 위니펙 (MTS Centre) |
| Atlantic Division | Toronto Maple Leafs<br>(1917년) | 토론토 (Air Canada Centre) |
| | Ottawa Senators<br>(1992년) | 오타와 (Canadian Tire Centre) |
| | Montréal Canadiens<br>(1909) | 몬트리올 (Bell Centre)<br>1917년 NHL 합류 |

b) 미식축구로 불리는 풋볼

캐나다 풋볼은 하키 다음으로 인기가 있는 스포츠 이며, 미국의 풋볼과 다소 차이가 있다. 우선 선수가 12명 (미국 11명)이고 경기장 사이즈, 득점 기준, 공 점유 전환 기준 등에서 약간의 차이가 있다.

CFL (Canadian Football League) 그레이 컵 (Grey Cup) 풋볼 리그는 7개 캐나다 팀만으로 구성되어 있다. 미국 NFL (National Football League) 리그의 인기에는 못 미치지만 게임당 평균 2.5~4만 관중이 경기장을 찾으며, 특히 서부 및 중부지역에서 열기가 매우 강하다.

| 캐나디언 풋볼 명예의 전당 (Canadian Football Hall of Fame)<br>58 Jackson St. W, Hamilton, ON (해밀턴 시청 옆) |
|---|

<캐나디언 CFL 풋볼 리그의 프로구단>

| 구역 | 풋볼 팀<br>(창단 년도) | 홈구장 |
|---|---|---|
| West Division | BC Lions<br>(1954년) | 밴쿠버 (BC Place) |
| | Calgary Stampeders<br>(1945년) | 캘거리 (McMahon Stadium) |
| | Edmonton Eskimos<br>(1949년) | 에드먼턴 (Commonwealth Stadium) |
| | Saskatchewan Roughriders<br>(1910년) | 리자이나 (Mosaic Stadium at Taylor Field) |
| | Winnipeg Blue Bombers<br>(1930년) | 위니펙 (Investors Group Field) |
| East Division | Toronto Argonauts<br>(1873년) | 토론토 (Rogers Centre) |
| | Hamilton Tiger-Cats<br>(1950년) | 해밀턴 (Tim Hortons Field) |
| | Ottawa RedBlacks<br>(2010년) | 오타와 (TD Place Stadium) |
| | Montréal Alouettes<br>(1946년) | 몬트리올 (Percival Molson Memorial Stadium) |

c) 기타 야구, 농구, 축구

캐나다의 프로 야구팀은 1969년 몬트리올에서, 1977년 토론토에서 각각 창단하였다. 그러나 2004년 수십 년 전통의 몬트리올 엑스포즈 (Expos) 팀이 미국의 워싱턴 DC으로 팔려가면서, 토론토 블루 제이스 (Blue Jay, Rogers Centre)가 캐나다에서 유일한 프로 야구 팀이다.

캐나다의 프로 농구팀은 1995년 토론토와 밴쿠버에서 각각 창단하여 미국 NBA (National Basket Association)에 합류하였다. 그러나 2001년 밴쿠버의 그리즐리스 (Grizzlies) 팀이 미국 테네시 (Tennessee) 주의 멤피스 (Memphis)로 팔려가면서, 토론토의 렙터스 (Raptors, Air Canada Centre)팀이 캐나다에서 유일하다.

북미의 MLS (Major League Soccer) 축구 리그는 미국 17개 팀과 캐나다 2개 팀 (밴쿠버, 토론토)으로 구성되어 있지만, 한국보다 열기가 덜하다. 밴쿠버 화이트 캡스는 한국의 이영표 선수가 유럽에서 선수 생활을 마감하고 캐나다로 오면서 잠시 참여하였던 팀이다.

<북미 MLS 축구 리그의 캐나다 프로구단>

| 구역 | 축구 팀<br>(창단 년도) | 홈구장 |
|---|---|---|
| Eastern Conference | Toronto FC<br>(2007년) | 토론토 (BMO Field) |
| Western Conference | Vancouver Whitecaps<br>(2011년) | 밴쿠버 (BC Place1) |

### b. 캐나다 올림픽 문화와 개최

캐나다 스포츠 선수들은 학교에서 공부를 하거나 정상적인 직장 생활을 하면서 취미로 운동을 즐기다가 큰 경기가 있을 때 참가하기 때문에 운동만 하는 한국과는 달리 올림픽 성적이 뛰어 나지는 못하다. 그러나 날씨가 추운 나라로 겨울철 스포츠 시설이 많고 즐기는 인구도 많아서 동계 올림픽은 강국이다.

<캐나다 역대 하계/동계 올림픽 참가 최고/최저 성적>

| 구분 | 성적 | 개최년도, 국가, 도시 | 성적 |
|---|---|---|---|
| 하계올림픽 | 최고 | 1904년 미, 생 루이스 | 4위 (금 4, 은 1, 동 1) |
| | 최저 | 2012년 영, 런던 | 36위 (금 1, 은 5, 동 12) |
| 동계올림픽 | 최고 | 2010년 캐, 밴쿠버 | 1위 (금 14, 은 7, 동 5) |
| | 최저 | 1972년 일, 사포로 | 17위 (금 0, 은 1, 동 0) |

캐나다는 3회에 걸쳐서 올림픽을 개최한 적이 있지만, 경제적인 측면서 성공적이지 못했다. 특히 몬트리올 하계 올림픽은 러시아를 비롯하여 동부 공산권 국가들이 모두 불참하면서 반쪽짜리 올림픽으로 엄청난 적자가 발생했다.

- 몬트리올 하계 올림픽 (1976년)
- 캘거리 동계 올림픽 (1988년)
- 밴쿠버 동계 올림픽 (2010년)

몬트리올 하계올림픽에서 한국의 양정모 선수가 역도에서 최초의 금메달을 획득하였고, 밴쿠버 동계 올림픽에서 김연아 선수가 피겨 스케이팅에서 금메달을 획득하였다.

2014년 동계 올림픽에서 한국 TV에 많이 방영된 커링(Curling) 종목에서 캐나다는 남자팀 및 여자팀 모두 금메달을 획득할 정도 강팀이다.

### c. 일반인들이 즐기는 스포츠

겨울철 눈 내리는 날, 일반 상가는 한산하지만 유난히 자동차가 많이 주차된 건물이 가끔 눈에 띈다. 이러한 곳은 대부분 일반인들이 즐기는 스포츠 시설이 있는 건물이다.

한국도 스포츠를 즐기는 인구가 엄청 늘어났지만 아직까지는 캐나다가 더 많고 여름은 물론이고 날씨 안 좋은 겨울철에도 매우 많은 사람들이 즐긴다.

여름철에는 골프, 자전거 바이킹, 모터사이클, 하이킹, 야구, 농구, 풋볼, 테니스, 배드민턴, 수영, 남자 (또는 여자) 축구, 카누, 윈드서핑 등 매우 다양한 개인 및 단체 스포츠를 즐긴다. 겨울철도 스키, 보드, 테니스, 배드민턴, 런링 머신, 하키, 스케이팅, 수영 등의 다양한 스포츠를 즐긴다.

산이 없는 지역에 사는 한인들은 등산, 대신 골프를 많이 치며 친목을 도모 한다. 비즈니스 관련 협의회나 동우회에서 골프대회를 가끔 개최하고, 전체 한인들 간의 체육 대회는 보통 광복절을 기념하여 각 지역 한인회에서 축구, 배구, 달리기 등 스포츠 경기를 개최한다.

## 4) 스포츠, 문화, 예술 유명인사

### a. 유명 스포츠 선수

a) 하키, 웨인 그레츠키 (Wayne Douglas Gretzky, 1961년생)

온타리오 주의 해밀턴 주변에 있는 브랜트포드 (Brantford)에서 태어난 그는 아이스하키의 마이클 조던으로 불릴 만큼 대단한 실력을 갖추었다. NHL 리그에서 7년 연속 최고득점 선수로 뽑혔고 1982년 한 시즌에만 무려 200골을 득점하여 당시 신생팀인 에드먼턴 오일리스 (Edmonton Oilcrs)를 여러 차례 우승시켰다. 미국으로 이적한 후에도 여러 차례 득점왕을 하였다. 부상으로 은퇴한 이후 캐나다 하키 팀의 감독을 맡아 2002년 동계 올림픽에서 우승시켰다. 그는 스포츠는 물론이고 연예인, 정치인 등 모든 분야에서 캐나다 시민이 가장 선호하는 유명인사로 뽑히기도 하였다.

b) 하키, 시드니 크로스비 (Sidney Patrick Crosby, 1987년생)

노바스코샤 주의 핼리팩스 (Halifax)에서 태어난 하기 선수로, 2010년 동계 올림픽에서 결승골을 터트려 캐나다 팀을 우승시켰다. 그는 미국 피츠버그 펭귄스 (Pittsburgh Penguins) 팀에서 활동하였으며 2013/14년 NHL에서 최고 포인트 (골과 어시스트)를 획득한 선수가 되었다. 그의 팀과 캐나다 팀이 경기를 해도 캐나다 방송이 캐나다 팀보다는 그를 더 방송화면으로 자주 보여 줄 정도로 인기가 대단하다.

c) 농구, 스티브 내시 (Steve Nash, 1974년생)

남아프리카 공화국에서 태어난 그는 생후 18개월 때 영국출신 부모를 따라 캐나다 사스카츄완 주의 리자이나로 이민을 와서 캐나다 시민이 되었다. 그는 NBA 프로리그 선수로 활동하고 있을 때 3년 연속 어시스트 1위를 기록할 정도로 우수한 선수였으며, 최근은 LA의 레이커스 (Lakers) 팀에서 활약하였다.

d) 야구, 조이 보토 (Joseph Daniel Votto, 1983년생)

토론토에서 태어난 그는 미국 메이저리그 신시내티 레즈 (Cincinnati Reds) 팀에서 활동하며, 2010년 홈런 37개 (리그 3위), 113 타점 (리그 3위), 타율 3할2푼4리 (리그 2위), 출루율 4할 2푼4리 (리그 1위), 장타율 6할 (리그 1위) 등으로 MVP에 선정될 정도로 매우 우수한 선수이다.

| 하키해설가, 돈 체리 (Don Cherry, 1934년생) |
|---|
| 토론토 동쪽 3시간 거리의 킹스턴 (Kingston)에서 태어난 그는 캐나다인들이 가장 자랑스럽게 여기는 하키 경기를 생중계할 때면 어김없이 TV에 나오는 해설자이다. 고령의 나이에도 불구하고 항상 화려한 정장을 입고 등장하여 해설하며 장기간 엄청난 인기를 누리고 있다. |

## b. 시인 및 소설 작가

a) 엘리스 먼로 (Alice Munro, 1931년생)

2013년 노벨문학상을 받은 캐나다의 대표적인 여성 소설가이며, 1931년 토론토 서북쪽 2시간 반 거리의 윙암 (Wingham)에서 태어났다. 그녀는 섬세한 단편소설의 세계적인 대가로 불리며, 1968년 *"행복한 그림자의 춤 (Dance of the Happy Shades)"*로 데뷔했으며, 3년 뒤의 작품인 *"소녀와 여인의 삶 (Lives of Girls and Women)"* 도 많은 사람의 관심을 받았다.

b) 루시 모드 몽고메리 (Lucy Maud Montgomery, 1874~1942년)

프린스에드워드아일랜드에서 태어났으며, 1908년 쓴 *"빨간 머리 앤 (Anne of Green Gables)"* 은 한국인에게 너무도 잘 알려진 소설이다. 그녀도 소설속의 주인공 같이 2살 때 부모를 잃고 조부모 밑에서 자랐으며, 1935년 대영 제국 훈장을 받았다.

| 솔 벨로 (Saul Bellow) |
|---|
| 1915년 퀘벡 주에서 태어났으나 9살 때 부모님을 따라 미국으로 이주하였다. 1944년 *"허공에 매달린 사나이 (Dangling Man)"* 라는 첫 장편소설 이후 여러 작품을 남겼으며, 1976년 노벨 문학상을 수상하였다. |

## c. 유명 화가

a) 노발 모리소 (Norval Morriseau, 1932년~2007년)

온타리오 북쪽 썬더 베이 (Thurnder Bay)에서 2시간 정도 떨어진 베어드모어 (Beardmore)에서 태어난 원주민 출신 화가이다. 그녀는 북방의 피카소 (Picasso of the North)로 불릴 정도로 천재적인 화가였다. 독학으로 그림 공부를 하였고 작품은 원주민 거주 지역에서 흔히 볼 수 있는 호수, 동물, 주민 등을 대상으로 하였지만 환상적으로 묘사하였다. 그녀는 주로 온타리오 주에 거주하며 활동하였고 토론토에서 마지막으로 생을 마감 하였다.

b) 윌리엄 쿠렐렉 (William Kurelek, 1927년~1977년)

앨버타 에드먼턴 주변에 있는 아주 조그만 타운인 화이트포드 (Whiteford)에서 태어난 그는 우크라이나에서 이민 온 부모님 밑에서 자랐다. 그의 고향인 대평원에서 흔히 볼 수 있는 눈과 자연 속에 있는 사람들을 대상으로 많은 작품을 남겼다.

c) 캔 단비 (Ken Danby, 1940년~2007년)

북부 온타리오의 수 생-마리 (Sault Ste-Marrie)에서 태어난 그는 주로 종교적 주제로 작품을 많이 남겼다.

## d. 방송·영화 분야의 유명인

a) 마이크 마이어스 (Michael John Myers, 1963년생)

토론토 시의 스카보로 (Scarborough)에서 태어났으며, 영화 "*오스틴 파워스 (Austin Powers)*"로 유명한 배우이자 코미디언이다. 1989년부터 1995년까지 미국 NBC 방송의 인기 코미디 프로그램인 "*새터데이 나이트 라이브 (Saturday Night Live)*"의 주요 멤버로 활약하였다. 그는 방송에서 여러 캐릭터로 활동 하였으며, 그 중 웨인 캠벨 (Wayne Campbell) 캐릭터는 1992년 "*웨인스 월드 (Wayne's World)*" 라는 영화로 만들어져 흥행에 성공하였다.

b) 짐 캐리 (James Eugene Carrey, 1962년생)

광역토론토의 뉴마켓 (New Market)에서 태어난 그는 미국에서 배우이자 코미디언으로 활동하고 있다. 1975년 드라마 "*해피 데이즈 (Happy Days)*" 로 데뷔하여, "*에이스 벤투라 (Ace Bentura)*", "*마스크 (The Mask)*", "*뻔뻔한 딕 앤 제인 (Fun with Dick Jane)*", "*브루스 올마이티 (Bruce Almighty)*" 등의 코미디 프로그램과 "*트루먼 쇼 (Truman Show)*", "*이터널 선샤인 (Eternal Sunshine of the Spoties Mind)*" 등의 영화에 출연하여 많은 인기를 누렸다.

c) 마이클 J 폭스 (Michael Andrew Fox, 1961년생)

앨버타 주의 에드먼턴 (Edmonton)에서 태어난 그는 군인 출신 경찰 아버지를 두어서 어린 시절 많은 곳을 이사 다녔으며, 1976년 아버지가 은퇴한 후 밴쿠버 버나비 (Burnaby)에 정착하여 살았다. 배우였던 어머니를 둔 그는 15세에 캐나다 드라마 "*레오와 나 (Leo And Me)*"에 출연하여 데뷔하였고 18세에 미국 LA로 이사하였다. 그는 프로듀서인 로날드 셰들로의 눈에 띄어 "*프랑크의 편지 (Letters From Frank)*"로 미국 TV방송에서 데뷔하였다.

그가 출연한 대표적인 작품은 영화 "*백 투 더 퓨처 (Back To The Future)*"와 "*전쟁의 사상자들 (Casualties Of War)*" 등이며, 드라마 "*패밀리 타이즈 (Family Ties)*"와 "*스핀 시티 (Spin City)*" 등 이다. 그는 에미상 코미디부문 남우주연상을 수상하였고, 골든 글로브상 코미디부문 남우주연상을 3회 수상하였고, 미국 배우 조합상에서 코미디부문 남우주연상을 2회 수상하였다.

**e. 세계적으로 유명한 가수**

a) 레너드 노만 코헨 (Leonard Norman Cohen, 1934년생)

몬트리올의 가장 부촌인 웨스트마운트 (Westmount)에서 태어난 그는 가수, 작곡가, 시인, 소설가 그리고 화가 등 다양한 분야에서 활동한 특유한 경력을 가지고 있다. 1967년 유럽 포크음악에 뿌리를 둔 첫 번째 앨범 "*레너드 코헨의 노래* (*Songs of Leonard Cohen*)"을 발표하였다. 1980년대 남성의 저음인 베이스 바리톤 (또는 베이스)으로 노래를 불렀다. 그는 약 2,000 종의 리코딩을 발표하여 캐나다 음악 명예의 전당 및 작곡가 명예의 전당에 뽑혔으며 캐나다 최고영예인 훈장을 수여 받기도 하였다. 2008년 미국 록엔롤 (Rock & Roll) 명예의 전당에도 뽑혔다.

b) 닐영 (Neil Young, 1945년생)

토론토에서 태어난 가수로 하모니카와 함께 기타를 치며 노래하는 옛날 가수로 섬세한 목소리를 가지고 있다. 1972년 "*Heart of Gold*"가 대히트 되면서 세계적인 가수가 되었으며, 그 외 대표적인 히트 곡으로 "*Tonight's the Night, Zuma*", "*Long May You Run*", "*Like A Hurricane*", "*Little Think Called Love*" 등이 있다.

| 풀 앵카 (Paul Anka, 1941년생) |
|---|
| 캐나다 오타와에서 태어난 그는 가수, 작곡가, 영화배우로 활동하였다. 그는 50~60년대 세계적으로 10대들의 우상이었으며, "*Diana*", "*Lonely Boy*", "*Put Your Head on My Shoulder*" 등이 대표적인 곡이다. 1990년 그는 미국으로 귀화하였다. |

c) 셀린 디옹 (Celine Dion, 1968년생)

몬트리올 동쪽 근교 샤를마뉴 (Charlemagne)에서 태어난 그녀는 12세의 나이에 "*It Was Only a Dream*" 으로 데뷔하였으며, 각종 세계 대회를 석권한 천상의 목소리와 가창력을 가진 가수이다. 1997년 타이타닉의 OST "*My Heart Will Go On*" 도 그녀가 부른 곡이며, 그녀는 세계에서 가장 많은 음반을 판매한 가수로 기록되고 있다.

d) 샤니아 트웨인 (Shania Twain, 1965년생)

컨트리 음악을 하는 미모의 여가수로 온타리오 윈저 (Windsor)

에서 태어났다. 밴쿠버 동계 올림픽 성화 주자로 선정될 만큼 인기가 대단하고 "*Come On Over*" 앨범으로 유명하다.

e) 저스틴 비버 (Justin Bieber, 1994년생)

온타리오 런던 (London)에서 태어나 스트랏포드 (Stratford)에서 자랐으며, 유튜브에 올린 자신의 노래 때문에 발탁되어 2009년 "*One Time*"으로 데뷔하였다. 같은 해 연말 "*My World*" 라는 음반을 출시하여 세계적인 히트를 쳐서 빌보드 차트 100위 안에 7곡 모두 진입했다. 오늘날 그는 천재적인 음악적 능력으로 인터넷에서 세계적으로 가장 유명한 가수이지만 철없는 그의 행동으로 종종 구설수에 오른다.

f) 에이브릴 라빈 (Avril Lavigne, 1984년생)

온타리오 벨빌 (Belleville) 출신인 그녀는 19세 때 첫 앨범 "*Let Go*"를 발매하여 단번에 세계적인 가수가 되었다. 그녀의 노래는 신나고 파워풀하여 기분 전환을 위해서 좋다.

g) 알라니스 모리셋 (Alanis Morissette, 1974년생)

온타리오 오타와에서 태어난 그녀는 어렸을 때 피아노 등 음악 교육을 받아오다가, 댄스 음악인 "*Fate Stay With Me*" 으로 데뷔를 하였으나 흥행에 실패하였다. 그 후 1995년 "*You Oughta Know*"을 통해 세계적인 스타가 되었으며, 오늘날까지도 여전히 보컬과 록 음악에서 세계적인 여성 대표이다.

## (참조) 캐나다인들이 선호하는 유명인사 조사

캐나다 시민들이 선호하는 유명 인사들에 대한 설문조사를 2008년은 Dominion Institute and the Department of Citizenship and Immigration Canada 에서, 2011년은 Canadian Press-Harris Decima 에서 발표하였다.

<2008년 캐나다 시민이 선호하는 유명인사>

| 순위 | 성 명 | 활동분야 |
|---|---|---|
| 1 | 웨인 그레츠키 (Wayne Gretzky) | 하키 선수 |
| 2 | 삐에르 트루도 (Pierre Trudeau) | 연방 총리 |
| 3 | 테리 팍스 (Terry Fox) | 암 환자 기금 모금 |
| 4 | 셀린 디옹 (Celine Dion) | 가수 |
| 5 | 존 맥도널드 (John A MacDonald) | 초대 수상 |
| 6 | 데이비드 스즈키 (David Suzuki) | 환경운동가 |
| 7 | 토미 더글라스 (Tommy Douglas) | 의료보험의 선구자 |
| 8 | 스티브 하퍼 (Stephen Harper) | 현직 연방 수상 |
| 9 | 레스터 피어슨 (Lester Pearson) | 연방 수상 |
| 10 | 모리스 리차드 (Maurice Richard) | 하키 선수 |

<2011년 캐나다 시민이 선호하는 유명인사>

| 순위 | 성 명 | 활동분야 |
|---|---|---|
| 1 | 웨인 그레츠키 (Wayne Gretzky) | 하기 선수 |
| 2 | 시드니 크로스비 (Sidney Crosby) | 하기 선수 |
| 3 | 데이비드 스즈키 (David Suzuki) | 환경운동가 |
| 4 | 스티브 내시 (Steve Nash) | 야구 선수 |
| 5 | 미셸 장 (Michaelle Jean) | 연방 총독 |
| 6 | 셀린 디옹 (Celine Dion) | 가수 |
| 7 | 조지 생-삐에르 (George St-Pierre) | 종합 격투기 선수 |
| 8 | 스티브 하퍼 (Stephen Harper) | 연방 수상 |
| 9 | 돈 체리 (Don Cherry) | 하키 해설자 |
| 10 | 조이 보토 (Joey Votto) | 야구 MVP 선수 |

### 5) 결혼, 이혼 그리고 장례 상식

#### a. 결혼

a) 결혼식도 면허가 필요한 나라

한국의 결혼 신고는 결혼식과 상관없이 증인 2명의 도장을 받아 결혼 신고서를 작성하여 부부가 구청을 방문하여 신고하는 것으로 끝나지만 캐나다는 절차가 다르다.

아무리 면허 천국이라도 결혼식까지 면허가 필요한가? 하는 생각을 할 수 있지만 캐나다는 결혼식을 올리기 전에 시청 (또는 Civic Center)을 방문해서 결혼식 면허 (Marriage License)를 발급 받아야 한다. 결혼식 날은 웨딩면허 (Wedding License)를 소지한 주례를 선정하여 결혼식을 올리고 혼인서약서에 주례자와 추가 증인 2명이 함께 서명하는 것으로 공식적인 결혼이 성립된다.

만약 웨딩면허가 없는 존경하는 분을 주례를 모시려면 별도의 절차가 필요하다.

| 경제적 또는 시간적으로 어려운 경우 증인 2명과 함께 시청을 방문하여 일정액의 수수료를 지불하면 웨딩면허를 가진 주례가 결혼식을 올려 준다. 자세한 내용은 거주 지역 시청 인터넷 사이트를 방문하면 알 수 있다. 토론토 같은 대도시는 시청 이외에도 구역별로 있는 Civic Center에서도 결혼식을 올릴 수 있다. |
|---|

| 캐나다는 최소 16세 이상이면 결혼을 할 수 있지만 강제결혼, 조혼, 그리고 중혼은 금지된다. 따라서 중혼한 사람의 캐나다 입국은 거절되며, 강제결혼 및 조혼을 위한 출국도 금지된다. |
|---|

b) 동성연애자 결혼은 합법

2001년 토론토 리버데일 (Riverdale)에 있는 메트로폴리탄 커뮤니티 교회 (Metropolitan Community Church)에서 캐나다 최초로 동성애자 결혼식을 하였다. 당시만 해도 위협을 느껴서 50명의 경찰관 보호 속에 브렌트 호크스 목사가 방탄조끼를 입고 2쌍의 남성 동성연애자 (죠 바넬 & 케빈 부라사, 앤 & 일레인 보투르) 결혼식을 주례하였다.

결혼식 이후 대법원 판결까지 거쳐 캐나다 전국에서 헌법적 권리로 인정받았고, 이후 많은 동성 커플이 결혼하였다. 2011년 인구센서스에서 전국적으로 결혼한 동성애자가 7,500쌍 이라고 조사되었다.

동성애자들은 매년 전국 주요도시에서 그들을 상징하는 무지개색으로 된 옷을 입거나 깃발을 들고 거리를 행진하는 행사를 갖는다. 중학생은 물론이고 초등학생들의 성교육 시간에 이들이 적극 참여하여 동성애 성교육도 하고 있다.

### b. 이혼 그리고 재산 분할 및 자녀 양육

캐나다 한인들이 얼마나 많이 이혼하는지에 대한 자료는 아직 본적이 없지만 주변에서 이혼한 분들을 목격하거나 듣거나 하는 것을 보면 적은 숫자가 아닌 것은 틀림없다. 다른 나라에서 사는 것도 매우 어렵지만 뜻하지 않게 부부가 이혼하는 것은 당사자 서로에게 더욱 어려운 생활이 시작될 수 있다.

#### a) 이혼이 가능한 조건

캐나다에서 이혼을 하는데 시민권자일 필요도 없고 캐나다에서 결혼을 하지 않아도 된다. 캐나다에서 1년 이상 거주하고 아래의 이혼 조건에 맞으면 누구든 변호사를 통하여 법원에 이혼 신청할 수 있다.

- 배우자와 1년 이상 별거 하였을 경우
- 배우자가 간통을 해서 용서할 마음이 없는 경우
  (간통죄는 캐나다에 없음, 한국은 2015년 폐지)
- 배우자가 물리적, 정신적 학대를 하여 함께 살 수 없는 경우

상기 조건에서 별거는 배우자와 거주하는 주소가 다르면 좋겠지만, 경제적인 사정으로 인해 한 집에서 각각 따로 식사와 생활을 하는 등 부부로써의 행동을 하지 않은 경우도 인정 될 수 있다.

또한 동거를 하는 경우도 헤어질 때 결혼한 부부와 같이 동일한

권리를 행사할 수 있다.

| 다른 국가에 가서 이혼 한 경우는 캐나다에서 인정이 되지 않으므로 캐나다 법에 따라 다시 이혼 절차를 받아야 한다. |
|---|

b) 이혼 신청 절차

결혼은 주정부 법원 관할이지만 이혼은 주정부 고등법원에서 접수 받아 연방 법원에 넘긴다. 따라서 부부가 서로 다른 주에 별거하면서 이혼 신청을 할 때 이중으로 처리되는 것을 막아 준다.

<전형적인 이혼 처리를 위한 절차 및 소요 기간>

| 순번 | 항 목 | 내 용 | 최소기간 |
|---|---|---|---|
| 1 | Notice of Family Claim | 변호사가 서류를 작성하여 법원에 등록하여 법원에서 수령한 사본을 배우자에게 본인 이외의 다른 사람을 통해 전달 | 약 2주 |
| 2 | 배우자 이혼 동의 확인 절차 | 배우자가 이혼에 동의 하는지? 반대하는지에 대한 서류 작성에 최소 30일 부여 | 30일 |
| 3 | 사실 확인서 | 법원 등록한 "Notice of Family Claim" 내용이 사실임을 진술한 서류 작성 | 1~2일 |
| 4 | 이혼 청원 (Petition) | 변호사가 이혼 청원서를 작성하여 법원에 제출하면 등록번호는 보통 당일 받지만, 일정 시간 경과 후 청원서 등록 확인 서류를 법원으로부터 수령 | 6주 (매우 불규칙) |
| 5 | 이혼 판결 | Requisition for Divorce Judgment 서류를 접수하고 최소 수주 후에 연방 법원 판결 | 수주 (매우 불규칙) |
| 6 | 판결 이후 대기기간 | 연방 법원 판결 이후 일정 기간 이후에 법적으로 이혼 유효 | 31일 |

※ 합의 이혼 (Joint Divorce)의 경우도 최소 3~4개월이 소요 된다.

이혼 신청은 반드시 변호사를 통해서 신청하고, 만약 경제적으로 어려울 경우 법률구조공단 (Legal Services Society, Legal Aid Ontario 등)에 요청하여 도움을 받을 수도 있다.

c) 재산 분할 및 자녀 양육

살고 있는 집 (Matrimonial)은 본인, 배우자 또는 공동으로 명의로 된 것과 상관없이 어떤 경우든 무조건 각각 반반씩 재산 권리가 주어진다. 또한 집을 장만할 때 누가 더 많이 기여 했느냐?, 또는 어느 쪽 집안에서 더 많이 도와주었느냐? 도 고려하지 않고 무조건 반반씩 나눈다.

집 이외의 재산은 결혼 전부터 보유한 재산은 각자의 것이고 결혼 이후 늘어난 재산을 반반 나눈다. 빚을 제외한 전체 재산에서 결혼 전 재산을 빼고 남는 NFP (Net Family Property) 순수 가계 재산에 대하여 반반씩 재산 분할 권한을 갖는다. 이때 재산 형성에 누가 더 많이 기여 했느냐는 따지지 않는다. 즉 어느 한쪽 사람만 직장 생활을 하여 발생한 수입으로 가계 생활비도 충당하고 재산을 모았다 하더라도 권리가 각각 동등하다는 것이다.

사업체가 있는 경우 어느 한 사람의 명의로 되어 있는 경우 명의자가 사업체를 유지할 수 있지만 순수 가계 재산을 반반씩 나눌 때 사업체의 재산도 포함해야 하므로 사업체를 유지하는 쪽은 다른 재산에서 양보를 하거나 차액을 지불해야 한다.

자녀 양육권 (Child Custody)은 누가 결혼 생활 동안 자녀를 키우는데 얼마나 많은 비용을 지불 했느냐를 고려하는 것이 아니고, 자녀가 정서적으로 누구에게 더 가깝냐는 것이다. 즉 학교, 학원 등을 나닐 때 누가 더 픽업을 많이 해주고, 누구와 더 많이 생활하느냐에 따라 양육권이 주어진다. 따라서 보통의 경우 직장에 다니는 남편보다 집 안 살림을 하는 부인이 양육권을 갖는다. 반대로 남편이 집에서 애들을 키우면 남편에게 양육권이 주어질 가능성이 많다. 단 자녀가 성숙하여 나이가 어느 정도 되면 자녀의 의견이 고려된다.

자녀에 대한 책임은 부모 모두에게 책임이 있으며, 두 사람의 소득, 자녀 수, 양육 기간 그리고 기타 요구되는 비용을 기준으로 양육비를 산정 한다.

보통 부부 중 한 사람은 더 재정 상식에 밝고 다른 쪽은 어두울 수 있다. 즉 향후 은퇴 이후 발생하는 직장인 연금 등은 집에서 살림만 하는 경우 모를 수 있다. 재산 분할 협의 과정에서 상대방이 잘 협조 안 하여 높은 변호사 비용만 지속적으로 올라가고 다시 보고 싶지 않은 마음에 상대방이 제시한 재산 분할 제안에 덜컥 합의하고 나중에 후회할 수 있다. 또한 자녀 양육비를 어떻게 산정할 것인지도 막연할 수 있다. 이런 경우 재정 전문가에게 재산 분할을 의뢰하는 것도 한 방법이다.

2008년 한 해 동안 캐나다에서 결혼한 부부 대비 이혼한 부부는 40.7% 로, 한국 35.6% 보다 높은 편이다. 한국은 이혼율이 2002년 47.7%를 정점으로 지속적으로 줄어드는 추세이고 캐나다는 매년 비슷한 수치를 보여 준다. 캐나다의 평균 이혼 연령은 여자가 40대 초반이고, 남자가 40대 중반이다. 가장 많이 이혼한 (준)주는 유콘 주로 59.7% 이고, 가장 적게 이혼한 주는 뉴펀들랜드 주로 25.0% 이다.

## c. 유언장 작성 및 장례 문화

### a) 캐나다에서 유언장 작성하기

유언장 (Will)은 본인이 죽은 후에 자신의 재산을 누구에게 상속하고 각각 대상자에게 무엇을 나누어 주는지를 규정하는 문서이다. 반드시 유언장을 작성할 필요는 없지만 한국 보다는 많은 분들이 유언장을 작성 한다.

만약 유언장 없이 사망하면 한국과 마찬가지로 각 주의 법률에 따라 배우자와 자식, 부모, 형제, 친척 (조카) 순으로 재산이 상속되지만 그 처리 기간이 한국 보다 길기 때문에 재산권 행사나 당장 생활비 등이 부족하여 불편을 겪을 수 있다. 만약 분명한 유언장이 존재 한다면 신속히 유산 상속을 처리할 수 있기 때문에 불편을 최소화 할 수 있다.

갑작스런 사고로 본인 뿐 만 아니라, 상속받을 자식도 함께 세상을 떠날 경우 원하지 않는 사람에게 재산이 상속될 수 도 있기 때문에 캐나다에서는 대체적으로 유언장 작성을 권하는 분위기 이다. 만약 친척까지도 없을 경우 상속 재산은 정부에 귀속 된다.

법적으로 인정되는 유언장은 3가지 종류가 있으며, 각주에서 규정하는 미성년자가 아니면 누구나 작성할 수 있다. 모든 종류의 유언장은 본인 서명이 들어가야 하고, 만약 여러 페이지로 작성하다면 모든 페이지에 서명 또는 약식 서명 (initial)을 해야 한다. 그리고 가급적이면 서명한 날짜와 장소도 함께 쓰는 것을 권장 한다. 이유는 나중에 유언장을 변경, 취소 할 수 도 있고 다시 작성 할 수 도 있기 때문에 어떤 것이 최근에 작성한 것이지 알기 어렵기 때문이다.

다음 3 가지 종류의 유언장이 아니면 유언장이 무효로 판정될 수 있으므로 유의해야 한다.

o 자필 유언장 (Holograph Will)

본인이 직접 작성하는 유언장으로 가장 간단한 방법이지만, 유언장 전체를 친필로 작성해야 하며 증인이 필요 없다.

본인이 갑자기 사고로 사망하는 경우에 대비하여 믿을 만 한 사람에게 유언장 보관 장소를 알려 주거나, 변호사나 공증인을 통해 정부기관에 등록할 수 있다.

가장 간단한 자필 유언장의 예제는 다음과 같다.

I, Gildong Hong, leave all my property to my daughter Jinhee.

Signed: Gildong Hong

Toronto, April 24, 2014.

| 2008년 86세 나이에 세상을 떠난 BC 주의 윌리엄 웨베너 (William Werbenuk)는 1남 4녀의 자녀를 두었다. 아들에게 모든 재산을 상속하는 유언장을 남겼으나, 법원은 모든 자녀에게 유산을 동등하게 분배하라고 판결하여 큰 뉴스가 된 적이다. |
|---|

자필유언장은 본인 사망 후 유언 집행을 위하여 유언장 진위 여부를 판단하기 위한 검증 (Probate) 절차가 필요하다. 만약 컴퓨터로 작성, 프린트하여 서명만한 유언장이라면 사망 후 내용의 진위를 검증하기 어려워서 유언장으로 인정 안 될 수 있다.

o 증인 유언장 (Witnessed Will)

최소 2명의 증인 입회하에 작성하는 유언장으로, 자필, 컴퓨터 프린터, 또는 다른 사람이 대필하는 것도 모두 인정 된다. 역시 유언자는 물론이고 증인 2명도 함께 서명을 해야 하며, 각각의 페이지에 서명 또는 약식 서명 (initial)을 함께 해야 한다. 이때 증인은 성인 이어야 하고, 유산 상속을 받을 사람은 증인이 될 수 없다.

증인 유언장의 경우도 믿을 만 한 사람에게 보관 장소를 알려주거나, 변호사나 공증인을 통해 정부기관에 등록을 해야 한다.

증인 유언장도 본인 사망 후, 유언 집행을 위하여 유언장 진위 여부를 판단하기 위한 검증 절차가 필요하다.

o 공증 유언장 (Notarial Will)

공증 유언장은 공증인에 의하여 만들어지는 것으로 앞의 2 종류 유언장들보다 더 확실하다. 이때도 증인 한명이 필요하며 유언자가 유언장의 내용을 읽을 수 없는 장님인 경우는 2명의 증인이 필요하다.

유언자, 공증인, 증인 모두 함께 서명해야 하며, 서명 장소 및 날짜도 기입해야 한다. 역시 각각의 페이지에도 서명 또는 약식 서명을 해야 한다.

공증 유언장은 공증인이 원본을 보관하고 정부기관에 등록하기 때문에 분실 우려도 없고 유언장 보관 장소를 다른 사람에게 알릴 필요도 없다. 또한 유언장을 작성할 때 공증인으로부터 조언을 들을 수 있고 경험 많은 공증인이 작성하기 때문에 많은 실수를 줄일 수 있는 장점이 있다.

또 다른 장점으로는 본인 사망 후 유언장을 집행하기 위한 검증 절차도 필요 없다.

o 유언장의 내용

유언장에 포함되는 일반적인 내용은 다음과 같다.

- 부동산 목록 (주택 등)

- 투자 등 금융 재산 목록 (예금, 투자금, 주식, 연금 등)
- 부채 목록
- 생명보험 등 기타 수입 목록
- 의사 결정을 할 수 없는 상태 일 때 치료 방법
- 사망 이후 장례에 관한 사항, 즉 매장 또는 화장 등
- 상속을 받을 사람과 상속 지분
- 권한 위임을 위한 대리인 지정

특별한 경우를 제외하고 유언장에 유언을 집행할 사람을 지정하지 않는다. 이유는 본인 사망이후 유언장 집행자로 지정된 사람이 유언을 실행할 수 없는 처지에 있거나 집행할 마음이 없으면 오히려 곤란해지기 때문이다. 만약 유언장 집행자를 지정하지 않으면 법은 상속을 받는 사람들 모두에게 공동으로 집행 권한을 부여한다. 그러나 분쟁에 소지가 있는 경우 집행자를 지정하기도 한다.

만약 각주에서 규정하는 미성년자 자녀가 있으면 보통 믿을 만한 후견인을 유언장에 포함한다. 부부 중 한 사람만 사망하면 나머지 사람이 자녀의 후견인이 되지만 부부 모두가 동시에 사망하면 후견인이 필요하다. 부부가 각각 다른 사람으로 후견인을 지정할 수 있지만, 법원은 지정된 후견인들 중 한 사람만을 선택할 수 있다.

상속받는 사람을 한 사람만 지정하였을 경우, 그 사람이 본인보다 먼저 사망하거나 동시에 사망하는 경우 원하지 않는 사람에게 유산이 상속될 수 있으므로, 이런 경우를 대비하여 상속 받을 사람을 더 많이 지정하는 것을 권장 한다.

배우자에 대한 상속은 법적으로 자식보다 비중 있게 고려한다. 주에 따라 일정금액의 유산을 배우자에게 먼저 배분하거나 또는 살고 있는 집에 대한 권리를 부여하고 남은 재산을 자식과 동등하게 배분하지만 주에 따라 또는 자세한 상황에 따라 차이가 날 수 있다.

또한 본인이 향후 상속 받을 재산도 주에 따라서는 절반까지 배우자에게 우선 배분될 수 있다. 그러나 본인 사망 이후 남아 있는 배우자가 재혼을 할 경우를 대비하여 유언장에서 배우자 상속 권한을 제한하는 것은 인정 하지 않는다.

캐나다는 상속세가 없지만 부모가 내야하는 세금은 상속을 받더라도 납부해야 한다. 그 대표적인 것이 연금인데 대부분의 부모는 은퇴 이후 별다른 소득이 없어 연금에 붙는 소득세가 없거나 조금 납부하는 것이 일반적이지만, 경제 활동을 하는 자식들은 소득이 있고 부모의 연금 소득까지 합해져서 누진 과세 되므로 상속 연금의 상당 부분을 세금으로 납부해야 하는 상황에 직면할 수 있다. 따라서 연금은 자식 보다는 별다른 소득이 없는 배우자가 받는 것이 세금 측면서 유리할 수 있다.

이혼한 배우자는 상속 권한이 없다. 다만 본인이 살아 있을 때, 전처, 자식, 부모 등에게 지원하던 것을 본인 사망 이후 곧바로 중단할 수 없다. 일부 주에서는 전처에게 12개월, 나머지 사람에게 6개월간 사망 전 지원하던 금액의 절반 정도를 계속 지원하도록 하고 있다.

o 유언장의 무효

직계 가족이나 친척을 제외한, 사망 전 의료 또는 간호 서비스를 제공하는 병원 혹은 거주 센터의 소유주, 관리자 또는 직원(owner, administrator, employee) 등은 유언장에 상속 내용이 있더라도 무효 처리되어 상속을 받을 수 없다.

또한 유언장 작성에 참여한 증인, 공증인, 공증인의 배우자, 공증인의 자녀, 공증인의 부모, 공증인의 형제·자매도 상속 권한이 없다.

나쁜 마음을 먹고 목숨을 위협하여 유언장을 만들거나, 유언장을 감추거나 변경, 파기를 했던 사람은 상속 권한이 무효화 된다.

d) 유언장 없이 사망한 경우 유산 배분

유언장 없이 사망하는 경우는 일반적으로 다음의 지분으로 유산을 상속한다.

a. 배우자만 있는 경우, 모든 자산을 배우자에게 상속
b. 배우자와 자식이 있는 경우, 배우자 지분을 우선 상속하고 자식들에게 균등하게 상속

- 바람피워 태어난 자식은 다른 자식과 동등한 상속 권리
- 재혼하여 배우자가 데려온 자식은 유산 상속 권리 없음

c. 배우자가 없고 자식만 있는 경우, 자식들에게 균등분배
d. 배우자와 자식이 없을 경우, 살아계신 부모에게 균등분배
e. 배우자, 자식, 부모 모두 없는 경우, 형제들에게 균등분배
f. 형제마저도 없는 경우, 조카들에게 균등분배
g. 조카마저도 없는 경우, 정부에 귀속

b) 캐나다의 장례 문화

갑자기 부모님이 돌아가시거나 식구 중에 누군가 세상을 떠날을 때, 연고가 없는 캐나다는 한국 보다 더 당황스러울 수 있다. 병원에서 사망하면 장례업체에, 개인 집에서 사망하면 911에 연락하는 것으로 장례를 진행할 수 있다. 병원에서 사망하면 의사가 사망을 바로 확인할 수 있지만 집에서 사망하면 사망원인을 밝히기 위하여 부검 (Autopsy)이 요구될 수도 있다. 한국보다 절차가 다소 복잡하다 보니 캐나다는 3일 장이라는 개념이 없고 다만 마지막 장례식 날을 토요일로 많이 정하는 편이다.

o 묘지

나이가 드신 부모님이 계시면 보통은 미리 묘지 (Cemetery)를 마련해 놓는다. 가격은 도심일 수 록 비싸고 좋은 자리일 수 록 비싸다. 한국 같이 산이 많은 나라는 거금을 들여서 명당자리를 찾아서 마련하는 경우도 있지만, 캐나다는 대부분 평지라서 명당이라는 개념은 없다. 산이 없다 보니 평지에 공동묘지를 만들어 묘지를 분양하는 데, 문제는 비가 오면 물이 잘 안 빠지는 곳이 종종 있다. 이런 자리는 가격이 낮아도 분양이 잘 안 된다.

대도시에 있는 묘지 분양 가격은 2013년 기준으로 $5,000 이하에서 부터 $15,000 이상까지 다양하다.

공동묘지는 한국의 공동묘지와 비슷하여 조그만 비석만을 세워 놓지만 주변을 예쁘게 꾸며 놓아 혐오 시설이라는 생각이 크게 들지는 않는다. 다만 도시에 대규모 공동묘지를 조성할 부지 마련이

쉽지 않아서 도심의 묘지 가격이 외각 보다 높다.

<토론토 광역권 (벌링턴) - Bayview Cemetery>

o 염과 화장

염은 시신을 베옷으로 싸서 묶는 작업이며 한국은 시신이 잘 썩도록 베옷으로 염을 하지만 캐나다는 반대로 잘 보존 되도록 한다. 따라서 베옷 뿐 만 아니라 일반 옷도 사용하고, 알코올 등 방부제를 사용하여 시신이 되도록 천천히 썩도록 한다. 또한 고인의 모습을 가족이나 친한 사람이 편안하게 볼 수 있도록 시신을 깨끗하게 염한다.

한국 보다는 덜 적극적이지만 캐나다인들도 화장 (Cremation) 하여 장례를 치른다. 한국과 다른 점은 화장터 (Crematorium)의 위치가 도시 외각 뿐 아니라 도심에도 많이 있다. 화장은 사망 후 최소 48시간이 지나야 진행 할 수 있다. 화장하여 묘지에 매장 (Burial) 할 수 도 있고, 납골당에 모시실 수도 있고, 바다에 뿌릴 수도 있다. 어째든 화장은 묘지 매장에 비하여 장례비용을 약 30% 정도를 줄일 수 있다고 한다.

o 장례식 조문

캐나다 병원은 조문객을 받을 수 있는 시설이 없고 한인 대부분이 교회에 소속되어 있어서 교회에서 장례 예배를 드리는 것으로 조문을 대체한다. 이때 한인들은 조의금을 상주에게 주어서 장례를 잘 지내도록 도와준다.

경제적으로 여유가 있는 캐나다 현지인들은 조의금을 받지 않고 평소 고인이 활동하던 자선 단체에 기부금을 내도록 권유하는 경우가 종종 있다. 현지인들은 조문객에게 간단한 다과 및 차를 제공하는 것으로 식사를 대체한다.

조문을 할 때 한국의 경우는 고인과 가까운 사람일 수 록 큰 소리를 내어 우는 경우가 많은데 현지인들은 약간 흐느껴 울기는 하지만 한국 같이 소리 내어서 우는 경우는 거의 없다. 하객들 중에서 원하는 사람은 장례 예배 때 고인과 생전에 있었던 좋은 일들을 대중 앞에서 이야기 할 수 있는 기회를 얻을 수 도 있다.

| 묘지 등 모든 장례비용은 2013년 토론토 한인 기준으로 약 $15,000 ~ $35,000이 소요된다. 경제적으로 여유가 없는 사람은 부담스러운 금액으로 생전에 적금을 들거나 또는 자식이 장례 이후 매월 분할 납부하는 제도를 이용하기도 한다. (CPP/QPP 국민연금 가입자는 사망연금 혜택) |
|---|

## 6) 한국과 차이가 큰 캐나다 문화

캐나다에 처음 오는 한국인이면 문화적 충격을 받을 수 있는 것들이 종종 있다. 한국에서는 중대 범죄에 해당되지만 캐나다에서 합법이거나 가벼운 불법으로 거의 처벌이 안 되는 것과 너무 많은 자격 또는 면허 제도들이다.

### a. 마약에 관대한 문화

a) 마약의 종류

o 대마초

대마초는 마리화나 (Marijuana)로 불리며 캐나다인들이 가장 많이 하는 마약이지만 중독성이 없다고 알려져 있다. 복용 후 보통 약 3시간 정도 기분이 좋고 몸이 늘어지는 현상이 나타난다고 한다. 대마초는 풀 잎 같은 것으로 판매되어 담배를 마는 종이를 구입하여 말아서 피우는 것으로 알려 지고 있다.

o 엑스터시

엑스터시 (Ecstasy)는 한국에서 "도리도리"로 알려진 알약 형태의 향정신성 의약품으로 연애들이 복용하다 걸려서 종종 뉴스에 오른다. 복용 후 30분 이상 지나면서 약 기운이 생겨 몸이 나른해지고 기분이 좋아져서 약 6~10 시간 동안 지속된다고 한다. 약 기운이 있는 장시간 동안 춤을 출 수 있도록 반응하여 일명 댄스 파티용 마약으로 알려졌다. 그러나 정상적인 사람들이 보면 거의 미친 듯이 흔들기만 한다고 한다. 이 마약은 뇌를 자극하여 환각을 일으키는 것으로 비정상적으로 오래 동안 춤을 추어 탈수 증상을 보여 위험할 수 도 있다고 한다.

o 코카인

코카인 (Cocaine)은 코카나무 잎에서 추출하는 마약으로 범죄 영화에서 종종 보는 백색 가루 이다. 코카인은 19~20세기에 국소 마취제로 쓰였던 것으로, 신경을 자극하여 식욕을 감퇴시키고 쾌

감을 일으킨다고 알려졌다. 주로 화장실에서 마약을 코로 흡입하기 때문에 화장실에서 나오면서 코를 후빈다고 한다. 코카인을 흡입하면 기분이 좋아져서 계속 떠들고 다니다가 약 기운이 떨어지면 축 늘어져서 아무것도 못 한다고 한다. 대마초나 엑스터시 보다 가격이 서너 배 더 비싸고 중독성이 강하여 일단 시작하면 몸이 상하고 마약 중독자가 될 수 있다고 한다. 마약 중독자가 되면 심장이 상하여 생명을 위협하는 수준으로 될 수 도 있다고 한다.

o 헤로인

헤로인 (Heroin)은 모르핀 (Morphine)을 아세틸화하여 만든 진정제의 하나로 사용이 금지된 강한 마약의 일종이다. 미국 TV 드라마에 글리 (Glee)에 출연하였던 유명 연예인 코리 몬테이스 (Cory Monteith)가 2013년 밴쿠버 호텔방에서 사망하였다. 검시 결과 헤로인과 알코올 복용 때문으로 밝혀졌다. 2014년 밴쿠버에서 헤로인 과다 복용으로 심각한 위험에 처한 경우가 하루에 7건이나 발생하여 빅뉴스가 되었지만 다행히 응급 구조되어 사망으로 가지는 않다고 한다.

| 한국에서 군대에 다녀온 남자라면 모르핀을 누구나 알고 있을 것이다, 전쟁터에서 응급환자가 발생하면 모르핀 주사로 응급처치하고 환자를 위험지역에 벗어나도록 교육하고 있기 때문이다. 이는 마약의 일종이지만 진통제로 사용할 수 있는 것으로 3번 이상 맞으면 마약 중독자가 될 수 있어서 첫 번째 주사 이후는 군의관의 동의하에 사용 가능하도록 교육하고 있다. |
|---|

o 히로뽕

히로뽕 (Philopon)은 1941년 일본 제약회사가 개발한 메스암페타민 (Methamphetamine)의 제품으로 중추신경을 자극하는 각성제이다. 냄새가 없는 무색 결정 (또는 백색 결정성 분말)으로 1970년대 한국에서 대대적인 단속에 걸려든 많은 유명 연예인들이 하였던 마약이다.

2차 세계 대전 당시 히로뽕을 처음 시판할 때는 졸음을 쫓고 피로감을 없애주는 단순 각성제로 오인하여 군인 및 노동자들에게 전투의욕, 피로회복, 작업 및 생산능력 향상을 위해 일하는 약으로 제공하였다. 더구나 가미가제 특공대원에게 출격을 앞두고 복용하도록 하여 죽음에 대한 공포를 없애도록 하였다고 한다. 그러나 세계 2차 대전 이후 중독된 사람이 너무 늘어나 사회문제가 되면서 마약으로 분류하여 일반인에게 판매 못하도록 하고 있다.

b) 마약을 하는 사람

캐나다인들이 마약을 하기 시작하는 시기는 주로 고등학생 때라고 알려져 있다. 뉴스에 의하면 학생들이 담배보다도 더 쉽게 마약을 구입할 수 있다고 한다.

캐나다에 처음 오는 한국인의 경우 마약은 불량 클럽 학생이나 범죄조직에서 하는 것으로 생각할 수 있지만 이는 전혀 잘 못된 생각이다. 캐나다의 경우 폭 넓은 사회 계층에서 마약을 하고 있다. 심지어 사회 지도층인 유명 정치인들 다수가 마약을 한 경험이 있는 것으로 조사되어 충격을 주었다. 캐나다 닷컴에서 2013년 유명정치인에게 마약 복용 경험이 있냐고 질문한 결과를 발표하였다. 연방 주요 정당대표 4명중 2명, 연방 장관 4명중 1명, 주수상 4명중 3명 그리고 토론토 시장과 밴쿠버 시장 등이 경험이 있다고 대답하였다.

캐나다에서 마약을 가장 많이 하는 도시로 알려진 밴쿠버는 약 12,000명이 마약 중독자이며, 10년 동안 약 2,000명이 마약 과다사용으로 사망하였고, 이들 중 약 90%가 간염에 걸렸고, 약 30%는 에이즈에 감염 되었다고 한다.

c) 마리화나 합법화 추진

한국을 비롯한 아시아는 마약에 대한 통제가 강력하여 어떤 종류의 마약이라도 재배, 소지, 복용, 전달, 판매 등 관련 모든 행위를 중대 범죄로 여겨 엄격하게 처벌한다. 중국 및 싱가포르는 마약사범의 경우 사형까지도 한다.

한국에서 금방 온 한국 사람은 마약 사범을 처벌은커녕 마리화나를 합법화 하는 것이 도저히 이해가 가지 않을 것이다. 더구나 밴쿠버의 경우 2003년 인사이트 (Insite)라는 주정부 기관에서 합법적으로 마약 공간을 마련하여 마약 중독자들이 이곳에서 자신들이 가져온 마약을 정부간호사 입회하에 투여할 수 있도록 하였다.

139 Hastings St. E, Vancouver, BC

몬트리올도 SIS (Services d'injection supervisés) 약물 투여소를 5 곳에 설치하여 운영하는 것을 2014년부터 준비하고 있다.

단순 마약 사범에 대한 유죄 없는 벌금형 또는 마약 성분이 비교적 적은 대마초에 대한 합법화 관련하여 여론조사를 하였다.

- 1970년 갤럽 (Gallup)의 조사에 의하면 86% 반대
- 1977년 엔바이로닉스 (Environics) 조사에 의하면 19% 찬성
- 1995년 29% 찬성
- 2000년 45% 찬성
- 2010년 50% 찬성
- 2012년 57% 찬성, 39% 반대
- 2013년 대마초 합법화 36% 찬성, 비범죄화 34% 찬성 (총 70% 처벌을 반대)
- 2017년 대마초 합법화 예정 (2016년 자유당 정부 발표)

마리화의 합법화를 추진하는 사람들은 대마초는 담배보다도 해롭지 않고 중독성도 없다고 주장 한다. 또한 과거 북미 대륙에서 금주령이 있을 때 범죄 조직들이 불법으로 주류를 판매하였다가 금주령이 해제되면서 몰락하였듯이 마약에 대한 규제를 풀면 범죄조직이 장악하고 있는 조직이 와해될 것 이라고 주장한다.

d) 마약 거래와 범죄조직

캐나다의 마약 거래는 범죄조직이 장악하고 있으며, 경찰도 그 조직과 구성원을 대부분 파악하고 있는 것으로 알려지고 있으나

실제 단속은 소극적이라는 여론이다.

거래상들이 각 학교의 일부 학생들을 이용하여 학교로 공급한다고 한다. 거래상들은 비교적 마약 성분이 약한 대마초만을 판매하는 것으로는 돈벌이가 안 되기 때문에 강한 코카인 등도 함께 취급하는 것으로 알려지고 있다. 그리고 고객을 늘리기 위하여 대마초에 강한 마약을 조금씩 섞어 판매하여 단순히 마약 하는 사람들이 중독되게 할 수도 있다는 뉴스도 있다.

| 2011년 음주 및 마약 소지 단속에 걸려서 경찰 조사가 예정되었던 한인 청년이 토론토 노스욕 한인 타운에서 총을 맞고 사망하는 사고가 있었다. 또한 2014년 토론토에서 마약 관련 2명 사망, 1명 중상의 총기 사고의 유력용의자로 한국 이름을 가진 20대 청년이 체포되었다 |
|---|

## b. 대수롭게 않게 생각하는 총기류 범죄

미국 보다는 적지만 캐나다도 집안에 총기류를 많이 보관하여 2007년 100명당 23.8명으로 알려졌다. 총기류 법 (Firearms Act)에 따라 18세 이상이면서 범죄, 정신병, 마약중독 그리고 가정폭력 기록이 없으면 면허 (Possession and Acquisition License) 시험에 응시할 수 있다. 면허 시험에 통과하고 안전 교육을 이수하면 총기류를 구매하고 보관하는 것이 가능하다.

총기류에 의한 사망은 자살이 전체의 3/4 으로 가장 큰 비중을 차지하고 있다. 자살 이외에 범죄로 인해 희생되는 인원은 2012년 10만 명당 약 0.49명으로 2005년 0.69보다 상당히 큰 폭으로 감소하였다. 총기 범죄에 의한 살인은 약 1/3이 가족 사이에서 발생하고 80%이상이 면식범 소행이라고 한다. 다음으로 총기류에 의한 사망은 범죄 조직들 사이에서 발생하는 것으로, 2012년 전국적으로 9건의 범죄가 발생하여 95명이 피해를 입은 것으로 알려 지고 있다. 2009년 10만 명당 살인 희생자가 한국은 2.9명이고 미국은 5명으로 모두 캐나다 1.8명 보다 높은 수치이다.

가족이나 친척, 친구사이에서 벌어지는 총기류에 의한 살인을 제외하면 실제 범죄 건 수 및 희생된 인원은 많은 비중을 차지하지 않아서 캐나다 시민이나 정부는 심각하지 않고 안전하다고 생각한다.

<살인 범죄로 10만 명당 희생된 연도별 인원>

| 연도 | 2005 | 2006 | 2007 | 2008 | 2009 | 2010 | 2011 | 2012 |
|---|---|---|---|---|---|---|---|---|
| 총기 살인 | 0.69 | 0.58 | 0.57 | 0.60 | 0.54 | 0.50 | 0.46 | 0.49 |
| 기타 살인 | 1.27 | 1.20 | 1.12 | 1.15 | 1.18 | 1.04 | 1.19 | 0.98 |

그러나 현금 거래를 많이 하는 소규모 한인 슈퍼마켓의 경우 야간 한적한 시간대 총으로 위협하고 현금을 털어가는 경우가 종종 발생하는 것으로 이야기 되고 있다. 실제 인명 피해가 발생하지 않으면 경찰이 범인 검거에 적극적이지 않고 신고자만 번거롭게 하기 때문에 한인들이 신고를 꺼린다고 한다. 그러나 인명 피해가 발생하지 않아도 한번 총기 위협을 당하면 정신적 충격이 매우 크고 또한 이러한 사실이 외부에 알려지면 사업체에 나쁜 영향이 미치기 때문에 말도 못하고 혼자 속으로 고민한다고 한다.

캐나다에서 가장 많은 살인을 한 사람은 로버트 픽턴 (Robert Pickton, 1949년생) 으로 광역밴쿠버 동부지역의 포트 코퀴틀람 (Port Coquitlam)에서 돼지 농장 (Piggy Palace)을 하였다. 그는 1983년부터 2002년 그가 체포 될 때 까지 49명의 매춘부를 살해하였다고 자백하였다. 당시 지역에서 실종된 인원은 63명이고, 농장에서 발견된 시신은 31명 이었다.

캐나다 판 화성의 살인 사건은 BC주 북부 태평양 연안의 프린스루퍼트 (Prince Rupert)에서 내륙도시 프린스 조지 (Prince George)를 연결하는 고속도로 Hwy 16의 800km 구간에서 발생하였다. 이 지역은 눈물의 고속도로 (Highway of Tears Serial Murder)로 불리며, 1969년에서 2011년까지 정부 추산 18명, 원주민 추장 주장 43명 이상이 사망하거나 실종되었지만 아직 범인이 잡히지 않았다. 이 지역은 주로 원주민들이 살고 있어서 피해자의 절반이상이 원주민 여성들이다.

캐나다에서 가장 살인 사건이 많이 발생하는 주는 위니펙이 있는 매니토바 주로 연속 5년 이상 캐나다 1위를 하였다.

### c. 대규모 인원의 야외 누드 촬영과 누드 비치

2001년 미국의 사진작가 스펜서 터닉 (Spencer Tunick)이 여름철 재즈 공연으로 유명한 몬트리올 다운타운에 있는 쁠라스 데자르뜨 (Place des Arts) 야외 공연장에서 누드 촬영을 하였다. 이 때 약 2,000명의 사람들이 누드 촬영에 참여하여 전 세계적인 뉴스가 되었다. 누드모델 등 직업적으로 하는 사람은 몰라도 일반인의 경우 누드 촬영을 꺼리는 동양적 사고를 뒤엎은 하나의 엽기적인 사건이 되었다.

토론토 다운타운 항구에서 뱃길로 약 20분 거리에 토론토 아일랜드가 있다. 섬의 오른쪽 비행기장 주변 호숫가에 누드 비치 (Hanlan's Point Beach)가 있다. 그리고 밴쿠버에도 UBC 대학근처의 있는 렉 비치 (Wreck Beach)도 누드 비치이다. 동양적 사고로 생각하면 아무도 누드 비치를 이용하지 않을 것으로 생각하지만 실제로 많은 사람들이 이용하고 있다.

| 개인 간 성매매는 합법, 그러나 성매매 업소 운영은 불법 |
|---|
| 2014년 연방대법원은 성매매 단속법을 폐기하여 개인 간 성매매는 합법적으로 할 수 있다. 그러나 공공장소에서 성매매 영업 및 홍보를 할 수 없으며 당연히 업소 운영도 할 수 없다.<br>2015년 토론토에서 성매매 업소를 단속하여 조직원 6명을 체포하고 성매매 여성 500 여명을 적발하였다. 대다수 여성이 중국인 또는 한국인 불법체류자로 밝혀져서 더욱 충격적인 뉴스가 된 적이 있다. |

# 짧고 단조로운 캐나다 역사

## 1) 원주민과 뉴 프랑스 건설

### a. 원주민 기원

아메리카 대륙은 그 옛날 바다였다는 증거가 곳곳에서 발견되고 있다. 대륙 여러 지역에 산재해 있는 엄청난 소금, 원유, 가스, 바다의 퇴적암 등은 한국이나 다른 대륙에서 찾기 어려운 광경이다.

북미 대륙이 서양인들에게 발견되기 이전에 살고 있던 원주민들의 기원은 베링해협을 통한 알라스카 유입설, 남태평양 유입설, 대서양 유입설 등 다양하지만 어느 것도 확실한 증거를 못 내놓고 있으며 더구나 언제부터 살기 시작했는지도 불분명하다. 다만 각기 다른 시기에 여러 차례에 걸쳐서 여러 종족이 출현한 것으로 밝혀졌다.

콜럼버스가 신대륙을 발견할 당시, 원주민들은 마야 및 잉카 제국처럼 큰 왕국을 멕시코 및 중앙아메리카 지역에 건설하였지만, 북미 대륙은 대부분 인구가 수천 단위의 부족 또는 수백 단위의 마을로 전체 인구가 수백만에서 수천만으로 추정하고 있다.

### b. 신대륙의 발견

1453년 동로마 제국이 멸망한 후, 유럽 각국의 힘이 커지는 1400년대 말 세상 사람들이 미쳤다고 할 정도로 무모한 도전을 하는 두 사람이 있었다. 한 사람은 1492년 아메리카 신대륙을 발견한 크리스토퍼 콜럼버스 (Christopher Columbus) 이고 다른 한 사람은 1497년 아프리카 최남단 희망봉을 발견하고 1498년 인도까지 항해한 바스코 다가마 (Vasco Da Gama) 이다. 당시 유럽인들에게 매우 중요한 인도산 향료를 구하려면 아랍 상인들을 통해서만 가능했다. 따라서 유럽인들은 늘 아랍 상인들이 살고 있는 중동을 거치지 않고 바로 인도로 가는 길을 원했다. 그래서 한 사람은 바다 끝으로 가면 떨어져 죽는다는 대서양을 횡단하고 한 사람은 아프리카 연안을 따라 남쪽으로 끝까지 가서 다시 인도로 가는 정말 무모한 도전을 하였다.

콜럼버스가 유럽인들 중 처음으로 아메리카 신대륙을 발견한 것으로 여겨져 왔으나, 이는 신대륙을 처음 발견하였다고 보기 보다는 정복 또는 개척 시대의 불을 지핀 것으로 표현하는 것이 적당하다. 그 이유는 이미 수백 년 전에 아메리카 신대륙을 발견한 유럽인들이 따로 있었기 때문이다. 콜럼버스가 신대륙 발견하고 금 등 보물을 가지고 돌아온 후에 유럽인들은 엄청난 충격을 받아서 신대륙 개척을 위한 부흥이 전 유럽에서 일어났다.

고대 북유럽의 스칸디나비아 반도 및 주변 지역에서 사용하는 언어는 아이스란딕 (Icelandic)이며, 이들 언어를 사용하는 민족을 노스맨 (Norseman) 이라 불렸다. 이들에게 전해 내려오는 전설인 사가 (Saga)의 기록에 의하면, 비야르니 헤르욜프손 (Bjarni Herjólfsson)이 985년 (또는 986년) 그린란드섬에 도착하였고, 이후 1001년경에 레이프 에릭슨 (Leif Ericson) 이라는 사람이 캐나다 뉴펀들랜드 섬을 포함하여 동부 연안 3개 섬에 일정기간 거주한 것으로 전해지고 있다.

1963년 뉴펀들랜드 섬의 제일 북쪽 끝에 위치한 랑즈-오-메도우즈 (L'Anse aux Meadows) 지역에서 당시의 유적이 발견된 이후 유네스코 세계 문화유산으로 지정하여 관리하고 있다.

### c. 뉴 프랑스 건설

콜럼버스의 아메리카 신대륙 발견에 자극을 받은, 이탈리아 탐험가인 존 캐벗 (John Cabot 또는 Giovanni Caboto)이 1497년 노바스코샤 주 제일 북쪽에 위치한 케이프 브래튼 (Cape Breton) 섬으로 가는 항로를 발견하고, 이듬해 캐나다 뉴펀들랜드에서 미국 워싱턴 DC 남쪽에 있는 미국 버지니아 주의 체사피크 (Chesapeake) 만까지 항해 하였다. 그의 뒤를 이어 줄줄이 여러 탐험가들이 북미 대륙을 방문하였다.

프랑스 국왕의 명으로 자크 까르띠에 (Jacques Cartier)는 북미 오대호에서 대서양으로 흘러 나가는 생로랑 만을 1534년 발견하고 지금의 가스페 (Gaspe) 만에서 원주민 추장의 두 아들을 설득하여 프랑스로 데리고 돌아갔다. 두 아들로부터 퀘벡 시티와 몬트리올에 사는 원주민 부족, 그리고 퀘벡 시티 지역을 "Kanata" 라고 부른 다는 것을 알게 되었다. 이듬해 두 번째 탐험을 하는 동안 생로랑 강을 거슬러 올라가서 퀘벡 시티와 몬트리올까지 항로를 개척하고 원주민들과 교역도 하고 친분도 만들었다. 1541년 세 번째 항해 때는 군대와 함께 5척의 배에 1,500명을 거느리고 와서 퀘벡 시티에서 14km 정도 떨어진 리비에르 드 카프-루즈 (Rivière de Cap-Rouge) 강 입구에 최초의 프랑스 정착촌 "샤를부르-레알 (Charlesbourg-Royal)"을 건설하였다. 그러나 두 번째 탐험을 하고 프랑스로 돌아갈 때 데려간 원주민 추장과 두 아들 그리고 7명의 원주민들이 5년 동안 한명만 살고 다 죽은 이후라서, 원주민들이 정착촌을 포위하고 지속적으로 위협하여 이듬해에 포기하고 철수 하였다. 이후 드 로버벌 (De Robertval) 이라는 사람이 다시 정착촌으로 돌아와서 겨울을 지냈으나 추위와 질병으로 인해 다시 60여명이 죽으면서 첫 번째 정착촌은 완전히 실패로 돌아갔다.

이후 한 동안 정착촌 건설은 장기간 중단되었다가, 1600년대 초기에 다시 시작하였으나, 추위와 질병으로 사망자들이 많아 실패를 거듭한 끝에, 사무엘 드 샹플랭 (Samuel de Champlain)이 1605년 노바스코샤 펀디 (Fundy) 만의 포트-로얄 (Port-Royal)에 처음으로 정착촌 건설을 성공하였다. 그는 이어 1608년 퀘벡 시티에 뉴 프랑스의 수도로 정착촌을 추가 건설하였다. 이후 그는 퀘벡 정착촌에서 미국 버몬트 주 샹플랭 (Champlain) 호수로 가는 항로, 오타와 강 상류에 있는 니피싱 (Nipissing) 호수를 거쳐 오대호의 조지안 (Goergian) 만까지 가는 항로, 그리고 온타리오 호수 및 심코 (Simcoe) 호수를 거쳐 조지안 만으로 가는 항로 등을 개척하였다. 그 후 그의 부하들이 오대호 여러 지역으로 가는 항로를 개척하였다. 그러나 생로랑 강 주변에 많이 살고 있는 이로꾸와 (Iroquois) 원주민과 휴론 (Hurons) 원주민간 전쟁에서 휴론 원주민을 지원하면서 1701년 평화조약을 맺을 때 까지 이로꾸와 원주민과 분쟁이 여러 차례 있었다. 샹플랭은 1634년 트루아리비에르 (Trois-Riviéres)에 추가 정착촌을 건설하고 1635년 사망하였다. 이후 1642년 메조네브 (Paul Chomedey de Maisonneuve)가 건설한 “Ville Marie” 정착촌이 오늘날 몬트리올의 시작이다.

1610년 핸리 허드슨 (Henry Hudson)이 캐나다 북쪽 허드슨 만을 항해하여, 한발 늦었지만 영국인들도 캐나다에 식민지를 건설할 수 있는 항로를 개척하였다. 1583년부터 영국인들은 뉴펀들랜드 섬을 시작으로 허드슨 만 주변과 노바스코샤 주 여러 곳에서 작은 단위로 정착을 시도하였으나, 그 밖에 캐나다 다른 지역에서는 활발하지 못하였다. 캐나다 대서양 연안을 포함한 동부지역 및 중부 오대호지역이 모두 뉴 프랑스의 영향권 하에 있었다.

뉴 프랑스의 개척자들은 대부분 프랑스 남자들이였고, 이들 대부분이 원주민 여성과 교제를 통해 많은 혼혈들을 남기게 되었다. 이들 혼혈 원주민 후손들은 메티스 (Métis)로 불리어지고 있다. 생로랑 강 유역을 따라 펼쳐지는 넓은 지역에서 원주민들과 모피 무역을 하면서 지역 인구도 점진적으로 늘어났다. 오늘날 몬트리올의 라신 (Lachine) 운하 입구에 가면 당시 모피 무역을 하던 곳을 공원으로 조성하여 시민에게 휴식 공간으로 제공하고 있다.

### d. 오늘날 캐나다 원주민

콜럼버스가 아메리카 신대륙을 발견하기 전까지 살아오던 주민을 의미한다. 멕시코에서부터 남쪽으로 중남미 지역 원주민들은 콜럼버스의 탐험을 지원한 스페인에 영향을 많이 받았지만, 미국과 캐나다의 원주민들은 프랑스와 영국의 영향을 많이 받아서 원주민 대부분이 영어 또는 불어를 사용한다.

원주민들이 워낙 넓은 지역에 분포되어 살다보니 종족, 언어도 다양하다. 캐나다의 경우 원주민을 크게 First Nations (또는 First Natives), 유럽인 (주로 프랑스인)과 혼혈인 메티스 (Métis), 북극해 근처에 사는 이누이트 (Inuit) 등 3개의 인종으로 구분한다. 다른 나라에서는 원주민을 “America Indian” 이라고 부르기도 하지만 원주민 들은 자신들이 그렇게 불리는 것을 싫어한다.

2011년 인구센서스에서 원주민 인구는 **전체 캐나다 인구의 4.3%인 1,400,685명**으로 조사되었다. (First Nations 60.8%, Metis 32.3%, Inuit 4.2%, 기타 1.9%) 2006년에 비하여 232,385명 (20.1%)이 증가하여, 같은 기간 전체 캐나다 인구 증가율 5.9%에 비하여 매우 높은 것으로 조사되었다. 또한 조사에 포함되지 않은 원주민과 혼혈을 모두 포함하면 2011년 183.6만 명에 이르는 것으로 캐나다 통계국은 파악하고 있다.

<5년 간격 원주민 인구 변화 - 인구센서스 기준>

| 항 목 | 1996년 | 2001년 | 2006년 | 2011년 |
|---|---|---|---|---|
| 원주민 인구조사 (천명) | 799.0 | 976.3 | 1,172.8 | 1,400.7 |
| 전체인구 대비 비중 (%) | 2.8 | 3.3 | 3.8 | 4.3 |
| 캐나다전체 증가율 (%) | 5.7 | 4 | 5.4 | 5.9 |
| 추정 원주민 전체인구 (천명) | 1,102.0 | 1,319.9 | 1,678.2 | 1,836.0 |

<2006년 인구조사 - 주별 원주민 인구>

| (준)주 | First Nations | Métis | Inuit | Multiple | 기타 | 합계 (비중)* |
|---|---|---|---|---|---|---|
| 온타리오 | 201,100 | 86,015 | 3,360 | 2,910 | 8,045 | 301,430 (2.4%) |
| 퀘벡 | 82,425 | 40,960 | 12,570 | 1,550 | 4,410 | 141,915 (1.8%) |
| 브리티시 컬럼비아 | 155,015 | 69,475 | 1,570 | 2,480 | 3,745 | 232,290 (5.4%) |
| 앨버타 | 116,670 | 96,865 | 1,985 | 1,875 | 3,295 | 220,695 (6.2%) |
| 사스카츄완 | 103,205 | 52,450 | 290 | 670 | 1,120 | 157,740 (15.6%) |
| 매니토바 | 130,075 | 78,835 | 580 | 1,205 | 1,055 | 199,940 (17.0%) |
| 노바스코샤 | 21,895 | 10,050 | 695 | 225 | 980 | 33,845 (3.7%) |
| 뉴브런즈윅 | 16,120 | 4,850 | 485 | 145 | 1,020 | 22,620 (3.1%) |
| 프린스 에드워드 | 1,520 | 410 | 55 | 0 | 235 | 2,230 (1.6%) |
| 뉴펀들랜드 | 19,315 | 7,665 | 6,260 | 260 | 2,300 | 35,800 (7.1%) |
| 누나부트 | 130 | 135 | 27,070 | 15 | 15 | 27,360 (86.3%) |
| 노스웨스트 | 13,345 | 3,245 | 4,335 | 45 | 185 | 21,160 (51.9%) |
| 유콘 | 6,585 | 845 | 175 | 30 | 70 | 7,710 (23.1%) |
| 합계 | 851,560 | 451,795 | 59,445 | 11,415 | 26,470 | 1,400,685 (4.3%) |

* (비중)은 주의 전체인구에서 차지하는 원주민 비율을 의미

### 2) 식민지 전쟁과 캐나다 탄생

**a. 영·프 전쟁** (1754년 ~ 1763년)

북미 대륙을 흐르는 바다 같이 엄청 큰 2 개의 강이 있다. 하나는 북미 대륙의 오대호에서 퀘벡을 거쳐 대서양으로 흐르는 세인트로렌스 강 (불어권 생로랑 강)이고, 다른 하나는 북미 대륙 중부 지방 여러 곳에서 시작하여 남부 멕시코 만으로 흐르는 미시시피 강이다. 스페인보다는 늦지만 영국 보다 일찍 신대륙 개척을 시작한 프랑스는 1700년대 중반까지 이 두 개의 강 유역을 모두 차지하여 엄청난 영토를 확보하였다.

최초의 영국 정착촌은 1607년 버지니아의 제임스 (James) 타운이었으나 본격적인 이주는 13년이 지난 이후에 시작되었다. 즉 1620년 102명의 청교도들이 종교의 자유를 찾아 메이플라워 (May flower) 호를 타고 보스턴 남쪽 1시간 거리의 케이프 코드 (Cap Code)에 도착한 이후, 줄줄이 이주하여 미국 동부 해안에 위치한 보스턴, 뉴욕, 워싱턴 주변에 거주하였다. 따라서 북미지역에서 프랑스와 영국이 만나는 여러 곳, 미국의 동부 최북단 메인 (Maine) 주, 캐나다의 대서양 연안 지역, 오하이오 (Ohio) 주 및 중부 내륙 지역 등에서 지속적으로 분쟁이 있었다. 1750년대 중반까지 소규모 전쟁을 여러 곳에서 하였지만 어느 한 쪽이 일방적으로 우세하지 않았다.

1750년대 영국 본토의 인구는 700만 정도였지만 식민지 개척에 매우 적극적이어서, 북미 대륙으로 이주한 인구가 약 120만 이나 되었다. 그러나 프랑스는 넓은 땅을 차지하고 있었지만 북미 지역의 인구는 고작 7만 5천 수준이다. 영국계 인구가 급증하면서 프랑스계 아카디안들이 거주하던 대서양 연안 지역이 1755년 영국에 점령되어 대다수 아카디안들이 미국 남부 지역으로 강제 추방되었다. 그리고 1754년부터 영국과 프랑스의 전면 전쟁이 북미에서 시작되었으나 1758년까지는 프랑스 군대가 우세하여 전선의 큰 변화는 없었다.

그러나 1756년 유럽에서 시작된 7년 전쟁은 세계 1차 대전 보다도 규모가 큰 것으로 프랑스를 비롯한 유럽의 거의 모든 국가가 전쟁에 휘말렸다. 같은 시기 영국과 프랑스는 인도에서도 전쟁을 하였다. 다만 7년 전쟁은 유럽 대륙에서 떨어진 섬나라인 영국 보다는 프랑스가 더 적극적으로 참여할 수밖에 없었다. 유럽에서 좀 여유가 있는 영국은 북미 군대를 대폭 강화하여 1758년 미국 루이스버스, 1759년 퀘벡, 1760년 몬트리올을 차례로 함락하였다. 이후 1763년 파리조약에 따라 프랑스는 캐나다의 뉴 프랑스 영토는 물론이고 미국 루이지애나의 프랑스 식민지까지 모두 영국에 넘기고 북미지역에서 모든 권한을 잃었다.

> 초기 캐나다에 식민지를 개척할 때 프랑스인과 원주민 혼혈인 "메티스(Metis)"들이 엄청 태어나게 되고, 모피 무역을 하면서 프랑스와 친분이 두터웠던 원주민들이 영국과 프랑스의 전쟁에서 프랑스를 전폭 지원하였다. 이런 이유로 미국에서는 영·프 전쟁을 "French-Indian War" 라고 부른다.

> 비록 패배하기는 했어도 워싱턴 장군이 청년 장교로 참전하였던 1749년 북미 포트에겐 (오늘날 피츠버그 근처)에서 훗날 자신의 독립 전쟁을 지원하는 프랑스 군대를 상대로 싸웠다.

### b. **미국 독립전쟁** (1775년 ~ 1783년)

유럽에서 7년 전쟁 이후 파리 강화 회담에서 영국은 북미와 인도의 식민지 지역에 대한 독점적인 권한을 획득할 때 조세 정책도 포함하였다. 당밀, 설탕, 철, 소금 등의 수입품에 대한 관세를 부과하고, 신문 등 모든 출판물에 인지세를 부과하는 것 이었다. 관세는 간접세라서 주민들이 큰 문제를 삼지 않았으나 인지세는 북미 지역에 사는 주민들에게 커다란 반발을 불러왔다. 이에 북미지역에서는 영국 의회에 대표를 보낸 적이 없으니 이러한 법을 수용할 수 없다는 것 이었다. 영국은 인지세법이 간접세의 추구라는 조세 원칙에 맞지 않았기 때문에 금방 철폐하였지만 북미 주민들의 불만을 잠재울 수가 없었다.

북미 주민들은 영·프 전쟁에서 승리한 후 내심 중서부지역으로 진출을 기대하였지만, 영국 정부는 이 지역을 '인디언 보호구역'으로 설정하였다. 너무 많은 유럽인들이 이주해 오고 출생률이 높아 인구가 급격히 증가하면서 인디언 보호구역은 잘 지켜지지 않았다. 원주민과 자주 분쟁이 발생하여 군대를 보내는 횟수가 늘어나면서 재정적으로 문제가 되어, 영국은 군대 주둔 비용을 세금으로 충당하려 하였으나 이 또한 북미 주민들의 불만을 더욱 키웠다.

불만은 결국 1770년 3월 보스턴에서 시가행진으로 이어졌고 영국 군대와 충돌하여 시민 5명이 사망하였다. 이는 보스턴 차 사건으로 미국 독립운동에 결정적인 도화선이 되었다.

1775년 북미 지역 시민 군대가 창설되고 최고 사령관으로 워싱턴 장군이 추대되면서 독립 전쟁이 시작되었다. 이듬해 전쟁 중에 동부 13주가 영국으로부터 독립을 선언하여 미국이 탄생하였다.

전쟁 초기는 시민군이 불리하였으나 후반으로 가면서 프랑스 군대의 지원을 받는 시민군이 승리하였다. 특히 1781년 요크타운(Yorktown) 전투에서 영국 군대는 참패하여 결국 1783년 파리 조약에 따라 영국은 공식적으로 미국의 독립을 인정하였다.

미국 독립전쟁의 결과로 북미지역이 미국과 캐나다로 분리되고 패전한 영국 군대와 국왕을 따르는 주민들이 캐나다로 피신한 것이 캐나다의 시작이 되었다.

미국 독립 이후 캐나다 공격

유럽에서 나폴레옹 전쟁 당시 프랑스와 교역하는 미국을 영국이 해상봉쇄하면서 미국은 보복으로 캐나다를 공격하여 토론토까지 진격하여 도시를 불 태웠으나 전쟁은 무승부로 끝났다. (1812~1815년)
이후 캐나다는 미국 공격을 방어하기 위하여 퀘벡 시티와 핼리팩스에 시타델, 킹스턴에 포트 핸리 그리고 오타와 리도 운하를 건설하였다.

미국 정부는 아니고 개인 집단이 캐나다 분쟁에 개입하거나 침공
- The Patriot War (1837–1838)
  식민지 정책에 반대하여 토론토, 몬트리올에서 발생한 반란 사건
- The Fenian Raids (1866–1871)
  아일랜드 독립운동 때 영국 연방인 캐나다를 침공

웹스터-애슈버턴 국경 조약 (Webster - Ashburton Treaty)

1842년 8월 9일 미국과 조약을 체결하여 핼리팩스에서 밴쿠버까지 국경을 확정하고 국경분쟁을 해결하였다. 이 조약으로 퀘벡에서 핼리팩스로 가는 통로를 확보하고, 미시시피 강의 발원지 이타스카 호수(Lake Itasca)부터 서쪽으로 북위 49도를 국경으로 확정하였다.

### c. 캐나다의 탄생 (1867년)

미국 독립전쟁 이후, 영국 국왕을 따르는 영국인들이 온타리오 주와 노바스코샤 주로 대거 이주하면서 갑자기 인구가 늘어났다. 1784년 대서양 연안은 뉴브런즈윅 주와 노바스코샤 주로 분리하여, 캐나다는 Upper Canada (온타리오), Lower Canada (퀘벡), 노바스코샤 그리고 뉴브런즈윅으로 각각 다른 정부를 운영하였다.

캐나다의 나머지 지역은 1670년 설립한 허드슨 베이 회사 (Hudson Bay Company)가 북쪽 허드슨 만 지역에 정착촌을 건설하고 원주민과 무역을 하였다. 1779년 설립한 노스웨스트 회사 (North West Company)가 캐나다 중부지역과 북쪽 준주 지역의 원주민과 모피 무역을 하였다. BC 주 지역은 미개척지로 탐험가들이 항로를 개척하는 중 이었다. 1790년경부터 노스웨스트 회사가 본격적으로 BC로 가는 항로를 개척하기 시작하였지만 이 회사 전체가 1821년 허드슨 베이 회사에 통폐합되었다.

미국이 독립을 할 때만해도 캐나다 수도인 오타와는 밀림지역으로 영국 패잔병들이 모여 들던 곳 이었다. 초기 캐나다는 미국의 위협 속에서 수도를 여러 차례 이전하여 가급적 국경에서 먼 오타와로 최종 결정하였다.

- 1841~1844년: 킹스턴
- 1844~1849년: 몬트리올
- 1849~1851년: 토론토
- 1851~1856년: 퀘벡시티
- 1856~1859년: 토론토
- 1860~1866년: 퀘벡시티
- 1866년 이후: 오타와

지역별로 각기 다른 정부를 구성하여 운영하던 캐나다는 1867년 7월 1일 영국의회에 의하여 상기 4개 주, 즉 온타리오, 퀘벡, 노바스코샤, 뉴브런즈윅 주들만으로 연방 국가를 탄생시켰다. 연방 탄생에 가장 큰 공헌자인 초대 수상 존 아보트 맥도날드 (John Abbot McDonald)는 임기 중에 캐나다 정부가 중서부 및 북부 준주 땅을 허드슨 베이 회사로부터 구입하여 국토를 대폭 확장하였다. 각 주별 연방 가입시기가 다르며 오늘날 캐나다는 1949년 뉴펀들랜드 / 래브라도 주가 연방에 가입하면서 완성되었다.

| 연방 탄생에 가장 적극적이었던 프린스에드워드아일랜드가 오히려 연방 탄생 이후 6년이 지난 다음에 가입하였다. 이는 연방이 탄생하면서 영국은 더 이상 캐나다 방어를 위한 군사비 부담을 원하지 않았고, 당시 섬에 거주하던 많은 영국인들은 미국의 침략으로부터 자신들을 보호하고자 영국으로부터 안보 공약을 받고자 연방 가입을 미루었다. |
|---|

<주별 캐나다 연방 가입 시기>

| 연방 가입 날짜 | 해당 주 |
|---|---|
| 1867년 7월 1일 | 온타리오, 퀘벡, 노바스코샤, 뉴브런즈윅 |
| 1870년 7월 15일 | 매니토바, 노스웨스트 테리터리 (준주) |
| 1871년 7월 20일 | 브리티시컬럼비아 |
| 1873년 7월 1일 | 프린스에드워드아일랜드 |
| 1898년 6월 13일 | 유콘 (준주) |
| 1905년 9월 1일 | 사스카츄완, 앨버타 |
| 1949년 3월 31일 | 뉴펀들랜드 래브라도 |
| 1999년 4월 1일 | 누나부트 (노스웨스트에서 별도 준주로 분리) |

### 3) 캐나다 헌법과 사법제도의 변천 과정

한국이 일제 식민지 시대에 겪었던 그런 탄압을 캐나다에서는 찾아보기 어려운데 왜 과거 캐나다인들은 영국의 식민지로 부르는지 궁금할 것이다. 그 이유는 탄압 보다는 주권 국가가 갖추어야 할 기본적인 조건이 미비했기 때문이다. 신대륙 개척시대에 북미 대륙에 있는 주민들은 프랑스나 영국에서 파견된 총독에 의해 관리되었다. 미국은 일찍 독립하여 영국에 간섭 없이 헌법도 만들고 선거를 통해 국가 최고 지도자를 선출하였지만, 캐나다는 영국의회에서 제정한 법률을 따라야 했고 영국 국왕이 파견한 총독이 국가 최고 통치자였다.

**a. 로얄 프로클러메이션** (Royal Proclamation, 1763년)

이 법은 영·프 전쟁에서 프랑스가 패배한 이후, 1763년 파리조약에 따라 뉴 프랑스가 영국에 귀속될 때, 영국 국왕 조지 (King George) 3세가 포고하였다. 북미지역으로 온 백인 이민자들과 인디언 사이의 무역, 땅 거래, 정착 등의 관계를 안정화 하고자, 미동부 지역의 거대한 애팔래치아 (Appalachian) 산맥을 중심으로 동쪽 해안가 (보스턴, 뉴욕, 워싱턴 DC 지역)는 백인들이 거주하고 애팔래치아 산맥 서쪽지역 (북미 중부지역)과 북쪽지역 (캐나다 동부지역)은 인디언 보호 구역으로 구분하였다. 이 법은 Québec (온타리오와 퀘벡의 세인트로렌스 강 주변), West Florida (미국 남부 플로리다의 서쪽 지역), East Florida (미국 남부 플로리다) 그리고 Grenada (미국 동부해안) 등으로 지역을 구분 하였다.

또한 이 법은 원주민 (First Natives) 및 캐나다인에게 법률적으로 중요한 것으로 영국의 문화와 법을 과거 뉴 프랑스 지역인 캐나다 동부지역에 적용하는 것 이었다. 북미 여러 지역의 다양한 특성을 인정하여 퀘벡 지역에서는 가톨릭과 영국 형법이 혼합된 법이 적용되었다.

b. **퀘벡 법** (Québec Act, 1774년)

1763년에 인디언 보호구역을 지정하였던 캐나다 남부 온타리오, 미국 일리노이, 인디애나, 미시간, 오하이오, 위스콘신과 미네소타 일부 지역을 퀘벡으로 통합하고자, 영국정부는 1774년 퀘벡법을 발효하였다. 또한 구 퀘벡지역에 많이 살고 있는 프랑스계 주민의 종교인 가톨릭에 대한 완화 정책을 법률에 담았다.

- 개신교에 대한 종교적 강요는 더 이상 요구 하지 않음
- 가톨릭 종교에 대한 신앙의 자유 승인
- 가톨릭 성당이 십일조를 부과할 수 있는 권리 복원
- 형사 고발을 포함한 행정을 위해 영국의 관습법 (Common law)을 적용
- 민사 재판을 위한 프랑스 민법 (Civil Law) 사용 승인

c. **캐나다 헌법** (Constitutional Act, 1791년)

미국 독립전쟁 이후 영국정부의 영향권 안에 있는 퀘벡의 땅은 대폭 줄어들었고, 미국 독립을 반대하는 영국 국왕 지지자들이 오늘날의 온타리오 남부지역으로 대거 피신하였다. 영국정부는 1791년 캐나다 헌법을 발효하여 남아있는 퀘벡 땅을 세인트로렌스 강 상류와 하류로 구분하여 Upper Canada와 Lower Canada로 나누었다. 또한 새로운 법은 캐나다 최초의 헌법으로 이를 근거로 두 지역에 각각 정부와 의회를 구성하여 운영 하였다.

영국 국왕 지지자들이 많이 거주하는 Upper Canada (온타리오 남부지역)는 영국법이 적용되었고, 프랑스계 주민이 많은 거주하여 Lower Canada (퀘벡 남부지역)는 프랑스법이 적용되었다.

d. **통합법** (Union Act, 1840년)

1837년~1838년 사이 Upper Canada 및 Lower Canada에서 정치 개혁파들의 반란이 일어나고 다른 한편으로는 연맹을 강화하는 여론이 형성되면서 1840년 영국의회는 Upper Canada와 Lower Canada를 하나의 정부로 통합하는 통합법을 발효하였다.

이는 그 동안 영어 사용인구가 늘어 불어 사용인구가 소수가 되면서 불어사용 캐나다인들을 흡수하려는 의도였다.

법 41조에 따라 불어는 입법언어 자격을 상실하고 영어만 공식언어로 인정되었다. 사법적으로 불어가 가치 없는 번역 언어로 되었지만 의회 등에서 불어 사용이 금지되지는 않았다. 그러나 통합법은 프랑스계 주민의 격렬한 반대에 부딪쳐 영국의회는 1849년 마침내 모든 법 문서들을 영어와 불어, 이중 언어로 채택하여 결국 두 지역 통합법은 실패로 돌아갔다.

e. **영국령 북미법** (British North America Act, 1867년)

캐나다 연방이 탄생하면서 영국 의회에 의해 제정된 캐나다의 헌법이다. 이 헌법을 근거로 캐나다주 (온타리오와 퀘벡), 뉴브런즈윅 그리고 노바스코샤 등 3개 주를 합쳐 캐나다 식민지 연방 (Dominion of Canada)을 만들었고 타주들이 나중에 연방에 통합될 수 있는 기틀을 마련했다.

이 헌법은 캐나다 정부를 구성할 수 있는 내용을 포함하며, 영국의회제도 및 정부제도 그리고 연방주의 주권 분할제도를 조합하였다. 따라서 연방설립, 연방 구성을 포함한 연방정부 운영, 연방의회의 하원 및 상원, 사법제도, 세금제도에 관한 조항을 포함하고 있다.

이 헌법에 의해 오늘날까지 사용하는 온타리오와 퀘벡 주의 경계를 확정하였고, 온타리오, 퀘벡, 그리고 대서양 연안 (노바스코샤와 뉴브런즈윅) 지역에 연방의회 상원 의원 수를 동일하게 배분하였고, 하원은 인구비례에 따라 의원 수를 정하도록 하였다. 또한 이 헌법은 연방정부와 주정부의 권한 배분, 교육, 재산, 개인권리 등의 권력 분산에 관한 조항들도 포함하고 있다.

f. **웨스트민스터** (Statute of Westminster, 1931년)

1931년 영국의회는 웨스트민스터 법을 재정하여, 영국정부의 하부 조직으로 있던 영연방 식민지 자치 국가들을 영국정부와 동일하게 영국국왕 직속으로 개편하여 영국과 동일한 대우를 받을 수 있는 법적 기반을 마련하였다. 따라서 이 헌장은 해외식민지 자치 국가에 외교권을 부여하고, 영국 본국과 평등한 공동체로 규정하여 국왕을 중심으로 충성 단결을 높이고자 하였다.

이 헌장에 따라 캐나다, 호주, 뉴질랜드, 남아프리카공화국, 뉴펀들랜드가 영국정부의 간섭 없이 내정과 외교, 군사 등 분야에서 주권을 수행할 수 있게 되었다.

**g. 사법적 독립 헌법** (Canada Act, 1982년)

이는 영국의회에서 마지막으로 재정된 캐나다 헌법이다. 이 헌법에 따라 캐나다는 더 이상 영국의회의 심의, 허락 없이 자체적으로 법을 제정 또는 개정할 수 있는 권리를 갖게 되었다.

당시 캐나다 연방은 10개 주 만장일치를 원칙으로 국가를 운영하고 있어서 퀘벡 주의 반대로 헌법에 관한 아무 일도 할 수 없었다. 하지만 당시 연방 수상인 트루도 (Trudeau) 정부는 이런 난관과 장애를 극복하여 영국으로 부터 헌법송환을 했고, 권리헌장 (Charter of Rights and Freedoms)을 헌법에 포함하고, 여성과 원주민의 권리보장, 인종과 피부색의 차별철폐 등을 성문화했다.

당시 퀘벡 주는 영국계 체제에서 벗어나 완전독립을 하든지, 아니면 어느 정도 독자적 권한행사를 하는 정치형태를 갖든지, 둘 중 하나를 원했다. 후자는 그들이 바라는 연방 내에서의 특별한 신분 (Special Status) 이었다. 즉 주권연합 (Sovereignty-association)이라는 형태를 구성, 군사, 외교 등은 연방에 맡기고 같은 화폐단위를 쓰지만 보건, 교육, 이민 등은 독자권한을 갖는 일종의 허술한 연방 체제를 갖는 것이다. 따라서 퀘벡 주를 제외한 나머지 9개 주와 영국 여왕이 서명하여 새로운 헌법이 개정되었다. 그 주요 사항은 다음과 같다.

- 제 1 장은 캐나다 **권리와 자유헌장**으로, 표현의 자유, 종교의 자유, 이동의 자유 같은 개인의 권리와 자유를 규정하고 있다.
- 제 2 장은 **원주민의 권리**를 규정하고 있다.

- 제 5 장은 **헌법 개정**에 관해 다음과 같이 규정하고 있다.
  . 46(1)조에 의하여 주정부 또는 연방정부에 의하여 개정안이 제출 될 수 있다.
  . 38(1)조에 의하여 a) **하원과 상원의 동의하에** b) 적어도 **7개 주의 주 의회의 2/3 동의** 및 **전 인구의 50%를 포함** 하여야 한다.
  . 그러나 여왕의 지위, 상원 의원의 수 그리고 43조의 공식 언어, 헌법 개정방법, 또는 대법원의 구성에 관한 개정인 경우는 예외적으로 41조에 의하여 모든 주의 만장일치에 의해서만 가능하다. 주 경계와 언어, 연방정부에만 미치는 조항도 예외적으로 법 개정 방법을 규정하고 있다.

특히 개정된 헌법은 영국 군주에 관한 1689년 권리장전, 1701년 세틀먼트 법, 1865년 식민지 법률 유효법, 1867년 헌법의 129장, 그리고 1931년의 웨스트민스터 법 등을 캐나다 법의 일부로 구성 하였다. 그러나 1867년 캐나다 헌법은 애매한 조항을 포함하고 있다. 즉 영국 헌법의 명문화된 또는 명문화 되지 않은 모든 원칙을 포함하고 있다.

명문화 되지 않은 법은 다음의 세 가지 원칙이 있다.
- 첫째는 **정치적 관습**으로 법적 강제력은 없다. 수상, 국회, 내각이 있어야 하고 총독이 법안에 동의해야 하며 불신임을 받으면 수상은 총선을 해야 되는 것 등이다.
- 둘째는 **국왕의 권한**이다. 의회 제도의 발달로 권한이 많이 축소되었지만, 여전히 입헌 군주로서의 권리를 가진다는 것이다. 주로 선전 포고, 조약 확정, 여권 발급, 임명권, 법규 제정, 회사 설립, 국가로 토지 귀속 등에 총독, 부 총독을 통한 군주의 권리를 행사한다.
- 셋째는 명문화되지 않은 법도 1867년 캐나다 헌법에 포함되어 있으므로 **법적 구속력**이 있다. 연방주의, 민주주의, 입헌주의, 법치주의, 소수민족 보호 등이며 기타 책임지는 정부, 사법권의 독립, 묵시적으로 행사되는 권리 장전 등이다. 부가적으로 헌법으로 인정되는 **사법권의 독립**에 배치되는 법은 무효라는 의견이 있었다.

국제법과 캐나다 법과의 관계에 대한 명문화 되지 않은 헌법에 대해 1998년 대법원은 다음과 같은 의견을 내놓았다. “헌법은 명문 이상의 것으로 헌법적 권위를 행사, 적용하는데 세계적으로 통용 되는 규칙과 원칙을 포괄한다. 그리고 선택한 명문 규정만을 읽는 것은 오해를 가져 올 수도 있다.”

### h. 오늘날 캐나다 법원 시스템의 구성과 역할

캐나다의 법원은 각 (준)주에서 운영하는 법원, 연방에서 운영하는 법원 그리고 군사 재판을 위한 법원 등이 있다.

- (준)주: 지방법원, 고등법원, 고등항소법원
- 연방: 세금법원, 연방법원, 연방항소법원, 연방대법원
- 군대: 군사법원, 군사항소법원

(준)주의 법원 시스템은 10개 주와 3개 준주에 각각 별도로 있으며 약간의 차이는 있으나 대부분은 비슷한 조직 구성을 하고 있다.

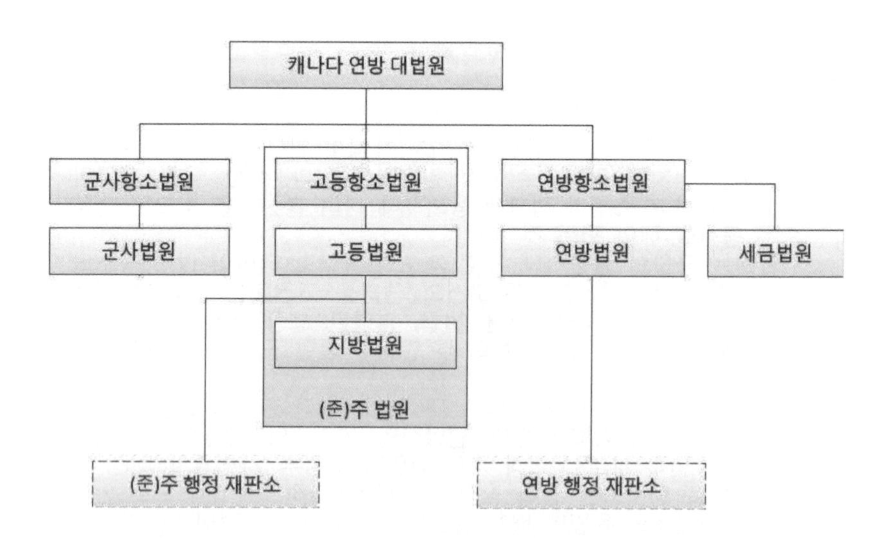


<캐나다 법원 시스템 조직 구성>

<캐나다 법원의 종류와 역할>

| 구 분 | 법 원 | 역 할 |
|---|---|---|
| 연 방 | 캐나다 대법원<br>(Supreme Court of Canada) | 최상급 법원 상고심의<br>국가적 중요한 사건 재판 |
| | 연방항소법원<br>(Federal Court of Appeal) | 연방 법원 판결 항소 검토 |
| | 연방법원<br>(Federal Court) | 시민권, 이혼, 정부조직 관련 사항 재판 |
| | 세금 법원<br>(Tax Court of Canada) | 세금관련 사항 재판 |
| (준)주 | 고등항소법원<br>(Provincial Courts of Appeal) | 하급법원 판결 항소 검토 |
| | 고등법원<br>(Provincial Superior Courts) | 중대범죄, 고액사건 재판,<br>이혼 및 양육권 사항 접수,<br>행정재판소 결과 검토 |
| | 지방법원<br>(Provincial Courts) | 가정문제, 교통위반, 소액청구, 일반범죄, 청소년 사건 재판 |
| 군 사 | 군사항소법원<br>(Court Martial Appeal Court) | 군사법원 판결 항소 검토 |
| | 군사법원<br>(Military Courts) | 군 관련 사건 재판 |

a) 지방법원

일반인들이 가장 많이 이용하는 지방법원 (Provincial Court)은 교통위반 (Traffic), 소액청구 (Small Claims), 가정문제 (Family Matters), 청소년 문제 (Youth Matters), 일반 범죄 (Criminal) 등 주로 5개 분야로 분리하여 부서 또는 세부법정을 운영한다.

소액청구 재판은 일반적으로 $25,000 이하의 민사 사건을 다루지만 이 금액 기준은 주에 따라 많이 차이가 날 수 도 있다. 그리고 사건 의뢰자가 $30,000의 손해지만 간단한 재판을 원해 $25,000의 손해만 청구하여 지방법원에 접수 할 수도 있다.

> 주에 따라서 수천 달러 이하의 사건에 대하여 변호사를 고용하지 않고 재판 결과에 대한 항소를 하지 않는다는 조건 하에 약식재판 서비스를 제공하기도 한다.

청소년 재판은 12~18세의 청소년 범죄나 문제에 관한 사건을 다루지만, 주에 따라 14~18세의 범칙금 관련 사항을 범죄와 분리하여 다루기도 한다.

일반적인 범죄에 대한 재판은 지방법원에서 다루므로 전체 범죄 사건의 80~90%를 재판 한다.

b) 고등법원

고등법원 (Provincial Superior Courts)은 주에 따라서 지방대법원 (Supreme Court) 또는 퀸즈 벤치 법정 (Court of Queen's Bench) 등으로 불리기도 한다. 지방법원에서 올라온 중대 범죄나, 고액 사건에 대한 재판을 한다.

고등법원은 이혼 (Divorce) 및 양육권 (Child Custody), 유언 및 상속 관련 사건을 접수 처리 한다. 또한 주 행정 재판소 (Provincial Administrative Tribunal)에서 판결한 내용에 대해 불만이 발생하여 요구가 있으면 검토를 한다.

| 각 주의 고등법원은 중대한 사건에 대한 배심원 제도를 운영하며, 보통 형사 재판은 12인, 민사 재판은 8인으로 배심원을 구성한다. |
|---|

c) 연방 법원과 세금 법원

연방법원 (Federal Court)은 시민권, 이혼 관련 사건을 다루고, 연방정부 기관과 발생하는 문제에 대한 사건도 다룬다.

또한 연방법원은 연방 행정 재판소 (Provincial Administrative Tribunal)에서 판결한 내용에 대해 불만이 발생하여 이의가 있으면 검토를 한다.

세금 법원 (Tax Court)은 연방 세금 관련 사항을 다룬다.

d) 캐나다 대법원

캐나다 대법원은 최상급 법원으로, 연방 및 각 주의 법원에서 올라온 상고를 심의 한다. 캐나다에서 대법원 심의 결과에 대한 더 이상의 항소는 할 수 없다.

캐나다 대법원은 8명의 대법관과 1명의 대법원장으로 구성되고 총리의 제청을 받아 총독이 임명한다. 각 지역에 할당되는 대법관의 배정기준은 다음과 같다.

- 캐나다 인구에 약 40%를 차지하는 온타리오 주에 3인
- 불어권에 대한 특별한 지위를 인정하여 퀘벡 주에 3인
- 태평양 연안 브리티시컬럼비아 주에 1인
- 중부 대평원 (앨버타, 사스카츄완, 매니토바) 지역에 1인
- 대서양 연안 (노바스코샤, 뉴브런즈윅, 뉴펀들랜드, PEI) 지역에 1인

### 4) 캐나다의 역대 수상

1867년 온타리오 주의 킹스턴을 정치적 기반으로 하는 존 아보트 맥도널드 (John Abbott MacDonald)가 주도하여 4개 지역 즉, Upper Canada (온타리오), Lower Canada (퀘벡), 노바스코샤, 뉴브런즈윅을 통합하여 캐나다 연방을 탄생시켰다. 연방 국가가 탄생하기 이전 까지는 각 지역이 각각 따로 영국의 지배하에 있고 캐나다 서부와 북부 지역은 개척이 제대로 되지 않아서 정착하여 사는 주민들이 많지 않았다.

캐나다 정부 탄생 2년 후, 매니토바 지역에서 프랑스계 혼혈 원주민인 루이 리엘 (Louis Riel)의 주도로 반란이 일어나 별도 정부를 수립, 선포하였다. 그러나 곧 연방정부는 이를 무력으로 진압하고 지역을 관할하는 허드슨 베이 회사로부터 서부지역 (매니토바부터 서쪽으로 모든 주와 준주) 땅을 모두 사들여 캐나다에 편입하고 매니토바는 다른 지역과 분리하여 별도의 주로 만들었다. 초대 수상이 캐나다 3대 수상으로 다시 재임하고 있던 1886년 대륙횡단 철도를 완성하였다. 그 이후부터는 소요가 발생하더라고 철도를 이용하여 어느 지역이든 빠르게 군대를 파견하고 진압하여 대규모 소요로 이어지지는 않았다.

최초의 프랑스계 수상인 윌프리드 로리에 (Wilfrid Laurier)는 영국계 위주의 이민정책을 획기적으로 개방하여 비영어권 유럽인들을 대거 받아들여 캐나다가 다민족 국가로 되기 시작하였다. 당시는 세계 1차 대전 이전으로 그의 임기가 시작되는 1896년 캐나다 전체 인구가 고작 507.4만 명이었던 점을 고려하면 엄청난 도박 이었던 셈이다. 이러한 정책의 결과로 캐나다 인구는 15년 만에 720.7만 명으로 2백만 명이상 (약 40%이상) 늘어났고 그들 중 상당수가 중부 대평원에 정착하여 서부지역을 개발할 수 있는 기본적인 인구를 확보하게 되었다.

세계 경제 대 공항과 세계 2차 대전 때에 수상을 역임한 토론토 근교 키치너 출신인 윌리엄 라이언 맥킨지 킹 (William Lyon MacKenzie King)은 매우 특징적인 경력을 가지고 있다. 그의 정당이 연임을 위한 두 번째 선거에서 최다 의석을 차지했지만 과반에 못 미쳤다. 정치적으로 불안한 상태에서 수상에 임명되었다가, 몬트리올의 대운하 건설 관련 스캔들에 휘말리면서, 역사상 처음으로 캐나다 총독의 명령에 의하여 의회가 해산되고 수상에서 물러나 재선거를 실시하였다. 재선거에서 과반이상으로 승리하여 다시 수상에 올랐고 캐나다 역사상 가장 장기간 (1921-1948년) 재임하였다.

다음으로 특징 있는 수상은 1960/70년대 베트남 전쟁, 1970년대 중동전쟁으로 인한 세계적인 에너지 파동, 그리고 1981년 퀘벡주의 1차 독립투표 때 연방 수상을 역임한 삐에르 트루도 (Pierre Trudeau) 수상이다. 그는 1982년 캐나다의 자유와 권리 헌장인 캐나다 헌법을 제정하고 영국의 허가 없이 캐나다에서 헌법을 개정할 수 있는 완전한 독립국가의 권리를 획득하였다. 또한 그의 재임기간 때부터 아시아인을 비롯하여 유색인종이 대거 이민을 오기 시작하여 오늘날 캐나다가 진정한 다민족 국가를 이루는데 큰 기여를 하였다. 그러나 다른 한편으로 그의 재임기간 16년 동안 정부부채가 170억 달러에서 2000억 달러로 약 12배 증가하였다.

캐나다는 2015년까지 150년도 안 되는 역사 동안 29대까지 23명의 수상이 있었으며, 출생지별로 보면 온타리오 주 7명, 퀘벡주 6명 이었고, 초대 수상 맥도널드를 비롯하여 4명의 영국 출신 수상도 있다. 반면 사스카츄완, 매니토바, PEI, 뉴펀들랜드 출신 수상은 아직 한명도 없다.

<출생지별 수상 배출 현황>

| 출생지역 | ON | QC | BC | AB | NS | NB | England | Scotland |
|---|---|---|---|---|---|---|---|---|
| 명 | 7 | 6 | 1 | 1 | 3 | 1 | 2 | 2 |

소속정당별 역대 수상은 보수당 13명, 자유당이 10명이며, 신민당과 블록 퀘벡은 수상을 한명도 배출하지 못 하였다.

역대 수상에 대해 캐나다인들이 어떻게 생각하는지 두 차례 조사하였다. 1997년 조사에서는 윌리엄 라이언 맥킨지 킹 (William

Lyon MacKenzie King) 수상이 1위를 하였고, 2011년 조사에서는 윌프리드 로리에 (Wilfrid Laurier) 수상이 1위를 하였다. 초대 수상인 존 아보트 맥도널드는 두 차례 조사에서 모두 2위를 하였다. 상위에 랭크되어 있는 수상들이 모두 10년 이상 장기간 재임한 수상들이며, 초대 수상을 제외하고는 모두 자유당 소속이다.

역대 수상들 중 불어를 구사하지 못하는 수상은 단지 2명 뿐 이었다. 세계 1차 대전 때 재임한 로버트 보든 (Robert Borden) 수상은 가장 많은 5개 언어 (영어, 불어, 독어, 라틴, 그리스어)를 구사하였다.

<Maclean's 역대 수상에 대한 평가 조사 결과>

| 재임 순서 | 수상 | 소속정당 | 평가 순위 | |
|---|---|---|---|---|
| | | | 1997년 | 2011년 |
| 1 | MacDonald, John A | Liberal-Conservative | 2 | 2 |
| 2 | MacKenzie, Alexander | Liberal | 11 | 13 |
| 3 | Abbott, John | Conservative | 17 | 19 |
| 4 | Thompson, John | Conservative | 10 | 14 |
| 5 | Bowell, MacKenzie | Conservative | 19 | 21 |
| 6 | Tupper, Charles | Conservative | 16 | 18 |
| 7 | Laurier, Wilfrid | Liberal | 3 | 1 |
| 8 | Borden, Robert | Conservative, Unionist | 7 | 8 |
| 9 | Meighen, Arthur | Conservative | 14 | 16 |
| 10 | King, William Lyon MacKenzie | Liberal | 1 | 3 |
| 11 | Bennett, Richard | Conservative | 12 | 12 |
| 12 | St. Laurent, Louis | Liberal | 4 | 7 |
| 13 | Diefenbaker, John | Progressive Conservative | 13 | 10 |
| 14 | Pearson, Lester | Liberal | 6 | 4 |
| 15 | Trudeau, Pierre | Liberal | 5 | 5 |
| 16 | Clark, Joe | Progressive Conservative | 15 | 17 |
| 17 | Turner, John | Liberal | 18 | 20 |
| 18 | Mulroney, Brian | Progressive Conservative | 8 | 9 |
| 19 | Campbell, Kim | Progressive Conservative | 20 | 22 |
| 20 | Chrétien, Jean | Liberal | 9 | 6 |
| 21 | Martin, Paul | Liberal | — | 15 |
| 22 | Harper, Stephen | Conservative | — | 11 |

<캐나다 역대 수상 관련 주요 사항>

| 재임 순위 | 수상 (재임기간) | 소속정당(지역구) 및 연방의회 선거 | 주요 내용 |
|---|---|---|---|
| 초대 수상 (6년) | Sir John A. MacDonald (1867.7.1 - 1873.11.5) | 자유보수당 (ON, Kingston) 1대 연방선거 (1867년) 2대 연방선거 (1872년) | 캐나다 연방탄생에 가장 큰 공헌 초대 연방 법무부 장관 역임<br><br>North-West Territory (현 중부지역 3개 주와 북부 3개 준주, 그리고 허드슨 만 지역을 연방으로 통합<br><br>1869년 Metis 원주민 Louis Riel의 Red River (매니토바) 지역 반란 진압 후, 매니토바를 North West 에서 분리하는 Manitoba ACT 1870년 제정<br><br>BC 주 및 PEI 주를 연방으로 통합<br><br>중부 대평원 지역 경찰 (North-West Mounted Police) 창설<br><br>캐나다 횡단 철도 관련 Pacific 스캔들로 사임 |
| 2대 수상 (5년) | Alexander MacKenzie (1873.11.7 - 1878.10.8) 지역구ON, | 자유당 (ON, Lambton) 2대 연방의회 내부선출 3대 선거 (1874년) | 연방 법원 (Supreme Court) 설립 사관학교 (Royal Military College) 설립<br><br>감사원 설립 (the office of auditor general) |
| 3대 수상 (13년) | Sir John A. MacDonald (1878.10.17 - 1891.6.6) | 자유보수당 (~1882년 BC, Victoria, ~1887년 ON, Carleton, 이후 ON Kingston) 4대 연방선거 (1878년) 5대 연방선거 (1882년) 6대 연방선거 (1887년) 7대 연방선거 (1891년) | 연방 경찰 창설<br>BC주까지 철도 개통 (1886년)<br>Luois Riel 교수형<br>뇌졸중으로 임기 중 사망 |
| 4대 수상 (1년) | Sir John Abbott (1891.6.16 - 1892.11.24) | 자유보수당 (퀘벡 상원의원) 연방의회 내부선출 | 초대 수상 맥도날드의 사망으로 수상 승계<br><br>건강을 이유로 사임 |
| 5대 수상 (2년) | Sir John Thompson (1892.12.5 - 1894.12.12) | 자유보수당 (NS, Antigonish) 연방의회 내부선출 | 연방 법무부 장관 역임<br>첫 번째 가톨릭계 수상<br><br>매니토바 주의 개신교 학교와 로마 가톨릭 학교의 갈등 표출 (Manitoba Schools Question)<br><br>심장마비로 임기 중 사망 |
| 6대 수상 (1년) | Sir MacKenzie Bowell (1894.12.21 - 1896.4.27) | 보수당 (ON 상원의원) 연방의회 내부선출 | Manitoba Schools Question의 지속적인 이슈 |

| 재임 순위 | 수상 (재임기간) | 소속정당(지역구) 및 연방의회 선거 | 주요 내용 |
| --- | --- | --- | --- |
| 7대 수상 (2월) | Sir Charles Tupper (1896.5.1 - 1896.7.8) | 보수당 (연방의회 의원 아님) 연방의회 밖에서 내부선출 | 도시 노동운동과 협력하는 농민단체 관련 "Patrons of Industry"를 저지하는데 주력<br><br>Manitoba Schools Question의 지속적인 이슈<br><br>수상으로서 연방의회에 참석하지 않음 |
| 8대 수상 (5년) | Sir Wilfrid Laurier (1896.7.11 - 1911.10.6) | 자유당 (QC, Québec East) 8대 연방선거 (1896년) 9대 연방선거 (1900년) 10대 연방선거 (1904년) 11대 연방선거 (1908년) | 첫 번째 프랑스계 수상<br><br>Manitoba Schools Question과 Patrons of Industry의 이슈로 자유당이 선거 승리<br><br>앨버타와 사스카츄완 주 탄생<br><br>연방 해군 및 외무부 신설<br><br>자연 자원의 수출입을 위하여 미국과 상호협정 |
| 9대 수상 (6년) | Sir Robert Borden (1911.10.10 - 1917.10.11) | 보수당 (NS, Halifax) 12대 연방선거 (1911년) | 세계 1차 대전과 1917년 징병 반발 위기<br><br>공무원 노조 탄생<br><br>국립연구위원회 설립 (National Research Council)<br><br>소득세 신설<br><br>위니펙 제너럴 (Winnipeg General) 파업<br><br>외국 정부에 명예 상을 주는 닉클 결의안 (Nickle Resolution)<br><br>여성 선거권 (suffrage) 부여<br><br>세계 1차 대전 후, 파리 평화 조약 참석 및 국제동맹에 (League of Nations) 합류 |
| 10대 수상 (3년) | Sir Robert Borden (1917.10.12 - 1920.7) | 보수당 (NS, Kings) 13대 연방선거 (1917년) | |
| 11대 수상 (1년) | Arthur Meighen (1920.7.10 - 1921.12.29) | 국립자유보수당 (MB, Portage la Prairie) 13대 연방의회 내부선출 | 캐나다 동부지역 및 미국 북동부 지역 철도 운영 회사 Grand Trunk Railway 몬트리올 본사 설립 |
| 12대 수상 (4년) | William Lyon MacKenzie King (1921.12.29 - 1926.6.28) | 자유당 (1925년까지 North York) 이후 SK, Prince Albert) 14대 연방선거 (1921년) 15대 연방선거 (1925년) | 찬나크 위기는 (Chanak Crisis) 중 서부 지역 철도 부설 보조금을 지원하여 산업용 및 농업용에 대해 저렴한 요금 운영하는 정책 (Crow Rate) 실패 |

| 재임 순위 | 수상 (재임기간) | 소속정당(지역구) 및 연방의회 선거 | 주요 내용 |
|---|---|---|---|
| | | | 1923년 Imperial Conference에서 영 연방 국가의 주권을 하나로 통합하는 안에 반대<br><br>1923년 미국과 북태평양 어업 협정<br><br>1925년 선거에서 보수당이 다수당이 되었지만 과반 확보를 실패하고. 대신 자유당이 제 3당, 진보당의 비공식적인 지원을 받아 국정을 운영<br><br>몬트리올 주변 보안무와 (Beauhanmois) 대운하 공사 부패 스캔들과 관세청이 보수당과 진보당에 더 많이 지원하는 스캔들에 휘말리면서, 총독 (Byng)이 의회를 해산하여 수상 사임, 1926년 재선거 (King-Byng Affair) |
| 13대 수상 (3월) | Arthur Meighen (1926.6.29 - 1926.9.25) | 보수당 (MB, Portage la Prairie) 15대 연방의회 내부선출 | King–Byng Affair의 결과로 임시 수상 승계 |
| 14대 수상 (4년) | William Lyon MacKenzie King (1926.9.25 - 1930.8.7) | 자유당 (SK, Prince Albert) 16대 연방선거 (1926년) | 재선거에서 승리하여 다시 취임<br><br>1926년 영연방 국가들이 정치적, 외교적 주권 독립을 수락하는 런던 선언 (Balfour Declaration)에 참석<br><br>캐나다 외교관들을 미국, 프랑스, 일본에 파견하여 외교적 주권을 행사<br><br>노인 연금제도 도입<br><br>세계 경제 대 공항 (1929~1936년)으로 캐나다 실업 율 26% |
| 15대 수상 (5년) | R. B. Bennett (1930.8.7 - 1935.10.23) | 보수당 (AB, Calgary West) 17대 연방선거 (1930년) | 지속적인 대 공항으로 1933년 실업률 26%, 국가 총생산 40% 감소<br><br>1932년 영연방 이외의 나라에 높은 관세율 적용하는 Imperial Preference 회의 개최<br><br>캐나다 방송위원회 (Canadian Radio Broadcasting Commission) 및 캐나다 밀 위원회 (Canadian Wheat Board) 설립<br><br>Bank of Canada 설립 |
| 16대 | William Lyon | 자유당 | 캐나다 CBC 방송회사 설립 |

| 재임 순위 | 수상 (재임기간) | 소속정당(지역구) 및 연방의회 선거 | 주요 내용 |
|---|---|---|---|
| 수상 (13년) | MacKenzie King (1935.10.23 - 1948.11.15) | (1945년까지 SK, Prince Albert 나머지 ON Glengarry) 18대 연방선거 (1935년) 19대 연방선거 (1940년) 20대 연방선거 (1945년) | 캐나다 국립 영화 위원회 설립 (National Film Board of Canada)<br><br>1940년 고용 보험 도입 (Unemployment Insurance Act)<br><br>Bank of Canada 국유화<br><br>1939년 세계 2차 대전 발발로, 1940년 남자와 여자들은 국가에 등록하여 (해외 파견은 제외) 전쟁 동안 생산 활동을 위한 징집제도 (National Resources Mobilization Act) 발효<br><br>1944년 17,000명을 징집하여 1945년 까지 12,908명이 세계 2차 대전 참전하고 이중 2,463명이 전선에 배치되어 79명이 사망.<br><br>1945년 UN 설립 참석<br>1936년 Trans-Canada Airlines 항공사 설립 (오늘날 Air Canada)<br><br>1945년 소련 대사관을 위한 암호해독 스파이 고겐코 (Gouzenko) 사건 (Gouzenko Affair) |
| 17대 수상 (9년) | Louis St. Laurent (1948.11.15 - 1957.6.21) | 자유당 (QC, Québec East) 20대 연방의회 내부선출 21대 연방선거 (1949년) 22대 연방선거 (1953년) | 1949년 뉴펀들랜드 연방 가입<br><br>1949년 영연방 최상위 법원, JCPC (Judicial Committee of the Privy Council)에 항소권 종료<br><br>1949년 NATO 가입<br><br>1956년 수에즈 운하 위기<br><br>UN 대사관 군대 창설<br><br>1949년 인도 독립 후 영연방에 잔류를 위한 런던 선언(Declaration)<br><br>대륙횡단 (Trans-Canada Highway) 고속도로 건설<br><br>1951년 Trans-Canada 회사 설립<br><br>몬트리올 St-Lawrence Seaway 운하 건설<br><br>한국전 26,791명 참전, 516명 사 |

| 재임 순위 | 수상 (재임기간) | 소속정당(지역구) 및 연방의회 선거 | 주요 내용 |
|---|---|---|---|
| | | | 망, 1558명 부상 (1950-1953년) 가평 전투지역 기념공원 |
| 18대 수상 (6년) | John Diefenbaker (1957.6.21 - 1963.4.22) | 진보보수당 (SK, Prince Albert) 23대 연방선거 (1957년) 24대 연방선거 (1958년) 25대 연방선거 (1962년) | AVRO ARROW 전폭기 개발 포기 (1953년-1958년)<br><br>2대 Bank of Canada 총재와 불화 (Coyne Affair)<br><br>북미지역 항공우주방어 조직 (NORAD) 참여<br><br>1960년 연방 법과 권리 (Bill of Right) 발표<br><br>1960년 연방 선거에 원주민 참여 허용<br><br>1962년 캐나다 최초 위성 Alouette 1호 발사<br><br>1962년 쿠바 미사일 위기 |
| 19대 수상 (5년) | Lester B. Pearson (1963.4.22 - 1968.4.20) | 자유당 (ON Algoma East) 26대 연방선거 (1963년) 27대 연방선거 (1965년) | Bomarc 미국 핵미사일 프로그램 참여<br><br>1966년 캐나다 의료보험 확대 (연방정부와 주정부가 각각 50% 부담하는 Universal Healthcare with Medicare Act)<br><br>1966년 캐나다 CPP 연금제도 시행<br><br>1964년 학자금 융자제도 CSLP 시행<br><br>1965년 캐나다 새로운 국기 결정<br><br>1965년 미국과 자동차 및 부품 수출입 관련 Auto Pact 무역 협정<br><br>베트남 전쟁(1964년~1975년) 참전 거부<br><br>1963년 이중 언어와 문화를 위한 왕립 위원회 (Royal Commission) 설립<br><br>1967년 캐나다 건국 100년 행사<br><br>1968년 육, 해, 공군 통합지휘체계 구축 |
| 20대 수상 (11년) | Pierre Trudeau (1968.4.20 - | 자유당 (QC, Mount Royal) 27대 연방의회 내부선출 | 법무장관 역임<br><br>1970년 FLQ (Front de Liberation |

| 재임 순위 | 수상 (재임기간) | 소속정당(지역구) 및 연방의회 선거 | 주요 내용 |
|---|---|---|---|
| | 1979.6.3/4) | 28대 연방선거 (1968년)<br>29대 연방선거 (1972년)<br>30대 연방선거 (1974년) | de Québec)의 영국 외교관 및 퀘벡 노동부 장관 납치 (10월 위기) 이때 1971년 4월 30일 까지 일종의 계엄령인 "War Measure Act"를 시행하여 오타와와 몬트리올에 군대를 배치하고 465명 체포<br><br>1969년 불어와 영어를 공식 언어로 채택 (Official Languages Act)<br><br>1970년 중국과 외교 관계 수립<br><br>1975년 석유 회사인 Perto- Canada 설립<br><br>1976년 G7 회원 가입<br><br>1971년 Imperial System에서 국제 도량 표준 Metric System으로 전환 |
| 21대 수상 (9월) | Joe Clark (1979.6.4 - 1980.3.2/3) | 진보보수당<br>AB, Yellowhead<br>31대 연방선거 (1979년) | 역대 수상 중 가장 젊은 수상, 의회에서 세금 관련 법안 신임을 못 얻어 사임 |
| 22대 수상 (4년) | Pierre Trudeau (1980.3.3 - 1984.6.29/30) | 자유당<br>(QC, Mount Royal)<br>32대 연방선거 (1980년) | 1970년대 에너지 위기 및 인플레이션 때 동부지역을 지원하기 위한 NEP (National Energy Program) 시행<br><br>1980년 1차 퀘벡 독립투표<br><br>정부의 문서를 열람할 수 있는 권리에 관한 Access to Information ACT 발표<br><br>1982년 캐나다 헌법 (자유와 권리 헌장) 발표<br><br>1984년 연방 지원 의료보험 관련 Canada Health Act 발표<br><br>퀘벡에 대한 지원이 늘면서 중서부 4개 주의 차별에 대한 이슈 (Western Alienation) |
| 23대 수상 (2월) | John Turner (1984.6.30 - 1984.9.16/17) | 자유당<br>(연방의회 의원 아님)<br>32대 연방의회 내부선출 | 트루도 (Trudeau) 수상 은퇴에 따른 임시 수상 |
| 24대 수상 (9년) | Brian Mulroney (1984.9.17 - 1993.6.24/25) | 진보보수당<br>(1988년까지 QC, Manicouagan<br>나머지 QC, Charlevoix)<br>33대 연방선거 (1984년) | 1986년 NEP (National Energy Program)의 취소<br><br>1987년 퀘벡의 연방 잔류를 지원하는 헌법 개정안 (Meech Lake |

| 재임 순위 | 수상 (재임기간) | 소속정당(지역구) 및 연방의회 선거 | 주요 내용 |
| --- | --- | --- | --- |
| | | 34대 연방선거 (1988년) | Accord)<br><br>1985년 Air India 항공기 폭발 테러로 대서양에 추락하여 329명 사망<br><br>1987년 미국과 자유무역 협정<br><br>1991년 GST (Good and Service Tax) 신설<br><br>1992년 헌법 개정안 (Charlottetown Accord) 실패<br><br>1985년 미국 (Ronald Reagan)과 협력 관계 (good relation with Ronald Reagon)<br><br>1991년 Petro-Canada 민영화<br><br>1990년 걸프 전쟁 참전 (사망자 없음)<br><br>1994년 북미자유무역협정 (NAFTA) 체결<br><br>1989년 몬트리올 공대 École Polytechnique의 massacre 총격사건 14명 사망, 14명 부상<br><br>1990년 퀘벡정부와 몬트리올 주변 원주민과 충돌로 2,500명 군대 파견 및 1명 사망<br><br>1999년 캐나다 환경 보호법 시행<br><br>1988년 Air Canada가 34대의 Airbus A320을 구입할 때 발생한 공무원 뇌물 사건 (Airbus Affair) |
| 25대 수상 (4월) | Kim Campbell (1993.6.25 - 1993.11.3/4) | 진보보수당 (BC, Vancouver Center) 34대 연방의회 내부선출 | 첫 여성 수상<br>그러나 1993년 선거에서 패배하여 의원직 상실과 수상 사임 |
| 26대 수상 (10년) | Jean Chrétien (1993.11.4 - 2003.12.11/12) | 자유당 (QC, Saint-Maurice)<br>35대 연방선거 (1993년)<br>36대 연방선거 (1997년)<br>37대 연방선거 (2000년) | 1993년 자유당 선거 공약집 Red Book 발행<br><br>GST와 PST를 HST 소비세로 통합<br><br>1995년 2차 퀘벡 독립 투표 및 이에 대한 반응으로 2000년 연방의회에서 Clarity Act 법안 통과<br><br>1995년 André Dallaire가 수상 암살 |

| 재임 순위 | 수상 (재임기간) | 소속정당(지역구) 및 연방의회 선거 | 주요 내용 |
|---|---|---|---|
| | | | 시도<br><br>1990년대 코소보 전쟁 지원 (Kosovo War)<br><br>1997년 5월 위니펙 Red River 범람<br><br>1999년 연방과 주정부 사이의 평등, 이주, 사회, 권리에 대한 Social Union Framework Agreement<br><br>1999년 누나부트 (Nunavut) 준주 분리 신설<br><br>2003년 청소년 범죄의 기소에 관한 법률 개정 (Youth Criminal Justice Act)<br><br>아프가니스탄 전쟁 참전, 이라크 전쟁 참전 거부<br><br>퀘벡 광고회사에 정부예산을 남용하고 자유당이 스폰서를 광고회사로 부터 후원 받은 사건 (Sponsorship Scandal)<br><br>기후 관련 일본 교토의정서 조인 (Kyoto Protocol) |
| 27대 수상 | Paul Martin (2003.12.12 - 2006.2.5/6) | 자유당 (QC, Lassalle-Émard) 37대 연방의회 내부선출 38대 연방선거 (2004년) | 과반 미확보로 다른 당과 연합 정부 구성 및 스폰서 스캔들<br><br>2004년 스폰서십 스캔들 조사 (Gomery Inquiry)<br><br>2005년 동성결혼 관련 Civil Marriage Act 제정 (PEI, Alberta 비준 반대)<br><br>2005년 원주민 교육, 고용, 생활 관련하여 주 원주민 장관, 준주 원주민 지도자들과 연방정부 합의<br><br>미사일 방어 조약 (US Anti-Missile Treaty) 거부<br><br>캐나다 수상 G20 포럼 구성 제안<br><br>1985년 뉴펀들랜드 래브라도 연안 오일과 가스 관련 주 정부와 연방정부 합의 (Atlantic Accord) 2005년 노바스코샤 주도 합류 |
| 28대 수상 | Stephen Harper | 캐나다 보수당 (AB, Calgary Southwest) | 1939년 정치 후원금 관련 Federal Accountability Act 제정 |

| 재임 순위 | 수상 (재임기간) | 소속정당(지역구) 및 연방의회 선거 | 주요 내용 |
|---|---|---|---|
| | (2006.2.6 - 2015.11.3/4) | 39대 연방선거 (2006년)<br>40대 연방선거 (2008년)<br>41대 연방선거 (2011년) | 2008년 GST 세금 5%로 세율 조정 아프가니스탄 참전 연장<br><br>2008년 Chuck Cadman 의원 부패(Affair) 조사<br><br>2006년 연방 내 퀘벡인 국가 모션 인정 (Québécois nation motion)<br><br>중국인 이민을 억제하는 인두세(1885년-1923년) 관련하여 2006년 수상 공식 사과<br><br>2006년 이스라엘-레바논 충돌<br><br>과거 원주민 학교 (Residential Schools) 관련 사과<br><br>미국 금융 위기 (2007년-2008년)<br><br>2008년 10월 의석 과반 확보 실패로 총독이 조정<br><br>2011년 연방 선거에서 신민당의 약진 (제1 야당)<br><br>2014년 연말 국제유가 폭락 |
| 29대 수상 | Justin Trudeau (2015.11.4 ~ 현재) | 자유당 (QC, Papineau)<br>42대 연방선거 (2015년) | |

## 5) 캐나다 군대의 해외 전쟁 참전

캐나다는 연방 탄생한 이후 해외 다른 나라 전쟁에 여러 차례 참전하였다. 보어 (Boer) 전쟁과 세계 1차 대전 때는 캐나다가 외교권한을 행사하지 못하는 시기로 영국이 전쟁을 하면 자동으로 대규모 군대를 파병하였다. 그러나 그 이후부터는 외교권을 행사할 할 수 있고 국내 정치 상황과 맞물려서 전쟁에 참전하는 것에 대해 심한 찬·반 논쟁이 있었다. 그러한 결과로 세계 1차 대전에 비하여 세계 2차 대전 때는 직접 참전하는 것에 소극적이었다.

독일과 전쟁을 벌였던 세계 1차 대전과 2차 대전 당시 공교롭게도 캐나다 수상이 모두 독일어를 구사할 수 있었다. 전쟁 중에 수상이 선출되었다면 오해를 받을 수도 있지만 두 수상은 모두 전쟁이 반발하기 이전부터 수상 직을 수행하고 있었다.

캐나다는 세계 1차 대전 때 매우 적극적으로 참전하여 전쟁이후 영국 국왕으로부터 자치 권한을 많이 부여 받았고, 세계 2차 대전 때는 무역을 하고 군수 물자를 지원하면서 세계적으로 중요하고 부유한 산업국가로 성장하였다.

### a. 대규모 병력이 참전하던 1950년대 이전

a) 보어 2차 전쟁 (1899년 - 1902년)

보어 (Boer) 2차 전쟁은 남아프리카 공화국에서 영국군과 아프리카 원주민 군대 사이에 발생한 전쟁으로 영국과 함께 영연방 국가들이 참전한 전쟁이다. 당시 캐나다는 7,368명의 군인이 참전하여 270명이 전사하였다. 당시 캐나다는 지원병으로 구성된 군대를 전쟁터로 보냈지만 너무 늦게 보내서 전쟁이 끝나는 시점에 남아프리카 공화국에 도착하여 대다수가 전쟁터를 보지도 못하고 철수하였다.

b) 세계 1차 대전 (1914년 ~ 1918년)

세계 1차 대전은 캐나다 역사상 가장 큰 규모로 참전한 전쟁으로 약 62만 명을 파병하여 민간인 사상자 2,000명을 포함 총

66,976명이 전사하고 149,732명이 부상 했다. 당시 캐나다 전체 인구가 720만 정도 밖에 되지 않았기 때문에 참전 및 피해는 엄청 난 규모였다.

엄청 많은 군대를 보내면서 캐나다의 지위도 향상되어 이때부터 캐나다인은 영국 군대가 아닌 캐나다 군대에 소속되어 전쟁을 수행하였다. 전쟁이 길어지면서 징병제를 실시하였고 소득세를 신설하여 세금을 징수하였다. 또한 이때부터 여성에게도 선거권이 부여 되었다.

> 캐나다의 현충일은 리맴브런스 데이 (Remembrance's Day)로 부르며, 세계 1차 대전이 종료한 11월 11일로 정하여 매년 11시가 되면 사이렌이 울리고 기념행사를 갖는다.
> 전쟁 중 전사한 군인의 무덤에 피어난 양귀비 꽃 (Poppy)을 보고 지은 시가 유래되어, 많은 캐나다인들은 11월 되면 가슴에 양귀비 조화를 달고 다닌다.

c) 세계 2차 대전 (1939년 ~ 1945년)

캐나다는 히틀러가 전쟁을 일으키기 이전에 이미 예측하고 전시정부를 운영하고 있었지만, 영국이 전쟁을 선포하였을 때 세계 1차 대전 때와 같이 자동으로 개입하지 않고 주권을 내세워 상징적이지만 1주일 늦게 전쟁을 선포하였다. 58,000명이 전쟁에 참전하여 900명이 전사하고 2,000명이 포로가 되었다. 특히 노르망디 상륙작전에 14,000명이나 참여 하였다.

전쟁으로 인해 군 복무한 인원이 1.1백만 명이었고 민간인을 포함 약 45,000 명이 목숨을 잃었고 55,000명이 부상하였다. 전쟁 초기에 지원병만을 전쟁터에 보내다가 국제 사회의 여론에 밀려서 1944년 11월 이후 징집된 15,000명을 전장으로 보냈으나 얼마 후 전쟁이 끝나서 징집된 군인 중 실제 전쟁에 참여한 인원은 수백 명 수준이고 사망자는 79명 이었다.

캐나다는 세계 2차 대전에 직접 참전하는 것은 소극적이었지만 전쟁 무기 및 물자, 식량을 공급하고 자금을 지원하고, 약 5만 명의 전투기 조종사 훈련을 위한 장소를 제공하는 등 매우 중요한 후방 기지 역할을 톡톡히 하였다. 부가적으로 캐나다는 발렌타인

(Valentine) 탱크를 1,390대나 생산하여 러시아에 공급하였고, 랭카스터 (Lancaster) 및 모스키토 (Mosquito) 폭격기를 포함하여 14,000대의 비행기를 생산하였다. 전쟁이 끝날 무렵에 캐나다는 세계 4위의 전투력을 갖춘 공군 (26만)과 세계 3위 규모의 해군 (11.5만)을 보유하였다.

전쟁을 통해 농업 생산성과 산업 기술이 비약적으로 발전하여 세계적으로 강하고 부유한 나라를 만들었다. 당시 전투기, 탱크, 군함 등을 제작하면서 캐나다는 세계 3대 항공 산업 국가가 되었다. 전쟁 기간 중 원자력 기술도 매우 적극적으로 개발하여 미국 다음으로 원자력 기술을 확보하였고 이 기술은 오늘날 원자력 발전소 운영에 사용되고 있다. 과거 한국도 캐나다에서 원자력 기술을 전수 받았다.

d) 한국 전쟁 (6.25 동란, 1950년 ~ 1953년)

한국 전쟁은 세계 2차 대전이 끝나고 얼마 안 되어 시작되었고 나중에 발생한 베트남 전쟁이 훨씬 더 큰 이슈가 되어 많은 캐나다인들이 기억을 못하기 때문에 "잊힌 전쟁"으로 명명되기도 한다.

캐나다는 육·해·공군 모두 한국전쟁에 참전하였고 미국, 영국 다음으로 많은 2만 5,687명을 한국에 파병하여 세계 3위 규모였다. 한국전쟁에서 516명의 군인이 전사하고 (378명은 부산 유엔묘지) 1,042명이 부상을 당했다. 캐나다는 미국이 인천 상륙 작전을 성공한 이후에 한국에 도착하여 전쟁이 싱겁게 끝날 것으로 기대하고 가벼운 마음으로 참전하였으나 중공군이 참전하면서 희생자가 발생하고 어려움을 겪었다. 특히 경기도 가평전투 (춘천 먼 외각)에서 혁혁한 전공을 세워 이곳에 기념비가 있다.

경기 가평군 북면 이곡리 207-4번지 (가평전투 기념비)

<캐나다 가평전투 기념비>

캐나다는 6.25 전쟁에 참전하기 이전인 19세기 말과 일제강점기 (20세기)에 선교사들을 한국에 파견하여 선교 및 봉사 활동을 하였으며, 그 중 대표적인 사람은 다음과 같다.

- 제임스 스카스 게일 (James Scarth Gale, 1863년~1937년)
  토론토대 신학박사, 1888년 한국파견,
  최초 한영사전을 만들고 한국 및 문학을 서양에 소개
- 올리버 R 에비슨 (Oliver R. Avison, 1860년-1956년)
  토론토의대 졸업 (토론토 시장 주치의), 1893년 한국파견,
  서양 의학을 한국에 전파한 세브란스 의학전문학교의 설립자
- 프랑크 윌리엄 스코필드 (Frank William Schofield, 1889년-1970년)
  토론토대 수의학 박사, 1916년 한국파견, 문화훈장/건국훈장 수여
  일제 강점기 한국 독립을 지원하여 국립묘지에 안장된 최초 외국인
- 셔우드 홀 (Sherwood Hall, 1893년~1991년)
  서울태생, 토론토의대 졸업, 한국의 결핵퇴치, 국민훈장모란장 수여

캐나다는 베트남 전쟁과 이라크 2차 전쟁에 참전하지 않았다.

### b. 소규모 병력이 참전하는 1990년대 이후

a) 걸프 전쟁 (1990년 ~ 1991년)

걸프전쟁은 1차 이라크 전쟁으로 불리기도 한다. 이라크가 새벽에 친 서방 국가인 조그마한 석유 부국 쿠웨이트를 침공하여 하루만에 점령하면서 전쟁이 시작되었다. 캐나다는 미국이 주도하는 다국적군의 일환으로 약 4,500명의 공군이 참전하였다. 전쟁은 대부분 공중 폭격에 의해 진행되고, 지상전은 100시간 만에 중단되

어 캐나다 군의 사망자와 부상자는 없었다.

b) 코소보 전쟁 (1990년대)

1990년대 구 유고슬라비아가 여러 개의 나라로 분리되면서 발생한 전쟁으로, 그 중 코소보 (Kosovo) 지역을 보호하기 위하여 유엔평화유지군의 일환으로 1999년 캐나다 CF-18 제트 비행기가 폭격에 참여하였다.

c) 아프가니스탄 전쟁 (2001년 ~ 2014년)

2001년 9월 11일 아프가니스탄에 본거지를 둔 알카에다가 비행기를 납치하여 뉴욕에 위치한 세계 무역 센터 빌딩과 충돌하여 빌딩이 무너져 대규모 민간인 희생자가 발생하면서 전쟁이 시작되었다. 미국과 우호적인 서방 국가들이 전쟁에 참전하였으며, 캐나다도 소규모의 전투 병력을 파병하였다. 2011년 철군할 때까지 9년 동안 158명이 전사하였고 615명이 부상하였다. 그러나 이후 2014년까지 일부 군 병력이 남아서 아프간 군대 및 치안 인력을 훈련시키고 철군하였다.

d) ISIS 이슬람 국가 전쟁 (2014년 ~ 현재)

캐나다는 CF-18 전투기 (6대), 정찰기 (2대), 공중급유기 (1대) 그리고 약 600명을 파견하였고, 오인 사격으로 사망 1명, 부상 3명이 발생하였다. 또한 캐나다 내의 ISIS 추종자들에 의하여 테러가 2번 발생하여 2명의 군인이 사망하고 1명이 부상하였다.

# 캐나다 정치 및 경제

## 1) 캐나다 정부 및 의회

### a. 여왕과 총독

캐나다는 입헌군주제 민주주의 시스템으로 영국 여왕이 임명한 총독 (Governor General)과 의회민주주의 시스템이 함께 운영되는 국가이다. 따라서 영국 여왕은 여전히 캐나다의 국왕이자 국가의 수반이다. 다만 캐나다 총독이 여왕을 대신하여 다음의 상징적인 권한들을 행사 한다.

- 국가를 대표하여 외국을 방문하거나 국내에서 외국 원수 및 사절들을 오타와 총독 관저인 리도 홀 (Rideau Hall) 또는 퀘벡 시티의 시타델 (Citadelle of Québec)에서 접견한다.
- 캐나다 의회에서 통과된 모든 법은 총독을 통해 왕실의 승인을 받고, 캐나다 정부에 문제가 발생할 경우 의회 해산 및 보궐선거를 요구 한다.
- 캐나다 군대의 최고사령관로서, 수상이 추천한 실질 통수권자를 임명 하거나 국방장관이 추천한 연대장을 임명 한다.
- 군대를 포함하여 국가의 훈장, 상금 그리고 시민권을 수여하

는 행사에 캐나다를 대표하여 전달한다.

정치적으로 여당이 과반이상 의석을 확보하지 못하여 정국이 불안하면 총독은 국회를 해산하고 보궐선거를 요구할 수 있다. 따라서 총독은 결정적일 때 아주 중요한 역할을 할 수 있는 법률적 권한을 가지고 있다.

총독은 총리가 추천하고 여왕이 임명하며, 임기는 5년이며 상징적으로 권력을 행사하고 있다. 그러나 실질 권력을 가지고 있는 의회나 총리의 결정을 만약 여왕을 대신하여 총독이 거부 한다면, 캐나다에 심각한 정치문제가 발생할 수 있다.

### b. 연방 수상과 내각

연방의회 하원 선거에서 다수당의 대표를 총독이 수상으로 임명하므로 별도의 수상 선거는 없다. 수상은 각 부처 장관 등을 임명하여 내각을 구성하고 행정부의 수반이 된다.

연방정부는 21개의 부처로 구성되어 한국 중앙정부와 규모가 비슷하지만 주정부의 조직은 한국 지방자치단체와 비교하는 자체가 이상할 정도로 큰 규모로 거의 한국 중앙정부 수준이다. 연방정부에 33명의 장관이 있으며 각 주정부에 20여명 내·외의 장관이 있으므로 연방과 모든 주의 장관을 합치면 전국적으로 223명이나 되는 엄청난 규모 이다.

외교, 국방, 우편 그리고 중앙은행의 금리정책 등은 연방정부에서만 수행하고 나머지 산업, 교육, 농림. 원주민 등 기타 수많은 분야는 주정부와 연방정부가 역할을 분담하거나 주정부에서 전적으로 맡는다. 예를 들면 산업부는 연방정부에도 있고 각 주정부에도 있으나 교육부는 주정부에만 있다.

<2013년 연방정부 및 주정부의 부처 및 장관>

| 구분 | 부처(개) | 임명장관(명) | 구분 | 부처(개) | 임명장관(명) |
|---|---|---|---|---|---|
| 연방정부 | 21 | 33 | 뉴브런즈윅 | 23 | 15 |
| 온타리오 | 30 | 25 | 뉴펀들랜드 | 15 | 15 |
| 퀘벡 | 20 | 23 | PEI | 10 | 10 |
| 브리티시 컬럼비아 | 17 | 18 | 노스웨스트 | 13 | 6 |
| 앨버타 | 17 | 17 | 누나부트 | 10 | 6 |
| 사스카츄완 | 21 | 17 | 유콘 | 14 | 7 |
| 매니토바 | 19 | 18 | 주정부 합계 | 228 | 190 |
| 노바스코샤 | 19 | 13 | 총 계(연방+주) | 249 | 223 |

※ 임명장관 수에서 연방정부 및 주정부의 수상은 미포함

c. 국회 및 주 의회

캐나다 연방의회 (The Parliament of Canada)는 입법기관으로, 상원 (Senate)과 하원 (Houses of Common) 양원제로 구성되어 있다.

<2013년 연방의회 상·하원 의석 및 주 의회 의석>

| 구분 | 연방의회 | | | 주 의회 |
|---|---|---|---|---|
| | 상원 | 하원 (현재) | 하원 (향후) | |
| 온타리오 | 24 | 106 | 121 | 107 |
| 퀘벡 | 24 | 75 | 78 | 125 |
| 브리티시 컬럼비아 | 5 | 36 | 42 | 85 |
| 앨버타 | 6 | 28 | 34 | 87 |
| 사스카츄완 | 6 | 14 | 14 | 58 |
| 매니토바 | 5 | 14 | 14 | 57 |
| 노바스코샤 | 10 | 11 | 11 | 52 |
| 뉴브런즈윅 | 10 | 10 | 10 | 55 |
| PEI | 4 | 4 | 4 | 27 |
| 뉴펀들랜드 | 6 | 7 | 7 | 48 |
| 노스웨스트 | 1 | 1 | 1 | 19 |
| 누나부트 | 1 | 1 | 1 | 19 |
| 유콘 | 1 | 1 | 1 | 19 |
| 합계 | 103 | 308 | 338 | 758 |

※ 2013년 상원 2석은 공석

하원의원 (Member of Parliament; MP)은 한국의 국회의원 같이 선거를 통해서 선출되며 실질적인 입법 권한과 정부 예산 심사 권한을 가지고 있다. 하원에서 다수 의석을 차지한 정당의 대표가 자동으로 수상으로 추천되어 총독이 임명한다. 2013년 하원은 총 308석이나 인구 증가에 따라 변동되어 차기 선거에서는 338명으로 늘어난다. 하원 선거는 원칙적으로 4년 마다 있지만 새로운 법(안)이나 예산(안)이 하원을 통과 못하거나 여당이 유리하다고 판단하면 하원 임기가 많이 남아 있어도 선거를 조기에 할 수 있다.

상원의원 (Senator)은 수상이 추천한 인물을 총독이 제가하는 방식으로 임명된다. 전통적으로 수상은 하원 내 정당 비율을 바탕으로 각 정당에서 추천하거나 사회기여도가 높은 저명인사를 상원의원으로 발탁하고 있다. 상원은 연방정부의 재정지출 관련 사안이 아닌 법안을 입법하거나 하원의 결정을 인증하는 기관이다. 상원의 임기는 75세까지 할 수 있으며, 지역적으로 온타리오 주, 퀘벡 주, 대서양 연안 (NB, NS, PE), 서부지역 (BC, AB, SK, MB)에 동등한 24석을 각각 배정하고 맨 나중에 연방에 가입한 뉴펀들랜드에 6석 그리고 북쪽 준주에 각 1석을 배정하여 총 105석으로 구성한다.

각 주의 의회도 선거를 통해서 의원을 선출하고 최다 의석을 확보한 당의 대표가 주 수상에 오르고 주 정부의 내각을 구성 한다. 모든 주 의회의 의석을 합치면 758석이고, 연방의회 411석 까지 합치면 캐나다에 의원만 1,169명이나 된다.

## 2) 정부 예산, 부채 그리고 지하 경제

### a. 정부 수입 및 지출 현황

캐나다에 살기 전까지는 연방 및 각 주정부의 예산 운영이 한국과 비슷하게 전국적으로 큰 차이가 없을 것으로 생각 했지만 이는 착오였다. 캐나다 인구는 한국의 70% 미만이지만 국토가 워낙 넓다 보니 각 주정부 별로 형편에 맞게 예산을 달리 편성, 운영한다.

| 캐나다 연방정부 및 모든 주정부의 회계연도 마감일은 매년 3월 31일이다. 따라서 본 자료는 2012년 3월 31일 기준으로 작성하였다. |
|---|

a) 연방 정부

연간 예산 수입은 2,452.0억 달러이고 (GDP 대비 14.3%), 지출은 2,714.2억 달러이고 (GDP 대비 15.8%), 예산 적자는 262억 달러로 전체 예산 수입의 10.7% 이다. 지출 항목 중 공공 부채 상환은 310억 달러로 전체 예산의 12.6% 이다.

연방정부 예산은 1990년대 GDP 대비 18% 근처였으나, 2011/12년에 14% 대까지 낮아져 국민 부담은 많이 경감되었다.

개인 소득세는 연방정부의 가장 큰 수입원으로 1,192.7억 달러이며, 전체 수입 예산의 48.6% 이다. 다음으로 GST 판매세, 에너지 소비세, 관세 등 소비세가 429억 달러로 17.6% 이고, 기업 법인세가 317억 달러로 12.9% 이다.

연방정부의 가장 큰 예산 지출 항목은 개인에게 지급되는 연금 및 수당으로 총 684.2억 달러이며, 총지출 예산의 25.2% 이다. 지출 세부항목은 노인 연금 380.5억 달러, 고용보험지급 (EI) 176.5억 달러, 자녀 수당 (Child Tax Benefit) 127.3억 달러 이다.

연방 정부는 각 주정부, 지역도시 및 커뮤니티 (Community) 등에 건강보험 및 사회복지 등의 지원을 위해 전체 예산의 20.9%인 567.9억 달러를 사용하였다.

국방비 227.8억 달러를 포함하여 연방정부 사업 및 기관 운영비로 총 806.7억 달러를 사용하고, 공공 부채 상환에 310.3억 달러를 지출하였다.

<2011/12년 연방정부 항목별 연간 예산 수입 현황>

| 항 목 | 금액 (억$) | 비율 (%) | GDP 비중 (%) |
|---|---|---|---|
| 세 금 | 1,993.77 | 81.31 | 11.57 |
| o 소득세 | 1,562.71 | 63.73 | 9.07 |
| - 개인 소득세 | 1,192.69 | 48.64 | 6.92 |
| - 기업 법인세 | 317.02 | 12.93 | 1.84 |
| - 비거주자 소득세 | 53.00 | 2.16 | |
| o 기타 세금 및 관세 | 431.06 | 17.58 | 2.50 |
| - GST 판매세 | 283.70 | 11.57 | 1.65 |
| - 에너지세 | 53.28 | 2.17 | |
| - 관세 | 38.62 | 1.58 | |
| - 기타 소비세 및 관세 | 55.46 | 2.26 | |
| 고용보험 | 185.56 | 7.57 | 1.08 |
| 기타 소득 | 272.70 | 11.12 | |
| - 공기업 (Crown Corporations) | 120.24 | 4.90 | |
| - 기타 수입 | 135.77 | 5.54 | |
| - Net Foreign Exchange | 16.69 | 0.68 | |
| 합 계 | 2,452.03 | 100.00 | 14.24 |

<2011/12년 연방정부 항목별 연간 예산 지출 현황>

| 구 분 | 금액 (억$) | 비율 (%) | GDP 비중 (%) |
|---|---|---|---|
| 개인 지원금 | 684.18 | 25.21 | 3.97 |
| o 노인연금 | 380.45 | 14.02 | 2.21 |
| o 고용보험 | 176.47 | 6.50 | |
| o 자녀수당 | 127.26 | 4.69 | |
| 주정부 및 커뮤니티 지원금 | 567.94 | 20.92 | 3.30 |
| 연방정부 예산 집행 | 1151.85 | 42.44 | 6.69 |
| o Other transfer payments | 345.13 | 12.72 | |
| o 연방 정부 운영비 및 공기업 지원금 | 806.72 | 29.72 | 4.68 |
| - 공기업지원 | 81.98 | 3.02 | |
| - 국방 예산 | 227.83 | 8.39 | 1.32 |
| - 기타 연방정부 부처 및 기관 | 496.91 | 18.31 | |
| 총예산 지출 | 2403.97 | 88.57 | |
| 공공 부채 상환 | 310.26 | 11.43 | 1.8 |
| 합 계 | 2714.23 | 100.00 | 15.76 |

b) 주정부 예산 및 재정자립 현황

주정부 예산 대비 연방정부 지원금 비중이 많은 차이가 있다. 거주 인구가 매우 적고 그나마도 대부분 원주민인 북쪽 준주를 제외하더라도 대서양 연안의 주들은 주정부 예산의 30% 이상을 연방정부 지원금에 의존하고 있다. 반면 부유한 앨버타 주는 연방정부 지원금이 비중이 12.05% 이다.

<2011/12년 주정부 연간 예산 대비 연방정부 지원금 규모>

| 주정부 | 총수입예산 (억$) | 연방지원금 (억$) | 연방지원금 (%) |
|---|---|---|---|
| 온타리오 | 1,097.73 | 213.05 | 19.41 |
| 퀘벡 | 812.68 | 169.38 | 20.84 |
| 브리티시컬럼비아 | 419.45 | 76.65 | 18.27 |
| 앨버타 | 431.02 | 51.92 | 12.05 |
| 사스카츄완 | 128.17 | 22.15 | 17.28 |
| 매니토바 | 134.21 | 39.72 | 29.60 |
| 노바스코샤 | 96.73 | 31.79 | 32.87 |
| 뉴브런즈윅 | 77.89 | 28.74 | 36.90 |
| 프린스에드워드 아일랜드 | 15.74 | 6.25 | 39.71 |
| 뉴펀들랜드 | 86.65 | 15.94 | 18.4 |
| 유콘 | 11 | 7.05 | 64.1 |
| 노스웨스트 | 13.94 | 11.22 | 80.5 |
| 누나부트 | 13.74 | 12.6 | 91.7 |

※ 연방정부 지원금 비중이 큰 주는 색 표시

## b. 캐나다 정부 공공 부채 규모

a) 연방정부 부채 현황

2012년 3월 31일 기준으로 주정부 부채를 연계한 연방정부의 총 부채 (Gross Liability)는 9,677억 달러로 GDP의 56.2%이다. 금융 자산이 3,176억 달러이므로 순부채 (Net Debt)는 6,501억 달러로 GDP의 37.8%이다. 또한 비금융 자산이 680억 달러이므로 최종 누적적자 (Accumulated Deficits)는 5,822억 달러로 GDP의 33.8% 이다. 부채 상환에 연간 연방정부 예산의 10.35%, 즉 GDP의 2.9%를 지출하고 있다.

| 부채 용어 |
|---|
| 캐나다의 주정부 부채 관련 자료에서 어떤 주는 공공부채를 "순 부채" (Net Debt)로 보고하는 경우도 있고 "누적적자" (Accumulated Deficits)로 보고하는 경우도 있다.<br><br>"순 부채"는 "총 부채"에서 금융 자산을 제외한 부채를 의미하고 "누적적자"는 "순 부채"에서 비금융 자산을 제외한 부채를 의미한다. 어느 것이 적합한 지는 논란이 많이 있으며, 주로 부채가 많은 주에서 "누적적자" 용어를 선호하고, 부채가 적은 곳은 "순 부채" 용어를 선호 한다. 정부의 비금융 자산은 현금화가 매우 느리기 때문에 금융위기에 적절히 대응이 안 되는 경우가 많아서, 부채를 논할 때 "순 부채"와 "누적적자" 두 용어 모두로 표현하는 경우가 많다. |

연방정부의 부채는 서방 G7 국가의 중 가장 낮은 수치이며, G7 평균 부채가 GDP에 80.4% 인 것을 고려하면 매우 양호한 편이다. 그러나 2008년 미국 리먼 브라더스 금융 사태 이후, 경기부양을 위하여 지출을 늘린 것이 연간 예산의 10% 이상 적자 기록하였다. 이는 우려되는 수치로 2012년 그리스 등 남부 유럽 국가들의 공공부채로 인한 금융위기가 발생하여 서둘러서 긴축 예산 계획을 마련하여 2013년에 수입과 지출이 균형을 맞추었다.

1990년대 연방정부는 부채가 GDP의 70% 정도였으나, 지속적인 노력의 결과로 2012년에 30%대로 낮추어 안정된 이후 큰 변화는 없다. 이는 부채의 절대 금액이 줄어들지는 않았지만 더 이상 늘리지 않은 결과 국민 소득이 증가하면서 자연스럽게 GDP 대비 부채 비율이 감소하였다.

지속적인 GDP 상승과 금리 인하로 인하여 공공부채에 대한 부담은 정부 수입대비 30% 대에서 10% 대로 상당히 줄어들었다.

b) 주 정부 부채 상황

2000년대 에너지 가격 상승으로 앨버타, BC, 사스카츄완, 뉴펀들랜드 주 들은 공공부채를 대폭 줄였지만, 동부지역 온타리오, 퀘벡 그리고 대서양 연안의 노바스코샤, 뉴브런즈윅, PEI 주정부들은 부채로부터 자유롭지 못하다.

<2012년 3월 31일 기준 연방정부 및 주정부 부채 현황>

| 주 또는 준주 | 총 부채 | | 금융 자산 | 순부채 | | 비금융 자산 | 누적적자 | |
|---|---|---|---|---|---|---|---|---|
| | 금액 (억$) | GDP (%) | 금액 (억$) | 금액 (억$) | GDP (%) | 금액 (억$) | 금액 (억$) | GDP (%) |
| 총 국가 부채 (주정부 부채 연계) | 9,677 | 56.2 | 3,176 | 6,501 | 37.8 | 680 | 5,822 | 33.8 |
| | | | | | | | | |
| 온타리오 | 3,045.72 | 47.71 | 689.90 | 2,355.82 | 36.9 | 771.72 | 1,584.10 | 24.81 |
| 퀘벡 | 1,833.84 | 54.6 | 162.73 | 1671.11 | 49.75 | 529.89 | 1,141.22 | 34.98 |
| BC | 703.58 | 35.56 | 343.85 | 359.73 | 18.18 | 384.30 | (24.57) | (1.24) |
| 앨버타 | 394.14 | 13.76 | 584.05 | (189.91) | (6.63) | 401.22 | (591.13) | (20.63) |
| 사스카츄완 | 136.46 | 18.9 | 91.02 | 45.43 | 6.3 | 71.61 | (26.17) | (3.6) |
| 매니토바 | 251.39 | 44.18 | 106.28 | 145.11 | 25.5 | 92.06 | 53.05 | 9.32 |
| 노바스코샤 | 171.69 | 45.38 | 39.26 | 132.43 | 35 | 52.03 | 80.4 | 21.2 |
| 뉴브런즈윅 | 130.74 | 42.43 | 30.29 | 100.46 | 32.6 | 66.78 | 33.68 | 10.93 |
| 뉴펀들랜드 | 133.48 | 39.75 | 55.23 | 78.25 | 23.3 | 35.83 | 42.43 | 12.63 |
| PEI | 26.78 | 50.06 | 8.27 | 18.51 | 34.6 | 8.9 | 9.64 | 18.02 |
| 유콘 | 3.62 | | 5.51 | (1.88) | | 12.14 | (14.03) | |
| 노스웨스트 | 8.83 | | | 4.58 | | | (11.52) | |
| 누나부트 | | | | (1.95) | | | (9.56) | |

※ 부채가 많은 주는 색 표시하고, 흑자가 발생한 경우는 ( )로 표시

부채상환을 위해 예산의 10% 이상 지출하는 주정부는 퀘벡 11.38% (GDP의 2.82%), PEI 10.35% (GDP의 2.9%) 이고, 연간 예산의 10% 이상 적자가 발생하여 부채가 급격히 늘어나는 주는 온타리오 11.8%, 이다. 반대로 자원수익이 급증하면서 연간 예산의 10% 이상 흑자가 발생하여 부채가 급격히 줄어든 주정부는 뉴펀들랜드 10.2% 이다.

캐나다에서 부채가 많은 주정부는 퀘벡, 온타리오, 노바스코샤, PEI 순이고, 퀘벡 주를 제외한 나머지 주들은 부채가 심각하지 않다. 그러나 온타리오 주의 경우 예산 적자가 큰 폭으로 발생하여 부채가 급속이 증가하는 것이 문제이다. 더구나 2012년 신용 평가기관 무디스로부터 온타리오 주정부를 “안정적”에서 “부정적“으로 신용 등급을 낮추었다.

온타리오 주정부 재정상황이 2011/12년과 비슷하게 2017년/18년 까지 지속 된다면 (Status Quo Scenario) 연간 예산 적자는 302억 달러가 되고, 순 부채는 4,114억 달러로 늘어나서 GDP 대비 51% 까지 올라가는 아주 나쁜 상황을 만날 것으로 예측되어, 2017/18년 까지 부채 균형을 맞추기 위한 강력한 긴축 정책 (Preferred Scenario)을 마련하여 2012년부터 시행하고 있다.

이 긴축 정책이 성공한다면 2017/18년에 온타리오 주의 순 부채 (Net Debt)는 3,701억 달러로 GDP 대비 37%에서 부채가 더 이상 늘어나지 않고 안정을 되찾을 것 이다.

퀘벡 주정부는 캐나다에서 가장 심각한 부채를 안고 있다. 주요 원인은 1976년 하계 올림픽을 개최할 때 사화 간접 자본을 엄청 투자하였으나, 동부 공산권 국가들이 불참하여 엄청 손실을 본 것과 1980년, 1995년 두 차례 연방으로부터 독립하는 주민투표를 하면서 경제에 심각한 타격을 주어 부채를 줄일 수 있는 기회를 얻지 못하고 만성적으로 수십 년 동안 부채에 시달려 오고 있다.

퀘벡 주정부도 2016/17 년까지 긴축 재정 계획을 수립하여 시행 중에 있다. 이 계획에 의하면 2013년부터 재정 흑자가 발생한다. 이 긴축 재정 계획을 충실히 수행하면 2025/26년까지 총 부채를 GDP의 45% 까지 (누적적자 17%) 줄일 수 있다.

<2016/17년 까지 퀘벡 주정부의 긴축 예산 계획 (억 달러)>

| 구 분 | 2010-11 | 2011-12 | 2012-13 | 2013-14 | 2014-15 | 2015-16 | 2016-17 |
|---|---|---|---|---|---|---|---|
| 총수입 | 626.50 | 655.39 | 693.95 | 725.24 | 739.87 | 767.37 | 794.09 |
| Own-Source | 472.25 | 503.64 | 535.98 | 560.10 | 581.40 | 602.70 | 623.90 |
| 연방보조금 | 154.25 | 151.75 | 157.97 | 165.14 | 158.47 | 164.67 | 170.19 |
| 총지출 | 671.50 | 688.36 | 708.79 | 725.78 | 745.32 | 769.30 | 793.82 |
| 예산집행 | 601.66 | 613.84 | 626.42 | 637.51 | 656.35 | 678.40 | 701.16 |
| 부채부담 | 69.84 | 74.52 | 82.37 | 88.27 | 88.97 | 90.90 | 92.66 |
| 예산외 수입 | 21.10 | 8.45 | 8.95 | 10.95 | 21.20 | 22.23 | 24.77 |
| 예산적자 | -23.90 | -24.52 | -5.89 | 10.41 | 15.75 | 20.30 | 25.04 |

**(참조) 퀘벡 주정부 및 공기업, 공공기관 총 부채**

퀘벡 주는 부채가 워낙 많다 보니 주정부 기업 및 학교, 병원 등 공공기관 부채를 통합하여 발표하는데 소극적이다. 따라서 이는 인터넷에 올라온 소문에 의하면 퀘벡 주의 공공 부채 총액은 2,486억 달러로 GDP의 74.0% 이다.

<2011/12년 퀘벡 주의 총 공공부채 현황>

| 항 목 | 금 액 (억$) | 비 율 (%) | GDP 비중 (%) |
|---|---|---|---|
| 주정부 부채 | 1,838 | 73.93 | 54.7 |
| - 누적적자 | 1,177 | 47.35 | 35.0 |
| - Capital Expenditures | 532 | 21.40 | 15.8 |
| - Public Sector Retirement Plans | 741 | 29.81 | 22.1 |
| - 기타 | -612 | -24.62 | |
| 주정부 기업 부채 | 416 | 16.73 | 12.4 |
| 시 부채 | 214 | 8.61 | |
| 대학 부채 | 19 | 0.76 | |
| 합 계 | 2,486 | 100.00 | 74.0 |

c) 지역 균등발전 프로그램 및 인프라 개선

2000년대 에너지 가격 상승으로 앨버타 주를 비롯하여 중/서부에 위치한 주들은 재정형편이 좋고 퀘벡 주를 비롯하여 동부에 위치한 주들은 재정형편이 어려웠다. 따라서 2007년부터 연방정부는 1 인당 GDP가 적은 주에 추가 예산을 지원하는 "Equalization Program" 을 운영하고 있다.

주정부에 지원되는 금액은 각 주의 1 인당 GDP 및 인구에 따라 배분되며, 1 인당 가장 수혜를 많이 받는 주는 PEI 주로 2,350 달러이고, 총 수령액이 가장 많은 주는 퀘벡 주로 78.33억 달러이다.

<2011년 1인당 GDP 및 2013/14년 연방정부 지원 금액>

| 주 또는 준주 | 1인당 GDP ($) | 평균 GDP 대비 (%) | 1 인당 지원금 ($) | 주정부 총 지원금 ($억) |
|---|---|---|---|---|
| 뉴펀들랜드 | 65,556 | 128.2 | | |
| PEI | 36,740 | 71.8 | 2,350 | 3.4 |
| 노바스코샤 | 39,025 | 76.3 | 1,342 | 14.58 |
| 뉴브런즈윅 | 42,606 | 83.3 | 1,985 | 15.13 |
| 퀘벡 | 43,349 | 84.8 | 934 | 78.33 |
| 온타리오 | 48,971 | 95.8 | 246 | 31.69 |
| 매니토바 | 44,654 | 87.3 | 1,353 | 17.92 |
| 사스카츄완 | 70,654 | 138.2 | | |
| 앨버타 | 78,154 | 152.9 | | |
| BC | 47,579 | 93.0 | | |
| 평 균 | 51,109 | 100 | | |

각 주정부는 균등발전 수령액을 대체로 인프라 개선 사업에 사용하여 도로를 개설하거나 정비하고 병원, 학교 등의 공공시설에 투자하고 있다.

가장 큰 수혜 혜택을 받은 퀘벡 주정부를 비롯하여 많은 주들이 그 동안 예산 문제로 투자 못하던 도로, 병원, 학교 등 사회 인프라 개선을 위하여 지역균등발전 예산을 사용하고 있다.

<2011-16년 퀘벡 주정부 인프라 개선 예산 (총 455.31억 달러)>

| 구 분 | 금 액 (억$) | 구 분 | 금액 (억$) |
|---|---|---|---|
| Road network | 165.26 | Municipal infrastructure | 38.53 |
| Public transit | 29.76 | Social housing | 11.52 |
| Maritime infrastructure | 5.52 | Research | 5.55 |
| Health and social services | 109.43 | Justice and public security | 9.34 |
| Education | 66.78 | Other (1) | 2.08 |
| Culture | 11.53 | Total | 455.31 |

### d. 캐나다 지하 경제 규모

캐나다 통계청 (Statics Canada)은 캐나다 국세청 (The Canada Revenue Agency)으로부터 위임받아 실제적으로 산업 부문의 지하경제 활동에 주목하여 1992년에서 2009까지 조사한 추정치를 2012년 발표하였다. 이 조사는 지하경제의 변화를 추정하고 GDP에서 차지하는 비율을 추정하기 위한 것으로, Tax Gap으로 존재하는 신고 되지 않거나 지불되지 않은 세금의 전체 규모는 추정하지 않았다.

2009년 캐나다 지하경제 활동은 350억 달러로 추정되었으며, 이는 1992년 보다 금액 측면서 77% 증가되었으나 같은 기간 GDP는 118% 증가되었다. GDP 대비 지하 경제의 비중이 1992년 2.9%에서 2009년 2.3% 으로 감소하였다. 지하 경제 규모가 GDP 대비 감소한 주요 원인은 지하 경제 활동이 활발한 전통 산업의 성장이 다른 사업에 비하여 느린 것 이었다. 지하 경제 활동이 활발한 주요 산업 분야는 건설 29%, 소매 20%, 숙박 및 식당 12% 순으로, 이는 전체 지하경제 규모의 61% 이다.

2013년 현대경제연구원은 한국의 지하경제 규모를 290 조원으로 GDP의 23%로 추정한다고 발표하였다.

GDP대비 지하경제 규모가 한국이 캐나다보다 10배나 많다는 것은 믿기 어려운 수치이다. 이는 지하경제를 추정하는 방법이 서로 너무 다르기 때문에 발생하는 것이 생각된다.

동일한 Schneider and Enste quote macro-mode 방법으로 지하경제를 조사한 OECD에 의하면, 캐나다는 2012년 GDP의 10.0 ~ 13.5%로 추정되어 한국의 절반 수준이다.

<2012년 OECD 발표 캐나다 지하경제 부문 비중>

| 구 분 | 비 중 (%) | Nature of activities included in this sector |
|---|---|---|
| Personal Services (B2C transactions) | 22.1 | House cleaning, hairdressing, beauty, dry cleaning, catering, pest control, computer maintenance, security, health, pet care, matchmaking, etc. |
| Hospitality | 16.4 | Restaurants, cafées, pubs, takeaways, hotels |
| Retail | 15.6 | Store based, flea/public markets, etc. |
| Construction | 15.6 | Building, home renovations, home repairs |
| Car sales & service | 5.7 | |
| Transport | 3.3 | |
| Taxi | 3.3 | |
| Agriculture, Fishing, Aquaculture | 2.4 | |
| Other | 15.6 | Tourism, real estate (incl. rental), recycling, internet based, freelancers, professionals, entertainers, etc. |

## 3) 부유한 경제력의 근원

### a. 세계적으로 풍부한 자원

수출 주도형 경제 구조를 가진 한국에서 처음 캐나다에 왔을 때, 캐나다는 멀지 않아 망할 것 같은 느낌을 가질 수 있다. 그러나 계속 살아가면서 알면 알수록 절대로 망하기 어려운 나라로 생각이 바뀌어 질 수 있다. 그 이유는 많은 사람들이 매우 느리게 일하고 일의 결과도 별로라고 생각하기 때문이지만 이것은 장님이 코끼리 한 부분을 만지고 코끼리가 어떻다고 평가하는 것과 같다는 것을 시간이 지나면서 알 수 있기 때문이다.

a) 엄청난 양의 지하자원

동계 올림픽으로 유명해진 캘거리가 위치한 앨버타 주에 엄청난 양의 모래 섞인 원유가 매장되어 있고, 그 외 지역으로는 동쪽 끝 대서양 연안에 위치한 뉴펀들랜드 주변 바다에 원유가 매장되어 있다. 전체 캐나다 매장량은 2011년 세계 3위, 생산량은 세계 6위이며, 이는 만약 현재의 원유 생산량 정도를 유지하면 앞으로 178년 동안을 생산할 수 있는 양이다. 또한 아직 사람의 발길이 닫지 않는 북쪽 매우 추운지역의 원유 매장량을 합치면 얼마나 더 생산 할 수 있을지 아무도 모른다.

가스 매장량은 세계 22위로 크지는 않지만 세계에서 가장 소비량이 많은 미국으로 수출하고 있기 때문에 생산량은 세계 3위를 기록하고 있다. 퀘벡 주의 생로랑 강 남쪽지역에 가스가 대량 매장되어 있지만 환경 문제로 개발은 아예 안하고 발굴 조사도 적극적으로 하지 않는다.

<2011년 국가별 원유 매장량과 생산량>

| 원유 생산 주요 국가 | 매장량 ($10^9$배럴) | 하루 생산량 ($10^6$배럴) | 향후생산 (년수) |
|---|---|---|---|
| 베네수엘라 | 296.5 | 2.1 | 391 |
| 사우디아라비아 | 264.52 | 8.9 | 81 |
| **캐나다** | **175** | **2.7** | **178** |
| 이란 | 151.2 | 4.1 | 101 |
| 이라크 | 143.1 | 2.4 | 163 |
| 쿠웨이트 | 101.5 | 2.3 | 121 |
| 아랍 에미리트 | 97.8 | 2.4 | 112 |
| 러시아 | 74.2 | 9.7 | 21 |
| 리비아 | 47 | 1.7 | 76 |
| 나이지리아 | 37 | 2.5 | 41 |
| 카자흐스탄 | 30 | 1.5 | 55 |
| 카타르 | 25.41 | 1.1 | 63 |
| 중국 | 20.35 | 4.1 | 14 |
| 미국 | 19.12 | 5.5 | 10 |
| 앙골라 | 13.5 | 1.9 | 19 |
| 알제리 | 13.42 | 1.7 | 22 |
| 브라질 | 13.2 | 2.1 | 17 |
| 총계 | 1,324 | 56.7 | 64 |

원유와 가스를 캐나다와 미국 사이에 있는 파이프를 이용하여 보내기 때문에 한국같이 배로 해상수송 하는 것에 비하여 시간과 비용측면에서 매우 큰 장점을 가지고 있다.

<2010년 캐나다 원유 및 가스 생산량>

| 구 분 | Crude Oil | Sand Oil | Natural Gas |
|---|---|---|---|
| 1일 생산량 | 1.22 M배럴 | 1.5 M배럴<br>(Mining 0.756 M배럴<br>Bitumen 0.704 M배럴) | 14.7 Billion Cubic Feet |
| 연간 매출 | 35.4 B$<br>(배럴당 $79.53) | 43.54 B$<br>(배럴당 $79.53) | 23.34 B$<br>($4.3 / mmbtu) |
| 기타 | 연간 Capital Spending 51B$<br>연간 세금 및 로열티 18 B$<br>연간 55만개의 직업 | | |

참조: Canada Association of Petroleum Producers Web Site

<2011년 캐나다 각주 별 가스 생산량>

| 주 | 생산량 ($10^3m^3$/j) | 주 | 생산량 ($10^3m^3$/j) |
|---|---|---|---|
| BC | 1,166,687 | 노바스코샤 | 86,068 |
| 앨버타 | 3,529,108 | 뉴브런즈윅 | 5,342 |
| 사스카츄완 | 155,187 | 온타리오 | 5,426 |
| NW & YT | 5,871 | 캐나다 합계 | 4,953,689 |

그 밖에 광물로는 철, 금, 구리, 니켈, 칼륨, 다이아몬드 등이 대표적이며, 이중 금은 연간 97톤, 다이아몬드는 1,177만 캐럿 정도 생산 한다. 연간 생산되는 광물의 금액은 약 $40B (한화 약 40조) 이상 이다. 철광석을 이용한 중공업이 과거 토론토 서쪽 1시간 거리의 해밀턴에서 발달하였다. 또한 토론토에서 북쪽으로 4시간 30분 거리에 있는 서드버리 (Sudbury)는 세계적으로 가장 유명한 니켈 광산 지역이다.

<2010년 캐나다 광물 생산 현황>

| 구 분 | | 생산량 (톤) | 금액 (M$) |
|---|---|---|---|
| 금속류 | Iron ore | 37,001,100 | 4,985.7 |
| | Gold (kg) | 97,104.5 | 3,922.9 |
| | Copper | 498,400 | 3,828.6 |
| | Nickel | 149,000 | 3,358.9 |
| | Uranium | 10,200 | 1,232.1 |
| | Zinc | 598,700 | 1,342.8 |
| | Others | - | 2,056.0 |
| | 소계 | - | 20,727.0 |
| 연료 | Coal | 67,749,000 | 5,540.4 |
| 비금속류 | Potash ($K_2$0) | 9,788,000 | 5,688.4 |
| | Diamonds (carats) | 11,773,000 | 2,363.1 |
| | Sand / Gravel | 205,804,000 | 1,506.2 |
| | Cement | 11,691,700 | 1,518.1 |
| | Stone | 147,642,800 | 1,390.7 |
| | Salt | 10,820,200 | 658.4 |
| | Others | - | 1,896.4 |
| | 소계 | | 15,021.3 |

<2010년 주별 연간 광물 생산량>

| 주 | 금속류 (K$) | 비금속류 (K$) | 석탄 (K$) | 합계 (K$) | 비중 (%) |
|---|---|---|---|---|---|
| 온타리오 | 4,805,508.5 | 2,886,141.3 | - | 7,691,649.8 | 18.6 |
| 사스카츄완 | 1,289,004.2 | x | x | 7,083,979.7 | 17.2 |
| 브리티시 컬럼비아 | 2,136,922.0 | 682,754.8 | 4,254,082.0 | 7,073,758.9 | 17.1 |
| 퀘벡 | 5,191,333.4 | 1,579,144.6 | - | 6,770,478.0 | 16.4 |
| 뉴펀들랜드 | 4,517,052.6 | 66,986.8 | - | 4,584,039.3 | 11.1 |
| 앨버타 | 1,166.9 | 1,231,357.1 | x | 2,347,295.0 | 5.7 |
| 노스웨스트 | - | 2,032,724.2 | - | 2,032,724.2 | 4.9 |
| 매니토바 | 1,488,380.3 | 175,126.0 | - | 1,663,506.4 | 4.0 |
| 뉴브런즈윅 | x | x | - | 1,154,580.7 | 2.8 |
| 누나부트 | 305,098.1 | - | - | 305,098.1 | 0.7 |
| 노바스코샤 | - | 294,167.2 | - | 294,167.2 | 0.7 |
| 유콘 | 278,336.4 | 5,717.6 | - | 284,054.0 | 0.7 |
| PEI | - | 3,437.1 | - | 3,437.1 | 0.0 |
| 총계 | 20,727,036.7 | 15,021,316.7 | 5,540,415.0 | 41,288,768.4 | 100.0 |

다음으로 캐나다는 추운 날씨 때문에 눈이 엄청 내리고 얼어서 다음해 봄까지 녹지 않으므로 도로의 제설과 소금은 매우 중요하다. 이민 초기에 길에 뿌리는 엄청난 양의 소금을 어떻게 생산하는지 매우 궁금했었다. 캐나다는 옛날 바다가 융기하여 육지가 되었기 때문에 염전을 통해 소금을 생산할 필요가 없고 호숫가 지하에 돌처럼 딱딱하게 굳은 소금을 퍼오면 된다. 현재 연간 소비량 정도를 향후에 소비한다면 앞으로 1억년이상 쓰고 남을 만큼 엄청난 소금이 매장되어 있다. 소금을 가장 많이 생산하는 곳은 온타리오 주의 휴런 호수변에 있는 가더리치 (Goderich) 타운 이다.

b) 세계 두 번째로 광활한 영토에 널려 있는 임업자원

서쪽 도시 밴쿠버에서 동쪽 도시 핼리팩스까지 6,000Km 가 넘는데 이는 한국에서 인도까지 모든 나라를 하나로 합친 면적이다. 이 넓은 영토에 다양하고 풍부한 자원이 분포되어 있다. 벌목하고

심은 나무가 다음 벌목 전에 이미 충분이 다 자라 있을 정도로 국토가 너무 넓다.

매우 추운 지역에서 자라는 캐나다 산 목재는 품질이 좋다고 혹평을 받고 있으며, 임업 면적은 전 세계의 10% 정도이고 캐나다 산 목재의 절반 이상이 산이 많고 습도가 높은 태평양 연안의 브리티시컬럼비아 주에서 생산된다. 1994년 NAFTA 체결 이후 미국으로 너무 많은 목재를 수출하게 되어 한때 무역 분쟁이 있지만 여전히 상당한 물량이 미국으로 수출 되고 있다.

<벌목 목재 임시 계류장>

c) 연중 풍부하게 흐르는 강물을 이용한 수력발전

캐나다는 몽골과 시베리아 같이 북쪽에 위치하여 가뭄이나 장마에 영향을 거의 받지 않는다. 미국에 대형 허리케이 올라와도 캐나다에 도착하면 그저 바람만 세고 약간의 비만 올 정도로 약해진다. 눈과 얼음이 녹는 봄철이 연중 강 수위가 가장 높이 올라가는 정도로 장마가 없다. 따라서 강가에 아슬아슬 하게 건축된 많은 집들 중에 일부는 아예 보트가 강에서 집안으로 들어올 수 있다. 과거 한국은 봄과 여름 사이 가뭄으로 인해 농촌에서 모내기를 못하여 어려움을 겪는 것이 매년 큰 뉴스가 되었지만, 캐나다는 초여름 가뭄이 전혀 없고 8월경에 가끔 집 정원의 잔디가 말라 죽는 정도의 가뭄은 몇 년에 한번 정도는 있다.

한국처럼 장마에 대비하여 충주댐이나 소양강 댐 같이 크게 건설할 필요가 없다. 전기 생산 용량은 크지만 한강 팔당댐 같이 높이가 낮은 발전소를 건설하여 전기를 생산하면 된다. 캐나다는 넓은 국토에 큰 호수만 3만 개가 넘고 도처에 흐르는 강에 건설된 댐에서 생산되는 전기의 양이 엄청나다는 것은 쉽게 상상할 수 있다. 과거 거대한 나이아가라 폭포에서 떨어지는 물의 힘을 이용하여 발전소를 건설하여 엄청나게 부자가 된 이야기를 토론토 관광지 카사로마 (Casa Loma) 저택에 가면 알 수 있다.

캐나다는 원유와 가스도 풍부하지만 엄청나게 생산되는 저렴한 전기 덕분에 대부분 전기를 이용하여 겨울철 난방을 하고 있다. 그래도 너무 많이 남아서 미국으로 송전탑을 건설하여 뉴욕이 있는 동부지역 (온주와 퀘벡 주에서), 캘리포니아 주가 있는 서부지역 (BC 주에서), 시카고가 있는 중부지역 (매니토바 주에서)에 각각 전기를 수출하고 있다.

2009년 캐나다는 총 575 TWh 전기를 생산하여 24.5 B$의 매출을 기록하였고, 미국으로 2.35 B$를 수출하고 0.65 B$를 수입하였다. 캐나다가 전력을 생산하는데 사용하는 연료는 물이 63.2%, 석탄, 가스 등을 이용한 스팀이 17.4%, 원자력이 14.8% 그리고 풍력 등 기타가 4.6% 이다. 그러나 미국은 석탄 및 가스가 67%, 원자력이 20% 그리고 물은 7% 정도이다. 한국도 전기를 생산하기 위하여 미국과 비슷한 비율로 연료를 사용하고 있다.

<높이가 낮은 수력발전소>

### b. 연간 수십만의 신규 이민자 유입

한국도 100만 이상의 외국인들이 산업경쟁력에 많은 도움이 되지만 캐나다는 매년 수십만 (2013년 258,953명) 이민자가 유입되고 있으므로 산업 전반에 걸친 영향력은 한국 보다 훨씬 크다.

a) 저렴하고 풍부한 노동력

대체로 취업 비자로 있는 외국인 근로자나 이민자들은 현지인들이 꺼리는 힘든 분야에서 저임금을 받으면서 열심히 일 한다. 또한 임시 노동 허가를 받은 농장 근로자와 불법으로 체류하는 노동자 모두를 고려하면 경제에 미치는 영향은 결코 작지 않다.

아무리 풍부한 자원이 있어도 누구도 어려운 일들을 하지 않으면 모두 무용지물이 될 것이다. 만약 높은 임금을 주면서 자원 개발을 하면 경제성이 맞지 않아서 기업들은 어려움을 겪을 것이다.

이민초기 땡전 한 푼 없이 이민 온 동유럽 이민자들을 만난 적이 있다. 본국에서 그들의 직업은 꽤 괜찮은 편이었지만 직업을 구하기 어려우니까, 어떤 이는 추운지역에서 벌목을, 어떤 이는 이삿짐센터에서 일하고 있었다.

2012년 온타리오 주에서 15인승 불법 승합차를 타고가다 13명 중 10명이 사망하는 대형 교통사고가 있어서 조사해보니, 사망자가 모두 계절농업노동자 프로그램 (SAWP; Seasonal Agricultural Worker Program)으로 남미에서 온 농장 근로자 들이었다. 캐나다의 인건비가 높아 인력을 구하기 어려운 농민들은 이 프로그램 이용하여 인력을 조달하고 있었다.

과거 중국인 노동자들에 의하여 험준한 로키산맥을 통과하는 캐나다 횡단 철도가 완성된 것은 이민자의 또 다른 업적일 것이다.

한인교민 사회도 이민자들이 많이 몰리는 토론토 및 밴쿠버 지역의 한인 서비스 이용료가 다른 지역보다 저렴하다. 이는 매출이 높고 과당 경쟁 때문에 저렴한 측면도 있지만, 다른 지역보다 저렴하고 훌륭한 한인 근로자들을 쉽게 채용할 수 있기 때문이다.

대체로 이민자들이 언어문제가 있고 현지 상황에 익숙지 못하지만 현지인에 비하여 학력 수준이 결코 낮지 않고 꽤 병 없이 열심히 일을 한다. 현지들의 경우는 일을 열심히 하는 것보다 자기 권리를 훨씬 더 많이 주장하는 것을 주변에서 손쉽게 볼 수 있다. 아직도 많은 이들이 하루 3곳에서 시간제 노동을 하거나 약 15시간 정도 노동을 하는 사람들이 종종 있다.

광산, 임업, 제조업, 농업 그리고 서비스업 관련 캐나다 경제는 이민자의 저렴하고 훌륭한 노동력에 많이 의존한다.

b) 이민을 통한 인력, 기술 그리고 재산의 이동

한국도 급속한 경제 성장을 했지만 캐나다가 건국 100년이 안되었을 때 선진국으로 자리를 굳힌 것은 나라가 발전한 것이 아니고 유럽으로부터 이민자들이 엄청 이동해 왔다고 보아야 할 것이다.

이민자하면 못 살고 낙후된 나라만 생각하는데 꼭 그렇지 않다. 캐나다만큼 잘 사는 미국 및 유럽에서 첨단 기술을 보유한 유능한 인재들도 캐나다로 와서 많은 기여를 한다. 기업 입장에서는 자금 확보와 프로젝트를 수주를 하면 전 세계로부터 그 일을 수행할 전문 인력을 채용하는 것이 한국 보다 훨씬 수월하다. 이것이 가능한 이유는 다음과 같다.

- 첫 번째는 세계 공용어라고 할 수 있는 영어를 사용하고,
- 두 번째는 근무 및 거주 환경이 미국 및 유럽과 비슷하고.
- 세 번째는 해외로부터 오는 이민자들을 위한 정착 제도를 오랫동안 운영하고 잘 발전시켰기 때문이다.

과거 유럽에서 1, 2차 세계 전쟁을 할 때 조국을 떠나 캐나다 땅을 채워 나가는 수많은 이들의 이민 역사를 충분히 상상할 수 있다. 이민자들 중에는 힘없는 노인 및 어린이뿐 만 아니라 힘 있는 젊은이가 있듯이 가난한 사람도 있지만 지식인과 부자도 함께 있었다.

이민자를 통하여 노동력, 기술, 자본 그리고 소비시장을 한 번에 흡수하는 구조를 가지고 있는 사회 시스템이 캐나다를 강하게 만드는 중요한 요소이다. 몬트리올에 가면 일반 주택 양식이 다른 도시와 다르다. 그 이유는 과거 이탈리아인들이 대거 이민 오면서

몬트리올의 주택 문화 및 기술을 한 단계 높여 놓은 결과이다.

첨단 기술을 필요한 제품 생산 또는 서비스를 제공하는 기업의 경우 대부분 현지인을 채용 할 것이라고 생각하지만 이것은 잘 못 된 생각이다. 이민자의 언어 능력을 신규직원 채용할 때 고려는 하지만 이보다는 회사에서 필요로 하는 첨단 분야의 경험을 어느 정도 가지고 있느냐가 채용에 가장 중요한 기준으로 삼는다. 이러한 채용 문화는 새로운 첨단 분야의 기업을 만드는 것을 아주 용이하게 하는 주요 요인이다.

토론토 및 밴쿠버에 대형 중국 쇼핑센터가 여러 개 있다. 이는 홍콩 및 대만 등 중국계의 부호들이 이민하여 만든 대표적으로 유통 기업들이다. 그 밖에 많은 쇼핑몰 및 기업들이 이민자 또는 투자자에 의하여 지금도 지속적으로 세워지고 있다.

이민자의 약 절반이 정착하는 캐나다 최대의 도시인 토론토 광역시는 매년 약 2% 정도의 인구가 증가는 도시이다. 이를 한국으로 생각하면 5년 마다 분당 같은 신도시가 주변에 건설될 정도로 도시가 강하게 성장한다. 결론적으로 이는 많은 이민자들이 노동력, 기술, 재산, 그리고 소비시장을 이동해 오기 때문에 가능하다고 보아야 할 것 이다.

c) 많은 이민자를 수용하는 내수 중심 산업

그렇게 많은 이민자가 들어오면 그들을 위한 직업은 어떻게 만들고 그들이 소비하는 엄청난 자원을 염려할 수 있지만 현실은 염려 정도로 그칠 정도 이다. 그 것은 캐나다가 한국 같이 수출위주의 경제가 아닌 내수 중심 경제 구조를 가지고 있기 때문에 가능하다.

수출 주도형 산업구조를 가진 나라에서는 이민자를 받으면 그만큼 수출을 늘려야 하고 자원도 수입해야 하므로 이것은 사실상 어렵다. 그러나 자원이 풍부한 내수 위주의 나라는 전혀 상황이 다르다. 일단 이민자가 들어오면 더 많은 주택, 더 많은 생필품, 더 많은 자원 등의 소비가 늘어나면서 관련 일자리도 따라서 함께 늘어나므로 실업률 걱정하지 않아도 된다. 다만 이민자가 너무 한 지역에 몰리거나 단기간 너무 많은 사람이 유입되면 언어, 문화 등 현지 적응에 소요되는 시간과 주택, 학교 등 사회적 문제가 발생 할 수 있지만 이러한 문제들은 어느 정도 정책적으로 조절이 가능하기 때문에 큰 문제가 되지 않는다.

이민자로 인하여 한국에서 생각할 수 없는 또 다른 것은 주택경기 조절이다. 만약 주택 경기가 하강기미를 보이면 더 많은 이민자를 받아 들여 주택 경기의 급속한 냉각을 막을 수 있다. 이민자들에 의한 주택 경기 활성화로 가장 재미를 보는 도시는 토론토와 밴쿠버 이다. 이들 두 도시가 다른 지역의 부동산 하락을 상쇄하여 캐나다 전체 주택 시장의 안정에 기여 하고 있다.

### c. 세계적인 관광 산업

a) 세계적으로 아름다운 자연경관

세계 2위의 넓은 국토는 그저 끝도 없이 넓게 펼쳐진 평원이 대부분 이지만, 워낙 국토가 넓다 보니 어떤 곳은 세계적으로 아름다운 자연이 곳곳에 있다.

대표적인 곳이 서부 앨버타 주와 BC 주 경계에 위치한 로키 마운틴 이다. 밴프 (Banff) 및 재스퍼 (Jasper) 국립공원은 경제적 시간적 여유가 있다면 누구나 가고 싶어 할 정도로 세계적으로 아름다운 곳 이다. 아니 많은 사람들이 무리를 해서라도 꼭 여행하고 싶어 하는 곳이다. 거대한 산과 전혀 오염되지 않은 수억 년 전 태고의 아름다운 모습을 그대로 간직한 자연 경관은 다른 세계로 온 느낌을 받을 수 가 있다. 두 국립공원 모두 연간 수백만 명이 다녀 갈 정도로 지역 경제에 미치는 영향이 결코 작지 않다.

다음으로 대표적인 자연 경관을 꼽을 수 있는 곳은 토론토에서 1시간 30분 거리에 위치한 세계 3대 폭포 중에 하나인 나이아가라 폭포 이다. 나이아가라 폭포는 미국과 국경을 하고 있어서 미국에도 관광객이 많지만 폭포가 잘 보이는 캐나다 지역이 훨씬 활성화 되어 있다. 호텔, 식당, 놀이시설, 카지노 및 아웃렛 매장이 들어서 있고, 연간 천만 명 이상 다녀 갈 정도로 단순 관광지가 아닌 국가 경제에 영향을 미치는 하나의 산업으로 보아야 한다.

b) 세계 각국의 다양한 문화를 관광 산업으로 발전

캐나다에서 가장 예술 감각이 뛰어난 프랑스계 캐나디언들이 많이 사는 퀘벡 주의 올드 몬트리올 (Old Montréal), 올드 퀘벡 (Old Québec)은 세계 어느 지역에도 내 놓아도 뒤지지 않는 예술성을 보여주는 관광지이다.

이들 지역은 자연 경관이 뛰어나지는 않지만 그 지역에 사는 주민들의 예술적 감각이 세계적인 관광지로 발전시킨 대표적인 사례이다. 올드 몬트리올은 가장 서구적인 문화를 체험 할 수 있는 관광지로 손색이 없고, 올드 퀘벡은 거대한 동화의 나라를 지구로 옮겨 놓은 것 같은 느낌을 받을 정도 아름다운 도시이다.

한국인에게 빨간 머리 앤으로 유명한 프린스에드워드아일랜드는 세상에서 제일 아름다운 섬으로 불릴 정도로 섬 전체가 환상적이다. 일반적인 캐나다 풍경은 평원이거나 거대한 산이지만 이 지역은 나지막한 언덕이 만들어내는 곡선과 그 아래로 넓게 펼쳐있는 농장들의 은은한 색채는 먼 거리를 달려온 관광객들의 피곤함을 한 순간 녹여 준다. 과거 이 섬은 미국 독립전쟁이후 영국을 지지하는 사람들이 피신하여 살기 시작한 곳으로 빨간 머리 앤 소설의 작가가 살던 시절은 보잘 것 없는 시골 어촌 마을이었다. 나중에 소설이 일본인에 의하여 유명한 애니메이션으로 만들어지고 육지를 연결하는 다리가 건설되면서 유명한 관광지로 발전하여 현재는 세계 각국으로부터 매년 100만 명 이상 관광객이 몰려온다.

<올드 퀘벡 시티>

<발간 머리 앤의 집>

태평양 연안에 있는 밴쿠버는 유럽에서 가장 먼 곳에 위치하고

거대한 로키산맥을 넘는 것이 매우 어렵기 때문에 캐나다에서 가장 늦게 개척된 지역이다. 한국으로 생각하면 대관령을 넘어서 강원도 동해 바닷가의 도시들 같이 관광 산업으로 성장한 도시이다. 캐나다 대륙 횡단 철도 (1885년)와 고속도로가 밴쿠버로 연결되면서 이민자들이 대거 유입되고 도시가 성장하고 발전하여 캐나다의 3대 도시가 되었다. 과거에는 주로 은퇴한 노인들이 많이 살던 한가로운 도시였지만 아시아가 발전하면 서구의 이국적인 문화에 관심이 많은 아시아 관광객이 몰리면서 관광 산업은 현재 지역 주요 산업으로 자리를 잡았다.

c) 관광 산업이 캐나다 경제에 차지하는 비중

캐나다인은 자국 내 관광을 위해서 연간 지출하는 금액은 2005년 기준으로 약 430억 달러이고 매년 6% 이상 증가 된다. 같은 기간 외국인은 2천만 정도가 방문하여 140억 달러를 관광비용으로 지출하였다. 관광 산업은 매출이 작지도 않을 뿐 더러 고용 및 2차 관련 산업으로 영향력이 강하여 국가 경제에 미치는 영향이 매우 크므로 정부 차원에서 중요한 산업으로 분류하여 관리한다.

### d. 세계적 경쟁력을 갖춘 제조업

a) 자동차 및 기차 산업

자원 산업 다음으로 수출 비중이 큰 산업이 차량 및 항공 관련 산업이다. 세계에서 제일 큰 자동차 도시인 미국 디트로이트와 접하고 있는 온타리오 주는 GM과 포드 완성차를 연간 200만대 (한국의 자동차 생산량의 약 절반)를 생산하여 약 90%를 미국으로 수출하고 하고, 많은 중, 소 자동차 부품 회사들도 미국으로 부품을 공급하고 있다. 봄바디에르 (Bombardier) 회사는 세계적인 기차 생산 업체로 한국에 용인 경전철을 공급하였다.
그 밖에 거친 필드 스포츠를 위한 스노모빌, ATV/UTV 등을 캐나다 기업들이 생산하고 있다.

<겨울철 캐나다인들이 즐기는 스노모빌>

b) 항공 및 방위 산업

유럽에서 2차 세계 대전이 한창일 때 캐나다 동부의 많은 지역이 공군 조종사 훈련 장소로 사용되면서 항공 산업이 발전하였다. 한국에서 북미 대륙을 갈 때 알라스카를 거쳐 가는 것이 최단 거리가 되듯이, 미국에서 북유럽을 최단거리로 가려면 캐나다 동부 지역을 반드시 거쳐 가야하므로 2차 대전 중에 캐나다는 중요한 군사 기지 역할을 하였다.

<캐나다 항공 관련 주요 회사 및 특징>

| 기업명 | 특징 |
|---|---|
| Bombardier Aerospace | - 세계 3대 민간항공기 제작회사<br>- 항공 및 기차 생산<br>- 한국 부산 및 용인 경전철 사업 |
| Bell Helicopter Textron Canada | - 전 세계 민간 중소형 헬리콥터의 40% 생산 |
| CAE Electronics | - 전 세계 항공기 시뮬레이션 시장의 70% 점유 |
| Pratt & Whitney Canada | - 중, 소형 Turbine 엔진의 세계 시장 35% 점유 |
| Rolls-Royce Canada | - 항공기 엔진 유지보수 |
| Messier Dowty | - 항공기 랜딩 기어 |
| Lockheed Canada | - 방위 사업 |

2차 세계 대전 이후 캐나다는 마하 2의 속도를 갖춘 전투 요격

기인 CF-105 Arrow 개발에 성공하였으나, 정치적인 논쟁에 휘말리면서 5대만 시험 제작하고 1959년 사업을 전면 중단하였다. 이후 관련 기술은 중형 민간 항공기와 기차를 개발 하는 중심 산업으로 정착하였다. 오늘날 항공 산업은 미국과 유럽 다음의 규모이고 기차는 프랑스와 어깨를 나란히 할 정도로 경쟁력을 확보하고 있다.

캐나다에 약 400개의 관련 기업이 있으며 2009년 기준으로 222억 달러 이상 매출을 올리고 있다.

c) 정보 통신 산업

정보통신 기업들은 토론토, 몬트리올, 오타와 그리고 키치너(Kitchener) 삼각지대 (토론토 서쪽 1시간)에 있다. 이들 기업 중 대부분이 다른 나라의 세계적인 대기업 소유로 되어 있으며 첨단 기술이 요구되는 제품과 서비스를 생산하고 있다.

한국에 삼성전자, LG가 있다면 캐나다에 노텔 (Nortel)과 RIM (Research In Motion) 이라는 회사가 있었다. 노텔은 광통신 제품에 있어서는 세계 제일 이었으나 2000년 초반 IT 거품이 빠지면서 파산 직전까지 갔다가 겨우 연명하는 수준으로 유지하고 있다. RIM은 블랙베리 히트 상품을 내 놓으면서 전 세계적인 휴대폰 회사로 성장하였으나 스마트폰 이후 상당한 어려움을 만나면서 새로운 주인을 찾고 있다. 캐나다 IT 산업은 제일 큰 2개 회사가 어려움을 겪었지만, 전 세계 시장에 제품을 직접 판매하는 중소기업이 발달하여 캐나다 대기업 경기에 영향을 덜 받고 전체 IT 산업에 대한 충격도 생각보다 훨씬 적었다.

d) 기타 제조업

캐나다의 제조업은 한국 같이 활발하지는 않지만 그렇다고 아주 작은 규모는 아니고 제법 규모가 있으나 한국에 잘 알려지지 않은 이유는 다음과 같다.

- 주요 수출 품목이 자원, 항공, 기차, 차량 등으로 일반 소비자

를 대상으로 하지 않고 기업이나 국가를 상대로 하고 있으며, 73% 이상 미국으로 수출하기 때문에 한국의 일반 소비자들이 캐나다 제품을 접하는 것이 어렵다.

- 캐나다 브랜드의 기업이 많지 않고, 상당수의 기업들이 다국적 글로벌 기업의 소유로 되어 있다.
- 한국 같이 대기업 위주가 아니고 종업원 1,000명 이하의 중·소기업이 많아서 상대적으로 브랜드 이미지가 약하다.

대도시 토론토 및 몬트리올 주변은 많은 기업들이 의학, 환경, 식품, 자동차, 등 다양분야의 제품을 생산하고 있다. 이들 생산품은 주로 자국 내 소비와 주로 미국으로 수출하고 있다.

<2011년 주요 10개국 캐나다 수출/수입 현황>

| 수 출 | | 수 입 | |
|---|---|---|---|
| 국가 | 금액 (M$) | 국가 | 금액 (M$) |
| USA | 330,082 (73.71%) | USA | 220,873 (49.53%) |
| UK | 18,791 (4.20%) | China | 48,147 (10.80%) |
| China | 16,820 (3.76%) | Mexico | 24,572 (5.51%) |
| Japan | 10,671 (2.38%) | Japan | 13,056 (2.93%) |
| Mexico | 5,476 (1.22%) | Germany | 12,786 (2.87%) |
| Korea | 5,098 (1.14%) | UK | 10,328 (2.32%) |
| Netherlands | 4,807 (1.07%) | Korea | 6,605 (1.48%) |
| Germany | 3,941 (0.88%) | France | 5,547 (1.24%) |
| France | 3,081 (0.69%) | Algeria | 5,485 (1.23%) |
| Hong Kong | 2,967 (0.66%) | Italy | 5,103 (1.14%) |
| Sub-Total | 401,734 (89.72%) | Sub-Total | 352,502 (79.04%) |
| Others | 46,047 (10.28%) | Others | 93,452 (20.96%) |
| 수출총계 | 447,781 (100%) | 수입총계 | 445,954 (100%) |

<2011년 주요 품목별 캐나다 수출 현황>

| 수출 품목 | 수출금액 (M$) |
|---|---|
| Oil and Gas Extraction | 82,835 (18.50%) |
| Automobile and Light-Duty Motor Vehicle Manufacturing | 38,750 (8.65%) |
| Petroleum Refineries | 21,399 (4.78%) |
| Gold and Silver Ore Mining | 16,817 (3.76%) |
| Non-Ferrous Metal (except Aluminum) Smelting and Refining | 13,698 (3.06%) |
| Aerospace Product and Parts Manufacturing | 10,905 (2.44%) |
| Other Non-Metallic Mineral Mining and Quarrying | 9,781 (2.18%) |
| Alumina and Aluminum Production and Processing | 8,392 (1.87%) |
| Coal Mining | 8,026 (1.79%) |
| Pulp Mills | 7,207 (1.61%) |
| Paper Mills | 7,125 (1.59%) |
| Resin and Synthetic Rubber Manufacturing | 6,476 (1.45%) |
| Pharmaceutical and Medicine Manufacturing | 5,907 (1.32%) |
| Sawmills and Wood Preservation | 5,872 (1.31%) |
| Wheat Farming | 5,682 (1.27%) |
| Animal Slaughtering and Processing | 5,544 (1.24%) |
| Iron and Steel Mills and Ferro-Alloy Manufacturing | 5,373 (1.20%) |
| Oilseed (except Soybean) Farming | 4,982 (1.11%) |
| Engine, Turbine and Power Transmission Equipment Manufacturing | 4,863 (1.09%) |
| Other Basic Inorganic Chemical Manufacturing | 4,761 (1.06%) |
| Starch and Vegetable Fat and Oil Manufacturing | 4,528 (1.01%) |
| Iron Ore Mining | 4,177 (0.93%) |
| Navigational, Measuring, Medical and Control Instruments Manufacturing | 4,139 (0.92%) |
| Recyclable Metal Wholesaler-Distributors | 3,879 (0.87%) |
| Copper, Nickel, Lead and Zinc Ore Mining | 3,797 (0.85%) |
| Sub-Total | 294,916 (65.86%) |
| Others | 152,865 (34.14%) |
| 총계 | 447,781 (100%) |

※ 수출품 분류

지하자원 제조업 임업 의료 농업

<2011년 주요 품목별 캐나다 수입 현황>

| 수입품목 | 수입금액 (M$) |
|---|---|
| Oil and Gas Extraction | 33,029 (7.41%) |
| Automobile and Light-Duty Motor Vehicle Manufacturing | 29,973 (6.72%) |
| Petroleum Refineries | 16,630 (3.73%) |
| Pharmaceutical and Medicine Manufacturing | 13,577 (3.04%) |
| Computer and Peripheral Equipment Manufacturing | 12,668 (2.84%) |
| Gold and Silver Ore Mining | 12,028 (2.70%) |
| Other Motor Vehicle Parts Manufacturing | 10,065 (2.26%) |
| Aerospace Product and Parts Manufacturing | 8,863 (1.99%) |
| Navigational, Measuring, Medical and Control Instruments Manufacturing | 8,568 (1.92%) |
| Iron and Steel Mills and Ferro-Alloy Manufacturing | 7,131 (1.60%) |
| Semiconductor and Other Electronic Component Manufacturing | 6,821 (1.53%) |
| Construction Machinery Manufacturing | 6,817 (1.53%) |
| Resin and Synthetic Rubber Manufacturing | 6,710 (1.50%) |
| Motor Vehicle Gasoline Engine and Engine Parts Manufacturing | 6,599 (1.48%) |
| Engine, Turbine and Power Transmission Equipment Manufacturing | 5,864 (1.31%) |
| Radio and Television Broadcasting and Wireless Communications Equipment Manufacturing | 5,779 (1.30%) |
| Other Basic Organic Chemical Manufacturing | 5,637 (1.26%) |
| Audio and Video Equipment Manufacturing | 5,427 (1.22%) |
| Motor Vehicle Transmission and Power Train Parts Manufacturing | 5,351 (1.20%) |
| Heavy-Duty Truck Manufacturing | 5,241 (1.18%) |
| Electrical Equipment Manufacturing | 5,222 (1.17%) |
| Other Industrial Machinery Manufacturing | 5,010 (1.12%) |
| Medical Equipment and Supplies Manufacturing | 4,738 (1.06%) |
| Ventilation, Heating, Air-Conditioning and Commercial Refrigeration Equipment Manufacturing | 4,267 (0.96%) |
| Telephone Apparatus Manufacturing | 4,187 (0.94%) |
| Sub-Total | 236,202 (52.97%) |
| Others | 209,751 (47.03%) |
| 총계 | 445,954 (100%) |

※ 수입품 분류

지하자원 제조업 임업 의료

### e. 미국과 접한 길고도 긴 국경

a) 세계 제일의 미국 시장에 접근하기 가장 용이한 나라

아무리 좋은 제품과 서비스가 있어도 소비할 시장이 없으면 아무 소용이 없다. 캐나다는 세계에서 제일 큰 소비 시장을 가지고 있는 미국과 가장 긴 국경을 하고 있다. 캐나다에 있는 도시들은 대부분 2 시간 이내에 미국에 갈 수 있을 정도로 국경 지역에 위치하고 있다. 이러한 지리적인 여건 때문에 캐나다 전체 수출의 70% 이상이 미국 시장이다.

동일한 언어를 사용하고 비슷한 문화를 가지고 있는 미국은 어찌 보면 동일한 경제권으로 보는 것이 합리적일 것이다. 인력 및 상품의 교류가 빈번할 수밖에 없다.

b) 저렴한 운송비용

미국에서 소비가 왕성한 대도시인 뉴욕, 워싱턴 DC, 보스턴, 시카고, 디트로이트, 시애틀은 미국에 다른 지역에서 생산된 제품을 가져오는 것보다 캐나다에서 수입하는 것이 운송비가 더 저렴할 수 도 있다.

한국에서는 상상하기 어려운 송전탑을 캐나다에서 미국 뉴욕 및 캘리포니아 주로 세워서 전기를 수출하고 송유관 및 가스관도 건설하여 수출하고 있으므로 효율 측면에서 큰 경쟁력을 갖는다.

벌목한 목재 및 농장 목초는 특히 무게와 부피가 커서 운송비가 많이 드는 생산품이지만 미국이 가까이 있어 수출이 가능 할 수 있다. 관광 산업도 마찬가지로 가까운 거리에 있다 보니 비행기 요금도 저렴하고, 직접 자동차를 운전하여 캐나다로 관광을 올 수 있다. 매년 캐나다를 찾는 해외 관광객의 60% 이상이 미국인이다.

### 4) 캐나다 발전을 위해 극복해야 하는 것

남북 분단과 자원 부족 등이 한국의 발전에 어려운 점 이듯이 캐나다도 마찬 가지로 나라 발전을 위해 극복해야 하는 것들이 있다. 퀘벡독립, 언어, 추운 날씨, 방만한 정부 조직 등은 대표적으로 캐나다가 극복해야 하는 것들이다.

#### a. 퀘벡 독립

a) 퀘벡의 역사

과거 개척 시대에 영국과 프랑스가 전 세계 식민지 지역에서 충돌하였듯이 북미대륙에서도 자주 충돌 하였다. 당시 북미 지역에 거주하는 이주민들이 월등히 많았던 영국이 프랑스가 개척한 퀘벡(1759년)과 몬트리올 (1760년)에서 벌어진 7년 전쟁에서 승리하여 영국의 지배하에 들어갔다. 이후 프랑스 귀족은 본국으로 돌아가고 떠날 수 없었던 농민과 가난한 사람들이 퀘벡에 그대로 남아서 영국의 식민지 지배를 받았다.

1967년 세계박람회 (엑스포67)가 몬트리올에서 열릴 때 프랑스 대통령 샤를 드골이 퀘벡 주를 방문하여 정치적으로 민감한 연설을 하면서 프랑스계 주민들의 잠재의식 속에 있던 정체성에 불씨를 지피는 계기가 되었다. 이후 1968년 퀘벡 독립당 (Party Québecois)이 설립되고 각 분야에서 조용한 혁명이 시작되어 불어권 권리를 회복하는 정치적, 사회적 운동이 일어났다.

따라서 무력투쟁을 통해 독립을 달성하려는 퀘벡 해방 전선(FLQ)이 결성되고, 우체통에서 폭탄이 터지고, 과거 퀘벡 전쟁에서 승리한 울프 장군 동상이 파괴되는 등 분위가 심상치 않았다. 급기야는 1970년 10월 5일 퀘벡 주재 영국 외교관 제임스 크로스를 납치하고 5일 후에는 퀘벡 노동부 장관 삐에르 라포트를 납치하자 연방수상 트루도는 군대를 동원하여 수백 명의 분리주의자를 체포하자 납치범은 라포트를 살해하고 쿠바로 망명하였다.

b) 1차, 2차 독립투표

이러한 사건들은 퀘벡 주민들의 정서를 더욱 자극하여 1976년 선거에서 퀘벡독립당은 압승을 거두었고 1977년 퀘벡의 공식 언어를 불어로 채택하였다. 1980년 1차 독립투표를 할 때 유권자 4,367,584명의 85.6%인 3,738,854명이 투표에 참여하여 40.44%가 독립을 찬성하고, 59.56%가 독립을 반대 하였다. 15년 이후 1995년 2차 독립 투표를 할 때는 유권자 5,087,009명의 93.52%인 4,757,509명이 투표에 참여하여, 49.42%가 독립을 찬성하고, 50.58%가 반대하여 아슬아슬 하게 독립이 무산 되었다.

나라가 두 개로 쪼개지는 것은 엄청나게 많은 사람들에게 치명적인 영향을 미치므로 그 후유증은 매우 심각했다. 70년대 올림픽이 열릴 때만해도 몬트리올은 캐나다에서 제일 큰 도시였지만 독립 문제가 이슈화하면서 불안을 느낀 많은 사람들과 기업들이 대거 떠나면서 오늘날 몬트리올은 토론토의 절반 정도 밖에 안 된다. 심지어 몬트리올 은행의 본사도 이주하여 토론토에 있을 정도이다. 한국의 현대자동차도 퀘벡에 투자를 했다가 2차 독립투표 이후 완전 철수하였다.

몬트리올은 1970년대 올림픽에 엄청난 투자를 하였으나, 동유럽 공산권 국가들이 대거 불참하면서 적자를 떠 앉은 상황에다 독립 문제까지 불거져서, 세금 낼 많은 주민과 기업이 떠나면서 캐나다에서 대표적으로 못 사는 도시가 되었다. 그 여파는 수십 년이 지난 2010년대 초반까지 도로 곳곳이 갈라지고, 구멍이 생기는 것은 물론이고 두 번씩이나 다리가 붕괴되는 사고가 발생하였다. 과거에 건설한 고속도로를 임시로 유비 보수만하여 계속 사용하다 보니 곳곳에 제한 속도가 50km 또는 70km인 경우가 있고 심지어 신호 등이 있는 고속도로도 있다. 다른 주나 미국에 비하여 너무 도로 사정이 안 좋아서 자동차로 퀘벡을 방문하면 처음 오는 사람도 금방 퀘벡 주에 진입한 것을 알 수 있을 정도였다.

2010년 이후는 서부지역 자원개발로 부유해진 연방정부의 특별 지원을 받아 도로 등 사회기반시설을 대폭 개선하였다.

c) 독립이 가능 한가?

독립을 원하는 퀘벡 주민은 대다수 이지만 경제적으로 수십 년간 어려운 경험을 하여 독립이 되는 것을 오히려 걱정하고 있다. 2014년 여론조사 결과에서 독립지지가 약 40%로 내려갔다. 수십 년 전 독립이 이슈화되기 시작할 때 몬트리올은 캐나다 최대의 도시이고 인구 뿐 만 아니라 경제적으로 가장 강력한 도시였기 때문에 자신들이 내는 세금으로 캐나다의 다른 지역을 먹여 살린다고 생각했다. 그러나 현재는 다른 주들이 발전하면서 오히려 퀘벡 주는 많은 도움을 받고 있다. 현재 대다수의 주민들은 독립 보다는 퀘벡에 더 많은 권한과 지원을 연방으로부터 받는 것을 더욱 중요시 여긴다.

퀘벡 주가 독립하기 어려운 또 다른 이유는 자원은 많지만 일부 품목에 국한되어 있다. 경제 활동에 매우 중요한 원유와 소금이 퀘벡 주에는 없어서 다른 주의 도움을 받고 있다. 많은 퀘벡 주민들은 만약 독립을 한다면 수력으로 전기를 생산하는 주정부 전력회사인 하이드로 퀘벡 (Hydro Québec)이 자신들을 먹여 살릴 것으로 믿지만, 2011년 매출이 123.9억 달러이고 순이익 26.1억 달러로 퀘벡 주의 경제에서 차지하는 비중은 생각보다 적다. 순이익 규모가 퀘벡 주정부 연간 예산의 3%도 안 된다.

d) 퀘벡 주가 독립한다면 연방의 고민

만약 퀘벡 주가 캐나다 연방에서 독립 한다면 연방 정부는 다음의 고민에 빠질 수 있다.

- 연방 지지가 상당히 높은 몬트리올 시민에 대한 지원
- 영국이 과거 개척한 퀘벡 주 북쪽의 거대한 땅에 대한 처리
- 지리적으로 대서양 연안 주들로 가는 길이 사라짐
- 대서양 연안 주의 인구까지 합치면 캐나다 인구의 약 30%가 소비하는 시장이 사라지는 문제
- 정치적으로 불안 국경으로 인한 방위비 증가
- 퀘벡 주에서 이탈한 대량 난민

## b. 이중 언어와 너무 추운 날씨

a) 이중 언어

한국은 영어 때문에 많은 국민들이 힘들어 하지만 캐나다는 영어와 불어를 사용하기 때문에 많이 사람들이 힘들어 한다. 캐나다는 주 별로 따로 법과 정부를 만들어 운영하므로 주의 공식 언어를 모르는 주민들은 매우 큰 어려움을 겪는다.

퀘벡 주에서는 공공기관이든 개인 상점이든 불어를 못하면 많은 불이익을 받을 수 있다. 또한 불어를 모르는 주민이라 하더라도 자녀를 불어 학교에 보내는 것은 의무 사항이다. 운 좋게 영어 학교에 자녀를 보낸다 해도 영어 학교가 아니고 영어와 불어를 반반씩 가르치는 이중 언어 학교이다. 교통 표지판이나 도로명도 모두 불어로만 표시하여 처음 방문하는 사람은 매우 어렵다.

언어 문제가 가장 심각한 주는 퀘벡 주이고 나머지 주는 영어가 모두 통한다. 영어와 불어를 함께 사용하는 주는 대서양 연안의 뉴브런즈윅 주와 중부지역의 매니토바 주이다. 퀘벡 주를 제외하고 나머지 다른 주에서는 영어 든 불어든 자유롭게 선택하여 자녀를 학교에 보낼 수 있다.

다음으로 언어로 인해 고충 받는 곳이 연방 정부 공무원 들이다. 모든 관공서 문서를 영어와 불어로 작성해야 하니 시간과 비용 측면에서 희생이 필요하다. 불어를 모르는 공무원은 언어 교육을 받아야 하고 시험도 보아야 하므로 언어적으로 발달하지 않은 사람은 고충일 수밖에 없다. 만약 불어 문서 작성이 안 되면 전문 번역가에게 의뢰를 하는 데 비용이 만만치 않다. 연방 공무원이 한국에 중앙공무원에 해당 되지만 한국에서는 준 공무원에 해당하는 정부 관련 (출연/투자)기관 소속 직원도 캐나다에서는 공무원 소속으로 되어 있기 때문에 이들 기관의 문서까지 포함하면 결코 작은 양이 아니다.

b) 너무 추운 날씨

아무리 여름 날씨가 좋아도 밴쿠버를 제외한 대부분의 캐나다 지역은 겨울이 6개월이라서 이는 경제 및 사회 활동에 막대한 지장과 비용을 요구한다. 과거 선거의 주요 공약 중에 하나가 겨울철 눈 치우는 것 이었던 적도 있다.

고속도로 및 주요 도로의 눈은 어느 주나 할 것 없이 매우 잘 치운다. 제설 장비도 좋고 열심히 한다. 그러나 동네 길은 지역에 따라 예산이 많은 시는 잘 치우지만 그렇지 못한 시는 느리게 치우거나 대충 치워서 불편을 감수해야 한다. 눈이 많이 내리는 겨울은 정부나 시에서 예산 문제로 고민할 수 있다.

날씨가 추우면 도로가 빨리 파손되고, 자동차, 집 등은 빨리 노후화 된다. 겨울이 춥고 길다 보니 난방비도 많이 부담해야 한다. 추운 날씨는 개인이나 정부에게 엄청난 예산과 노력을 요구하고 사회적, 경제적 활동에 많은 장애가 된다.

캐나다에서 인구가 많은 도시들은 지역별로 겨울철 날씨가 가장 따듯한 위치에 있다. 즉 밴쿠버는 BC 주에서, 캘거리는 대평원에서, 토론토는 온타리오 주에서, 몬트리올은 퀘벡 주에서, 핼리팩스는 대서양 연안에서 겨울철 날씨가 가장 따듯한 지역이다.

### a. 방만한 정부 조직

a) 너무 작은 단위의 주

캐나다가 다민족 국가이고 지역적으로 문화가 다르기 때문에 한국 같은 중앙 집권제도를 시행하는 것이 어렵다는 생각은 들지만 그래도 일부 주 들은 너무 작다. 국방, 외교, 중앙은행 금융정책(환율, 금리 등)을 제외한 나머지 교육, 의료, 복지, 도로, 경찰, 산업, 각종 인허가권 등 대부분의 권한을 연방정부의 간섭 없이 주 정부에서 직접 운영한다.

북쪽에 있는 준주의 경우는 날씨가 너무 춥고, 지역도 너무 넓어서 별도의 준주로 하는 것이 주민 편의를 위해 합리적일 수 있으나, 면적도 넓지 않고 인구도 많지 않은 여러 개의 주들이 있다. 이들 주정부들은 연방정부의 지원을 끊으면 아마도 곧 바로 파산을 할 정도로 재정 상태가 매우 취약하다.

<캐나다 (준)주의 면적과 2011년 인구>

| (준)주 | 면적 ($km^2$) | 인구 (명) | (준)주 | 면적 ($km^2$) | 인구 (명) |
|---|---|---|---|---|---|
| 온타리오 | 1,076,395 | 12,851,821 (38.39%) | 뉴브런즈윅 | 72,908 | 921,727 (2.75%) |
| 퀘벡 | 1,542,056 | 7,903,001 (23.61%) | PEI | 5,660 | 140,204 (0.42%) |
| 브리티시 콜롬비아 | 944,735 | 4,400,057 (13.14%) | 뉴펀들랜드 | 405,212 | 514,536 (1.54%) |
| 앨버타 | 661.848 | 3,645,257 (10.89%) | 유곤 준주 | 482.443 | 33,897 (0.10%) |
| 사스카츄완 | 651,036 | 1,033,381 (3.08%) | 노스웨스트 테리터리 | 1,346,106 | 41,462 (0.12%) |
| 매니토바 | 647,797 | 1,208,268 (3.61%) | 누나부트 | 2,093,190 | 31,906 (0.10%) |
| 노바스코샤 | 55,284 | 751,171 (2.24%) | 캐나다 전체 | 9,984,670 | 33,476,688 |

b) 주 정부 조직과 다양성

캐나다의 각 주정부는 한국 중앙정부의 거의 유사한 모든 조직을 갖추고 있다. 어떤 주는 한국의 중앙정부 보다 더 큰 조직을 가지고 있다는 소문까지 있을 정도이다. 주 별로 세금의 관한 법도 다르고 일부는 아예 세무서도 별도로 운영한다.

주정부의 권한이 막강하고 자체적으로 조직과 제도를 만들어 운영하다 보니 방만한 조직이 되어 막대한 세금이 낭비되는 것은 어쩔 수 없다. 주별로 각각 다른 제도를 가지고 있기 때문에 다른 주로 이사를 가면, 돈과 여권만 말고 의료보험증, 운전면허, 자동차 등록증, 자동차 보험 등 거의 모든 것을 다 바꾸어야 하는 등 매우 불편하다. 각 주정부에서 시행하는 국정 공휴일도 주마다 다르다.

교육부가 주별로 따로 있다 보니 교과서가 다른 것은 물론이고 어떤 주는 초등학교가 5년제이고 어떤 주는 6년제 이며, 중학교, 고등학교 그리고, 대학교도 제 각각 다르다. 이러한 다른 교육 시스템 때문에 몇 학년이냐고 묻으면 초등학교 입학 후 몇 년째 학교에 다니는 지를 말해야 한다.

보험 및 연금 등 각종 금융 서비스에 관한 것도 주별로 달라서 관련 종사자들이 다른 주 고객을 상대로 영업을 할 수 없고 해당 주의 자격을 다시 취득해야 영업할 수 있다.

이러한 제 각각인 법과 제도는 다른 주의 기업에게 건설 등 각종 사업 참여를 어렵게 하는 장벽으로 작용한다. 주정부별로 너무 많은 규제와 면허 제도를 운영하고 있어서 이웃하는 주들과 경제 교류를 제한하여 전체 국가 발전에 큰 장애 요인이 되고 있다.

c) 정부 사업 영역 및 무책임한 운영

주정부에 따라 다소 차이는 있으나 의료, 카지노, 전력, 대중교통, 주류 등 쉽게 돈이 되는 분야에서 민간에게 사업을 허용하지 않고 주정부가 직접 사업체를 운영 한다.

한국은 효율성을 고려하여 어떻게 하든 정부의 사업을 줄이고 민영화를 여러 분야에서 추진하였고 앞으로 추진할 가능성이 많다. 그러나 캐나다는 여러 가지 이유를 들어 어떻게 하든 정부에서 직접 운영하고 있다.

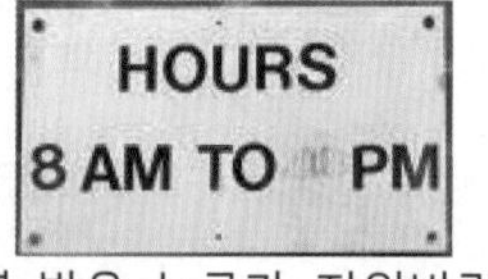

열 받은 누군가 지워버린 화장실 문 닫는 시간

캐나다는 위도가 높고 서머 타임을 사용하기 때문에 캐나다 여름철 5시는 한국의 오후 3시 정도 이지만 공무원들이 화장실을 잠그고 퇴근하여 종종 곤욕을 치른다.
만약 민간 기업이 공원 관리를 하면 이런 일은 상상하는 것 자체가 어렵다.

2005년 10만 명당 캐나다는 의사 244명, 치과의사 53명, 간호사 924명이고 한국은 의사 177명, 치과의사 32명, 간호사 444명으로 한국보다 의료인 비율이 훨씬 많지만, 병원을 이용하는 것이 한국보다 훨씬 더 오래 기다려야 한다. 이것이 사회적 이슈가 되어 해결하고자 의료 예산, 시설 및 의료인 늘리고 있지만 여전히 병원을 이용하는 것은 어렵다.

<술 판매 주정부 기관>

| 주 | 기관 |
|---|---|
| 온타리오 | LCBO (Liquor Control Board of Ontario) |
| 퀘벡 | SAQ (Société des alcools du Québec) |
| 브리티시 컬럼비아 | LDB (Liquor Distribution Branch's BC Liquor Stores) |
| 앨버타 | AGLC (Alberta Gaming and Liquor Commission) |
| 사스카츄완 | SLGA (Saskatchewan Liquor and Gaming Authority) |
| 매니토바 | MLCC (Manitoba Liquor Control Commission) |
| 노바스코샤 | NSLC (Nova Scotia Liquor Corporation) |
| 뉴브런즈윅 | NBLC (New Brunswick Liquor Corporation) |
| PEI | PEILCC (PEI Liquor Control Commission) |
| 뉴펀들랜드 | NLC (Newfoundland and Labrador Liquor Corporation) |

미국은 민간 사업자가 술을 판매하지만 캐나다는 일부 주에서만 편의점에서 맥주 판매를 허용한다. 위스키나 와인 등 거의 모든 종류의 술을 주정부기업이 판매하고 있다. 주류를 판매하는 정부 기관은 다른 정부기관 보다 서비스가 나은 편이지만 민간 사업체에 비하여 더 많은 종업원을 고용할 수밖에 없다. 전력, 카지노, 대중교통 등도 주류 판매와 사정이 비슷할 수밖에 없다.

결과적으로 이러한 정부의 서비스업 운영은 과도한 종업원 고용으로 많은 부분이 임금으로 낭비 될 수밖에 없는 구조를 가지고 있다. 주정부가 사업장을 효율적으로 운영하기 보다는 쉬운 방법으로 순익을 올리려는 시도를 하는 경우도 있다. 2000년대 초반 퀘벡 주정부는 몬트리올 섬 밖에 있는 카지노를 도심 중앙으로 이전하여 손쉽게 수익을 올리려 하였으나 시민들의 강력한 반대에 부딪혀 결국 포기하였다. 2012년 온타리오 주정부도 카지노를 토론토에 설치하려고 하였으나 많은 시민들이 반대하며 매일 뉴스거리가 되었다.

# 부 록

## 캐나다 속에 한인과 커뮤니티

한인 최대 거주 지역 노스욕은 뜨거운 콘도 열기

# 20만 한인 사회와 단체

---

1963년 한국과 캐나다가 수교를 할 때 까지 제 3국가에 거주하던 한인들이 주로 캐나다로 이주하여 전체 한인은 100명 미만 이었다. 1967년 이민 점수제 도입이후 한국으로부터 직접 이민이 본격화 되어 거의 반세기가 지났지만 여전히 한인은 전체 캐나다 인구에서 약 0.5%로 비중이 매우 작은 소수 민족을 못 벗어나고 있다.

2011년 인구조사에서 한국인이라고 응답한 사람이 168,890명이며, 이는 국제결혼으로 출생한 2세 14,530 명을 포함한 결과이다. 모국어가 한국어인 경우는 137,925명이고, 한국어를 포함한 다중모국어인 경우가 4,955명이므로 총 한국어 인구는 총 142,880명이다.

2011년 센서스에 응한 캐나다 인구는 3,285만 이지만, 2015년 캐나다 인구는 3,570만이 넘은 것으로 정부가 발표하여 8.68% 차이가 있다. 한인 인구도 이를 감안하면 2015년 183,550명으로 추정되고, 불법체류자 1만 명까지 포함하면 19만~20만으로 추정된다.

<센서스 조사에 의한 한인 인구 및 한국어 사용인구>

| 조사 년도 / 항목 | 2006년 (명) | 2011년 (명) | 증감 (%) | 비 고 |
|---|---|---|---|---|
| 가정에서 한국어 사용 인구 | 101,500 | | | |
| 직장에서 한국어 사용 인구 | 10,455 | | | |
| 모국어로 한국어 인구 | 125,575 | 137,925 | +9.84 | |
| 한국어 구사 가능 인구 | 133,800 | 142,880 | +6.8 | |
| 외형상 한인 인구 (Visible Minority) | 141,895 | 147,612 (추정) | | |
| 한국인 (Ethnic origin) | 146,550 | 168,890 | +11.5 | 국제결혼 2세 포함 |

## 1) 캐나다 전국에 있는 한인회

캐나다 전 지역에 26개의 한인회가 있으며 토론토 및 밴쿠버의 한인회는 제법 규모가 크지만 나머지는 중·소규모 이다.

- 5 만 이상: 토론토 (ON), 밴쿠버 (BC)
- 5 천 이상: 캘거리 (AB), 에드먼턴 (AB), 몬트리올 (QC)
- 2 천 이상: 런던 (ON), 해밀턴 (ON), 위니펙 (MB), 오타와 (ON), 키치너-웰링턴 (ON), 프레이저밸리 (BC)
- 1 천 이상: 빅토리아 (BC), 노바스코샤 (NS)

2000년대에 주정부 이민 프로그램에 따라 대서양 연안의 뉴브런즈윅, PEI, 그리고 앨버타, 매니토바, 사스카츄완 주에 한인이 급격히 늘어나면서 신생 한인회가 조직되거나 또는 확대 되었다. 그러나 지역 한인이 약 100명 내·외의 조그만 한인회도 3개나 있으며, 북쪽 준주에 거주하는 한인들은 너무 작은 인원이고 지역이 너무 넓어서 한인회를 구성하지 못하고 있다.

- 서부 BC 주 북부의 조지 프린스 한인회 (80명)
- 동쪽 대서양에 있는 거대한 섬의 뉴펀들랜드 한인회 (95명)
- 빨간 머리 앤으로 유명한 PEI 한인회 (105명)

<2011년 캐나다 지역별 한인회 및 거주 인구>

| 주 | 인구 (한국어 가능) | 한인회 | 한인수 | 비 고 |
|---|---|---|---|---|
| 온타리오 | 82,640 (64,080) | 토론토 | 64,755 | 광역 토론토 지역 (Barrie 지역 미포함) |
| | | 해밀턴 | 3,400 | 토론토 서쪽 1시간 Brandford 375명 포함 |
| | | 워터루/웰링턴 | 2,000 | 토론토 서쪽 1시간 Guelph 310명 포함 |
| | | 런던 | 3,275 | 토론토 서쪽 2시간 (토론토와 디트로이트 중간) |
| | | 윈저 | 320 | 토론토 서쪽 4시간 (미국 디트로이트 근처) |
| | | 채텀-켄트 | 200 | Chatham-Kent (윈저와 런던 중간) |
| | | 나이아가라 | 990 | St-Catharines & Niagara (토론토 서쪽 1시간 반) |
| | | 피터보로 | 330 | 토론토 동쪽 1시간, Belleville 235명 미포함 |
| | | 서드버리 | 175 | 토론토 북쪽 5시간 North Bay 10명 미포함 |
| | | 킹스턴 | 445 | 토론토와 몬트리올 중간 (토론토 동쪽 2시간 반) |
| | | 오타와 | 2,530 | 강 건너 퀘벡 주 Gatineau 235명은 미포함 |
| 퀘벡 | 7,070 (4,085) | 몬트리올 | 5,760 | 몬트리올 섬 밖 주변 포함 |
| | | 기타지역 | | Québec City 215명, Sherbrook 25명, Troi-Riviere 30명, Saguenay 20명 |
| 브리티시 컬럼비아 | 55,450 (48,975) | 밴쿠버 | 49,875 | 광역 밴쿠버 |
| | | 빅토리아 | 1,370 | Nanaimo 300명 등 밴쿠버 섬 전체는 약 2천명 |
| | | 프린스 조지 | 80 | Prince George (밴쿠버 북쪽 10시간) |
| | | 프레이저 벨리 | 2,000 | Fraser Valley (밴쿠버 동쪽 1~2시간) Abbotsford 1,530명과 Chilliwack 470명 포함 |
| | | 기타지역 | | Kamloops 245명, Kelowna 580명 |
| 앨버타 | 15,865 (13,885) | 캘거리 | 8,890 | Calgary |
| | | 에드먼턴 | 5.070 | Edmonton |
| | | 자스퍼 | 175 | Banff 등 로키산맥 |
| | | 기타지역 | | Red Door 300명, Fort McMurray 90명 |
| 사스카츄완 | 1,265 (1,230) | 리자이나 | 445 | Regina |
| | | 사스카툰 | 335 | Saskatoon |

(계속 이어서)

| 주 | 인구 (한국어 가능) | 한인회 | 한인수 | 비 고 |
|---|---|---|---|---|
| 매니토바 | 3,190 (2,795) | 위니펙 | 2,865 | 제2도시 Brandon 175명 미포함 |
| 노바스코샤 | 1,165 (815) | 노바스코샤 | 1,035 | Halifax |
| 뉴브런즈윅 | 1,865 (1,810) | 몽턴 | 645 | Moncton |
| | | 세인트존 | 540 | Saint John |
| | | 프레더릭턴 | 570 | Fredericton |
| PEI | 140 (135) | PEI | 105 | Charlottetown |
| 뉴펀들랜드 | 170 (65) | 뉴펀들랜드 | 95 | Saint John's |
| 유곤 | 80 (25) | 한인회 없음 | | Whitehorse 15명 |
| 노스웨스트 | 40 (15) | 한인회 없음 | | Yellowknife 35명 |
| 누나부트 | 10 (5) | 한인회 없음 | | Iqaluit 10명 |
| 총계 | 168,890 (137,925) | | | |

※ 캐나다의 인구조사 결과는 개인이나 집단을 보호하기 위하여 대략적인 수치를 발표하므로 실제 인구와 차이가 있을 수 있다.

## 2) 한인 밀집 지역

캐나다 3대 대도시에서 한인이 많이 살고 있는 지역은 토론토의 노스욕 (North York), 밴쿠버의 버나비 (Burnaby), 몬트리올의 NDG (Notre-Dame-de-Grâce) 이다.

토론토의 노스욕은 캐나다에서 한인이 제일 많이 살고 있는 지역으로, 토론토의 동서 고속도로인 Hwy 401에서 영 스트리트 (Yonge St.)를 따라 북쪽으로 올라가면서 도로 양옆이다. 이 지역은 20~30년 전에는 변두리였으나 지금은 광역토론토의 중간에 위치하고 있다. 지하철이 들어오는 노스욕은 지속적으로 고층 건물이 들어서고 상가 임대료가 올라가지만 한인 인구 증가율이 둔화되면서 그 중심축이 고속도로에서 더 먼 북쪽 쏜힐 (Thorn Hill)로 이동하고 있다. 쏜힐에 한인 대형마트인 갤러리아와 한국식품이 있고 유명한 한인 음식점 대부분이 이곳에 모여 있다. 또한 어떤 건물은 한인 미용실이 5개나 몰려 있는 곳도 있다.

토론토 다운타운에 위치한 블루어 (Bloor) 코리아타운은 한인 상점이 몰려 있는 곳으로 캐나다에서 가장 다양한 종류의 한인 비즈니스를 볼 수 있는 곳이다. 코리아타운은 블루어 도로를 따라 베더스트 (Bathurst)에서 크리스트 피츠 (Christie Pits) 공원까지 약 1km 이상 형성되어 있다. 이곳에는 한인 상가는 물론이고 몬트리올 은행까지도 한글 간판을 걸고 영업 한다.

밴쿠버는 도시 규모가 토론토 보다 작지만 한인이 많이 거주하여, 도시 전체 인구 대비 한인 비중이 (5.5%) 캐나다에서 가장 높다. 한인상점들이 가장 많이 몰려 있는 곳은 버나비 지역과 코퀴틀람 (Coquitlam) 경계에 위치한 곳으로, 즉 노스 로드 (North Road)와 로히드 하이웨이 (Lougheed Hwy) 교차로에 위치한 스카이 트레인의 로히드 역 (Lougheed Station) 주변으로 한인들이 코리아타운으로 부르고 있다. 이곳에 밴쿠버에서 제일 큰 한인 식품점인 한남마트와 H-Mart가 있고 다른 한인 가계들도 많이 몰려 있다.

몬트리올은 한인이 많이 살고 있지는 않지만 캐나다에서 두 번째로 큰 대도시이므로 한인이 특정한 지역에 모여 살고 있다. 다운타운을 중심으로 동쪽은 완전 불어권지역이므로, 대다수 한인 이민 1세들은 불어를 못해서 영어가 통하는 다운타운 서쪽 20분 거리의 NDG 지역에 살고 있다. 이곳에는 한인 식품점 3개와 미용실, 식당 등이 여러 개 있어서 한인들이 코리아타운으로 부른다. 토론토 및 밴쿠버의 코리아타운은 한인 상점들이 90% 이상 입주해 있지만 몬트리올의 코리아타운은 한인 상점들이 10% 미만으로 빈약한 편이다.

캐나다의 나머지 도시들은 규모가 작아서 한인 타운이 큰 의미가 없고 한인들도 많지 않아서 한인 타운이 제대로 형성 되어 있지 않다.

### 3) 한인 종교 및 교회

토론토나 밴쿠버에 있는 대형교회는 교인이 많아서 3부 또는 4부 까지 나누어 예배를 드리고 교인도 수천 명씩 되지만, 캐나다 한인 교회는 대부분 규모가 작고 재정적으로 넉넉하지 못해서 현지 교회를 빌려서 일요일 오후에 예배를 드린다. 2000년대 초반부터 캐나다 중부지역의 앨버타, 사스카츄완, 매니토바, 그리고 대서양 연안의 뉴브런즈윅에 한인이 급증하면서 이들 지역에 한인교회가 속속 새로 설립되었다. 한인이 100명 내·외로 거주하는 PEI와 뉴펀들랜드에도 작은 교회가 운영되고 있다. 그러나 북쪽 준주 지역은 한인이 너무 적어 한인교회가 없다.

대도시 거주 한인은 종교를 가지지 않고도 한인 기관/단체가 많이 있어서 생활하는데 큰 지장이 없지만, 한인이 적게 사는 지역일수록 천주교 성당이나, 불교 절이 없는 것은 물론이고 한인 기관/단체도 거의 없어서, 기독교 (개신교)가 한인커뮤니티를 형성하는데 있어서 절대적으로 중요한 역할을 하고 있다. 약 3천명 이하의 한인들이 사는 지역에서는 종교가 없는 사람은 물론이고 천주교, 불교 신자도 한인들과의 협력 때문에 기독교를 찾는 경우가 종종 있다.

<기간별 캐나다 한인의 종교 비율>

| 구분 | 1981년 | 1991년 | 2001년 | 한국의 종교비율 (2005년) |
|---|---|---|---|---|
| 개신교 | 58.5% | 57.5% | 50.7% | 18.3% |
| 천주교 | 21.2% | 24.4% | 24.5% | 10.9% |
| 불교 | 2.2% | 2.2% | 3.9% | 22.8% |
| 기타 종교 | 0.6% | 0.3% | 0.6% | 1.1% |
| 종교 없음 | 17.6% | 15.7% | 20.3% | 46.9% |

2001년 인구센서스에서 한인의 약 80%가 종교를 가지고 있는 것으로 조사되었다. 2011년 인구센서스에서 한인종교에 대한 수

치는 공개하지 않았으나 종교 관계자들은 그 비중이 서서히 줄어들고 있는 것으로 추정하고 있다. 2000년대 대거 이주한 신규 이민자가 많은 캐나다는 종교인 감소가 아직 심각하지 않다. 그러나 2010년 이후 신규 한인 이민자가 급격히 감소하고 있어서 미래에는 한국 분위기의 영향을 받을 수 있다.

<2012년 캐나다 한인 종교 기관 수>

| 주 | 종교단체(수) | 지역 | 기독교 | 천주교 | 불교 | 기타종교 | 비고 |
|---|---|---|---|---|---|---|---|
| 온타리오 | 400 | 광역토론토 | 282 | 2 | 11 | 1 | 교육기관 10개, 선교회/수련회 등 단체 44개 |
| | | 해밀턴 | 9 | 1 | | | |
| | | Kitchener | 6 | 1 | | | |
| | | London | 8 | 1 | | | |
| | | Windsor | 4 | | | | |
| | | Chatham -Kent | 2 | | | | |
| | | Niagara | 3 | 1 | | | |
| | | Peter borough | 1 | 1 | | | |
| | | Barrie | 5 | | | | |
| | | Belleville | 1 | | | | |
| | | Kingston | 2 | | | | |
| | | Ottawa | 3 | 1 | | | |
| 퀘벡 | 20 | Montréal | 15 | 1 | 3 | | 선교회 1개 |
| 브리티시 콜롬비아 | 217 | 광역 Vancouver | 188 | 2 | 6 | | 교육기관 1개, 기타 단체 6개 |
| | | 광역 Victoria | 5 | | | | |
| | | 기타 지역 | 9 | | | | |
| 앨버타 | 53 | Calgary | 32 | 1 | 2 | | |
| | | Edmonton | 15 | 1 | | | |
| | | 기타지역 | 2 | | | | |
| 사스카츄완 | 7 | Regina | 4 | 1 | | | |
| | | Saskatoon | 2 | | | | |
| 매니토바 | 9 | Winnipeg | 8 | 1 | | | |
| 노바스코샤 | 4 | Nova Scotia | 3 | 1 | | | |
| 뉴브런즈윅 | 8 | Moncton | 2 | | | | |
| | | Saint John | 3 | 1 | | | |
| | | Fredericton | 2 | | | | |
| PEI | 1 | Charlottetown | 1 | | | | |
| 뉴펀들랜드 | 1 | Saint John's | 1 | | | | |
| 총계 | 720 | | 617 | 17 | 22 | 1 | |

2012년 기준으로 캐나다의 한인 종교기관은 총 720개로 조사되며, 이중 기독교 교회가 617개이다. 이는 약 280 명마다 기독교 교회 1 개씩 설립되었다고 볼 수 있다. 더구나 수천 명 되는 대형 교회들을 제외하면 현실적으로 이 보다 훨씬 적은 규모의 한인이 거주하면 교회가 설립된다고 볼 수 있다.

### 4) 자녀들의 위한 한글학교 현황

캐나다에 거주하는 학부모들이 자녀들을 한글학교에 많이 보내고 있지만, 한국 같이 학원 버스가 있는 것도 아니고, 수업이 있을 때마다 부모가 일일이 학교까지 데려다 주고 수업이 끝나면 데려와야 한다.

부모가 바쁘거나 먼 거리에 있어서 자녀를 데려다 줄 수 없는 경우는 한글 교육에서 소외되고 있다. 또한 초기 이민자의 경우 자녀가 영어를 빠른 시일 내에 습득하는 것을 원하여 일부러 한글학교에 보내지 않는 경우도 있다. 이유야 어찌되었든 두 경우 모두 나이가 어릴 수 록 예상하는 것 보다 훨씬 빠른 속도로 한국어를 잊어버린다. 어른의 경우도 한국어로 대화할 때 순간 적절한 단어나 표현이 생각이 나지 않는 것을 경험할 수 있다. 그러나 어른은 한국인들이 많이 사는 지역이나 한국으로 가면 금방 기억이 되살아나지만 한국어를 못하는 자녀는 그렇지 않다.

한글학교에 다녀도 자녀의 한국어가 잘 안 늘어서 교육에 의문을 가질 수 있지만, 꾸준히 적어도 초등학교 6년 동안 다니고 집에서 한국어를 사용하면 설상 캐나다에서 태어나도 중·고등학생이 되었을 때 거의 모두가 한국어로 말하는데 어려움이 거의 없다. 다만 읽기와 쓰기는 자녀가 얼마나 노력했느냐에 따라 차이가 많다.

일반 한글학교는 주로 현지 초·중·고등학교나 대학 건물을 임대하여 사용하고, 교회 한글학교는 자체 건물을 이용하여 수업 한다. 주로 수업은 정규학교 수업이 끝난 평일 오후 또는 토요일에 수업하고, 방학 기간 중이나 긴 연휴 동안에는 수업이 없다.

학교운영비는 주정부, 한국 영사관 등으로부터 보조금, 기타 기관이나 개인으로부터 기부된 후원금으로 충당하고 자원봉사자를 많이 활용하지만, 재정 상황에 따라 학기당 수십에서 수백 달러까지 등록금 또는 기부금 명목으로 학비를 받는다. 주정부 지원이 큰 온타리오 주는 수십 달러 정도의 접수비만 받는 경우가 대부분이지만 그 밖에 주들은 주정부 보조금액이 작아서 운영비를 충당해야 하므로 수백 불 정도까지 학비를 받을 수 있다.

학교의 규모는 실질 참석 학생이 10여명 이하로 겨우 명목을 유지하는 경우도 있고, 수백 명까지 되어 체계적으로 수업하며, 한글 이외 다양한 한국 문화를 교육하는 곳도 있다.

학생의 구성은 초등학생들이 가장 많으며 중학생이 되면 현격히 줄어든다. 다만 대학 진학할 때 한글 학점이 인정되는 광역 토론토의 일부 한글학교는 고등학생들을 대상으로 수업 한다. 대부분 초등학생들이 참가하는 "말 잘하기" 대회는 캐나다 전역에서 각 지역별로 개최하고 최종 캐나다 대표까지 선발하여 미국으로 출전시킨다.

> 캐나다에 위치한 한글학교들 상호 간 정보교류 및 협력을 통하여 교육을 활성화 하고자 캐나다 한국학교 총연합회 (CAKS, 2010년)와 캐나다 온타리오 한국학교 협회 (KCSA, 1986년)를 설립하였다.
>
> 또한 1981년 설립한 캐나다 한국교육원에서는 주기적으로 한국어 능력시험 (TOPIK) 등을 실시하여 인증서를 발행하고 있다.
>
> 555 Ave. Rd, Toronto, ON
> (토론토 다운타운, http://kr.cakec.com)

<캐나다 한글학교 현황 - 2013년 기준>

| 주 | 계 | 지역 | 한글학교 | 비고 |
|---|---|---|---|---|
| 온타리오 | 37 | 광역토론토 | 24 | 일부 한글학교 학점반 운영 |
| | | 해밀턴 | 3 | |
| | | 워터루 | 1 | |
| | | 구엘프 | 1 | |
| | | 런던 | 1 | |
| | | 윈저 | 1 | |
| | | Chatham-Kent | 1 | |
| | | Niagara Falls | 1 | |
| | | Peterborough | 1 | |
| | | Belleville | 1 | |
| | | 킹스턴 | 1 | |
| | | 오타와 | 1 | |
| 퀘벡 | 4 | 몬트리올 | 4 | |
| 브리티시 콜롬비아 | 8 | 광역밴쿠버 | 5 | |
| | | Abbotsford | 1 | |
| | | Victoria | 1 | |
| | | Prince George | 1 | |
| 앨버타 | 3 | Calgary | 1 | |
| | | Edmonton | 2 | |
| 사스카츄완 | 2 | Regina | 1 | |
| | | Saskatoon | 1 | |
| 매니토바 | 2 | Winnipeg | 2 | |
| 노바스코샤 | 1 | 헬리팩스 | 1 | |
| 뉴브런즈윅 | 3 | Moncton | 1 | |
| | | Saint John | 1 | |
| | | Fredericton | 1 | |

## 5) 한국 자녀 입양 현황과 양자회

### a. 한국에서 입양되는 인원

2000년대 초반에는 매년 약 100명이 캐나다로 입양 되어서, 한국은 중국, 러시아, 베트남에 이어 4번째로 입양아를 캐나다로 많이 보냈다. 그러나 2007년부터 줄어들기 시작하여 2013년에는 연간 15명 정도로 대폭 줄었다.

캐나다 입양이 줄어드는 것은 한국에서 해외입양에 대한 부정적인 여론이 확산되면서, 한국정부에서 해외입양 전체를 줄인 것이 가장 큰 원인으로 생각된다.

<연도별 캐나다로 입양된 한인 자녀 수 - 보건복지부 발표>

| 년도 | 인원 (명) | 년도 | 인원 (명) | 연도 | 인원 (명) |
|---|---|---|---|---|---|
| 2000 | 49 | 2005 | 98 | 2010 | 60 |
| 2001 | 90 | 2006 | 96 | 2011 | 54 |
| 2002 | 98 | 2007 | 68 | 2012 | 45 |
| 2003 | 98 | 2008 | 78 | 2013 | 15 |
| 2004 | 102 | 2009 | 67 | 2014 | 38 |

### b. 캐나다 입양 자격 및 비용

18세 이상이고 범죄 경력이 없는 영주권자나 시민권자이면서 심리사회 (Psychosocial) 평가를 통과하면 누구나 입양을 할 수 있다. 입양에 소요되는 기간은 최소 1년에서 수년 까지 걸릴 수 있다. 캐나다 내에서 입양하면 대략 $10,000~$25,000의 비용이 소요되고, 해외에서 입양하면 대략 $25,000~$50,000의 비용이 소요되고 절차도 더 복잡하다.

> 교육을 목적으로 한국에서 조카를 입양하는 것은 캐나다 이민심사에서 허락되지 않는다. 따라서 입양이 목적이라면 한국의 입양기관을 통해 조카가 아닌 다른 입양아를 데려와야 이민심사를 통과할 수 있다. 단 조카의 부모 및 다른 보호자가 없고 이를 증명할 서류가 있으면 세밀한 심사를 통해 허락받을 가능성은 있지만 결과는 누구도 모른다.

해외입양에 비하여 국내입양은 비용도 적게 들고 절차도 더 간단하지만 입양아 수가 절대적으로 부족하여 오래 기다려야 하고, 산모와 입양부모가 서로 정보 (Open Adoption)를 교환해야 한다. 출산 이후 산모는 주정부에 따라 2~10일 이내에 입양을 결정해야 하기 때문에, 깊은 생각을 못하고 입양에 동의하였다가 나중에 마음을 바꾸는 경우도 발생할 수 있기 때문에 캐나다 인들은 국내입양보다 해외입양을 더 선호한다.

### c. 해외에서 캐나다로 입양하는 절차

캐나다에는 공립 또는 사립 입양대행 업체들이 있으며, 해외 입양은 주로 사립 입양대행 업체에 의해서 이루어진다. 주정부 입양 규정이나 법, 연방의 이민법, 입양아 있는 나라의 법이나 규정을 준수하며 입양을 진행할 수 있다. 캐나다에는 55개 (온타리오 23, 퀘벡 14, 브리티시컬럼비아 6, 앨버타 9, 매니토바 3)의 사설 입양대행 업체가 있으며, 이중 일부는 주정부 입양면허가 없다. 예를 들어 온타리오 주의 23개 사설 입양대행 업체 중에서 19개만 주정부 면허를 가지고 있다.

한인 자녀를 입양하는 사설 입양대행 업체는 온타리오 주 1개, 퀘벡 주 1개, BC 주 1개가 있다. 따라서 한인 자녀는 대부분 이들 3개 주의 가정으로 입양되었다.

- The Children's Bridge Cathy Murphy (토론토 동쪽 2시간)
  1400 Clyde Ave, #221, Nepean, ON, K2G 3J2
  중국, 인도, 자메이카, 한국, 태국, 베트남, 자메이카, 미국 (플로리다) 입양 전문 (www.childrensbridge.com)
- Enfants d'Orient, adoption et parrainage du Québec (몬트리올)
  12 383, rue Fernand-Gauthier, Montréal, QC, H1E 6C4
  한국, 타이완, 태국 입양 전문 (www.enfantsdorient.org)
- Sunrise Adoption Head Office (밴쿠버)
  102 - 171 West Esplanade, North Vancouver, BC, V7M 3J9
  (www.sunriseadoption.com)

반드시 사설 입양대행 업체를 통해서만 해외 입양이 가능한 것은 아니지만, 보통 대행업체를 이용하므로 이에 대한 절차는 다음과 같다.

- 사설 해외입양 대행업체 방문을 통한 상담 및 정보 수집
- 양부모의 신상명세서 (Dossier)를 작성하여 대행업체에 제출
- 입양을 원하는 국가의 대사관 또는 외교부에서 지정한 기관에 의뢰하여 해당 국가 언어로 신상명세서를 번역하여 공증을 받은 후에 해외 입양기관에 제출
  한국의 경우, 홀트아동복지 (Holt Children's Services Inc.)
  Yanghwaro 19, Mapo-Gu, Seoul, Korea, 121-885
- 입양아의 후원 및 캐나다로 데려오기 위한 이민 서류 준비
  (입양 서류 진행 중에 입양아 이민 서류 수속 가능)
- 담당 의사로부터 양부모의 신체검사 (면역성) 및 결과 제출
- 입양아의 신상명세서와 캐나다 정부가 승인한 의사가 발부한 의료 기록을 수신
- 제안된 입양아에 대한 동의서를 해외 입양기관으로 발송
- 해외 입양기관에서 입양아를 데려가도 좋다는 연락이 오면, 비행기 표를 구입하고, 해외 입양기관을 직접 방문하여 최종 입양 서류에 서명하고 아이를 받음
- 입양아와 함께 귀국하며, 공항에서 입양아의 이민 서류를 처리하고 집으로 귀가
- 귀가 이후, 입양 프렉티셔너 (Practitioner, 보통 석사출신 간호사)가 입양아가 살아가는 환경을 점검하기 위해 가정 방문
- 주정부 법원에서 입양아의 출생증명서와 입양 승인을 획득

**d. 현지인 입양 가정과 교민 교류**

한인 입양아의 양부모는 대부분 백인이며, 경제적으로 어느 정도 여유가 있다. 대부분 정성스럽게 키우지만 모든 사람이 그렇게 보이지는 않는다.

한 사람은 전문직에 종사하고 한 사람은 시청에서 일하는 분이지만 자신의 아이가 없어서 입양을 한 가정을 방문했던 경험이 있

었다. 한국에서 입양아를 데려 올 때, 한국 입양기관에서 받은 한복과 용품들을 아주 잘 보관하고 있었으며, 방도 예쁘게 잘 꾸미고 정말로 아이를 정성스럽게 키우고 있다는 생각이 충분히 들었고 아이도 행복해 보였다.

그러나 한번은 우연히 대도시 외각에 한두 집씩 떨어져 있는 어떤 집의 밖에 잠깐 머문 적이 있었다. 주로 아시아에서 온 아이가 약 7명 정도 있었는데 허름한 옷을 입었으며 보통 아이들 같이 자유스럽게 놀지 않고 눈치를 보는 것 같았다. 주택을 개축하여 늘리며 입양아를 많이 받아서 키우는 것 같았지만 정성스럽게 보이지는 않았다. 언뜻 보기에 생계 수단으로 입양을 많이 하여 정부보조금으로 살아가는 가정 같이 보였다. 주인의 말에 의하면 자신의 사촌은 입양아가 열 명이상 이라고 하였다.

현지인 입양 가정과 교류를 위해, 토론토, 오타와 교민들이 주도하여 양자회가 조직되어 있다. 보통은 일 년에 한번 정도 일반 교민 가정과 함께 공원으로 가서 또는 교회 등 넓은 장소를 빌려서 파티를 하며 한국 음식도 맛보고 문화도 체험하는 기회를 제공한다. 입양 양부모들은 이때 매우 적극적으로 호응 한다.

- 토론토, 캐나다 한인 양자회 (Canadian Korean Children Association)
- 오타와 양자회 (Cultural Support Association for Families of Korean Adoptee)

캐나다 대부분의 입양 부모들은 가급적이면 자신의 입양아가 캐나다에 있는 교민 자녀들과 같이 다양한 한국 문화를 공유하며 성장하기를 바라고 기회가 된다면 한국어도 가르치고 싶어 한다. 그러나 거의 모든 한글학교가 한국 부모 밑에서 자라는 자녀들을 대상으로 하기 때문에, 집에서 한국어를 사용하지 않아 전혀 한국어를 못 하는 자녀를 위한 한글학교가 절실히 필요하다.

### 6) 한인 불법 체류자

#### a. 한인 불법 체류자의 규모

불법 체류자의 경우 인구센서스 조사에 참여하지 않을 것이기 때문에 한인 인구에 포함 안 될 가능성이 상당히 높다. 캐나다 전체 불법 체류자는 20만 (이민국은 3.5~12만으로 추정) 이상으로 많이 이야기되고 주로 건설업과 숙박업에서 임시 노동자로 일을 한다고 하지만 그 정확한 규모는 누구도 알 수 없다. 전체 불법체류자 중에서 한인은 1만 정도라는 뉴스만 접하곤 한다.

2013년 한국 외교부는 캐나다 한인불법 체류자가 중국, 미국, 일본에 이어서 4번째로 많은 것으로 추정한다고 하였다. 그러나 이는 한국에서 캐나다로 출국하고 다시 미국이나 제 3국으로 출국한 경우와 캐나다에서 사망한 경우를 고려하지 않은 것으로 보인다.

2000년대에 한인들이 캐나다를 방문비자로 입국하여 다시 미국으로 밀입국하다가 체포되는 경우가 종종 뉴스가 되곤 하였다. 2007년 한국계 캐나다 시민권자인 알렉스가 밀입국 협의로 체포되었다. 그가 10년 동안 미국으로 밀입국 시킨 사람이 천명이 넘는다는 뉴스가 있었다. 그러나 2008년 말 부터 한국인이 미국으로 직접 무비자 입국이 가능해지면서 밀입국 관련 뉴스는 확연히 줄어들었다. 뉴스에 의하면 2011년 미국 내 한인 불법 체류자를 23만으로 추정하고 있으며 이들 중 일부가 멕시코나 캐나다를 거쳐서 밀입국한 것으로 추정할 수 있다.

#### b. 불법 체류자가 되는 경우

캐나다에 일시적으로 들어 왔다가 체류 기간을 넘겨서 불법 체류자 신분이 되는 경우는 다음과 같이 분류할 수 있겠다.

- 처음부터 의도적으로 불법 체류를 목적으로 입국하는 경우
- 방문, 유학, 취업 등의 체류기간을 중요하게 생각하지 않아 무심결에 우연히 넘기는 경우
- 체류기간 연장이나 신분 변경 처리 기간 중 체류기간을 넘기는 경우

- 캐나다를 거쳐 불법적으로 제 3국으로 출국한 경우

캐나다는 사회복지 제도가 잘되어 있는 국가이기 때문에 미국보다 불법 체류자가 살아가는 환경이 훨씬 더 열악할 수 있다. 불법체류자는 사회보장 SIN 카드가 없어서 각종 사회보장 혜택에서 제외되어 불이익과 고통 속에서 살아 갈 수 있기 때문이다. 즉 정부의 자녀 양육 수당은 아예 신청조차 못하고, 아파도 병원에 가면 무료 의료보험 혜택을 받을 수 없고, 자녀를 공립학교에 보낼 수 없다.

### c. 불법 체류자를 고용하는 경우

2009년 매니토바 주의 위니펙 (Winnipeg) 한인 일식당에서 불법체류 한인 2명을 고용하여 영업을 하다가 단속되었다. 2014년 외국인 근로자가 캐나다인들의 일자리를 뺏는다는 여론이 형성되면서, 요식업계에 임시 외국인 근로자에 대한 고용허가를 중단하고 고용사정이 안 좋은 온타리오 주에서 불법 체류자를 집중 단속하였다. 따라서 킹스턴 (Kingston)의 일식당에서 방문 비자로 일하는 한국인 매니저가 불법체류자 5명을 고용하여 영업을 하다가 단속되었고, 토론토 노스욕 (North York)의 일식당과 토론토 쏜힐 (Thornhill)의 한식당도 불법 체류자 단속에 걸렸다.

| CBSA (Canada Border Services Agency) 국경관리국은 미국과 협조하여 75년 동안 국경 출입기록을 그 동안 보관해 왔으나, 2014년 사생활 침해가 논란이 되어 15년으로 줄이는 방안을 검토하고 있다. |
|---|

불법체류자 단속은 CBSA (Canada Border Services Agency) 캐나다 연방 국경 서비스 기관에서 단속하며, 정기적으로 하는 것은 아니고 국내 고용사정이 어려울 때와 문제가 있는 업소를 대상으로 비정기적으로 갑자기 한다. 만약 혐의가 입증되면 불법 체류자를 고용한 업주는 최대 5만 달러의 벌금과 2년 동안 구속될 수도 있고, 불법 체류 당사자는 추방 하는 것으로 알려 지고 있다.

## 7) 캐나다에 온 탈북자 난민

### a. 난민 신청 및 승인 현황

2013년까지 탈북자 (Protector) 출신으로 캐나다에 온 북한 주민이 1,000명에 이른다고 한다. 이는 영국 다음으로 많은 수이며 모두가 난민 (Refugee)으로 승인 (Accept)된 것은 아니고 이들 중 약 절반 정도만 난민 지위를 얻었다.

<연도별 탈북자 난민 신청 및 승인 현황>

| 년 도 | 신 청 | 최종접수 | 승 인 |
|---|---|---|---|
| 1997~2006 | | | 21 |
| 2007 | | | 1 |
| 2008 | | | 7 |
| 2009 | 215 | 58 | 64 |
| 2010 | 377 | 170 | 42 |
| 2011 | 723 | 290 | 117 |
| 2012 | 257 | 107 | 230 |
| 2013 | | | 21 |
| 합 계 | | | 503 |

### b. 난민 신청의 문제점과 추방

캐나다까지 온 탈북자는 제 3 국가 (중국, 태국, 라오스, 베트남 등)를 거쳐 캐나다로 바로 온 경우는 극소수이고, 대부분 남한에 와서 한국 국적을 취득하여 살다가 관광비자로 캐나다에 입국하여, 남한 정착과 한국 국적 취득 사실을 숨기고 거짓으로 난민 신청을 해서 승인을 받았기 때문에 사회적으로 큰 이슈가 되었다.

캐나다 정부는 2012년 12월 난민보호 규정 (Refugee Protection Division Rules)을 개정하고, 미국, 남한 등 전 세계 37개국과 개인 지문정보를 공유하여, 불법 난민 탈북자를 대대적으로 조사하여 이미 영주권을 취득한 자를 포함하여 수백 명을 캐나다에서 추방하였다는 보도가 있었다.

### c. 추방되는 탈북자의 문제점

많은 탈북자들이 한국 금융기관에서 대출을 하고 카드깡을 하여 자금을 마련한 다음 갚지 않고 한국을 떠났기 때문에 신용불량자 신분이라서 캐나다에서 추방 (Deportation)되는 것을 더욱 염려하고 있었다.

캐나다에 온 많은 탈북자들이 가짜 난민 서류나, 금융기관 대출과 상환을 분명하게 하지 않는 것을 대수롭지 않게 생각한 것이 캐나다에서 추방과 한국에서 신용불량자로 가는 상황이 되었다.

한국에 돌아가서 금융기관 빚을 변제하면 6~12개월 사이에 신용 회복이 가능하다고 한다. 그러나 금융기관 대출금을 공짜 돈으로 생각하고 상환 능력 보다 많이 대출하여 이미 써버린 경우는 문제가 심각할 수 있다.

**d. 캐나다 탈북자 단체 및 한인 사회와 교류**

2013년 토론토 북한동포 커뮤니티 센터 (TNKC, Toronto North Korean Community Center)가 조직되어 블루어 한인 타운 중심에 사무실을 오픈하였다.

649 Bloor St, 2nd Floor, Toronto, ON

일부 한인교회들에서 탈북자 돕기 운동을 하여 일부 생활 보조금을 지원해 주고 있다. 한인회와 교회연합회에서 난민 지위 박탈 및 추방을 당할 때, 교민 약 4,000 여명이 반대 서명 운동에 참여하여 캐나다 정부에 전달 한 것으로 알려졌다.

# 교민 경제의 주축인 한인 사업체

## 1) 한인 거주 인구 규모별 한인 상대 사업 분야

동일 생활권 내에 거주하는 한인 수를 기준으로 운영하는 한인 사업체를 열거하였다. 동일한 인구가 거주 하더라도 대도시 근처에 있으면 한인 사업체들이 고전을 면치 못하고 멀리 있으면 이보다 적은 규모의 한인 타운에서도 사업체를 운영한다.

2013년까지 토론토나 밴쿠버 모두 한인 인구가 10만 명을 넘지 못하고 있어서, 한인을 상대로 하는 사업체 중에서 대규모 공장을 건설할 정도로 큰 사업체는 없다. 한인 식품을 취급하는 사업체만 대형화 되어 대형 매장을 운영하고 있다.

### a. 한인 100명 이상이면 시작하는 사업

해외에서 한인 인구가 많든 적든 거주하고 있는 지역에 반드시 생기는 사업체가 한인 식품점과 한인 미용실 이다.

한인들이 외국에 살면 한국 음식을 주기 적으로 반드시 먹어야 하며 더구나 한국에서 보다 더 한국 음식을 많이 찾기 때문이다. 한인이 약 100명 거주하는 PEI 섬에도 한인 식품점이 있다. 그러나 인구 100명 조금 넘는 지역에서 한인 식품점 운영만으로 생계가 어려워 식품점 주인은 모텔도 함께 운영하고 있다. 인구가 수백 또는 수천 이상 규모인데 한인 식품점이 없는 경우는 온타리오주의 킹스턴, 해밀턴, 나이아가라 지역 뿐 이다. 이는 1~2시간 거리에 캐나다에서 제일 큰 한인 타운이 있는 토론토가 있기 때문이다. 따라서 이 지역 교민들은 중국 식품점에서 판매하는 한국식품을 아쉬운 대로 구입하여 생활한다.

부드러운 머리카락만 다루던 외국인 미용사가 뻣뻣한 한국 사람의 머리카락을 자르면 층이 생기고 가격도 비싸서 영어가 유창한 한인들도 주로 한인 미용실을 이용한다. 따라서 한인 미용실은 한인이 있는 곳이면 어디나 있다.

### b. 한인 500명 이상이면 시작하는 사업

한인이 주 고객인 한식당, 유학원 및 여행사, 부동산 중개인 등의 사업체가 생겨나기 시작 한다.

식당의 경우는 지역에 거주하는 교민만으로는 수익이 충분하지 않아서 주로 다운타운에 식당을 열고 관광객이나 현지 외국인 손님도 함께 받는다.

유학원의 경우도 규모가 작아서 민박, 여행사, 이주공사, 학원들을 병행하여 부족한 수익을 충당한다.

부동산 중개인의 경우 2000년대에 캐나다 부동산 광풍으로 어느 정도 수익성이 있었으나 불황기에는 매우 어려울 수 있다.

### c. 한인 2,000명 이상 이면 시작하는 사업

회계사, 금융투자상담사, 변호사, 치과, 한의원, 가정의, 각종 보험 등의 기초적인 생활에 필요한 분야에 사업체가 있다.

회계사, 금융투자상담사, 변호사 등은 한인 사업체 및 한인들을 상대로 사업을 할 수 이는 기본 규모가 되고 만약 경쟁자가 있으면 현지인 손님까지 고려해한다.

치과의사 및 가정의는 한인만 상대해도 손님이 넘쳐 날 정도로 바쁘다.

### d. 한인 5,000명 이상 이면 시작하는 사업

전문 이주공사, 여행사, 건축업, 의사, 약사, 사진관, 가구점, 의류 수선, 이사, 자동차 수리, 언론사, 무역업, 주점, 자동차 판매, 떡집, 택시, 꽃집, 화장품, 통역 및 번역, 사업체 현금 출납기 및 감시카메라 설치/보수 분야의 사업체가 있어서 언어 문제가 있는 한인이 해외에 살아가는데 기본적으로 필요한 업종이 대부분이 있다.

많은 분야의 사업체가, 즉 식품점, 미용실, 여행사, 언론사 등이 다수 생겨서 한인 사업체 간에 제법 경쟁이 시작된다. 나머지 자동차 판매, 떡집, 택시, 무역업, 자동차 수리 등의 분야는 여전히 단일 업체인 경우가 일반적이다.

### e. 한인 5만 명이상 이면 시작하는 사업

농장, 한인 식품 도매업, 신학대학, 한방대학, 초대형식품점, 간판, 인쇄, 안경점, 마사지, 택배, 호텔, 건강식품, 운송, 결혼상담, 가전판매, 휴대폰대리점, 재활치료, 피아노조율, 서점/비디오, 부엌가구, 김치공장, 막걸리 제조, 노래방기기 판매점, 웨딩, 장의사, 사업체 기계설비, 스파, 이발관, 신발, 애완동물서비스, 당구장, 라디오 방송, 신용협동조합, 웹제작 및 컴퓨터 그래픽, 가전 수리, 치과 기공소, 의료전문의, 빌딩 인테리어, 유리전문점, 페인트 전문점, 보석, 의류전문점, 놀이방, 제과점, 전문정육점, 반찬, 의료기기, 열쇠, 카펫청소, 자동차 페인팅, 자동차 유리, 자동차 엔진수리, 중고자동차 판매, 렌터카, 운전학원, 미용학원 등이다.

영어를 모르는 한인이 살아가는데 불편함이 없을 정도로 거의 모든 분야에 한인 사업체가 있다. 식당, 식품점 등 많은 분야가 출혈 경쟁을 할 정도 치열하고 이미 대형화가 많이 진행되어 자본이 약하거나 경쟁력이 약한 사업체의 경우 사업을 정리하는 경우가 매우 자주 발생한다. 또한 경쟁이 치열하여 24시간 운영하는 한인 사업체도 꽤 있다. 한인 인구 5천명인 지역의 식당 및 미용실 서비스 요금이 5만 이상인 지역과 비교하여 30~50% 정도 차이가 난다. 토론토는 경쟁이 너무 치열하여 겉보기에 사업이 어느 정도 되는 것으로 보이는 경우도 문을 닫는 경우를 가끔 볼 수 있다.

## 2) 한인 커뮤니티 중심에 있는 한국 식품점

토론토는 초대형 매장을 운영하는 갤러리아 슈퍼마켓과 여러 핵심 지역에 알짜 대형 매장을 운영하는 PAT 한국식품, 그리고 여러 개의 소규모 매장을 운영하는 H-Mart가 경쟁을 하며 시장 대부분을 점유하고 있다. 동대문시장, 영진마트, 잠실마트, 국제식품 등 10개 이상의 식품점들이 과거 10년 동안 문을 닫았고 소수의 일부 식품점만이 힘겹게 유지하고 있다. 반면 밴쿠버는 한남슈퍼와 H-Mart가 제일 큰 규모이지만 나머지는 여전히 소규모 식품점들이다.

한국 식품점에서 판매되는 식품은 주로 한국과 미국 캘리포니아에서 수입하고, 채소류는 토론토나 밴쿠버 주변의 한인 농장에서 조달하고 있다. 그리고 소고기는 캐나다 어느 주나 풍부하고 맛이 좋아서 한국 식품점들도 주로 주 내의 소고기를 판매한다. 물론 태평양 연어나 대서양 고등어 같은 해산물도 함께 취급한다.

토론토 도매상들이 매니토바, 몬트리올, 대서양 연안의 여러 지역에 위치한 한국 식품점들에 식료품을 공급하고, 밴쿠버 도매상들이 앨버타 및 사스카츄완 주의 한국 식품점들에 식료품을 공급한다.

따라서 운송비가 중요한 비중을 차지하는 식료품은 미국 보다는 토론토가 비싸고, 인구가 조금 더 많은 토론토가 밴쿠버 보다 좀 더 저렴하고 나머지 지역은 토론토 및 밴쿠버에 얼마나 멀리 떨어져 있느냐에 따라 가격 차이가 난다.

뉴브런즈윅 주에 한인들이 많이 늘어나기는 하였으나 여전히 다른 도시에 비하면 인구가 적고 더구나 3개 도시에 인구가 비슷하게 분산 되어 있어서 식품점을 운영하기에는 어려운 여건이다. 더구나 세인트존 시에는 2011년 한인이 약 250 가구 정도 살고 있는데 한국 식품점이 4개나 되어서 과당 경쟁이 불가피 하여 양질의 서비스를 제공하기 어려운 환경이었다.

<토론토 PAT 한국식품>

<토론토 H-Mart>

<밴쿠버 한남슈퍼마켓>

<밴쿠버 H-Mart>

<한인 최대 식품점 - 토론토 갤러리아 욕밀점>

<캐나다 한국 식품점 현황 - 2015년 기준>

<table>
<tr><th>주</th><th>계</th><th>지역</th><th>식품점</th><th>비고</th></tr>
<tr><td rowspan="8">온타리오</td><td rowspan="8">17</td><td>광역토론토<br>(GTA)</td><td>13</td><td>갤러리아는 2개의 대형 매장,<br>한국식품은 5개의 중형 매장,<br>H-Mart는 4개의 소규모 매장</td></tr>
<tr><td>Hamilton</td><td>0</td><td>2개 문 닫음</td></tr>
<tr><td>Kitchener</td><td>1</td><td></td></tr>
<tr><td>London</td><td>1</td><td></td></tr>
<tr><td>Windsor</td><td>1</td><td></td></tr>
<tr><td>Ottawa</td><td>1</td><td></td></tr>
<tr><td>Kingston</td><td>0</td><td>중국 식품점 이용</td></tr>
<tr><td>Niagara Falls</td><td>0</td><td>아시안 식품점 이용</td></tr>
<tr><td>퀘벡</td><td>4</td><td>Montréal</td><td>4</td><td></td></tr>
<tr><td rowspan="4">브리티시<br>콜롬비아</td><td rowspan="4">16</td><td>Vancouver</td><td>14</td><td>한남슈퍼와 H-Mart가 대형 매장</td></tr>
<tr><td>Abbotsford</td><td>1</td><td></td></tr>
<tr><td>Victoria</td><td>1</td><td></td></tr>
<tr><td>Kelowna</td><td>0</td><td>중국 식품점 이용</td></tr>
<tr><td rowspan="2">앨버타</td><td rowspan="2">6</td><td>Calgary</td><td>3</td><td></td></tr>
<tr><td>Edmonton</td><td>3</td><td></td></tr>
<tr><td rowspan="2">사스카츄완</td><td rowspan="2">2</td><td>Regina</td><td>1</td><td></td></tr>
<tr><td>Saskatoon</td><td>1</td><td></td></tr>
<tr><td>매니토바</td><td>3</td><td>Winnipeg</td><td>3</td><td></td></tr>
<tr><td>노바스코샤</td><td>1</td><td>Nova Scotia</td><td>1</td><td></td></tr>
<tr><td rowspan="3">뉴브런즈윅</td><td rowspan="3">5</td><td>Moncton</td><td>1</td><td rowspan="3">대부분 소규모 (일부는 한국식품 이외 품목도 같이 취급)</td></tr>
<tr><td>Saint John</td><td>2</td></tr>
<tr><td>Fredericton</td><td>1</td></tr>
<tr><td>프린스에드워드아일랜드</td><td>1</td><td>Charlottetown</td><td>1</td><td>모델과 겸업으로 운영</td></tr>
<tr><td>뉴펀들랜드</td><td>0</td><td>Saint John's</td><td>0</td><td></td></tr>
</table>

※ 상기 자료는 한국식품을 판매하는 슈퍼마켓 숫자로, 생산 또는 도매하는 곳은 포함하지 않음 (또한 반찬, 정육점, 떡집도 미포함)

### 3) 한인 최대의 비즈니스, 컨비니언스

캐나다에서 컨비니언스 (Convenience)는 현지인 고객을 상대로 하는 한국의 슈퍼마켓이나 편의점과 같으며, 불어권은 데파노 (Dépannuer)라고 부른다. 한인을 상대로 여러 종류의 사업을 할 수 있는 토론토 및 밴쿠버의 한인 타운을 제외하고, 나머지 지역에 있는 한인 사업체의 절반이상인 대다수가 슈퍼마켓이다. 슈퍼마켓은 이민 1세대가 한인은 물론 동양인이 거의 없는 시골지역까지 들어가서 할 수 있는 사업으로, 불어권 퀘벡 주을 포함한 캐나다에 전역에 약 6,500 개의 사업장이 있다.

슈퍼마켓에서 판매하는 상품은 과자류, 음료수류, 복권, 교통카드 등이며, 주인에 따라 꽃, 샌드위치, 빵 등이 추가 되고, 퀘벡 주의 경우 담배와 맥주도 판매한다.

슈퍼마켓이 한인 최대의 비즈니스로 자리를 잡은 것은 캐나다 뿐 아니라 미국 등 영어권 선진국에서 동일한 현상이며, 그 이유는 다음과 같은 것으로 생각된다.

- 영어 문제가 있는 이민 1세대 한인들이 할 수 있는 사업이 상당히 제한적이다. 영어를 사용하지 않거나, 간단한 영어만 사용하거나, 아니면 고객이 부족한 언어를 이해를 해줄 수 있는 사업으로 극히 제한된다. 슈퍼마켓을 운영하는데 필요한 영어는 간단하며, 일명 장사영어 또는 장사불어로, 반복적인 몇 가지 문장만 사용하면 되므로 영어권은 물론 불어권 까지 진출이 가능하다.
- 그러나 보통 아침 7시부터 저녁 10시 이후까지 하루 15시간 이상 노동을 해야 하는 특성 때문에 현지인들이 꺼리는 사업이다. 그렇다고 자본이 전혀 없는 나라에서 몸만 달랑 온 이민자들은 목돈이 투자되는 슈퍼마켓 사업을 엄두도 못 낸다.
- 특별한 사업기술이 필요 없다. 힘 있고 부지런하면 가능한 사업으로 계산대 잘 지키고, 물건 정리 및 청소 잘하고, 진열대에 물건 떨어지기 전에 빨리 채워 놓으면 된다.
- 이미 많은 한인들이 진출한 업종으로 관련 정보를 손쉽게 얻을 수도 있고 가게 구입도 용이 하다.

캐나다에서 슈퍼마켓을 운영하는 한인들은 지역별로 6개의 실업인 협회를 조직하였고, 1998년부터 각 지역 실업인 협회를 통합한 캐나다 실업인 협회 (UKBA)를 구성하여 운영하고 있다.

- 온타리오 한인실업인 협회 (www.okba.net)

(토론토, 온타리오 서남부, 온타리오 동북부 등의 지구 협회)
- BC (밴쿠버) 한인협동조합 실업인 협회 (www.kbcabc.com)
- 캘거리 한인실업인 협회 (www.kcbacalgary.com)
- 에드먼턴 한인실업인 협회 (www.ekba.ca)
- 매니토바 한인실업인 협회 (www.mkba.net)
- 퀘벡 한인실업인 협회 (www.qkba.org)

실업인 협회는 지역별로 슈퍼마켓에서 판매하는 많은 물건들을 공동구매하여 높은 리베이트 (Rebate), 즉 구입단가를 낮추는 방법으로 상호 이익을 도모하고 있다. 많은 금액이 거래되는 관계로 한인 사회에서 회원들이 가장 관심을 갖는 단체이지만 항시 사업체를 지켜야하는 어려움 때문에 협회 행사에는 소수의 사람만 참석하고 있다. 그러나 이권 개입이 쉬운 협회의 특성 때문에 종종 첨예한 대립도 하고 법정 소송도 발생한다.

어느 정도 규모를 가지고 있는 슈퍼마켓은 종업원을 고용하여 운영하지만 작은 경우는 수익 많지 않아서 대부분 부부가 직접 운영한다. 또한 슈퍼마켓은 경기를 타기 때문에 1990년대 불황기 지역에 따라 심한 경우 절반 정도의 한인 사업체가 문을 닫는 어려움이 있었으나 그 이후는 그렇게 심각한 상황은 없었다.

### 4) 소자본으로 시작하는 세탁소 및 수선집

슈퍼마켓 보다는 기술이 더 필요하지만 자본이 덜 필요하면서 외국인을 상대로 사업하는 주요 사업 중에 하나가 세탁소 및 수선집이다. 광역 토론토에만 공장이 있는 플랜트 (Plant)가 약 300개, 주문만 받는 디포 (Depot)가 약 200개, 그리고 수선집이 추가로 더 있다. 사업하기에 자본이 넉넉하지 않은 경우, 대부분 캐나다 도착 전에 이미 한국에서 기술을 배워온 후 현지에서 수개월간 경험을 쌓으며 사업체를 마련하여 곧바로 시작 한다.

주문을 받는데 말이 필요하지만 대부분은 복잡한 영어는 아니다. 그리고 세탁업종은 경기에 민감하지 않고 일정하게 유지 된다. 슈퍼마켓은 대형매장들이 늘어나면서 시간이 지날 수 록 줄어들고 있지만 세탁소는 대형화에 한계가 있어서 덜 위험한 사업이다. 그러나 사업체가 주로 대도시에 한정 되어 있고, 옷을 세탁하고 다림질하는 실내 환경이 여름철은 말 그대로 찜통에서 육체적 노동을 해야 하는 것이 단점이다.

수선은 세탁소나 디포에서 겸업으로 하기도하고 별도로 수선집을 운영하기도 한다. 수선집은 세탁소 보다 더 적은 소자본으로 시작하기 때문에 대부분 매우 영세하다.

토론토를 중심으로 캐나다 한인세탁협회 (cafe.daum.net/kdaoc)를 1991년 설립하여, 세탁에 필요한 기술 강좌 및 세미나 개최, 친선 체육대회, 사업체 운영에 필요한 정보 공유 및 공동 대처 등으로 회원 상호간 이득을 도모하고 있다. 또한 2003년 밴쿠버를 중심으로 BC한인세탁협회도 창립하였다.

### 5) 한인 있는 곳이면 필수적으로 있는 미용실

한인이 살고 있으면 반드시 있는 한인식품점, 한인교회, 한인회 등과 함께 한인미용실도 있다. 현지 외국인들이 하는 미용실을 갈 수도 있지만 외국인이 한국사람 머리를 잘 못하고 요금도 비싸며, 불편하기 때문에 한인들이 거주하는 지역에 가면 반드시 있다. 아주 작은 경우는 미용실 없이 집에서도 하기 때문에 실제 몇 개가 있는지 정확히 파악이 어렵지만 대략 수백 개의 미용실이 전국에 있을 것으로 추정한다.

미용실 요금도 한국에 비하여 대도시는 두 배정도까지, 중소도시는 3배 정도까지 높은 경우가 종종 있다. 가끔 외국인도 미용실을 이용하지만 대부분 90% 이상이 한인 손님이다. 한인미용실 요금이 현지 외국인이하는 미용실 보다 요금이 저렴하지만 중국미용실에 비하여 상당히 높기 때문에 식당과 달리 중국 손님이 많지 않다.

토론토 및 밴쿠버의 미용실이 중소도시 보다는 대체적으로 기술이 좋지만, 처음 시작하는 실력 없는 미용사들도 종종 만날 수 있다. 많은 미용사들이 한국을 떠나기 전 이미 미용기술을 배워서 오는 경우가 대부분이지만 뒤 늦게 시작하는 경우도 있다.

### 6) 맛과 서비스로 승부하는 요식업

요식업은 주로 한인 고객이지만 가게에 따라 중국 손님이 제법 있는 경우가 종종 있다. 예외적으로 스시 (초밥) 및 샌드위치 가게는 한국 손님 보다는 외국인 고객이 대부분이다. 요식업은 경기에 민감하고 토론토, 밴쿠버 등 대도시에 집중적으로 많으며 경쟁도 엄청 치열하다. 대도시에서 한인식당 끼리 과도한 경쟁으로 인해 심한 경우 대도시와 중·소도시의 한인식당간 가격이 50% 이상 차이가 날 수 있다.

한국 보다 집에서 요리하는 경우가 많다 보니 캐나다에 거주하는 교민 주부들의 음식 솜씨가 한국 보다 훨씬 훌륭하다는 것을 요식업을 준비하는 분들은 염두 해 주어야 한다. 집에서 먹는 것 보다 맛없는 음식을 사 먹으러 식당을 찾는 것은 쉽지 않기 때문이다. 따라서 집에 만들기 어려운 메뉴를 개발하거나 맛을 특별하게 할 수 있는 솜씨가 있어야 사업을 성공시키기 쉽다. 교민이 많이 사는 토론토 및 밴쿠버의 식당 요리 솜씨는 한국과 비슷할 정도로 맛있는 식당과 그렇지 못한 식당이 혼재해 있지만 그 밖에 지역은 대체로 한국보다 음식 솜씨가 떨어진다. 이는 음식 재료에 문제가 있을 수도 있고, 식당을 이용하는 손님이 한국인 보다 외국인이 많아서 음식 맛이 변했을 수 도 있고, 요리사 출신이 아닌 일반인이 생계를 위하여 식당을 개업한 비율이 높기 때문일 수도 있다.

온타리오 주에만 약 350개의 한인 요식업체가 있고 전국 각 중소도시까지 고려하면 700개의 한인 요식업체가 있지만, 요식업계는 다른 분야의 사업만큼 상호 협력이나 교류가 활발하지 않다. 2009년 겨우 한인요식업협회가 토론토에 설립되어 100명의 회원을 확보하였지만, 그 밖에 지역은 협회 활동이 적극적이지 않다고 보아야 한다.

대도시에서 제법 잘되는 요식업체는 4~5개의 지점을 운영하며, 항시 손님들이 많다. 또한 경쟁도 치열하여 24시간 운영하는 식당도 있다. 주로 쇼핑 몰 안에서 운영하는 스시 (초밥) 및 샌드위치 가게는 독점적인 위치에 있으므로 손님이 많지만 권리금이나 임대료가 상당히 높고 쇼핑센터 문 닫는 시간에 함께 닫아야하므로 영업시간에 제한이 있다. 그러나 적은 자본으로 한인이 없는 조그만 도시에서 현지인을 상대로 사업할 수 있는 유일한 업종이다.

과거 한인만을 상대로 영업하던 한인 요식업체들도 한류 영향으로 2000년대부터 중국 손님이 많이 찾아오면서 사업을 확장한 경우가 종종 있다. 더구나 중국인들이 많이 사는 곳에 별도의 지점을 오픈하여 영업하는 경우도 꽤 있다. 한인 요식업체 대부분 중국 손님이 중요한 고객인 것은 두말할 나위 없으며 이들은 다른 외국인과 달리 한국 식당에서 제공하는 메뉴를 대부분 부담 없이 먹을 수 있는 것도 중요한 사항이다.

## 7) 대규모 자본이 요구되는 주유소와 부속 사업

아마도 한인들이 하는 주요 사업 중 가장 많은 자본이 필요한 사업이 주유소일 것 이다. 보통 수백만 달러의 자금이 필요하다. 물론 외진 시골의 아주 조그만 영세 주유소는 훨씬 더 적은 자본으로 가능하다. 그리고 주유소는 컨비니언스, 식당, 세차장, 모텔, 자동차 정비소 등의 부속 사업도 함께 할 수 있다.

주유소는 2000년대에 전국적으로 많이 늘어나서 대도시 주변은 물론이고 대서양 연안 및 중부 대평원의 한적한 시골 지역 까지 전국에 분산되어 있다. 그러나 한인 주유소 경영 역사가 길지 않아서 전국 규모의 한인 협회는 아직 들어 보지 못했다.

캐나다의 3대 정유회사는 Esso, Shell, PetroCanada 이고 후발 정유회사는 Canadian Tire, Pioneer, Husky, Ultramar 등 이다. 토론토 시내의 주요 주유소는 정유사와 관계없이 모두 동일가격으로 판매하지만 다른 도시나 지역은 주유소마다 가격이 다르다. 후발 정유사의 주유소는 보통 약간 낮은 가격으로 기름을 판매한다. 지역별로는 중부 대평원 지역이 캐나다에서 기름 가격이 가장 저렴하고, 브리티시컬럼비아 주와 퀘벡 주가 기름 값이 가장 비싸다. 기름 가격은 정유사의 공급 가격 (보통 미국 정유공장 가격 기준), 세금 제도, 정유공장에서 주유소까지 운송비, 주정부 유가정책 그리고 각 주유소 사정에 따라 차이가 난다.

<2015년 휘발유 1 리터당 소비세와 판매세>

| (준)주 | 소비세 (센트) | | | | 판매세 (%) | 세금 합계 (%) |
|---|---|---|---|---|---|---|
| | 연방 | 주 | 지역 | 합계 | | |
| 온타리오 | 10.0 | 14.7 | | 24.7 | 13 | 36.2 |
| 퀘벡 | | | | | | |
| - 몬트리올 | 10.0 | 20.2 | 3.0 | 33.2 | 14.975 | 46.2 |
| - 그 외 지역 | 10.0 | 20.2 | | 30.2 | 14.975 | 43.2 |
| 브리티시컬럼비아 | | | | | | |
| - 밴쿠버 | 10.0 | 15.17 | 17.0 | 42.17 | 5 | 46.9 |
| - 빅토리아 | 10.0 | 21.17 | 3.5 | 36.40 | 5 | 41.2 |
| - 그 외 지역 | 10.0 | 21.17 | | 31.17 | 5 | 35.9 |
| 앨버타 | 10.0 | 9.0 | | 19.0 | 5 | 23.8 |
| 사스카츄완 | 10.0 | 15.0 | | 25.0 | 5 | 29.8 |
| 매니토바 | 10.0 | 14.0 | | 24.0 | 5 | 28.8 |
| 노바스코샤 | 10.0 | 15.5 | | 25.5 | 15 | 38.5 |
| 뉴브런즈윅 | 10.0 | 13.6 | | 23.6 | 13 | 35.1 |
| PEI | 10.0 | 13.1 | | 23.1 | 14 | 35.4 |
| 뉴펀들랜드 | 10.0 | 16.5 | | 26.5 | 13 | 38.0 |

※ 세금합계 (%)는 판매세 이외 주유소 가격이 리터당 100센트일 경우

<2015년 경유 1 리터당 소비세와 판매세>

| (준)주 | 소비세 (센트) | | | | 판매세 (%) | 세금 합계 (%) |
|---|---|---|---|---|---|---|
| | 연방 | 주 | 지역 | 합계 | | |
| 온타리오 | 4.0 | 14.3 | | 18.3 | 13 | 29.8 |
| 퀘벡 | | | | | | |
| - 몬트리올 | 4.0 | 20.2 | | 24.2 | 14.975 | 37.2 |
| - 그 외 지역 | 4.0 | 20.2 | | 24.2 | 14.975 | 37.2 |
| 브리티시컬럼비아 | | | | | | |
| - 밴쿠버 | 4.0 | 21.39 | 9.0 | 34.39 | 5 | 39.15 |
| - 빅토리아 | 4.0 | 21.39 | 3.5 | 28.89 | 5 | 33.65 |
| - 그 외 지역 | 4.0 | 21.39 | | 25.39 | 5 | 30.15 |
| 앨버타 | 4.0 | 9.0 | | 13.0 | 5 | 17.8 |
| 사스카츄완 | 4.0 | 15.0 | | 19.0 | 5 | 23.7 |
| 매니토바 | 4.0 | 11.5 | | 15.5 | 5 | 20.3 |
| 노바스코샤 | 4.0 | 15.4 | | 19.4 | 15 | 32.4 |
| 뉴브런즈윅 | 4.0 | 21.5 | | 25.5 | 13 | 37.0 |
| PEI | 4.0 | 20.2 | | 24.2 | 5 | 29.0 |
| 뉴펀들랜드 | 4.0 | 16.5 | | 20.5 | 13 | 32.0 |

※ 세금합계 (%)는 판매세 이외 주유소 가격이 리터당 100센트일 경우

캐나다에도 기름 값이 확연히 저렴한 주유소가 종종 있다. 원주민 거주 지역은 면세혜택으로 인해 기름 값이 특별히 저렴하고 인근 지역에 위치한 주유소도 대체로 저렴한 가격에 기름을 판매한다. 그리고 최근 주유소 사업을 시작한 Costco는 본업이 아니므로 시장에 충격을 줄 정도로 저렴한 가격에 기름을 판매한다. (토론토의 경우 인근 주유소 기름 값이 리터당 105.99 센트 일 때, Costco는 99.99 센트) 이러한 영향으로 주변에 있는 기존 주유소는 손님이 거의 없어서 파산 직전으로 내 몰리고 있다.

토론토, 몬트리올, 밴쿠버는 시내에서 멀수록 더 저렴하지만, 캐나다에서 기름이 가장 저렴한 캘거리와 에드먼턴은 반대로 도시에서 멀수록 더 비싸다. 캘거리 시내에서 리터당 99.99 센트일 때 로키 산맥의 남북 중간에 위치한 Saskatchewan River Crossing 주유소는 164.99 센트로 아마도 전국에서 가장 비싼 것으로 생각된다.

주유소 사업은 속빈강정 이라는 이야기를 가끔 듣는다. 대규모 자본이 소요되는 사업이지만 은행 대출도 실제적으로 거의 어렵고 마진이 크지 않다는 이야기이다. 은행권이나 제2 금융 대출이 주요 정유회사에 한정되어 있고, 매우 까다로운 심사를 만족해야하고, 심사 기준을 만족해도 6개월 이상 소요 될 수 있다고 한다. 대출 심사에서 가장 중점적으로 보는 것이 수익성과 고정자산 (예를 들면 건물) 등 이지만 주유소는 사업 특성상 환경오염과 사고가 한번 터지면 피해가 엄청 크기 때문에 보험 가입여부와 환경오염을 일으키지 않는 다는 것을 보여 주어야 한다. 유류저장 탱크의 사용 년 수 (보통 30년 내·외)도 중요하지만 금속인지? 그리고 이중벽 인지? 또는 비금속 화이버 글라스 (Fiber Glass) 인지? 등에 따라 대출은 고사하고 보험 가입도 어려울 수 있다.

기름 값은 변동이 심해서 주유소 매출액은 중요하지 않다. 즉 정유사의 공급가격에 관계없이 동일한 마진을 추가하여 판매하므로 기름 값이 올라 매출이 올라가면 카드 수수료가 증가하여 오히려 순이익을 줄어들 수 있다. 따라서 주유소는 연간 판매 볼륨이 주유소 매매나 금융권 대출에 매우 중요한 요소이다. 또한 현금 거래 비중이 많은 부속 사업의 경우는 경영 상황을 파악하기 어려워 실질적으로 금융권 대출이 어렵다.

### 8) 한인 농장

무덥지 않은 선선한 기후에도 잘 자라는 채소류는 캐나다 한인 농장의 주요 품목이지만 과당 경쟁이 매우 심하다. 무더운 여름 날씨에 농사가 잘되고 물이 대량으로 필요한 벼농사를 짓는 한인은 캐나다에 없으며, 밀 및 보리 등 기타 곡물류 농사를 짓는 한인도 없다.

토론토 주변의 한인 농장은 대체로 큰 규모의 농장으로 다른 나라 출신들 농민 보다 결코 규모가 작지 않으며, 기업 농장이 많고 대개 한인 밀질 지역에서 1시간 이상 거리에 위치하고 있다. 반면 밴쿠버 주변은 다소 작은 규모의 농장을 경영하고 한인 밀집지역에서 1시간 이내에 대부분 위치하고 있어서 많은 농장에서 재배된 농산물로 반찬을 만들어 배달 판매까지 하고 있다. 또한 밴쿠버는 온화한 기후로 3월부터 12월까지 긴 기간 동안 농작물을 바꾸어가며 여러 차례 농사를 지을 수 있다. 배추의 경우 연간 3회까지 재배할 수 있다.

기타 지역은 한인 거주 인구가 많지 않아 채소류 농사를 지울 수 없다. 대신 시장에 매일 출하 하지 않아도 되는 사슴 농장이나 과일 농장을 경영하고 있다.

<토론토 주변 한인 주요 농장과 농작물>

| 구 분 | 농장 이름 | 내 용 |
|---|---|---|
| 채소류 | 유안 농장 | 각종 채소류를 재배하는 한인 최대 규모<br>(미국, 캐나다에 5개의 농장 소유) |
| | 우주 농장 | 찰옥수수, 고구마, 호박, 오이 등을 재배<br>흑염소 농장 |
| | 천지 농장 | 배추, 무 등 각종 채소류를 재배 |
| | 이씨 농장 | 유기농 채소류를 재배 |
| | C.K. 농장 | 배추, 무 등 각종 채소류 재배 |
| | 아시안 농장 | 강원도 옥수수 및 마늘 등을 재배 |
| | 캐나다<br>김치 농장 | 배추 재배<br>김치 생산 및 판매도 병행 |
| 버섯류 | 엔바이로<br>버섯 농장 | 각종 버섯류를 재배 생산하는 기업용 농장 |
| | 우성 농장 | 200 에이커가 넘는 대규모 기업 농장<br>영지, 표고, 차가, 상황, 아가리커스 버섯 재배 |
| 과일류 | 파크사이드<br>농장 | 사과, 복숭아, 체리, 자두, 산딸기 등 과일류 생산 |
| | 올차러농장 | 사과 등 과일류 생산 |
| | 메이필드농장 | 대규모 사과농장으로 블루베리, 체리, 옥수수<br>등도 생산 |
| 축산/<br>양봉 | 식용 사슴농장 | 녹용 사슴을 기르는 농장<br>(Misty Dama Farm) |
| | 가나안 양봉 | 토론토 북쪽 5 곳에서 양봉 (로열 젤리 생산) |
| 곡물류 | 없음 | |

<밴쿠버 주변 한인 주요 농장과 농작물>

| 구 분 | 농장 이름 | 내 용 |
|---|---|---|
| 채소류 | 서울농장 | 배추, 무, 고추, 호박 등의 채소류를 재배<br>김치, 오이지, 동치미 등 반찬 배달 판매 |
| | 주농장 | 배추, 무, 고추, 깻잎, 도토리 묵 등 채소류 재배<br>마늘장아찌, 토종 된장, 간장 등 반찬 판매<br>토종닭 및 도토리묵도 판매하여 품목 다양화 |
| | 열린농장 | 잡초 속에서 자라는 배, 무 등의 채소류 재배 |
| | 미성 농장 | 무, 오이, 고추, 깻잎 등 채소류를 재배 |
| | 포코<br>자연농원 | 배추, 고추, 대파, 오이, 깻잎 등의 채소류 재배 |
| | 늘푸른농원 | 부추, 무청, 대파, 고구마, 고추, 깻잎 등의 채소류<br>포도, 신고배 등의 과일류도 생산 |
| | 핏매도 농장 | 배추, 무, 오이, 고추, 호박, 깻잎, 부추, 등 채소류 |
| | 이화 농원 | 배추, 오이 등 채소류 재배 및 반찬 판매 |
| | 하늘 농장 | 채소류 재배 |
| 버섯류 | 해당 사항<br>없음 | |
| 축산 | 해당 사항<br>없음 | |
| 곡물류 | 해당 사항<br>없음 | |

<기타 지역의 한인 주요 농장>

| 구 분 | 농장 이름 | 내 용 |
|---|---|---|
| 축산 | 하나 사슴 농장<br>(몬트리올) | 사슴 목장을 운영하며, 녹용 등을 판매 |
| | 앨버타 엘크<br>(에드먼턴) | 대규모 농장으로 녹용 및 건강식품 가공<br>시설을 갖춘 농장 |
| 과일류 | 김씨 과수원<br>(BC 중부지역) | 체리 과수원<br>(밴쿠버 동쪽 5시간 오소유스 (Osoyoos)) |

# 한국 기업의 캐나다 진출 현황

---

자원개발 및 제조업을 하는 대기업의 캐나다 진출도 대규모 손실이 발생하여 이민자 못지않은 쓰라림을 겪었다. 그러나 기타 업종의 기업은 한국산 제품과 서비스의 품질이 좋고 해외 진출에 관한 노하우가 축적되면서 캐나다 투자 실패율이 많이 크지 않았다.

한국 기업의 캐나다 투자는 다음과 같이 몇 가지로 분류하여 요약할 수 있다.

- 1990년 전·후 한국기업은 제품을 조립 생산하는 분야에 투자하여 많은 어려움을 겪었다. 그 중 현대자동차와 삼미특수강은 관련 공장을 폐쇄하거나 다른 기업에 넘기는 것으로 마무리하였다. 그러나 어려움을 이겨내고 성공한 한라공조 같은 기업도 있고, 2000년대 후반 고급 대리석 생산 공장에 투자를 시작한 한화 L&C 같은 기업도 있다.
- 2000년대에 전 세계적으로 에너지 및 자원 가격 폭등으로 인해, 에너지 및 자원 확보 차원에서 한국 기업이 해외 사업에 직접 또는 지분 투자로 많이 참여 하였다. 한국석유공사, 한국가스공사, 한국자원개발공사, 포스코, SK 에너지, 서울도시가스, STX 등이 대표적이다. 그러나 한국석유공사와 한국가

스공사는 한국기업의 캐나다 투자 역사상 가장 큰 대규모 손실을 보았다.

- 2010년대 태양광 및 풍력 분야에 캐나다 주정부들과 합작, 투자하여 전력을 생산해서 해당 주 정부에 다시 판매하는 사업을 삼성물산과 대우조선해양이 수행하였다.
- 2000년대 한국산 제품의 성능 및 품질이 향상되고 현지 소비자들에게 좋은 호응을 얻으면서, 기존 및 신규 판매법인들 매출이 급격히 늘어났다. 삼성전자, LG전자, 한국타이어, 금호타이어, 현대자동차, 기아자동차 등이 대표적이다.
- 2000년대 한국에 불어 낙친 엄청난 교육열로 인해 캐나다로 이주한 교민 및 유학생이 급격히 늘어나면서 교민을 상대로 한 각종 서비스와 생필품 공급을 위한 투자가 증가 하였다. 외환은행, 신한은행, H-Mart, 농심, 무한타올 등이 대표적이다.

<캐나다 진출 한국 기업의 성공 및 실패한 기업의 특징>

| 구분 | 성공한 기업 | 실패한 기업 |
|---|---|---|
| 기업 | - 한라공조<br>- 현대자동차 판매<br>- 삼성전자 판매<br>- 외환은행<br>- Forever 21 (미국 교포 기업) | - 한국석유공사<br>- 한국가스공사<br>- 현대자동차 생산 공장<br>- 삼미특수강<br>- 대우 인터내셔널 |
| 특징 | - 영어가 유창한 소수의 정예 경영진 투입<br>- 선진국 보다 우수한 사업 모델 확보<br>- 장기간의 해외 투자 경험 있는 기업<br>- 시장을 확보할 수 있는 구성원<br>- 가격 경쟁력이 있는 제품의 빠른 출시 | - 정부 정책에 의해서 추진된 사업<br>- 충분한 현지 조사 없이 추진<br>- 다른 기업의 투자를 따라 진출<br>- 현지 사양 산업에 투자<br>- 경쟁력 없는 제품 생산<br>- 해외 현지 경험 없는 한국 직원 대거 투입 |

## 1) 대규모 생산 시설을 필요한 제조업

### a. 현대자동차 캐나다 법인 (Hyundai Auto Canada Corp.)

현대자동차는 1983년 캐나다에 해외 법인을 설립하였고, 1984년부터 자동차 판매를 시작하여, 이듬해에는 연간 7만9000대를 팔며 캐나다 자동차 시장에서 단숨에 자리를 잡는 듯했다.

따라서 1989년 연간 10만대 규모의 자동차 생산 공장을 퀘벡주의 미국 국경 근처에 있는 브로몽 (Bromont)에 준공하였다. 캐나다 연방정부 및 주정부 보조금 1.31억 달러 (전체 투자 금액의 약 1/3)를 합하여 총 투자금액 3.877억 달러를 투자하고 약 800명을 고용하였다.

100 Blvd. de L'Aeroport, Bromont, QC (Hwy 10 Exit 68S or 74S)

<옛 현대 자동차 브로몽 공장 건물>

그러나 현지 공장에서 생산된 자동차를 캐나다 및 미국에 판매할 때는 이미 시장이 포화되어 시장 점유에 실패하는 등 일반 이민자와 마찬가지로 많은 어려움을 겪었으며 기억하고 싶지 않은 악몽이 지속되었다고 한다.

현지 교민들 말에 의하며 캐나다 날씨는 정말로 춥고 눈이 많이 내려서 도로에 소금을 엄청 뿌리는데, 당시 한국 자동차는 이러한 현지 상황에 알맞게 설계되어 있지 않고 기술도 없었다고 한다. 저렴한 가격을 무기로 생산된 자동차를 현지에 판매하였으나 너무 심하게 부식이 되고 겨울철 시동이 잘 걸리지 않아서 결국 현지

고객들로 부터 외면을 당해 연간 2만 5천대만 생산하다가 결국 1994년 공장을 폐쇄하고 철수하였다.

그러나 브로몽의 악몽으로 기억되는 실패 과정을 통해 얻은 많은 경험, 정보, 기술 등은 오늘날 현대 자동차가 미국, 인도, 폴란드, 러시아 등 세계 각 지역에 생산 공장을 설립하고 운영하는데 매우 큰 노하우가 되었다고 현지 교민들은 말하고 있다.

| 브로몽 공장에서 철수한 생산설비는 인도 현지 공장으로 이동 구축되었다고 한다. 인도 공장은 1998년부터 생산을 시작하여 처음 2년 동안 누적 10 만대, 5년 동안 누적 50 만대, 10년 동안 누적 200 만대를 생산할 정도로 대박을 터트렸다. |
|---|

### b. 삼미 아틀라스 (Sammi Atlas Inc.)

삼미특수강은 약 2.11억 달러를 투자하여 북미 지역의 특수강 회사들을 매입하여 캐나다 법인 "삼미 아틀라스"를 1989년 설립하였다. 토론토 (미시사가)에 본사를 두고, 퀘벡 주 트레이시 (Tracy) 지역에 Sammi Stainless Steels 공장, 온타리오 주 웰런드 (Welland) 지역에 Atlas Specialty Steels 공장 그리고 그룹의 원자재를 북미지역에서 조달하는 구매회사 (Sammi Resources Inc.)를 운영할 정도로 한인 기업 중 가장 적극적으로 캐나다에 진출하였다. 그러나 1997년 IMF 금융 위기로 한국 본사가 부도나면서 캐나다 법인 삼미 아틀라스도 재정 문제로 사업을 정리하였다.

트레이시 공장은 제강부터 냉연에 이르기까지 일관공정 시설을 보유하고 있어 시장 변화에 적응능력이 탁월하고, 단가, 품질, After Service등 모든 면에서 국외 경쟁사를 앞지르는 경쟁력을 확보하고 있었다.

웰랜드 공장은 캐나다 유일의 특수강 봉재 생산 공장으로서 오랜 역사에 따른 기술력을 가지고 있었다. 70톤 전기로 2기, 정련설비, 연속주조기 등 제강설비를 비롯하여, 압연기 2기, 2,000톤 프레스, 열처리와 가공설비 등이 있었다.

<퀘벡 주 Sorel-Tracy, Steels 공장>

<북미 지역의 삼미특수강 계열사>

| 구분 | 특징 |
|---|---|
| 본사<br>(광역토론토) | - 북미 지역 3개 공장의 본사 역할<br>(7420 Airport Rd, Mississauga, ON) |
| Tracy 공장<br>(퀘벡) | - 스테인리스 핫코일 및 스테인리스 냉연강판<br>(일괄 공정)<br>- 연간 11.5만 톤 생산설비, 직원 637명<br>- 고속도로 Hwy 30의 동쪽 끝 생로랑 강가에 위치<br>(1640 Marie-Victorin Rd, Sorel-Tracy, QC) |
| 웰랜드 공장<br>(나이아가라) | - 특수강봉재<br>- 연간 14만 톤 생산 설비, 직원 1031명<br>- 웰랜드 (Welland) 운하 옆에 위치<br>(42 Centre, Welland, ON) |
| 미국 공장 | - 미국의 3대 특수강 회사 소속<br>- 웰랜드 공장에서 가까운 미국 레이크 이어리 호수 (Lake Erie) 주변 조그만 타운에 위치 |

c. **한라공조 캐나다 법인** (HVCC Canada)

한라공조 (Halla Visteopn Climate Control Inc.)는 세계화 전략의 첫 출발로 북미 자동차 시장의 교두보를 확보하기 위해 1989년 토론토 근교 벨빌 (Belleville)에 캐나다 법인을 설립하였다. 진출 초기에는 먼저 진출한 현대 자동차 생산 공장에 에어컨 및 히터를 생산해 공급하고 있었다. 그러나 현대 자동차의 현지 생산 공장 폐쇄로 한라공조에 엄청난 위기가 닥쳤다.

<온타리오 Belleville, 한라공조 HVCC 공장>

그러나 1990년대 초부터 북미 자동차 회사들과 파트너십을 지속적으로 시도한 결과 1996년 포드사와 비즈니스 관계를 맺고 성장할 수 있는 발판을 마련하였다. GM 자동차와도 비즈니스를 시작해 1998년부터는 매출이 크게 늘어나기 시작했다.

캐나다 진출에 성공한 대한민국 1호 제조업으로, 종업원 700명 이상, 325,000 sqft (9,133평)의 대규모 시설을 갖추고 에어컨 모듈, 어큐뮬레이터, 파이프&호스, 컴프레셔용 클러치 등을 생산해 포드, GM, 볼보, 아우디 등 많은 완성차 업체와 A/S 시장에 생산품을 공급하고 있다.

한라공조 캐나다 법인의 실질적인 소유주는 포드이나 서울에 있는 한라공조에서 소수의 임원을 파견하여 경영하고 있다.

360 University Ave, Belleville, ON

| 북미 시장에서 성공한 캐나다 진출 한국 1호 제조 대기업 |
|---|

d. **한화 L & C 캐나다** (Hanwha L&C Surface Canada Inc.)

한화 L&C는 2007년 늘어나는 북미시장의 건축 마감재 수요에 대비하여, 캐나다의 풍부한 천연자원과 뛰어난 인적 자원을 고려하여 온타리오 런던에 Hanwha L&C Canada, Inc.를 설립하고, 700억 원을 투자하여 2009년 생산 공장을 준공하였다.

주요 생산품은 인조대리석 (Khanstone)으로 순도 99%의 천연

석영 (Quartz)을 사용한 돌로 강도와 내구성이 뛰어나고 흡수율이 매우 낮아서, 고급 바닥재 및 벽체, 주방 상판 등의 표면 마감재나 식탁, 테이블 등의 가구마감재, 또는 상업용 건물의 고급 바닥재 등으로 사용된다.

2860 Innovation Dr, London, ON

<한화 런던 공장>

e. CS Automotive Tubing Inc.

경주에 본사가 있는 창신 특수강은 자동차 회사에 연료관 및 배기관에 사용되는 각종 특수강 파이프를 공급하는 회사로, 2007년 북미시장을 위해 한화 런던 공장 바로 옆에 CS Automotive Tubing Inc. 공장을 준공하여 생산된 제품을 판매하고 있다.

2400 Innovation Dr, London, ON

<CS 런던 공장>

### f. STX Canada Marine

STX 조선해양의 자회사인 STX Canada Marine은 2011년 시스팬사와 함께 NSPS 프로젝트 가운데 비전투용 선박 건조 분야에 참여해 시스팬사가 건조하는 모든 선종에 대한 설계 엔지니어링과 건조 컨설팅 서비스를 제공하기로 하였다.

> 시스팬 (SEASPAN) 사는 캐나다 정부가 추진하고 있는 `군함 및 비전투용 선박 건조 프로젝트 (NSPS)`에 참여하고 있으며, 향후 2~30년 동안 23척의 전투함 (호위함. 수상함)과 8척의 비전투함 (대형 쇄빙선. 해안경비함 등)을 건조할 계획이었다.

또한 STX 조선해양은 캐나다 시스팬사와 밴쿠버 조선소 현대화를 위해 조선소 작업장 개선, 조선소 자재물류 조달 시스템 향상, 최첨단 설비장치 배치 등을 지원 하였다.
그러나 2013/14년 한국 본사의 경영환경이 어려워 사업 추진 상황은 불확실하게 되었다.

### g. 현대중공업-매그너 이카

2012년 현대중공업과 매그너 이카 (Magna E-Car)는 2억 달러를 40 대 60 비율로 전기차 배터리 사업을 위한 합작사를 설립하기로 하였다. 온타리오 주에 생산 공장을 설립하여 2014년부터 연간 1만 팩 규모의 배터리를 생산 할 계획을 수립하였으나, 한국 본사의 대규모 적자와 구조 조정으로 실제 사업 추진 현황은 일반인에게 알려지지 않았다.

> 매그너 기업은 광역토론토 북부지역에 본사가 있는 자동차 부품 회사로 전 세계에 생산시설이 있으며 28B$ 매출과 11만5천 명의 종업원이 있다. 자동차 제작 능력은 있지만 미국 또는 일본 자동차 회사의 상표로 개발, 제작하기 때문에 널리 알려지지 않았다.
> 337 Magna Dr, Aurora, ON (본사)

## 2) 자원 개발 투자

### a. (석유공사) 하비스트 에너지

2009년 말 한국석유공사는 40.7억 달러를 투자하여 총 매장량 약 2억 배럴 규모의 석유·가스 생산광구와 1일 생산 115천 배럴 규모의 뉴펀들랜드 정제시설을 보유한 캐나다 하비스트 에너지 (Harvest Energy) 기업의 지분을 100% 인수하였다.

<2009년 인수할 당시 Harvest Energy 기업 현황>

| 구분 | 특징 |
|---|---|
| 본사 | 캘거리 |
| 광구 | 앨버타, BC, 사서캐처완 주의 생산광구 및 오일샌드 등의 탐사<br>뉴펀들랜드 주의 정제시설 |
| 매장량 | 약 219.9백만 배럴 (2P, 2009.1.1 기준) |
| 생산량 | 1일 생산량 약 53.4천 배럴 ('09년 상반기 평균) |
| 정제량 | 1일 생산량 약 115천 배럴 |
| 인력 | 약 950명 (석유 개발부문 380여명) |

하비스트를 인수할 당시 한국석유공사는 2012년까지 1일 생산량 30만 배럴, 매장량 20억 배럴을 확보하여 대형화를 꿈꾸었다. 대형화와 더불어 석유개발 부문 380명의 기술진을 흡수하여 회수증진 (EOR)기술 등을 확보하여 경쟁력을 갖추고자 하였다.

오일샌드 CBM (Coal Bed Methane) 관련 개발기술을 확보함으로, 석유공사가 추진 중인 캐나다 블랙골드 오일샌드 광구 (2.3억 배럴) 개발과의 시너지 효과 창출 등 비전통 석유·가스 자원 개발도 한층 더 탄력을 받을 것으로 기대하였다.

또한 석유공사는 5.25억 달러를 투자하여 캐나다 헌트 (Hunt) 기업의 석유개발부분 자산도 100% 인수하였다. 하비스트 에너지 기업의 EOR 석유회수증진 기술을 이용하여 헌트사가 보유하였던 앨버타, 혼 리버 (Horn River) 지역의 세일가스 개발 등 시너지 효과를 기대하였다.

EOR 석유회수증진 (Enhanced Oil Recovery) 기술은 지하에 매장된 경제성 없는 원유를 채굴하기 위하여 화학물질을 지하에 투입하여 석유를 채굴하는 기술이며, 2000년대에 원유 가격 상승으로 세일가스 및 원유 생산량이 늘면서 많은 기업들이 EOR 기술에 관심을 가졌다.

그러나 석유공사의 캐나다 사업은 무려 3조7,921억 원이 투입된 대표적인 해외 자원개발 M&A 사업이지만, 자산 가치 하락으로 무려 8,202억 원의 손실을 보았다.

석유공사가 인수한 하비스트 에너지 기업은 서부텍사스 원유 (WTI) 보다 저렴한 두바이 원유를 수입, 정제하여 서부텍사스 원유 시장에 판매해 수익을 얻는 사업구조를 갖고 있었다. 그러나 북미지역에 세일 (Shale) 가스·오일 생산이 급증하면서 서부텍사스 원유 가격이 두바이 원유가격 아래로 떨어지면서, 매년 약 1000억 원의 손실이 발생하였고 수년이 지나도 개선되지 않았다. 결국 2013년부터 매각을 추진하여 2014년 미국 상업은행인, 실버레인지 파이낸셜 파트너스 (SilverRange Financial Partners)에 하비스트의 자회사인 NARL (North Atlantic Refining Limited)을 매입 가격, 9.3억 달러 보다 훨씬 낮은 가격에 매각하였다.

이것은 현대자동차 퀘벡 생산 공장과 함께 캐나다에 실패한 대규모 투자 사례로 꼽히고 손실 금액도 가장 크다. 실패의 주요 원인은 개별 기업이 아닌 한국정부의 정치적인 자원개발 정책에 의존하여 시장의 원유 가격 변동을 충분한 사전 조사 없이 단 기간에 사업을 추진한 것이 가장 큰 실패 원인으로 볼 수 있다.

b. KOGAS Canada Ltd (가스공사)

한국가스공사는 앨버타 주에서 2006년부터 블랙 골드 오일샌드 광구개발 사업을 진행하였고, 비전통 가스 개발을 위해 2010년 현지법인 KOGAS Canada를 설립하였다. 캐나다 현지에 여러 회사와 공동으로 투자하여 여러 지역에서 자원을 개발하였다.

- 가스공사는 11억 달러를 투자하여 엔카나 (EnCana) 회사가

보유한 광구 프로젝트의 지분 50%를 획득하였다. 북부 BC 주 혼 리버 (Horn River) 지역의 키위가나 (Kiwigana) 광구와 몬트니 (Montney) 지역의 잭파인 (Jackpine) 광구와 노엘 (Noel) 광구가 해당된다.

- MGM 회사가 추진하고 있던 북극권 맥킨지 델타 (McKenzie Delta) 지역의 우미악 (Umiak) 광구 지분을 2011년 매입하였다. 본 사업은 가스공사 (20%), MGM에너지 (40%), 코노코필립스 (40%)가 지분을 보유하였다.
- CGR (Cordova Gas Resources) 회사가 추진하고 있는 BC 주의 코르도바 (Cordova) 지역에 위치한 천연가스 개발 사업 지분 10%를 미쓰비시로부터 인수하였다. 본 사업은 가스공사 (10%), 미쓰비시 (60%), JOGMEC, 추부전력, 도쿄가스, 오사카가스 (각7.5%)가 참여하고 있으며 2011년부터 가스를 생산하고 있다.
- BC주 키티매트 (Kitimat) 지역에 잠정 120억 달러 (한국가스공사 20%, Shell 40%, Mitsubishi 20%, PetroChina 20%)를 2012년부터 투자하여 연간 생산량 12백만 톤 규모의 액화 플랜트 사업 (LNG Canada)을 추진하였다.

그러나 2014년 회계감사 결과 약 1조가 투자된 캐나다 가스광구 3곳에서 무려 6,688억 원의 손실이 발행하였고 이미 2곳은 사업을 접은 상태이고 남은 혼 리버 (Horn River) 광구도 25년간 연평균 수입이 약 76억으로 예상되어 이자도 갚기 어려워 파산으로 가고 있는 것으로 언론에 보도 되었다.

이는 북미지역의 세일가스 생산이 늘어나면서 가스 가격이 하락하여 수익성이 떨어진 것이 가장 큰 원인이었다. 또한 북극권에 가까운 우미악 (Umiak) 광구의 배관 건설이 무기한 연기되어 사실상 포기해야 하는 어려운 상황에 놓인 것도 손실의 주요 원인이었다.

c. POSCAN (포스코)

포스코는 1982년 캐나다 법인 포스칸 (POSCAN)을 설립하였으며, IMF 때 삼미철강 캐나다 법인에 잠시 관심을 보였지만 적극적이지 않았고, 대신 2000년대 들어서는 에너지 자원 분야에 투자 하였다.

- 포스칸은 2007년 현지 중견 석탄 광산업체인 포춘 미네랄과 공동으로 클라판 (Klappan) 광산 개발을 위한 합작 벤처 법인을 설립했다. 광산개발 프로젝트의 지분 20%를 인수하는 포스칸은 인수자금 1천만 달러를 포함해 모두 1.81 억 달러 (약 2000억 원)를 이 사업에 투자하였다. 클라판 광산은 캐나다 서부 BC 주의 프린스루퍼트 (Prince Rupert) 항구에서 330㎞ 떨어진 곳에 위치하고 있으며, 제철용 무연탄과 PCI 반무연탄을 생산하는 1만5866ha 규모의 광산으로, 측정 매장량이 1억790만 톤이고 추정 매장량은 22억 톤이다. 두 회사는 연간 300만 톤 규모의 석탄을 생산하며, 포스코는 생산량의 20% (연간 60만 톤) 권리를 갖는다.
- 포스칸은 또한 국민연금과 합작으로 2012년 말부터 약 11억 달러를 투자하여, 세계 1위 아로셀로미탈 기업의 캐나다 철광석 광산 사업의 지분 15%를 인수하였다.

d. 한국 광물공사

2011년 광물자원공사는 캐나다 구리개발 전문기업인 캡 스톤 (Cap Stone) 회사와 국제 컨소시엄을 구성해 자원개발 전문기업인 캐나다 파웨스트 (FarWest)사의 지분을 100% 인수하였다. 광물자원공사는 총 7억 달러의 인수자금 중 4억 달러를 투자하여 57%의 지분을 가지고 있다. 광물공사는 중남미 6개 구리개발 프로젝트를 관할하는 해외 캐나다 법인도 구상하였다.

- 파웨스트 회사는 캐나다 토론토에 상장된 기업으로 칠레와 호주에 3개의 구리개발 프로젝트를 추진하고 있다. 특히 칠레 구리 밀집지역에서 진행 중인 '산토도밍고 프로젝트'는 2015

년부터 연간 7만5천 톤의 구리를 생산할 것으로 예상하여 광물공사는 이중 50%의 권리를 확보하였다.

- 볼레오 프로젝트는 2008년 광물공사가 바하마이닝과 합작투자를 결정하여 시작한 사업이다. 광물공사는 같은 해 LS 니꼬 동제련, SK 네트웍스, 현대 하이스코, 일진 머티리얼즈 등과 KBC (Korean Boleo Corporation)를 설립하여, 볼레오 광산회사 (BBM)의 지분 30%를 취득했다. 그러나 이후 바하마이닝 기업의 철수로 국내 기업들이 4년간 투자한 3000억 원을 날릴 위기에 처하자 광물공사는 사업 유지를 위해 추가 투자하여 지분율이 10%에서 70%로 확대됐다. 총 13억 달러 (약 1조4000억 원)가 투자되는 사업을 감안 할 때 광물공사가 부담해야 할 총액은 1400억 원에서 1조원 수준으로 불어났다.
- 나이프 레이크 (Knife Lake) 동광사업은 사스카츄완 주와 매니토바 주에 걸쳐 있는 플린 플론 쿠퍼 벨트 (Flin Flon Copper Belt)에 있는 광산 개발 사업으로, 캐나다 리더 (Leader) 기업과 협력하여 광범위한 지역 (Knife Lake, Pistol Lake, Scimitar Lake)을 탐사하였다. 1999년 광물공사는 1,221억 원을 투자하여 지분 50%를 확보하였다. 그러나 2009년 조사단계에서 사업을 중단하여 회수된 비용은 고작 32억 원이었다.

사업 실패의 주요 원인으로 다음을 고려할 수 있다.
- 국제 금속가격의 하락
- 현지 정보의 부족으로 시추를 하여 광체를 발견한 후, 채굴하여 제련소까지 운반하는 모든 비용에 대한 예측 실패
- 판매처가 Flin Flon시에 위치한 HBMS (Hudson Bay Mining and Smelting Co.) 제련소가 유일하여 판매처 확보가 미흡

e. SCG Canada Inc. (서울도시가스)

서울도시가스(주)는 2001년 85만 달러를 투자하여 북미 거점 확보 차원에서 캐나다 캘거리에 SCG Canada Inc.를 설립했다. 2003년 천연가스 및 유전개발을 위해 36.6억 원을 추가 투자하였다.

f. SK Energy Canada Ltd. (SK 에너지)

2007년 12월 SK는 캐나다의 우라늄 탐사사업을 위해 자본금 8.5억으로 (지분 100%) SK Energy Canada Ltd.사를 설립하였다.

g. STX Energy Canada Inc (STX 에너지)

2010년 9월 STX에너지는 해외자원개발 사업에 본격적으로 뛰어 들고자 STX Energy Canada Inc.를 설립하였다. 1.2억 달러(미화)를 투자하여 탐사 단계가 아닌 생산단계에 있는 가스광구에 대한 지분투자를 계획하고 있었다.

h. **한국전력**

한국전력 (Korea Electric Power Corporation, KEPCO)은 우라늄확보를 위하여 2009년 6,210만 달러를 투자하여 세계 10대 우라늄 생산 기업인 캐나다의 데니슨 마인스 (Denison Mines)의 지분을 10% 인수하였다.

또한 2012년 800만 달러를 투자하여 캐나다 우라늄 개발회사 스트라트모어 미네랄스 (Strathmore Minerals)의 지분을 14% 인수하였다.

i. **동원 엔엠씨**

(주)엔엠씨 (NMC)는 캐나다 몰리브덴 광산 개발회사로써, 동원의 자회사이고 KTB 국민은행이 이 회사의 지분을 25% 보유하고 있다.

| 몰리브덴 (Molybdenum)은 고온에서 강철 및 다른 합금의 강도를 높이는 데 쓰이는 재료이다. |
|---|

j. **성진-드라이버 조인트벤처**

성진지오텍은 중공업 분야의 모듈플랜트 기업으로 북미 및 북극의 해양 (offshore) 시장을 개척 하고자 2011년 캐나다에 성진-드라이버 조인트벤처 (JV Driver) 기업을 설립하였다.

140 4th Avenue SW #2118, Calgary, Alberta

성진지오텍은 오일샌드 프로젝트가 한창인 북미시장에 모듈 플랜트 설비를 공급하고, 성진-드라이버 조인트벤처는 현지에서 최종 모듈 조립 및 시공을 담당 하였다.

| 2010년 포스코가 성진지오텍 회사를 매입하여 2013년 포스코플랜텍으로 합병하였다. |
|---|

k. East KIC (Canada)

케이아이씨는 2009년 30만 달러를 투자하여 세계 최대 오일샌드 개발지역인 캐나다 캘거리에 현지법인을 설립하여 오일샌드 플랜트 시장을 공략하였다.

**l. 골든 오일**

동양시멘트는 자회사 골든 오일을 통해 캐나다의 자원 개발을 추진하였다.

### 3) 그린 에너지 생산 투자

#### a. 삼성물산 풍력 및 태양광 사업

삼성물산은 70억 달러를 투자해 2016년까지 총 2.5 GW 규모의 풍력·태양광 발전 및 생산 복합단지를 온타리오 주에 건설해 20년간 운영하는 내용의 계약을 2010년 주정부와 체결했다. 그러나 온타리오 주의 여당 (자유당)과 야당 (보수당)이 찬·반으로 입장차이가 워낙 커서 사업에 어려움이 있었다. 결국 2013년 50억 달러를 투자하여 1.369 GW 규모로 축소하는 것으로 수정하였다.

| 2014년 온타리오 주정부 선거에서 자유당은 재집권에 성공하였다. |
|---|

<단계별 공사 지역 및 전력 생산 시설 규모>

| 1 단계 시설 공사 (520 MW) | 2 단계 시설 공사 |
|---|---|
| - 할디만드 (Haldimond): 풍력 150 MW, 태양광 100 MW<br>- 채탐-켄트 (Chatam-Kant): 풍력 250 MW | - 휴론-브루스 (Huron-Bruce),<br>- 킹스턴 (Kingston),<br>- 로열리스트 (Loyalist) |

전체 사업 주관은 삼성물산이 맡고 한국전력이 송배전 등 전력 시설을 담당한다. 또 독일의 지멘스와 SMA, 한국의 CS윈드 등도 컨소시엄 파트너사로 참여할 예정이다. 2017년까지 총 5단계에 걸쳐 2 GW 규모의 풍력발전 단지와 0.5 GW 규모의 태양광 발전 단지를 구축하는 것을 목표로 하고 있다. 5 단계 사업이 완료되면 연간 약 160만 가구가 사용할 수 있는 전력을 생산한다. 이는 온타리오 주 전체 전력 소비량의 약 4% 이다.

#### b. DSME Trenton Ltd. (Daewoo Shipbuilding & Marine Engineering)

대우조선해양은 4,000만 달러를 출자해 2010년 캐나다의 노바스코샤 (Nova Scotia) 주정부와 풍력발전기 생산을 위한 합작 법인을 설립 하였다. 법인은 대우조선해양이 51%, 노바스코샤 주정부가 49%의 지분을 갖는다. 노바스코샤 픽토 (Pictou) 카운티에 있는 트렌트워크 기업의 철도차량 공장을 인수해 풍력발전기 생산 공장으로 리모델링하여 연간 최대 600 여기의 블레이드와 250여 기의 타워를 생산하여 2.3억 달러의 매출을 목표로 하고 있다.

34 Power Plant Rd, Trenton, NS

### c. CS 윈드

CS 윈드 (Wind)는 삼성물산의 온타리오 전력 사업에 소요되는 풍력 타워를 공급하고자 5천만 달러를 투자하여 2011년부터 윈저에 공장 건설을 추진하고 있었다. 단 삼성물산 사업의 추진 상황에 중대한 영향을 받고 있다.

### d. 지앤알 캐나다 법인

지앤알이 해외 태양광 사업의 원활한 진행을 위해 2009년 캐나다에 현지 법인을 설립하였다. 지앤알은 온타리오 주의 킹스턴 시 투자유치기관과 투자 협약을 체결해 주정부로부터 설비 투자금의 35% 이내에서 정부 보조를 받기로 했다.

### e. SPC 특수목적회사

한국 남부발전은 화력 발전소에 필요한 신재생 에너지 원료인 우드펠릿을 확보하고자 25억을 출자하여 현지 사업개발사인 K사와 특수목적회사 (SPC)를 설립 하였다. 현지 공장에서 생산된 우드펠릿을 국내 화력발전소에 공급하는 것을 목표로 사업을 추진하였다. 그러나 캐나다산 우드펠릿은 동남아나 러시아산 보다 약 30% 정도 가격이 높고, 우드펠릿 생산에 필요한 산림을 제공하는 캐나다 현지 원주민 부족업체가 K사를 신뢰할 수 없다고 하며 공동개발 계약을 파기하여 사업이 중단되었다.

| 우드 펠릿 (Pellet)은 목재를 가공하는 과정에서 발생하는 조각들을 건조하여 톱밥 형태로 잘게 잘라 일정 크기로 다시 압축하여 만드는 것으로 가격은 비싸지만 열량이 높다. |
| --- |

### 4) 제품 판매법인 및 물류기업 진출 현황

캐나다에 판매법인 회사를 설립하여 운영하는 한국 기업은 주로 자동차 및 IT 분야의 대기업들이다.

이들 회사들은 시장 점유율에 따라 투자 및 조직의 규모를 유연하게 운영할 수 있기 때문에 제조업 및 자원 개발 보다 투자 위험이 훨씬 적다. 실제로 판매법인 중에서 대우그룹 관련 판매법인 회사만이 어려움을 겪으며 사업을 축소하였지만, 그 밖에 다른 기업은 줄곧 성장에 성장을 거듭해 왔다. 판매 법인의 성장과 함께 한국산 제품을 운송하는 물류 업체도 함께 성장 해왔다.

<한국기업의 제품 판매법인 또는 지사>

| 사업 분야 | 기업 |
|---|---|
| 자동차 | 현대자동차, 기아자동차, 글로비스, 한국타이어, 금호타이어 |
| 정보통신 | 삼성전자, LG전자, 대우 |
| 식품 | 농심 |
| 의류 | Forever 21 (미국 교포 기업) |
| 생필품 | 더페이스샵 (화장품), 무한타올 |

#### a. 현대자동차 캐나다 법인 (Hyundai Auto Canada Corp.)

현대자동차는 1983년 아메리카 대륙에서 처음으로 캐나다에 해외 법인을 설립하였다. 1984년부터 자동차 판매를 시작하여 저렴한 가격을 무기로 초기 시장 개척을 하였으나, 곧 이어 경쟁 업체의 견제, 품질 문제, 시장선도 후속 모델 부재 등으로 한 동안 어려움을 겪었다.

그 후 2000년대 들어서면서 현대 자동차의 성능과 품질이 향상되고 판매량이 증가하면서, 캐나다 전역에 200 여개의 판매 대리점을 구축하여 어느 지역에서나 현대 자동차를 쉽게 구입할 수 있게 되었다. 특히 2008년 미국의 금융 위기 이후, 시장 점유율이 급격히 높아졌다. 현대 자동차 캐나다 판매법인은 토론토 광역시에 위치하고 있다.

75 Frontenac Dr, Markham, ON

**b. 기아자동차 캐나다 법인** (KIA Motors Canada Inc.)

현대자동차는 1998년 기아 자동차를 인수한 이후, 1999년 KIA Motors Canada Inc.를 설립하여 운영하고 있다.

180 Foster Cres, Mississauga, ON

**c. 글로비스 캐나다 법인** (GLOVIS)

현대·기아 자동차 그룹의 물류회사인 글로비스는 해외 물류 거점 확보를 위해 토론토에 2009년 현지법인을 설립하였다. 캐나다 법인은 밴쿠버 뉴 웨스트민스터 항구 (New Westminster Port)에서 차량의 검사, 방청 등의 항만 프로세싱과 현지 딜러까지 내륙운송을 담당한다. 캐나다 현지 법인은 글로비스의 해외 30여개의 물류 거점 중에 하나이다.

5770 Hurontario St, #700 Mississauga, ON

**d. 한국타이어 캐나다 법인** (Hankook Tire Canada Corp.)

한국타이어는 1993년 밴쿠버에 지점을 설립한 이후 광역토론토에 캐나다 판매 법인을 설립하여 운영하고 있다.

30 Resolution Dr, Brampton, ON (본사)

**e. 금호타이어 캐나다 법인** (Kumho Tire Canada Inc.)

1975년 광역밴쿠버의 리치몬드 (Richmond)에 Kumho Tire Canada Inc 을 설립하였다. 그리고 캐나다 최대 규모 시장이 있는 토론토에도 사무실을 운영하고 있다.

118-11782 Hammersmith Way, Richmond, BC (본사)
6430 Kennedy Rd, #B, Mississauga, ON (토론토 사무실)

### f. Samsung Electronics Canada

1980년 캐나다 지역에 전자제품을 판매하고자 약 29억 원을 투자하여 토론토 (미시사가)에 Samsung Electronics Canada를 설립하였다.

2050 Derry Rd. W, Mississauga, ON (Hwy 401 Exit 336N)

### g. LG Electronics Canada Inc. (LGECI)

1986년 캐나다 지역에 전자제품을 판매하고자 토론토에 LG Electronics Canada Inc.를 설립하였다.

20 Norelco Dr, North York, ON (Hwy 400 Exit 25W)

### h. 포에버 21

포에버 (Forever) 21은 재미 교포가 미국에서 의류 사업으로 성공한 기업으로 2013년 캐나다 전역 핵심 상권에 25개의 대형 매장을 설치하여 판매하고 있다. 캐나다 시장에서도 매우 인기 높아서 매년 급성장하였다.

2450 Horgan Dr, Mississauga, ON (물류창고)

### i. 더 페이스 샵

LG 생활건강의 자회사 더 페이스 샵 (TheFaceShop)이 2013년 캐나다 후르츠 앤 패션 (Fruits & Passion Boutiques Inc.)을 15.4 백만 달러에 인수하여 일부 매장은 폐쇄하고, 일부 매장은 한국산 화장품을 판매하는 곳으로 전환하였다. 2014년까지 토론토의 주요 쇼핑몰을 비롯하여 전국에 약 12개의 매장을 오픈하였다.

### j. 농심 캐나다

농심제품 판매 유통을 위하여 광역토론토의 미시사가에 농심 캐나다 (Nongsim Canada)를 설립하여 운영하고 있다.

6255 Cantay Rd, Mississauga, ON

### k. 무한타올 캐나다

무한타올 사장이 캐나다로 이민을 오면서 2002년 캐나다 법인을 설립하였다. 캐나다 법인 (Moohan Towel Canada Inc.)은 사장이 직접 경영하고 한국 법인은 배우자가 경영하고 있다.

49 Spadina Ave, Toronto, ON

### l. 현대리바트

가구전문회사인 현대리바트는 2012년 캐나다 현지 법인을 설립하여 운영해오고 있으나, 2014년 상반기에 8억 원의 매출에 10억 원의 당기 순손실이 발생하여 어려움을 겪었다.

11280 Twigg Pl. #123 Richmond, BC

캐나다 가구 시장은 한국과 매우 다르게 형성되어 있어서 개인이 직접 구매하는 경우 보다는 건설사들이 주택 및 콘도를 건설할 때 빌트인 (Built in) 방식으로 납품해야 한다. 그러나 캐나다 주택과 콘도는 구조가 한국과 많이 다르고 캐나다인들이 선호하는 가구도 다르고 현지 브랜드 이미지가 거의 없는 상태에서 판매실적을 올리는 것은 매우 어려울 수 있다.

### h. Daewoo Electronics Canada Ltd.

1992년 3월 밴쿠버에 Daewoo Canada Ltd.를 설립하여 전자제품 및 대우인터내셔널이 취급하던 모든 제품을 판매하고 있다. 1993년 밴쿠버에 설립된 Daytek Electronics Corp은 매출이 급격히 떨어지고 취급하는 전자 제품이 대우 인터내셔널과 중복되어서 2010년부터 휴면 상태에 들어갔다.

170 Alden Rd, Markham ON

| 현대종합상사, 현대로템 (2009년 밴쿠버 무인 경전철 공급), 현대모비스, 대동산업, 한진해운, 현대종합상사, 범한물류, 현대상선, 현대해운, 한진해운, 대한항공, 유코카 캐리어스, 한신파워텍 등도 캐나다에 진출하여 토론토 및 밴쿠버 등에서 사업을 하고 있다. |
|---|

### 5) 금융 분야의 캐나다 진출 현황

금융 분야의 캐나다 진출은 주요 고객층이 대부분 한국 기업과 교민으로 다른 분야, 즉 제조업이나 에너지 분야와 같이 활발하지 못하다.

#### a. 캐나다 외환은행

캐나다 외환은행 (KEB of Canada)은 교민 및 유학생의 생활 안정과 현지 진출 한국 기업의 경제활동을 지원하기 위하여 1981년 외환은행의 전액 출자로 설립되었다. 2014년 토론토에 1개 영업점 (노스욕)과 5개 지점 (블루어, 미시사가, 쏜힐. 리치몬드힐, 베이뷰)이 있고, 밴쿠버에 4개 지점 (버나비, 코퀴틀람, 다운타운, 리치몬드), 캘거리 1개 지점을 운영하고 있다.

#### b. 캐나다 신한은행

신한은행은 2009년 캐나다 현지법인 '캐나다신한은행'으로 캐나다 시장에 대한 본격적인 영업을 시작하였다. 오픈한지 1개월 만에 2천 3백만 달러의 예수금을 실적을 달성하는 등 안정적으로 현지 시장에 정착하였다. 캐나다 신한은행은 토론토 (노스욕 본점, 미시사가, 쏜힐)에 지점을 운영하고 있다.

#### c. 미래에셋 자산운용

미래에셋 자산운용(사)은 한국 금융기업 최초로 2011년 1,430억을 투자하여 상장지수펀드 (ETF)를 운용하는 호라이즌 (Horizon) ETF's (사)의 지분을 85% 인수하였다.

## 6) 서비스 기업의 캐나다 진출 현황

서비스 분야의 캐나다 진출은 다른 분야 보다 주요 고객층이 한정되어, 대부분 교민이 가장 큰 고객이다. 따라서 한국 대기업은 아직 진출하지 않고 주로 한국에서 나름 성공한 중소기업들이 진출하였다.

### a. H-Mart

H-Mart는 미국에서 대형 슈퍼마켓으로 성공한 재미 교포 사업체로, 캐나다 토론토와 밴쿠버에 식품매장을 구축하여 사업을 하고 있다. 토론토의 경우 한인들이 집중적으로 거주 하는 노스욕(North York) 한인 타운에 대형 매장을 오픈할 장소가 마땅찮아서 다소 떨어진 곳인 리치몬드힐 (Richmond Hill)에 매장을 오픈하여서 어려움을 겪었다. 따라서 추가로 한인 타운 노스욕에 소규모 매장을 여러 개 운영하여 토론토에 총 4개의 매장이 있다. 밴쿠버는 지역적인 특성 때문에 처음부터 대형 매장으로 시작하여 2014년까지 총 5개의 매장을 오픈하였다.

### b. 골프존 캐나다

스크린 골프로 유명한 골프존은 북미 시장 확대 및 현지시장 개척을 위해 자본금 58억으로 2011년 9월 캐나다 법인을 설립했다. 2012년 3월부터 교민이 많이 살고 있는 광역 토론토 여러 곳에 오픈하여 운영하였다.

### c. 메딕컴 캐나다

개인용 PC 순간복구 서비스로 한국에서 돌풍을 일으켰던 메딕컴이 2008년 캐나다 에드먼턴에 법인을 설립했다. 글로벌 기업인 "벨"과 연계한 사업을 필두로 북미권 영업에 집중하였나, 2011년 한국 본사의 부도로 캐나다 사업이 흐지부지 되었다.

## 7) 첨단 기술 분야 진출

### a. 녹십자 자회사 GCBT

제약회사인 녹십자는 북미 바이오 시장 진출을 위해 2014년 2월 몬트리올에 현지법인 GCBT (Green CrossBiotherapeutics)를 설립했다. 약 1,800억을 투자해 2019년까지 공장을 준공하여 최대 100만 리터의 혈장을 처리해 알부민, 아이비글로불린 등의 혈액분획제제 의약품을 생산할 계획이었다.

2911 Avenue Marie Curie, Saint-Laurent, QC
(West Island 혈액 생산 시설)

퀘벡 투자청 (Investissement Québec)으로부터 약 2,500만 달러 (약 250억)의 재정지원 및 세제혜택을 받는 동시에 공장 완공 후 생산되는 의약품을 퀘벡 주의 관련 의료기관인 헤마퀘벡 (Hema Québec)에 우선 공급하기로 하였다.

| 녹십자 (충북)오창공장은 혈액의 액체 성분인 혈장에서 면역이나 지혈 등의 작용을 하는 단백질만 골라내 만든 의약품인 혈액 분획제를 생산하고 있다. |
|---|

# 한국 정부 및 비영리 공공기관 진출 현황

1963년 수교 이후 50년 이상 지났으나 한국 정부 및 공공기관의 캐나다 진출은 그리 활발하지 못하다. 한국 대사관은 교민에게 민원 서비스를 제공하기 때문에 적어도 한번 정도는 많은 한인들이 총영사관을 방문한 적이 있지만, 그 밖에 정부기관의 캐나다 진출은 매우 미미하고 교민과 교류가 거의 없어서 그러한 기관이 캐나다에 있는 조차도 대다수 한인이 모른다.

## 1) 한국 대사관 및 영사관

캐나다 수도 오타와에 위치한 한국 대사관 (Korean Embassy)에서는 캐나다를 방문하는 또는 거주하는 교민들의 민원을 지원하기 위하여 캐나다 3대 도시에 한국 총영사관을 설치하여 다양한 서비스를 제공하고 있다. 교민들의 각종 행사 및 기관에 지원금 또는 후원금 명목으로 지원도 하고 있다.

오타와 한국 대사관 (613-244-5010)
- 150 Bpteler St, Ottawa, ON

토론토 영사관 (416-920-3809)
- 관할 구역: 온타리오, 매니토바
- 555 Ave. Rd, Toronto, ON (지하철 St-Claire역)

밴쿠버 영사관 (604-681-9581)
- 관할 구역: BC, 앨버타, 사스카츄완
- 1090 West Georgia St, #1600, Vancouver, BC (스카이트레인 Burrard 역)

몬트리올 영사관 (514-845-2555)
- 관할 구역: 퀘벡, 노바스코샤, 뉴브런즈윅, 뉴펀들랜드, PEI
- 1250 Boul. René-Lévesque O, #3600, Montréal, QC (지하철 Bonadvanture역)

토론토, 밴쿠버, 몬트리올에 위치한 총영사관에서 제공하는 주요 민원 서비스는 다음과 같다.

- 여권업무: 일반여권발급, 거주여권발급, 단수여권발급, 여행증명서발급, 여권 분실 재발급
- 비자업무: 사증발급, 체류자격별 제출서류, 사증면제협정 체결국가, 재외동포비자 (F-4)
- 병역업무: 국외여행기간연장허가, 국외여행기간연장허가 (별도), 인터넷 국외여행기간연장 신청, 영주권자 입영 접수
- 가족관계등록 (호적)업무: 출생, 사망, 혼인, 이혼 신고
- 국적업무: 국적상실신고, 국적이탈허가신청, 국적회복허가신청, 외국국적 취득자 토지 보유 신고 안내
- 공증업무
  - 영사확인: 인감위임장, 인감신고, 여권원본확인, 전출 (귀국) 아동 학적서류 (성적, 재학, 졸업증명서) 등
  - 사서증서인증: 각종번역문 (가족관계등록-출생, 혼인, 이혼, 운전면허 등), 일반위임장, 부동산처분위임장 등.
  - 재외국민등록/변경 및 재외국민등록부 발급
  - 범죄경력증명 (조회)
  - 캐나다 시민권자 영사확인

병역 관련 사항

1. 해외출생 등으로 이중국적을 자동 취득하고 한국 호적에 등재하여 병역 대상자가 된 남자는 만 18세가 되는 해의 3월 31일 까지 한국 국적이탈을 신고해야 병역을 면제 받을 수 있다.
   - 만약 기간을 넘기면 병역 의무를 이행하거나 면제 받아야 국적 이탈이 가능하다.
   - 이중국적 병역 대상자의 부 또는 모가 해당국가 영주권, 시민권 (또는 출생이후 17년 이상 거주 증빙)이 있어야 국적 이탈이 가능하다.
2. 병역 대상자가 해외 유학생, 영주권자인 경우 만 25세까지 병무청 허가 없이 병역 연기를 신청 할 수 있다.
   - 그러나 만 25세가 넘으면 25세가 되는 해의 1월 15일까지 국외 여행허가를 받아야 하며, 영주권자는 만 35세까지 병역 연장이 가능하다.
4. 후천적으로 해외 국적을 취득한 경우 취득일에 자동으로 한국 국적이 소멸되어 병역대상에서 제외된다. (단 취득일이 확실하지 않을 경우 해당국가 최초여권 발행일을 해외 국적 취득일로 인정)

### 2) 국제 민간항공기구

국제 항공 운송에 필요한 규정, 기술, 안전을 위해 국제연합 산하의 전문기구인 국제민간항공기구 ICAO (International Civil Aviation Organization)가 몬트리올에 본부를 두고 있다. 따라서 한국 건설교통부도 직원을 파견하여 상주대표부를 운영하고 있다.

1250 Boul. René-Lévesque O, #3600, Montréal ,QC
(몬트리올 총영사관과 같은 장소 및 전화, 514-845-2555)

### 3) 한국관광공사

한국관광공사 (Korea National Tourism Organization)는 캐나다 정부와 여행업계를 상대로 캐나다인의 한국방문을 촉진하기 위한 마케팅을 강화하고자 토론토에 지사를 운영하고 있다.

25 Adelaide St. E, #1101, Toronto, ON
(416-348-9056)

### 4) 대한무역투자진흥공사

대한무역투자진흥공사 (Korea Trade Center)는 캐나다 시장진출을 희망하는 국내업체에 다양한 지원서비스를 제공하고자 토론토 및 밴쿠버에 무역관을 설치 운영하고 있다.

65 Queen St. W, #600, Toronto ON (416-368-3399)

999 Canada Pl, #780, Vancouver BC (604-683-1820)

# 한인 유학생 현황과 교육열

## 1) 한인 유학생

한국 부모의 교육열은 세계 어디에 내놔도 결코 뒤지지 않는다. 2010년 캐나다 정부 발표 자료에 의하면 한인 유학생은 24,615명으로 중국에 이어 세계 2위이다. 대다수 유학생은 밴쿠버 광역권과 토론토 광역권에 몰려 있지만, 중부 내륙의 위니펙, 불어권 몬트리올, 깊은 산골짜기, 섬 등 매우 조용한 외지에 위치한 사립학교 등 캐나다 전역에 퍼져 있다.

<2010년 국가별 장기 체류 유학생 수>

| 국가 | 유학생 (명) | 국가 | 유학생 (명) |
|---|---|---|---|
| 중국 | 56,900 | 프랑스 | 10,050 |
| 한국 | 24,615 | 일본 | 5,845 |
| 인도 | 17,530 | 멕시코 | 4,530 |
| 사우디 | 12,960 | 홍콩 | 4,000 |
| 미국 | 11,280 | 대만 | 3,355 |

특히 한인 초·중·고등학교 유학생은 9,895명으로 중국 6,685명보다도 많아 세계 1위이다. 장기 체류하는 한인 유학생이 지출하는 비

용은 총 7억불 이상으로, 캐나다에서 한국으로 수출하는 금액의 19.1%나 된다. 온타리오 주의 경우 연간 유학생 평균 지출이 3.5만 달러나 된다.

<2010년 장기 체류 한인 유학생 수>

| 구분 | 초·중·고 | 직업학교 | 대학교 | 전문대 | 기타 | 전체 |
|---|---|---|---|---|---|---|
| 유학생 (명) | 9,895 | 7,825 | 5,370 | 1,170 | 360 | 24,615 |
| 비 용 (만$) | 21,482 | 25,987 | 18,172 | 3,897 | 1,202 | 70,740 |

2011년부터 장기체류 한인 유학생이 대폭 줄어들기는 하였지만, 매년 약 7,000명이 신규로 유입하여 여전히 캐나다의 해외 유학생에서 중요한 비율을 차지하고 있다.

<캐나다 장기 신규 한인 유학생>

| 년 도 | 2007 | 2008 | 2009 | 2010 | 2011 | 2012 | 2013 |
|---|---|---|---|---|---|---|---|
| 인 원 | 15,126 | 13,907 | 11,015 | 10,456 | 8,187 | 7,222 | 6,943 |

캐나다로 오는 한인 어학연수생은 연간 20,466명으로 세계 1위이며, 캐나다 전체 어학 연수생 110,157명의 약 18.6% 이다.

<2010년 국가별 어학 연수생 수>

| 국가 | 인원 (명) | 국가 | 인원 (명) |
|---|---|---|---|
| 한국 | 20,466 | 대만 | 2,568 |
| 사우디 | 16,340 | 프랑스 | 1,965 |
| 일본 | 16,018 | 미국 | 354 |
| 중국 | 13,719 | 인디아 | - |
| 멕시코 | 5,861 | 홍콩 | - |

### 2) 유학 생활을 시작하는 적당한 시기

학생들이 유학을 시작하는 가장 좋은 시기는 언제이냐는 정답은 없고, 졸업이후 진료를 연계하여 고려해 볼 수 있다.

우선 학업을 마치고 지속적으로 캐나다에서 취업하여 살아갈 거면 되도록 일찍 캐나다에서 학업을 시작하는 것이 유리하다. 나이가 어릴 수 록 새로운 사회에 적응이 빠르기 때문이다. 새로운 언어와 문화 그리고 캐나다의 인적 네트워크를 폭 넓게 만들 수 있기 때문이다. 그러나 초등학교 때에 부모 없이 혼자 유학을 오는 것은 바람직해 보이지 않는다. 밴쿠버 교육청은 부모 없이 유학 오는 초등학생을 아예 받아 주지 않는다. 어린 나이에 부모 없이 장기간 지내는 것은 정서적으로 불안해서 성격 장애가 나타날 수도 있고 학교 공부 이외에 가정에서 교육되는 것이 거의 없기 때문에 나중에 사회생활을 잘 못 할 수 도 있기 때문이다.

학업을 마치고 한국으로 돌아 갈 것이라면, 우선 한국어로 충분한 작문 실력을 갖추고 한국문화에 대한 교육을 마친 이후, 즉 대학교 때나, 대학원 때 오는 것이 좋다. 해외에서 공부하여 한국어를 잘 못하면서 한국 내에서 직장생활을 하는 경우 자기 의사 표현을 못하여 엄청 스트레스를 받고, 한국 문화를 잘 이해하지 못해서 동료들과 잘 어울리지 못하고, 각종 문서 작업을 못하다 보니 직장 내 평가도 엉망이 되고, 결국 다시 해외로 돌아오는 경우를 가끔 볼 수 있다. 대학생 때에 유학을 오더라도 유창한 수준은 아니더라도 한국에서 필요한 정도의 영어는 충분히 할 수 있다.

중·고등학교 때에 유학을 오는 경우는 잘 적응하면 졸업이후 해외에서 살 수 있고 한국으로 돌아가 살 수 있는 능력을 갖출 수도 있다. 그러나 두 경우 모두 잘 안 되는 경우가 발생하기도 한다. 언어 문제 때문에 답답하여 한국 학생들끼리만 어울려 중요한 시기에 언어를 습득 못하면 나중에 대학생 때나 성인이 되어서도 영어를 잘 못하는 경우를 볼 수 있다. 이런 경우 오랜 기간 해외에 살았기 때문에 듣기는 잘 하지만 발음이 아주 이상하여 현지인들이 새로 온 이민자로 생각할 수 있어서 졸업 후 취업 등 사회생활을 할 때 부당한 대우를 받을 수 있다.

### 3) 한인 유학생 조직

캐나다의 고등학교는 한인학생이 많아도, 한인 학생들로 구성된 조직은 많지 않고, 단순히 한인학생들끼리 잘 어울리는 정도이다. 그러나 대학의 경우는 한인 유학생들이 있는 대학은 거의 모두 한인 학생회가 있다. 특히 토론토나 밴쿠버에서는 한인 학생들이 많아서 학생회 조직이 매우 다양하고 잘 되어 있다. 그리고 이미 졸업하여 사회에 진출한 선배도 많아서 서로 정보를 주고, 받으며 후배들의 어려움 점을 도와주고 있다.

고등학교까지는 다른 나라 학생들과 잘 어울리지만, 대학을 가면 민족별로 나눠는 현상이 심해서 캐나다에서 태어나 자란 자녀도 대체로 한인 학생회에 참여한다.

### 4) 교육 열기와 효과

한국인 부모의 적극적인 교육열 때문에 토론토나 밴쿠버에는 한국 학원 및 어학원 등이 매우 많았다. 또한 부업으로 또는 생계수단으로 한인 유학생에게 숙식을 제공하는 민박 가정들도 많았다.

그러나 캐나다 교육제도가 한국보다 우수하다고 단정적으로 판단하기 어렵고 그냥 다르다고 생각하는 것이 정답일 것이다. 대다수의 캐나다 대학이 정원보다 훨씬 많은 학생을 입학시키지만, 인기학과의 경우 1학년이 지나면서 많은 학생이 학교를 떠나 다른 대학, 다른 전공을 선택한다. 캐나다 대학생은 한국의 고등학교 3학년 수험생처럼 엄청 공부를 한다고 생각해야 한다.

많은 한인 학생이 캐나다에서 공부를 하고 있지만 그 결과가 성공적인지를 알 수 있는 공개된 자료도 없을 뿐더러 비공개적으로도 교민사회에서 성공적이라고 이야기 되고 있지도 않다.

특히 졸업이후 공채 제도가 없는 캐나다에서 취업을 하기 위해서는 인적 네트워크가 매우 중요하지만 한인들은 매우 약한 네트워크를 가지고 있다. 좋은 직업을 가진 한인들이 많으면 자연스럽게 훌륭한 네트워크가 만들어지지만, 2011년 캐나다 센서스 조사에서 한인 직장인의 평균소득이 3만9,026달러로, 캐나다 평균 4만9,351달러 보다 1만 달러 이상 차이가 나고, 더구나 전체 소수민족들 중에서도 꼴찌를 기록하였다.

# 부부가 멀리 떨어져 사는 기러기 가족

캐나다로 유학 또는 이민을 오면서 한국의 직장 또는 사업을 정리하지 못하고 아빠가 한국에 남아 일하면서 캐나다에 거주하는 가족을 부양하는 경우를 "기러기 아빠"이라고 한다. 경제적, 시간적으로 여유가 있어서 언제든 두 나라를 오갈 수 있는 경우는 "독수리 아빠" 라고 부르고, 경제적으로 전혀 여유가 없어서 아예 두 나라를 오가지 못하고 속만 태우는 경우는 "펭귄 아빠"으로 부르는 어이없는 용어까지 생겨났다.

## 1) 기러기 부부의 일상적인 생활

기러기 부부는 주로 남편이 한국에서 일을 하지만 그 반대인 경우도 간혹 있다. 그리고 한국만의 문제도 아니고 중국, 대만 등 동아시아의 공통된 문제로 보인다. 부부가 떨어져 있다 보니 정상적인 생활을 할 수 없는 상황이 장기간 지속된다.

### a. 기러기 가족의 문제

기러기 가족의 가장 큰 문제는 장기간 세월이 지나도 해결 방법이 없는 것이다. 가끔씩 한국의 방송이나 뉴스에 기러기 아빠가 고시원 또는 원룸에서 홀로 사망 했다는 뉴스는 한국 사회의 큰 이슈가 되고 해외 거주하는 기러기 가족들에게 아주 슬픈 뉴스가 되곤 한다.

캐나다는 한국보다 생활비와 학비가 상상 이상으로 많이 들기 때문에 제법 규모가 있는 기업을 운영하는 경영자가 아니고서는 경제적으로 여유가 없다. 가끔씩 개나다를 방문하지만 기러기 아빠에게 항공료와 두 집 살림을 하면서 소요되는 비용이 또한 엄청난 부담이다. 더구나 한국에서 직장 생활을 하는 기러기 아빠라면 휴가가 넉넉하지 못해서 연휴에 휴가를 붙여서 사용하기 때문에 항시 항공료가 비수기 보다 약 2배 정도 비싸다.

처음에는 유학으로 어린 자녀만 캐나다로 보냈다가 너무 마음아파서 엄마가 캐나다로 따라 와서 자녀의 학업을 도와주니 한국에 남아있는 아빠가 문제가 되기 시작한다. 그리고 현지 캐나다인들은 고등학교까지 무료 교육이지만 유학생은 엄청난 학비를 부담해야 하기 때문에 학비를 절약하고자 영주권을 신청하는 경우가 종종 있다.

영주권을 받으면 학비도 무료이고 의료보험도 공짜로 이용할 수 있지만 영주권을 유지하려면 캐나다에서 요구하는 거주일 수를 채워야 한다. 그러나 기러기 아빠의 경우 영주권을 받은 후에도 계속해서 한국에 머물기 때문에 3년 이상 되면 영주권이 박탈될 수 있는 위기가 온다. 처음 캐나다에 올 때는 3년 이내에 막연히 어떤 방법이 생기겠지 하지만 대부분 해결책을 만들지 못 한다.

따라서 기러기 아빠가 직장이나 사업을 그만 두고 캐나다로 오든가 아니면 영주권을 포기해야 한다. 경우에 따라서 부인이 캐나다에 회사를 설립하고 남편을 고용하여 한국으로 파견을 보내는 경우도 있지만 캐나다 정부에서 이러한 편법을 뻔히 알고 있는 사실로 문제가 발생하면 변호사를 고용하여 기약 없이 아주 오랫동안 법정 투쟁을 해야 하며 승소 가능성도 알 수 없다.

사업을 하는 경우 처음 자녀를 유학 보낼 당시에는 사업이 잘되어서 경제적으로 여유가 있는 경우가 많지만 10년 이상 장기간 세월이 지나면서 사업이 어려워 질 경우는 극단적으로 어려운 처지에 놓일 수 있다. 정작 돈이 많이 들어가는 대학 입학을 앞두고 경제적으로 어려워져서 유학 생활을 지속하기 어려운 경우도 있다. 그러나 이미 너무 오랫동안 외국 생활을 한 자녀가 한국으로 돌아와 학업을 지속할 수 없는 처지에 놓이게 된다.

우여 곡절 끝에 자녀가 완전히 성장하여 성인이 되면 자녀는 캐나다에 두고 엄마만 한국으로 되돌아 기러기 아빠와 함께 남은 인생을 살아가는 경우도 드물게는 있다. 교육기간이 초등학교부터 대학까지 최소 16년 이상 소요되므로 너무 긴 기간 동안 가족과 떨어져 사는 것은 너무 많은 것을 잃어버릴 수 있다. 16년 이상 떨어져 있으면 자식은 물론이고 부부도 문화적으로 완전히 다른 사고를 할 수 있다.

기다림에 지쳐서 기러기 생활을 청산하고 캐나다로 합류하는 경우가 일반적이지만 부부가 갈라서 이혼하는 경우도 있다. 또는 뒤늦게 캐나다로 온 아빠가 가족에게 소외되었다는 생각을 할 수도 있다. 이미 가족은 몇 년을 고생하며 캐나다 생활에 적응이 되어가지만 기러기 아빠는 처음 생활을 하니 모든 것이 어렵고 자신감이 상실될 수 있다. 그냥 자신을 자식이나 아내보다 못한 무능한 아빠라고 생각할 수도 있다.

### b. 해결책은 없는가?

해결책이 있냐고 물으면 간단히 “해결책 문제가 아니고 이는 결단하는 문제“ 라고 답변할 수 있다. 3년이 아니라 10년을 기러기 생활하고 캐나다로 오든 결과는 처음부터 가족과 함께 캐나다로 와서 정착한 가족보다 나아질 것이 없다는 것이다.

사람이 살아가는데 가장 편안한 나라는 ”자신이 교육 받은 나라” 라고 말할 수 있다. 교육은 단순한 것 같지만 교육을 받는 동안 생활하면서 그 사회에 적응하기 때문이다. 한국에서 교육 받은 기러기 아빠가 캐나다에서 생활하면서 적응하는 것이 매우 어렵듯이 캐나다에서 교육을 받으면 자녀는 이미 캐나다 사회에 적응되어 한국으로 돌아가 사는 것이 매우 어렵다.

자녀 교육에 있어서 영어교육만 시킬 것 인지? 캐나다 시민을 만들 것인지? 목적을 분명히 하는 것이 좋다.

영어교육만 시키고 한국으로 돌아갈 생각이라면 조기 유학은 효과적이지 않다. 조기 유학은 얻는 것에 비하여 너무 많은 대가를 치러야 하기 때문이다. 그 비용과 시간이라면 한국에서 영어권 국가의 선생님을 매일 집으로 불러 교육 하고도 남는다. 남는 비용으로 방학 때 캐나다 등 영어권 국가에 여름 캠프를 보내도 되고 세계 여행을 자주 보내도 된다.

또한 한국으로 돌아갈 자녀라면 한국에 대하여 교육시키는 것도 중요하다. 그러나 캐나다에서 한국에 관한 교육을 시키는 것 쉽지 않다. 캐나다에서 공부하는 경우 한국어로 간단한 일상적인 대화는 되지만 어휘가 상당히 부족하다. 더구나 대부분 읽고 쓰기는 초등학교 1학년 수준도 잘 안 된다.

자식을 제대로 된 캐나다 시민으로 만들고 싶다면 그리고 가족으로부터 소외감 또는 무능한 아빠라는 느낌을 받기 싫으면 주저 없이 기러기 아빠 생활 청산하고 캐나다 가족과 합류하라고 권하고 싶다.

가장 없이 자녀가 성장하는 것이 어느 나라나 좋은 일은 아니다. 더구나 자녀가 학교생활에 잘 적응 못하는 경우 더욱 어렵고 자녀 문제에 대한 책임을 캐나다에 있는 배우자에게 물으면서 부부 사이도 멀어 질 수 있다. 장기간, 너무 먼 거리에 떨어져 있으면 한국에 남아 있는 아빠가 캐나다 현지에서 발생하는 어려운 점들을 이해 못할 수도 있고 관심도 멀어 질 수 있다. 다만 결과만 보고 상대방의 무능으로 판단할 수 있다. 반대로 한국에 홀로 남아서 기러기 아빠로 살아가면서 겪어야 하는 외로움과 경제적 어려움을 직접 못 보는 가족이 이해하기도 어렵다. 가족에게 생기는 어려운 점을 옆에서 마음 아파하면서 함께 어려움을 극복하는 과정에서 가족애도 생기며 사람 사는 냄새를 즐길 수 있다.

서양인들도 개척 초기에 북미 대륙으로 왔을 때 적응을 못해 한 해 겨울이 지나면 추위와 질병으로 약 절반이 사망했지만 오늘날의 부유한 나라로 만들었다. 오늘날 그와 같은 위험은 없을뿐더러 한국인의 능력이 서양인에 비하여 결코 뒤지지 않는다고 생각하면 고생을 피하거나 미루지 말고 가족과 함께 캐나다로 이주하던지 아니면 한국에서 영어 공부를 시키든 한 가지를 선택하라고 권하고 싶다.

정말로 유학만 목적이라면 자녀가 어릴 적에 원어민 선생님에게서 영어 기본 발음을 잘 잡아주고 대학생 또는 대학원생 때에 해외에서 공부하도록 기회를 주어도 한국에서 필요로 하는 수준의 영어는 충분히 할 수 있다.

## 2) 기러기 아빠는 영주권을 유지하는 것이 쉽지 않다.

이민법 제28조에 "영주권자의 거주 의무"가 5년 중 2년 이상을 반드시 캐나다에 거주해야 한다고 되어 있다. 따라서 모국의 사업과 직장 등의 이유로 거주 의무를 지키지 못하면 이민국은 일정한 절차를 거쳐 영주권을 박탈한다.

### a. 영주권 유지에 필요한 사항

거주 의무 기간을 못 지켰을 때, 바로 영주권을 박탈하는 것은 아니고 다음의 경우에 영주권 회수를 심사할 수 있다.

- 영주권 카드가 만기되어 재발급을 신청할 때 의무 거주 기간을 채우지 못한 경우
- 영주권 카드에 유효기간이 남아 있더라도 국외에서 입국하는 날을 기준으로 최근 5년 동안 2년 이상 캐나다에 거주 하지 못한 경우
- 의무 거주 기간을 채우지 못한 영주권자가 가족 초청이민을 신청할 경우
- 의무 거주 기간을 채우지 못한 영주권자가 시민권을 신청하는 경우

단, 의무기간을 채우지 못 하더라도 영주권을 본인이 직접 캐나다 대사관에 반납하거나 이민국으로부터 박탈 사실을 서면으로 통보 받기 전까지는 영주권 지위가 유지 된다.

### b. 예외적인 경우

영주권자 이지만 의무 기간을 채우지 않아도 영주권이 유지되는

경우가 있다.

- 배우자가 시민권을 취득한 후 해외에 함께 거주하면 이 기간을 캐나다 거주 기간으로 인정하여 영주권이 유지 될 수도 있다.
- 캐나다 회사나 사업체의 직원으로 혹은 계약으로 인해 해외 파견 근무를 한 경우도 캐나다 거주 기간으로 인정 된다. 배우자 및 자녀를 포함하여 동반 가족도 같이 인정 된다. 이때는 실제로 캐나다에 회사나 사업체가 존재해야 한다.
- 연방정부나 주정부 공무원으로 해외 파견 근무를 하는 경우도 인정 된다.
- 위의 조건을 만족 못하더라도 사안에 따라 인도주의적 상황을 고려하여 인정을 받을 수도 있다.

### 3) 기러기 아빠의 세금 보고

기러기 아빠가 한국에서 일한다면 캐나다에 세금 보고를 해야 하는지? 아니면 보고 할 의무가 없는지? 판단하는 것을 전문 회계사들도 어렵게 생각 한다. 기러기 아빠라는 것이 한국인들에게는 흔하지만 외국인들에게는 발생하기 어려운 상황이기 때문에 탈세를 방지하기 위한 해외 소득에 대한 세법을 기러기 아빠에게 적용하려다 보니 어려운 점이 있다. 즉 두 개의 법이 상충하는 경우가 발생하여 해석에 따라 전혀 다른 결론이 나올 수 도 있다.

기러기 아빠는 가족이 캐나다에 거주하기 때문에 실질적 거주자 (Factual Resident)가 되지만, 한국과 캐나다가 이중 과세 방지를 위한 조세 협정을 맺고 있어서 세법상 간주된 비거주자 (Deemed Non Resident of Canada) 신분으로 고려 될 가능성이 많다. 비거주자가 신분이라면 세금 보고 의무도 발생하지 않고, 캐나다에서 수령하던 자녀 수당 (Child Tax Benefit) 등 사회 복지 수당도 받을 자격이 없다.

#### a. 세법상 거주지 판단

연간 캐나다에서 거주한 날짜가 총 183일 또는 그 이상이면 거주자로 분류 되어 캐나다 소득과 전 세계 소득을 합하여 신고를 해야 한다. 183일은 불연속적이든 연속적이든 총 거주한 날짜로 하며, 하루 중에 단 1 시간만 머물러도 1일 거주자로 계산 한다.

세법상 연간 단 하루도 캐나다에 살지 않아도 국내 거주자로 간주하는 경우가 있으며, 이를 간주된 거주자 (Deemed Residents of Canada)로 부른다. 대상은 해외 파견한 군인, 공무원 및 그 가족 등이 해당 되며 이 경우는 분명히 별도의 세법이 있다. 그러나 그 외의 경우는 Determination of Residency Status (NR73) 양식을 사용하여 연방 국세청에 문의하면 세법상 거주자 또는 비거주자인지 알 수 있다.

International Tax Services Office,
Canada Revenue Agency,
Post Office Box 9769, Station T, Ottawa ON K1G 3Y4
CANADA

연방 국세청에서 거주자 여부를 해석하는데 사용되는 관련 규정은 "T4131 Canadian Residents Abroad"에 있으며, 간단히 정리하면 다음의 표와 같다.

거주자로 결정 (Resident Tie)되면 실제 거주자 (Factual Resident) 신분이 된다. 그러나 동시에 해외 다른 나라의 거주자 신분이고 그 나라가 한국 같이 캐나다와 이중 과세 방지를 위한 조세협약 (Tax Treaty)을 체결한 국가이면 캐나다에서는 간주된 비거주자 (Deemed of Non-Resident of Canada)의 신분으로 고려 될 수 있다.

<거주자 판단을 위해 사용되는 자료>

| 기본적인 자료 | 참고 자료 |
|---|---|
| - 주택 소유 여부<br>- 배우자, 자녀, 또는 법률적 파트너의 캐나다 거주<br>- 자동차, 가구 등의 재산 소유<br>- 정부의 사회 복지 혜택 수령 (Social Ties) | - 운전면허증 거주지<br>- 금융 계좌 및 신용카드의 거주지<br>- 의료 보험카드의 거주지 |

### b. 소득 신고

소득신고는 4개의 신분에 따라 다르게 세금 보고를 해야 한다.

| 구분 | 주요 특징 |
|---|---|
| 실제 거주자 (Factual Resident) | - 캐나다는 물론 전 세계 소득을 보고<br>- 주정부 세금보고는 12월 31일 거주한 (여행 제외) 주를 기준<br>예제 대상)<br>- 캐나다에 183일 또는 그 이상 거주자<br>- 가족을 캐나다에 남기고 해외 파견 간 경우 |
| 비거주자 (Non-Resident) | - 캐나다를 떠나기 전까지 발생한 임금, 사업, 장학금 등 소득의 세금 보고<br>- 세금이 원천 징수된 금융소득은 세금보고 대상이 아니지만, 세금이 원천 징수된 연금, 임대, 양도 소득은 당사자가 세금보고 선택 가능 (Guide T4058, Non-Residents and Income Tax)<br>- 주정부 세금 보고는 떠나기 전 마지막에 거주한 주를 기준<br>- 연방 및 주 정부 복지혜택 부여 대상 아님<br>예제 대상)<br>- 캐나다에 183일 이하로 거주하고 다른 나라로 이주한 경우<br>- 캐나다 회사에서 해외 파견하여 가족과 함께 해외 거주하는 경우 |
| 간주된 거주자 (Deemed Resident) | - 캐나다는 물론 전 세계 소득을 보고해야 함<br>- 연방 정부 복지 혜택 신청 가능, 그러나 주 정부 복지 혜택은 해당 안 됨<br>- 캐나다에서 발생한 사업 또는 임대 등의 소득은 주 정부에도 세금보고<br>- GST/HST Credit 신청 가능<br>- 퀘벡 주는 예외적으로 Deemed Resident of Quebec 신분을 부여<br>예제 대상)<br>- 해외 파견군인 및 공무원, 그리고 가족 |
| 간주된 비거주자 (Deemed Non-Resident) | - 비거주자 세금보고와 동일<br>- 단 사회복지 혜택을 받기 위해 거주 국가에 낸 세금 Credit를 캐나다에 보고 가능 (Form T2209, Federal Foreign Tax Credits)<br>예제 대상)<br>- 조세 협약이 있는 해외국가 거주자로 가족은 캐나다 거주 |

### 4) 캐나다 밖으로 거주지를 옮길 때

기러기 생활을 하는 가족이 캐나다 영수권을 포기하고 귀국하는 경우, 유학생활을 마치고 귀국하는 경우, 파견 또는 취업비자로 일을 하다 귀국하는 경우, 노인이 되어 고국에서 여생을 보내는 경우, 캐나다 밖의 다른 나라 기업에 취직을 하는 경우 등 캐나다를 떠나 다른 나라에 거주하는 경우는 다양할 것으로 예상된다.

캐나다를 떠날 때 재산, 금융 계좌 등의 소득이 발생할 수 있는 모든 것은 정리하는 것이 좋다. 사회 복지 혜택을 받고 있으면 관련 기관에 연락하여 모두 정리해야 한다. 그러나 모든 것을 완전히 정리하기 어려우므로 관련 기관에 연락하여 세금이 원천 징수되도록 만들어 놓으면 된다.

캐나다를 떠나면서 어떻게 소득 보고를 하는지는 국세청의 "T4056 Emigrants and Income Tax" 자료를 이용하면 된다. 주정부 소득신고는 마지막에 거주했던 주를 기준으로 한다. 떠나는 년도에는 세금보고를 해야 하지만, 그 다음년도 부터는 캐나다에서 발생되는 모든 소득에 세금이 원천징수 되도록 하였다면 소득 보고할 의무가 없다.

#### a. 주택, 사업장, 자동차 등 재산

주택 등 부동산 등을 매각하면 유학생 등 비영주권자는 세금을 원천징수하기 때문에 나중에 소득보고 (연말정산)를 할 의무는 없다. 그러나 고소득자가 아니면 소득 보고하는 것이 유리하므로, 보통 소득보고 하는 시기보다 일찍 소득보고를 하고 더 낸 세금을 출국 전에 환불 받고 떠난다.

비영주권자이든 시민권자이든 재산을 남겨두고 떠난다면 "T1161, List of Properties by an Emigrant of Canada" 양식을 이용하여 소유하고 있는 전 세계 부동산을 국세청에 보고 해야 한다. 시장가격 (Fair Market Value)이 2.5만 달러 이상 되는 재산만 목록에 기입하면 된다. 남겨 놓은 재산 목록 신고를 늦게 하면 하루 $25씩 최고 $2,500의 벌금이 부과될 수 있다.

남겨둔 재산은 세법상 시장가격 (Fair Market Value)에 매각된 것으로 간주되고 “T1243 Deemed Disposition of Property by an Emigrant of Canada“ 양식을 이용하여 간주된 양도소득에 대한 소득보고를 해야 한다. 문제는 경우에 따라서 근로 소득, 금융소득, 간주된 부동산 매각 양도 소득 (거주용 1가구 1주택은 양도세 면제) 등을 모두 합하면 엄청난 누진세를 맞을 수 있다는 점을 고려해야 한다. 이러한 경우 단계적으로 여러 해에 걸쳐서 재산을 정리하여 누진세를 피하는 것도 한 방법이다.

만약 RRSP 불입금을 주택 구입자금으로 활용하는 C4135 HBP (Home Buyers' Plan) 또는 RC4112 LLP (Lifelong Learning Plan)을 이용하여 주택을 구입하였다면, 이는 캐나다 거주자에게 부여하는 혜택으로 비거주자가 되는 즉시 관련 금액을 자진 납부해야 한다.

만약 남겨 놓은 재산을 임대하고 떠난 다면 부동산 임대료 전체 수입 (Gross Income)의 25%가 국세청에 원천징수 된다. 임대료 수익에 관한 세금은 “T4144, Income Tax Guide for Electing Under Section 216”에 자세히 기술되어 있다. 그러나 NR6 비거주자 임대소득 신고를 하면 관련 비용을 빼고 순소득 (Net Income)을 사용하기 때문에 일부 환불 받을 수 있다. 자세한 사항은 NR6, Undertaking to File an Income Tax Return by a Non-Resident Receiving Rent from Real Property or Receiving a Timber Royalty를 참고하면 된다.

### b. 금융 계좌

시민권자도 영주권자도 아닌 경우는 금융 계좌에서 발생하는 소득의 25%를 세금으로 원천 징수하기 때문에 별도의 조치를 취하지 않아도 된다. 그러나 시민권자 및 영주권자가 계속해서 금융계좌를 유지하려면 반드시 비거주자로 등록해서 소득의 25%가 세금으로 원천 징수되도록 관련 금융기관에 알려야 한다. 여기서 의미하는 금융계좌는 RRSP, RRIF, CPP/QPP, 연금 납부는 물론이고 이자 및 배당 소득 등이 발생하는 모든 계좌를 의미한다.

단 예외적으로 TFSA (Tax Free Savings Account) 세금 면제 계좌는 계속 유지할 수 있고 세금도 원천징수 되지 않는다. 다만 캐나다를 떠난 이후 추가 납입은 허용되지 않는다.

### c. 사회 복지 혜택

자녀수당, 노인연금, 퇴직수당 등 각종 복지 혜택을 수령하던 것을 정리해야 한다. 만약 정리 못하여 지속적으로 수령하면 나중에 사기범으로 고소 당 할 수 도 있다. 각종 자녀 수당은 시민권자라 하여도 비거주자에게는 지급되지 않는다. 노인 기초연금은 항목에 따라 대부분 캐나다에 6개월 이상 거주를 요구하기 때문에 수령액이 대폭 줄어든다. (T4155, Old Age Security Return of Income Guide for Non-Residents) 기업에서 제공하는 은퇴수당 불입액도 캐나다 거주자에 한해서 혜택이 부여되므로 반드시 관련 기관에 신고해야 한다.

또한 소득이 발생하지는 않지만 의료보험 카드도 함께 정리를 해야 한다. 잘못하면 캐나다 거주자로 고려되어 전 세계 소득을 신고해야 하는 의무가 발생할 수 있다.

캐나다에 거주하는 동안 한국 등 해외에 보유하고 있던 기존 자산은 이중과세가 될 수 있고 양국이 세법도 아주 많이 다르기 때문에 매우 어려운 상황에 처할 수 있다.

해외 부동산 및 투자자산을 실제 매각 하지 않더라도 캐나다를 떠나는 날짜에 시장가격에 준하여 매각한 것으로 간주하여 엄청난 세금을 캐나다에 납부해야 하지만 실제 매각을 하지 않았으므로 납부할 돈이 없을 수 있다. (실제 매각 때까지 세금 납부 연기를 신청할 수 있으나 승낙이 필요)

한국에 살던 집을 임대하고 캐나다로 이민 온 경우 다시 한국으로 돌아갈 때 고스란히 세금을 납부해야 하는 상황에 처 할 수 있다.

- 캐나다에 세금 납부 연기가 받아들여 진 경우, 부동산 매각시점에 한국에 양도소득세를 납부하였다면 이 금액은 이중 과제방지협약에 따라 캐나다에서 내야할 세금에서 공제 가능하다. (한국의 양도소득세는 세율이 캐나다 보다 높아서 보통은 캐나다에 추가 납부해야 하는 경우가 거의 없다.)
- 그러나 연기 신청을 하지 않거나 연기가 거부되어 떠나는 시점에 세금을 납부한 경우, 나중에 실제 매각을 하고 해당 국가에 세금을 납부한 이후 이전에 캐나다에 납부한 세금을 환불받는 것이 사실상 어렵다.
- 한국은 1가구 1주택인 경우 양도소득세 면제 혜택을 부여하지만 캐나다는 임대 등 투자용 부동산은 과세 대상으로 캐나다에 세금을 납부해야하는 상황이 될 가능성이 높다.

**법적책임면제 고지**

이 책은 독자의 캐나다 생활을 돕기 위한 일반적인 내용으로, 실제 벌어지는 상황에 따라 많은 차이가 발생할 수 있으므로 작성된 내용에 대한 법적 책임을 포함하여 어떠한 책임도 지지 않습니다.

법적 또는 전문적인 내용은 변호사, 회계사, 공증인 등 관련 전문가에게 직접 문의하시기 바랍니다.